## BIBLIOTHÈQUE DE L'ENSEIGNEMENT AGRICOLE

PUBLIÉE SOUS LA DIRECTION DE

### M. A. MUNTZ

Professeur à l'Institut National Agronomique

# LES
# IRRIGATIONS

## TOME Iᵉʳ

## LES EAUX D'IRRIGATION
### ET LES MACHINES

PAR

# A. RONNA

INGÉNIEUR CIVIL

MEMBRE DU CONSEIL SUPÉRIEUR DE L'AGRICULTURE.

## PARIS

## LIBRAIRIE DE FIRMIN-DIDOT ET Cⁱᵉ

IMPRIMEURS DE L'INSTITUT

56, RUE JACOB, 56

1888

# BIBLIOTHÈQUE DE L'ENSEIGNEMENT AGRICOLE

## PRINCIPAUX RÉDACTEURS

MM.

...ON, professeur à l'École vétérinaire d'Alfort.

BOITEL (O. ❋), inspecteur général de l'Enseignement agricole, professeur à l'Institut National Agronomique, membre de la Société Nationale d'Agriculture.

CORNEVIN (❋), professeur à l'École vétérinaire de Lyon.

GAUWAIN (❋), maître des requêtes au Conseil d'État, professeur à l'Institut National Agronomique.

AIMÉ GIRARD (O. ❋), professeur au Conservatoire des Arts-et-Métiers et à l'Institut National agronomique, membre de la Société Nationale d'Agriculture.

A.-CH. GIRARD, chef du Laboratoire de chimie à l'école d'application de l'Institut agronomique.

GRANDEAU (O. ❋), doyen de la Faculté des Sciences de Nancy, directeur de la Station Agronomique de l'Est.

LAVALARD (O. ❋), administrateur de la Compagnie Générale des Omnibus, professeur à l'Institut National Agronomique, membre de la Société Nationale Agronomique.

LECOUTEUX (O. ❋), professeur au Conservatoire des Arts-et-Métiers et à l'Institut National Agronomique, président de la Société Nationale d'Agriculture.

MUNTZ (❋), professeur à l'Institut National d'Agriculture.

PRILLIEUX (O. ❋), inspecteur général de l'Enseignement agricole, professeur à l'Institut National Agronomique, membre de la Société Nationale d'Agriculture.

PULLIAT (❋), professeur à l'Institut National Agronomique, membre de la Société Nationale d'Agriculture.

RISLER (O. ❋), directeur de l'Institut National Agronomique, membre de la Société Nationale d'Agriculture.

RONNA (C. ❋), ingénieur, membre du Conseil supérieur de l'Agriculture.

ROUX (❋), directeur du laboratoire de M. Pasteur.

TISSERAND (C. ❋), conseiller d'État, directeur au Ministère de l'Agriculture, membre de la Société Nationale d'Agriculture.

SCHLŒSING (O. ❋), membre de l'Académie des Sciences et de la Société Nationale d'Agriculture, directeur de l'École d'application des Manufactures Nationales, professeur au Conservatoire des Arts-et-Métiers et à l'Institut Agronomique.

SCHRIBAUX, directeur de la Station d'essai de semences à l'Institut Agronomique.

**BIBLIOTHÈQUE DE L'ENSEIGNEMENT AGRICOLE**

PUBLIÉE SOUS LA DIRECTION DE

M. A. MUNTZ

Professeur à l'Institut National Agronomique

# LES

# IRRIGATIONS

## TOME I<sup>er</sup>

## LES EAUX D'IRRIGATION

## ET LES MACHINES

PAR

# A. RONNA

INGÉNIEUR CIVIL

MEMBRE DU CONSEIL SUPÉRIEUR DE L'AGRICULTURE.

PARIS

LIBRAIRIE DE FIRMIN-DIDOT ET C<sup>ie</sup>

IMPRIMEURS DE L'INSTITUT

56, RUE JACOB, 56

1888

# LES

# IRRIGATIONS

TYPOGRAPHIE FIRMIN-DIDOT. — MESNIL (EURE).

# A LA MÉMOIRE

DE

# MANGON (Charles-François-Hervé)

ET

# TRESCA (Henri-Édouard),

INGÉNIEURS,

Membres de l'Institut, de la Société d'Encouragement pour l'Industrie nationale,
de la Société nationale d'Agriculture, etc.,
professeurs au Conservatoire des Arts et Métiers et à l'Institut national agronomique, etc.

*Hommage affectueux de leur collègue à la So-*
*ciété d'Encouragement.*

A. Ronna.

# PRÉFACE

Au début de son traité de l'agriculture, Palladius dit en latin (1) ce que son honnête traducteur (2) met en français comme il suit :

« La première condition de tout enseignement est « de songer à qui l'on s'adresse. »

Or, c'est aux propriétaires du sol qui veulent utiliser ou étendre les arrosages, aux ingénieurs qui placent l'eau à la disposition de la culture et aux agriculteurs chargés d'en tirer parti, que s'adresse l'enseignement de l'art des irrigations. Mais les administrateurs qui règlent la propriété et la distribution des eaux, les législateurs qui votent des crédits pour les travaux d'intérêt général, ne sauraient rester étrangers à une branche aussi importante de l'économie rurale. Aussi, suivant que l'on considère les aspects variés de la question de l'emploi des eaux sur le

(1) « *Pars est prima prudentiæ, ipsam cui præcepturus sis, æstimare personam,* » R. T. Æmilianus Palladius, de Re rusticâ, liber primus.

(2) *Les Agronomes latins* ; l'Agriculture de Palladius, traduction de Saboureux de la Bonnetterie ; Paris, Firmin-Didot, 1874.

sol, le cadre s'élargit et l'enseignement acquiert une plus vaste portée.

Il ne manque pas d'ouvrages techniques, avec atlas, excellents à consulter, bien qu'ils datent déjà de quelques années, qui instruisent l'ingénieur dans la méthode pour diriger et élever les eaux jusqu'aux terrains arrosables; ceux de Nadault de Buffon, de Pareto, d'Aymard, etc., sont de ce nombre; mais ils traitent surtout du mode d'exécution des travaux et de l'hydraulique et laissent une place plutôt restreinte aux applications agricoles, comme à l'exploitation du sol. De même, les livres abondent qui apprennent à arroser les prairies d'après les divers systèmes. Les anciens auteurs, Bertrand, Tatham, Perthuis, Patzig, etc., ont ouvert la voie à une série de publications parmi lesquelles se distinguent celles de Polonceau (1) et de Villeroy et Müller (2) dont le mérite à divers égards est d'autant plus grand que le volume est plus petit et la forme plus élémentaire; celles de Vorländer (3) et de Keelhoff (4) pour les pays de Siegen et la Campine belge.

Le plus souvent les écrivains se sont engagés dans la description de procédés locaux, de travaux appar-

---

(1) A. R. Polonceau, *Des eaux relativement à l'agriculture*, Paris, 1846, 1 vol. in-12.

(2) F. Villeroy et Adam Müller, *Manuel des irrigations*, Paris, 1851, 1 vol. in-12.

(3) F. Vorländer, *Die Siegen'sche Kuntswiese*, Siegen, 1844.

(4) J. Keelhoff, *Traité pratique de l'irrigation des prairies*, Bruxelles, 1856.

tenant à une province, pas même à une région, ou bien dans l'exposé de théories discutables ; ou bien encore, ils se sont arrêtés à des observations empiriques, à des pratiques spéciales, sans les coordonner, ni les rattacher aux faits d'expérience constatés dans d'autres circonstances, ou aux lois qui régissent la production du sol. Les irrigations ont été ainsi envisagées comme des monographies, d'ailleurs très intéressantes, ou des compilations dont la trop grande généralité nuit à l'intelligence du sujet principal.

Nous avons cherché à faire œuvre didactique et scientifique, en évitant le double écueil du manuel et de l'encyclopédie, et en attribuant la part qui convient à l'agriculteur, à l'ingénieur et à l'économiste.

Désormais l'agriculture, à l'égal de toutes les autres industries, ne saurait faire un pas en avant sans l'aide des méthodes dont l'ont dotée les Liebig, les Dumas et Boussingault, les Lawes et Gilbert, etc., et sans le secours des autres sciences qui la perfectionnent et la complètent. Le génie rural, d'ailleurs, n'a pas de sens s'il n'est basé sur la connaissance intime des besoins de l'agriculture et dirigé vers son amélioration. L'ingénieur agricole et l'agriculteur ne doivent faire qu'un.

Notre traité se divise en trois parties : *les eaux d'irrigation et les machines ; les canaux et les systèmes d'irrigation ; les cultures arrosées et l'économie des irrigations.*

Dans la première partie, nous rappelons tout d'abord (livre 1er) les bienfaits de l'irrigation. Ce n'est pas là, quoi qu'on pense, un lieu commun. L'organisation des cours d'eau, hormis en Piémont et en Lombardie, n'existe aucune part. Tant qu'elle n'aura pas été aussi heureusement réalisée ailleurs, l'irrigation, au point de vue de ses développements et de ses résultats, restera à l'état de vœu platonique. Dans l'exposé qui suit des principes de l'irrigation (livre II), nous avons admis que nos lecteurs sont familiers avec les notions fondamentales de la chimie et de la physiologie, ce qui nous permet d'aborder directement, d'après les plus récentes recherches expérimentales, l'étude des phénomènes qui lient le sol et la plante aux influences de l'atmosphère, des eaux météoriques et d'arrosage.

L'examen des terrains géologiques (livre III), sous le rapport du régime des eaux et de leur aptitude à la culture en prairie, auquel se joint l'étude des climats et des circonstances météorologiques qui intéressent l'irrigation, nous conduit à retracer, par des exemples choisis en Italie, en Espagne et en France, les conditions de quelques territoires irrigués depuis des siècles.

La composition des eaux naturelles, des eaux envisagées en relation avec leur provenance géologique, des limons ou des sédiments abandonnés par les eaux de rivières, de canaux, de drainage (livre IV), sert de prodrome aux considérations sur les qualités des eaux d'irrigation. Nous nous sommes d'autant plus étendu sur cette question de l'analyse des eaux qu'elle semble avoir été négligée dans les traités, même les plus complets, de nos devanciers.

Les moyens d'approvisionner les eaux (livre V) par les puits ordinaires et artésiens, les sources, les barrages en montagne, les étangs et les réservoirs; les machines élévatoires (livre VI) : seaux, écopes, norias, chapelets, roues, vis, pompes, turbines, béliers, siphons, et les forces qui les mettent en mouvement : moteurs animés, vent, air, eau, vapeur, forment l'objet du complément de la première partie.

Peu d'agriculteurs se soucient de capter eux-mêmes des sources, de forer des puits, de régulariser des cours d'eau, de barrer des torrents, d'endiguer des étangs, de construire des bassins ou des réservoirs, d'installer des appareils élévatoires, etc.; mais ils doivent tous savoir pourquoi et comment s'exécutent ces travaux d'une nature si variée et d'une importance si réelle. Aussi nous sommes-nous efforcé, tout en écartant les démonstrations arides des formules d'hydraulique ou de résistance des matériaux, que l'ingénieur sait trouver dans ses livres de texte, d'initier l'agriculteur aux détails techniques des constructions, en référant les cotes et en montrant des figures, pour qu'il acquière une notion suffisante de leurs proportions, de leur coût et de leur utilité. Nous n'avons pas hésité, dans ce même ordre d'idées, à signaler sommairement nombre de travaux de grande entreprise qui échappent à la gestion du domaine, mais qui intéressent la communauté, et des applications choisies dans les divers pays, qui facilitent la comparaison des ressources dont ils jouissent pour les arrosages. Nos exemples sont pris partout, dès qu'ils portent avec eux un enseignement utile, mais de préférence dans les contrées où l'irrigation se pratique de longue date avec succès. Notre connaissance des travaux de l'Italie, de l'Allemagne, de l'Angleterre et des résultats des grandes enquêtes agricoles, nous a facilité la tâche en permettant de recourir aux sources que nous avons toujours soigneusement citées.

Aussi longtemps que, par ignorance des questions techniques ou par indifférence, l'agriculture demeurera passive dans la discussion des intérêts d'ordre général que soulèvent l'aménagement et l'affectation des eaux du territoire; aussi longtemps que, de sa propre initiative, elle ne dictera pas les mesures à prendre par les pouvoirs publics pour lui donner la jouissance des eaux laissées sans emploi, elle ne devra compter ni sur une extension des arrosages, ni sur une amélioration sensible de sa situation vis-à-vis des contrées privilégiées dont la concurrence devient chaque jour plus redoutable.

Tous les pays agricoles sont aujourd'hui solidaires, en tant que les lumières et l'expérience des uns doivent profiter aux autres; il n'y a plus de secrets à garder, ni de mérite spécial à démontrer que lorsque le cultivateur dispose librement de l'eau, il n'a pas de moyen plus sûr et plus efficace que l'irrigation pour augmenter le produit net et maintenir la fertilité de ses terres. Le tout est de savoir et de vouloir s'assurer les bienfaits de l'eau.

L'irrigation qui fait l'herbe, le bétail et l'engrais, donne la stabilité à toutes les récoltes; elle équilibre la production et la rend indépendante des caprices du climat; c'est là son mérite inappréciable. « Grâce « à elle, dit Auguste de Gasparin, l'agriculteur ob- « tient la fraîcheur constante et proportionnée à « chaque région, des engrais sans soins, des combi- « naisons de terrains sans dépenses, des récoltes sans « travaux, l'entretien et la netteté du sol sans instru- « ments, la richesse et le repos, la vie matérielle et « la vie intelligente venant prendre les justes pro- « portions qu'elles doivent avoir dans tout corps « social bien ordonné (1). »

Sans aller aussi loin dans la voie tracée par l'enthousiasme de Gasparin, nous espérons que les agriculteurs trouveront dans notre livre des données positives sur les moyens d'améliorer par l'eau le rendement de leur exploitation; que les ingénieurs y verront les résultats agricoles que procurent le meilleur aménagement des sources et des rivières et la conduite rationnelle des eaux; et que les économistes soucieux d'agronomie y apprendront quel intérêt ont, pour la fortune et le bien-être d'un pays, une

(1) *Du plan incliné*, etc., *Cours d'agriculture*, t. VI, 1863.

législation simple et une administration libérale des eaux publiques.

La deuxième partie de notre traité : *les canaux et les systèmes d'irrigation,* comprend (livre VII) l'établissement des prises d'eau directes et par barrages dans les rivières, les dérivations pour canaux, les conditions de tracé, d'exécution et de coût de ces ouvrages et leur description. Les modes de jaugeage et de partage des eaux, les unités de mesure, les modules et les usages qui règlent la distribution des arrosements sont retracés dans le livre VIII. Après avoir été classifiés, les nombreux systèmes d'irrigation sont traités dans le livre IX; d'abord, au point de vue des travaux préparatoires qui les concernent d'une manière générale, puis pour chacun en particulier et pour les méthodes combinées avec le drainage. Cette partie renferme ainsi ce que nous pourrions appeler, en recourant à une locution surannée, la technique de l'ingénieur irrigateur, par opposition à la technique de l'agriculteur que comprend la troisième partie.

La dernière partie de l'ouvrage : *les cultures arrosées et l'économie des irrigations,* embrasse, en effet, (livre X) les applications de l'eau aux principales récoltes, parmi lesquelles la prairie, la rizière, le maïs et les céréales, les cultures industrielles, arbustives, potagères, occupent le premier rang. De même, dans le livre XI, l'irrigation est envisagée dans ce qui a rapport plus particulièrement à l'économie rurale, comme volume, prix de l'eau et coût de l'arrosage;

comme rendement des récoltes et plus-value des terres irriguées ; comme modification des assolements et de l'étendue du domaine exploité. Enfin, le livre XII, offre un aperçu des principes de législation et de police des eaux, de l'organisation et du fonctionnement des syndi ats d'arrosage dans les pays où l'irrigation est anciennement pratiquée ; de même qu'un essai historique rappelant succinctement les origines, le développement et la situation actuelle d'un art qui fournit un des plus puissants moyens de rénovation dont dispose l'agriculture pour éviter les crises qui l'alarment et l'arrêtent dans ses progrès.

A. RONNA.

Vienne, le 1er septembre 1888.

# LES

# IRRIGATIONS

## LIVRE PREMIER

### L'UTILITÉ DES IRRIGATIONS

L'eau est un des éléments indispensables de la végétation, l'agent le plus efficace de la production agricole. Sans eau, sans humidité, les plantes ne germent pas et leur croissance est arrêtée ; dans un milieu sec, elles ne tardent pas à périr. L'eau faisant défaut au sol, le sol reste nu ; rien n'y pousse. Quelques mois de sécheresse continue, même dans nos latitudes moyennes, suffisent pour brûler les moissons et détruire les prairies.

**La sécheresse.** — Quiconque a voyagé dans les plaines de la Grèce, de l'Espagne ou de l'Italie du sud, a pu se rendre compte des admirables effets de l'eau et apprécier la différence entres les terres sèches et les terres humides. Dès que l'été arrive dans ces pays secs, le voyageur ne trouve plus, pendant des lieues de parcours, que l'aridité et son accablante monotonie. Toutes les traces de la végétation printanière ont disparu, et l'œil n'a plus pour se reposer que le sol blanchi, dénudé et calciné malgré une couche épaisse de terre fertile dont il est revêtu. A quelques terrains qu'appartiennent les plaines, alluvions ou roches détritiques, on est dans la steppe.

A l'approche d'un village ou d'une ville, l'aspect change comme par enchantement; une zone de plantes et de verdure luxuriante s'étend autour des murs et des habitations; c'est la démarcation entre l'abondance et la stérilité.

Sur les bords des cours d'eau plus ou moins taris qui sillonnent les plaines de l'Asie Mineure, aux étés brûlants, l'effet bienfaisant de l'eau apparaît également dans toute sa beauté. La plaine est nue et torréfiée par les ardeurs du soleil, tandis que les rivières sont bordées de la plus riche végétation arborescente; grenadiers, myrtes, tamaris, figuiers et rosiers sauvages; des lauriers de plus de six mètres de hauteur sont en pleine floraison.

Dès que les pluies de l'hiver ont cessé, dans les immenses régions de l'Ouest américain, les plaines et les vallées verdoyantes sont peuplées de troupeaux et de chevaux en libre pâture; survient l'été, les pacages s'étiolent et se consument; le bétail amaigri, affamé, doit être abattu, ou conduit au loin dans les hautes montagnes.

Sous nos climats plus tempérés, il est bien rare qu'il y ait un juste équilibre entre l'eau et la chaleur, ces deux facteurs puissants de la végétation, et les alternatives de siccité prolongée ne sont pas moins désastreuses que sous les climats excessifs.

La relation qui existe entre le climat, le sol et son degré d'humidité est tellement intime, que si les pluies sont rares ou peu abondantes dans une région, et qu'il y ait absence de rosées, l'évaporation étant rendue très active par la haute température, par l'état hygrométrique de l'atmosphère, par la dominance de vents secs, ou par la trop grande perméabilité des terres, la sécheresse se produira avec ses conséquences funestes. Au contraire, si des pluies trop fréquentes ou trop durables, des rosées considérables, des eaux souterraines sans écoulement, imbibent les terres, les suites d'une humidité anormale ne seront pas moins nuisibles à la culture. Ainsi, selon les circonstances, l'eau peut être une source de sécurité et de richesse, ou bien une cause de ruine pour l'agriculture.

L'irrigation qui procure l'eau, pour l'amener dans les champs, et le drainage qui l'entraîne, quand il y en a excès, ont une telle importance, que certains agronomes, et Berti-Pichat est du nombre, n'ont pas craint de poser en principe « qu'il est impossible de cultiver avec profit, « si l'on n'a pas d'avance ménagé l'arrosage et le drainage « des terres d'après les circonstances locales; et que « l'aménagement de l'eau, dans son acception la plus « large, constitue la base de toute agriculture raison- « née (1). » Il s'agit ici de l'Italie, sans doute; mais en An- gleterre, comme en Écosse, pays de brumes et de pluie, il y a des années de sécheresse fréquente où toute l'éco- nomie agricole est bouleversée; en quelques semaines, les produits du sol sont perdus pour des millions de livres sterling; les prairies, le bétail et les troupeaux sont sacri- fiés au manque d'eau.

Assurément l'irrigation n'est pas appelée à donner en Angleterre les mêmes résultats qu'en Italie, en Espagne, ou dans l'Inde, sous le rapport des rendements, par exemple; mais la sécurité et la plus-value des récoltes y acquièrent autrement d'importance.

Beaucoup de canaux navigables dont les chemins de fer ont absorbé le trafic, ou dont la section est trop faible pour

---

(1) C. Berti-Pichat, *Istituzioni scientifiche tecniche*, t. II.

servir aux transports par traction à vapeur, sont devenus à peu près inutiles, malgré le capital considérable qu'ils représentent. Ils pourraient être utilisés pour l'irrigation, dans la mesure de la capacité des réservoirs qui les alimentent. Ces réservoirs pourraient être agrandis, multipliés, non seulement en vue des arrosages, mais encore du régime des cours d'eau.

Tout pays où l'alimentation des rivières n'est pas réglée est soumis à l'un des deux désastres : sécheresse ou inondation. Le seul moyen de porter remède à cette alternative est de construire sur les points élevés des réservoirs approvisionnant des canaux qui, au cas de sécheresse, fournissent aux terres les eaux d'arrosage, et au cas de crues extraordinaires, interceptent les eaux pluviales pour les écouler lentement vers les cours d'eau naturels dont ils améliorent le régime.

Sur les 11 millions d'hectares de terres en culture qu'offre l'Angleterre, les comtés du Centre et de l'Ouest représentent 6 millions d'hectares, dont un tiers cultivé et deux tiers en herbage; les comtés de l'Est embrassent 6 millions d'hectares, dont deux tiers cultivés et un tiers seulement en herbe. Si l'on admet avec l'éminent agronome et statisticien Caird, pour l'ensemble des comtés, la répartition et le rendement des diverses cultures, qui suivent, on s'expliquera facilement quelle gra-

|  | Hectares cultivés. | Production en hectolitres (1). |
|---|---|---|
| 1/4 Froment...................... | 1.385.000 | 29.800.000 |
| 1/4 { Orge ....................... | 565.000 | 17.500.000 |
| 1/4 { Avoine et seigle............. | 820.000 | 26.600.000 |
| 1/4 Trèfle, ray-grass, fèves et pois. | 1.385.000 | 8.900.000 |
| 1/4 Turneps, mangolds, navette, pommes de terre, jachère.... | 1.385.000 | Indéterm. |
|  | 5.540.000 | |

(1) Non compris la semence.

vité offre une perte quelconque dans une pareille production. Cinq hectolitres par hectare, au-dessous de la
moyenne, correspondent à l'alimentation d'un sixième de
la population; or, il n'est pas rare que, par excès de sécheresse ou par le fait des débordements, cette perte atteigne jusqu'à 10 et 12 hectolitres à l'hectare (1).

Il n'y a donc pas à contester la valeur des irrigations
sous des latitudes comme celles des Iles-Britanniques,
ni sous des climats apparemment aussi humides. Pour
les prairies dont elles augmentent la valeur foncière de
cinquante pour cent, l'Angleterre est aussi peu en mesure
de se passer des irrigations, que le centre ou le midi de la
France.

Comme la pratique ordinaire des fermiers anglais exclut
l'arrosage, aucun d'eux ne songe à utiliser les eaux qui
bordent ou traversent les champs, quand le soleil d'été
brûle les récoltes; pas plus qu'il ne songe à prévenir, pour
les grosses pluies d'automne, l'entraînement dans les
cours d'eau des engrais les plus riches, déjà mis en terre.
Il est vrai que la pratique des mêmes fermiers a adopté
le drainage; mais le drainage a été poussé si loin que, les
eaux pluviales s'échappant immédiatement et complètement, les conditions hygrométriques de l'atmosphère et
des récoltes en sont sensiblement modifiées.

Dans certaines années de chaleur et de sécheresse,
comme en 1864, en 1868, en 1870, etc., le bétail et les
troupeaux de l'Angleterre ont énormément souffert. Les
funestes conséquences de cette aridité se sont encore fait
sentir l'année suivante : toutes les récoltes, sauf le blé, et
encore le blé a-t-il manqué d'eau sur les plateaux élevés,
ont été diminuées comme rendement.

**Les climats.** — Le grand agronome, Arthur Young,

(1) *Engineering*, 1868.

avec le coup d'œil pénétrant et l'esprit judicieux qu'il
apporte dans ses observations, considère que des travaux
comme ceux qu'il a vus au siècle dernier dans le Languedoc, pour capter et élever les eaux d'irrigation, aux frais
d'un seul propriétaire, seraient applicables dans les montagnes de l'Angleterre et du pays de Galles; « il serait,
« ajoute-t-il, de toute nécessité de les entreprendre; car,
« ai-je besoin de dire que l'irrigation fait tout aussi bien
« dans nos climats du Nord que dans le midi de l'Europe.
« La différence de valeur entre des cultures arrosées et
« celles qui ne le sont pas, n'est pas là, plus grande qu'ici,
« excepté sur des terres avides et négligées, où le climat
« la rend excessive... On se tromperait étrangement en
« bâtissant une théorie sur les latitudes comme mesure
« des bienfaits dus à l'irrigation. L'eau apporte autre
« chose que son humidité; elle fume, consolide, appro-
« fondit la terre cultivable; elle la garde du froid; effets
« tout aussi précieux dans notre climat que dans ceux
« du Midi (1). »

Il est certain que dans le Nord la chaleur est suffisante pour les céréales et pour les principales plantes
industrielles; généralement, le blé y produit même par
hectare un nombre plus grand d'hectolitres que dans le
Midi; en outre, par cela même que le climat y est plus
humide, les récoltes y sont plus régulières, le bétail plus
nombreux, l'agriculture plus avancée; en sorte que le
revenu de la terre se maintient à un chiffre plus uniformément élevé. Mais bien des causes modifient cette condition; au fur et à mesure que l'altitude augmente, la chaleur diminue et les cultures deviennent de plus en plus
précaires et difficiles. L'exposition contribue beaucoup à
faire varier la température moyenne; tandis qu'une expo-

_____

(1) *Voyages en France pendant les années* 1787 à 1789, t. II, p. 151.

sition sud augmente cette température, une exposition nord tend à la diminuer. Ces influences se font sentir non seulement dans une même localité, mais jusque dans les limites d'un même champ. Elles sont bien marquées, par exemple, dans le val de la Loire, lorsqu'on compare le coteau qui regarde le nord à celui qui regarde le sud (1).

Si, dans la Flandre, dans la haute et la basse Normandie, dans le Cotentin, sur les côtes de la Bretagne et de la Saintonge, en général, sur le littoral océanique ou même méditerranéen, l'humidité résultant du voisinage de la mer contribue à élever beaucoup le revenu de la terre, on ne peut pas dire que l'irrigation ne l'élèverait pas davantage, en mettant la culture à l'abri des sécheresses et de la rareté de l'engrais. Tandis que sur le littoral breton, particulièrement dans le Léonais, la mer fournit les engrais : goémons, varechs, tangues, dépôts coquilliers, etc., qui permettent de tirer un revenu considérable du sol, naturellement infertile en raison du manque de chaux, l'intérieur du plateau, à petite distance de l'Océan, bien que riche en sources d'arrosage, reste couvert de landes.

Si maintenant on descend vers le Midi, l'irrigation n'est plus seulement un moyen utile d'amélioration du sol, comme dans le Nord; elle ne jouit plus seulement des avantages qu'Arthur Young préconise pour l'Angleterre, mais elle est un besoin impérieux de la culture. La saison chaude s'y prolonge trois ou quatre mois après la moisson. L'hectare qui, sur les côtes de Provence, notamment aux environs d'Hyères et de Nice, se loue quelquefois plus de 400 francs; l'hectare qui, cultivé en primeurs et en plantes de parfumerie, rapporte au delà de

---

(1) A. Delesse, *Carte agricole de la France. Bulletin de la Soc. de Géogr.*, 1874.

10,000 francs par an, n'acquiert cette valeur exceptionnelle que par l'eau.

Les motifs sont en somme les mêmes pour déterminer l'irrigation, au Nord comme au Midi, à savoir : l'élévation du prix des terres, l'obligation d'augmenter leur rendement sous la pression de la concurrence des produits agricoles, obtenus à meilleur compte à l'étranger; l'accroissement de la population et du prix de la main-d'œuvre; les progrès de l'alimentation, qui réclame plus de viande, et par conséquent plus de bétail et plus de prairies. Ni le climat ni la latitude n'influent sur ces exigences de la culture moderne.

Aussi, qu'elle améliore le rendement des bonnes terres, qu'elle procure des rendements plus élevés aux terres de qualité inférieure, ou qu'elle permette de mettre en valeur des sols jusqu'alors infertiles, l'irrigation est le premier de tous les moyens à employer. Grâce à elle, les fourrages donnent plusieurs coupes également riches, au lieu des regains chétifs qui suivent la coupe du printemps; le produit en est doublé, et aussi le nombre des bestiaux qu'elle peut entretenir. Les jardins, par les racines, les légumes, les fruits, sont appelés à pourvoir plus abondamment à une nourriture saine et variée. Les terres sèches et graveleuses, sans produit, deviennent par l'arrosage d'une fécondité exceptionnelle, tandis que les terres basses et marécageuses, comblées par les limons que charrient les eaux courantes se transforment en sols fertiles et s'assainissent.

Dans le Midi plus spécialement, les céréales, grâce à l'arrosage, bravent les sécheresses prématurées et donnent une récolte presque certaine; le petit maïs, les millets, les pommes de terre, différentes racines, viennent s'ajouter la même année, dans le sol arrosé, aux produits d'une première récolte. Dans le Nord également, des ré-

coltes dérobées, d'une richesse souvent égale aux premières, peuvent s'obtenir avec l'irrigation (1).

Plus avant encore, en Lombardie et en Piémont,
l'arrosage permet d'introduire ou d'établir définitivement
dans l'assolement, quand le sol s'y prête, les cultures du
ray-grass et du riz. Sur les grèves et les sols caillouteux
de la rive gauche de l'Adda, l'eau seule, distribuée tous
les quinze jours, rend possible la culture du maïs;
si elle vient à manquer, le sol n'ayant pu conserver l'humidité nécessaire dans les fortes chaleurs de l'été, le maïs
dépérit (2).

La plus grande partie de l'Inde serait stérile sans l'irrigation, pour laquelle les indigènes d'abord, puis le gouvernement anglais, ont dépensé en travaux de réservoirs
et de canalisation, des capitaux énormes. Dans le Punjab, où le sol d'alluvion constitué par les débris des
monts Himalaya et les sables des fleuves, ne reçoit annuellement que 0^m,40 de hauteur d'eau pluviale; dans le
Sind, au sol sablonneux, qui reçoit moitié moins encore
de pluie, il n'y a de récoltes possibles qu'avec l'aide des
irrigations, qui donnent le moyen d'assurer la production, de se passer d'engrais par les limons que déposent
les eaux, ou de restituer à la terre le fumier du bétail,
au lieu qu'il serve de combustible; enfin, d'améliorer
l'état sanitaire général. Tous les efforts du gouvernement ont tendu jusqu'ici à développer et à protéger les
pâturages par les arrosements; dans le Punjab, il y
avait, en 1880, deux millions d'hectares, et dans le Sind,
trois cent mille hectares consacrés aux prairies, dont le
produit a augmenté de plus de cinquante pour cent depuis les arrosements.

(1) Comte de Gasparin, *Journal d'Agriculture pratique*, 1843-44.
(2) *Inchiesta agraria; monografia di Zonca, circondario di Treviglio*,
vol. VI, 1886.

Il en est de même des régions de l'ouest des États-Unis d'Amérique. En dehors des vallées, aucune culture n'y est possible sans irrigation; la chute d'eau pluviale annuelle atteint dans le territoire Nevada, en moyenne, $0^m,20$; au Colorado, $0^m,175$; en Californie, $0^m,230$, etc.; aussi, pendant des mois entiers, l'eau manquant dans la plaine, c'est le désert qui règne.

Les immenses territoires du Texas, du Wyoming, de Montana, de Nebraska, consacrés à l'élève du bétail depuis le mois de novembre chaque année, jusqu'au mois d'avril suivant, sont peuplés de millions d'animaux en pâturage, sur des espaces que le besoin d'eau est seul à limiter. Comme les bestiaux doivent boire matin et soir, il faut qu'ils puissent aller et venir deux fois en vingt-quatre heures pour s'abreuver à la rivière ou au ruisseau, de quelque point qu'ils soient partis. Quand les pluies ont cessé, l'herbe brunit comme si le feu l'avait léchée, et les troupeaux, chassés par le manque d'eau et de nourriture, sont conduits dans les *ranches* des montagnes Rocheuses pour y passer l'été. La plus grande partie des pacages que traversent les cours d'eau appartient aux éleveurs de la plaine. Là où il n'y a pas d'eau, la terre n'a aucune valeur.

L'irrigation, qui fait que dans ces immenses contrées, déshéritées par la pluie, on arrive à cultiver le froment et l'orge et à produire du foin comme sur nos meilleures terres arables (1), offre au cultivateur l'avantage incomparable, même si le climat est plus humide, de le rendre indépendant des intempéries et de lui permettre de restituer au sol, par les limons que déposent les eaux en des-

(1) A. Ronna, *le Blé aux États-Unis d'Amérique*, 1880, p. 10. Dans la ferme irriguée du colonel Archer, à Denver (Colorado), l'hectare rend 17 hectol. de froment; 54 hectol. d'orge; 2,000 kil. de foin, qui se paient 200 francs les 1,000 kil. à Leadensville.

cendant des montagnes, l'engrais dont il est privé par les récoltes consécutives.

**Les inondations.** — Ces bienfaits, quoique inappréciables, ne sont pas les seuls que procure l'irrigation, en dehors des latitudes. Les volumes d'eau que les pluies d'orage versent en quelques heures sur les montagnes sont si considérables que, sur les terrains nus et arides, des trombes se précipitent sur les vallées, débordant les rives et entraînant dans leur course furieuse tout ce qui barre leur passage. Ni les digues ni les réservoirs artificiels ne peuvent arrêter d'une manière efficace et durable les désastres des inondations; mais, à défaut des forêts, les pâturages et les prairies peuvent mieux encore régler le mouvement des eaux. Quand les bois sont détruits, les sources tarissent pour couler souterrainement; elles saturent le sol que les pluies ne pénètrent plus. Si, au contraire, les pentes dénudées sont ensemencées en graines fourragères, la végétation ne tarde pas à protéger la surface contre l'action érosive des eaux, et l'écoulement torrentiel se ralentit par suite de la couche végétale dont l'épaisseur augmente. On arrive ainsi par la résistance des gazons à détourner les torrents menaçants et à consolider, tout en mettant en valeur, les terrains stériles des hautes montagnes.

« Augmenter la surface des prairies arrosées et des pâturages sur les versants des vallées, pour améliorer le régime des eaux, est une œuvre à laquelle l'agriculture ne saurait trop ardemment se vouer, en vue de l'accroissement des produits du sol et de la protection des terrains inférieurs (1). »

Le célèbre Babinet avait, lui aussi, rêvé un jour devant l'Institut, de reboiser les montagnes, de barrer les

(1) Hervé-Mangon, *Conseil central météorologique*, juin 1887.

vallées et d'accaparer les sources, pour transformer les plaines françaises en vastes prairies arrosées. Son projet n'eût exigé pour l'exécution qu'une douzaine de milliards!

C'est aux prairies, plus encore qu'aux forêts, qu'il faut recourir pour améliorer le régime général des eaux de la plupart des contrées et les préserver des inondations. En conséquence de la répartition rationnelle des eaux qui, répandues à la surface, s'infiltrent dans le sol et retournent lentement dans le lit des rivières dont le cours devient plus constant, les sources réapparaissent, les étiages se relèvent et le niveau des crues s'abaisse (1).

Tous les travaux de régularisation ou d'endiguement des cours d'eau qui ont été exécutés sans que l'on ait d'abord constitué des réserves d'eau suffisantes et distribué par un réseau de canaux de fuite, sur de grandes surfaces en prairies, les excédents d'eau dans les parties élevées de leurs bassins, n'ont eu pour effet que d'aggraver leur régime torrentiel.

La Hongrie, par exemple, avec ses cours d'eau à très faible pente, présentant une surface inondable d'environ 17,000 kilomètres carrés, souffre périodiquement, dans les plaines, de l'inondation ou de la sécheresse, qui, dans l'espace de quelques jours, détruisent les plus belles espérances des récoltes. Les crues y sont encore plus redoutables que les débordements directs, parce que le manque de canaux d'écoulement leur donne une plus longue durée; les grands travaux d'endiguement exécutés le long de la Theiss, au lieu de ceux qui auraient dérivé les eaux d'amont des Carpathes sur les plateaux ensemencés en prairie, n'ont eu pour résultat que d'augmenter leur fréquence et leur intensité.

Il est avéré que les prairies remédient admirable-

(1) Cotard, *De l'aménagement des eaux: Bulletin de la Société de Géographie*, décembre 1878.

ment au défaut d'ameublissement du sol. En désagrégeant le sous-sol, leur arrosage facilite la pénétration des racines, contribue à l'aérage par l'infiltration et l'évaporation de l'eau. Grâce à leur permanence, les plantes se reproduisent et se remplacent par d'autres mieux appropriées.

**La prairie dans le Nord**. — Comme Boussingault l'a fait si justement observer, « dans l'état actuel de l'art agricole, l'origine la moins contestable de la fertilité du sol arable réside dans la prairie irriguée. C'est là où sont concentrés dans le fourrage les éléments disséminés de l'air et de l'eau, lesquels, après avoir traversé l'organisme des animaux, passent en grande partie dans la terre labourée. Aussi, quel qu'ait été le progrès de la culture dans une contrée, à moins d'une richesse de fonds toute particulière, on trouve qu'il y a toujours des prairies, plus ou moins étendues, annexées au sol livré à la charrue (1). »

Dans un langage peut-être plus imagé, mais non moins saisissant, Briaune écrivait, il y a plus de quarante ans : « Semée pour des années, fertilisée par les pluies de printemps, luttant contre la sécheresse de l'été à l'aide des irrigations, subsistant toujours et se renouvelant sans cesse par la variété même de ses plantes, enrichissant continuellement le sol où elle végète par les détritus que l'herbe enlève à l'eau qui la baigne, la prairie arrosée fournit une quantité de fourrages à peu près constante, des engrais abondants, rendus pour ainsi dire au milieu de la ferme; et, généreuse comme la nature à laquelle elle doit presque tout, elle ne demande rien aux autres champs, et bien peu de chose au travail de l'homme (2). »

(1) *Comptes rendus de l'Académie des sciences,* novembre 1855.
(2) *Société d'Agriculture de l'Indre,* 1843.

Dans les pays avancés, comme dans ceux qui sont arriérés, la supériorité de la valeur vénale et du revenu du fonds en prairie arrosable, comparé au fonds en terre arable, est un fait connu et fondamental. Aussi, quand on conseille au cultivateur d'augmenter son revenu en augmentant son bétail pour obtenir plus de fumier, on lui conseille en fin de compte d'avoir plus de prairies et d'arroser ces prairies, afin de développer la végétation de l'herbe, qui donne sans cesse au domaine sans rien en recevoir.

S'il y a un profit moyen ou considérable à arroser les prairies, par suite de la production fourragère que développe l'arrosage, il y a lieu de faire entrer également en ligne l'apport indirect du fourrage par le bétail, sous forme de viande, de lait et d'engrais, non moins que les améliorations du sol résultant de la culture des prairies dans l'assolement.

D'une manière générale, on peut dire que la prairie arrosée correspond toujours à une bonne agriculture réalisant de grosses récoltes, et à une population aisée, quoique moins dense que dans les pays à cultures industrielles; elle marque un progrès signalé, quand elle se développe, et ce progrès exerce une salutaire influence sur l'état général de l'agriculture (1).

De toutes les améliorations dont est susceptible la production du sol, il n'y en a pas de plus importante que celle des prés par l'irrigation, surtout dans les terres qui sans eau resteraient médiocres ou stériles. Quelque coûteux que puissent être les travaux préparatoires pour l'arrosage des prés, l'avance d'argent, par l'excédent de produit obtenu en fourrage, constitue une excellente spéculation.

---

(1) Bertagnoli, *l'Economia dell'agricoltura in Italia*, 1886.

Quand on écrit que les terres arables, soumises à une culture intensive, doivent se suffire à elles-mêmes par les prairies artificielles, on considère des sols amenés depuis longtemps à un haut degré de fertilité ; mais il n'en est pas moins avéré que, pour l'agriculture de transition, il y a un intérêt dominant à tirer des prairies permanentes le fourrage nécessaire à la production du fumier pour les autres terres en culture. Celui qui a du foin en abondance, par ses prés arrosés, peut d'autant mieux consacrer ses terres à des récoltes vendables, faciles à convertir en argent. Celui, au contraire qui manque de prés, arrosés ou non, doit affecter une grande étendue de son fonds à la production des fourrages, trèfle, luzerne, etc., pour que son bétail lui rende le fumier nécessaire (1).

Les bienfaisants effets de l'arrosage des prairies étaient mis en lumière déjà par Vauban, dans deux de ses mémoires que tous les agriculteurs pourraient lire et méditer ; nous leur emprunterons quelques citations :

« L'élection de Vézelay (province de Nivernais) offre un pays fort entrecoupé de fontaines, ruisseaux et rivières, mais tout petits, comme étant près de leurs sources.

« Les deux rivières d'Yonne et de Cure sont les plus grosses, et peuvent être considérées comme les nourrices du pays... Il y a plusieurs ruisseaux moindres qui font tourner les moulins et servent aussi au flottage des bois, quand les eaux sont grosses, à l'aide des étangs qu'on a faits dessus. On en pourrait faire de grands arrosements qui augmenteraient de beaucoup la fertilité des terres et l'abondance des fourrages, qui sont très médiocres en ce pays-là, de même que celle des bestiaux, qui y croissent petits et si faibles qu'on est obligé de tirer les bêtes de labour d'ailleurs, ceux du pays n'ayant pas assez de

_____

(1) Villeroy, *Journal d'agriculture pratique,* 1842-43.

force; les vaches mêmes y sont petites, et six ne fournissent pas tant de lait qu'une en Flandre; encore est-il de bien moindre qualité (1).

« Si on faisait faire quantité d'arrosements... on produirait trois profits considérables : 1° par de plus grandes ventes de bestiaux; 2° par le laitage qui contribue beaucoup à la nourriture des peuples et spécialement des enfants; 3° par les fumiers qui augmenteraient de beaucoup la fertilité des terres.

« Combien y aurait-il de gros bestiaux en Languedoc, Provence et en beaucoup d'autres provinces où il en manque, si on facilitait l'arrosement de tant de terres sèches et arides qui font partie de ces pays, et qui ne produisent presque rien, dont on pourrait cependant faire de bonnes prairies? Pourquoi faut-il que les peuples du Roussillon, qui s'en servent si utilement, soient en cela plus utiles que les nôtres? Il y a dans le Languedoc seul plus de 160.000 arpents de marais, dont les Hollandais feraient le meilleur pays du monde, qui ne produisent que des roseaux et des mouches bovines.

« J'ai vu des contrées dans le Cotentin où il y en a plus de 80.000 arpents qui seraient capables de produire les meilleurs herbages du monde, et de nourrir 15 à 16.000 bêtes chevalines, s'ils étaient desséchés (2). »

Plus loin, Vauban ajoute :

« Il y a une infinité de choses à faire pour l'amélioration des terres et l'accroissement des bestiaux, dans le royaume, qui pourraient en augmenter les peuples et les revenus d'un tiers, si elles étaient mises en valeur par l'arrosement (3). »

(1) Vauban, *Description de l'élection de Vezelay*, janvier 1696; *Oisivetés*, t. I, p. 203 et 213.
(2) Vauban, *Mémoire sur le canal du Languedoc* 25 février 1691; *Oisivetés*, t. I, p. 89.
(3) Id., *ibid.*, p. 94.

« Il est hors de doute, écrit M. Grandeau (1), que la meilleure utilisation du fourrage, au point de vue économique, est sa consommation par les animaux de la race bovine. La Suisse (il s'agit de la Suisse qui n'a que 15 pour 100 de son territoire cultivable, consacrés aux céréales, et 70 pour 100 consacrés aux prairies et pâturages) compte 688 têtes de bétail par 1,000 habitants, et 660 par 100 hectares de terres cultivées. Un fait, général pour tout l'ancien continent, est de nature à encourager l'accroissement de la production du bétail et, par suite, celui des surfaces de terre consacrées à la culture fourragère. Voici ce fait : la quantité de viande disponible pour l'alimentation ne s'est pas accrue en Europe, depuis cinquante ans, autant que la population : d'où il résulte que chaque individu n'aurait pas à sa disposition, à l'heure qu'il est, une quantité de viande égale à celle que son aïeul ou son bisaïeul possédait.

« C'est là, sans contredit, une des raisons pour lesquelles le prix de la viande a augmenté dans une proportion bien plus élevée que le prix du blé et, partant, du pain. C'est aussi un motif sérieux d'encouragement pour la création de prairies et de pâturages, en vue de la production de la viande, source de profits élevés lorsque, par l'association, le cultivateur saura s'affranchir de l'intermédiaire onéreux pour le débit et la vente des animaux de la ferme. »

**Les récoltes du Midi.** — Voilà bien pour les prairies qui, sous les climats moyens ou dans les vallées, utilisent le mieux les eaux abondantes pendant le cours de l'année et auxquelles les petites irrigations sont principalement réservées; mais sous les climats du Midi et ailleurs, l'irrigation s'applique à tout : aux céréales,

---

(1) L. Grandeau. *Études agronomiques*, 2ᵉ série, 1888, p. 233

comme aux légumes et aux fourrages; au lin et au chanvre, comme aux vignes et aux arbres fruitiers.

Auguste de Gasparin, visitant le territoire de Cavaillon
qu'arrose la Durance, s'extasie sur cette production dans
les termes suivants :

« Là, j'appris tout ce qu'on pouvait faire à l'aide de
l'eau. Les blés, immergés pour la troisième fois, avaient
atteint la hauteur d'un homme, quand les nôtres épiaient
à 0ᵐ,60 de terre. Ces blés ont rapporté 20 fois la semence,
les nôtres n'ont produit que 5 ; et, dans les années les
plus favorables, la pluie pour eux ne remplace jamais
l'arrosage, car la pluie s'adresse aux fleurs comme aux
racines et fait avorter les produits... Mais Cavaillon enlève une seconde récolte de haricots, dont la valeur égale
celle du blé. Nos terres, brûlées par le soleil, ne peuvent
produire de récoltes intercalaires; c'est donc une valeur
de 40 contre 5 qu'on peut obtenir sur les champs arrosés;
ainsi, pour obtenir la même quantité de substance alimentaire, on y cultive huit fois moins de terrain (1). »

De Vaucluse à la terre classique des irrigations, la
Lombardie, il y a pourtant encore bien du chemin à parcourir, avant que l'on atteigne les admirables résultats
dus à l'arrosage de la vallée du Pô.

Arthur Young, voyageant en Italie, après avoir visité
la France et décrit de main de maître l'état de son agriculture, s'arrête en Lombardie, « une des plus riches
plaines du monde, où la fertilité du sol, secondée par l'irrigation, surpasse ce que nous connaissons en Europe (2). »

« Entre Suze, au pied des Alpes, et les bouches du
Pô, on compte, dit-il, 254 milles de longueur; la largeur

---

(1) *Du plan incliné comme grande machine agricole; Cours d'agriculture,*
t. VI, p. 520.
(2) Arthur Young, *Voyages en Italie et en Espagne,* traduction de Lesage, 1860, p. 123.

varie de 50 à 100 milles, donnant en tout une superficie
de 15,000 milles carrés. Le Pô traverse cette plaine, recevant les eaux qui descendent des Alpes d'un côté, des
Apennins de l'autre. Le massif énorme de la première
de ces chaînes, couverte de neiges éternelles, envoie ses
torrents se décharger dans les immenses réservoirs des
lacs Majeur, de Lugano, de Côme, d'Iseo, de Garde,
où l'irrigation vient les prendre pour fertiliser presque
tout ce pays. Les Apennins n'offrent pas de ressources
semblables; aussi les irrigations couvrent-elles sur la rive
gauche, dix fois plus de terrain que sur la rive droite... »

« S'il y a quelque chose qui donne à ce pays une supériorité très grande sur tout ce que j'ai vu dans d'autres
pays, ce sont les irrigations... »

Le territoire lombard, esclave des eaux et des sables
par sa situation orographique, et menacé d'une stérilité
perpétuelle, est pourtant celui qui offre la plus grande
surface en terres arables et qui réunit la variété la plus
extraordinaire de produits. En même temps que l'avoine
du Danube, le lin des Flandres et la pomme de terre de
l'Irlande, on y fait croître la vigne de la Grèce, le maïs du
Mexique, le froment de Rici, le mûrier de la Chine et
le riz de l'Inde. S'il n'y a pas d'oliviers dans la riche
plaine de Milan et jusqu'aux Apennins, du moins trouve-
t-on sur la rive du lac de Côme et dans les îles du lac
Majeur les orangers et les citronniers, venant en plein
vent à parfaite maturité, au pied des grandes Alpes couvertes de glaciers.

Quels travaux n'a-t-il pas fallu exécuter pour contenir
et diriger les fleuves, dessécher, défoncer, niveler, assainir le sol, transformer les marais et les grèves en
vastes plaines arables où l'irrigation admirablement entendue maintient un degré exceptionnel de fertilité! Fon-
tenelle a dit : « C'est l'homme qui fait la terre ; » mais

n'est-ce pas aussi l'homme qui la féconde et la fait fruc-
tifier, à force de travail et d'énergie persévérante ?

« Laissons de côté Naples et la Sicile, dit ailleurs
A. Young; quel avantage sans égal, vis-à-vis du nord
de l'Europe, que celui offert par la Toscane, où l'olivier
couvre les montagnes rocailleuses! Le produit de la soie
en Lombardie n'est-il pas d'une importance extrême?
Y a-t-il quelque chose d'aussi productif que le riz? La
fertilité des prairies, ne la doit-on pas autant à l'ardeur
des étés qu'à l'irrigation? Tout cela, est-ce le climat qui
le donne (1) ? »

Mais Jacini n'entend pas, à juste titre, que le climat ait
seul contribué à assurer les bienfaits de la production
agricole en Lombardie (2). « Le climat favorise l'Italie,
c'est vrai; mais pas plus ni moins que les deux autres
grandes péninsules de l'Europe méridionale, qui sont loin
de l'égaler.

« La fertilité du meilleur sol de l'Italie ne surpasse pas
celle de beaucoup de régions centrales : les bassins du
Danube, du Rhin, de la Loire, de la Seine, de la Scheldt,
les plaines de l'Angleterre, de la Hollande, des îles du
Danemark, des provinces méridionales de la Russie. Dans
ces pays, l'humidité naturelle atmosphérique est un puissant adjuteur de la végétation, surtout des plantes fourragères. En Italie, là où l'irrigation n'y supplée pas,
l'ardeur du soleil et la sécheresse persistante condamnent
d'une manière absolue cette végétation si importante
pour le développement d'une agriculture rationnelle. »

**L'hydraulique et le régime des eaux.** —
L'étude et les progrès de l'hydraulique sont étroitement liés en Italie avec ceux de l'agriculture, fait res-

(1) A. Young, *loc. cit.*, p. 129.
(2) *Inchiesta agraria; Atti della giunta, Proemio,* 1882.

sortir Simonde (1); il a fallu mettre à profit toutes ses ressources pour donner un écoulement à des plaines qui n'ont presque aucune pente; pour empêcher les fleuves de s'épancher, lorsque leur embouchure paraissait plus élevée que leur cours intermédiaire; pour dessécher les marais situés au-dessous du niveau des eaux; enfin pour forcer les rivières à rehausser le terrain qu'elles ruinaient. Mais les Italiens n'ont pas montré moins d'industrie et d'intelligence dans la conduite de ces eaux pour les arrosements. L'art de les maîtriser et de les diriger à volonté, les frais immenses et les travaux magnifiques consacrés à ce but, l'économie de la pente du terrain, ont été portés par eux à un point de perfection digne d'exciter l'admiration des étrangers.

« La Lombardie, ajoute Jacini, a été favorisée pour l'irrigation par deux conditions de la nature tout à fait exceptionnelles: la première, l'existence de grands lacs formant au pied des Alpes des réservoirs dans lesquels les eaux déposent leurs limons et s'épurent avant de pénétrer dans les canaux émissaires qu'ils alimentent, lorsque les torrents et les rivières du reste de l'Italie souffrent de pénurie d'eau pour les besoins de l'agriculture; la seconde, la présence d'eaux souterraines en communication avec les lacs et les torrents des Alpes, qui coulent à une certaine profondeur, retenues par le sous-sol argileux ou siliceux, de telle sorte que dans la zone des hautes plaines comprises entre le Tessin et le pays véronais, elles peuvent être ramenées à la surface, recueillies dans des bassins et conduites par des canaux pour être utilisées l'hiver sur les prairies, en raison de leur température plus élevée que celle de l'air.

« A ces deux rares privilèges, expliquant les résultats

---

(1) Simonde, *Tableau de l'agriculture toscane*, Genève, 1801, p. 17.

merveilleux des irrigations, s'est ajouté le travail de
nombreuses générations, qui, sauf les cas exceptionnels
où le sol était de niveau, ont préparé la surface des
champs irrigables, de façon que l'eau pénétrant à une
extrémité et s'écoulant à l'autre, pour parcourir la même
route dans le champ voisin, et ainsi de suite, a déterminé
la création d'un réseau immense de canaux se rencon-
trant, s'entrecoupant et débouchant enfin dans les collecteurs de décharge. Par cette création qui embrasse aussi
bien les propriétés particulières que les territoires des
communes et de districts entiers, chaque canal de dérivation, soigneusement tracé, a été pourvu d'ouvrages d'art
nombreux : barrages, ponts-canaux, siphons, vannes, etc.,
ne laissant aucune partie du sol hors d'atteinte de l'eau.
Que n'a-t-elle coûté de temps, de travail et d'argent !
Selon l'estimation des ingénieurs les plus compétents,
la dépense correspond à un minimum de 1.800 francs par
hectare ; et comme dans certaines exploitations l'hectare
vaut de 10.000 à 15.000 francs, tandis que dans d'autres,
les plus nombreuses, il vaut seulement 1.500 francs et
au-dessous, on peut dire que, pour créer les irrigations
dans la basse Lombardie, il a été dépensé en moyenne,
à peu près autant que la valeur actuelle de la terre. En
tenant compte des travaux qui restent encore à faire pour
améliorer la zone imparfaitement irriguée, c'est-à-dire
la plus-value apportée aux terres de qualité inférieure et
d'un prix actuellement peu élevé, il n'en reste pas moins
établi que les frais nécessaires pour l'irrigation correspondent à la valeur du fonds quand il est irrigué.

« C'est d'ailleurs un fait qui se constate chez tous
les peuples jouissant de libertés municipales anciennes,
pratiquant de longue date les traditions d'une bonne
agriculture, ayant conquis le sol qu'ils cultivent et le
considérant comme le meilleur emploi des capitaux, et la

caisse d'épargne la plus sûre pour les générations futures. La Hollande est le type consacré de ces peuples (1). »

**Les résultats en Lombardie.** — Les conséquences pratiques de l'irrigation sont exposées par Jacini, dans son rapport d'enquête, eu égard à la production agricole, à l'assiette de la propriété, aux baux et à la condition des classes rurales.

*Production.* — L'irrigation seule a permis dans un sol comme celui de la Lombardie, sous un climat aussi sec, de mettre à profit les ardeurs du soleil. Par une latitude de 45 degrés, au pied des grandes Alpes du nord, le riz, plante tropicale, croît admirablement; le maïs, abrité contre les sécheresses estivales, ne redoute que la grêle; la prairie, grâce à l'eau et à la chaleur combinées, fournit par des coupes multiples, le long de l'année, un fourrage succulent pour la nourriture d'un nombreux bétail, et, à l'aide du bétail, se produit un fumier abondant qui complète les ressources en engrais et assure la fertilité exceptionnelle des herbages.

L'irrigation donne, en outre, le moyen d'exercer librement un choix des assolements et, par cela même, elle favorise la culture intensive pour tirer de l'exploitation du sol et du bétail le bénéfice le plus rationnel.

*Propriété.* — La petite propriété ne profite pas autant de l'irrigation que la grande, les eaux représentant un capital qu'il convient d'appliquer le plus économiquement possible à de grandes surfaces. La distribution des eaux par rotations, déterminées d'accord avec tous les usagers, exige, pour qu'il n'en soit rien perdu, que l'exploitation soit assez vaste, de façon que l'eau soit répandue au moment où l'agriculteur le juge plus opportun sur les pièces occupées par diverses récoltes. Une petite

(1) Jacini, *loc. cit.*; *Relazione*, t. VI, 1882.

exploitation de deux hectares, par exemple, qui comporte un canal d'amenée et quelques ponceaux ou passerelles et un canal d'issue, absorbant une partie de sol arable précieux, ne comporte guère qu'une seule culture. Aussi est-elle divisée en plusieurs soles qui n'exigent pas d'être arrosées le même jour. Il s'ensuit que pour mettre à profit l'eau, déjà à moitié évaporée pendant le parcours du canal, on doit augmenter les rigoles donnant accès aux diverses pièces, les colatures pour emmener les eaux d'égouttement, et finalement sacrifier une surface trop importante de terre arable. Le volume d'eau que l'on considère comme abondant pour une propriété de 100 hectares est absolument insuffisant pour 5o propriétés de deux hectares chacune.

Il importe donc, au point de vue d'une exploitation méthodique, que le domaine s'étende au moins sur 15 à 20 hectares, quand la prairie est la sole dominante. S'il s'agit d'obtenir le bénéfice maximum de l'emploi des eaux, le domaine devra occuper, suivant les localités, de 40 à 120 hectares. On comprendra d'ailleurs qu'avec une culture aussi intensive que celle résultant de l'irrigation, il y a une limite de surface cultivable qui ne saurait dépasser 3oo à 400 hectares, de même qu'il y a une limite de capital, de travail et de surveillance à engager dans une exploitation de cette étendue.

Une ferme irriguée de 400 hectares, dans l'arrondissement de Lodi, par exemple, nécessitant un fonds de roulement d'un demi-million de francs, ne peut être administrée que par le propriétaire lui-même. Si l'exploitation est plus importante, comme dans l'arrondissement de Mortara, on n'a pas de peine à reconnaître que sa répartition entre deux ou trois fermes eût donné un revenu net plus fort, et assuré une valeur vénale plus élevée pour les fermes partielles que pour la ferme entière.

Ailleurs, dans la province de Mantoue, au delà du Mincio, où certaines exploitations embrassent de 1.000 à 1.500 hectares, le riz est la sole dominante, et il ne s'agit plus de culture intensive.

Ainsi, pour les irrigations, la moyenne et la grande propriété s'imposent en Lombardie; elles exigent pour l'exploitation rationnelle du sol arrosable, comme toute autre branche d'industrie, un gros fonds de roulement et une direction intelligente.

*Baux et condition des classes rurales.* — L'irrigation a aussi pour effet de modifier les baux, en forçant l'exploitant à se procurer de la main-d'œuvre en dehors de celle qui est à demeure, ou qui est salariée à l'année. Il est indispensable, en effet, pour faire valoir ses capitaux soumis aux risques industriels, qu'il loue des ouvriers aux meilleures conditions de prix possible, sans recourir à des tenanciers ou à des métayers. Mais le principe de l'association est si profondément ancré en Lombardie, qu'une partie des gages du personnel fixe est encore payée en nature. Le tantième qui représente le droit de pioche (*diritto di ʒappa*), comme on l'appelle, est fourni tantôt en riz, dans la zone où cette culture domine, tantôt en lin, quand les femmes des paysans ont charge du teillage, et partout en une certaine quantité de maïs. Cette participation se justifie par l'intérêt qu'a le paysan à donner des soins et un travail assidu pour la réussite des récoltes. Dans chaque pièce qui leur est consacrée, l'exploitant lotit une parcelle pour les paysans et leur abandonne une quote-part du produit brut qui varie entre un quart et un tiers. Quand la culture du mûrier n'est pas entravée par celle des rizières, le produit des cocons se partage par moitié. La plupart des paysans à demeure ont droit, en outre, à une petite parcelle de jardin pour y faire les légumes nécessaires à leurs propres besoins.

Ainsi, pour toutes les cultures sur lesquelles le paysan a une action directe par son propre travail, le principe du métayage subsiste; mais pour les prés irrigués, le fourrage étant une matière première, servant de base à une industrie spéciale, celle du bétail, la participation n'existe pas.

Le paysan qui, dans la zone des collines ou de la haute plaine non irriguée, s'adonne à la petite culture comme métayer, associé à la production, devient un ouvrier à salaire fixe dans la basse plaine irriguée où domine la culture industrielle de la prairie et il ne reçoit plus de participation en nature que pour certaines cultures, telles que le maïs, le riz, le lin et le mûrier.

Dans toute la région occidentale embrassant les arrondissements de Mortara et de Pavie, le district au sud de Milan et celui de Lodi, soumis depuis des siècles au régime des irrigations abondantes, les exploitations ont acquis une étendue normale, par suite des échanges de parcelles et des transactions infinies résultant du morcellement des domaines trop vastes. La démarcation y est très nette entre le propriétaire, qui représente le capital foncier et immobilier, l'exploitant, qui représente le fonds industriel de roulement, et le paysan, qui représente le travail manuel.

La région du centre de la vallée du Pô, comprenant les districts de Crémone et du sud de Crema, où les eaux ne sont pas encore copieuses, est dans un état de transition qui se rapproche de celui de la région occidentale, quant à la distinction à établir entre les trois agents de l'industrie agricole.

Enfin, dans la région orientale s'étendant au nord de Crema, au Bergamasque, au Brescian et au Mantouan, moins largement irriguée, les capitaux engagés dans l'exploitation du sol sont bien plus faibles et toute simi-

litude cesse entre l'industrie agricole et l'industrie manufacturière.

Faut-il ajouter à ces considérations de l'éminent économiste Jacini que l'irrigation, en permettant la culture lucrative du maïs, dont elle a doublé le rendement
dans les terres meubles et augmenté de moitié le produit
dans les autres terres, a contribué à l'accroissement de
la population accusé par les recensements successifs.
D'autre part, le cadastre montre que le revenu des terres
arrosées, toutes circonstances égales d'ailleurs, est taxé
au double de celui des terres sèches.

La valeur foncière des meilleures terres, estimée à mille
francs par hectare, correspond aux terres arrosées ; et
quant au loyer, il est de 35 à 50 francs plus élevé que
pour les terres sèches. Il est vrai que le tantième d'un
quart, d'un tiers ou de moitié, payé en nature sur le
produit brut, représente dans certaines localités l'augmentation due à l'emploi de l'eau.

Enfin une dernière conséquence de l'irrigation, qui
n'est pas sans importance pour la production du sol, c'est
que, le nombre des cultures diverses s'augmentant, les
travaux, les dépenses et les bénéfices tendent à se répartir également sur tout le territoire (1).

**Les canaux et l'État.** — Par l'énumération des
bienfaits que procure l'utilisation de l'eau dans un pays
considéré comme le berceau des irrigations, nous avons
voulu montrer tout d'abord l'immense intérêt qu'il y a
à dériver les eaux pour fertiliser les terres cultivées, et
mettre en valeur les terres incultes. Ces dérivations constituent malheureusement des entreprises auxquelles les
ressources des particuliers ne peuvent suffire. Si l'on
parcourt la longue histoire des canaux d'irrigation qui

(1) A. Canevari, *Italia agricola*, 1878.

font la gloire de l'agriculture lombarde, comme aussi du midi de l'Espagne et de l'Inde, on constate que, pour la construction des travaux gigantesques auxquels l'agriculture de ces contrées doit son existence, les forces de l'État sont intervenues, soit directement à l'aide des deniers publics, des prestations et du concours technique des agents du gouvernement, soit indirectement en créant, au profit de communautés, de corporations ou de particuliers, des privilèges qui ne seraient plus admissibles de nos jours (1).

Comme on le verra par la suite, il faut remonter fort loin dans les vallées pour trouver l'eau nécessaire à l'alimentation des grands canaux d'arrosage, diriger leurs tracés sur des versants abrupts, entrecoupés de vallons profonds, dans des terrains le plus souvent difficiles, de telle sorte qu'avant d'atteindre le territoire arrosable, il faut grever les canaux de parcours très longs, très coûteux, improductifs par eux-mêmes. Aussi de pareilles opérations exigent-elles des capitaux considérables dont l'intérêt, si jamais les redevances des arrosages permettent de le recouvrer en totalité, n'est perçu qu'après nombre d'années d'exploitation.

L'État, qu'il soit aidé ou non par les localités intéressées, doit ainsi concourir aux dépenses d'établissement et aux frais d'entretien pendant la première période, plus ou moins longue, de ces grandes entreprises. Il est reconnu que les affaires de canaux, détestables ou ruineuses pour les particuliers, sont excellentes pour l'État. Les particuliers, en effet, ou les compagnies ne peuvent tirer profit que de l'eau qu'ils vendent. Jusqu'à ce que la routine du paysan soit vaincue; jusqu'à ce qu'il cesse d'être rebelle à l'idée de l'association; qu'il sente impérieusement le

(1) Gadda, *Rapport sur la loi italienne du* 25 déc. 1883. *Bullet. min. agric.*, 1884.

besoin d'arroser ses cultures, comme dans le Midi; qu'il soit enclin à faire des sacrifices pour se procurer de l'eau et pour la payer, il faut du temps et de la persévérance qui se traduisent par l'emploi de capitaux sans intérêt, à long terme. L'exemple et l'initiative des plus riches propriétaires peuvent beaucoup pour abréger cette première période de tergiversations et de sacrifices; mais l'État, lui, n'a rien à perdre, et il a d'autant plus de raison d'être libéral et patient qu'il bénéficie de tout accroissement de la fortune publique, de la plus-value des terres autant que de l'élévation des impôts et de l'accroissement de la population, etc.

On commet donc une faute capitale en mesurant uniquement au bénéfice de la vente de l'eau la réalisation des projets de canaux d'irrigation. La plus grande production des terres arrosées, qui développe la richesse générale et l'impôt, c'est-à-dire le meilleur et le plus sûr revenu dont jouissent tous les citoyens, engage les gouvernements à ne rien négliger pour mettre les cours d'eau à la disposition de l'agriculture. « Cette recherche est au nombre de leurs devoirs les plus importants, a dit de Gasparin, et des besoins les plus impérieux des populations (1). »

La consommation de l'eau dans le périmètre arrosable prévu est, nonobstant, l'écueil redoutable contre lequel échouent la plupart des entreprises d'arrosage. Les revenus sont trop souvent basés, non pas sur les volumes d'eau réclamés par les diverses cultures, en évaluant les pertes dues aux filtrations, à l'évaporation, à la fraude, etc.; encore moins, sur des souscriptions des intéressés pour des délais plus ou moins longs, mais bien sur la surface totale que le tracé doit desservir. Or, cette surface est toujours plus

(1) *Cours d'agriculture*, 3ᵉ édit., t. I, p. 377.

étendue qu'il ne convient, et le capital engagé est trop
élevé; si alors les redevances sont trop fortes, la consommation de l'eau, déjà très réduite par rapport au périmètre, se réduit encore; si elles sont trop faibles, le capital
investi n'est plus rémunéré; les ressources manquent
pour les travaux d'entretien, les réparations et les extensions du canal (1).

L'État intervenant au moyen de subventions et de ga-
ranties d'intérêt accordées aux particuliers, aux syndicats
ou aux compagnies qui entreprennent la construction des
canaux, il a été constaté que toutes les fois que la subven-
tion n'a pas été assez forte, ou que le contrôle des projets
et de leur exécution n'a pas été suffisamment exercé,
l'affaire a été ruineuse pour les compagnies concession-
naires et momentanément onéreuse pour l'État, obligé
de reprendre tout à sa charge, après de véritables désastres
financiers (2).

Que les canaux soient conçus et construits avec le concours de l'État, ou bien qu'ils soient établis comme des
entreprises locales, en dehors des influences politiques
et sans l'aide du trésor public, le point capital, celui
sur lequel on ne saurait trop insister, c'est la coopération bien définie des usagers qui devront non seulement payer l'eau bon marché pour y trouver profit, mais
disposer des ressources indispensables pour opérer le
changement de culture à l'aide de laquelle le volume d'eau
dérivé et payé sera utilement consommé.

Cette coopération est l'inconnu; quand l'irrigation est
déjà implantée dans la contrée, les propriétaires et les cultivateurs, malgré l'exemple qu'ils ont plus loin sous les yeux,
ne s'empresseront pas pour cela de courir au canal. La routine est plus puissante en agriculture que partout ailleurs;

(1) Nadault de Buffon, *Journ. agric. prat.*, 1879, t. I.
(2) De Mahy, *Sénat*, 21 juillet 1882.

la science et ses enseignements pénètrent avec une grande lenteur dans son milieu ; enfin la nécessité de faire des avances pécuniaires immédiates, pour réaliser plus tard les avantages de l'irrigation, arrête les plus louables efforts. Si au contraire le pays ne jouit pas déjà des bienfaits de l'arrosage et qu'il s'agisse de l'instruire dans cette pratique, le concours à attendre de la part des cultivateurs, devient de plus en plus problématique.

**Le crédit.** — Ici intervient dans toute sa réalité la question si longtemps controversée, malheureusement sans résultat, du crédit agricole et de son application aux travaux d'amélioration du sol.

Le gouvernement anglais, après avoir consenti pour le drainage une avance sur les fonds publics de cent millions remboursables à 3,5 pour 100 en vingt-deux ans, par les propriétaires emprunteurs, sous la sanction de commissaires spéciaux, dits de l'*Inclosure* (1), n'a pas hésité à reconnaître à diverses compagnies le droit de prêter de l'argent, en son lieu et place, avec garantie sur les fonds améliorés, jusqu'à concurrence des sommes avancées, sous la même sanction des commissaires. Ces compagnies, qui ont la priorité sur les hypothèques existantes, avancent de l'argent non seulement pour les opérations de drainage, mais encore pour toutes sortes d'améliorations, telles qu'irrigations, curages et endiguements des cours d'eau, créations de polders, desséchements de marais, clôtures, etc.; les avances sont remboursées par annuités réparties sur une période de trente-un ans, dans le cas de la *General land drainage company*, et sur une période de vingt-cinq ans, dans le cas des compagnies *Land Improvement* et *Land loan and enfranchisement*. Ces deux dernières, à elles seules, avaient engagé en

(1) *Victoria acts*, cap. 101, 9 et 10; cap. 31, 13 et 14.

1880 pour plus de 125 millions de francs d'emprunts, affectés aux améliorations spécifiées.

Enfin la loi anglaise permet aux propriétaires, sous la même sanction, d'emprunter de l'argent en dehors des compagnies, à des banques particulières, pour l'employer à des améliorations foncières, et même à la construction de canaux dont les propriétés seraient appelées à bénéficier (1). Le taux d'intérêt de 5 pour 100 et au-dessus, fixé par les capitalistes, fait que les travaux dus à leur intervention n'ont pas reçu le même développement que celui donné par les compagnies grâce à l'intérêt plus bas des avances que comportent les travaux d'intérêt général et d'intérêt privé pour l'agriculture.

Assurément les irrigations occupent la moindre place dans les opérations exécutées en Angleterre; mais ailleurs, en France surtout, de quel précieux secours ne serait pas l'institution de compagnies semblables, fournissant l'argent nécessaire, et, lorsque les propriétaires ou les cultivateurs le désirent, exécutant les travaux préparatoires résolus par les syndicats, afférents à l'irrigation des terres qu'ils exploitent, le tout payé par annuités recouvrables d'après des dispositions spéciales, et échelonnées sur une période limitée (2)?

Si à l'État subventionnant les canaux et garantissant l'intérêt des capitaux engagés pendant la première période chanceuse de l'arrosage, se joignaient des compagnies avançant les fonds nécessaires pour les travaux que doivent exécuter les propriétaires ou les fermiers sur leurs terres, le succès des irrigations serait assuré. Au lieu de constituer des opérations agricoles secondaires, on peut dire extraordinaires, les irrigations par canaux for-

(1) *Victoria acts*, 1864, cap. 100 et 114.
(2) Bailey Denton, *Note sur les améliorations*, etc.; Min. de l'agric., 1880.

meraient dès lors une branche des plus importantes de la production du sol national.

Le drainage a reparu, il y a une cinquantaine d'années, pour se faire appuyer par les divers gouvernements, avec des résultats variables, il est vrai, suivant les pays; mais l'irrigation n'a pas eu l'habileté de se rajeunir. Et pourtant quelle différence, quant à l'importance du rendement, entre cent hectares drainés et cent hectares arrosés! Combien de milliers d'hectares, sans l'individualisme étroit de l'agriculteur, mettant obstacle à la réalisation des projets d'association, retireraient de l'irrigation les plus grands profits (1)!

« On ne peut s'empêcher d'éprouver un sentiment de tristesse, et on a de la peine à comprendre que dans une époque où tant de grandes œuvres s'accomplissent tous les jours, on ait négligé généralement celles qui auraient pour effet immédiat et certain un accroissement considérable de la fortune publique, c'est-à-dire les canaux d'irrigation (2). » Qu'ajouter à cette réflexion de M. Faucon, sinon que, précisément à notre époque, par une contradiction bizarre et une sorte d'entraînement aveugle, les législateurs qui trouveraient dans l'aménagement et la meilleure utilisation des cours d'eau le moyen d'améliorer les rendements des récoltes, de développer la richesse territoriale et de soutenir victorieusement la concurrence des produits étrangers, demandent le salut de l'agriculture à des droits de douane qui frappent la circulation et l'échange des produits.

**La navigation.** — La faute en est aux agriculteurs, aux capitalistes, aux législateurs, et un peu aussi aux ingénieurs, qui manquent de confiance dans la puissance de

---

(1) Monclar, *Journ. agric. prat.*, t. I, 1880.
(2) E. Faucon, *Rapport au Cons. supér. de l'agric.*, 1882.

l'irrigation, dominés qu'ils sont par l'idée que l'eau disponible suffit à peine pour alimenter les rivières, les canaux navigables et les chutes d'eau dont l'industrie, paraît-il, a toujours besoin. Ces préoccupations ont trouvé tout récemment encore un grand et funeste écho dans les discussions parlementaires sur les canaux du Rhône. Ce qui s'est fait sur le revers italien des Alpes n'est pas réalisable, dit-on, avec un égal succès, dans les régions sous-Alpines ou sous-Pyrénéennes. L'Italie du nord et l'Espagne du midi sont des terres prédestinées pour l'arrosage. « Tout autre, pensent les ingénieurs, est la France du midi; avant tout, l'eau doit porter des bateaux (1). »

C'est pourtant Naville de Châteauvieux, et il ne saurait être suspect dans la question du Rhône, qui écrivait dès 1843 : « Les contrées qui depuis longtemps nourrissent une population proportionnellement plus grande que celle de la France (il s'agit de la Lombardie), ne souffrent pas qu'un ruisseau, qu'un cours d'eau, n'ait ses eaux mesurées, évaluées et appliquées soit aux irrigations, soit à la navigation, soit au service des usines. Elles ont pu suffire également à ces diverses applications par l'habile distribution qui en a été faite et par l'exacte proportion qu'on a su établir entre la répartition de l'eau et les besoins de chaque territoire. Aussi la valeur de ces eaux est-elle élevée et en rapport avec l'influence qu'elles exercent sur la richesse agricole du pays (2). »

**Les forces motrices.** — C'est aussi ce qu'un agronome non moins illustre, mais peut-être plus passionné, le comte de Gasparin, exaltait en ces termes : « Cette force des eaux courantes, mise à portée des cultivateurs, peut être pliée à tant d'usages importants, peut faciliter tant

(1) E. Lecouteux. *Journ. agric. prat.*, t. I, 1878.
(2) Naville de Châteauvieux, *Journ. agric. prat.*, t. VII, 1843-44, p. 200.

de travaux dans la ferme, que l'on ne comprend pas l'a-
veuglement de ceux qui la laissent échapper sans lui demander les services qu'elle est susceptible de rendre ; car,
sans parler des irrigations qui, en doublant le produit
des champs, représentent le produit d'un grand nombre
de journées de travail, les eaux courantes battent et
vannent les grains, dépouillent le riz et le maïs, hachent
la paille, le fourrage et les racines, pulvérisent la marne,
le plâtre et les phosphates, scient le bois, montent l'eau à
un niveau supérieur à celui du cours d'eau lui-même, et
pour tous ces travaux les machines n'exigent que leurs
frais de construction et d'installation, avec le secours d'un
petit nombre de bras pris dans la classe des enfants et des
femmes, dont le temps est le moins précieux. »

Quoique la France soit un des pays les mieux dotés
sous le rapport de la distribution et de l'abondance des
cours d'eau, toutes ses roues hydrauliques réunies n'utilisent pas même, à ce point de vue, la millième partie des
forces disponibles. L'immense réserve de travail mécanique que fournirait un aménagement convenable des
eaux du territoire, représente un cheval de force hydraulique par habitant.

L'aveu est cruel ; mais l'ancien dicton français : « Loin
des seigneurs et des rivières, » demeure en force. Le
voisinage des rivières est plutôt un sujet d'appréhension que d'envie pour les agriculteurs riverains. C'est
qu'en effet, l'administration s'est montrée, comme par le
passé, trop jalouse des droits des usiniers, par une réglementation arriérée; non pas qu'elle croie à l'incompati-
bilité de l'application des cours d'eau à l'irrigation avec
celle de la force motrice, ou qu'elle doive opter entre l'industrie agricole et l'industrie manufacturière, mais pour
elle les usines ne consomment pas l'eau; elles l'emploient
au passage et la rendent intégralement à la rivière, tandis

que les irrigations la dispersent sur le sol et n'en restituent qu'une faible partie. Il est vrai que les barrages destinés à relever le niveau des rivières pour accroître la chute, portent aussi les eaux, par cela même, à la hauteur qui sied à l'arrosage. Il est encore vrai qu'un partage équitable entre les champs et les fabriques s'opère par le fait que le travail des ateliers est le plus souvent suspendu douze heures sur vingt-quatre et qu'à l'époque où la terre recevrait l'arrosement avec le plus de profit, c'est-à-dire au printemps et à l'arrière-saison, l'eau coule en plus grande abondance pour les deux consommations. Toutefois convient-il de faire remarquer que, pour l'irrigation, l'eau ne peut être suppléée par rien, tandis que, dans beaucoup de localités, l'eau est remplacée avantageusement par d'autres moteurs. Les progrès modernes de l'industrie, la nécessité des déplacements fréquents, des extensions d'usines, de la possession de machines à vapeur que les chômages n'arrêtent point, pour permettre de soutenir ou de prévenir la concurrence, font que de nos jours les immenses ressources de forces fournies par les chutes d'eau ne sont plus utilisables, ni utilisées.

D'après les derniers relevés de la statistique générale, le nombre total des cours d'eau qui sillonnent la France, serait de 60,552, et leur développement atteindrait 266,000 kilomètres. Ceux dont le bassin versant est inférieur à 2,000 hectares auraient une longueur à peu près égale à la moitié de tous les cours d'eau du territoire. Or, pour un total de forces motrices évalué par l'administration à 1,5 millions de chevaux-vapeur, les forces effectivement utilisées ne seraient pas d'un demi-million ; moins du tiers. En tenant compte du débit de 7 à 8,000 mètres cubes correspondant à une chute de 17 mètres pour la force brute totale, M. Cheysson estime que le rapport entre cette force et celle qui est utilisée est bien moindre que le coefficient de 25 pour 100, indiqué pour le rendement des moteurs hydrauliques (1).

Quoi qu'il en soit, la comparaison du revenu d'une journée d'irrigation avec celui d'une journée employée à faire marcher des moulins, des scieries, etc., sur une rivière ou sur un ruisseau, dont les eaux sont employées aux deux fins, est tout à l'avantage des prairies ou des cultures arrosées.

Le général de Chambray a voulu faire ce calcul comparatif sur la partie de la petite rivière d'Iton comprise dans le département de l'Eure. Toutes les eaux de cette rivière servaient à faire marcher des usines, dont quelques-unes importantes, et à arroser des prés qui occupaient relativement une faible superficie sur le parcours. En n'évaluant qu'à moitié la récolte ordinaire due à l'irrigation, la journée d'eau qui lui était consacrée produisait, d'après de Chambray, dix fois plus que celle affectée aux usines. Dans le Midi, la proportion eût été bien plus grande (2).

**La législation.** — Non moins que l'industrie et la navigation, les intérêts de l'arrosage, en raison même du morcellement des terres et de la situation du fonds, se recommandent à la protection de l'administration. Mais ce qui est difficile, surtout avec une législation imparfaite et des instructions administratives incomplètes, c'est de demander une juste satisfaction pour l'agriculture, en présence des droits acquis de chute, de pêche, de police, etc., qui entravent de toutes manières la libre jouissance des eaux. Dans un excellent langage, M. Hamelin a caractérisé la situation réciproque des propriétaires de prairies et des propriétaires d'usines. « Agriculteurs et industriels, dit-il, sont également appelés, sous la pro-

(1) *Notice sur l'atlas des cours d'eau*, etc.; *Soc. statistique de Paris*, 1879.
(2) *Journ. agric. prat.*, 1843-44, t. VII.

tection du droit commun, à profiter des eaux naturelles. Ni les uns ni les autres n'ont reçu les cours d'eau en apanage exclusif; ils ont le même titre à en réclamer l'usage; leur industrie diffère, leur droit est le même; mais leurs besoins diffèrent comme leur industrie, et la préoccupation de l'administration, quand elle intervient entre ces divers intérêts, doit être de les concilier, sans les sacrifier les uns aux autres. Si, du reste, la balance devait pencher en faveur de l'agriculture dans la réglementation de l'usage des cours d'eau, ce serait, pensons-nous, par des appréciations de fait, beaucoup mieux fondées que la prédominance d'une industrie sur l'autre.

« L'eau, qui à l'état de nature est indispensable à la production agricole, peut, au contraire, offrir à l'état de vapeur, à l'industrie manufacturière, un moteur bien plus puissant et bien plus maniable que celui qu'elle fournit aux dépens de l'énorme volume d'eau mis à sa disposition. Plus les machines se perfectionneront, moins l'industrie sera obligée d'emprunter aux cours d'eau, et plus large pourra être la part laissée à l'agriculture dans la libre disposition des eaux. Il n'est pas impossible que, dès à présent, ces considérations ne trouvent leur place dans l'appréciation des circonstances et des conflits touchant la distribution des eaux entre usiniers et agriculteurs (1). »

**Les irrigations en France.** — Ce sont là, en attendant une bonne loi sur les irrigations, que l'on saluerait en France du nom de baptême agricole du pays, des conseils et des indications qui, sans tenir lieu de règles absolues, peuvent contribuer à faciliter les arrosages par voie administrative. La France n'en arrosait pas moins, avec tout cela, qu'une faible surface de 100,000 hectares,

---

(1) *Dictionnaire général d'administration* (article *Irrigation*), 1857.

consommant, il y a vingt ans, le vingtième à peine des eaux disponibles (1).

D'après Barral (2), l'étendue des terrains susceptibles d'être arrosés en France pouvait être évaluée à 3 millions d'hectares; la surface totale irriguée n'y était encore, suivant son estimation, que de 200,000 hectares environ, le double de ce que Hervé-Mangon déclarait. Les départements où les irrigations étaient les plus étendues, se présentaient ainsi :

|  | Hectares. |
|---|---|
| Vosges.......................... | 56.000 |
| Ariège .......................... | 37.000 |
| Bouches-du-Rhône. .................... | 23.000 |
| Haute-Saône ...................... | 18.000 |
| Hautes-Alpes ...................... | 14.000 |

La plus récente statistique, qui fournit pour la France les résultats de l'enquête décennale de 1882, indique comme superficie des prairies naturelles irriguées à l'aide de canaux d'arrosage ou de travaux spéciaux, le chiffre de 955,265 hectares. Il n'y a donc pas grande valeur à attribuer à des statistiques aussi imparfaites. Certaines cultures demandent dans le Midi des arrosages permanents; d'autres, des arrosages accidentels; ailleurs, les terres submergées par les débordements périodiques des cours d'eau sont portées comme irriguées. Les différences considérables qu'offrent les statistiques proviennent de ce que l'énumération des terres réellement arrosées n'est pas établie de la même manière par ceux qui sont chargés de faire ces sortes de relevés.

« Je ne dirai point, dit Arthur Young (3), que l'irri-

---

(1) Hervé-Mangon, *Expériences sur l'emploi des eaux dans les irrigations,* 1869.
(2) *Les Irrigations des Bouches-du-Rhône,* 1876, p. 86.
(3) *Voyages en France,* etc., t. II, p. 152.

gation soit inconnue en Picardie, dans la Flandre, l'Artois, la Champagne, la Lorraine, l'Alsace, la Franche-Comté, la Bourgogne et le Bourbonnais; j'en ai vu quelque chose en Alsace, mais, généralement parlant, ces provinces ne sont point arrosées. En les parcourant au delà d'un millier de milles en tous sens, je n'ai rien vu sous ce rapport qui valût un moment d'attention, quoique j'aie rencontré et même examiné des centaines de cours d'eau propres à cet usage, sans y être employés. On arrive jusqu'à Riom, en Auvergne, avant de la retrouver.

« Il n'y a donc qu'un tiers du royaume qui comprenne l'importance de l'irrigation et s'y applique. Si les académies et les sociétés d'agriculture sont justiciables du sens commun, que doit-on penser en les voyant perdre leur temps et leur argent à vulgariser des charrues, des houes, des racines tinctoriales, des fils d'orties, tandis que les deux tiers du royaume ignorent l'irrigation ? »

Qu'ont fait depuis un siècle les sociétés d'agriculture, si directement visées par l'agronome anglais? Qu'ont fait les particuliers? Qu'a fait le gouvernement pour propager et installer une pratique si féconde, si utile au progrès général ?

**Les irrigations sans canaux.** — Il est vrai que les canaux offrent le moyen de répandre l'eau sur de plus grandes surfaces, et par conséquent de l'emmener à de plus grandes distances, pour en faire profiter les terres et les cultures qui se trouveraient hors du rayon de son action; mais ce serait une erreur bien fâcheuse de croire que les irrigations ne peuvent se passer de canaux et que les agriculteurs n'ont aucuns efforts à faire, en dehors de ces ouvrages d'art coûteux, nécessitant la coopération de l'État et des départements et l'appareil des syndicats, pour se procurer et utiliser l'eau des localités où ils cultivent.

*Le Limousin.* — Deux des pays les mieux arrosés en France n'ont pas de canaux d'irrigation : le Limousin et les Vosges. On arrose cent mille hectares au moins de prairies dans la Haute-Vienne, du mois de mars au mois de juin, sans qu'il y ait un seul canal. C'est à des sources captées par ses soins, à de petits ruisseaux, à des réservoirs pour les eaux pluviales, que chaque exploitant du sol a recours pour féconder ses champs, et c'est à ses propres frais que les travaux préalables d'établissement et d'entretien des *pêcheries*, des rigoles et des colateurs s'exécutent. Comme le fait observer Barral (1) : « Ce n'est pas seulement par l'accroissement considérable de la surface occupée par les prairies et les autres plantes fourragères que l'amélioration s'est depuis un siècle manifestée; c'est surtout par la transformation même de la nature des prés. Ceux-ci sont devenus plus productifs et donnent un foin de qualité bien supérieure, en même temps que plus abondant. Ce second fait est d'une importance capitale ; il a été produit par l'établissement des irrigations et par l'emploi des fumures et des amendements sur les prés transformés. Les conséquences sont que le bétail a dû croître en poids et en qualité, en même temps qu'il prenait une importance numérique plus grande... Les progrès agricoles matériels ont rejailli sur le bien-être et la situation morale de la population. Il y a eu profit pour le propriétaire qui cultive, ou bien pour le cultivateur et le propriétaire, si les deux personnes ne se confondent pas en une seule. La population, dans un pays à métayage, comme la Haute-Vienne, s'est accrue, tant qu'il restait des terres à mettre en état de culture fructueuse. »

*Les Vosges.* — Les dernières statistiques montrent

(1) *L'Agriculture, les prairies et les irrigations de la Haute-Vienne*, 1884, p. 641.

qu'un hectare de prairie dans les Vosges correspond à 2 hectares et demi de terres labourables; c'est là une proportion très élevée, due uniquement aux soins d'entretien et à l'irrigation avec des eaux de bonne qualité. « Les conditions géologiques des granits et des grès ont donné lieu à des terres éminemment propres à la pousse de l'herbe et à des eaux toujours fécondantes, quand la main de l'homme a su judicieusement les utiliser (1). » Point de canaux dans les Vosges, pas plus que dans le Limousin. Il est bien rare que la répartition des eaux des sources ou des ruisseaux se fasse d'après un règlement administratif : elle s'opère arbitrairement entre les riverains, et l'eau appartient au premier occupant. Sans s'astreindre à un système méthodique d'irrigation, qu'il s'agisse de la prairie en vallée, ou en montagne, de surfaces très inclinées où l'eau se distribue par rigoles de niveau, à des altitudes de 400 mètres, ou bien de surfaces planes, avec rigoles de pente sur les bords des cours d'eau, l'irrigateur vosgien excelle dans la pratique des arrosages. Rien ne prouve mieux son habileté et sa grande expérience que la qualité et l'abondance de l'herbe arrosée par ses soins. « Combien de vallées humides ou mal arrosées, ne produisant que des joncs, des laiches et des roseaux, se convertiraient bien vite en riches prairies naturelles si, imitant les excellentes pratiques des Vosges, on les soumettait à un bon système d'assainissement et d'arrosage !... Parmi les branches diverses de l'économie rurale, il n'en est aucune qui ait moins souffert de l'inclémence de la température et de la concurrence étrangère que la prairie naturelle. C'est donc procurer une force de plus à l'agriculture et un nouvel élément de richesse publique que de rendre bonnes les prairies mauvaises (2), »

(1) A. Boitel, *Herbages et prairies naturelles;* 1887, p. 495.
(2) Id., *ibid.,* p. 551.

et d'en créer d'autres par l'irrigation sur les terres arables, aptes à la production de l'herbe et du foin.

*Le Valais.* — En dehors de la France, le Valais n'offre-t-il pas un des systèmes les plus complets de rigoles utilisant les eaux de la fonte des neiges et des glaciers sur les plateaux les plus élevés? Ces terres fertiles eussent été condamnées autrement à la stérilité qu'entraînent une siccité exceptionnelle, des vents violents et des sols absolument rebelles.

Quand on traverse en été les Alpes du Valais, et que l'on suit les vallées latérales profondes qui descendent de la seconde chaîne des montagnes bernoises pour s'ouvrir dans la vallée du Rhône, on est surpris en entendant, outre le grondement sourd des cascades des glaciers, un bruit saccadé qui ne s'arrête pas. Puis, en jetant les yeux sur le flanc abrupt des rochers au pied desquels jaillissent les flots d'écume, on aperçoit superposés par étages, à de grandes hauteurs, des canaux qui courent au-dessus des ravins béants, disparaissent derrière les rochers en corniche, ressortent plus loin en surplomb, emmenant les eaux fertilisantes sur les pacages alpestres ou sur les pâturages des vallées. Le bruit constant qu'on entend est celui du marteau hydraulique indiquant au montagnard que les eaux suivent leur cours régulier; vient-il à cesser, la canalisation est dérangée, le surveillant est averti d'avoir à la réparer, souvent au péril de ses jours.

Toute cette population des villages campés sur les terrasses de la montagne doit de pouvoir vivre dans une grande aisance aux eaux des glaciers que le réseau infini des canaux, de plusieurs kilomètres de longueur, déverse sur les prairies, les vergers, les vignes et les jardins, jusqu'à l'altitude de 800 mètres L'irrigation avec les eaux de la montagne a permis d'augmenter le bétail que nour-

rissent les prairies, de transformer les éboulis rocheux
et les moraines en vignobles dont les produits sont justement renommés, d'assurer la récolte des céréales et des
légumes, et d'enrichir une contrée à laquelle, sans cela, le
triste sort des vallées méridionales des Grisons et du Tessin eût été réservé.

*Le Tyrol.* — La partie méridionale du Tyrol, en aval
de Meran, et notamment le Vintschgau, qui occupe la
vallée supérieure de l'Adige, peut servir également de
modèle d'irrigations appliquées non seulement aux prairies, comme dans les Vosges, mais aux terres arables et
aux vignes. La population de cette belle région montagneuse n'a reculé devant aucuns sacrifices pour se procurer
par des travaux difficiles et des canalisations hardies et
coûteuses, à des altitudes de 700 à 800 mètres, les
eaux d'irrigation de la Schnals, qui s'engouffre dans les
ravins vertigineux de la Blima, issue des glaciers de
l'Ortler, etc., et pour régulariser chaque année, sans se
décourager, l'Aliz torrentiel, qui couvre tant de champs
en culture de ses graviers et de ses boues. L'eau se
vend à prix d'argent, aux enchères, pour l'arrosage des
prairies, de mars jusqu'en avril, puis pour l'arrosage
du blé, du seigle, de l'avoine, du lin, des vignes, etc.,
enfin pour le limonage des prairies. C'est par l'irrigation seulement que les terres alluviales de la rive gauche de l'Adige, formées de micaschistes, de gneiss, de
granits métamorphiques, etc., très maigres, très perméables, exposées à une cruelle sécheresse pendant l'été, produisent des récoltes consécutives de seigle et de blé,
sans assolement et sans jachère. « Les effets produits par
l'eau sont prodigieux; le blé atteint 2 mètres de hauteur
et mûrit admirablement, en rendant de 20 à 25 hectolitres à l'hectare. L'irrigation et les soins donnés aux prairies permettent d'entretenir un bétail abondant qui

procure de bon fumier à bas prix; la fumure copieuse des champs, jointe aux arrosages, élève et maintient les rendements des céréales qui sont rémunérateurs... Même à l'aide des plus mauvaises eaux du Vintschgau, celles du Suldnerbach descendant des glaciers, on obtient de grosses récoltes de grain et, dans les vergers arrosés, des fruits très appréciés (1). » Les vins du Vintschgau, quoique les vignes soient soumises à l'irrigation dans le but d'augmenter la production, ont gardé une bonne réputation que les touristes et les baigneurs de Meran n'oublient pas.

Il y a chez les habitants de tous ces pays, aussi bien dans le Limousin et les Vosges, que dans le Valais et le Tyrol, une conviction que les gouvernements ne décrètent pas; c'est que l'eau produit des récoltes. L'intégrale des efforts individuels que développe cette conviction, et que le temps a accumulés, représente des centaines de millions avancés sans bruit, sans participation du trésor public, par le travail opiniâtre des populations rurales, conscientes du but qu'elles veulent atteindre. L'initiative individuelle, de nos jours, peut seule conduire les gouvernements, quoi qu'on en pense, à coopérer à de vastes entreprises au profit des agriculteurs et des propriétaires qui font valoir leurs terres. Suivre une marche inverse et attendre l'initiative d'un parlement pour pouvoir jouir des bienfaits de l'irrigation, c'est d'avance y renoncer.

**L'eau à bon marché.** — Un dernier vœu complètera notre pensée : l'eau à bon marché. Tous les efforts doivent tendre à ce résultat. Si c'est l'État qui fait les travaux, il trouvera l'avantage d'avoir moins longtemps à attendre pour rentrer dans ses avances, par suite de l'extension plus rapide de la clientèle agricole. Si

(1) *Wiener Landw. Zeitung*, mai 1886.

des compagnies ou des syndicats exécutent les ouvrages, ils auront dans la vente de l'eau à bas prix le moyen de servir plus tôt un intérêt au capital engagé, tout en payant les frais d'exploitation.

La pratique des irrigations n'est appelée à se développer qu'autant que l'eau est mise à un prix modique à la disposition de l'agriculteur. Cette condition essentielle doit être l'objectif unique des ingénieurs et des hommes de l'art. Autrement faut-il entrer dans la voie des sacrifices et des sequestres. Nous aurons l'occasion de montrer que beaucoup de grands travaux exécutés récemment par les ingénieurs, ou sous leur contrôle, ont été trop coûteux, sans que leur solidité et même leur réussite en aient été plus grandes. L'exemple des canaux du Midi et surtout des barrages de l'Algérie n'est pas édifiant. Les augmentations de dépenses qui ont notablement élevé le prix de l'eau disponible pour l'arrosage auraient trouvé un emploi bien plus satisfaisant, eussent-elles été réparties comme avances aux agriculteurs, pour permettre d'exécuter leurs nivellements, leurs rigoles, et de modifier leurs cultures.

On ne peut pas nier que plusieurs de ces entreprises aient offert des difficultés sérieuses et des mécomptes, mais l'ingénieur ne saurait être surpris; il doit réussir, non pas à coup d'argent, mais le plus économiquement possible. Les échecs éprouvés dans l'établissement des retenues d'eau en Algérie, font plus pour retarder les progrès de la colonisation que le climat et une législation défectueuse. Le gouvernement britannique, dont les ingénieurs ont fait aussi des écoles, a su, par son énergie, obtenir rapidement des canaux économiquement exécutés, et, grâce à ces canaux, il a été possible à l'Inde de reconquérir en peu d'années, dans d'immenses régions, sa merveilleuse fertilité, jusqu'à faciliter l'exportation de

ses cotons et de ses blés en Europe. Tous les travaux récents, aussi bien en France qu'ailleurs (nous exceptons
ceux du canal Cavour), se ressentent malheureusement
trop du désir de vaincre des difficultés, au détriment du
prix du mètre cube d'eau.

**La science et l'enseignement.** — Il nous reste
encore, pour clore ce premier chapitre, à exprimer le regret
de voir combien peu la science s'est préoccupée jusqu'à présent d'une pratique qui remonte aux origines de l'agriculture. C'est à peine si quelques expériences isolées ont été
faites avec suite pour expliquer ou pour résoudre scientifiquement les nombreux problèmes que pose l'utilisation
des eaux. La base même de l'étude comparative des résultats que fournit l'irrigation, c'est-à-dire la composition
éminemment variable des eaux employées et des sols
qu'elles fécondent, manque complètement. Quel est le volume d'eau nécessaire pour l'irrigation, sous les divers climats? Quelle température doit-elle avoir? Quelle consommation d'eau exigent les récoltes diverses? Quelles sont les
cultures appelées à tirer le plus grand profit des arrosages?
Quel est le rôle des engrais et des fumures dans les terres
arrosées, au Nord et au Midi? Quelle action exercent
les terres, suivant leur composition ou leur nature, sur
les eaux disponibles, etc.? Autant de questions pour lesquelles les observations pratiques ne font pas défaut, mais
dont les solutions, qui ne tiennent pas compte de la statique culturale, deviennent plutôt des causes de confu-
sion et d'erreur.

Le rôle de l'eau, comme nous le verrons, est déjà trop
complexe en lui-même pour que l'agriculture ne soit
tenue de multiplier à son endroit les expériences rationnelles, afin de pouvoir tirer des conclusions de valeur
générale.

Il faut entendre par expériences rationnelles, celles

faites dans des conditions identiques ; renouvelées par séries régulières et aussi complètes que possible ; basées sur une méthode à l'aide de laquelle les pratiques reconnues bonnes peuvent être contrôlées.

Pour les constructions et les travaux que comporte l'établissement des canaux d'irrigation et de navigation, l'enseignement technique a formé presque partout des ingénieurs de savoir et de mérite, auxquels le soin de l'exécution des projets est confié. Il n'y a guère de région non plus où les arrosages se pratiquent et où l'on ne rencontre des praticiens experts dans le tracé des rigoles, dans la conduite des eaux, tels que jadis les Lequien (des Vosges), les Jacquet du Vignaud (Vendée), ayant acquis une bonne notoriété par leur habileté comme spécialistes. Quelques écoles d'agriculture et certaines universités hors de France possèdent des chaires de génie rural où l'on traite d'une façon sommaire des irrigations, comme aussi du drainage et des desséchements. En France, l'administration de l'agriculture fondait dès 1861, sur le domaine du Lézardeau, une école pratique de drainage et d'irrigation pour former des ouvriers irrigateurs et draineurs, capables de répandre les meilleurs procédés d'exécution.

Dans la pensée du député Fawtier, qui porta à la tribune la proposition des écoles théoriques et pratiques d'irrigation, deux de ces écoles auraient dû être simultanément fondées. La première, consacrée à l'enseignement de l'irrigation des prairies, à établir dans l'une des vallées arrosées des Vosges, eût instruit des conducteurs pour les pays du Nord et du Centre, dans lesquels l'irrigation n'est pas imposée par le climat. La seconde eût été installée dans l'un des départements méridionaux, en vue principalement de l'arrosage des terres arables. Les conducteurs sortant de ces écoles devaient pouvoir exécuter eux-mêmes tous les travaux nécessaires pour l'aménagement des eaux, la disposition des terres, l'établissement des devis, et former des ouvriers irrigateurs (1). Il n'était pas question de drainage : l'école du Lézardeau, en le comprenant, n'a pas permis de réaliser, surtout en Bretagne, l'idée première de deux écoles, l'une dans les Vosges, l'autre dans le Midi ; l'une pratiquant les arrosages à grands volumes d'eau, spécialement pour les prairies, sous un climat froid ; l'autre recourant aux arrosages à volumes limités, sous un climat plus chaud, pour des récoltes variées. On ne peut que regretter cette lacune.

Plus que tous les autres pays, l'Italie, le berceau des irrigations, eût été appelée à enrichir la science des arrosages par des observations et des recherches méthodiques et continues. On éprouve quelque peine à constater combien, dans cette contrée privilégiée, la pratique des irrigations est restée fermée à la science expérimentale.

Aussi serait-il bien désirable que, dans un intérêt général, l'activité dépensée par le Ministère de l'agriculture à Rome, sous l'intelligente impulsion du directeur Miraglia, pour s'enquérir de ce qui se passe à l'étranger dans les nombreuses branches de l'exploitation du sol et même des travaux hydrauliques, fût reportée en partie vers l'étude des phénomènes qu'offre une amélioration aussi vitale que celle des irrigations. C'est en Lombardie et en Piémont, par les soins des stations agronomiques déjà établies, et d'après des programmes largement conçus, que des investigations comme celles de Hervé-Mangon, de Bardeleben, de König, etc., poursuivies pendant des années sur toutes les récoltes arrosables, avec le concours

(1) *Journ. agric. prat.*, t. XIV, 1851.

de praticiens éclairés, pourraient démontrer scientifiquement les effets de l'eau dans les conditions variées de climat, de sol et d'économie culturale des vallées et des plaines cisalpines.

C'est pourtant à l'Allemagne que revient le mérite d'avoir créé la première station d'essai des divers systèmes d'arrosage. Le champ des opérations (*riesel anlagen*) de la station de Borghorst, en Westphalie, occupe une surface d'un hectare et demi, partagée en quatre sections, dont chacune en prairie est arrosée par une méthode différente (1).

C'est aussi à l'Allemagne qu'appartient la première idée d'une organisation du service des ingénieurs agricoles, ayant sous leurs ordres des inspecteurs de culture et des maîtres irrigateurs (*wiesen baumeister*), chargés non seulement des opérations du cadastre et de la régularisation des cours d'eau, mais encore des travaux de drainage et d'irrigation. Aussi bien, dans le grand-duché de Bade, où les surveillants (*cultur aufseher*) et les élèves, opérant l'été sur le terrain, sont préparés l'hiver à l'École spéciale (*wiesenbauschule*) de Carlsruhe, que dans le duché de Hesse où les maîtres irrigateurs et leurs aides ont été gradués à l'Institut de Friedberg; dans tous les pays allemands, à Munich, à Poppelsdorf, à Berlin, à Strasbourg, etc., les écoles d'agriculture ou techniques, forment par des professeurs spéciaux et dans des cours de leçons s'étendant sur plusieurs années, le personnel technique auquel sont confiées l'étude et l'exécution des projets d'irrigation dans l'intérêt des provinces et des particuliers (2).

Au premier rang des mesures qui incomberaient à l'État, en vue d'aider au développement des irrigations,

(1) *Landw. Jahrbuch*, vol. XI.
(2) *Wiener landw. Zeitung*, 2 février 1887.

serait celle de la création, dans toutes les zones où les
eaux peuvent être utilisées, de stations expérimentales
mettant sous les yeux des cultivateurs les résultats comparatifs des cultures arrosées et des cultures sèches; les
éclairant dans leurs tentatives, et dévoilant par l'ensemble de leurs recherches les ressources énormes que les
eaux tiennent en réserve pour l'enrichissement du sol et
l'amélioration des produits de l'agriculture.

# LIVRE II

## LES PRINCIPES DE L'IRRIGATION

### I. — EAU, SOL ET ATMOSPHÈRE.

L'irrigation vise un double but : apporter aux plantes les aliments ou les engrais du sol et des eaux d'arrosage, et rétablir dans le sol l'équilibre d'humidité nécessaire à la végétation. A quelque point de vue qu'on le considère, le but de l'irrigation est complexe ; il dépend du climat, de la nature des terres et des circonstances économiques de la production agricole.

Le rôle de l'eau dans la nutrition des plantes a été défini par MM. Müntz et Girard, dans leur livre des *Engrais* (1), assez complètement pour que nous jugions superflu de revenir sur un sujet aussi nettement élucidé. Il nous suffira d'ajouter qu'il y a toujours assez d'eau, sous forme de pluie, de rosée et d'humidité atmosphérique, relativement à l'apport de l'hydrogène qu'exige la constitution des tissus herbacés. Il n'en est pas de même de l'eau qui met en circulation les principes nutritifs nécessaires à la plante. Les eaux météoriques ne suffisent pas tou-

(1) *Les Engrais*, 1887, chap. 1er, Nutrition des plantes, t. I, p. 9.

jours pour subvenir aux besoins de la transpiration, et la plante doit en conséquence puiser dans les eaux souterraines ou dans les eaux d'arrosage les quantités de liquide que dépense l'évaporation des feuilles et des tiges, et que les racines réclament comme véhicule des éléments nutritifs.

De la physiologie végétale et des phénomènes de transformation et de diffusion que la chimie permet d'expliquer, nous devons retenir trois faits, qui intéressent plus directement la théorie des irrigations :

Le premier est que le sol, dès qu'il les rencontre en dissolution, fixe les trois éléments principaux des récoltes, à savoir : l'ammoniaque, la potasse et l'acide phosphorique. Les recherches de Way et de Vœlcker ont démontré dans quelles limites s'exerce ce pouvoir absorbant du sol.

Le second est que, dans un sol fertile, le liquide ambiant ne tient en dissolution des principes nutritifs qu'en quantités absolument insuffisantes pour justifier le développement que reçoivent les plantes.

Le troisième est que, pour parfaire l'alimentation voulue par le développement des plantes, les sels nutritifs qui sont à l'état soluble dans le sol s'introduisent par dialyse à travers les membranes des racines.

Il résulte de ces faits, d'une part, que plus la distribution des principes fertilisants dans le sol est complète, plus la fertilité du sol augmente ; et d'autre part, que plus il y a d'humidité ambiante rendant les principes fertilisants solubles, plus les racines en absorbent, mieux la plante se nourrit et plus la récolte augmente (1). L'irrigation répond à ces deux conditions de la production intensive.

(1) L. Grandeau, *Études agronomiques*, 1887, p. 7.

L'étude des sols et des sous-sols que l'on se propose
d'améliorer par l'irrigation est évidemment la première
qu'il convient de faire. D'une manière générale, il y a le
plus grand profit à tirer de la connaissance des divers
terrains, quant à la formation des eaux qu'ils recèlent, et
aux propriétés des divers sols arables que ces terrains
constituent, relativement aux eaux d'arrosage.

On sait que certaines plantes, cultivées d'une manière
continue sur le même sol, finissent par dégénérer, sans
que cette dégénérescence affecte d'autres plantes ; ce fait
est avéré pour le trèfle, pour la garance, etc. Si donc la
constitution chimique des terres n'avait aucune importance, les arrosages s'opérant dans les mêmes conditions,
avec les mêmes eaux, on ne pourrait pas expliquer cette
détérioration. On n'expliquerait pas davantage pourquoi
on ne rencontre pas un seul pied de trèfle parmi les
bruyères qui recouvrent des centaines d'hectares de landes ; mais si l'on défonce la lande et qu'on y applique
de la chaux, le trèfle poussera abondamment. On ne
saurait pas non plus comment justifier que le chêne se
délecte dans l'argile compacte, le bouleau et le mélèze
dans le sable stérile, le ciste dans les calcaires, etc.

Phillips (1) fait observer que le rapport entre l'humidité et le sol est une cause de différences non moins importantes, pour le développement et le rendement des
plantes, que la constitution chimique des terres. C'est en
effet par leur propriété capillaire, qui permet à l'humidité des sous-sols de gagner la couche superficielle, que les
roches influent sur la végétation. Dans bien des cas, le
drainage d'une terre arable reposant sur un sous-sol calcaire, éloignera les sources de son humidité.

Quoique la terre devienne ingrate quand elle est pres-

(1) *A Treatise on geology*, 1837, t. II, p. 289.

que exclusivement composée d'argile, comme dans les
Dombes et les marnes irisées de la Lorraine, elle devient plus stérile encore quand elle est uniquement composée de sable quartzeux, comme dans les Landes,
la Sologne et la Brenne, ou bien de cailloux siliceux,
comme dans la Crau. Un sol rocheux ou très pierreux,
tel que celui des garrigues du midi de la France, est
non moins défavorable. C'est l'argile et l'humus qui
règlent l'aptitude des diverses terres à retenir les eaux et
les autres substances utiles à la nutrition des végétaux (1).

Aussi, dans le fond des bassins et des vallées, le sol
végétal, formé de débris de roches très variées dans lesquelles l'argile est en proportion convenable, enrichi de
l'humus que les eaux entraînent et accumulent, surtout
vers la partie inférieure des bassins, est-il meuble, poreux
et suffisamment humide; son travail est facile; son revenu est généralement élevé.

Au contraire, la terre végétale formée des éléments in-
complets d'une seule roche, ou d'une série de roches
identiques au point de vue de leur composition chimique, est généralement pauvre, sèche, d'un travail plus ou
moins difficile et d'un revenu médiocre. Il lui manque
le plus souvent l'humidité nécessaire; en tout cas, l'eau
d'irrigation fournie par les sous-sols, ou par les cours
d'eau issus d'autres formations, est appelée à lui rendre
un haut degré de fertilité. Le plateau central de la France,
la Bretagne, la Vendée, où la terre arable est formée par
la désagrégation des roches granitiques; la montagne
Noire et les Pyrénées, dont le sol arable provient de la décomposition des schistes; la craie blanche de la Champagne; les calcaires pierreux de la Bourgogne; les causses

(1) A. Delesse, *Carte agricole de la France*, 1874.

du Languedoc, les sables et les grès des Vosges, de la Sologne, des Landes, de Fontainebleau, etc., offrent sur de vastes surfaces, des exemples de terrains que l'irrigation et l'engrais peuvent et doivent améliorer.

Ainsi la composition chimique et minéralogique des terres est étroitement liée à leur état physique, et notamment à leur état d'humidité.

Une sècheresse excessive leur est tout aussi défavorable qu'une trop grande humidité. L'irrigation remédie au premier défaut, et le drainage au second ; de plus, et c'est ce qui la caractérise, l'irrigation est pour l'agriculture une source immédiate d'engrais.

En tant que les plantes consomment de grandes quantités d'eau, et des quantités variables entre elles, comme le sol est l'agent chargé de la leur livrer, nous examinerons en premier lieu son rôle sous le rapport de la perméabilité et des propriétés d'absorption et d'évaporation.

### A. — Humectation du sol.

La facilité plus ou moins grande avec laquelle les diverses terres se laissent pénétrer par l'eau, la retiennent et la laissent partir par évaporation, détermine le volume d'eau qui donne le degré d'humidité nécessaire à la végétation intensive. Si cette détermination pouvait être exacte, l'irrigation la plus économique consisterait à distribuer l'eau de façon à la retenir complètement dans la couche superficielle, à une profondeur de cinq à six centimètres au-dessous des racines des diverses plantes. Ce résultat serait atteint, par exemple, dans la culture des céréales, en imbibant la couche arable jusqu'à une profondeur de 25 centimètres ; mais pratiquement, étant donnés l'état hygrométrique de l'air et la filtration du sol, l'irrigation ne peut être ainsi restreinte.

**1. Perméabilité des terrains.** — Les essais sur la perméabilité des sols nus sont peu nombreux.

Les ingénieurs ont été conduits par l'expérience dans la construction des routes, à reconnaître que lorsque certains terrains perméables, tels que la grande oolite, les calcaires corallien et portlandien, la craie blanche, les formations calcaires et sablonneuses du terrain tertiaire, les sables et les graviers de transport du fond des vallées, ne sont pas trop accidentés, c'est-à-dire lorsque leur relief est tel qu'on peut y tracer, sans déblai ni remblai, et dans une direction quelconque, une route avec des pentes n'excédant pas $0^m,05$ par mètre, les eaux pluviales ne ruissellent jamais à leur surface. Quand ces mêmes terrains sont plus accidentés, il y a quelquefois ruissellement sur la pente des coteaux, mais le faible courant d'eau qui en résulte ne tarde pas à se perdre, dès qu'il atteint le thalweg d'une vallée.

Des expériences instituées par Belgrand sur la perméabilité des sables, ont montré notamment qu'ils peuvent absorber par mètre carré, en 36 jours, une hauteur d'eau totale de $82^m,08$. Sur un terrain entièrement formé de sable, dans une des vallées écartées de la forêt de Fontainebleau, un barrage de $3^m,26$ de hauteur a permis de recevoir pendant cette période 882,480 mètres cubes d'eau, dont $2^m,280$ ont été absorbés par jour et par mètre carré, la plus grande absorption par heure ayant été de $0^m,12$ par mètre carré; ce qui représente plus du double du produit des plus grandes averses constatées dans tout le bassin de la Seine.

De cette expérience résulte l'impossibilité d'arroser régulièrement, sur la pente des coteaux ou sur les plateaux, des terrains à ce point perméables, et d'y créer des prairies naturelles arrosables. Il est vrai qu'en dehors des sables de Fontainebleau et de Beauchamp, dans le bassin de la Seine, d'autres formations sablonneuses, comme celles du terrain crétacé inférieur, sont assez peu perméables pour que l'on puisse y établir partout d'excellentes prairies.

Tandis qu'avec un litre d'eau par seconde, coulant d'une manière continue pendant la saison des irrigations, on n'arroserait pas plus de 36 mètres carrés de prairie dans les sablons de Fontainebleau, on pourrait se passer presque d'arroser les herbages du pays de Bray et de la vallée d'Auge, dans les sables argileux du terrain inférieur de la craie (1).

L'ingénieur O'Meara a publié également les résultats de quelques expériences sur le volume d'eau qu'absorbent certains sols nus, et sur le temps qu'il faut à l'eau pour les pénétrer jusqu'à une profondeur déterminée.

Des deux sols comparés, l'un argileux et imperméable a exigé, à l'état vierge, 35 pour 100 d'eau pour se saturer, et à l'état de labour, 40 pour 100; l'autre, léger et poreux, a consommé pour sa saturation 38 pour 100, à l'état vierge, et 44 pour 100 à l'état de sol labouré.

Quant à la profondeur à laquelle l'eau pénètre dans un sol imperméable comparé à un sol perméable, et à la durée de l'infiltration, le tableau I résume les données des observations faites par O'Meara.

Les sols mis en expérience dans les deux cas étaient absolument secs, l'eau faisant défaut depuis deux mois. On les avait coupés par des tranchées verticales dont une des parois était rendue étanche, et l'on avait rempli les tranchées d'eau à diverses hauteurs.

L'infiltration à travers une couche de sol meuble et

(1) *Comptes rendus de l'Acad. des sciences*, juillet 1873.

très sec, recouvert d'une nappe d'eau de $0^m,025$, a été évaluée, pour $0^m,10$ d'épaisseur de sol, à $0^m,015$ par heure;
lorsque le sol est légèrement remué, l'infiltration se réduit
à $0^m,012$ par heure. Le contraire a lieu dans une terre imperméable; si on la remue même très faiblement quand
elle est humide, sa perméabilité augmente (1).

La facilité plus ou moins grande avec laquelle les
roches se laissent pénétrer ne règle pas le mouvement
souterrain des eaux absorbées. Ainsi les grès décomposés
et les sables laissent se mouvoir librement les eaux qui
se sont accumulées dans les cavités; les calcaires fissurés
également, bien qu'à un moindre degré; mais la marne,
la craie, les granits métamorphiques, etc., quoique
spongieux, retiennent l'eau jusqu'à saturation.

Ces considérations ne manquent pas d'intérêt pour déterminer le rapport entre la chute d'eau pluviale ou le
volume d'eau d'arrosage et le volume d'eau évaporée et
absorbée. Les seules données que l'on ait se réfèrent à
l'eau pluviale.

*Débit des fleuves.* — Suivant Geikie (2), à température égale, l'évaporation est réglée par la nature de
la surface ou des terrains. Ainsi la Tamise, à Staines,
a une portée moyenne annuelle de 32,40 pouces cubes
par minute et par mille carré de bassin, correspondant
à une hauteur d'eau de 7,31 pouces que le fleuve entraîne,
c'est-à-dire au tiers de la pluie qui tombe annuellement.
(*Hydrology*, Beardmore.)

Humphreys et Abbot (3) ont constaté que, dans le bassin du Mississipi, un quart seulement du volume d'eau
pluviale gagne annuellement la mer. Hübbe a trouvé, de

(1) O'Meara, *Principes d'irrigation dans les pays neufs. Bullet. minist.
agric.*, 1885.
(2) *Text book of geology*, London, 1882.
(3) *Physics and hydraulics of the Mississipi river*, Washington, 1861.

TABLEAU I. — *Expériences de O' Meara.*

| Épaisseur de la couche d'eau. | TERRE IMPERMÉABLE. | | | |
|---|---|---|---|---|
| | SOL LABOURÉ. | | SOL VIERGE. | |
| | Profondeur de pénétration. | Durée de l'absorption. | Profondeur de pénétration. | Durée de l'absorption. |
| m. | m. | h. m. s. | m. | h. m. s. |
| 0.006 | 0.016 | 0.00.05 | 0.020 | 0.02.00 |
| 0.013 | 0.032 | 0.00.40 | 0.041 | 0.24.00 |
| 0.019 | 0.053 | 0.02.30 | 0.064 | 0.50.00 |
| 0.025 | 0.076 | 0.05.30 | » | » |
| 0.038 | 0.124 | 0.18.00 | 0.140 | 2.20.00 |
| 0.051 | 0.178 | 0.42.00 | » | » |
| 0.064 | 0.239 | 1.22.00 | » | » |
| 0.076 | 0.305 | 2.22.00 | 0.267 | 5.40.00 |
| TERRE LÉGÈRE ET POREUSE. | | | | |
| m. | m. | h. m. s. | m. | h. m. s. |
| 0.006 | 0.018 | 0.00.40 | » | 0.04.00 |
| 0.011 | 0.038 | 0.08.30 | » | 0.15.03 |
| 0.017 | 0.064 | 0.23.00 | 0.057 | 0.37.00 |
| 0.023 | » | 0.38.00 | » | 1.00.00 |
| 0.029 | » | 0.56.00 | » | » |
| 0.033 | » | 11.4.30 | » | 1.30.00 |
| 0.040 | » | 1.34.00 | » | » |
| 0.046 | » | 1.52.00 | » | 2.06.00 |
| 0.051 | 0.254 | 2.11.00 | 0.203 | 2.42.00 |
| 0.057 | » | 2.31.00 | » | 3.18.00 |
| 0.069 | » | 3.10.00 | » | 4.00.00 |
| 0.080 | | 8.59.00 | 0.381 | 4.36.00 |
| 0.091 | » | 4.40.00 | » | 6.16.00 |
| 0.103 | » | 5.09.00 | » | 6.48.00 |
| 0.114 | 0.762 | 2.44.00 | 0.864 | 8.40.00 |

son côté, que l'Elbe ne débite dans une année, à son embouchure, que le quart de la pluie reçue par le bassin.

Tandis que, pour la Grande-Bretagne, on calcule sur
un quart à un tiers de la pluie annuelle, comme se rendant par les cours d'eau à la mer; en France, le régime
hydrologique est très variable (1).

Belgrand a calculé que le module de la Seine, c'est-à-
dire le débit moyen par seconde à Paris, étant de
249 m. cubes, donne lieu pour un bassin de 44,375 kilom.
carrés, à une couche d'eau de 0$^m$,177, ou au tiers de la
quantité de pluie tombée, qui est de 0$^m$,53.

Pour la Garonne, d'après les calculs de Baumgarten,
le module en aval du Lot, est de 659,70 m. cubes, correspondant à 0,646 de la pluie tombée annuellement.

La Saône, à Trévoux, pour un module de 496 m. cubes,
offre un débit qui correspond à 0,55 de la quantité
moyenne d'eau pluviale.

En Italie, les données résultant des observations de
Lombardini et d'autres ingénieurs, pour le Pô, le Tibre
et l'Arno, sont les suivantes (2) :

|  | Chute d'eau pluviale. | Débit moyen. |
|---|---|---|
|  | m. |  |
| Le Pô à Pontelagoscuro ....... | 1.05 | 0.75 |
| L'Adda..................... | 1.05 | 1.29 |
| Le Tibre à Ripetta............ | 1.47 | 0.49 |
| L'Arno..................... | 1.11 | 0.37 |

Ainsi, sans tenir compte de l'Adda, dont le bassin est
presque tout en montagnes, le débit moyen des fleuves italiens correspond entre 1/3 et 3/4 de la chute d'eau pluviale
annuelle.

(1) Maitrot de Varenne, *Des irrigations et desséchements*, Paris, 1857,
p. 358.
(2) *Annali di agricoltura*, 1886; note de l'ingénieur Baldacci.

L'ensemble de ces données aurait un intérêt tout à fait pratique s'il était établi en corrélation avec la configuration des bassins hydrographiques (plaines et montagnes) et la nature des terrains baignés par les pluies.

**2. Humidité des terrains.** — La perméabilité n'est pas seule à régir le pouvoir d'absorption des terrains.

Leur ameublissement, par exemple, développe cette faculté : une terre meuble retient plus d'eau qu'une terre compacte ou à pores serrés : c'est ce dont le D$^r$ Heiden s'est assuré par des essais directs. Un sol qui, à l'état naturel, absorbe 42,5 pour 100 d'eau, quand il est fortement comprimé, n'en absorbe plus que 31,5 pour 100 à la même température (1).

L'ombrage que fournissent les arbres feuillus ; l'obstacle que les haies vives opposent au vent ou aux courants d'air, agissant à la surface des terres cultivées ; le mode de fumure ; la qualité des engrais, qui modifient plus ou moins l'état physique du sol, concourent au ralentissement de l'évaporation et au maintien d'un degré plus constant d'humidité, soit dans la couche arable, soit dans la couche d'air qui la baigne.

De Gasparin (2) reconnaît, de son côté, que dans les sols maigres la faculté d'absorption de l'eau est moins grande que dans les sols fortement fumés ; que dans une terre bien labourée, quoiqu'elle puisse paraître sèche à la surface, la capillarité fonctionnant plus difficilement, la fraîcheur se conserve plus longtemps dans les couches inférieures. « Cette fraîcheur, ajoute-t-il, c'est-à-dire cet état où la terre n'est ni trop humide ni trop sèche, mais où elle conserve en toute saison la quantité d'eau suffisante pour que la végétation y ait lieu d'une manière continue, » dépend de la profondeur de la couche perméable,

---

(1) *Lehrbuch der Düngerlehre, II ter band,* 3$^{te}$ *abtheilung,* Hanover, 1887.
(2) *Cours d'agriculture,* 3$^e$ édit., t. I, p. 151.

de la pente, dès conditions climatériques, etc., plutôt que de l'infiltration.

De nombreuses expériences ont été faites sur l'aptitude des terrains à s'humecter et à se sécher. Schübler, Meister, Trommer, Appun, Liebenberg, ont donné des résultats qui ne concordent pas entre eux, car ils s'appliquent à des sols imparfaitement définis sous le rapport de leur composition minéralogique et chimique et de leur état physique, et il n'a pas été tenu compte de la condition hygrométrique de l'air. On ne saurait donc leur attribuer qu'une valeur relative; aussi indiquons-nous, pour mémoire seulement, les données déjà anciennes des observations de Schübler, mises d'accord avec celles de Gasparin, dans le tableau II qui suit.

Le professeur Meister a trouvé que 1,000 grammes de terre de marais retiennent 1,050 grammes d'eau, tandis que 1,000 grammes de terre sablonneuse (Nuremberg) en retiennent seulement 303 grammes. La même terre de marais, exposée à la lumière diffuse, perd 34 pour 100 de son eau, tandis que la même terre sablonneuse en perd 73 pour 100; de telle sorte que là où un sol tourbeux exige le drainage pour ne pas être imbibé, un sol sablonneux peut être soumis à une trop grande sécheresse (1).

La force capillaire de la couche arable, par rapport au sous-sol, peut se mesurer soit par l'accroissement en poids d'un certain volume de terre ayant absorbé l'eau, soit par la hauteur à laquelle s'élève le liquide dans de la terre préalablement disposée dans des récipients. D'après cela, la terre de marais aurait retenu 219 parties d'eau en poids, contre 28 parties que la terre sablonneuse a absorbées. Les hauteurs de l'eau fixée, dans les essais

(1) *Travaux de l'École d'agriculture de Weinestephan*, 1857-58.

| | Eau retenue dans 100 parties de terre. | EAU ABSORBÉE POUR 100 : | | | | Eau évaporée en 4 heures. pour 100. |
|---|---|---|---|---|---|---|
| | | en 12 heures. | en 24 heures. | en 48 heures. | en 72 heures. | |
| Sable siliceux............ | 25 | 0 | 0 | 0 | 0 | 88.4 |
| Gypse.................... | 27 | 0.5 | 0.5 | 0.5 | 0.5 | 71.7 |
| Sable calcaire............ | 29 | 1.8 | 4.5 | 1.5 | 1.5 | 75.9 |
| Glaise maigre............ | 40 | 10.5 | 13.0 | 14.0 | 14.0 | 52.0 |
| — grasse............ | 50 | » | » | » | » | 45.7 |
| Terre argileuse .......... | 60 | 15.0 | 18.0 | 20.0 | 20.0 | 34.6 |
| Argile pure.............. | 70 | 18.5 | 21.0 | 24.5 | 24.5 | 31.9 |
| Terre calcaire fine........ | 85 | 15.0 | 15.5 | 17.5 | 17.5 | » |
| Terreau ................. | » | 40.0 | 48.5 | 55.5 | 60.0 | 20.5 |
| Magnésie................ | » | 34.5 | 38.0 | 40.0 | 41.0 | 10.8 |
| Terre de jardin.......... | 89 | 17.5 | 22.5 | 25.0 | 26.0 | 24.3 |
| Terre arable (Hofwyl).... | 52 | 8.0 | 11.0 | 11.5 | 11.5 | 32.0 |
| — (Jura)........ | 48 | 7.0 | 9.5 | 10.0 | 10.0 | 40.1 |

(1) *Bibliothèque Britannique. Agriculture,* t. XX.

de Meister ont varié en 21 heures, entre 0ᵐ,90 pour une
terre riche en humus et 0ᵐ,22 pour une terre crayeuse.

L'absorption de l'humidité atmosphérique offre un
intérêt pour régler l'irrigation sur les différents sols,
puisque, soumis à l'arrosage, ils ne l'absorbent que dans
les intervalles où l'irrigation est suspendue, et que
l'humidité ainsi retenue sert de complément à l'eau
d'arrosage. Meister a constaté qu'une terre argileuse
renfermant 36 pour 100 de sable et 15 pour 100 de
matière organique, absorbait 8 fois plus d'humidité atmosphérique, en trois nuits consécutives, à la fin du
mois de juin, qu'une terre sablonneuse, et 16 fois plus que
du sable quartzeux pur, ayant fixé 2 hectolitres d'eau
à l'hectare.

Au mois de novembre, la fixation de l'eau atmosphérique, encore plus abondante qu'en juin, a été trouvée
de 20 hectolitres par hectare de sol gypseux, de 18 hectolitres par hectare de sol argileux, et de 19 hectolitres
par hectare de sol tourbeux.

Suivant Ansted (1), le volume d'eau que le sable ordinaire peut absorber représente au moins les deux tiers
de son propre volume, soit environ 650 litres par mètre
cube; les graviers absorbent moitié moins; quelques-uns
seulement 100 litres par mètre cube. Les calcaires les
moins poreux absorbent de 80 à 100 litres, de même
que les graviers employés aux constructions; mais certains calcaires magnésiens fixent un volume triple de
celui indiqué. Quant aux argiles pratiquement imperméables, elles retiennent jusqu'à 10 pour 100 de leur
poids d'eau. Il est à remarquer que ces données s'appliquent difficilement aux mélanges de roches et de terres
qui constituent le sol arable.

(1) Ansted, *Applications of geology*, London, 1875.

Thurman, ayant pesé 100 grammes de diverses roches bien sèches, après les avoir tenues également pendant cinq minutes dans l'eau, a constaté les résultats suivants (1) :

| | Eau absorbée. grammes. |
|---|---|
| Granit solide intact...................... | 0.00 |
| Calcaire compact conchoïde............. | 0.00 |
| Conglomérat compact.................... | 0.90 |
| Calcaires marneux compacts............. | 1.20 |
| Calcaires marneux divers............... | 1.30 |
| Schistes marneux du lias............... | 1.38 |
| Calcaire oolitique (Jura)............... | 1.60 |
| Calcaires lacustres..................... | 2.20 |
| Calcaire ferrugineux (Jura)............. | 2.30 |
| Granit métamorphisé.................... | 3.00 |
| Gneiss — ................. | 3.00 |
| Granit décomposé...................... | 5.50 |
| Molasse................................ | 6.00 |
| Calcaire pulvérulent.................... | 7.50 |
| Marne pulvérulente (Jura)............... | 15.50 |
| Craie blanche.......................... | 20.00 |
| Kaolin de Limoges...................... | 30.00 |

D'après ces essais, Thurman classe les sous-sols de la manière suivante :

### Sous-sols perméables.

| | |
|---|---|
| Roches volcaniques; calcaires compacts fissurés, galets, graviers et sables mélangés........................... | très perméables. |
| Sables purs fins....................... | perméables. |
| Graviers argileux; marnes et calcaires marneux........................... | peu perméables. |

### Sous-sols imperméables.

| | |
|---|---|
| Schistes argileux-calcaires; poudingues solides; molasse et travertins; grès quartzeux; schistes micacés.......... | imperméables. |
| Granits et gneiss non modifiés; schistes argileux, argiles et marnes argileuses... | très imperméables. |

(1) Citation de Vilanova y Piera, *Geologia agricola*, Madrid, 1879.

Enfin, de Liebenberg (1) aurait trouvé, pour les divers terrains, les chiffres suivants de capacité d'absorption, exprimés en poids et en volume pour 100 (1) :

| | POUVOIR D'ABSORPTION. | |
|---|---|---|
| | Poids pour 100. | Volume pour 100. |
| Sables tertiaires grossiers...... | 13.64 | 24.48 |
| — fins.......... | 31.55 | 50.95 |
| Alluvion (terres d')........... | 25.00 | 35.27 |
| Terrain granitique............ | 43.00 | 48.57 |
| Argile tertiaire............... | 49.00 | 58.55 |
| Terre sablonneuse (lande)..... | 60.00 | 57.24 |
| Loam argileux ............... | 36.00 | 45.10 |
| — à humus........:. | 38.00 | 47.39 |

Quant à l'ascension de l'eau, due à la force de capillarité, elle peut en moyenne s'évaluer à :

$0^m.25$ jusqu'à $0^m.30$ de hauteur dans un terrain de sable grossier ;
$0^m.45$ — $0^m.60$ — loam argileux;
$1^m.00$ — $1^m.25$ — terrain argileux;
$6^m.00$ — terrain tourbeux.

## 3. Sols en culture.

— Les observations que nous avons présentées jusqu'ici sur l'hygroscopicité des sols, ne s'appliquent pas aux terrains portant des plantes, ou mis en culture. C'est pourtant aux terres dans lesquelles fonctionne la végétation que les données sur la filtration et l'absorption de l'eau et sur l'évaporation offrent un intérêt direct, en vue d'expliquer les phénomènes de l'irrigation.

A cet égard, le savant directeur de la station expérimentale de Dahme, Hellriegel, a fait des essais dont les résultats ne manquent pas d'importance.

Dans un sol de sable calciné et additionné des matières

(1) *Ueber das Verhalten des Wassers im Boden*, Halle, 1873.

nutritives nécessaires, Hellriegel a cultivé parallèlement du froment, du seigle et de l'avoine. Chaque céréale était semée dans quatre cases, dont la première maintenue à l'état de saturation, la seconde moyennement humide, la troisième à l'état sec, et la quatrième à l'état très sec.

Le tableau III reproduit les poids et le nombre de grains obtenus dans chacune des 12 cases. Les plantes avaient toutes un bon aspect; même celles des cases les plus sèches étaient restées vertes, quoique leur développement fût bien moins grand, comme si une des substances nutritives essentielles leur eût fait défaut.

Il résulte des essais de Hellriegel que le sol maintenu au degré d'humidité le plus élevé jusqu'à la récolte donne la plus forte production, comme poids et comme nombre de grains, pour les trois céréales; et que dans le sol extrêmement sec, tandis que la récolte d'avoine se réduit de 21 pour 100 et celle du froment de 28 pour 100, la récolte d'orge est diminuée de 45 pour 100 par l'excès de siccité.

MM. Lawes et Gilbert ont, à leur tour, expérimenté sur l'humidité, l'évaporation et la filtration des sols des parcelles soumises aux diverses cultures d'essai, dans le domaine de Rothamsted. Ces sols appartenaient à Broadbalkfield, cultivé d'une manière consécutive depuis trente ans en blé; à Barnfield, affecté à la culture des turneps pendant quinze années, avec intervalles de quelques années en orge; enfin, à la prairie Park, établie depuis plus de quarante années (1).

*Humidité.* — MM. Lawes et Gilbert ont dosé l'humidité à différentes profondeurs au delà de 1 mètre. Dans ce but, ils firent choix, dans chaque parcelle, d'un mètre carré de sol en culture et y firent pénétrer jusqu'au ras de la surface,

(1) *Rothamsted : Trente années d'expériences agricoles de MM. Lawes et Gilbert*, par A. Ronna, 1877.

TABLEAU III. — *Expériences de Hellriegel* (1).

| HUMIDITÉ DU SOL. | | FROMENT. | | SEIGLE. | | AVOINE. | |
|---|---|---|---|---|---|---|---|
| | | Récolte totale. | Nombre de grains. | Récolte totale. | Nombre de grains. | Récolte totale. | Nombre de grains. |
| 80 à 90 | pour 100 du pouvoir absorbant en eau. | 34.685 | 11.420 | 26.718 | 10.323 | 27.633 | 11.853 |
| 60 à 40 | | 31.693 | 10.298 | 25.478 | 10.351 | 24.846 | 10.911 |
| 40 à 20 | | 23.480 | 8.425 | 19.860 | 8.080 | 19.595 | 7.810 |
| 20 à 10 | | 9.768 | 2.758 | 12.146 | 3.876 | 5.988 | 1.798 |

(1) *Landw. Versuchsstationen*, 1870.

un cadre en tôle, tantôt de 7,6 centimètres, tantôt de 22,8 centimètres de hauteur, couvrant une superficie de 38 centimètres carrés. La terre fut enlevée jusqu'au niveau du bord inférieur du cadre; puis on descendit le cadre d'une hauteur, et ainsi de suite. Chaque volume de terre enlevé fut pesé, mis en poudre pour être passé, après l'enlèvement des pierres, à travers une série de tamis à mailles décroissantes. Après le dernier tamis à mailles de 6 millimètres, on pulvérisa une partie de l'échantillon pour y doser l'eau, l'azote et d'autres éléments.

Le tableau IV indique les proportions centésimales d'eau retenues par les sols et par les sous-sols : 1° de Broadbalkfield, échantillonnés en juillet 1868, avant la moisson, et en 1869, lorsque la terre pouvait être considérée comme saturée; 2° de Barnfield, partie en friche et partie en orge, à la fin de juin 1870; 3° de la prairie Park, à la fin de juillet 1870, la récolte ayant été préalablement enlevée.

Chacune de ces terres a pour sous-sol une argile jaune-rougeâtre, reposant sur de la craie qui offre un bon drainage naturel. De plus, Broadbalkfield est drainé à 0$^m$,75 de profondeur par des tuyaux espacés de 7$^m$,50 environ.

Que l'on considère la pièce à blé au mois de juillet 1868, lorsque la récolte avait à peu près atteint la maturité, ou bien, la pièce en prairie au mois de juillet 1870, le foin étant coupé, les différences d'humidité du sol, aux mêmes profondeurs, ne sont pas notables. Vers la fin de juin 1870, le sol non drainé, qui portait une récolte correspondant à 3,700 et 5,000 kilogrammes de matière sèche fixée par hectare, avait retenu dans les couches superficielles la même humidité que le sol en prairie examiné en juillet 1868. C'est seulement aux plus grandes profondeurs que la dose d'eau augmente, si on la compare à

TABLEAU IV. — *Proportion d'eau centésimale dans les sols et sous-sols de diverses pièces en culture, pour des années et des récoltes différentes, à Rothamsted.*

| PROFONDEURS CROISSANTES EN CENTIMÈTRES. | BLÉ (BROADBALKFIELD). | | | | | | | | BARNFIELD. | | PRAIRIE (THE PARK). | | | |
|---|---|---|---|---|---|---|---|---|---|---|---|---|---|---|
| | Juillet 1868. | | | | 6 et 7 janvier 1869. | | | | 27 et 28 juin 1870. | | 25 et 26 juillet 1870. | | | |
| | Parcelle n° 3, Sans engrais. | Parcelle n° 2, Fumier de ferme. | Parcelle n° 8 a, Engrais minéral et ammoniacal. | Moyenne des trois parcelles. | Parcelle n° 3, Sans engrais. | Parcelle n° 2, Fumier de ferme. | Parcelle n° 8 a, Engrais minéral et ammoniacal. | Moyenne des trois parcelles. | Parcelle en jachère. | Parcelle en orge. | Parcelle n° 3, Sans engrais. | Parcelle n° 9, Engrais minéral et ammoniacal. | Parcelle n° 14, Engrais minéral et nitrate. | Moyenne des trois parcelles. |
| 7.6 | 4.05 | 4.48 | 4.31 | » | 21.43 | 39.67 | 26.53 | » | » | » | » | » | » | » |
| 7.6 | 7.20 | 7.01 | 6.07 | » | 24.54 | 35.62 | 22.93 | » | » | » | » | » | » | » |
| 7.6 = 22.8 | 8.91 | 7.38 | 6.66 | 6.23 | 24.35 | 28.85 | 20.62 | 27.17 | 20.36 | 11.91 | 10.83 | 13.00 | 12.16 | 11.99 |
| 7.6 | 10.65 | 8.14 | 8.45 | » | 21.41 | 23.95 | 24.07 | » | » | » | » | » | » | » |
| 7.6 | 11.24 | 9.98 | 12.44 | » | 22.07 | 20.59 | 24.84 | » | » | » | » | » | » | » |
| 7.6 = 45.7 | 13.20 | 12.26 | 14.34 | 11.19 | 21.48 | 21.07 | 24.79 | 22.70 | 29.53 | 19.32 | 13.34 | 10.18 | 11.80 | 11.77 |
| 7.6 | 14.03 | 12.51 | 15.20 | » | 21.82 | 26.96 | 23.60 | » | » | » | » | » | » | » |
| 7.6 | 15.09 | 12.91 | 16.86 | » | 23.59 | 24.87 | 28.98 | » | » | » | » | » | » | » |
| 7.6 = 68.6 | 16.84 | 13.78 | 17.98 | 15.02 | 24.74 | 25.75 | 27.01 | 25.27 | 34.84 | 22.83 | 19.23 | 16.46 | 15.65 | 17.11 |
| 7.6 | 18.03 | 13.45 | 18.53 | » | 25.71 | 25.34 | 28.59 | » | » | » | » | » | » | » |
| 7.6 | 14.64 | 14.49 | 17.67 | » | 23.97 | 25.18 | 28.93 | » | » | » | » | » | » | » |
| 7.6 = 91.4 | 15.44 | 16.11 | 16.85 | 16.13 | 22.94 | 22.75 | 27.40 | 25.65 | 34.22 | 25.09 | 22.71 | 18.96 | 16.30 | 19.32 |
| Moyennes | 12.44 | 11.04 | 12.95 | 12.14 | 23.17 | 26.71 | 25.70 | 25.19 | 29.76 | 19.79 | 16.52 | 14.65 | 13.97 | 15.05 |
| = 114 | | | | | | | | | 31.31 | 26.08 | 24.28 | 20.54 | 17.18 | 20.67 |
| = 137 | | | | | | | | | 33.55 | 26.38 | 25.07 | 21.34 | 18.06 | 21.49 |
| Moyennes générales | | | | | | | | | 30.65 | 22.09 | 19.24 | 16.75 | 15.19 | 17.06 |

celle du sol drainé portant du blé, ou du sol en prairie, non drainé.

Malgré le drainage naturel par la craie, les tuyaux drains ont contribué à diminuer l'humidité du sous-sol de la pièce à blé; mais en rendant l'argile plus perméable aux racines, l'eau a été tenue à portée des racines. Il s'ensuit qu'en temps de sécheresse, les récoltes peuvent résister, grâce à l'eau dont le sous-sol a été préalablement imbibé, pourvu qu'il soit assez profond, assez perméable et assez absorbant.

*Évaporation.* — Une autre question devait être examinée, celle de l'évaluation approximative des quantités d'eau évaporée par le sol en culture et entraînée par le drainage.

Dalton, on le sait, constata à l'aide d'un appareil de son invention que pendant les trois années 1796-1798, l'eau de drainage avait représenté 25 pour 100, et l'eau évaporée, 75 pour 100 de la hauteur totale de pluie recueillie par le sol (1). Le dernier chiffre comprenait la perte par transpiration, puisque dès la première année le sol en expérience se couvrit d'herbe.

Maurice, expérimentant à Genève pendant les années 1796 et 1797, trouva que la perte par évaporation du sol correspondait à 61 pour 100 de la hauteur d'eau pluviale, qui fut en moyenne de 0$^m$,653 annuellement (2). L'évaporation de la terre était le tiers de celle de l'eau.

D'essais analogues institués à Orange, de Gasparin conclut, pour l'année 1821-1822, à environ 80 pour 100 de la quantité annuelle, égale à 0$^m$,710 (3); soit un peu moins du tiers de l'évaporation de l'eau.

Dickinson d'Abbots hill, reprenant l'appareil Dalton,

(1) *Mem. Lit. Phil. Soc. of Manchester*, t. V, p. 2.
(2) *Bibl. univ. de Genève*, t. I (sciences et arts).
(3) *Cours d'agriculture*, t. II, p. 122.

sur un sol recouvert de gazon et drainé, reconnut, après huit années d'expériences, que si l'eau de pénétration représentait 42 pour 100 de la pluie tombée annuellement, la perte par évaporation du sol, y compris celle de la végétation, atteignait 57 pour 100 (1).

M. Risler, de son côté, a institué des recherches précieuses sur l'évaporation des terres, dans sa propriété de Calèves, près de Nyon, en Suisse, où le sous-sol est très compact et imperméable. Il en a conclu pour les deux années 1867 et 1868, la surface étant en culture pendant la durée de l'expérience, que la perte par évaporation, y compris l'eau transpirée par l'intermédiaire des plantes, atteignait 70 pour 100 de la pluie tombée annuellement (2).

*Filtration*. — Dans une communication faite à la Société des ingénieurs civils de Londres (3), en réponse aux faits d'expérience de M. Greaves, le docteur Gilbert a complété les recherches sur l'évaporation des sols par des données d'un haut intérêt sur l'infiltration des eaux pluviales.

M. Greaves, dans les deux jauges qui lui servirent pour mesurer l'infiltration, avait employé de la terre argileuse en mélange avec du gravier et du sable, foulée, puis semée en gazon, et du sable seul. MM. Lawes et Gilbert, au lieu d'un sol artificiel, ont pris de la terre naturelle en place, qu'ils ont circonscrite par un mur en briques et ciment, avec un fond en tôle perforée, et ont construit ainsi des jauges de 0$^m$,50, 1 mètre, 1$^m$,50 de hauteur de sol, de manière à pouvoir étudier l'action capillaire des terres.

(1) *Journ. Roy. Agric. Soc. Engl.*, vol. V.

(2) *Arch. des sciences, Bibl. univ. de Genève*, 1869, t. XXXVI; et 1870, t. XXXVII.

(3) *On Rainfall, evaporation and percolation*, by D$^r$ Gilbert. *Proceedings instit. civ. Engineers*, London, vol. XLV, 1875-1876.

TABLEAU V. — *Proportions pour 100 d'eau évaporée et infiltrée dans le sol.*

| OBSERVATIONS. | CONDITIONS DES EXPÉRIENCES. | EXPÉRIENCES. Durée. | EXPÉRIENCES. Dates. | INFIL-TRATION. | ÉVAPO-RATION. |
|---|---|---|---|---|---|
| | | Années. | | Pour 100. | Pour 100. |
| Dalton.......... | Cylindre de 0m.25 de diamètre et 0m.90 de profondeur, fermé par le bas, rempli de terre et enfoncé dans le sol au ras de la surface, avec un côté libre pour la réception de l'eau dans les flacons. — Surface gazonnée après la première année. | 3 | 1796-1798 | 25.0 | 75.0 |
| Dickinson ...... | Cylindre de 0m.30 de diamètre et 0m yo de hauteur : fond perforé avec récepteur pour l'eau de drainage; argile sableuse; surface gazonnée; évaporation comprenant la transpiration de l'herbe. — Hauteur moyenne d'eau pluviale : 0m.676 par an. | 8 | 1836-1843 | 42.5 | 57.5 |
| Maurice ........ | Vase en fer cylindrique rempli de terre. — Hauteur moyenne d'eau pluviale : 0m.65 par an, à Genève. | 2 | 1796-1797 | 39.0 | 61.0 |
| De Gasparin.... | Expériences analogues aux précédentes. — Hauteur moyenne d'eau pluviale : 0m.710 par an, à Orange. | 2 | 1821-1822 | 20.0 | 80.0 |
| Risler .......... | Drains-jauge de 1m.20 de profondeur; sous-sol compact et imperméable; surface en culture. — Hauteur moyenne d'eau pluviale : 1m.04 par an, à Caléves. — Evaporation comprenant la transpiration des plantes. | 2 | 1867-1868 | 30.0 | 70.0 |
| | Moyennes.............. | .......... | .......... | 31.3 | 68.7 |
| Greaves.......... | Jauge ou caisse d'ardoise de 0m.83 de surface et 0m.91 de hauteur; remplie d'un mélange d'argile, de gravier et de sable, foulé et semé en gazon. — Hauteur moyenne d'eau pluviale : 0m.637 par an, à Lee Bridge. | 22 | 1852-1873 | 26.6 | 73.4 |
| | Même jauge, avec sable. — Hauteur moyenne d'eau pluviale : 0m.636. | 14 | 1860-1873 | 83.2 | 16.8 |
| | Moyenne calculée pour les comtés d'Angleterre. — Hauteur moyenne d'eau pluviale : 0m.635. | » | » | 28.0 | 72.0 |
| Lawes et Gilbert. | Jauge de 47 décimètres carrés; terre compacte argileuse, avec sous-sol de craie. — Hauteur moyenne d'eau pluviale : 0m.71. | | | | |
| | Hauteur de jauge : 0m.50............................ | 5 | 1870-1875 | 36.8 | 63.2 |
| | — 1m.00 ............................ | 5 | 1870-1875 | 36.0 | 64.0 |
| | — 1m.50............................ | 5 | 1870-1875 | 28.6 | 71.4 |

Le tableau V donne les résultats déjà mentionnés, tels qu'ils ont été obtenus par Dalton, Dickinson, Maurice, de Gasparin, et Risler, plus ceux des essais de Greaves, Lawes et Gilbert.

Pour une période de cinq années (1870-1875), les expérimentateurs de Rothamsted ont constaté que l'infiltration des eaux de pluie s'élevait à 36,8, 36, et 28,6 pour 100, sur des épaisseurs de sol de 0ᵐ,50, 1 mètre et 1ᵐ,50. Il convient de remarquer tout d'abord que le sol artificiel de M. Greaves était beaucoup plus perméable que celui de Rothamsted. Pour montrer combien il est difficile d'imiter un sol naturel, M. Gilbert expose que, dans le but de multiplier les essais, il disposa dans un certain nombre de tubes de 0ᵐ,60 de diamètre et 1ᵐ,50 de hauteur, des couches de terre, dans le même ordre où elles se présentaient naturellement sur un champ contigu. Après avoir introduit les couches sur une épaisseur totale de 0ᵐ,90, versé des masses d'eau, et appliqué à la surface un poids de plus de 1.000 kilogrammes, il trouva que le niveau ne s'était guère abaissé au delà de 0ᵐ,15.

Il convient également d'ajouter que MM. Lawes et Gilbert ont fait courir l'année du 1ᵉʳ septembre au 31 août suivant. La hauteur annuelle de pluie ayant été de 0ᵐ,698, 0ᵐ,736, 0ᵐ,775, 0ᵐ,552, 0ᵐ,781, soit en moyenne, de 0ᵐ,711 pour les cinq années, ils ont trouvé, sur une épaisseur de 0ᵐ,50 de sol, que l'infiltration avait été de 0ᵐ,260 de hauteur d'eau ; que, sur 1 mètre, l'infiltration se réduisait à 0ᵐ,254, et sur 1ᵐ,50, à 0ᵐ,203. Il est donc clair que l'action capillaire opère à des profondeurs plus considérables que ne le supposait Greaves, en fixant la limite à 0ᵐ,18.

Des tableaux, détaillés mois par mois, des expériences de Rothamsted, il résulte qu'en septembre, c'est-à-dire après les mois chauds et relativement secs jusqu'aux mois d'hiver, il s'infiltre moins d'eau à travers 1 mètre de sol qu'à travers 0<sup>m</sup>,50; et moins à travers 1<sup>m</sup>,50 qu'à travers 1 mètre; mais à partir des pluies hivernales l'inverse se produit.

Une dernière remarque qui a son importance : M. Greaves avait expérimenté sur un sol artificiel, mais recouvert de végétation; or l'infiltration dépend beaucoup de la couverture du sol. Si l'on consulte en effet les dosages d'eau du sol et du sous-sol exécutés en juillet 1870 sur la parcelle en prairie *the Park,* et sur celles en orge et en friche de Barnfield (voir tableau IV), on observe que dans le premier cas (the Park) les quantités d'eau totale par hectare, sur une profondeur du sol de 1<sup>m</sup>,37, sont :

Pour la parcelle n° 3, sans engrais, de.... 3.881 m. cubes
Pour la parcelle n° 9, avec engrais minéral
et ammoniacal, de...................... 3.379 —
Pour la parcelle n° 14, avec engrais minéral
et nitrate, de......................... 2.065 —

Le sol avec engrais retient donc 502 mètres cubes et 816 mètres cubes d'eau en moins que le sol sans engrais.

De même, dans le second cas (Barnfield), la quantité d'eau totale à l'hectare, sur une épaisseur de 1<sup>m</sup>,37, est :

Pour le sol en orge, de.................. 4.677 m. cubes
Pour le sol contigu, en friche, de......... 6.959 —

Soit une différence, en faveur du
sol en friche, de.............. 2.282 m. cubes

Du reste, l'action de la couverture du sol sur l'infiltration a été démontrée par les expériences des stations domaniales de la Bavière, rapportées par le professeur Ebermayer dans son ouvrage sur la statistique forestière, que M. Grandeau a analysé pour ses études sur la nutrition des végétaux (1).

(1) *Journ. d'Agr. prat.,* 1874, t. I, p. 158.

Ainsi on a trouvé que, dans la période quinquennale 1869-1873, l'évaporation d'avril à octobre des sols forestiers sous bois est en moyenne 47 pour 100 de celle des mêmes sols dénudés, hors forêt. D'autre part, si l'évaporation du sol forestier hors bois est considérée comme égale à 100, le même sol, sous bois, avec la couverture, évapore, en moyenne annuelle, 22 pour 100 de la quantité d'eau que le sol dépourvu d'arbres évapore.

Les essais d'Ebermayer sur l'infiltration de l'eau pluviale ont été opérés à l'aide de cylindres en zinc de 10 décimètres carrés et demi de surface et $0^m,32$, $0^m,64$, $0^m,97$ de hauteur, remplis de terre et abandonnés à l'air et à la pluie pendant un certain temps pour donner au sol ses caractères physiques. Nous en reproduisons les données principales d'après les tableaux du docteur Gilbert, pour un sol nu, en rase campagne, pour un sol forestier sans couverture et un sol forestier avec couverture (tableau VI). On y reconnaîtra notamment les différences d'infiltration pendant le semestre d'été, par rapport au semestre d'hiver:

D'après le professeur Woldrich que cite Ebermayer, des expériences sur l'infiltration à travers $0^m,60$ de sol gazonné et de sol nu, à Salzburg et aux environs de Vienne, ont donné pour le sol gazonné en moins que pour l'autre :

En mai...................... 25.2 pour 100.
En juin...................... 53.1 —
En juillet.................... 23.4 —
En août...................... 29.2 —
En septembre................. 12.7 —

La différence atteignit son minimum en janvier, et son maximum en juin et juillet.

Ebermayer conclut de ces essais que dans la demi-année d'été, le sol des forêts est le plus humide; le sol nu et

TABLEAU VI. — *Proportion d'eau pour 100 de la hauteur d'eau pluviale annuelle,
infiltrée dans les sols nus et forestiers.*

| | ÉPAISSEURS DU SOL. | | |
| --- | :---: | :---: | :---: |
| | 0ᵐ.325. | 0ᵐ.649. | 0ᵐ.974. |
| *Douze mois : mars 1868 à mars 1869.* | | | |
| Sol nu et libre............................................. | 54 | 50 | 53 |
| Sol forestier sans couverture................................ | 67 | » | » |
| Sol forestier avec couverture................................ | 74 | 77 | 60 |
| *Comparaison des semestres d'hiver et d'été.* | | | |
| Sol nu et libre............... { d'octobre à mars.................. | 72 | 67 | 76 |
| { d'avril à novembre................ | 23 | 24 | 24 |
| Différence en moins pour la saison d'été................ | 49 | 43 | 52 |
| Sol forestier avec couverture.... { d'octobre à mars.................. | 80 | » | » |
| { d'avril à novembre................ | 57 | » | » |
| Différence en moins pour le semestre d'été.............. | 23 | » | » |
| Sol forestier avec couverture ... { d'octobre à mars................. | 86 | 87 | 73 |
| { d'avril à novembre................ | 75 | 76 | 62 |
| Différence en moins pour le semestre d'été.............. | 11 | 11 | .11 |

librement exposé est moins humide que le précédent, et le sol gazonné le plus sec.

Au résumé, MM. Lawes et Gilbert s'étaient posé le problème pratique suivant : étant admis, d'après l'expérience, qu'une bonne récolte de foin ou de céréales évapore pendant sa croissance 28 pour 100 de la pluie tombée annuellement; que la quantité d'eau retenue par le sol est une constante, et qu'il reste 72 pour 100 d'eau pluviale annuelle pour l'évaporation de la surface et l'écoulement par les drains, quelle quantité d'eau sur ces 72 pour 100 s'évapore superficiellement, en entraînant de bas en haut les éléments nutritifs que consomme la plante, et quelle quantité se perd en profondeur, emportant les éléments en excès?

Le problème, dont les données varient suivant les sols et suivant les années, en même temps que dans le même sol, pour une année et une culture déterminées, ne comporte pas de solution définitive; mais on peut dire, d'après les expériences de Rothamsted, que si pour la moyenne des sols et des années, les sept dixièmes de la pluie tombée annuellement disparaissent par le fait de l'évaporation du sol et des plantes, céréales ou fourragères, les autres trois dixièmes s'infiltrent dans les couches inférieures et entraînent plus ou moins de matières nutritives.

### B. — Fertilisation du sol.

Les eaux météoriques auxquelles l'agriculture ne commande pas, produisent souvent des effets funestes sur les cultures, soit par leur abondance, soit par l'inopportunité de leur intervention; les pluies d'orage sont dans ce cas. Il n'en est pas ainsi des eaux courantes, amenées par l'irrigation, ou de celles qui entretiennent le sous-sol dans un état convenable d'humectation.

Ces eaux cèdent, en effet, à la terre les substances utiles qu'elles tiennent en suspension et en dissolution : quelques sels calcaires et alcalins, des matières organiques, de l'acide carbonique, etc. Pour montrer dans quelles larges proportions ces substances entraînées ou dissoutes sont introduites dans le sol, Boussingault a établi, dans une série d'expériences entreprises en vue de déterminer le volume d'eau nécessaire à l'irrigation sous le climat de France, qu'un hectare de terre forte, ensemencée en trèfle, a facilement absorbé, pendant 24 heures, 97 mètres cubes d'eau; ce qui représente un arrosement à raison de 9 litres de liquide par mètre carré, ou une couche d'eau dont l'épaisseur atteignait moins de $0^m,01$ (1).

La fertilité d'un sol variant, même d'une année à l'autre, suivant les climats, c'est-à-dire suivant la somme d'eau, de chaleur et de lumière qu'il reçoit, on peut dire que la quantité d'eau nécessaire pour produire une récolte n'a rien d'absolu; mais que plutôt la somme de matières utiles dont l'eau peut se charger, exerce l'influence dominante sur la récolte. Si, en effet, l'eau abonde pour dissoudre les matières minérales qui sont rebelles à l'action de l'humidité normale dans une terre ordinaire, et qu'il s'y joigne beaucoup de chaleur pour favoriser leur dissolution, et de la lumière, ou du soleil, pour hâter l'excrétion de l'eau des plantes, la fertilité augmentera, même dans un sol relativement pauvre.

L'eau peut donc, dans une certaine mesure, suppléer les engrais, surtout si elle est conservée dans les couches profondes d'où elle remonte peu à peu par la force de capillarité, au contact des racines. Elle peut également, dans d'autres cas, quand elle est en excès, saturer le sol et l'appauvrir, si elle est mal employée.

(1) *Comptes rendus de l'Acad. des sciences,* 1857.

Les conditions dans lesquelles l'eau d'arrosage agit comme engrais, dépendent en premier lieu des matières qu'elle tient en dissolution, puis de celles en quantités variables qu'elle tient en suspension et dont le ralentissement de vitesse dans le mouvement de l'eau facilite le dépôt. L'analyse chimique permet seule d'établir la qualité des eaux.

**1. Expériences de König.** — Avant d'aborder la question de fertilisation, il y a lieu de distinguer l'effet propre de l'eau, comme épurant et oxydant le sol.

Les terres à humus renferment des substances acides, des composés sulfureux et d'autres principes nuisibles au développement de la végétation. Dans les prés arrosés notamment, l'eau dissout, d'une part, des substances organiques que les drains naturels ou artificiels entraînent, et, d'autre part, elle apporte avec elle de l'oxygène dont l'action se traduit par de l'acide carbonique, de l'acide sulfurique, de l'oxyde de fer, et éventuellement dans les contrées chaudes, de l'acide azotique, etc. Ces deux réactions concourent à désacidifier le sol pour les besoins de la végétation.

L'eau d'arrosage apporte, en outre, de l'acide carbonique qui, par la formation de carbonate de chaux double, crée une dissolution de chaux capable de neutraliser les acides du sol, aussi bien que la chaux même, contenue déjà dans l'eau.

Dans ses expériences sur les eaux d'irrigation, appliquées aux prairies arrosées par divers systèmes, König a cherché à démontrer surtout que l'action oxydante et épurante des eaux exerce une influence plus directe sur les résultats de l'arrosage que l'action fertilisante. Nous empruntons à Heiden (1) quelques chiffres des

(1) Heiden, *Lehrbuch der Düngerlehre*, 2ᵗᵉʳ *band*, III *abth.*, 1887, p. 977.

moyennes obtenues par König (tableaux VII et VIII).

Pour expliquer ces chiffres, convient-il tout au moins d'indiquer le rôle considérable que jouent les gaz dissous par l'eau, dans les phénomènes de l'irrigation; ce rôle est d'ailleurs très complexe et nous y reviendrons plus loin. Tandis qu'une partie de l'acide carbonique dissous se dégage pendant l'écoulement de l'eau à la surface du sol, et en partie se décompose par les feuilles, sous l'action de la lumière, une autre partie est absorbée par le sol poreux. Mais à la suite d'un arrosage précédent, l'air confiné dans le sol s'est chargé d'acide carbonique, de telle sorte que l'eau d'irrigation, pour déplacer cet air, dissout et entraîne une certaine proportion de gaz carbonique. Il en résulte que l'eau, après arrosage, peut contenir plus de gaz acide carbonique qu'avant l'arrosage.

Quant au gaz oxygène, soit qu'il se fixe dans la terre pour réagir plus tard, soit qu'à l'état de dissolution il agisse immédiatement, il détermine dans le sol, en diminuant de volume, une combustion véritable, à laquelle doivent s'attribuer les effets fertilisants de l'irrigation.

Comme Hervé-Mangon l'exprime en un langage pittoresque : « Toujours fertile, la terre arrosée respire l'oxygène de l'eau qui la baigne, comme la terre drainée respire celui de l'air que les drains appellent dans son sein (1). »

Il résulte des chiffres de ces tableaux, joints à ceux que König a relevés dans la série de ses essais, des déductions importantes, à savoir :

Il y a plus de matières organiques dans l'eau qui s'écoule superficiellement, quand l'eau d'amenée n'en renferme que de faibles quantités en suspension; dans le cas contraire, il y en a moins. Quant à l'eau qui s'écoule

(1) *Expériences sur les irrigations*, 2e édit., 1869, p. 82.

TABLEAU VII. — *Expériences de König sur les prés arrosés par divers systèmes.*

| COMPOSITION D'UN LITRE D'EAU EN MILLIGRAMMES. (Moyennes des deux saisons). | Eau d'arrivée. | Système Petersen. | | Système Abel. | | S. Vincent. | Système ordinaire. | |
|---|---|---|---|---|---|---|---|---|
| | | Eau s'écoulant à la surface. | en sous-sol. | Eau s'écoulant à la surface. | en sous-sol. | Eau s'écoulant à la surface. | Eau s'écoulant à la surface. | en sous-sol. |
| Moyenne de l'arrosage d'automne et de printemps.............. Substances organiques. | 107.9 | 110.6 | 92.4 | 102.1 | 85.2 | 103.2 | 99.1 | 91.4 |
| — Acide carbonique. | 224.4 | 201.5 | 213.6 | 216.6 | 228.7 | 220.3 | 218.8 | 220.7 |
| — Chaux. | 148.7 | 135.8 | 140.5 | 138.8 | 142.1 | 143.5 | 142.0 | 140.2 |
| — Magnésie. | 9.0 | 8.4 | 8.3 | 8.3 | 8.3 | 8.4 | 8.8 | 8.6 |
| — Potasse. | 16.3 | 10.6 | 9.4 | 10.9 | 6.9 | 14.0 | 11.4 | 8.8 |
| — Soude. | 26.5 | 25.3 | 26.2 | 25.3 | 25.1 | 25.9 | 26.3 | 26.9 |
| — Chlore. | 25.5 | 25.9 | 25.9 | 26.4 | 25.8 | 26.1 | 26.4 | 26.3 |
| — Acide azotique. | 13.5 | 10.3 | 11.2 | 10.6 | 10.1 | 11.2 | 11.2 | 9.6 |
| — Acide sulfurique. | 36.1 | 36.5 | 37.3 | 35.9 | 36.9 | 36.5 | 37.1 | 38.8 |
| — Matières en suspension. | 21.0 | 11.5 | 8.0 | 6.9 | 4.0 | 12.6 | 7.8 | 2.9 |
| Arrosage de printemps.......... Acide phosphorique. | 8.2 | 1.8 | 1.1 | 4.2 | 1.8 | 6.8 | 4.0 | 1.9 |

TABLEAU VIII. — *Expériences de König sur les prés arrosés par divers systèmes.*

| COMPOSITION MOYENNE D'UN LITRE D'EAU. (Automne et printemps.) | EAU D'AMENÉE. | SYSTÈMES PETERSEN, ABEL ET ORDINAIRE. | | SYSTÈME VINCENT. |
|---|---|---|---|---|
| | | Eau s'écoulant | | Eau s'écoulant en sous-sol. |
| | | à la surface. | en sous-sol. | |
| **I. *Automne.*** 30 novembre au 10 février 1880. | Substances organiques. | 104.9 | 107.3 | 88.9 | 105.0 mg. |
| | Oxygène............. | 7.3 | 8.5 | 7.7 | 7.0 cm³. |
| | Acide carbonique..... | 220.0 | 118.3 | 224.2 | 226.8 mg. |
| | Acide sulfurique...... | 35.3 | 36.1 | 36.5 | 36.2 id. |
| **II. *Printemps.*** 9 avril au 10 avril. | Substances organiques. | 117.3 | 102.7 | 78.4 | 84.5 mg. |
| | Oxygène ............ | 6.9 | 7.0 | 4.5 | 6.4 cm³. |
| | Acide carbonique ..... | 300.3 | (1) 301.9 | 305.2 | 289.3 mg. |
| | Acide sulfurique...... | 25.8 | 28.8 | 30.1 | 33.6 id. |

(1) Dans les essais II, le système Abel seul fonctionnait.

du sous-sol, elle indique toujours une réduction dans la proportion des matières organiques.

Il y a augmentation d'oxygène dans l'eau d'écoulement superficiel, et, relativement, diminution dans l'eau qui s'échappe du sous-sol; la raison en est que l'eau de la surface absorbe l'oxygène atmosphérique.

L'acide carbonique est réduit dans l'eau superficielle et augmenté dans l'eau du sous-sol; l'acide sulfurique se comporte comme l'acide carbonique.

En calculant le rapport des acides (chlore, acide carbonique, acide sulfurique et acide azotique) aux bases (chaux, magnésie, potasse et soude); en additionnant séparément les acides et les bases, et déduisant du montant de ces dernières une quantité d'oxygène équivalente au chlore, ou arrive, pour représenter l'action épurante de l'eau d'arrosage sur le sol de prairie, arrosée d'après divers systèmes, aux chiffres moyens consignés dans le tableau IX.

Ainsi, en négligeant les acides des terres végétales susceptibles d'être dissous, il y a plus d'acides dans l'eau du sous-sol que dans l'eau d'amenée. Il y a en outre plus d'acides dans cette eau que dans celle coulant à la surface. Quant au rapport des acides aux bases, il est plus grand lorsque l'eau d'arrosage est distribuée en moindre volume; c'est ce qui ressort des données suivantes :

| | PRAIRIE ARROSÉE. | | |
| --- | --- | --- | --- |
| | Système Petersen. | Système Abel. | Système ordinaire. |
| | lit. | lit. | lit. |
| Volume d'eau amenée par seconde.. | 0.81 | 0.67 | 3.30 |
| Acides pour 100 de bases......... | 15.97 | 16.11 | 15.51 |

Ces différences, peu importantes comme valeur absolue, n'en sont que plus intéressantes, puisqu'elles résultent de séries d'essais faits séparément sur les arrosages

TABLEAU IX. — *Expériences de König sur les prés arrosés par divers systèmes.*

| | | SOMME POUR 1 LITRE D'EAU. | | A 1000 PARTIES de bases, CORRESPONDENT ACIDES : |
|---|---|---|---|---|
| | | BASES. | ACIDES. | |
| | | millig. | millig. | |
| 1. Eau d'amenée ............................... | | 192.5 | 296.8 | 154.2 |
| 2. Système Petersen ... | Eau de la surface....... | 186.6 | 292.7 | 156.9 |
| | Eau en sous-sol......... | 189.7 | 302.0 | 159.7 |
| 3. Système Abel....... | A la surface ........... | 190.1 | 296.5 | 155.9 |
| | En sous-sol ........... | 194.0 | 312.5 | 161.1 |
| 4. Système Vincent .... | A la surface ........... | 191.9 | 298.5 | 155.6 |
| 5. Système ordinaire .. | A la surface ........... | 187.4 | 290.7 | 155.1 |
| | En sous-sol............ | 191.1 | 296.6 | 155.2 |

dans les trois systèmes mis en parallèle. Elles montrent qu'une eau est d'autant mieux utilisée et que son effet d'épuration est d'autant mieux réalisé qu'elle filtre plus lentement, ou du moins que le volume est relativement moindre. La somme des principes nutritifs enlevés par absorption est approximativement la même à surfaces égales, dans les mêmes circonstances, l'eau étant de bonne qualité. C'est pourquoi une eau d'arrosage peut servir d'autant plus souvent qu'elle est de nature plus fertilisante et inversement.

**2. Expériences de Hervé-Mangon.** — Par ses expériences sur l'emploi des eaux d'irrigation dans les prairies de Vaucluse et des Vosges, au Midi et au Nord, Hervé-Mangon a défini non moins nettement le rôle des eaux au point de vue physique et au point de vue chimique, c'est-à-dire comme agent régulateur de la température du sol et des phénomènes d'absorption et d'évaporation des plantes, et comme engrais. Selon la nature des sols et du climat, l'engrais de l'eau représente tantôt la totalité, tantôt une partie seulement des matières fertilisantes exigées par la culture.

Les résultats numériques résumant ces précieuses expériences figurent dans le tableau X.

Si l'azote contenu dans les eaux, sous forme d'acide nitrique, d'ammoniaque ou de matières organiques, intervient au profit du sol et se fixe dans les récoltes, aussi bien dans les irrigations du Nord que dans celles du Midi, la proportion n'est pas la même dans les deux cas.

Dans le Midi, l'azote fourni par les eaux est tellement inférieur à celui fixé par les récoltes que le rôle fertilisant est tout à fait secondaire. Les irrigations y ont surtout pour effet de rafraîchir le sol, et de donner l'état d'humidité nécessaire à la nitrification des matières dont les plantes ont besoin, comme aussi de fournir l'eau à la végé-

TABLEAU X. — *Expériences de Hervé-Mangon sur l'emploi des eaux d'irrigation* (1859-1860).

| | VAUCLUSE. | | | | VOSGES. | |
| --- | --- | --- | --- | --- | --- | --- |
| | TAILLADES. | | | L'ISLE. | SAINT-DIÉ. | HABEAURUPT. |
| | Prairie. | Luzerne. | Haricots. | Prairie. | Prairie. | Prairie. |
| Volume d'eau répandu par hectare et par an | m. c. 16.333 | m. c. 37.959 | m. c. 5.126 | m. c. 5.402 | m. c. 1.548.661 | m. c. 4.483.722 |
| Débit continu par seconde et par hectare | lit. 1.89 | lit. 4.39 | lit. 0.99 | lit. 1.13 | lit. 68.67 | lit. 217.13 |
| Débit continu par seconde et par hectare en hiver | » | » | » | » | 101.28 | 312.83 |
| Débit continu par seconde et par hectare en été | » | » | » | » | 33.74 | 49.93 |
| Azote par litre d'eau d'entrée, moyenne annuelle | mill. 1.583 | mill. 1.522 | mill. 1.773 | mill. 1.580 | mill. 1.380 | mill. 1.194 |
| Azote par litre d'eau de sortie, moyenne annuelle | 1.002 | 1.021 | » | 1.363 | 1.247 | 1.136 |
| Azote fixé par hectare et par an | kil. 23.442 | kil. 55.791 | kil. 9.090 | kil. 8.093 | kil. 207.880 | kil. 261.116 |
| — rapport à l'azote de l'eau d'entrée ‰ (moyenne de l'année) | 0.36 | 0.33 | » | 0.13 | 0.10 | 0.05 |
| Azote du fumier | kil. 122 | lit. 106 | 88 | kil. 140 | » | 102 |
| — de la récolte | 184 | 431 | 10+ | 166 | 71 | |
| Différence de l'azote de la récolte par rapport a l'azote de l'eau et du fumier | + 30 | + 271 | + 7 | + 18 | — 136 | — 156 |
| *Moyennes annuelles.* | | | | | | |
| Acide carbonique dissous par litre. { Eau d'entrée.. | c. cub. 4.87 | c. cub. 4.30 | c. cub. 6.1 | c. cub. 11.3 | c. cub. 1.40 | c. cub. 1.13 |
| { Eau de sortie. | 5.29 | 4.80 | » | 13.6 | 1.60 | 1.48 |
| Oxygène dissous par litre. { Eau d'entrée.. | 4.54 | 4.80 | 4.1 | 5.7 | 7.60 | 7.64 |
| { Eau de sortie. | 3.78 | 4.20 | » | 1.7 | 7.10 | 7.22 |

tation (1). Elles se pratiquent à petit volume ; les fumiers et la fertilité déjà acquise du sol comblent le déficit provenant de la faible quantité d'eau dont on dispose.

Dans le Nord, au contraire, où l'irrigation se fait à grand volume, les eaux jouent non seulement le rôle de véritables engrais, mais d'engrais indispensables ou prépondérants. Elles fournissent l'azote emporté par la récolte, et de plus les matières fertilisantes, azote compris, nécessaires à l'accroissement progressif de la richesse du sol. Les irrigations du Nord réchauffent souvent la terre au lieu de la rafraîchir ; elles apportent des principes recueillis au loin dans l'atmosphère et dans les terrains traversés sur de larges surfaces, pour compenser ceux qu'une nitrification moins active ne fournirait pas sur place.

La valeur comparative de l'eau et des fumiers constitue ainsi l'un des éléments principaux de la détermination des volumes de liquide à fournir aux récoltes, suivant que l'on irrigue sous tel ou tel climat. De toutes manières, c'est la facilité avec laquelle une eau d'arrosage abandonne les matières fertilisantes qu'elle renferme, qui donne la mesure de ses qualités, plutôt que sa composition absolue.

Tandis que dans les Vosges, les prairies soumises à l'expérience, ne fixent en moyenne, dans l'année, que $0^m,05$ à $0^m,10$ d'azote par litre, relativement à l'azote contenu dans l'eau d'amenée, celles de Vaucluse en absorbent de $0^m,33$ à $0^m,36$ ; or, dans le premier cas, la prairie recevait le produit d'un débit moyen de 217 litres par seconde, se réduisant en été à 50 litres par seconde et par hectare ; dans le deuxième, le produit d'un débit continu de moins d'un litre par seconde et par hectare.

Pendant les arrosages d'été, par la réduction du vo-

(1) *Comptes rendus de l'Acad. des sciences,* février 1863.

lume d'eau, les prairies des Vosges fixent un peu plus de 30 pour 100 d'azote, c'est-à-dire sensiblement autant que les prairies de Vaucluse, arrosées avec une si grande parcimonie.

« Il semble donc que les plantes ne puisent plus rien dans les eaux dont la richesse en azote descend au-dessous d'une certaine proportion, ou d'un certain titre de fertilité, si l'on peut s'exprimer ainsi. Ce fait, du reste, n'a rien d'étonnant; il s'accorde avec les idées généralement admises sur l'influence qu'exerce le degré de dilution sur les affinités.

« Si cette dernière observation est fondée, il est clair que, dans les irrigations bien disposées, les cultures fixeront tout l'azote des eaux excédant cette proportion, constante pour chaque cas particulier, au-dessous de laquelle s'arrête toute assimilation des principes fertilisants du liquide. Le rapport de l'azote fixé à l'azote total sera par conséquent d'autant plus grand que l'eau sera plus riche en azote. »

Cette conclusion de Hervé-Mangon, vérifiée plus tard par König, vise non seulement les effets de petits volumes d'eau suffisamment chargée de principes fertilisants, mais encore ceux des reprises d'eau qu'il faut cesser de multiplier quand la composition de l'eau de sortie est la même que celle de l'eau d'entrée.

Les gaz dissous dans les eaux d'irrigation exercent une grande influence sur les prairies. Tandis que l'acide carbonique s'est montré plus abondant dans l'eau d'entrée, l'oxygène l'a été moins dans l'eau qui a arrosé, suivant la théorie de Chevreul, d'après laquelle il y a combustion lente des matières carbonées pendant le passage de l'eau sur les cultures. Les irrigations détermineraient ainsi, comme le drainage, par des procédés inverses, des phénomènes continus d'oxydation.

Enfin, les eaux d'irrigation apportent à la terre bien plus de matières minérales que les récoltes n'en enlèvent. Les chiffres ci-après le démontrent surabondamment :

| | | Dosage des cendres des récoltes. | Matières solides fixées par hectare. | |
|---|---|---|---|---|
| | | — kil. | en dissolut. kil. | en suspens. kil. |
| Vaucluse. | Prairie des Taillades..... | 1.198 | 3.619 | 16.503 |
| | Luzerne — ..... | 1.960 | 9.254 | 36.967 |
| | Haricots — ..... | 259 | 1.141 | 9.832 |
| | | | Matières solides. | |
| | Prairie de l'Isle.......... | 1.187 | 1.033 (?) | |
| Vosges. | Prairie de Saint-Dié...... | 439 | 6.581 | |
| | — de Habeaurupt... | 630 | 16.465 | |

Dans le cas de la prairie de l'Isle, arrosée par les eaux de la Sorgue, il n'en est pas ainsi ; peut-être à cause de leur richesse en acide carbonique. Du reste, l'eau de la Sorgue, dont la teneur en matières fixes se rapproche beaucoup de celle de la Durance, ne cède aux prairies que 13 pour 100 de son azote, tandis que l'eau de la Durance en abandonne 30 pour 100.

**3. Expériences de Bardeleben.** — Bardeleben a également poursuivi des recherches sur les eaux d'irrigation du canal principal de la Bokerheide (Westphalie) et déterminé leur composition : matières solides et matières en dissolution, par rapport à celle de la Lippe, qui alimente le canal (1). Les résultats des analyses de Bardeleben, relatés dans le tableau XI, en grammes par litre d'eau, se rapportent à sept prises d'essai :

N° I. Eau de la Lippe.
II. Eau du canal après un premier arrosage en reprise.

(1) *Jahresbericht der gewerbeschule zu Bochum*, et *Cultur-Ingenieur, band III.*

Nº III. Eau du canal après deux arrosages et mélange avec
l'eau d'un ruisseau.
IV. — trois arrosages en reprise.
V. — quatre arrosages en reprise.
VI. — cinq arrosages en reprise et mé-
lange avec eau du canal.
VII. — six arrosages en reprise et mé-
lange avec eau du canal.

De I à V, la teneur en matières solides diminue ; mais elle augmente en VI et VII, ce qui tient au mélange avec l'eau du canal et probablement à un entraînement de matières plus légères pendant l'arrosage.

De I à II, l'eau dépose 17,26 pour 100 des matières solides totales ; de II à III, ce dépôt atteint 64,46 pour 100 ; de III à IV, 10,96 pour 100 ; de IV à V, 2,49 pour 100 ; puis il y a de nouveau augmentation.

Relativement aux matières en dissolution, une partie est utilisée par les herbes, mais la proportion en est bien plus faible que pour celles en suspension dans l'eau d'arrosage. Dans ce dernier cas, le sol retient à peine 9 centièmes, et dans le premier 9 dixièmes des quantités primitives. La déperdition en potasse et en acide phosphorique, qui sont les éléments de nutrition les plus importants, est extrêmement faible par rapport à la teneur de l'eau du canal.

Bardeleben, en insistant sur le rôle dominant des matières minérales limoneuses, lors de l'arrosage, fait observer que les prés du Boker Heide recevant les eaux de reprise, recouvrent un sol sablonneux dont le pouvoir absorbant est très limité.

### 4. Conclusions des expériences de König. —
Dans ses séries de recherches sur les eaux d'irrigation, dont les détails seraient trop longs à rapporter, le docteur J. König (1) a confirmé et de beaucoup étendu les conclu-

---

(1) *Untersuchung über veränderung des Reiselwassers bei ofterer Benutzung desselben : Landw. Jahrbücher,* 1877 : *Veränderungen und Wirkungen des Reiselwassers bei der Berieselung : Landw. Jahrbücher,* 1882.

# EXPÉRIENCES DE BARDELEBEN.

Tableau XI. — **A.** *Matières solides.*

| | Nos DE LA PRISE D'ESSAI. | | | | | | |
|---|---|---|---|---|---|---|---|
| | I. | II. | III. | IV. | V. | VI. | VII. |
| Argile et sable...................... | 0.1068 | 0.0872 | 0.0186 | 0.0062 | 0.0043 | 0.0032 | 0.0029 |
| Carbonate de chaux.......... ...... | 0.0094 | 0.0089 | 0.0027 | | 0.0008 | | |
| Carbonate de magnésie............ | 0.0009 | 0.0008 | 0.0003 | 0.0014 | 0.0008 | 0.0036 | 0.0032 |
| Oxyde de fer...................... | 0.0007 | 0.0006 | 0.0004 | 0.0003 | 0.0003 | 0.0006 | 0.0005 |
| Substance organique et eau........ | 0.0018 | 0.0016 | 0.0005 | 0.0004 | 0.0004 | 0.0021 | 0.0030 |
| Total des composés trouvés par l'a- nalyse.. ......................... | 0.1196 | 0.0991 | 0.0225 | 0.0083 | 0.0058 | 0.0095 | 0.0096 |
| Pertes à l'analyse.................. | 0.0090 | 0.0073 | 0.0010 | 0.0011 | 0.0004 | 0.0049 | 0.0052 |
| Total des matières séchées à 100° c. | 0.1286 | 0.1064 | 0.0235 | 0.0091 | 0.0062 | 0.0144 | 0.0148 |

TABLEAU XI (suite). — **B.** *Matières en dissolution.*

| | I. | II. | III. | IV. | V. | VI. | VII. |
|---|---|---|---|---|---|---|---|
| Chaux........................... | 0.1076 | 0.0996 | 0.0932 | 0.0925 | 0.0924 | 0.0926 | 0.0925 |
| Magnésie......................... | 0.0064 | 0.0059 | 0.0054 | 0.0053 | 0.0053 | 0.0052 | 0.0052 |
| Alumine et oxyde de fer........... | 0.0022 | 0.0022 | 0.0019 | 0.0018 | 0.0018 | 0.0019 | 0.0018 |
| Silice ........................... | 0.0048 | 0.0046 | 0.0044 | 0.0041 | 0.0041 | 0.0040 | 0.0039 |
| Potasse ......................... | 0.0031 | 0.0031 | 0.0029 | 0.0029 | 0.0030 | 0.0030 | 0.0030 |
| Soude........................... | 0.0092 | 0.0091 | 0.0090 | 0.0090 | 0.0088 | 0.0089 | 0.0088 |
| Acide carbonique................. | 0.0796 | 0.0778 | 0.0744 | 0.0742 | 0.0741 | 0.0742 | 0.0742 |
| — phosphorique.............. | 0.0004 | 0.0004 | 0.0002 | 0.0002 | 0.0002 | 0.0003 | 0.0002 |
| — sulfurique................. | 0.0097 | 0.0095 | 0.0092 | 0.0091 | 0.0089 | 0.0090 | 0.0087 |
| Chlore........................... | 0.0234 | 0.0234 | 0.0233 | 0.0231 | 0.0234 | 0.0235 | 0.0235 |
| Substance organique et eau........ | 0.0359 | 0.0352 | 0.0341 | 0.0339 | 0.0336 | 0.0342 | 0.0343 |
| Total des matières déterminées..... | 0.2823 | 0.2708 | 0.2580 | 0.2561 | 0.2556 | 0.2568 | 0.2561 |
| Perte à l'analyse................... | 0.0025 | 0.0042 | 0.0092 | 0.0083 | 0.0055 | 0.0036 | 0.0034 |
| Total des matières en dissolution, séchées à 100° c.................. | 0.2848 | 0.2750 | 0.2672 | 0.2644 | 0.2611 | 0.2604 | 0.2595 |

sions que nous avons exposées quant au pouvoir oxydant
et fertilisant du sol.

Il a ainsi constaté que dans les irrigations d'automne et
d'hiver, les matières en suspension se réduisent notablement, quand l'eau est plusieurs fois utilisée par reprise ;
ce sont surtout l'argile et le carbonate de chaux qui se
séparent.

Les matières en dissolution subissent en partie une
faible réduction, comme chaux et comme potasse ; mais
le chlore, l'acide sulfurique, la magnésie et la soude augmentent plutôt qu'ils ne diminuent ; ce qui n'a rien d'extraordinaire, car après les froids longs et rigoureux il
n'y a pas encore de végétation active, le sol étant saturé
par les pluies et les neiges.

Ainsi, la fixation des matières en dissolution semblerait
dépendre de l'état physique du sol, les matières en suspension, argiles et calcaires, se précipitant mécaniquement ;
un peu de potasse est absorbé, mais les autres matières
que le sol n'absorbe pas sont plus complètement diluées.
Il est manifeste qu'en conséquence un terrain sablonneux,
aux époques où il est saturé d'humidité et sans végétation, ne saurait se prêter utilement à une forte irrigation.

Dans l'irrigation printanière, à partir de la fin d'avril,
il y a, par contre, une diminution progressive et constante de tous les principes en dissolution dans l'eau ;
en été, elle est encore plus rapide, plus accentuée pour
la potasse, et atteint la proportion de moitié à un tiers,
dans l'eau non utilisée, c'est-à-dire dans l'eau de sortie.

Cette déperdition plus élevée ne devant s'attribuer
qu'aux progrès de la végétation, König croit pouvoir en
déduire que l'emploi d'une eau d'arrosage est d'autant
plus parfait que la végétation est plus active, et que les
principes nutritifs de l'eau sont directement absorbés par

les plantes arrosées. En outre, la température influerait également sur la perte; c'est-à-dire que la perte augmente avec la température de l'eau, notée pendant les expériences, à savoir : 9°,55 en février; 8°,69 en mai, et 22°,4 en été.

Comme action fertilisante de l'eau, d'après König, il faut moins considérer le pouvoir absorbant du sol que l'abandon des matières en suspension et l'absorption directe des principes nutritifs de l'eau par les plantes. Ses essais motivent en ce sens les observations suivantes :

1. La diminution de principes utiles dans l'eau d'arrosage est d'autant plus forte que la croissance des plantes est plus active; elle est plus considérable dans les mois chauds qu'en hiver.

2. Dans les terres riches et tenaces, la réduction des matières minérales est moindre que dans les terrains pauvres et sablonneux.

3. Chaque principe nutritif de l'eau d'arrosage est réduit en proportions variables; le pouvoir absorbant du terrain étant le même, c'est la plante qui règle les proportions d'après ses propres besoins. Une seule substance nutritive fait exception, la potasse, dont la réduction est réglée par le pouvoir absorbant du sol.

Appliquée aux prairies, l'eau d'irrigation, par son action épurante, tient lieu des façons que donnerait la bêche ou la charrue; car les substances organiques en dissolution augmentant, l'oxygène diminue dans la plupart des cas et l'acide carbonique augmente. Des expériences où König a examiné l'eau d'arrosage, dont une partie était évacuée à la surface, et l'autre partie au niveau du sous-sol (voir tableaux VII et VIII), se déduisent les observations suivantes (1) :

1. La proportion de substances organiques s'accroît

_____

(1) Buerstenbinder und Stammer, *Jahresbericht; Braunschweig*, 1887.

dans l'eau superficielle, lorsque l'eau d'amenée n'en renferme pas beaucoup en suspension ; tandis que la proportion dans l'eau souterraine est toujours moindre.

2. La teneur en oxygène augmente dans l'eau de surface, mais elle diminue dans l'eau souterraine.

3. Une réduction dans la teneur en acide carbonique de l'eau superficielle correspond à une augmentation de teneur dans l'eau souterraine.

4. L'acide sulfurique se comporte comme l'acide carbonique.

**5. Assimilation des principes fertilisants.** — Si les expériences dont nous venons de résumer les résultats ne font pas connaître, ce qui eût été si précieux pour l'économie rurale, quelles sont les eaux, fertilisantes ou non, qui conviennent le mieux à tel genre de culture, et quelle action le volume employé de ces eaux exerce sur le rendement, du moins démontrent-elles que l'eau, quand elle n'apporte pas la fertilité par elle-même, fournit le moyen de fertiliser, en dissolvant les principes assimilables dans le sol et en facilitant leur absorption.

L'eau d'irrigation, comme on l'a vu, amène en effet dans le sol de l'acide carbonique et de l'oxygène. L'oxygène réduit les matières organiques et minérales du sol en donnant naissance à de l'acide carbonique et à de l'acide sulfurique. L'acide carbonique ainsi produit, de même que celui renfermé dans l'eau d'irrigation, agit comme dissolvant et déplace les matières minérales du sol en formant, d'une part, des composés plus solubles et assimilables, et d'autre part, en distribuant plus uniformément ces composés dans le sol. Le protoxyde de fer qui est nuisible se convertit en oxyde utile, notamment pour l'absorption de l'acide phosphorique. Enfin, la chaux apportée au sol, ou y préexistant, est rendue soluble par l'acide carbonique.

« L'irrigation, d'après Boussingault, en mettant en circulation dans le sol des matières convenablement modifiées pour être absorbables, les offre aux plantes au fur et à mesure de leurs besoins, aux époques de végétation où ces besoins sont impérieux, d'après un véritable dosage, soustrayant l'engrais à l'action dissolvante des eaux pluviales. Cet avantage est surtout manifeste dans l'applications des engrais liquides (1). »

Parmi ces matières convenablement modifiées, les principes azotés jouent le plus grand rôle dans la végétation. Boussingault considérait, il y a longtemps déjà, que dans l'état de nos connaissances, il était naturel d'attribuer ces principes, soit à l'ammoniaque, soit à l'acide nitrique. Ses expériences sont venues, du reste, démontrer que la décomposition du gaz acide carbonique par les feuilles est surbordonnée à l'absorption préalable d'un aliment pouvant être de l'ammoniaque, une matière organique putrescible, ou un nitrate ; il suffit pour cela que l'azote étant assimilable, puisse concourir à la formation du tissu azoté de la plante. Au demeurant, le nitrate agit sans qu'il soit nécessaire d'ajouter dans le sol, comme Kuhlmann le pensait, du fumier ou une matière organique putrescible, dans le but de produire du carbonate d'ammoniaque.

« La démonstration du fait que le nitrate agit isolément d'une manière très favorable sur la végétation et par absorption directe, permet de comprendre pourquoi certaines eaux exercent sur les prés des effets extrêmement marqués, quoique renfermant à peine des traces d'ammoniaque ; c'est que ces eaux contiennent ordinairement des nitrates qui concourent comme l'ammoniaque, mieux même que l'ammoniaque, à la production végétale.

(1) *Comptes rendus Acad. des sciences*, janv. 1857.

« Que le nitrate provienne de l'union des éléments de
l'air, ou que, résultant de la combustion lente de débris
organiques, il soit apporté par les eaux, il ajoute incon-
testablement des principes azotés assimilables à ceux
introduits par le fumier. C'est par son intervention, combinée à celle de l'ammoniaque atmosphérique, qu'on peut
expliquer l'excédent d'azote des produits de la prairie par
rapport à celui du sol et des engrais.

« La pluie est, il est vrai, le véhicule de l'ammoniaque
atmosphérique, mais en supputant, d'après le volume
des eaux pluviales, ce que la terre reçoit de principes
fertilisants en dehors de l'engrais, on néglige ce que lui
apportent les eaux vives d'irrigation, d'imbibition ou
d'infiltration qui entraînent dans leur parcours des matières utiles et renferment la plupart des nitrates (1). »

Les terres des plateaux élevés n'ont guère d'autres
engrais que les matières minérales dérivées des roches, et
les eaux météoriques ; par contre, dans les terres à moindre altitude, soumises à la culture et fortement fumées,
les eaux météoriques, comme celles d'irrigation qui s'y
infiltrent, entraînent plus de principes fertilisants qu'elles
n'en apportent. Aussi trouve-t-on constamment dans
l'eau de drainage, « véritable lessive des terrains cultivés, »
des nitrates et des sels ammoniacaux ; aussi est-il de meilleure pratique de donner à la terre, en présence de fréquents arrosages ou de pluies prolongées, un fumier frais
renfermant les éléments des nitrates et des composés ammoniacaux, plutôt qu'un fumier consommé où ces sels
dominent déjà à l'état soluble.

De toutes manières, l'avantage des nitrates sur les composés ammoniacaux est, qu'ils restent et qu'ils persistent
comme agents de fertilité, alors même que l'eau qui les a

(1) Boussingault, *Comptes rendus Acad. des sciences*, nov. 1855.

introduits dans le sol se dissipe par l'évaporation. Il s'ensuit que les plantes s'améliorent dans leurs conditions nutritives par les nitrates et que notamment la prairie devient plus fertile, en suite des irrigations bien conduites.

La présence des nitrates dans le sol est trop importante pour que nous n'envisagions pas ici la question plus large de la formation de l'azote minéral, c'est-à-dire à l'état nitrique et à l'état ammoniacal, sous l'influence de l'arrosage.

**6. Nitrates et nitrification.** — Qu'il s'agisse du terreau le plus fertile ou du sol le plus pauvre, il a été démontré que l'azote y existe à l'état ammoniacal et nitrique, ou à l'état organique résultant de la vie végétale ou animale. Ce dernier est toujours en proportion beaucoup plus élevée, mais il ne peut être utilisé directement par la végétation qu'à la condition de passer par l'état minéral qui devient ainsi de beaucoup le plus important pour la fertilité.

Dans son *Agronomie* (1), Boussingault a donné de nombreuses analyses de terrains, en vue d'établir la teneur en acide nitrique de leur couche arable. Il a évalué cet acide en le supposant combiné à la potasse, c'est-à-dire qu'il a indiqué en poids de nitrate de potasse à l'hectare, les teneurs de diverses terres, parmi lesquelles nous citerons seulement :

*Sols de prairies.*

|  | Nitrate de potasse. kil. |
|---|---|
| . Prairie du bord de la Sauer................. | 4.323 |
| — des Vosges (gravier)............... | 74.481 |
| — du Haut-Rhin (calcaire)........... | 36.300 |

(1) T. II, 1861.

## Terres labourées.

|  | kil. |
|---|---|
| Vigne du Liebfranenberg................ | 4.224 |
| — de Lampertsloch................ | 14.784 |
| Champ de blé........................ | 6.600 |
| — betteraves.................... | 4.389 |
| — trèfle........................ | 6.006 |
| — maïs........................ | 2.640 |
| — navets...................... | 9.636 |

. Les quantités de nitrate varient ainsi entre des limites considérables, dans une couche de 0ᵐ,33 de profondeur, de sol végétal.

D'autres recherches du même savant ont démontré que la nitrification de la terre végétale a lieu aux dépens des substances organiques de l'humus que l'on rencontre dans tous les sols fertiles, indépendamment de l'azote gazeux de l'air et des matières hydro-carbonées du sol. M. Schlœsing (1) a confirmé à son tour et étendu, par un grand nombre d'expériences méthodiques, les faits observés par Boussingault.

Un point intéressant, étudié par M. Schlœsing, concerne la terre dont l'humidité a été portée au maximum d'imbibition (24 pour 100), dans laquelle la combustion de la matière organique et la nitrification sont encore actives, comme dans une terre moins humide où l'atmosphère confinée est fort appauvrie en oxygène.

Les expériences classiques de Kuhlmann ayant démontré que l'acide nitrique peut être converti directement en ammoniaque, M. Schlœsing a voulu déterminer ce que deviennent les nitrates, quand ils se détruisent dans une atmosphère privée complètement d'oxygène, c'est-à-dire dans un milieu réducteur. Si, en effet les nitrates descendant dans le sous-sol et y rencon-

(1) Étude de la nitrification des sols, *Comptes rendus Acad. des sciences*, 1873.

trant un milieu privé d'oxygène, s'y transforment en ammoniaque, l'irrigation ne ferait qu'accélérer la perte de l'azote, en empêchant le sous-sol de le conserver sous forme assimilable.

Il a été reconnu expérimentalement que les nitrates disparaissant ne sont pas remplacés par une quantité équivalente d'ammoniaque dans l'atmosphère privée d'oxygène du sol, mais qu'il se produit de l'azote libre correspondant non seulement à celui des nitrates, mais encore à une partie de l'azote des matières organiques azotées du sol.

Quel est alors le rôle de la terre végétale sur la nitrification des matières organiques azotées, notamment sur celles apportées par les engrais? Dans d'autres recherches entreprises pour définir ce rôle, Boussingault (1) avait fait voir antérieurement que c'est bien à l'influence de la terre qu'est due l'oxydation de l'azote des matières organiques, car aussi bien dans le sable que dans la craie, deux de ses principaux éléments, les matières azotées fournissent seulement des traces de nitrate.

Les bases minérales du sol exercent, sans aucun doute, une action sur les progrès et l'intensité de la nitrification, mais c'est dans la terre végétale, déjà nitrifiable spontanément, que les matières organiques azotées développent le plus d'acide nitrique et le moins d'ammoniaque. La limite de nitrification spontanée est fixée par la présence des principes azotés nitrifiables.

Finalement, MM. Müntz et Schlœsing (2) ont constaté dans de nouvelles expériences que la nitrification n'est pas un simple fait d'oxydation de l'azote, mais un acte physiologique lié à la présence d'organismes inférieurs, c'est-à-dire une fermentation déjà pressentie, dès 1862,

(1) *Mémoires d'agronomie*, 1878, t. VI.
(2) *Comptes rendus Acad. des sciences*, 1877.

par M. Pasteur. La porosité du milieu n'est, par suite, aucunement nécessaire à son accomplissement, et la condition primordiale réside dans la présence de ferments aptes à se développer aux dépens de l'azote des substances organiques.

Warrington a confirmé ces faits (1), expliquant par la transformation des sels ammoniacaux en azotates, dans la terre en voie de nitrification, la quantité notable de nitrates qui a été trouvée dans les eaux de drainage des champs de Rothamsted, abondamment fumés à l'aide des sels ammoniacaux (2).

Comme conclusion à retirer de cet ensemble de recherches, il apparaît que la nitrification, qui est une cause d'enrichissement du sol en azote assimilable, ammoniaque et acide nitrique, donne lieu, que le sol soit irrigué ou non, à une perte d'azote organique à l'état gazeux.

Les sources médiates ou immédiates de cet azote assimilable que les végétaux spontanés, ceux des prairies, par exemple, rencontrent dans le sol, l'eau et l'air, sont au nombre de deux seulement (3).

*a*) Acide nitrique et ammoniaque atmosphériques, arrivant au sol et à la plante par l'intermédiaire des météores aqueux, pluies, rosées, etc., et des eaux d'irrigation;

*b*) Ammoniaque provenant de la décomposition, au contact de l'oxygène atmosphérique et des eaux, des matières organiques azotées, végétales ou animales de l'humus et des engrais; acide nitrique résultant de la nitrifi-

---

(1) *Ann. de chim. et de phys.*, t. XIV, 1878.
(2) *Rothamsted : Trente années d'expériences agricoles de MM. Lawes et Gilbert*, par A. Ronna, 1877, p. 163.
(3) L. Grandeau, *Chimie et Physiologie : Cours d'agric. de l'École forestière*, 1879, p 490.

cation proprement dite par l'action des ferments sur les mêmes matières.

**7. Utilisation de l'azote.** — Quelle est l'importance dans le sol, de la production d'azote provenant de ces sources? Quelle est la consommation des récoltes en azote, et quelle est la proportion entraînée hors du sol, soit par les eaux de drainage, soit par d'autres causes mal expliquées? Telles sont les questions auxquelles MM. Lawes et Gilbert ont voulu répondre en instituant à Rothamsted les expériences culturales et les recherches de laboratoire qu'ils ont dirigées pendant plus de quarante années consécutives.

Grâce à ces essais ils ont reconnu, relativement à l'accumulation et à l'épuisement de l'azote dans le sol, que malgré l'effet puissant des engrais azotés, les deux tiers de l'azote n'ont point été recouvrés dans l'augmentation des récoltes, lorsque les sels ammoniacaux ont été appliqués en automne au froment; mais lorsque le nitrate de soude lui a été appliqué en couverture au printemps, la quantité d'azote recouvrée par la récolte n'excédait guère la moitié. Avec l'orge également, dont la fumure a lieu au printemps, la moitié à peu près de l'azote fourni par l'engrais a été récupérée par l'excédent de récolte. Ils ont été ainsi naturellement conduits, en présence du déficit de moitié à deux tiers de l'azote, à rechercher l'importance de la perte causée par les eaux drainant le sol (1). L'accumulation de l'azote de l'engrais à un état de combinaison ou de distribution plus ou moins favorable pour l'assimilation des récoltes ultérieures, qui est une seconde cause de perte, ne peut s'établir qu'en connaissant le stock azoté du sol lui-même, avant et après l'addition de l'engrais.

(1) *Rothamsted, loc. cit.,* p. 161.

**8. Eaux de drainage.** — La déperdition d'azote
par les eaux qui drainent les sols arables a été d'abord
minutieusement étudiée par le professeur Way (1). Plus
tard, à l'occasion des essais sur l'irrigation des prairies
de Rugby avec les eaux d'égout de la ville, Way assista
MM. Lawes et Gilbert, en faisant l'analyse de soixante-
deux échantillons des eaux drainées dans les prairies
en arrosage. Le tableau XII offre un résumé des analyses exécutées sur les eaux, avant et après l'irrigation
des deux pièces de 2 et de 4 hectares, en prairie (2). On
remarquera que la plus grande partie des matières en
suspension sont retenues dans le sol, mais que l'eau de
drainage renferme à peu près la même dose de matières
organiques et inorganiques en dissolution, car si l'eau
d'égout abandonne au sol certains éléments fertilisants,
elle lui en reprend d'autres que l'on retrouve dans l'eau
de drainage. En somme, une partie seulement de l'azote
de l'eau d'égout est recouvrée par l'augmentation de la
récolte, car l'eau de drainage en tient encore de 20 à 30
pour 100.

Sur une autre collection d'échantillons, faite spécialement en vue du dosage de l'acide nitrique, l'analyse a
montré que, dans l'eau de drainage, l'azote est bien plus
abondant à cet état qu'à celui d'ammoniaque, et se perd
en grande partie sous forme d'acide nitrique. Le tableau XIII porte les résultats sommaires de cette recherche. L'eau d'égout ne renfermait pas d'acide nitrique
en quantité appréciable, mais l'eau de drainage en contient plus que d'ammoniaque; ce qui démontre que
le sol retient beaucoup moins d'azote par l'irrigation

---

(1) On the composition of the water of land drainage. *Journ. Roy. Agric.
Soc. Engl.*, vol. XVII.
(2) *Journal d'Agric. prat.*, 1876, t. I, p. 809.

TABLEAU XII. — *Composition moyenne en grammes par litre, de l'eau d'égout servant à l'irrigation des prés de Rugby, et de l'eau de drainage* (1862-1863).

| | MOYENNE DES ANALYSES DES EAUX SUR LES DEUX PIÈCES IRRIGUÉES. | | | |
| --- | --- | --- | --- | --- |
| | Mai à octobre 1862. | | Nov. 1862 à nov. 1863. | |
| | Eau d'égout. | Eau de drainage. | Eau d'égout. | Eau de drainage. |
| Nombre d'échantillons analysés...................... | 22 | 19 | 45 | 43 |
| | gr. | gr. | gr. | gr. |
| Matières en suspension { inorganiques............... | 0.360 | 0.042 | 0.531 | 0.043 |
| Matières en suspension { organiques................. | 0.227 | 0.019 | 0.381 | 0.034 |
| Total.......... | 0.587 | 0.061 | 0.912 | 0.077 |
| Matières en dissolution { inorganiques............... | 0.477 | 0.513 | 0.559 | 0.570 |
| Matières en dissolution { organiques................. | 0.109 | 0.108 | 0.118 | 0.110 |
| Total............... | 0.586 | 0.621 | 0.677 | 0.680 |
| Total des matières inorganiques...................... | 0.837 | 0.555 | 1.090 | 0.613 |
| Total des matières organiques........................ | 0.336 | 0.127 | 0.499 | 0.144 |
| Total de la matière solide................. | 1.173 | 0.682 | 1.589 | 0.757 |
| Ammoniaque { en dissolution...................... | 0.0205 | 0.0041 | 0.0289 | 0.0033 |
| Ammoniaque { en suspension....................... | 0.0598 | 0.0200 | 0.0821 | 0.0181 |
| Total......................... | 0.0804 | 0.0241 | 0.1110 | 0.0214 |

TABLEAU XIII. — *Composition en grammes par litre, de l'eau des égouts de Rugby, avant et après l'irrigation* (1864).

| | 6 AU 11 JUILLET 1864. | | 13 AU 18 JUILLET 1864. | |
|---|---|---|---|---|
| | Eau d'égout. | Eau de drainage. | Eau d'égout. | Eau de drainage. |
| | gr. | gr. | gr. | gr. |
| Matière inorganique................................... | 1.301 | 0.535 | 1.400 | 0.581 |
| Matière organique (A) ............................. | 0.736 | 0.111 | 0.605 | 0.100 |
| Matière totale solide................................ | 2.037 | 0.646 | 2.005 | 0.681 |
| (A) Ammoniaque { en suspension..................... | 0.0416 | » | 0.0344 | » |
| { en dissolution ...................... | 0.0818 | 0.0139 | 0.0906 | 0.0131 |
| Total......................... | 0.1234 | 0.0139 | 0.1250 | 0.0131 |
| Acide nitrique en dissolution = ammoniaque...... | » | 0.0189 | » | 0.0200 |

qu'on ne serait enclin à le supposer d'après la composition de l'eau d'égout (1).

Depuis ces recherches, les professeurs Vœlcker et Frankland ont analysé séparément les eaux de drainage de diverses parcelles du champ consacré à la culture du blé et régulièrement drainé (*Broadbalkfield*). Les déterminations de M. Vœlcker ont été faites sur des échantillons d'eau des drains en plein écoulement, prélevés à diverses époques de l'année, de 1866 à 1868, et celles de M. Frankland, sur les eaux provenant de drains à faible écoulement, et recueillies pour les mêmes parcelles, de janvier 1872 à février 1873.

Sans aborder le détail de ces dosages, malgré l'intérêt qu'il présente, nous présentons leurs moyennes qui s'appliquent à un sol cultivé en blé, dans un cas, depuis vingt-deux ans, et dans l'autre cas, depuis vingt-huit ans.

On peut conclure du tableau XIV : 1° que les eaux de drainage contiennent une forte proportion d'azote à l'état de nitrates et de nitrites; 2° que la quantité de nitrate augmente proportionnellement à la dose d'ammoniaque ou de nitrate employée dans l'engrais, et 3° que, même sur un sol depuis de longues années sans fumure, il y a perte considérable d'azote par le drainage.

Comme le sous-sol, à Rothamsted, repose sur la craie existant à peu de profondeur au-dessous de la surface, le drainage s'y opère, même lorsque les drains de Broadbacklfield ne coulent pas. Il est donc impossible d'évaluer la quantité totale d'eau drainée et la perte totale en azote de ce chef.

Il y a lieu de signaler que sur la parcelle n° 2, engraissée depuis des années avec du fumier de ferme, la

---

(1) Les tableaux XII et XIII sont établis d'après les analyses relatées par MM. Lawes et Gilbert: *On the composition, value and utilization of town sewage; Journ. chem. soc.*, 1866, p. 39 et 41.

perméabilité très développée du sol fait que les drains y coulent très rarement, et quand ils coulent, c'est qu'il y a eu un grand excès de pluie, et d'autres eaux peuvent alors gagner les drains. Toutefois la moyenne des analyses, pour cette parcelle, indique que la dose de nitrates et de nitrites y est moindre que dans la parcelle n° 6, par exemple, ayant reçu 45 kilogr. 9 d'azote à l'hectare, au lieu des 224 kilogr. que représente le fumier. On n'en constate pas moins par l'analyse que le stock d'azote, à la surface de la parcelle n° 2, est très grand, beaucoup plus grand que dans les parcelles ayant reçu des sels ammoniacaux ou du nitrate.

Les détails des analyses font voir encore qu'en hiver, la perte d'azote par drainage est plus forte qu'au printemps et à l'été. Ainsi, après l'application de sels ammoniacaux pour le blé, à l'automne, les eaux d'égouttement du sol renferment de 2 à 3 cent-millièmes d'azote à l'état de nitrates et de nitrites. Le calcul établit que pour chaque cent millième d'azote dans l'eau de drainage, il se produit une perte de 895 grammes à l'hectare, par centimètre de hauteur d'eau pluviale ayant pénétré au delà des racines. Si donc il venait à filtrer annuellement de 15 à 20 centimètres d'eau de pluie ou d'irrigation, dans ces mêmes conditions, la déperdition serait énorme.

Sur une surface donnée, le nitrate de soude, ou les produits de sa décomposition, sont moins absorbés que l'ammoniaque des sels ammoniacaux. Il s'ensuit que les grosses pluies après les semailles entraînent plus d'azote, à égalité de fumure, lorsque l'on emploie le nitrate.

L'époque de fumure agit sur la teneur en azote de l'eau de drainage. En effet, bien que la pièce en orge (Hoosfield) ne soit pas drainée artificiellement et ne se prête pas aussi bien que celle en blé à des démonstrations précises, on déduit de la statique des cultures que

| Numéros des parcelles. | | AZOTE A L'ÉTAT DE NITRATES ET DE NITRITES POUR 100,000 PARTIES D'EAU DE DRAINAGE. | | | | | |
|---|---|---|---|---|---|---|---|
| | | Dr FRANKLAND. | | Dr VŒLCKER. | | MOYENNES. | |
| | | Nombre de dosages. | | Nombre de dosages. | | Nombre de dosages. | |
| 2 | Fumier de ferme (35,000 kilogr.)... | 4 | 0.922 | 2 | 1.606 | 6 | 1.264 |
| 3 et 4 | Sans aucun engrais.............. | 6 | 0.316 | 5 | 0.390 | 11 | 0.353 |
| 5 | Engrais minéral................. | 6 | 0.349 | 5 | 0.506 | 11 | 0.428 |
| 6 | —  —  et 45k.9 azote à l'état d'ammoniaque. | 6 | 0.793 | 5 | 0.853 | 11 | 0.823 |
| 7 | —  —  et 90k.8 azote à l'état d'ammoniaque. | 6 | 1.477 | 5 | 1.400 | 11 | 1.439 |
| 8 | —  —  et 136k.7 azote à l'état d'ammoniaque. | 6 | 1.951 | 5 | 1.679 | 11 | 1.815 |
| 9 | —  —  et 90k.8 azote à l'état de nitrate...... | 5 | 1.039 | 5 | 1.835 | 10 | 1.437 |

si une plus grande proportion d'azote est récupérée par l'orge que par le blé, dans un temps donné, il reste moins d'azote dans le sol. Cela se justifie surtout par la fumure de l'orge qui se fait au printemps, sur une terre récemment façonnée, offrant par conséquent plus de surface à l'absorption, et par la plus grande activité dans le développement des racines de l'orge au sein des couches superficielles. Quelques dosages d'azote du sol cultivé en orge sont venus d'ailleurs confirmer que le stock d'azote des couches inférieures est moindre que celui du même sol cultivé en blé.

Des considérations qui précèdent sur la composition des eaux de drainage, on peut inférer que lorsque l'engrais contient ou fournit de l'ammoniaque, celle-ci s'oxyde dans le sol et se transforme en acide nitrique qui est entraîné, s'il n'est assimilé par la plante, par l'eau de drainage, surtout à l'état de combinaison avec la chaux et la soude. Lorsqu'on recourt au nitrate de soude, la grande solubilité de ce fertilisant et la moindre faculté que possède le sol de l'absorber, ou de retenir les produits de sa décomposition, le rendent plus apte à une déperdition par les drains, après les pluies qui succèdent à la fumure.

Vœlcker a poussé plus loin encore la recherche de la perte d'acide nitrique, dans une série d'expériences sur les eaux de drainage du sol de Broadbalkfield, et il en a donné les résultats dans un mémoire publié en 1874 par la Société royale d'agriculture d'Angleterre (1).

Le tableau XV reproduit pour chaque parcelle, dans chacune des cinq séries d'essais (1866 à 1869), les quantités d'azote entraîné à l'état de nitrates et de nitrites dans 100,000 parties d'eau de drainage; et le tableau XVI

(1) A. Ronna, *Travaux et expériences de Vœlcker*, 1888, t. II, p. 409.

TABLEAU XV. — *Composition des eaux de drainage des parcelles diversement fumées de Broadbalkfield (Rothamsted) et cultivées en blé depuis 1844.*

AZOTE A L'ÉTAT DE NITRATES ET DE NITRITES DANS 100.000 PARTIES D'EAU.

| | FUMIER DE FERME. | SANS ENGRAIS. | ENGRAIS MINÉRAL | | | | | SELS AMMONIACAUX, 448 kil. | | | | | Engrais minéral et 184 kil. azote jusque 1864. | MOYENNES. |
| | | | Seul. | Avec sels ammoniacaux | | | Avec nitrate, 93 kil. azote. | Seuls. | Avec su-perphosphate. | Avec superphosphate et | | | | |
| | | | | 46 kil. azote. | 92 kil. azote. | 138 kil. azote. | | | | sulfate soude. | sulfate potasse. | sulfate magné-sie. | | |
| N^os DES PARCELLES. | 2. | 3 et 4. | 5. | 6. | 7. | 8. | 9. | 10. | 11. | 12. | 13. | 14. | 16. | |
|---|---|---|---|---|---|---|---|---|---|---|---|---|---|---|
| 6 décembre 1886, écoulement plein | 1.956 | 0.648 | 0.878 | 1.330 | 2.170 | 2.567 | 0.707 | » | 2.263 | 2.615 | 2.796 | 2.289 | 0.900 | 1.818 |
| 21 mai 1867, écoulement plein | » | 0.052 | 0.059 | 0.089 | 0.078 | 0.274 | 0.785 | 0.041 | 0.052 | 0.107 | 0.093 | 0.119 | 0.104 | 0.154 |
| 13 janvier 1868, écoulement plein | 1.256 | 0.067 | 0.926 | 1.704 | 2.811 | 3.104 | 1.196 | 2.533 | 2.878 | 3.011 | 3.504 | 3.774 | 0.659 | 2.156 |
| 21 avril 1868, écoulement plein | » | 0.085 | 0.137 | 0.189 | 0.448 | 0.578 | 5.830 | 1.015 | 0.763 | 0.174 | 0.563 | 0.674 | 0.589 | 0.920 |
| 29 décembre 1869, écoulement considérable | » | 0.500 | 9.530 | 0.952 | 1.493 | 1.874 | 0.659 | 1.959 | 1.715 | 1.644 | 1.770 | 2.044 | 0.552 | 1.308 |
| Moyennes | 1.606 | 0.390 | 0.506 | 0.853 | 1.400 | 1.679 | 1.835 | 1.387 | 1.534 | 1.510 | 1.745 | 1.920 | 0.561 | 1.302 |

RÉSUMÉ DU TABLEAU PRÉCÉDENT.

| | PARCELLE n° 2, Fumier. | PARCELLES n°ˢ 3, 4, 5 et 16. Sans engrais azoté. | PARCELLE n° 6. 48 kil. azote ammoniacal. | PARCELLES n°ˢ 7, 10, 11, 12, 13 et 14. 92 kil. azote ammoniacal. | PARCELLE n° 9. 92 kil. acide nitrique. | PARCELLE n° 8. 138 kil. azote ammoniacal. |
|---|---|---|---|---|---|---|
| *Azote à l'état de nitrates et de nitrites dans 100.000 parties d'eau.* | | | | | | |
| 6 décembre 1866, écoulement plein.......................... | 1.956 | 0.809 | 0.330 | 2.567 | 0.707 | 2.567 |
| 21 mai 1867, écoulement plein. | » | 0.072 | 0.089 | 0.082 | 0.785 | 0.274 |
| 13 janvier 1868, écoulement plein...................... | 1.256 | 0.751 | 1.704 | 3.085 | 1.196 | 3.104 |
| 21 avril 1868, écoulement plein.,...................... | » | 0.270 | 0.189 | 0.606 | 0.830 | 0.578 |
| 29 décembre 1869, écoulement considérable................. | » | 0.527 | 0.952 | 1.771 | 0.659 | 1.874 |
| Moyennes....,........... | 1.606 | 0.436 | 0.853 | 1.622 | 1.835 | 1.679 |

groupe ces mêmes données suivant le mode de fumure appliqué aux différentes parcelles.

Nous rapportons, comme suite à ces tableaux, les conclusions de Vœlcker, étendant celles déjà présentées par MM. Lawes et Gilbert.

*Conclusions de Vœlcker.* — 1. La proportion d'ammoniaque et d'acide nitrique que l'eau de pluie renferme pendant l'année, est trop faible pour subvenir aux besoins de nourriture azotée que réclame une bonne et profitable récolte de froment.

2. Quoique très faible dans l'eau de pluie, la proportion d'ammoniaque, dans les 70 échantillons d'eaux de drainage soumises à l'analyse, est encore plus faible.

3. D'autre part, la proportion d'acide nitrique dans ces mêmes eaux de drainage est plus élevée que dans l'eau de pluie recueillie en toute saison.

4. L'analyse des eaux de drainage provenant des parcelles diversement fumées d'un même champ en culture, confirme la propriété dont jouit le sol de modifier la composition des engrais, et de préparer pour la plante des aliments, à la fois assez peu solubles pour ne pas lui nuire, et assez peu insolubles pour ne pas demeurer inertes.

5. Quoique les eaux de drainage renferment des quantités appréciables d'acide phosphorique et de potasse, on peut affirmer qu'au point de vue pratique, elles ne font pas subir une perte importante de ces éléments au sol cultivé.

6. Tandis que l'acide phosphorique et la potasse, deux éléments essentiels, sont retenus presque en totalité par le sol, la chaux, la magnésie, l'acide sulfurique, le chlore et la silice soluble, plus abondamment répartis, se perdent en quantités considérables par les eaux de drainage.

7. La masse d'éléments fertilisants entraînés par les

eaux est plus considérable dans les terres richement fumées que dans les terres non fumées.

8. La perte est plus grande pendant les mois d'automne et d'hiver que pendant l'époque de croissance active des plantes.

9. Les matières organiques azotées, fournies par le fumier de ferme, se décomposent graduellement pour former des composés ammoniacaux que le sol retient quelque temps, et qui s'oxydent finalement à l'état de nitrates. Le fumier supplée ainsi une alimentation azotée plus continue que le nitrate de soude, qui, s'il n'est pas utilisé tout entier par la récolte à laquelle on l'applique, est dissipé en grande partie par le drainage.

10. Bien que le sol jouisse de la propriété de décomposer les sels ammoniacaux et d'absorber ou de retenir l'ammoniaque pendant un certain temps, celle-ci s'oxyde rapidement quand le sol est perméable, et dans les saisons pluvieuses, une forte quantité des sels ammoniacaux appliqués comme engrais, se perd par les drains.

11. A chaque augmentation d'engrais ammoniacal correspond une perte plus forte d'azote à l'état d'acide nitrique, entraîné par le drainage.

12. Le nitrate de soude est promptement délavé par la pluie, car le sol n'a pas le pouvoir d'absorber, ni de retenir l'acide nitrique ou la soude. Aussi, dans les années pluvieuses, la perte d'azote, par l'application en couverture du nitrate au froment, est-elle très considérable.

13. Les parcelles sans engrais, comme celles soumises à l'engrais, ont fourni dans les eaux de drainage des quantités appréciables d'azote à l'état de nitrates; ce qui prouve qu'il y a toujours une déperdition par le drainage du sol.

14. La fertilité d'un sol est plus promptement amoin-

drie par la perte d'azote dans l'eau de drainage, que par celle des autres matières minérales assimilables.

15. Il s'ensuit que pour obtenir un accroissement de récolte, il faut donner au sol beaucoup plus de nourriture azotée que ne justifie la théorie.

16. On trouve des nitrates dans les eaux d'égouttement du sol, quelle que soit la saison ; mais il n'en est pas de même des sels ammoniacaux. On pourrait dès lors en conclure que c'est aux nitrates principalement que les récoltes empruntent les éléments organiques de leur constitution.

**9. Utilisation des principes fertilisants.** — Quelle influence l'eau de drainage exerce-t-elle, avant et pendant l'arrosage, non seulement quant à l'azote à l'état nitrique ou de matière organique, mais encore quant aux autres éléments de fertilité, sous le rapport de la perte ou du gain qu'éprouve le sol ? C'est un point que König a cherché à éclairer par l'analyse des eaux de drainage s'écoulant dans le sous-sol, avant et pendant l'irrigation.

Les données moyennes de ses analyses figurent dans le tableau XVII : elles font voir que l'acide nitrique et les matières azotées augmentent dans une forte proportion dans l'eau drainée durant l'arrosage ; que la teneur en potasse et en chlore augmente également, mais que tous les autres éléments, surtout les acides carbonique et sulfurique et la chaux, sont en diminution, eu égard à la composition de l'eau avant l'arrosage.

En résumé, il ressort des observations expérimentales que nous avons présentées jusqu'à présent, sur le rôle de l'eau comme fertilisant, que c'est aussi bien dans la nature du sol que dans la qualité et le mode d'emploi des eaux et des fumures, qu'il faut chercher le moyen de remédier aux causes de perte ; d'une part, des matières minérales, et d'autre part, de l'azote, par les eaux d'écoulement et par la nitrification trop active dans le sol.

TABLEAU XVII. — *Expériences de König sur les eaux drainées des prairies avant et pendant l'arrosage.*

| | EAU DE DRAINAGE | | EAU DE RUISSEAU |
| | | | A L'ARRIVÉE. |
| | AVANT ARROSAGE.<br>—<br>24 février 1880. | PENDANT L'ARROSAGE.<br>—<br>27-28 février 1880. | —<br>27-28 février 1880. |
|---|---|---|---|
| Matières organiques m. g................ | 60.1 | 92.5 | 125.1 |
| Oxygène c. m. [3]................... | 5.6 | 6.8 | 6.6 |
| Acide carbonique m. g.................. | 323.8 | 231.8 | 230.3 |
| Chaux m. g........................... | 169.2 | 147.2 | 150.9 |
| Magnésie m. g........................ | 12.0 | 9.4 | 9.7 |
| Potasse m. g......................... | 5.2 | 7.4 | 12.5 |
| Soude m. g........................... | 28.9 | 26.6 | 25.9 |
| Chlore m. g.......................... | 26.2 | 28.1 | 28.3 |
| Acide azotique m. g.................. | 9.4 | 15.7 | 19.7 |
| Acide sulfurique m. g................ | 51.9 | 39.1 | 36.9 |
| Matières en suspension m. g........... | 9.8 | 4.3 | 34.2 |

Que l'on emploie l'eau relativement pure, en grandes masses, comme dans les Vosges, sans recourir à des fumures abondantes ; ou bien que l'on irrigue avec des eaux plus ou moins troubles, en petites quantités, en s'aidant de fumier et de composts fréquemment renouvelés comme dans le Midi, l'irrigation bien entendue et bien conduite doit arriver, dans une exploitation comprenant les cultures d'un assolement ordinaire, à combler les pertes subies par le sol et à maintenir son taux de fertilité.

A cet égard, Rautenberg a présenté le bilan, après une période de dix années, d'une exploitation du Hanovre, en mettant en parallèle les matières minérales et l'azote exportés sous forme de produits, et les éléments minéraux et azotés restitués par le foin et les engrais. Ce bilan démontre que s'il est tenu compte des fourrages consommés par les animaux et des pacages, la terre arable s'est enrichie, au lieu de s'appauvrir, grâce aux prairies arrosées qui occupent un sixième de la surface et au foin converti en fumier qui fait retour à la terre. Ce sont les irrigations des prairies et la submersion des prés qui rétablissent l'équilibre, notamment pour la potasse et l'acide phosphorique ; de telle sorte que les bestiaux en pacage et le fumier apportant l'azote, la fertilité est assurée et accrue (1).

Ainsi tombe l'objection parfois reproduite, que les eaux d'irrigation se chargeant de substances assimilables pour les entraîner loin du sol, deviennent épuisantes, et que les engrais dont le prix est en général assez élevé, ne sont pas compensés par les bénéfices de l'irrigation (2).

Le fait que les terres par le drainage ou par leur égouttement naturel peuvent être trop aérées, c'est-à-dire que l'acide carbonique se formant en excès sépare trop

---

(1) L. Grandeau, *Journ. agric. prat.*, 1868.
(2) Duponchel, *Traité d'hydraulique et de géologie agricoles*, 1858.

de chaux, vient à l'appui des motifs pour lesquels on arrose en été, ou dans le Midi, avec moins d'eau qu'en hiver,
ou dans le Nord. La température plus élevée de l'eau et
du sol, pendant l'été, fait qu'en réduisant le volume
d'eau, on compense les effets oxydants qui développent
l'acide carbonique.

On ne saurait s'attendre, de toutes manières, à ce
qu'une eau, limpide et pure, c'est-à-dire pauvre en principes nutritifs, puisse fournir un engrais suffisant, dans des
terrains drainés, à moins d'être distribuée à grands volumes, ou aidée par de grosses fumures.

Comme d'ailleurs une eau perd d'autant moins d'éléments fertilisants que le sol auquel on l'applique en possède moins, elle ne saurait être utilisée aussi souvent et
avec les mêmes avantages sur un sol maigre et pauvre
que sur un sol riche et bien fumé.

Si l'on ne recourt pas à la fumure du sol pour remédier à la pureté de l'eau d'irrigation, du moins peut-
on ajouter à celle-ci des solutions fertilisantes. König a
fait à cet égard quelques essais dont les résultats sont
consignés dans les tableaux XVIII (1).

L'arrosage s'est opéré au mois de mars, en ajoutant, dans une première expérience, à l'eau du ruisseau,
une dissolution de 75 kil. de chlorure de potassium,
5o kil. de chlorhydrate d'ammoniaque et 5o kil. de superphosphate de chaux contenant 37 kil. d'acide phosphorique. Trois jours plus tard, pour la seconde expérience, l'eau du ruisseau a été additionnée d'une
dissolution de 75 kil. de nitrate de potasse. Dans chacune
des expériences, l'eau a passé par reprise sur la prairie,
c'est-à-dire qu'elle a été utilisée deux fois consécutivement.

---

(1) König, *Landw. Jahrbücher*, 1882, XI band; et 1885, XIV band.

TABLEAUX XVIII. — *Expériences de König sur les eaux fertilisantes.*

1. EAU D'ARROSAGE ADDITIONNÉE DE CHLORURE DE POTASSIUM, DE SEL AMMONIACAL
ET DE SUPERPHOSPHATE EN DISSOLUTION.

|  | POTASSE. | CHLORE. | AMMONIAQUE. | ACIDE PHOSPHORIQUE. |
|---|---|---|---|---|
|  | millig. | millig. | millig. | millig. |
| 21.6 litres d'eau arrivant............ | 410.4 | 527.0 | 170.6 | 339.1 |
| 19.0 — s'écoulant......... | 239.4 | 522.0 | 45.6 | 131.1 |
| Diminution en milligr............. | 171.0 | 5.0 | 125.0 | 208.0 |
| — pour 100.............. | 41.6 | 1.0 | 73.2 | 61.3 |

2. EAU D'ARROSAGE ADDITIONNÉE D'AZOTATE DE POTASSE.

|  | POTASSE. | ACIDE AZOTIQUE. |
|---|---|---|
| 21.6 litres d'eau d'arrivée........................... | 1550.9 | 1527.1 |
| 19.0 — s'écoulant........................... | 201.4 | 456.0 |
| Diminution en milligr........................... | 1349.5 | 1071.1 |
| — pour 100 ........................... | 87.0 | 70.1 |

Il ressort des chiffres obtenus, sans qu'il soit nécessaire d'entrer dans d'autres explications, que l'eau rendue fertilisante apporte et laisse au sol des quantités considérables de matières nutritives; mais qu'en l'utilisant seulement deux fois, on s'expose à perdre trop de ces matières. Il faut en conséquence augmenter les reprises.

### C. — Température du sol.

**1. Sol et plante.** — Au rôle si précieux de fertilisant convient-il d'ajouter celui que l'eau d'irrigation joue en réchauffant le sol, comme dans le cas des prés marcites de la Lombardie, ou inversement en abaissant sa température, comme dans la culture du lin, dans celle du riz, et même dans les prairies, pour détruire les mousses et les mauvaises herbes. Nous aurons à traiter plus loin des cultures spéciales, mais déjà pouvons-nous indiquer qu'en protégeant la croûte du sol contre la sécheresse extrême, l'irrigation maintient les prairies en végétation pendant l'été, et que, pendant l'hiver, elle empêche l'évaporation du sous-sol, en même temps que la perte de calorique à la surface. Ce n'est pas donc tant le volume qui intéresse l'irrigation des prairies, que la continuité de la nappe d'eau, de quelques centimètres d'épaisseur, à l'aide de laquelle se règlent à la fois la température du sol et la végétation. Il s'ensuit que, disposant d'un volume d'eau suffisant, il vaut mieux la répartir proportionnellement à la surface arrosable, que de la distribuer en moindre quantité, mais alternativement, sur plusieurs points de la prairie (1).

La température du sol dépend de son degré d'humidité, de son inclinaison, de la coloration de la surface, et des

(1) G. Carraro, *Inchiesta agraria; Atti della giunta*, t. II, vol. 5.

saisons : c'est elle que l'eau d'irrigation a la faculté de régler.

Schübler a constaté, il y a longtemps, que les terres gardant leur couleur naturelle à la surface, et la température de l'air étant de 25 degrés, acquéraient, selon qu'elles étaient sèches ou humides, une différence d'échauffement solaire variant entre 7 et 8 degrés, et cela aussi bien pour des sables, des glaises et des terres calcaires que pour des terreaux. Dans ses expériences, la température de l'air étant de 25 degrés, les terres sèches ont 7 à 8 degrés au-dessus des terres humides; et l'air étant à zéro, la température s'abaisse à — 5°,82. On voit dès lors l'énorme refroidissement que donne l'évaporation de l'eau contenue dans le sol. Il s'ensuit que la végétation a toujours une grande avance dans les terres sèches, sur celles qui sont humides, où elle reçoit une moindre somme de température (1).

Indépendamment de l'humidité, il a été constaté par Cantoni qu'à 50 centimètres de profondeur dans le sol, les variations diurnes d'un thermomètre n'excèdent pas 3 dixièmes de degré, et les variations mensuelles, 3 degrés; mais ces variations s'accentuent lorsque le thermomètre est remonté vers la surface; de telle sorte qu'à 10 centimètres seulement de profondeur, l'écart peut atteindre jusqu'à 15 degrés dans la même journée (2).

Pouriau a également expérimenté, mais à une profondeur plus grande dans le sol. Il résulte de ses recherches que la température à 2 mètres de profondeur est plus élevée que celle de l'air, en hiver et en automne; et moins élevée en été; tandis qu'au printemps la différence est peu considérable, à cause de la température laissée par l'hiver qui a précédé. Le plus grand écart observé étant d'environ

(1) De Gasparin, *Principes de l'agronomie; Cours d'agric.*, t. VI.
(2) *Della meteorologia agraria*, 1875.

14 degrés, la moyenne la plus basse est restée au-dessus de 6 degrés; même en février, le sol conserve toujours une température assez élevée (1).

Il importe de remarquer, au point de vue de l'irrigation, faisant usage des observations de Pouriau, qu'à partir de décembre, la température souterraine va sans cesse en diminuant, depuis 12°,7 lorsque la température de l'air est seulement de 1°,06, jusqu'en mars, quand le sol commence à s'échauffer rapidement. Après le mois de mars, la température souterraine suit une marche toujours ascendante jusqu'en juillet, mais bien moins rapidement que dans l'air, de même que dans la période descendante.

Tant que la température du sol ne descend pas au-dessous d'une limite qui peut être fixée à 7 degrés, la végétation continue, même en hiver, sous le climat du Midi. Il suffit pour cela d'atténuer ou de prévenir la perte de la chaleur que le sol a absorbée pendant l'été. Toutes les fois d'ailleurs que, dans la saison d'hiver, la perte de chaleur du sol superficiel et le rayonnement sont peu sensibles, ce qui a lieu par un temps couvert, la température des couches arables se relève.

Les prairies du Milanais, arrosées pendant l'hiver, offrent une application de ce principe. La nappe d'eau courante empêche la déperdition de calorique, à la façon d'un abri quelconque, de telle sorte qu'en plein hiver, à peine la température de l'air accuse-t-elle plus de 10 degrés pendant quelques heures du jour, il se produit une faible pousse d'herbe. En commençant de bonne heure à l'automne l'arrosage continu des marcites, il devient possible de conserver plus longtemps au sol la chaleur qu'il a absorbée pendant l'été.

*Expériences de Cantoni.* — Les épreuves thermo-

(1) *Thèses à la Faculté des sciences de Lyon*, 1858.

métriques faites par Cantoni, en hiver et en été, sur les prairie smarcites, ont permis de constater, en effet, que toutes les fois que la végétation paraissait en reprise, dans les journées sereines, entre 11 heures et 3 heures de l'après-midi, le sol marquait plus de 7 degrés, et l'air, de 10 à 12 degrés. Au-dessous de cette limite, aucun signe de végétation n'était appréciable.

Le riz exige, par rapport aux autres plantes non aquatiques, un sol à une température constamment plus basse, pour pouvoir végéter convenablement. Cette basse température s'obtient très difficilement par des arrosages répétés; mais par la submersion du sol, l'eau conserve la plus grande somme de la chaleur que le sol aurait dû absorber et la dépense partiellement par l'évaporation. Ce qui n'empêche pas que le sol submergé puisse par exception atteindre une température supérieure à celle de l'air ambiant.

D'après les expériences de Corte del Palasio, pendant les mois d'août et de septembre 1863, Cantoni a reconnu que

|  | Août. | Septembre. |
|---|---|---|
| la température moyenne mensuelle à 1$^m$,50 au-dessus du sol avait été de.. | 30°.40 | 27°.11 |
| la température moyenne mensuelle du sol de la rizière à 0$^m$,30 sous l'eau avait été de...................... | 23°.03 | 21°.55 |
| Différences............... | 7°.37 | 5°.56 |

Pourtant le 14 et le 31 août, par un ciel couvert, le sol de la même rizière avait indiqué dans les mêmes conditions une température, pour la journée, supérieure à celle de l'air, de 1°,92 et 1°,73. C'est à ce relèvement de température du sol, causant une marche rétrograde dans la végétation, qu'est attribuée la maladie du riz, dite *brusone,* que les cultivateurs combattent en augmentant l'épaisseur de la nappe d'eau, dans les compartiments attaqués; mais qui pourrait aussi être combattue en asséchant, afin de faciliter l'évaporation du sol par l'abaissement de la température.

Dans d'autres expériences (1865-66), suivies également à Corte del Palasio, à l'aide d'un thermomètre plongeant de 0<sup>m</sup>,35 sous le niveau de l'eau, dans un sol de rizière, Cantoni a constaté :

1° Que du 20 juillet au 29 septembre, la température s'est abaissée de 26°,4 à 17°,6, en demeurant encore à 21°,2 le 24 septembre;

2" Que dans cette période l'oscillation quotidienne n'avait pas excédé 1°,2 ; en moyenne, elle était de 0°,5 à 0°,6;

3° Pendant deux jours seulement, les 24 juillet et 14 août, la température de l'air dépassa celle du sol;

4" La différence moyenne pendant la période d'expérience, entre la température de la rizière et celle de l'air, avait été de 5°,2 (1).

*Expériences de König.* — König, que nous ne saurions trop souvent citer (2), a déterminé le rôle de l'eau comme régulateur de la température, dans des essais où ont été également notés les degrés de chaleur du sol à des profondeurs variables, avant et après l'irrigation, avant et après midi. Les chiffres moyens de ces essais sur les divers systèmes d'irrigation de prairies, sont rapportés dans le tableau XIX.

Hervé-Mangon a également énoncé comme une des intéressantes conclusions de ses expériences, que la chaleur, ainsi que la lumière, exerce une influence considérable sur la fixation des principes fertilisants des eaux d'irrigation. Quand la température ne dépasse pas 7 de-

(1) G. Cantoni, *Saggio di fisiologia vegetale*, 1883, p. 188 et 202.
(2) *Landw. Jahrbücher*, 1879, 1882 et 1885.

TABLEAU XIX. — *Expériences de König sur la température du sol arrosé.*

| TEMPÉRATURE DES EAUX ET DU SOL EN DEGRÉS CENTIGRADES. | EAU D'AMENÉE. | EAU de DRAINAGE. | TEMPÉRATURE DU SOL. | | |
|---|---|---|---|---|---|
| | | | 0<sup>m</sup>.33 | 0<sup>m</sup>.66 | 1 m. 20 de profond. |
| 24 février 1880 avant l'irrigation.................. | » | 3°.6 | 3°.3 | 3°.0 | 2°.8 |
| 24 — après — .................. | 2°.1 | 3°.6 | 2°.9 | 3°.1 | 3°.0 |
| 26 — — — .................. | 1°.5 | 1°.8 | 2°.1 | 2°.8 | 3°.1 |
| 28 — — — .................. | 8°.6 | 2°.6 | 2°.0 | 2°.5 | 3°.1 |
| 27 novembre 1880 avant l'irrigation .............. | » | 6°.8 | 6°.4 | 6°.1 | 7°.3 |
| 30 — après — .............. | 4°.2 | 5°.4 | 4°.4 | 5°.9 | 7°.1 |
| 1<sup>er</sup> décembre 1880 — — (avant midi).. | 6°.4 | 4°.3 | 4°.4 | 5°.8 | 7°.1 |
| 1<sup>er</sup> — — — (après-midi).. | 5°.6 | 4°.9 | 4°.4 | 5°.8 | 7°.1 |
| 2 — — —. .............. | 5°.1 | 5°.0 | 4°.5 | 5°.3 | 7°.0 |
| 10 — — — .............. | 8°.0 | 7°.1 | 6°.1 | 6°.3 | 6°.0 |

grés, la fixation de l'azote paraît nulle ou très faible (1).
Ce point devait faire l'objet d'une étude spéciale dont
nous n'avons pas eu connaissance. Cantoni ne s'est occupé, lui, que de la limite assignée de 7 degrés, mais
pour la température du sol et sous le climat transalpin.

En abaissant la température du sol, l'irrigation sert
pendant la saison d'été à ralentir la végétation des plantes
de grande culture, quand la sécheresse et la chaleur les
font avancer trop rapidement, avant qu'elles n'aient pris
la nourriture nécessaire à leur complet développement.

Dans les climats humides, comme dans ceux décidément
secs, elle ramène un équilibre constant entre le sol et la
végétation ; celle-ci profite de toutes les sommes de température, et il n'y a plus entre les récoltes consécutives
ces différences marquées qui proviennent des retours fréquents d'arrêts de végétation, causés par les retours de
sécheresse (2).

Il n'y a pas de terres, quelque fraîches qu'elles soient,
qui ne deviennent, selon les années, des terres sèches ou
des terres humides; elles s'éloignent donc toujours plus
ou moins du degré de perfection qu'un agriculteur habile
peut entretenir par le moyen des irrigations.

**2. Sol et atmosphère.** — L'irrigation ne maintient pas seulement la balance entre le sol et la végétation, mais encore entre la température du sol et celle
de l'air ambiant.

La végétation de l'herbe est celle qui exige le plus grand
écart entre ces deux températures; aussi est-ce la prairie,
toutes circonstances égales d'ailleurs, qui réclame les arrosages les plus fréquents. Au contraire, les cultures à
grains amylacés, telles que le maïs, n'ont besoin des ar-

---

(1) *Comptes rendus Acad. des sciences*, février 1863.
(2) De Gasparin, *Principes de l'agronomie*, t. VI, p. 296; et *Cours d'agriculture*, t. I, p. 375.

rosages que dans la mesure nécessaire pour prévenir les
effets d'un trop grand échauffement du sol et de la sécheresse. Toutefois, dans les années pluvieuses, et de même,
dans les terres arrosées périodiquement, les graminées
produisant plus de paille, rendent un grain moins lourd
et moins abondant (1).

La plante ne vit pas uniquement du sol, pas plus que
de l'air : ces conditions étant liées, on parvient à expliquer les avantages que procure l'irrigation, quand elle
est appliquée à de courts intervalles sur certains sols qui
ne sont pas secs, à proprement parler. Mais l'humidité
n'est pas tout dans le phénomène de la végétation, comme
l'a fait observer de Gasparin, et parmi les avantages de
l'irrigation, il ne faut pas compter pour rien la température des tiges, plus élevée que celle des racines (2).

Si l'influence des arrosages est moindre sur l'air que
sur le sol, elle n'est pas à négliger. Dans les pays où ils
sont très répandus, la température atmosphérique est plus
égale. L'échauffement et l'évaporation de l'eau absorbent
une partie de la chaleur ambiante, et surtout lorsque
le vent entraîne la vapeur aqueuse, l'air se rafraîchit d'autant.

D'autre part, quand la température s'abaisse, les dommages pour les cultures arrosées sont moindres, car la vapeur d'eau plus abondante restitue, pour se convertir en
liquide, la chaleur dont elle avait eu besoin pour se former. L'eau elle-même, en se refroidissant, émet la
masse de calorique qu'elle possède en plus que le sol, et
l'effet de la gelée blanche est moins à redouter.

Dans les pays d'irrigation, l'excès de température atmosphérique n'est donc pas aussi sensible au point de vue
des conditions hygiéniques générales. Même dans les

(1) G. Cantoni, *loc. cit.*, p. 204.
(2) De Gasparin, *Cours d'agriculture*, t. II, p. 77.

localités marécageuses, l'air s'améliore par l'arrosage, à cause de la moindre évaporation des surfaces maintenues sous une nappe d'eau constante. Comme l'évaporation, nous l'avons vu, est proportionnelle à la surface et non au volume de l'eau, les terrains perméables en marais évaporent considérablement.

En ralentissant l'évaporation des marais, l'irrigation détermine encore la décomposition de myriades de végétaux et d'insectes qui souillent l'air atmosphérique (1).

L'humidité de l'air provenant des arrosages ne contribue pas peu à modifier la végétation des plantes non arrosées. En effet, la vapeur d'eau atmosphérique absorbe une partie de la lumière et de la chaleur qu'emploieraient les plantes et le sol; elle atténue les effets du rayonnement nocturne et de l'évaporation du sol, en prévenant les écarts trop brusques de température. Les plantes transpirant moins, les cellules s'allongent; les parties vertes se conservent à l'état plus tendre; les tissus se fortifient sans trop durcir. Aussi la culture des fourrages, des racines, du lin et autres plantes textiles, du tabac, des plantes sacchariféres et des légumes, profite-t-elle surtout d'une atmosphère saturée d'humidité.

Il a été souvent constaté en Lombardie que, dans les plaines arrosées, les vignes et les mûriers souffrent rarement des gelées printanières, alors que dans les plaines sèches et sur les collines, ils sont perdus par un abaissement momentané dans la température, de quelques degrés au-dessous de zéro. Cette anomalie ne s'explique que par le moindre rayonnement du sol au contact des couches d'air humide qui recouvrent les plaines arrosées (2). L'automne tempéré et le printemps rigoureux des pays côtiers sont dus à cette même cause.

(1) A. Canevari, *l'Italia agricola*, 1878.
(2) Cantoni, *loc. cit.*, p. 177, 153.

En cas de gelée, il y a formation de glace là où il y a peu d'eau sur la prairie, tandis que si la nappe est épaisse, la glace se forme seulement à des températures plus basses que celle où l'arrosage est praticable, ou bien seulement sur les bords.

## II. — EAU, SOL ET CULTURES.

La quantité d'eau dont les plantes ont besoin théoriquement pour leur nutrition et leur croissance est faible, relativement à celle qu'il faut en pratique leur assurer pour qu'elles acquièrent leur plein développement. Cette différence se justifie par l'énorme dépense d'eau due à l'exsudation des parties vertes des plantes et principalement des feuilles. La force de transpiration qui influe sur la consommation d'eau de chaque plante dépend de plusieurs circonstances, à savoir : l'hygroscopicité des terres, leur état de fumure, l'espèce de plantes, la chaleur et l'intensité de la lumière.

L'excès d'humidité, nous l'avons dit, est aussi fatal pour les plantes que la sécheresse, car lorsque le sol est saturé d'eau à l'excès, l'arrivée de l'air est interceptée, les racines périssent faute d'oxygène, et il se forme des composés nuisibles à la végétation. Beaucoup de sols tourbeux sont dans ce cas : ils ne peuvent alimenter que des plantes aquatiques. C'est seulement lorsque les terrains marécageux sont submergés pendant une partie de l'année par les eaux stagnantes, qu'ils se couvrent d'une végétation mixte dans laquelle, à côté des joncs, des scirpes, des louchets, etc., on reconnaît d'autres plantes de prairies. Le desséchement devient ainsi la première condition pour mettre en culture les sols saturés d'eau.

**1. Évaporation des plantes de culture.** — La propriété qu'ont les végétaux d'évaporer de l'eau par

leurs feuilles, a une importance considérable, puisque
son bon fonctionnement garantit non seulement la crois
sance et la vigueur, mais l'existence même des plantes.

Dès 1691, le docteur Woodward faisait des expériences
sur l'évaporation de diverses plantes et sur l'influence de
la composition des eaux par rapport à leur évaporation (1). M. Lawes a résumé ces essais, en même temps
que ceux du docteur Hales, déjà très connus, sur la trans-
piration des feuilles de l'hélianthe, du chou, de la vigne,
du pommier et de l'oranger (2), et les expériences faites à
l'instigation de Hales par Miller, au jardin botanique de
Chelsea, en 1726, sur le bananier, l'aloès et le pommier.

Au dix-septième siècle, la plupart des naturalistes
pensaient que l'augmentation du poids des plantes était
proportionnelle à la quantité d'eau que leurs organes
fixaient par l'absorption des racines et l'évaporation des
feuilles. Woodward démontrait que la plante offrant
la plus luxuriante végétation avait évaporé la plus
grande masse d'eau par rapport à son poids ; que la plante
poussée dans l'eau distillée s'était faiblement développée ;
tandis que celle venue dans l'eau de source, imprégnée
de terre de jardin, était beaucoup plus florissante. Hales,
à son tour, prouvait que les plantes vertes persistantes
transpirent moins que celles à feuilles caduques ; que les
végétaux, en général, évaporent plus le matin que le soir ;
qu'ils absorbent souvent de l'humidité par leurs feuilles
pendant la nuit, et que la quantité d'eau évaporée est en
relation directe avec la température diurne.

Des procédés de recherche beaucoup plus compliqués,
dus à Calandrini et suivis par Bonnet, pour évaluer le

---

(1) *Phil. Trans. Roy. Soc.*, n° 253. Mariotte, paraît-il, s'était occupé avant
Woodward de la transpiration des plantes ; voir ses *Essais de physique*,
1679.
(2) *Statical essays*, 1724,

rapport de l'évaporation entre les faces supérieure et inférieure des feuilles, furent utilement amendés par Guettard. Les mémoires de ce dernier, insérés dans le recueil de l'Académie des sciences (1748 et 1749), donnent les résultats d'essais remarquables à bien des points de vue. Depuis lors, les recherches sur la transpiration se sont multipliées, sans que les botanistes Senebier, Dutrochet, Meyer et de Candolle aient fait notablement avancer la connaissance des fonctions des feuilles. En tout cas, aucune observation ne se référait directement à la solution du problème agricole.

M. Lawes, de 1849 à 1850, entreprit le premier une série d'observations sur la transpiration des principales plantes cultivées, céréales et légumineuses, pour déterminer la quantité d'eau qui y circule, eu égard aux éléments qu'elles avaient fixés et à l'origine de ces éléments. Elles ont été relatées dans un mémoire de la Société d'horticulture de Londres (1).

On choisit parmi les graminées, le blé et l'orge, et parmi les légumineuses, les fèves, les pois et le trèfle. Le programme des expériences s'étendait :

1° Au choix de sols connus par leur composition, et à leur emploi en quantité suffisante pour le libre développement des racines;

2° Aux moyens d'empêcher l'évaporation du sol de se produire autrement que par les plantes mêmes;

3° Aux moyens de fournir aux sols des poids d'eau fixés, suivant leurs besoins;

4° A la détermination par la balance, de l'eau évaporée dans un temps donné;

5° Au dosage de la matière sèche et des principaux élé-

---

(1) Experimental investigation into the amount of water given off by plants during their growth, especially in relation with their contituents. *Journ. Hor. Soc. London*, 1850, vol. V.

ments fixés dans les plantes, par rapport à l'évaporation totale durant leur période de croissance;

6° A l'étude de l'origine des éléments fixés, provenant du sol, de l'engrais ou de l'atmosphère.

Par suite de l'imperfection de la méthode analytique des sols, M. Lawes préféra la synthèse, fondée sur la comparaison entre eux de sols non analysés, laissés à l'état naturel ou additionnés d'engrais connus.

Des plants de blé, d'orge, de fèves et de pois ayant atteint 7 centimètres de hauteur en caisse, et du trèfle extrait directement de la prairie, furent transférés dans trois séries de pots d'expérience, correspondant à trois sols différents; c'est-à-dire que le sol de la série 1 provenant d'une pièce ayant donné dix récoltes successives de froment sans engrais, fut additionné d'engrais minéral complet pour la série 2; et le sol de la série 2 ainsi formé, fut additionné de chlorhydrate d'ammoniaque pour la série 3.

Depuis la plantation jusqu'à la pleine croissance, il fut procédé, avec tous les soins voulus, à une vingtaine de pesées réparties sur six périodes, du 19 mars jusqu'au 9 septembre suivant.

Nous nous bornerons à donner ici les résultats définitifs, dans le tableau XX, sous deux classifications différentes : la première, qui permet de comparer les plantes dans les mêmes conditions et pour le même sol; la seconde, de constater pour la même plante, l'influence des sols pourvus de divers engrais.

Les nombres de la série sans engrais et de la série avec engrais minéral indiquent une grande régularité pendant la croissance. Dans la troisième série, en effet, avec engrais minéral et sels ammoniacaux, le blé et l'orge furent seuls à survivre jusqu'à la fin de l'expérience et offrent un rendement bien inférieur à celui des autres séries. Les autres plantes restèrent chétives ou périrent.

## TABLEAU XX. — *Expériences de Lawes.*

ÉVAPORATION DES PLANTES DE CULTURE, PENDANT LA DURÉE DE LEUR CROISSANCE.

| DU 19 MARS AU 7 SEPTEMBRE 1849. | | EAU TOTALE FOURNIE. | EAU TOTALE OBTENUE DU SOL. | EAU TOTALE ÉVAPORÉE (172 jours). |
|---|---|---|---|---|
| **I.** | | gr. | gr. | gr. |
| Sans engrais | Blé | 5.168.9 | 2.184.6 | 7.353.5 |
| | Orge | 5.751.8 | 2.022.5 | 7.774.3 |
| | Fèves | 5.687.1 | 1.582.5 | 7.269.6 |
| | Pois | 5.298.4 | 1.767.1 | 7.065.5 |
| | Trèfle (fauché le 28 juin) | 1.846.0 | 1.722.5 | 3.568.5 |
| Engrais minéral | Blé | 5.557.5 | 790.6 | 6.438.1 |
| | Orge | 6.334.8 | 1.979.1 | 8.313.9 |
| | Fèves | 6.205.2 | 1.429.5 | 7.634.7 |
| | Pois | 5.570.5 | 673.9 | 6.241.4 |
| | Trèfle (fauché le 28 juin) | 2.364.2 | 1.115.6 | 3.479.8 |
| Engrais minéral et sels ammoniacaux | Blé | 3.737.4 | 701.1 | 3.627.0 |
| | Orge | 4.812.6 | » | 5.513.7 |
| | Fèves (mort) | » | » | » |
| | Pois (mort) | » | » | » |
| | Trèfle (fauché le 28 juin) | 1.573.9 | | 885.5 |
| **II.** | | | | |
| Blé | Sans engrais | 5.168.9 | 2.184.6 | 7.353.5 |
| | Engrais minéral | 5.557.5 | 790.6 | 6.438.1 |
| | Engrais minéral et azoté | 3.737.4 | » | 3.627.0 |
| Orge | Sans engrais | 5.751.8 | 2.022.5 | 7.774.3 |
| | Engrais minéral | 6.334.8 | 1.979.1 | 8.313.9 |
| | Engrais minéral et azoté | 4.812.6 | 701.1 | 5.513.7 |
| Fèves | Sans engrais | 5.687.1 | 1.582.5 | 7.269.6 |
| | Engrais minéral | 6.205.2 | 1.429.5 | 7.634.7 |
| | Engrais minéral et azoté | (mort). | » | » |
| Pois | Sans engrais | 5.298.4 | 1.767.1 | 7.065.5 |
| | Engrais minéral | 5.570.5 | 673.9 | 6.244.4 |
| | Engrais minéral et azoté | (mort). | » | » |
| Trèfle | Sans engrais | 1.846.0 | 1.722.5 | 3.568.5 |
| | Engrais minéral | 2.364.2 | 1.115.6 | 3.479.8 |
| | Engrais minéral et azoté | 1.573.9 | » | 885.5 |

L'eau fut fournie, en ayant égard à la transpiration et à l'aspect des plantes. L'évaporation totale par l'orifice du pot où il n'y avait point de plante fut trouvée égale à 2,464 grammes pour la durée de l'expérience, c'est-à-dire pendant 172 jours. Quoique considérable, elle représente 3 pour 100 à peine de la perte totale des pots à plantes; aussi a-t-elle paru négligeable.

*Dosage de la matière sèche.* — Si l'on admet d'une manière générale qu'entre les plantes de même espèce, l'énergie de l'évaporation indique l'activité relative du développement, il conviendra de remarquer qu'au fur et à mesure de l'avancement de la saison et de l'augmentation de la température et de la lumière, la surface évaporatoire s'est constamment accrue. Il devient par conséquent très difficile de déterminer dans quelle proportion l'augmentation de perte par évaporation, jusqu'à une certaine période de croissance de la plante, est due aux influences extérieures. Il importe pour cela d'établir expérimentalement le rapport qui existe entre la perte par évaporation et la quantité de matière sèche ou d'éléments que fixent les plantes, dans des circonstances connues. Toute discussion sur les indications thermométriques serait autrement superflue.

Quoi qu'il en soit, vers la fin des essais, la perte diminua rapidement, et la diminution parut coïncider avec la période d'élaboration ou de maturité de végétal; d'où il résulterait que la circulation d'eau la plus active, révélée par l'évaporation quotidienne, correspond à la plus grande accumulation d'éléments fixes.

Le tableau XXI fait connaître sous la même classification que dans le tableau XX, les quantités de matière sèche et de matières minérales fixées par les plantes en expérience. Ces quantités résultent des dosages du grain, de la paille, des balles, et pour le foin, des diverses coupes obtenues.

## TABLEAU XXI. — Expériences de Lawes.

COMPARAISON DES QUANTITÉS DE MATIÈRE SÈCHE FIXÉE ET D'EAU ÉVAPORÉE PAR LES PLANTES DE CULTURE.

| | | EAU ÉVAPORÉE PAR LA PLANTE. | MATIÈRE SÈCHE FIXÉE PAR LA PLANTE | | |
|---|---|---|---|---|---|
| | | | totale y compris les cendres. | organique seulement. | minérale seulement (cendres). |
| | **I.** | gr. | gr. | gr. | gr. |
| Sans engrais....... | Blé........................ | 7.353.5 | 29.72 | 27.36 | 2.36 |
| | Orge....................... | 7.774.3 | 30.15 | 27.18 | 2.97 |
| | Fèves...................... | 7.269.6 | 34.82 | 31.63 | 3.19 |
| | Pois....................... | 7.065.5 | 27.27 | 24.47 | 2.80 |
| | Trèfle..................... | 3.568.5 | 13.26 | 11.36 | 1.90 |
| Engrais minéral.... | Blé........................ | 6.438.1 | 28.55 | 25.63 | 2.92 |
| | Orge....................... | 8.313.9 | 32.43 | 29.14 | 3.29 |
| | Fèves...................... | 7.634.7 | 34.83 | 31.80 | 3.03 |
| | Pois....................... | 6.244.4 | 29.63 | 25.47 | 4.16 |
| | Trèfle..................... | 3.479.8 | 15.21 | 12.91 | 2.30 |
| Engrais minéral et sels ammoniacaux. | Blé........................ | 3.627.0 | 17.61 | 15.54 | 2.07 |
| | Orge....................... | 5.513.7 | 20.29 | 18.14 | 2.15 |
| | Trèfle..................... | 885.5 | 6.35 | 5.45 | 0.90 |
| | **II.** | | | | |
| Blé.............. | Sans engrais............... | 7.353.5 | 29.72 | 27.36 | 2.36 |
| | Engrais minéral ........... | 6.438.1 | 28.55 | 25.63 | 2.92 |
| | Engrais minéral et azoté.... | 3.627.0 | 17.61 | 15.54 | 2.07 |
| Orge.............. | Sans engrais............... | 7.774.3 | 30.15 | 27.18 | 2.97 |
| | Engrais minéral............ | 8.313.9 | 32.43 | 29.14 | 3.29 |
| | Engrais minéral et azoté.... | 5.513.7 | 20.29 | 18.14 | 2.15 |
| Fèves.............. | Sans engrais ............. | 7.269.6 | 34.82 | 31.63 | 3.19 |
| | Engrais minéral............ | 7.634.7 | 34.83 | 31.80 | 3.03 |
| Pois.............. | Sans engrais............... | 7.065.5 | 27.27 | 24.47 | 2.80 |
| | Engrais minéral............ | 6.244.4 | 29.63 | 25.47 | 4.16 |
| Trèfle.............. | Sans engrais............... | 3.568.5 | 13.26 | 11.36 | 1.90 |
| | Engrais minéral............ | 3.479.8 | 15.21 | 12.91 | 2.30 |
| | Engrais minéral et azoté.... | 885.5 | 6.35 | 5.45 | 0.90 |

En négligeant les résultats obtenus pour le trèfle et qui ne sont pas comparables utilement aux autres, de même que ceux de la série avec engrais minéral et ammoniacal, où les plantes ont souffert, on constate une uniformité remarquable dans la quantité de matière sèche produite. Dans le cas des fèves et des pois, la graine si fortement azotée indique un rapport beaucoup plus élevé pour la matière sèche totale, relativement aux fanes ou aux pailles, que dans le cas des céréales. L'excès de matière minérale que l'on observe d'une manière générale dans les résultats, peut être attribué, en partie, à l'état de maturité imparfaite des plantes; et, pour celles de même espèce, aux différences du sol.

Sans entrer plus avant dans l'examen des chiffres du tableau XXI, qui comporterait celui des faits spéciaux de chaque expérience, on constate que, sauf pour un des pots de trèfle qui ne fut jamais réussi, l'évaporation de 3oo grammes d'eau correspond à un gramme de matières fixées par la plante.

Si des tableaux XX et XXI nous extrayons toutefois le poids de l'eau évaporée par le blé dans les trois cas d'expérience, et que nous le comparions avec les poids de l'hectolitre de grain et de la paille constatés, nous trouverons que la consommation d'eau par unité de grain et de paille a été la suivante :

|  | Sans engrais. | Sans minéral. | Engrais ammoniacal. |
|---|---|---|---|
| Poids de l'eau évaporée..... | 7.353 | 6.438 | 3.627 |
| Poids du grain produit...... | 9.6 | 7.2 | 4.2 |
| Rapport du poids de l'eau au poids du grain............ | 766 | 882 | 856 |
| Rapport au poids total de grains et de paille......... | 247 | 222 | 286 |

Ainsi, l'addition d'engrais au sol a élevé, au lieu de restreindre, la proportion d'eau consommée par unité de grain et de paille; de même elle a diminué le poids du grain.

Marié-Davy a institué au parc de Montsouris, une série d'essais sur la quantité d'eau consommée par le blé, notamment pendant sa croissance. Après avoir évalué qu'une récolte d'un hectolitre de blé, du poids de 80 kilogrammes, enlève au sol 444 mètres cubes d'eau, correspondant par hectare à une tranche de 44$^{mm}$,4, Marié-Davy a tenu à répéter les expériences en tenant compte cette fois de la qualité, de la quotité des engrais et de la nature des terres. Mais les résultats obtenus en flacons, comme ceux des caisses de végétation, enregistrés pendant une seule campagne, sur huit variétés de terres, fumées avec des poids différents de terreau non analysé, ne sauraient permettre de formuler une conclusion générale.

En adoptant avec Marié-Davy le nombre 1370, au lieu de 1796, trouvé en 1873, comme exprimant la consommation moyenne en eau des terres fortement fumées, pour produire l'unité de poids de froment, on trouve qu'un rendement à l'hectare de 30 hectolitres de blé du poids de 80 kilogrammes amènerait une dépense de 3,300 mètres cubes d'eau, correspondant à une tranche d'eau d'une épaisseur de 0$^m$,330, qui, jointe à l'eau évaporée directement par le sol, depuis la moisson jusqu'aux semailles, formerait un total égal à la tranche d'eau pluviale d'une année dans les environs de Paris.

Enfin, certains engrais donneraient un plus fort rendement pour la même consommation d'eau.

Les résultats des expériences de Montsouris (1), sur des terres, il est vrai, beaucoup moins riches que celles de Rothamsted, s'écartent trop des données de MM. La-

(1) *Journal Agric. pratique*, 1874, t. II, p. 171 et 243.

wes et Gilbert pour qu'il ne soit pas désirable de les voir confirmés.

Les recherches sur les plantes cultivées, poursuivies pendant dix ans, à partir de 1850, en les étendant aux navets blancs et de Suède, aux mangolds, aux pommes de terre et aux artichauts, ont donné lieu finalement aux conclusions suivantes que MM. Lawes et Gilbert ont énoncées dans un troisième mémoire sur les effets de la sécheresse en 1870 (1).

1° La quantité d'eau évaporée par les plantes pendant leur croissance est proportionnelle à la quantité de matière sèche totale, ou à la matière totale non azotée que les plantes fixent ou assimilent. La proportion est à peu près la même dans les graminées et les légumineuses.

2° Pour une quantité déterminée d'eau évaporée, les légumineuses fixent deux ou trois fois plus d'azote que les graminées.

3° Pendant la croissance et la maturité des graminées, comme des légumineuses, il y a de 250 à 300 parties d'eau évaporée, contre une partie de matière sèche fixée ou assimilée.

D'après cela, on serait porté à admettre que si le rendement de la terre à blé de Rothamsted est en moyenne (grain et paille) de 7,500 kilogrammes à l'hectare et par an, il y aura 6,275 kilogrammes de matière sèche fixée vers la fin de juillet, ou au commencement d'août de chaque année; et comme pour une partie de matière sèche fixée, il faut compter sur 300 parties d'eau, on trouvera 1,883 mètres cubes d'eau évaporée à l'hectare, pour la croissance d'une récolte de froment. Ce calcul appliqué aux prairies de Rothamsted donnerait le même résultat, mais jusqu'au milieu ou à la fin de juin.

(1) Effects of the drought of 1870 on some of the experimental crops at Rothamsted. *Journal Roy. Agr. Soc. Engl.*, vol. VII, 1871.

**2. Influence de la sécheresse sur les récoltes.** — On se rappelle la sécheresse exceptionnelle de l'année 1870. C'est surtout en Grande-Bretagne, où l'on a plutôt à redouter le contraire, que l'absence de pluies a été marquée par des phénomènes inusités. Il est vrai que depuis 1844, la dernière année de grande sécheresse, l'été de 1868 avait été signalé également, en Angleterre, par un défaut de pluies et par une température plus intense qu'en 1870; mais en 1870 la pluie manqua un mois plus tôt et revint quelques semaines plus tard qu'en 1868. Aussi la coupe des foins, comme le regain, y furent-ils à peu près perdus.

Lorsque les récoltes sont obtenues dans des conditions identiques de fumure, pendant un certain nombre d'années consécutives, on a des données convenables pour rechercher l'influence des variations de saison. A Rothamsted, il était difficile de laisser échapper l'occasion d'apprécier la perte d'eau des récoltes en expérience, la provenance de cette eau et les effets de la sécheresse générale.

Dans leur mémoire spécial déjà cité, MM. Lawes et Gilbert se sont principalement occupés des prairies, du blé et de l'orge.

Pour les prairies, ils ont mis en regard des quantités d'eau pluviale tombées en avril, mai et juin, le foin récolté pendant quinze années, de 1856 à 1870, et en 1870, sur trois parcelles-types de la pièce *the Park*, c'est-à-dire sur les parcelles sans engrais, avec engrais minéral et nitrate de soude.

Pour le blé, ils ont enregistré les quantités d'eau pluviale tombée d'avril à août, et le rendement total (grain et paille) obtenu pendant dix-neuf années, de 1852 à 1870, sur quatre parcelles de *Broadbalkfield*, sans engrais, avec fumier de ferme, avec engrais minéral et sels ammoniacaux, avec engrais minéral et nitrate de soude.

Enfin, pour l'orge, ils ont établi le parallèle pour les années 1868, 1869 et 1870 entre les parcelles de *Hoosfield*, ayant reçu des sels ammoniacaux et du nitrate, en mélange avec l'engrais minéral.

Le tableau XXII reproduit les résultats de ces comparaisons pour les trois récoltes, par rapport à l'année 1870.

Il est à remarquer que, malgré les variations du rendement d'après la saison, le produit moyen d'un grand nombre d'années reste à peu près le même pour les récoltes venues sans engrais. En 1870, sur le sol, sans engrais, le déficit en foin a été des trois quarts du rendement moyen, tandis qu'il n'a été que des deux cinquièmes pour l'orge, et d'un sixième pour le blé.

Avec le fumier de ferme, le déficit de fourrage, en 1870, est également le plus considérable, puisqu'il atteint les deux tiers environ du rendement moyen, alors que pour le blé et l'orge, il est seulement d'un sixième. Il est vrai que le sol en prairie n'avait reçu du fumier que pendant les huit premières années; mais en 1869, la récolte d'herbe avait été la plus forte de toutes, de telle sorte que la diminution constatée en 1870 est bien le fait de la sécheresse, et non pas de l'interruption de la fumure. Le blé d'automne et l'orge de printemps offrent le même déficit à peu près; cependant il est moindre pour l'orge dans le sol sans engrais; ce qui prouverait que la terre qui a reçu du fumier possède un pouvoir d'absorption dans les couches supérieures, plus énergique que dans le sol non fumé.

Pour le mélange d'engrais minéraux et ammoniacaux, l'uniformité dans le rendement moyen des récoltes ne s'observe plus. Le déficit, qui est des deux cinquièmes

## TABLEAU XXII. — *Expériences de Lawes et Gilbert.*

PRODUIT EN FOIN, EN BLÉ ET EN ORGE DE L'ANNÉE DE SÉCHERESSE 1870, COMPARÉ AU PRODUIT MOYEN, A L'HECTARE ET PAR AN, DES ANNÉES PRÉCÉDENTES.

| | FOIN (THE PARK). 15 années. | PRODUIT TOTAL : GRAIN ET PAILLE. | |
|---|---|---|---|
| | | BLÉ (BROADBALK). 19 années. | ORGE (HOOS FIELD). 19 années. |
| | kilogr. | kilogr. | kilogr. |
| *I. Sans engrais.* | | | |
| Produit moyen à l'hectare et par an............... | 2.680.05 | 2.687.90 | 2.749.55 |
| Produit en 1870       — | 721.85 | 2.244.02 | 1.669.01 |
| Différence en moins pour 1870 ........... | 1.958.20 | 443.88 | 1.080.54 |
| *II. Avec fumier de ferme.* | | | |
| Produit moyen à l'hectare et par an............... | 5.160.58 | 6.743.28 | 6.563.94 |
| Produit en 1870       — | 1.744.11 | 5.707.58 | 5.547.29 |
| Différence en moins pour 1870............ | 3.416.47 | 1.035.70 | 1.016.65 |
| *III. Avec engrais minéral et sels ammoniacaux.* | | | |
| Produit moyen à l'hectare et par an............... | 6.494.44 | 7.024.63 | 6.485.48 |
| Produit en 1870       — | 3.705.66 | 6.541.52 | 4.805.27 |
| Différence en moins pour 1870............ | 2.788.78 | 483.11 | 1.680.21 |

environ pour le foin, n'est que d'un quart pour l'orge et d'un quinzième pour le blé.

Au résumé, pendant une sécheresse de quatre mois, l'herbage des prairies, dans les diverses conditions de fumure, a souffert beaucoup plus que les céréales, et l'orge, aussi bien dans le sol sans engrais que dans les sols fumés, a plus souffert que le blé. Le fumier permet toutefois à l'orge de résister, aussi bien que le blé, à l'absence de pluies.

Ces données de l'observation s'expliquent de plusieurs manières. Ainsi les plantes variées qui composent l'herbage des prairies recouvrent et pénètrent plus complètement la surface; mais à moins d'une prédominance de certaines espèces, elles pénètrent les couches superficielles moins profondément que les céréales. Le blé d'hiver, qui exige plus de temps pour étendre ses racines, les pousse à une plus grande profondeur et tire profit de l'humidité, comme des aliments, à un niveau plus bas que l'orge du printemps. En outre, la plupart des plantes fourragères fleurissent avant le blé et l'orge, et l'herbe coupée dès la fin de juin n'a pas atteint sa pleine maturité, tandis que dans les céréales, une très grande proportion de la matière sèche totale, la moitié peut-être, est fixée sous l'action croissante des rayons solaires, après l'époque de la coupe du foin. L'expérience prouve enfin que dans les champs de Rothamsted, les céréales dépendent d'un degré élevé de température, surtout lorsque la terre a reçu des engrais minéraux et ammoniacaux, plutôt que de la continuité de la pluie qu'exige le fourrage pendant la période de végétation.

Dans tous les cas examinés, sur un sol bien fumé, il faut moins d'eau pour produire un même poids de récolte que sur un sol sans engrais. C'est ce que J. Sachs avait également constaté dans ses expériences avec les engrais qui exercent une action régularisatrice sur la consommation de l'eau par les plantes (1).

**3. Consommation d'eau par les plantes en culture.** — M. Risler, confirmant les résultats des investigations de Rothamsted, a exposé les diverses méthodes déjà employées par lui en 1867-1868, qu'il a contrôlées par les indications météorologiques et les données culturales de sa propriété de Calèves, en Suisse, pour arriver à fixer la consommation d'eau moyenne et quotidienne des plantes : luzerne, blé, avoine, vigne, trèfle, prairie, etc. (2). C'est ainsi que le blé d'hiver aurait consommé journellement, d'avril en juillet 1869, $2^{mm},5$ de hauteur d'eau ou 256 millimètres de pluie en 101 jours ; ce qui a été suffisant, avec un petit supplément fourni par la terre, pour donner une récolte satisfaisante comme grain et comme paille. Il importe, en général, que le blé trouve dans le sol un supplément d'humidité pour qu'il puisse se nourrir convenablement. M. Risler pense comme M. Lawes, que si le blé de printemps ne rend jamais autant que le blé d'hiver, c'est parce qu'il manque de l'eau indispensable pour dissoudre les matières nutritives du sol et les porter dans les organes des plantes. Pour l'avoine, il a fallu, d'après M. Risler, 250 kilogrammes d'eau par kilogramme de matière sèche en 1870, ou 1,250 kilogrammes d'eau par kilogramme de matières minérales contenues dans la récolte. En 1871, le trèfle a transpiré 263 kilogrammes d'eau pour produire un kilogramme de substance sèche ; et la prairie 545 kilogrammes d'eau pour 1 kilogramme de foin à 15 pour 100 d'eau. Pour cette dernière, cela correspond à 7 millimètres d'eau par jour.

M. Risler a observé en outre qu'à la suite des pluies

---

(1) *Landw. Versuchstationen*, 1859, t. 1, p. 203.
(2) *Recherches sur l'évaporation du sol et des plantes*, Genève, 1871.

ou des arrosements, la transpiration des plantes augmente et diminue graduellement, au fur et à mesure que la sécheresse augmente, toutes les autres circonstances étant égales d'ailleurs. Si la sortie de l'eau par les feuilles est moins abondante que son entrée par les racines, la végétation s'active; mais dès que le contraire a lieu, les plantes se fanent.

Au fur et à mesure que les racines d'une plante absorbent de l'eau, le sol se dessèche également dans toutes les directions; ce qui démontre que de proche en proche, suivant les lois de la diffusion, l'équilibre d'humidité tend à s'établir entre les racines et le sol.

D'une manière générale, la consommation de l'eau par les plantes est plus régulière dans les terres argileuses que dans les terres sablonneuses. Tandis que Hellriegel constate que dans une terre sablonneuse les plantes commencent à souffrir de la sécheresse, lorsqu'elle ne contient plus que 2,5 p. 100 d'eau, Risler trouve que la limite la plus rapprochée pour les terres argileuses est de 10 p. 100. Dans ces dernières, en effet, une partie de l'eau échappe à l'absorption des racines.

En se basant sur les observations des cultures de Calèves, Risler exprime en millimètres d'eau la consommation moyenne quotidienne des plantes, à savoir :

| | Mill. | | Mill. |
|---|---|---|---|
| Prairies..................... | 3.14 | à | 7.28 |
| Luzerne.................... | 3.4 | à | 7 |
| Avoine .................... | 2.9 | à | 4.9 |
| Maïs....................... | 2.8 | à | 4 |
| Trèfle ..................... | 2.86 | | |
| Blé........................ | 2.67 | à | 2.8 |
| Seigle ..................... | 2.26 | | |

Schleiden ayant déterminé, à l'aide de pesées directes, la quantité d'eau évaporée par un mélange d'avoine et de trèfle, était arrivé à la consommation quotidienne de de 2,5 millim. par hectare; et pour un hectare de gazon pendant l'été, à une évaporation de 8,70 millim. De là à expliquer comment les quantités de pluie peuvent suffire à ces énormes besoins de la végétation, lorsque les rivières et les fleuves conduisent moitié de l'eau tombée à la mer, et comment la vapeur d'eau atmosphérique absorbée par le sol peut combler la lacune, la déduction en faveur du rôle des irrigations est naturelle.

En ce qui concerne la distribution de l'eau pendant la période de végétation, Hellriegel a pu conclure, de son côté, des essais qu'il a faits sur des pieds d'orge, que la sécheresse venant à se produire après la formation des grains, même quand ils sont encore très aqueux intérieurement, ne cause aucun mauvais effet sur la production. Par contre, dans toutes les phases précédentes de la croissance, la sécheresse exerce une action d'autant plus défavorable que la plante est plus jeune.

Hellriegel a également constaté que l'eau nécessaire pour produire 1 kilogramme de grains d'orge est de 700 litres. Il faudrait ainsi pour une récolte moyenne de 2,000 kilogrammes de grains à l'hectare, 1,400,000 litres d'eau; ce qui répond à une chute d'eau pluviale de 140 millimètres pendant la période de végétation. Partout où cette quantité d'eau, en y comprenant celle emmagasinée dans le sol par l'hiver, n'est pas obtenue, l'irrigation est indiquée.

Quant aux prairies, la consommation d'eau d'un hectare de prairie gazonnée en ray-grass anglais très épais, étant, suivant Risler, de $0^m,281$ de hauteur d'eau, correspondant à une production de 5,175 kilogrammes de foin vert; il faudrait 545 kilogrammes d'eau pour produire un kilogramme de foin, c'est-à-dire 7 millimètres de hauteur d'eau par jour. Cette consommation s'applique à une prairie

bien pourvue d'eau pendant la saison la plus chaude
de l'année; mais par les journées où le ciel est couvert
et l'air humide, l'évaporation se réduit au quart de
la moyenne, c'est-à-dire à l'équivalent de 1,4 millimètre.

En Suisse et en Savoie, les prés commençant à verdir
à la fin de mars et la fenaison s'opérant en juin, c'est pendant les mois d'avril et de mai que se fait la croissance
de l'herbe. Les récoltes en foin et les quantités de pluie
et de chaleur pendant ces deux mois, dans les six années
1866 à 1872, observées par Risler, sont rapportées dans
le tableau XXIII.

Il a fallu ainsi 438 kilogrammes d'eau de pluie, en
moyenne, pour 1 kilogramme de foin. Il y a lieu d'observer que les récoltes dépendent plus de la quantité de
pluie que de la chaleur; car en 1867, la température des
deux mois étant la plus faible, les foins sont abondants;
en 1868 où la température est la plus forte dans les deux
mois, et la moyenne pluviale très basse, la récolte n'est
satisfaisante que parce que le sol a de l'eau en réserve,
les drains continuant à couler jusque fin mai.

. Pour le regain, Risler conclut d'après les quantités produites par hectare, comparées aux pluies tombées en juin,
juillet et août, de 1866 à 1871, que 3 kilogrammes de
regain correspondent à 1 millimètre de pluie.

|  | Regain par hectare. | Pluie en juin, juillet et août. |
|---|---|---|
|  | kil. | mill. |
| 1866 | 1.046 | 376.84 |
| 1867 | 369 | 161.95 |
| 1868 | 397 | 240.60 |
| 1869 | 387 | 155.70 |
| 1870 | » | 156.43 |
| 1871 | 1.350 | 235.35 |
| Moyennes : | 600 | 220.90 |

TABLEAU XXIII. — *Expériences de Risler sur la végétation des prairies (Suisse).*

| ANNÉES. | Récolte de foin par hectare. | PLUIE. | | Les drains cessent de couler. | TEMPÉRATURES MOYENNES A L'OMBRE. | | | Départ de la végétation des prés. |
|---|---|---|---|---|---|---|---|---|
| | | En avril et mai. | Moyenne par jour. | | En avril. | En mai. | Dans les 2 mois. | |
| | kil. | millim. | millim. | | | | | |
| 1866 | 4.350 | 242.15 | 4.03 | Fin mai. | 12°42 | 13°70 | 13°06 | Fin mars. |
| 1867 | 3.800 | 256.00 | 4.26 | — | 10.67 | 13.11 | 11.89 | 15 mars. |
| 1868 | 3.200 | 107.90 | 1.80 | — | 9.00 | 18.72 | 13.86 | 6 avril. |
| 1869 | 3.100 | 160.10 | 2.66 | Fin mars. | 10.80 | 15.67 | 13.23 | 8 avril. |
| 1870 | 1.450 | 32.30 | 0.54 | — | 9.8 | 16.12 | 12.96 | Comm᪲ avril. |
| 1871 | 3.350 | 98.15 | 1.66 | Fin avril. | 11.2 | 13.91 | 12.46 | 7 avril. |
| Moyennes. | 3.410 | 149.43 | 2.47 | | 10.62 | 15.20 | 12.91 | |

En appliquant ces coefficients de la production des four-rages aux quantités d'eau d'irrigation qu'il faudrait four-nir pour suppléer aux pluies, on trouve que le volume d'eau le plus faible, employé en Lombardie pour les irri-gations, soit 1 litre par seconde et par hectare, c'est-à-dire une hauteur de $8^m,64$ par jour, correspond à peu près aux résultats des expériences de Calèves, et aux chif-fres donnés pour le département de Vaucluse, l'eau n'a-gissant que pour humecter le sol. Dans les autres contrées où des volumes d'eau bien supérieurs sont employés; dans les Vosges, par exemple, et dans certains pays d'Alle-magne, l'eau agissant surtout par les substances fertili-santes qu'elle contient, n'est à proprement parler qu'un véhicule d'engrais.

# LIVRE III.

## EAUX, CLIMATS ET TERRITOIRES.

---

### I. — LES EAUX ET LES TERRAINS GÉOLOGIQUES.

Par leur nature physique les terrains influent considérablement sur les résultats de l'irrigation; ceux qui sont les plus perméables, ou qui s'échauffent le plus facilement, tels que les terrains sablonneux et calcaires, en tirent le meilleur profit. Les sols argileux et compacts en profitent moins, non seulement parce que l'eau y séjourne trop longtemps, en raison de leur imperméabilité, et y cause un excès d'humidité, mais encore parce qu'ils admettent plus difficilement l'action de la chaleur et du soleil. Aussi, dans la pratique, l'eau d'arrosage est-elle tenue moins longtemps sur les terres argileuses que sur les autres (1).

Quand la terre végétale a une épaisseur et une consistance suffisantes, elle jouit, même dans les contrées les plus chaudes, de la faculté d'absorber et de retenir l'eau nécessaire au développement des récoltes, quelle que soit la nature du sol; mais quand il s'agit d'une terre légère,

(1) Saglio, *Inchiesta agraria; circond. di Pavia*, 1886.

sablonneuse, caillouteuse, qui absorbe plus d'eau à l'état mécanique, et sur laquelle l'évaporation est très active, l'irrigation produit ses meilleurs effets.

Ainsi, tandis que les terres argilo-calcaires peuvent rester trois mois sous des climats secs, avec quelques eaux pluviales intermittentes, sans souffrir de la sécheresse, les sables d'alluvion deviennent stériles, faute d'humidité et d'engrais, quand on ne les arrose pas. Les terrains d'origine diluvienne du Comtat et du Roussillon, en France, de la Lombardie et de la plaine de l'Ebre, sont dans ce cas. Dans ceux de la vallée du Pô, on trouve encore le sable, sous une couche arable de $0^m,20$ d'épaisseur.

D'ailleurs, en fait d'irrigation, la couche arable a moins d'importance que le sous-sol : c'est pourquoi avec un sous-sol perméable, les terres argileuses peuvent supporter sans dommage des arrosages abondants et fréquents.

« Le peu d'épaisseur de la couche de terre végétale que l'on voit dans les plaines de la Lombardie, écrit de Saussure, me semble prouver que l'on ne peut pas regarder la quantité de cette terre comme la mesure du temps qui s'est écoulé depuis que le pays a commencé à produire des végétaux... La destructibilité de la terre végétale est un fait au-dessus de toute exception, et les agricoles qui ont voulu suppléer aux engrais (avec l'arrosage) par des labours trop fréquemment répétés, en ont fait la triste expérience (1). »

Spooner va plus loin encore que de Saussure en attribuant un grand avantage à la constitution hydrographique d'une contrée sur sa constitution géologique. « Celle-ci donne une idée du sol, au point de vue seulement des dépôts alluviens ou sédimentaires; elle ne permet pas de

_____

(1) H.-B. de Saussure, *Voyage dans les Alpes*, 1796, t. I, p. 205.

distinguer les bonnes terres des mauvaises, car il arrive
souvent que les sols les plus stériles et les sols les plus
fertiles appartiennent à la même formation ; tandis que
la présence de l'eau courante est un indice infaillible de
la proximité des meilleures terres qu'un sol géologique
peut fournir ; en outre, elle révèle les courbes de niveau,
les contours et le relief de la surface (1). »

Delesse également, dans sa description de la carte
agricole de la France (2), reconnaît à l'état d'humidité des
terres une grande influence sur leur fertilité. « L'humidité dans les vallées et dans le fond des bassins est entre-
tenue non seulement par les rivières et par les eaux superficielles, mais encore par les nappes souterraines. Elle
est en partie la cause du grand revenu que donnent les
terrains arrosés par les fleuves : la Seine, la Loire, la
Garonne et le Rhône ; car les nappes d'eau superficielles
ou souterraines tiennent en dissolution les diverses substances qui sont utiles au développement des plantes agricoles.

« Du reste, l'humidité souterraine d'une terre végétale dépend aussi de sa composition minéralogique, particulièrement de sa richesse en argile et en humus ; mais
c'est surtout le sous-sol qui contribue à la régler.

« Quand le sous-sol est perméable, il laisse lentement
filtrer les eaux qui sont alors soumises à un drainage
naturel. C'est ce qui a lieu, par exemple, pour les roches
calcaires, lors même qu'elles sont recouvertes par un
puissant dépôt de limon ou par des terres rouges argilo-
sableuses ; les calcaires lacustres de la Beauce et du Mul-
tien, la craie, l'oolite.

« Quand le sous-sol est imperméable, au contraire, il
peut retenir les eaux, lors même que le sol les laisse très

(1) *On the agricultural capabilities of soils. Journ. roy. agric. Soc.* 1871.
(2) Delesse, *Bullet. Soc. de géographie*, 1874.

facilement filtrer, et s'il n'est pas en pente, il entretient trop d'humidité. C'est l'effet que produit l'argile sous le sable de la Sologne, et l'alios sous le sable quartzeux des Landes. »

Nous sommes ainsi conduit à examiner tout d'abord les terrains des diverses formations, au point de vue du régime des eaux qui s'y rencontrent, de leurs qualités culturales, spécialement pour les herbes des prairies, et de leur aptitude pour l'arrosage. En décrivant les terrains géologiques pour faire ressortir leurs différences quant aux sources, aux cours d'eau et aux cultures, nous aurons entre temps à envisager l'effet particulier des eaux sur les sols provenant de ces terrains, dont le pouvoir d'absorption et de rétention varie, comme il a été expliqué, avec une énergie très différente suivant leur nature physique et celle des sous-sols.

## a. — Terrains granitiques.

Les roches les plus anciennes, granits, gneiss, porphyres, etc., se rapportant à diverses périodes de l'âge de fusion, sont extrêmement abondantes à la surface du globe. Tantôt elles forment des chaînes de montagnes élevées, tantôt des collines arrondies, superficiellement désagrégées, recouvrant des districts très étendus. Elles sont représentées en France par le plateau central comprenant le Limousin et une partie de l'Auvergne, ainsi que dans la Basse-Normandie, la Basse-Bretagne, la Vendée, la Corse, etc., par des territoires importants. On en rencontre des lambeaux dans les Pyrénées, dans le Dauphiné où elles se lient avec les roches des Alpes et de la Savoie, dans le Morvan, dans les Vosges, d'où elles se prolongent de l'autre côté du Rhin, dans la Forêt-Noire.

Dans les pays granitiques, les eaux de pluie s'infiltrant

à travers la couche de sable qui recouvre le roc, plus ou moins fissuré et altéré, se logent dans les interstices et les dépressions, et forment sous terre des ruisseaux qui tantôt s'écoulent invisibles, tantôt surgissent en sources. Aussi dans la plupart des terrains cristallisés les sources sont-elles très nombreuses, mais souvent d'un faible débit.

Élie de Beaumont signale dans son « Explication de la carte géologique de la France, » l'immense quantité de vallées et de petits ruisseaux qui sillonnent, dans toutes les directions, les montagnes granitiques du Limousin et de l'Auvergne et qui se reproduisent dans la Vendée, la Bretagne et les Vosges. « Cette disposition est si prononcée, ajoute-t-il, qu'on peut tracer approximativement les limites des terrains cristallisés par la seule considération des cours d'eau. »

A égalité de terrain, les sources sont d'autant plus abondantes que le climat est plus humide. Ainsi dans les montagnes de l'Écosse, on trouve des tourbières jusque sur des pentes de 45° et dans les plateaux. En Bretagne, la plupart des vallons sont tourbeux ; dans le Limousin et dans le Morvan, ils sont couverts de prés humides, d'un fourrage inférieur, que le drainage pourrait facilement améliorer ; les sources drainées pouvant servir à l'irrigation (1).

En général, les sols granitiques sont maigres et peu fertiles ; perméables, quand le quartz domine, mais imperméables quand le feldspath s'est décomposé en argiles tenaces et humides. Ils se caractérisent, sur le territoire français dont ils occupent le cinquième environ, par leur faible teneur en chaux et en acide phosphorique, et par le nombre considérable de filets d'eau ou de sources qui en sourdent, dans tous les plis de terrain.

(1) Risler, *Géologie agricole,* 1884, t. I.

En tant que granits composés de quartz, de mica et de feldspath, il y a lieu de distinguer ceux où le feldspath est à base secondaire de potasse (orthose), de soude (albite) ou de chaux (oligoclase). L'action de l'eau sur les granits, par l'oxygène et l'acide carbonique qu'elle tient en dissolution, s'exerce presque uniquement sur les feldspaths, dont la potasse, la soude, la chaux, la magnésie, etc., sont dissoutes et entraînées par les eaux. Une partie de la silice combinée à ces bases disparaît en même temps; et comme résidu de la décomposition, il reste l'argile, mêlée de fragments très divisés de mica, de quartz et de feldspath.

L'action des eaux chargées d'acide carbonique sur les granits à feldspath orthose et à feldspath oligoclase est indiquée par les analyses suivantes (1) :

| | GRANITS A FELDSPATH. | |
| --- | --- | --- |
| | Orthose. | Oligoclase. |
| Potasse à l'état de carbonate avec un peu de silicate............ | 20 à 28 % | 5 à 8 % |
| Soude à l'état de carbonate avec un peu de silicate............ | 2 à 6 | 8 à 10 |
| Chaux à l'état de carbonate..... | 1 à 2 | 4 à 5 |
| Magnésie      —      .... | » | 10 à 15 |
| Protoxyde de fer   —   .... | traces | traces |

Il en résulte que si le feldspath oligoclase forme l'argile, comme elle contient de la chaux, les terres qui en dérivent sont plus fertiles que celles dénuées de calcaire sablonneuses laissées par les eaux des granits à feldspath orthose. Ces dernières étant de beaucoup les plus abondantes, la pauvreté en chaux reste comme le caractère général des terrains granitiques; mais, d'autre part, au point de vue des arrosages, les eaux de ces terrains, appliquées aux sols

(1) Senft, *Steinschutt und Erdboden.*

de formation plus récente, ont des effets remarquables, surtout pour les herbages.

Les sources des granits du Dauphiné et des Vosges alimentent de nombreuses rigoles d'irrigation. Dans les vallées des Alpes, le val Godemard et le Briançonnais, les petits canaux, très multipliés, permettent seuls à la population de vivre des produits agricoles. Il en est de même dans les Vosges où chaque exploitation possède une source pour irriguer les prés : il n'y a pas de canal d'irrigation proprement dit, mais tout le pays est couvert d'irrigations, parce que chacun trouve chez soi ou chez son voisin, l'eau dont il a besoin pour arroser les gazons (1). Le Limousin, sur les terrains gneissiques qui constituent la couche arable, ne procède pas autrement.

Partout, en effet, où l'on peut arroser dans ces conditions avec les eaux granitiques, le sol fournit d'abondantes récoltes de foin. Le drainage et le captage des sources font disparaître l'excès d'humidité des prairies en coteaux et procurent de l'eau aux surfaces situées à des niveaux inférieurs. Là seulement où les terres manquent de consistance, faut-il craindre que les irrigations trop abondantes ne ravinent les versants, comme en Corse, et n'entraînent au fond des vallées les matières fertilisantes. Par des coteaux en terrasse, avec murs de soutènement en pierres sèches, cet inconvénient est évité.

En dehors des irrigations, c'est principalement par les composts de chaux et de terreau et par les fumiers que s'améliorent les prairies des terres granitiques. L'élément calcaire y développe surtout les légumineuses, telles que le trèfle blanc, et rend plus nutritives toutes les plantes spontanées.

Les terres granitiques de Bretagne, plus ou moins im-

(1) *Enquête sur les engrais industriels,* 1865, t. I, p. 318.

perméables et privées de calcaire quand on les laisse sans culture, ne produisent que de la lande, c'est-a-dire des ajoncs, des bruyères, des fougères et des genêts. Les labours, les fumures répétées, les amendements de sable coquillier et l'emploi des eaux d'arrosage, ont seul raison de ces sols pour y créer et maintenir des prairies de rapport.

Dans le Bocage vendéen, abondamment fourni de sources, les prés des vallons sont arrosés; presque toutes les métairies ont une certaine surface en prairies naturelles, bien entretenues, souvent irriguées, dont les produits joints aux quatre années de pâturage, permettent d'élever et d'engraisser un nombreux bétail, de la race Parthenaise.

Les montagnes du Beaujolais, du Lyonnais et du Forez formées par les roches primitives, granits, porphyres, etc., offrent des prairies de création facile partout où l'on dispose de l'irrigation, soit par des dérivations de ruisseaux, soit par des drainages recueillant les eaux souterraines. Les feldspaths potassiques des terrains du Beaujolais donnent aux eaux d'arrosage des qualités qui font d'excellentes prairies. Au centre du massif du Lyonnais, les sources nombreuses sont utilisées dans les bas-fonds dont les terres fines, porphyriques, sont moins riches en potasse et aussi pauvres en chaux que celles du granit. Il en est ainsi dans le Forez, au pied des éminences granitiques, recouvertes de prairies qu'arrosent sans cesse les sources des montagnes.

La plus grande partie du territoire du nord de l'Écosse, connue sous le nom de Highlands, consiste en roches cristallines des terrains anciens, généralement dures et résistantes, mais quand elles sont délitées et friables, elles forment des terres faciles à cultiver et fertiles pour les avoines et les turneps.

Il y a surtout manque de phosphate de chaux dans toutes ces roches ; les quelques calcaires des montagnes sont trop limités ou disséminés, pour avoir une influence sur les terres arables. Les sols, comme les eaux, tiennent une quantité de chaux bien moindre que dans les comtés du centre et du midi. Aussi est-ce la bruyère qui règne ; et là seulement où le calcaire agit, voit-on apparaître l'herbe et la verdure. L'avoine, qui exige le moins de chaux parmi les céréales, y prospère sur les sols minces et légers; et grâce à la potasse, à la magnésie et à la silice, les turneps, aidés par les poudres d'os, les os et les superphosphates, viennent admirablement. Les prairies sont, par contre, pauvres en légumineuses, peu substantielles, entravées dans leur développement par la nature pierreuse et raboteuse de la surface.

C'est au soulèvement des roches porphyriques, dans l'immense désert du Soudan, que sont dues les célèbres sources de Gakdoul. Elles consistent en trois bassins à différents niveaux, encaissés au fond des ravins. Le bassin inférieur, de forme ovale irrégulière, a 36 mètres de longueur sur 18 mètres de largeur; il est dominé par des rochers à pic ; le second bassin, situé à 4 mètres au-dessus, a 60 mètres de longueur sur 15 mètres de largeur ; le troisième bassin, le plus petit, à un niveau supérieur de $1^m,50$, offre 25 mètres de longueur sur 5 mètres de largeur. Ces deux bassins ne sont accessibles, à la façon de véritables puits, que de la crête d'où l'on remplit les outres ou *girbas* pour le voyage dans le désert. Ils communiquent ensemble par un étroit chenal qui donne passage au torrent qu'absorbe le bassin inférieur, où s'abreuvent les bêtes. Un barrage n'eût pas mieux recueilli les eaux qu'elles ne l'ont été par la nature. Ces eaux sont d'excellente qualité, et d'ailleurs les terres profondes, bien cultivées, formées par les détritus granitiques des monts Gakdoul, indiquent combien, dans cette zone torride, l'eau devient indispensable pour produire la moindre végétation (1).

## b. — *Terrains volcaniques.*

En se décomposant, les roches d'origine volcanique produisent des sols incomparablement plus fertiles que les roches granitiques qui, en maints endroits, confinent aux gneiss, aux porphyres, aux syénites et aux schistes micacés. Plus riches en potasse, mais surtout en chaux et en acide phosphorique, les terres volcaniques fournissent des prairies riches en graminées de meilleure qualité et tenant une bonne proportion de légumineuses.

L'Auvergne, avec sa chaîne classique des volcans des Puys, le Velay et le Vivarais présentent les dépôts basaltiques les plus variés. Sur les bords du Rhin, l'ensemble de ces dépôts s'étend depuis les Ardennes jusqu'au delà de Cassel, et se prolonge à l'est dans la Saxe, la Bohême, etc. Quant à la formation trachytique, d'une grande étendue, elle occupe outre le Puy-de-Dôme, le Cantal, le Mézenc et le Mégal, au centre de la France, le Siebengebirg sur la droite du Rhin, de vastes terrains en Hongrie, en Transylvanie, au Caucase, dans la Grèce ; on la retrouve aux îles Lipari et dans la Campanie, comme dans les monts Euganéens.

Sur les pentes des monts du Cantal et du Puy-de-Dôme quelques forêts alternent encore avec de grands pâturages. Dans les gorges profondes, de nombreux cours d'eau débouchant, les uns vers l'Allier, les autres vers le Lot ou la Dordogne, arrosent les prairies des vallées les plus larges et donnent des foins de bonne qualité. Comme

---

(1) *The Soudan Railway Expedition; Engineering,* 1873.

dans le Limousin, les prairies basses de l'Auvergne sont économiquement aménagées pour l'arrosage et bien entretenues.

C'est un constraste remarquable que celui offert par les prairies fertiles venues sur les terres basaltiques, et la stérilité des landes de bruyères, assises sur les affleurements du micaschiste. La belle race de Salers a atteint sa supériorité sur les prés du plateau basaltique qui constitue le manteau du Cantal. De même, le haut pays de l'Aubrac, qui représente le groupe le plus méridional des volcans d'Auvergne, alimente dans ses vastes pâturages la belle race bovine qui porte son nom.

Au fur et à mesure que l'irrigation et les amendements calcaires améliorent le rendement des prés, les animaux à trois fins, des races de Salers, d'Aubrac, de Mézenc, se répandent sur les plateaux de la Creuse, de l'Aveyron, de la Lozère, etc., d'où les vaches fournissent le lait aux *fourmes* auvergnates; les jeunes bœufs, le labour pour les champs du Poitou et de la Saintonge; et les bœufs adultes, la viande, après engraissement dans les herbages maraîchers ou nantais.

Les engrais liquides ont une grande puissance dans le Cantal et les pays limitrophes, pour la production de l'herbe, mais la restitution au sol s'opère surtout par les eaux qui arrosent les herbages de la montagne et les prairies basses.

La fertilité des terres d'origine volcanique semble due principalement à l'abondance des matières minérales; les cendres du Vésuve et de l'Etna, avec leur éclatante végétation, témoignent de la fertilité des éruptions volcaniques modernes.

En Écosse, une chaîne presque continue de roches ignées s'étend depuis Glasgow, dans une direction nord-est, jusqu'à Montrose; ces roches sont également très développées dans les comtés de Fife et des Lothians et dans le terrain houiller, comme aussi sur la côte occidentale, dans les îles de Skye, de Mull, de Staffa et des Hébrides. Elles appartiennent à la même période que les lits basaltiques de la Chaussée des Géants et du nord de l'Irlande.

Dans l'île de Skye, les collines volcaniques sont tapissées d'herbages excellents pour les moutons; elles sont malheureusement trop rocheuses et abruptes pour se prêter au labour. Le climat extrêmement pluvieux de l'Écosse est pour beaucoup dans la belle venue des prairies volcaniques; c'est une irrigation perpétuelle. Dans les prairies granitiques, l'eau est également abondante; seulement la composition chimique des sols diffère notablement.

## c. — *Terrains de transition*

Les terrains de transition qui constituent les dépôts sédimentaires les plus anciens que l'on connaisse, cambrien, silurien et dévonien, sont assez répandus à la surface de l'Europe. Très abondants en France et dans les Iles-Britanniques, ils se retrouvent au midi de la Belgique, au Harz, en Saxe et dans diverses parties de l'Allemagne, en Suède et en Norvège. Les grauwackes schisteuses, les schistes talqueux ou argileux et les grès blancs qui les forment donnent en se décomposant des sols, les uns très durs, qui restent à l'état de landes stériles, les autres tenaces, quand la grauwacke domine; d'autres enfin assez friables, provenant du grès.

Comme les terrains cristallins, les schistes de transition sont pauvres en chaux et en acide phosphorique, et c'est seulement en enrichissant de calcaire les sols qui en sont formés que l'on peut y développer les bonnes prairies. Le plus souvent argileuses et imperméables, de couleur

bleue ou rouge, les terres laissées à l'état naturel procurent de maigres herbages, donnant un foin mal composé et peu nutritif. Le phosphate fossile et la charrée les
amendent très bien ; mais l'irrigation permettrait de les
améliorer beaucoup comme qualité et comme rendement.
Des trois départements du plateau central qui représentant des types complets de terrains primitifs, à base de
granit et de gneiss, la Corrèze, la Haute-Vienne et la
Creuse, les deux derniers seulement, jusqu'ici, ont fait
une large place à l'irrigation.

Le tuf formant le sous-sol recueille les eaux pluviales
et d'égouttement qui pénètrent les arènes légères des plateaux ; il les laisse apparaître sous forme de filets nombreux à la partie supérieure des pentes, quand il ne les
réunit pas dans les fissures du quartz effrité, pour les livrer en sources abondantes aux points d'affleurement inférieur. Lorsque les eaux sont sans issue et imbibent les
terres, il y a lieu de les capter par des tranchées, avec
drains en pierre, et de les recueillir dans des réservoirs.
C'est ce qui se pratique dans la Haute-Vienne, à l'aide des
*pêcheries* ou bassins, calculés de manière à retenir le
volume d'eau affluent, deux ou trois fois par 24 heures,
pendant les mois de mars et d'avril.

Comme dans les Vosges, les eaux aérées dans les réservoirs sont pauvres en matières minérales et azotées, et il
faut en employer de grandes quantités pour obtenir des
fourrages abondants, à moins de les enrichir à l'aide de
purins, de phosphates, etc.; ou de les fumer avec de la
chaux, des cendres, du fumier, etc.

Dans le Limousin, les micaschistes se présentent en
grandes masses formant des strates dont l'inclinaison est
plus ou moins forte, ou bien en masses compactes à tex-
ture plus grenue. Les terres arables qui en résultent
ont peu d'épaisseur; c'est leur plus grand défaut. Les

prairies n'y réussissent bien que si on peut les arroser. Là où la roche s'est altérée sous la couche arable, on y trouve ce que l'on appelle le *tuf*, terre forte et ferrugineuse, renfermant toujours des cailloux de quartz.

Les roches amphiboliques en affleurement fournissent des terres légères, graveleuses, de faible épaisseur, où les prairies réussissent quand elles ne manquent pas d'eau. Ces terrains sont d'ailleurs facilement entraînés par les pluies sur les pentes trop fortes. Comme les micaschistes, elles forment aussi des tufs résultant de l'altération et de la désagrégation des amphiboles à albite ou à orthose. Ces tufs sont moins compacts que ceux du micaschiste et très sensibles à l'amendement calcaire.

Les granulites comprenant les variétés de gneiss, de pegmatites, de porphyres, de syénites, de talschistes, etc., revenant au type granit, portent des terres légères, sur lesquelles les prairies sont acides, quand elles ne sont pas dans les fonds. La diorite, parmi ces roches, est la seule qui constitue des terrains argileux, profonds, un peu calcaires, convenant aux céréales et formant les parties les plus fertiles de la contrée (1).

En Bretagne, où les terrains schisteux forment les deux bassins du Finistère et d'Ille-et-Vilaine, s'étendant jusqu'à la Mayenne et l'Anjou, le premier bassin du Finistère offre des prairies naturelles peu durables : productives les premières années, après un fort chaulage et de grosses fumures, elles s'affaiblissent sous l'action des herbes mauvaises pour le foin (les agrostis), et tendent rapidement à reprendre la végétation sauvage, propre aux pays des landes.

Dans le second bassin, les terres sont plus perméables ; es amendements à la chaux par les composts et les *tombes*

(1) Mallard, *Carte géol. agron. du dép. de la Haute-Vienne*, 1869.

ont sensiblement développé les herbages naturels. C'est dans le Bocage angevin que se fait, sur les pâturages et les prairies, l'engraissement précoce d'un bétail de choix, issu du croisement de l'ancienne race Mancelle avec la race Durham. Le Bocage cotentin également, dont les sols schisteux ont été amendés par la tangue et la chaux, ce qui les a rendus moins argileux qu'en Bretagne, offre une contrée herbagère des plus riches. Les eaux saines abondent pour les arrosages, à l'aide desquels le foin pourrait être beaucoup amélioré, en vue de l'élève de chevaux, comme ceux du Perche, ou de vaches cotentines, procurant un beurre d'aussi fine qualité que celui d'Isigny.

Les schistes de transition se retrouvent au nord des Ardennes; ils y occupent des plateaux couverts de landes, de mauvaises pâtures, ou de *fagnes* marécageuses, et s'étendent de là vers la Belgique d'où ils descendent vers la Meuse, la Moselle et le Rhin. Ailleurs, en France, ils n'apparaissent que comme des lambeaux, dans la partie méridionale des Cévennes, dans les Pyrénées et le Var.

En Grande-Bretagne, les terrains schisteux recouvrent une grande partie du Devonshire, de la Cornouailles, du Pays de Galles à l'ouest, de l'Irlande au midi et de l'Écosse au sud des Highlands. Les schistes cambriens donnent des terres froides, dénuées de chaux, portant des landes et des marais. C'est seulement par leur mélange avec les couches sablonneuses ou calcaires qu'ils forment un sol fertile. Dans le Devonshire, où l'étage moyen du dévonien qui lui a emprunté son nom, s'est développé, les marnes argileuses, colorées, alternent avec des bancs de calcaires magnésiens très durs; les terres fertiles qui résultent de leur mélange sont particulièrement propres au pâturage, intercalé pour une durée de trois à quatre ans dans l'assolement. Le fond des vallées est couvert de prés et les nombreuses sources qui débouchent des coteaux sont souvent utilisées pour l'arrosage. Les irrigations qui doublent le produit des prairies ne doivent leur succès, sous le climat adouci par le voisinage de l'Océan et par le rideau des montagnes au nord-ouest, qu'à la qualité et surtout à la température des eaux employées. Grâce à ses herbages, le Devonshire fait, de l'autre côté de la Manche, le pendant du Vexin normand, quant au bétail, aux vaches laitières et au beurre de qualité.

En Écosse, les couches du vieux grès rouge, réduites en un sol meuble, argileux, d'une culture facile, appropriée à la plupart des récoltes, portent les belles exploitations des comtés de l'Easter Ross, du Moray Firth, du How of the Mearns, et des meilleures parties de Forfar et de Perth. C'est seulement sur les points où le conglomérat grossier émerge, ou bien les schistes apparaissent, comme à Caithness, que les espaces stériles se retrouvent. Partout où les roches volcaniques se sont fait jour dans le vieux grès rouge des comtés du centre, elles ont introduit la chaux et l'acide phosphorique pour fertiliser les couches arables.

Dans le pays de Siegen, le schiste argileux du dévonien, *Lenne schiefer,* a constitué des sols pauvres en chaux, mais riches en acide phosphorique et en potasse, que les amendements calcaires et le drainage fertilisent à un haut degré. Les prairies arrosées de Siegen ont une ancienne et légitime réputation.

#### d. — *Terrain houiller et dyas.*

Le terrain houiller des bassins les plus considérables forme une bande qui, après avoir fait le tour de l'Angleterre depuis le sud du Pays de Galles jusqu'au Lancashire, en longeant la base de l'Écosse, revient en France sous les terrains secondaires et tertiaires dans le Pas-de-Calais et le Nord; en Belgique, depuis Mons jusqu'à Liège; et au delà du Rhin, dans le bassin de la Ruhr en Westphalie. Ailleurs, il affleure comme formation anthraciteuse dans les Alpes et comme schistes dans l'Oural; ou enfin, comme bassins houillers de faible importance, autour du plateau central de la France, sur quelques points de l'Espagne, de la Bohême, de la Silésie, du banat de Hongrie, etc.

La superficie du terrain houiller qui est d'un vingtième en Angleterre et d'un vingt-quatrième en Belgique, par rapport à la superficie totale, atteint un deux-centième seulement en France.

Sauf les schistes et les grès tendres qui se désagrègent facilement et procurent une terre forte et profonde, favorable aux prairies et pâturages, les grauwackes et les grès durs de la formation carbonifère ne donnent qu'un sol rocailleux, de faible épaisseur et aride. Seulement dans les vallées recouvertes de riches dépôts d'alluvion, et dans les parties basses des coteaux, dont les sources entretiennent la fraîcheur ou permettent l'arrosage, trouve-t-on des prairies en bonne condition. A cause même de la variété des couches du terrain houiller, les terres qui en dérivent ont tous les degrés de fertilité. Les calcaires, en tout cas, fournissent les meilleurs sols. C'est sur le calcaire carbonifère, dans le comté de Derby, qu'abondent les pâturages où sont nourries les bêtes de choix; et c'est dans le comté de Durham, s'étendant jusqu'au comté de York occidental, qu'a été formée la race si renommée des courtes-cornes. Grâce à l'humidité climatérique, les pacages se maintiennent indéfiniment sur un sol pierreux, de peu d'épaisseur, mais très fertile pour les herbes.

Suivant Thomas Bates, il n'y pas de meilleur pays

pour l'élève des courtes-cornes que la vallée de la Wharf qui prend sa source dans le calcaire carbonifère et coule sur presque tout son parcours dans le terrain houiller, où les pâturages sont excellents (1).

Le grand plateau calcaire de l'Irlande est pourvu de vastes et beaux pâturages, et les calcaires de l'Écosse comprennent aussi les meilleures exploitations des Lothians et de Fife.

Les schistes, les grès, les argiles réfractaires, modifient en sens défavorable les terres du calcaire houiller par leur ténacité, leur humidité et leurs imprégnations métalliques ou sulfureuses; ils donnent des mélanges d'une fertilité médiocre. Quand les argiles froides et humides sont mêlées avec des terres sablonneuses, grès micacés ou feldspathiques, elles acquièrent de la qualité. Les Lothians assis sur la formation carbonifère que recouvrent les dépôts diluviens, ou que pénètrent les dykes basaltiques leur apportant la chaux, la potasse et les phosphates, n'ont rien à envier aux plus riches contrées.

Au-dessus du terrain carbonifère, le grès rouge du dyas occupe peu d'étendue sur la carte de l'Europe.

En France, il est représenté, dans les Vosges seulement, le long de la chaîne de montagnes, depuis Belfort jusqu'à Raon-l'Étape, où il alterne avec des lits d'argile sablonneuse et des amas de dolomie. Les terres sont moins pauvres par cela même en chaux et en acide phosphorique, et plus compactes que celles fournies par le grès dit des Vosges. Aux environs de Saint-Dié, et dans la plupart des vallées, le grès rouge est couvert de prairies très bien arrosées. Celles des Grands-Moulins qu'irriguent les eaux de la Meurthe, à Saint-Dié, ont un rendement de plus de 6,000 kil. de foin et de regain à l'hectare.

(1) Prof. Jamieson, *Country gentleman magazine*, 1874.

Les grès rouges nouveaux, surmontés des schistes marneux, également rouges, et des calcaires magnésiens, constituent le terrain permien en Angleterre, de Nottingham jusqu'au nord de York. Les herbages sont assez bons, mais trop secs; les fissures profondes du calcaire magnésien entraînent loin de la surface l'eau qui manque généralement aux exploitations établies sur cette formation.

En Allemagne, le dyas apparaît par bandes étroites autour du Taunus, du Harz, de l'Erzgebirg, du Riesengebirg, du Bœhmerwald; il comprend les grès rouges (*Rothliegende*), le *kupferschiefer* et le calcaire (*zechstein*) de la Thuringe. La Russie enfin offre un immense affleurement du terrain dyasique qui s'étend sur les gouvernements de Vologda, Jaroslaw, Kostroma, Nijni-Novgorod, etc., pour reparaître au nord du Caucase, en Crimée et au nord de la mer d'Azof.

### e. — Le Trias.

Le terrain triasique, qui se développe dans la chaîne des Alpes, dans les Vosges, en Allemagne, en Angleterre, et sur quelques bordures ou pointements de l'Irlande, de l'Espagne, etc., comprend les grès bigarrés, les calcaires conchyliens et les marnes irisées, correspondant au *Buntersandstein,* au *Muschelkalk* et au *Keuper* des Allemands.

C'est la Lorraine, en France, qui est le type du trias; à l'est, le grès des Vosges et le grès bigarré; au centre, dans la plaine, le calcaire coquillier confinant aux marnes irisées et à celles du lias.

Les vallées étroites et profondes du pays vosgien sont flanquées de pentes très abruptes; le sol y est composé de sable désagrégé dans lequel les ruisseaux serpentent sans bruit. Dans les vallées élargies seulement, les sols deviennent un peu argileux, absolument pauvres en chaux, en potasse et en acide phosphorique. Les eaux qui sortent du grès vosgien sont également pauvres, leur teneur en principes fixes n'atteignant pas 100 milligrammes par litre; toutefois, en remplaçant la qualité par la quantité, ces eaux ont permis de doubler le rendement des prairies. Les graminées dominent dans les prés arrosés, car la chaux manque aux légumineuses.

Les plateaux du muschelkalk formés par la terre argileuse, souvent mélangée avec les éboulis calcaires ou les alluvions de grès bigarré ou vosgien, sont secs, perméables et favorables surtout aux prairies artificielles; en première ligne, au sainfoin. Dans les vallons où il est possible d'arroser hiver et été, les prairies permanentes réussissent. Quant aux marnes irisées qui gagnent de la Lorraine les départements du Jura et de la Haute-Saône, les terres qu'elles forment se signalent, surtout quand l'argile domine, par leur culture difficile. Les alluvions vosgiennes modifient heureusement la couche arable par le mélange de graviers ou de sable, mais le sous-sol n'en reste pas moins imperméable, et les prés souvent marécageux réclament plutôt le drainage que l'irrigation.

C'est dans ces terres froides et tenaces des marnes irisées, d'une maigreur si remarquable, que Mathieu de Dombasle cultivait la célèbre ferme de Roville. Pour les quatre à cinq années du pâturage destiné aux moutons, les sécheresses étaient si nuisibles qu'il parlait de les supprimer; un ruisseau descendant des coteaux qui longent la Moselle eût pu servir à arroser régulièrement douze hectares de prairies dans la vallée, mais il n'y avait de l'eau qu'à l'époque des grandes pluies (1).

(1) E. Risler, *Géologie agricole*, 1884, t. I.

Ailleurs, comme à Saint-Remy (Haute-Saône), les marnes irisées s'égrènent et restent friables, favorables à la pénétration des eaux et à la nitrification. Les prairies, dans de pareilles terres, ne peuvent que tirer profit des arrosages.

Au nord de l'Alsace et de la Lorraine, le trias se poursuit jusque dans la Bavière rhénane. Les grès de la Forêt-Noire sont des grès vosgiens, avec les mêmes vallées couvertes de prairies, et les marnes irisées du Wurtemberg sont, comme celles de la Lorraine, associées au calcaire conchylien. A travers la Franconie, le terrain triasique gagne les montagnes du Harz, ressort de l'autre côté de la Bohême, dans la Haute-Silésie, jusqu'en Pologne. Il est non moins développé dans les Alpes autrichiennes, au nord du Tyrol.

En Angleterre, le trias couvre en partie les comtés de Chester, de Stafford, de Warwick, de Buckhingham, de Leicester et de Nottingham. La Severn, la Dée, la Weaver, l'Avon, et notamment la Trent, coulent en pleins terrains triasiques, ou les côtoient. Le comté de Chester, qui appartient presque tout entier à cette formation, est le district par excellence des laiteries et des fromageries. Sur les terres froides et compactes, bien drainées et dressées en billons à forte courbure, l'assolement est semi-pastoral; le pâturage, après avoir été fauché pendant la première ou les deux premières années, est conservé encore dix à douze ans.

Aussi bien, dans chacun des pays, les terres maigres et peu rétentives du grès bigarré se caractérisent toujours par rapport aux terres imperméables des marnes irisées, dans les vallées évasées où coulent les eaux (1).

(1) T. de Sainte-Claire, *Ann. des ponts et chaussées*, 1859.

### *f.* — *Terrains jurassiques.*

Le terrain jurassique domine dans les chaînes du Jura, des Alpes et des Apennins et couvre une étendue considérable en France, en Angleterre, en Allemagne, en Russie, etc. Il comprend deux systèmes, celui du lias, formé de grès, d'arkoses, de calcaires compacts, à gryphées et à bélemnites, et le système oolitique, présentant une série de couches calcaires entremélées de bancs de sable, d'argile et de marnes, dans lesquelles se classent la grande oolite, l'argile d'Oxford et le groupe coralien (*coral rag*), puis portlandien (*kimmeridge clay*).

En France, les dépôts jurassiques embrassent la surface la plus grande après les terrains cristallins; environ 10 millions d'hectares : ils se dessinent autour du plateau central et du bassin parisien, constituant en grande partie les plaines, les vallées et coteaux de la Bourgogne, du Berri et de la Franche-Comté. Une large bande s'étend des bords de l'Océan, vers la Rochelle, par Poitiers, Châteauroux, Bourges, Auxerre, Chaumont, Nancy, jusqu'à Luxembourg et Mézières, où s'arrêtent les schistes anciens de l'Ardenne et de l'Eiffel; à l'ouest, une bande plus étroite se dirige à partir d'Angers par Alençon, Argentan et Caen, jusqu'aux rochers du Calvados. Enfin divers lambeaux courent par Angoulême, Périgueux, Montauban, Rodez, Montpellier, Alais, Privas, rejoindre ceux qui descendent de Beaune à Lyon.

De la hauteur de Vienne en Dauphiné jusqu'au Rhin, les montagnes du Jura offrent les calcaires de cette formation, avec certains caractères particuliers, dans les Alpes de Savoie, du Piémont et du Dauphiné, jusqu'en Provence. Dans les Pyrénées, les calcaires se retrouvent à nu; en Espagne, de Bilbao à Pampelune, et en France, dans les vallées de l'Ariège et d'Ossau.

**Lias.** — Le lias qui forme l'assise inférieure est tout entier imperméable. On y trouve bien de nombreux petits cours d'eau torrentiels, c'est-à-dire qui s'enflent subitement, mais qui tarissent et conviennent peu au régime des arrosages. Les terres argileuses et compactes sont riches en chaux, en acide phosphorique et en potasse; elles conviennent parfaitement aux herbages. Le Brionnais et le Charolais dont le sol fertile, argilo-calcaire et perméable, a formé la race si estimée de bêtes à cornes, répandue jusque sur les bords de la Saône, est particulièrement favorable, grâce à l'abondance et à la richesse des eaux des autres formations, à la végétation des trèfles et des graminées. Les herbages qui s'élèvent jusque sur le sommet des coteaux, le cèdent seulement sous le rapport de la quantité à ceux de la Normandie.

De Saône-et-Loire, la race charolaise a gagné les marnes liasiques dans le Nivernais, et lorsque les prés d'embouche du Bazois n'ont plus suffi, elle s'est installée sur les calcaires jurassiques et les couches tertiaires du Cher et de l'Allier. Ce n'en est pas moins sur le lias qu'est née, moyennant un système d'exploitation des plus simples et des plus lucratifs, l'industrie de l'engraissement des bêtes bovines.

En Angleterre, les riches pâturages et les magnifiques arbres des vallées de la Severn et de l'Avon caractérisent le lias et les marnes rouges; de même, dans la vallée d'York, la fertile région des environs de Thirsk où les couches du lias sont superficielles, offre le contraste le plus frappant avec les plaines dénudées de Northallerton et de la Tees, où les assises du lias sont recouvertes de graviers de transport.

Dans le Wurtemberg, la célèbre école d'agriculture de Hohenheim, fondée par Schwerz en 1817, est établie sur le lias. La ferme annexée à l'école exploite en prairies des plus fertiles, 60 hectares, sur le penchant de deux vallons.

Riches en potasse assimilable et en chaux, les terres liasiques ne sont pleinement pourvues d'acide phosphorique qu'au contact des calcaires à gryphée, se développant jusqu'au pied de l'Alb. Les terres sont presque entièrement occupées par des prés où se récolte le foin destiné à l'hivernage des moutons que l'on nourrit l'été sur les pacages des hauts plateaux de l'Alb Wurtembergeoise.

**Oolite.** — L'oolite se montre par ses étages inférieurs en Normandie ; elle comprend les argiles marneuses donnant naissance à des sources nombreuses, les marnes oxfordiennes avec les riches pâturages qui couvrent les vallées larges et profondes, depuis l'embouchure de la Dive, par la vallée d'Auge et du Merlerault jusqu'à Beaumont. Les excellents fourrages du Merlerault, si favorables à l'élevage du cheval fin, s'obtiennent en partie sur l'oolite miliaire, et en partie sur les calcaires qui font suite à la plaine de Caen.

Au contact de la craie et de l'argile à silex, les couches oolitiques inférieures donnent des herbages plus sains et plus nourrissants que ceux des alluvions bordées par la mer. La végétation est plus active au printemps, et la fraîcheur s'y conserve mieux en été.

Il en est de même du pays de Bray, îlot jurassique entouré par la craie et les argiles tertiaires ; les herbages, avec leurs sources abondantes, sont aussi riches que ceux de la Basse-Normandie.

D'une manière générale, les roches de l'oolite inférieure sont fissurées et perméables ; on y rencontre beaucoup de cavernes. La plupart des cours d'eau prenant leur source dans les terrains primitifs, traversent le lias imperméable, dans de larges vallées, à forme évasée, que produit l'érosion des eaux, et viennent se perdre dans l'oolite inférieure. Belgrand fait observer à cet égard que l'établissement d'un canal dans les terrains oolitiques est presque toujours un fléau ; les filtrations nombreuses qui s'établissent à travers les remblais, ne tardant pas à convertir en marais toutes les parties basses du terrain. Les canaux de Bourgogne et du Nivernais peuvent être cités comme exemples (1).

L'oolite moyenne et l'oolite supérieure sont représentées avec un grand caractère d'uniformité dans le Jura et les départements voisins, où les prairies des vallées reçoivent les bienfaits de l'irrigation. La base des collines est généralement marquée par une couche puissante d'argile qui alimente de nombreuses sources, quelquefois très abondantes; mais quand la couche imperméable fait défaut, les eaux d'infiltration, les sources et même les ruisseaux disparaissent, et les vallons restent à sec en été.

Aucun sol ne donne des graminées et des légumineuses plus substantielles que le calcaire du Jura, sur le versant français, comme sur le versant suisse. « L'herbe et le foin, dit M. Boitel, y sont incomparablement supérieurs à ceux récoltés sur les argiles de la même période géologique, ou sur les terres silicéo-argileuses de la période quaternaire. »

Dans le Bugey qui forme la partie jurassique de l'Ain, les foins des prairies renferment trois dixièmes de légumineuses, pour cinq dixièmes de graminées plus vigoureuses et plus substantielles que celles des terres non calcaires. « On ne peut pas s'expliquer autrement la su-

(1) *Ann. des ponts et ch.*, 1846.

périorité des animaux nourris au foin et à l'herbe des montagnes, sur ceux de la plaine siliceuse (1). »

Le Jura n'offre malheureusement des eaux abondantes qu'au fond des grandes vallées, à la surface des marnes du lias et dans les couches oxfordiennes. Les autres lits de marne fournissent moins d'eau. Aussi la plupart des pâturages des montagnes jurassiques sont tellement peu humides qu'il faut y construire, pour abreuver le bétail, des réservoirs trop souvent à sec en été.

Sous le rapport des irrigations, il est regrettable que les couches jurassiques soient moins favorisées que les granits et les grès des Vosges. Dans les deux contrées, les vallées que parcourent les eaux et les terres profondes représentent une faible surface par rapport aux massifs montagneux, et ne sauraient suffire aux progrès de la population et du bétail. C'est grâce seulement aux pâturages d'été, échelonnés au plus haut des montagnes, que la part de vallée arrosée a pu s'étendre. Les associations fruitières, en donnant à l'élevage le meilleur stimulant, ont fait le reste; le mouton a été peu à peu délaissé pour le gros bétail et l'aisance est venue à l'agriculteur.

Malgré cela, l'arrosage, s'il était possible de l'étendre à toutes les alluvions jurassiques, produirait d'autres merveilles que celles des hauts pâturages d'été. La banlieue de Marseille où le sol est formé des calcaires supérieurs jurassiques, provenant du massif inculte de la Carpiane, montre ce qu'un demi-siècle d'irrigation a pu réaliser comme transformation d'un pays ingrat en un magnifique jardin.

La masse montagneuse qui couvre les trois quarts du département des Bouches-du-Rhône, reliée soit avec le

_____

(1) A. Boitel, *Herbages et prairies naturelles,* 1887.

systéme des Alpes, soit avec le soulèvement de l'Esterel,
est en effet entièrement formée de calcaire jusqu'à ses sommets les plus élevés, avec revêtement schistoïde sur la plupart des versants. Le calcaire grossier passe au calcaire siliceux et au psammite ; tantôt il est compact, sans coquilles,
comme dans la chaîne de l'Étoile, tantôt à grain très fin,
comme dans celle de Sainte-Victoire ; tantôt marneux
comme dans la chaîne de la Trévaresse, accompagné de
grès coquillier marin ou de poudingues formant le *safre*
(limon coquillier durci) qui s'étend sur tous les bassins
de la Durance, au-dessus du canal de Craponne. C'est
sur les terres provenant de ces roches que se font des irrigations séculaires, au profit des cultures les plus productives.

L'oolite supérieure constitue en Istrie le Karz dénudé
dont le massif énorme borne la côte de l'Adriatique en
Dalmatie ; couvre sur une surface de plus de 800 kilomètres carrés la Croatie, l'Herzégovine, la Bosnie, etc.,
et pénètre par la chaîne des Balkans jusqu'en Grèce. C'est
encore l'oolite qui joue le rôle dominant dans la formation
des Karpathes.

### g. — *Terrains crétacés.*

Les groupes des terrains crétacés, superposés aux jurassiques, ont une étendue immense. De l'Irlande et de
l'Angleterre, ils se prolongent en traversant la Manche,
d'un côté, par la Normandie, la Touraine, la Sologne, la
Saintonge et le Périgord jusque dans les Pyrénées et au
nord de l'Espagne. De l'autre côté, ils s'étendent de la
Picardie jusqu'en Belgique, puis dans la Champagne,
l'Auxerrois, le Blaisois, entourant ainsi de toutes parts le
bassin de Paris. Ils se retrouvent dans plusieurs parties
de l'Allemagne, dans les pays scandinaves, dans la Po-

logne, la Gallicie, la Russie et la Hongrie du nord, où le
terrain néocomien compose la plus grande partie des
Karpathes. On les revoit en Crimée, dans la Grèce et
l'Asie Mineure, dans l'Albanie, la Dalmatie, l'Italie y
compris la Sicile, puis dans toute la Provence et dans les
Alpes qu'ils environnent de tous côtés. C'est le plus vaste
des dépôts sédimentaires que nous connaissions, et l'é-
paisseur des différentes couches atteste de longues périodes de tranquillité pendant lesquelles les mers d'alors
se sont successivement comblées (1).

En France, c'est généralement le groupe inférieur du
système crétacé, comprenant les terrains néocomien,
wealdien, le grès vert et la craie tufau, qui apparaît
dans la plupart des localités.

**Néocomien.** — Le calcaire néocomien, formant la base
du terrain crétacé, est composé de couches puissantes traversées par des fissures et des cavernes indépendantes
de la stratification, qui recueillent le plus souvent les
eaux pluviales pour les rendre sous forme de sources
abondantes. Dans toute la bande néocomienne qui s'é-
tend des Alpines jusque dans le Jura Bernois, par les
montagnes de Vaud et de Neufchâtel, à travers l'ouest de
la Savoie, ces cavernes sont très multipliées. Elles ont
fréquemment donné passage, à l'époque éocène, à des
eaux qui ont abandonné à la surface des dépôts de fer
hydraté, d'argile réfractaire et de sables. Le département de Vaucluse offre des exemples de ces extravase-
ments, laissant des vides souterrains, tels que celui de
la fontaine célèbre au pied de laquelle s'échappe la Sorgue, qui met en mouvement plus de 200 usines et irrigue plus de 2,000 hectares, avant de se mêler au cours
du Rhône, aux environs de Sorgues et d'Avignon. C'est

(1) Beudant, *Géologie; cours d'hist. naturelle.* 1847.

par les *tindouls* ou *avens,* formant des crevasses parfois insondables, que les eaux de pluie tombant sur le vaste triangle néocomien, dirigé de l'est à l'ouest, avec Sisteron pour sommet et le mont Ventoux à l'Isle, comme base, s'écoulent et s'accumulent sur un fond d'assises marneuses imperméables, jusqu'à ce que les crues de la Nesque ou du Coulon, gonflent les sources intérieures et les fassent déborder (1).

Le Karst de l'Istrie et de la Karniole montre également, dans les terrains crétacés inférieurs, ces fentes qui absorbent immédiatement les eaux pluviales et les rassemblent dans des cavernes servant de réservoirs dont la plupart communiquent entre eux. C'est pourquoi dans le Karst, dont le calcaire néocomien forme les montagnes et les vallées, les eaux atmosphériques ne forment nulle part de cours d'eau qui présentent un écoulement régulier, et que dans les couches crétacées inférieures on retrouve l'argile ocreuse ou *terra rossa* rappelant la terre sidérolitique de Vaucluse.

En dehors des grottes merveilleuses d'Adelsberg, traversées sur 6 kilomètres de longueur par la rivière Païka, qui échange son nom, en revenant au jour, contre celui de Unze, on cite la rivière la Rekka qui s'infiltre dans le massif calcaire de Saint-Canzian et ne reparaît qu'après un parcours souterrain de 38 kilomètres, pour se jeter dans la mer, à Duimo. A Ternetisch, un gouffre vertical de 180 mètres; à Bossovitz, un autre de 158 mètres de profondeur, absorbent toutes les eaux de la contrée environnante. Autant qu'il a été possible de visiter ces excavations, on peut conclure qu'il en existe d'autres plus spacieuses encore, à des niveaux différents où s'accumulent les eaux provenant de sols d'une aridité exceptionnelle.

(1) Bouvier, *la Fontaine de Vaucluse ; Association franç. pour l'avanc. des sciences,* 1879.

Le calcaire forme la partie dominante du groupe crétacé inférieur autour de Paris, tandis qu'autour de Bruxelles, ce sont les sables, et aux environs de Londres, ce sont les argiles qui caractérisent les dépôts supérieurs comprenant la craie proprement dite et la craie marneuse.

Le calcaire siliceux, les meulières et le gypse, dont le bassin de Paris offre des couches exemplaires, manquent dans le bassin de Londres et en Belgique; l'argile plastique parisienne y est remplacée par des sables et des cailloux roulés qui réapparaissent dans le midi de la France.

Le terrain de molasse recouvrant les gypses parisiens, avec ses grès et ses meulières coquillières, surgit de même entre Aix et Apt, en Provence; ailleurs, il figure, comme en Suisse et sur les bords du Rhône, à l'état de grès argilo-calcaire, ou à l'état de *faluns*, comme en Touraine et dans l'Orléanais. Le bassin de la Garonne, les dépôts lacustres du Puy-en-Velay, d'Aurillac, de Clermont et du Bourbonnais, appartiennent à l'époque de la molasse qui suit la craie de la Suisse en Bavière, en Autriche-Hongrie, en Italie, et dans les parties méridionales de l'Espagne.

**La craie.** — Dans les pays chauds et secs, les terres crayeuses proprement dites sont arides; la végétation disparaît en été, pour ne reprendre qu'en automne et au printemps. Dans les pays, au contraire, à pluies fréquentes, comme sur les côtes de Sussex en Angleterre, elles présentent des gazons fins, délicats, fournissant une alimentation supérieure au bétail. La race des moutons Southdown s'est développée sur les herbages de la craie.

Quand, à la suite de fumures abondantes, réitérées, et de labours, on est parvenu à créer sur ces terres, comme en Champagne, des sols perméables, c'est à la luzerne et au sainfoin qu'on donne la préférence ; ou bien c'est à la prairie Goetz que l'on demande le fourrage.

De nombreuses sources coulent de la craie sur le gault inférieur, ou bien elles émergent aux niveaux inférieurs des collines dont l'élévation, dans les comtés à l'ouest de l'Angleterre, atteint de 250 à 300 mètres ; les puits foncés dans la craie doivent alors atteindre de grandes' profondeurs pour capter l'eau des diverses nappes. Dans le bassin crétacé de Londres, au-dessous des argiles tertiaires, la sonde amène à la surface des sources abondantes, à une température bien supérieure à celle des eaux superficielles.

D'une manière générale, on peut dire que dans les bassins dominés par la craie, comme pour la formation jurassique, les terres argilo-calcaires portent des prairies d'autant meilleures qu'elles sont plus vieilles ; ce qui n'a pas lieu dans d'autres terrains où il faut les défricher de temps en temps.

### h. — Terrains tertiaires.

Que l'on attribue à la formation éocène, comme le veulent certains géologues, le calcaire grossier et le gypse parisien, les schistes et grès à fucoïdes des lacs de Lucerne et de Thun, l'argile de Londres, le calcaire nummulitique de la Suisse et des Pyrénées ; et à la formation miocène, les sables et grès de Fontainebleau, le calcaire de la Beauce, les faluns de la Touraine, les sables de la Sologne, les terrains de Mayence en Allemagne et de Vienne en Autriche, il ne reste plus à mentionner ici, parmi les terrains tertiaires, que ceux de la formation pliocène qui comprend, en Angleterre, les crags de Suffolk et de Norwich ; en France, les sables des Landes ; et en Italie, les marnes et les sables subapennins. Quelques-uns y ont rattaché, pour la France, les terrains de la Bresse s'étendant de Dijon et de Besançon jusque vers Valence, le long de la Saône et du Rhône; le bassin de Digne et de Forcalquier en Provence, et celui au midi de l'Alsace, caché sous les alluvions.

Les terres siliceuses que fournissent quelques-uns de ces terrains, quand elles ne peuvent être arrosées, sous un climat sec, sont peu riches; mais quand elles sont susceptibles d'irrigation, les engrais et les amendements les rendent propres aux prairies, comme aux autres cultures.

Deux faits saillants ressortent pour nous de l'examen des terres arables dues aux formations cristallines, comparées aux formations sédimentaires, sous le rapport des prairies et de leur arrosage.

D'abord, les terrains dérivés des formations anciennes, renfermant très peu de calcaires, portent des prairies où prédominent les graminées sur les légumineuses, dans la composition du foin. La rareté de ces dernières dans les alluvions qu'ont formées le granit, le grès vosgien, le trias, résulte de toutes les observations; au contraire, les graminées les affectionnent particulièrement, et parmi celles-ci, trois surtout, la houlque laineuse, l'agrostis commun et la flouve odorante. La houlque, au premier rang des graminées, indique un sol siliceux, plus ou moins argileux, mais jamais calcaire.

Le second fait se rapporte aux terrains calcaires des formations sédimentaires, sur lesquels les prairies présentent les deux familles dans un ordre inverse, avec une supériorité très marquée des légumineuses, essentiellement nutritives, sur les graminées. Dans les régions de l'est et du centre de la France, par exemple, il n'est pas de meilleure prairie que celle du terrain jurassique, située à flanc de coteau, à une altitude moyenne, en terre perméable et fraîche en toute saison. Les herbes jurassiques où dominent les bonnes légumineuses donnent un foin de première qualité, plus favorable à l'engraissement que celui des prés argileux et siliceux (1).

### i. — Terrains quaternaires.

Viennent finalement les terrains quaternaires, ou alluvions anciennes, qui enveloppent les formations de sédiment et forment de vastes plaines dans la plupart des pays de l'Europe, sans que leurs caractères spécifiques permettent de les classifier utilement.

Les dépôts alluviens résultant du transport des terrains que les masses aqueuses ont mis en mouvement, aux diverses périodes géologiques, ont atteint une puissance et une étendue d'autant plus considérables qu'ils ont pris naissance à une époque plus récente. Il serait hors de place de les décrire au point de vue de leur origine, ou même de leur fertilité quant aux cultures arrosées.

En France, dans la région du Nord, les alluvions anciennes surmontent la formation crayeuse qui donne au sol arable le calcaire faisant défaut, et par sa porosité offre un drainage favorable à l'assainissement du sol et du sous-sol.

En Beauce, le limon anciennement déposé est perméable et repose sur les marnes siliceuses; tandis que dans la Brie, le sous-sol est de l'argile à meulières, imperméable; mais le drainage a éloigné le plan des eaux souterraines, et grâce au chaulage et aux fumures, les limons sont devenus aussi productifs que ceux de l'Aisne et de la Somme, où prospèrent les prairies.

Les anciennes alluvions de la Bresse sont recouvertes de couches arables présentant une grande homogénéité,

(1) A. Boitel, loc. cit.

à des profondeurs parfois très grandes, comme on le constate sur les montagnes du Bugey où le diluvium atteint en certains endroits 5 à 6 mètres de puissance; ou bien encore sur le plateau de Lyon où le *lehm* a parfois une épaisseur de 2 à 3 mètres. Ailleurs la couche arable repose sur des roches de toute autre nature, comme dans le Mont d'or Lyonnais où le carbonate de chaux figure depuis 1 jusqu'à 25 pour 100 dans les parties basses et moyennes, tandis qu'il manque à peu près partout dans les terres supérieures, non détritiques (1).

Comme ceux de la Bresse, les sols de la Dombes, au point de vue physique, peuvent se répartir en deux groupes : le premier comprenant les sols dans lesquels la proportion des matières entraînées par l'eau ne descend jamais au-dessous de 90 pour 100, tels que les terres d'étang et celles du plateau non mélangées à la couche ferrugineuse, les dépôts lehmiens, etc.; le deuxième groupe formé des sols dans lesquels la proportion de matières entraînée par l'eau descend parfois jusqu'à 34 pour 100, tels que les terres caillouteuses du plateau et de certaines vallées et les diluviums à gros grains ferrugineux, résultant d'un mélange du diluvium ténu et de la couche préexistante de quartzites.

Les terres du premier groupe sont principalement siliceuses; la silice y entrant pour 80 jusqu'à 88 pour 100 en poids. Celles qui en renferment le moins ont été modifiées par les eaux modernes dans leur composition. La silice s'y rencontre à l'état de sable excessivement fin et de silicate d'alumine dans l'argile. L'alumine est comprise entre 7 et 8 pour 100 et le fer est ordinairement représenté par 6 pour 100. Les sous-sols sont plus ferrugineux qu'alumineux.

_____

(1) A. Pouriau, *Thèses à la Faculté des sciences de Lyon*, 1858.

Les terres fines diluviennes, au point de vue agronomique, jouissent des propriétés qui les rapprochent plutôt des terres argilo-siliceuses et qui les font ranger fréquemment parmi les terres fortes, à cause de la ténuité extrême de leurs éléments et de l'imperméabilité de leurs sous-sols. Sous l'influence des pluies abondantes et prolongées, à plus forte raison de l'irrigation continue, elles s'affaissent sur elles-mêmes, se mettent en boue et sont facilement entraînées par les eaux. En outre, elles se dessèchent lentement, en formant une croûte dure qui ne redevient friable et pulvérulente que sous l'influence d'une sécheresse prolongée.

Les terres du deuxième groupe sont siliceuses, à gros gravier ou bien silicéo-calcaires ; elles se caractérisent par la perméabilité de la couche arable, mais aussi par l'imperméabilité des sous-sols, tantôt en quartzites et tantôt en *lehm* à gros grains. Le calcaire domine dans la plupart et dose à l'état de carbonate de chaux jusqu'à 30 pour 100. Le peu de consistance de beaucoup de ces terres et leur richesse en chaux les rendent essentiellement propres à la culture de la vigne, des trèfles et des luzernes, contrairement aux cultures que permettent d'aborder les terres du plateau de la Dombes, appartenant au premier groupe.

Que la Bresse et la Dombes aient été comme la Brenne et la Sologne, autrefois plantées en forêts, entrecoupées de prairies, arrosées d'eaux courantes et vives ; qu'elles aient été renommées par la fertilité de leurs pâturages et la douceur de leur climat (1), la situation de ces pays a été considérablement modifiée depuis par le déboisement et les étangs ou marais qui ont remplacé les forêts.

La prairie ne règne plus que dans les vallées plus ou

(1) *Comptes rendus Acad. des sciences*, 1856.

moins limonées par le débordement des rivières, et pourtant l'irrigation, à l'aide des eaux des terres cultivées ou de celles des rivières, donne d'assez bons résultats. En Sologne, les herbes ne sont pas souvent de bonne qualité à cause de l'absence de la chaux; les eaux un peu calcaires de la Sauldre, qui coule à son origine sur les formations marneuses, les améliorent notablement. Partout l'emploi des phosphates et des composts de chaux, favorables à la venue du trèfle blanc, de la minette et de quelques autres légumineuses, concourt à donner de meilleures prairies.

### j. — Terrains modernes.

**Alluvions.** — Après les terrains quaternaires qui sont peut-être les plus intéressants de tous les terrains stratifiés, puisque c'est au sein des couches qui les composent que l'on cherche à peu de profondeur les eaux nécessaires pour l'agriculture et l'industrie, viennent les terrains d'alluvion et détritiques, pourvus également de sources dans les couches meubles où circulent les eaux. Les alluvions sont étendues en Hollande, et dans les vallées des grands fleuves, le Rhin, le Pô, le Rhône, l'Ebre, le Tage, etc. Le littoral de l'Adriatique, du côté de Venise, est recouvert jusqu'au pied des Apennins, d'alluvions qui ont sur la côte une puissance d'au moins 400 mètres, d'après Pasini. Elles se composent alternativement de couches imperméables et de couches meubles absorbant sur d'immenses surfaces une grande partie des eaux des fleuves qui les traversent. Deux nappes principales caractérisent le dépôt d'alluvion que la sonde a permis d'explorer à Venise; la première se maintient entre 44 et 55 mètres; elle est tellement gazeuse que les terrains furent projetés hors des forages par l'hydrogène carboné; la seconde nappe moins gazeuze donne un jaillissement continu et règne à la profondeur uniforme de 60 mètres. Les sables qui contiennent ces nappes sont intercalés entre des argiles diverses, surmontées par les dépôts actuels et des argiles ligniteuses imperméables (1).

Le terrain détritique remplit le plus souvent les dépressions superficielles et constitue des dépôts puissants dans les vallées, ou sur les pentes des montagnes auxquelles sont empruntées les couches désagrégées, perméables ou compactes, se laissant traverser par les eaux ou produisant de véritables brèches impénétrables. Quand ce sont des argiles et des sables, les eaux coulant sur les premières sont absorbées par les seconds; on les retrouve au pied des contreforts détritiques, sous forme de sources qui ont rarement un écoulement continu. Leur qualité dépend de la nature des roches ameublies où s'établissent les courants.

Dans l'axe et à l'embouchure de la vallée du Rhône, le diluvium est signalé par une énorme quantité de cailloux roulés, reposant sur un poudingue et un lit de marne; c'est ce diluvium qui constitue la crau d'Arles. Quand la couche de terre est privée de pierres, on y cultive du sainfoin, et quand elle est trop peu épaisse, on établit des pâturages. Tantôt l'argile y domine avec un sable très ténu; tantôt au contraire, c'est le sable ocreux, à gros grains; en général, le gypse y fait plus défaut que le calcaire. Ce qui manque le plus dans ce Sahara provençal, comme le désigne de Lavergne, c'est l'eau. « Ce n'est pas, ajoute-t-il (2), précisément la nature du sol qui met obstacle à la production de cette plaine de 12,000 hectares; les essais déjà faits prouvent le contraire; la

(1) Degousée et Laurent, *Guide du sondeur*, 1881, t. I, p. 323.
(2) L. de Lavergne, *Économie rurale de la France*, 3e édit., 1866, p. 271.

vigne surtout y réussit très suffisamment; mais il faut des bras pour cultiver, et c'est là une grande difficulté. Même en y portant de l'eau, on ne peut espérer d'y établir que peu à peu une population sédentaire. »

Une autre vaste plaine, ou plutôt une maremme, « une sorte d'intermédiaire entre le Rhône, la terre et la mer, » malsaine, exploitée à la manière de la campagne romaine, avec des bœufs et des chevaux à demi sauvages paissant en liberté, manque aussi de bras, c'est la Camargue.

En général, les terrains dus à l'action des cours d'eau, ont, dans les vallées et aux embouchures des fleuves, comme sur les bords des lacs, une grande importance pour la culture en général, et surtout pour l'établissement des prairies. Presque toujours formées par des matières arénacées sur lesquelles les eaux ont déposé les matières en suspension, ces terres donnent un sous-sol sec et chaud, sur lequel les couches légères et perméables prennent très bien l'herbe. Les vieilles moraines des Highlands et de la Suisse, avec leur gros gravier et leurs fragments rocheux, donnent des pâturages médiocres ; mais les terres du Carse de Falkirk et du Carse de Gowrie, en Écosse, couvertes d'un sédiment limoneux très fin, exempt de pierres, sont d'une grande fertilité pour toutes les récoltes.

Dans les contrées où les fleuves et les rivières ont un parcours réduit, leurs alluvions sont peu étendues, sauf aux embouchures; dans d'autres pays tels que l'Égypte, les États-Unis d'Amérique, le Brésil, l'Inde, etc., où coulent le Nil, le Mississipi, l'Amazone, le Gange, etc., les alluvions modernes constituent d'immenses plaines sédimentaires d'une très grande fertilité. Cette fertilité n'est souvent atténuée que par la difficulté de les protéger contre les crues et les inondations.

En général, les prairies alluviennes sont remarqua-

bles; les racines des herbes les pénètrent profondément
et les font résister à la sécheresse. Jamieson cite parmi
les plus beaux pâturages de l'Angleterre ceux des terres
alluviales dans le comté de Somerset, où, sur plus de
400 hectares, la prairie se loue annuellement pour le
foin au prix de 370 francs l'hectare (1).

Les limons, dit de Gasparin, se couvrent naturellement
d'herbes; les bonnes graminées, le petit trèfle dominent
parmi les plantes adventices; ils sont assez tenaces pour
garder une bonne dose d'humidité et n'exigent pas des
marnages et des chaulages coûteux, pour être portés à
leur maximum de production.

Les rivières des terrains granitiques, comme celles de
la Corrèze et de la Corse, produisent des alluvions arénacées, sablonneuses, dépourvues de calcaire, qui sont
loin de valoir pour la production de l'herbe celles des
vallées où les rivières déposent des alluvions calcaires,
comme la Marne et la Durance.

Tandis que la Moselle charrie des débris micacés et
granitiques dans la partie de sa vallée que bordent les
grès bigarrés, la Saône transporte à Mâcon des matières
venant des Vosges également, mais toutes différentes de
celles que fournissent les formations environnantes.
La Saône reçoit en effet sur sa rive droite des affluents
qui ont parcouru les calcaires jurassiques et entraînent
des limons plus favorables pour la prairie, alors que les
tributaires de la rive gauche, issus des terrains argilo-siliceux de la Dombes et de la Bresse, donnent des foins et
des pâturages maigres. M. Boitel remarque que les prairies des deux rives produisent des herbes très différentes,
sous le rapport des espèces et des qualités. Sur la rive
gauche, les prairies conviennent à l'élevage; mais sur

(1) Prof. Jamieson, *Country gentleman's Magazine*, 1874.

la rive droite, les herbes substantielles sont surtout appropriées à l'engraissement des animaux de boucherie du type charolais.

Dans les vallées larges et à faible pente où coulent les rivières paisibles, les alluvions ténues ont permis de développer la production herbagère dans les meilleures conditions. Par les crues, suivies de débordements, les prairies basses reçoivent, sous forme de limon, les substances fertilisantes, en retour de celles que les eaux ont enlevées aux terres cultivées ; aussi sont-elles pourvues de bonnes espèces de graminées et de légumineuses, n'ayant exigé d'autres soins que les travaux de nivellement et d'assainissement. Dans les vallées encaissées, dont les fonds sont plus rarement submergés, comme celles de l'Aisne, de l'Oise, de la Somme, de la Seine, la surface en herbe est relativement faible, et les alluvions sont occupées de préférence par les cultures industrielles. Il en est de même de la vallée de la Loire où la production des céréales, des fourrages, du chanvre et même de la vigne, remplace avec bénéfice celle de l'herbe. Quant à la vallée du Rhône, dont le terrain alluvial est sec, perméable, souvent sablonneux et caillouteux, elle ne se prête pas plus que celle de la Seine, entre Nogent et Mantes, à l'établissement des prairies naturelles.

**Couches glaciaires.** — Les couches glaciaires, formées de vastes masses de terre ou d'argile grossière, mêlée de pierres, que les glaces ont entraînée à d'énormes distances sur certains pays du littoral, en Écosse, en Suède, en Norvège, etc., non moins que les lais maritimes qui longent les basses terres des côtes, représentent une grande variété de terres arables, où les blocs et les pierres sont un obstacle à l'amélioration et à la culture. C'est seulement quand la roche du sous-sol est meuble et perméable, que les limons, fins et grossiers, formant une pâte

dure avec les cailloux de transport, peuvent être utilement
défoncés et cultivés. Les sources les rendent froids et humides. Les atterrissements de la mer, la plupart argileux,
donnent des terres résistantes, difficiles à drainer, où le
trèfle et les vesces, les fèves et le blé viennent à peu près
bien.

En dehors des terrains proprement erratiques, fournis
au nord de l'Écosse par les monts Grampians, la vallée
du Pô offre une série complète de ces masses rocheuses
indéterminées, qui ont été transportées du centre du massif
des Alpes jusque dans les plaines de la Vénétie. Les cailloux et les graviers qui se trouvent sous les alluvions récentes de l'Adige et du Pô ont la même origine. Les lits
des torrents qui descendent des Alpes sont creusés dans
des amas rocheux dont l'épaisseur atteint parfois plusieurs centaines de mètres, formés entièrement de blocs
erratiques. Les cailloux ou galets ont une nature variable
dans la plupart des vallées qui se dirigent vers le Pô. En
Piémont, ils appartiennent à la formation cristalline ;
dans le Milanais, au porphyre rouge ; sur le Lambro, aux
calcaires jurassiques du val d'Assina ; dans le Brescian,
au feldspath bleuâtre du val Camonica ; dans le Véronais,
aux roches Tyroliennes. Les cailloux roulés de l'Adda
sont presque tous du granit, du gneiss et de la serpentine (1).

C'est sur ces terrains de transport et d'alluvions
que s'est déposé le limon, tantôt argileux, tantôt siliceux et calcaire, sur lequel les arrosages ont produit les
merveilleux effets que nous aurons souvent à mentionner.
« Le Milanais, dit Auguste de Gasparin (2), n'est
qu'un sol de gravier formé par la débâcle des courants
des Alpes ; sa brillante parure est une robe d'emprunt.

---

(1) G. Collegno, *Elementi di geologia; Torino,* 1847.
(2) *Journal d'agric. prat.,* t. V, p. 433.

Naturellement infertile, avant que l'industrie humaine l'eût métamorphosé, c'était une lande. »

**Terrains tourbeux.** — La tourbe de formation ancienne, ou en voie de formation, apparaît dans la plupart des pays, sur une plus ou moins grande étendue. Souvent, elle forme des fonds marécageux, quand le drainage des eaux est empêché; souvent aussi, on la rencontre sur des collines, à des altitudes considérables. Sous les climats froids et humides, elle résulte de la décomposition des plantes marécageuses et aquatiques, des mousses, des sphagnes, etc., et se superpose à une couche de matière noire, compacte, qui ressemble au brai, quand elle est desséchée. Les vastes dépôts de tourbe ou *bogs* de l'Irlande, dont l'épaisseur atteint jusqu'à 15 mètres, ne peuvent entrer en valeur que par des travaux d'assainissement s'étendant à tout un district.

Les marais tourbeux en France sont représentés dans les départements de la Somme, du Pas-de-Calais et du Nord, et sur tous les points du territoire, aussi bien à l'embouchure de la Loire (marais de Montoir) et dans la Saintonge, que dans les départements de l'Est; dans ceux de l'Isère (marais de Bourgoin, de Vizille), que dans le midi de la Provence et les Pyrénées. Aucun de ces dépôts n'approche comme importance de ceux qu'offrent le Danemark, le Schleswig-Holstein, la Bavière et l'Autriche-Hongrie, le Mecklembourg, le Hanovre, le Brunswick et le nord de la Prusse.

Sur les bords de la Neva, des lacs Ladoga, Onega, etc., de même qu'entre Pétersbourg et Moscou, la tourbe a envahi des districts entiers.

Quand les terrains tourbeux, tout pauvres qu'ils sont, sont drainés et mélangés avec d'autres sols, ils s'améliorent; mais leur acidité pour les herbes de prairie, à moins d'irrigation avec des eaux troubles et chargées de limons qui donnent de la consistance et forment une nouvelle couche, condamne de longtemps les pâturages à rester médiocres.

## k. — Terrains perméables et imperméables.

Suivant leur perméabilité ou leur imperméabilité, les terrains que nous avons examinés, offrent des caractères non moins tranchés pour le régime des eaux.

Dans le remarquable travail que Belgrand a laissé sur le bassin de Paris, il a parfaitement tracé les différences entre les deux groupes. Les terrains perméables se distinguent par leurs eaux tranquilles; point de cours d'eau torrentiels; les crues montent lentement : aussi les débouchés des petites vallées, des ponts, ont des dimensions réduites ($0^m,10$ par kilomètre de versant). Les calcaires oolitiques, la craie blanche, les couches tertiaires, entre l'argile plastique et les marnes vertes, le sable de Fontainebleau, le calcaire de la Beauce, etc., sont des terrains perméables où les prairies persistent jusqu'au sommet des montagnes.

Les terrains imperméables, au contraire, présentent des cours d'eau torrentiels, dont les crues tombent non moins vite qu'elles montent : aussi les vallées s'évident et s'écartent; les débouchés des ponts ont des dimensions plus grandes, destinées à parer à l'imprévu ($0^m,25$ à $1^m,50$ par kilomètre de versant). Le granit, le lias, la craie inférieure, l'argile plastique, la marne verte du gypse, l'argile à meulière, etc., sont des terrains imperméables où l'on ne trouve des prairies qu'au fond des vallées, dans les parties que baignent des cours d'eau.

La matière des terrains réglant les sources et les cours d'eau d'après leur perméabilité, il en résulte que si le sol se laisse pénétrer sur toute sa surface, comme la craie ou l'oolite, les cours d'eau sont très rares; les sources plus ou moins abondantes sont toutes confinées au fond des vallées et beaucoup tarissent dans la saison sèche. Si, par contre, le sol oppose un obstacle à l'eau, il n'y a plus de sources importantes; tel est le cas pour le granit et le lias; mais il s'en trouve de très petites, très nombreuses, irrégulières et tarissant l'été. Quand le terrain imperméable se montre au flanc des coteaux, couvert d'un terrain perméable, les sources qui ont pénétré ce dernier, coulent en nappe et s'épanchent au contact des deux terrains.

Sans considérer les étages successifs des systèmes jurassique, crétacé ou tertiaire, on peut dire qu'en formant les séries très variées de couches sédimentaires qui les composent, la nature a procédé à certains égards d'une manière uniforme. Des sables, débris de roches entraînés par les courants, s'étendent le plus souvent à la base de chaque système géologique; au-dessus viennent des argiles, des marnes, matières lourdes et compactes abandonnées par les eaux, puis, les assises calcaires, résidus accumulés d'organismes vivants. Mais il n'en est pas moins avéré que l'ordre des formations n'est pas toujours aussi régulier; que les couches ne se succèdent pas toujours alternatives, concentriques ou juxtaposées; qu'il y a surtout dans les strates calcaires, des accidents de dislocation et de redressement; de telle sorte que les bassins hydrographiques ne correspondent pas aux bassins géologiques et que le régime des eaux varie d'une région à l'autre, quoique toutes deux soient comprises dans la même formation.

L'importance de la couche au sein de laquelle les sources puisent leurs eaux fait qu'elles sont plus ou moins abondantes, plus ou moins tarissables. Quand la couche est peu épaisse, la source qui en sort est faible et de débit variable; quand elle est puissante, au contraire, la source coule abondamment, ne tarit point et subit faiblement dans ses crues les variations atmosphériques.

Une loi constante, observée par Belgrand dans le bassin de Paris, veut que les vallées peu profondes des terrains perméables ne renferment aucun cours d'eau, leur thalweg étant plus élevé que la superficie de la nappe souterraine; mais c'est ordinairement au point où elles débouchent dans une vallée principale, arrosée par une rivière, que naissent les sources de son alimentation. Il s'ensuivrait que la configuration intérieure est analogue à celle de la surface et que le mouvement des eaux pénétrant une couche perméable suit le cours des vallées, même sous terre. Ainsi toute tranchée creusée au fond d'une vallée sèche d'un tel terrain rencontrera l'eau à plus ou moins de profondeur, mais en plus grande quantité que sous les autres parties du sol.

C'est d'après cette loi que Belgrand a été amené à distinguer les sources formées dans la craie perméable du département de la Marne, dont la superficie est d'une extrême aridité, mais qui s'entr'ouvre en vallées moins abruptes que celles des terrains jurassiques entourant la craie. Au fond de ces rares vallées, un grand nombre de sources fournissent des eaux abondantes, de meilleure qualité que celle des eaux jurassiques, dont les sources se déversent dans l'Yonne, la Seine, l'Aube, la Marne, l'Aisne et l'Oise (1).

Au midi des Alpes françaises, les formations jurassique et crétacée ont été bien autrement tourmentées que dans le bassin de la Seine; mais la loi des thalwegs y trouve également son application. Le contrefort, à sommets et à plateaux calcaires, se détachant vers Puget dans les

---

(1) *Second mémoire sur les eaux de Paris*, 1858.

Alpes maritimes, court sur une étendue d'environ 160 kilomètres de l'amont d'Entrevaux (Var) à la rade de Ciotat (Bouches-du-Rhône), et plonge dans la Méditerranée, entre l'île Mairé et Toulon, sur une longueur de côte qui ne mesure pas moins de 45 kilomètres. Les couches disloquées et redressées de cet immense massif calcaire assurent une absorption rapide et presque complète des eaux atmosphériques, qui donnent lieu à des cours d'eau souterrains et à des sources importantes dont les traces doivent se retrouver au pied du massif, soit dans le prolongement de la direction générale des couches redressées, soit aux lignes de fracture. C'est, en effet, suivant cette loi que l'inspecteur général des mines, J. François, par l'examen de la contrée, a pu retrouver dans la vallée du Révest, près de Toulon, le courant sous-jacent qui, venant du nord-est, descend le ravin du Cierge, passe à la partie inférieure du Trou-du-Ragas, dont la cavité d'une profondeur de 65 mètres sert d'évent naturel aux eaux et dégorge, après avoir traversé le trias et le lias dans la petite rade de Toulon, au quartier de Missiessy. Un tunnel, recoupant le courant souterrain ainsi découvert, devait permettre de le dévier vers le Faron, à flanc de coteau, dans la berge gauche de la vallée du Revest (1).

Une opération du même genre a été proposée par l'abbé Richard pour recouper le thalweg souterrain de la Reka qui, après sa perte à l'amont de Trieste, reparaît non loin de la mer et forme la source puissante connue des anciens sous le nom de Timave.

### 1. — Terres arrosées.

Nous avons montré que l'irrigation influe sur les pro-

(1) *Cosmos*, 1862.

priétés physiques du sol, aussi bien que sur ses propriétés chimiques.

Sous le rapport physique, l'irrigation, envisagée à
un point de vue général, diminue la densité et rend le
travail de la terre plus facile. Le sol, étant plus frais, tend
moins à se crevasser; il se prête à la production herbacée;
il est moins sensible à l'action desséchante de l'air et surtout du vent qui le durcit; il absorbe mieux l'air et les
gaz atmosphériques. Les racines, au lieu de pivoter, s'é-
talent plus aisément dans la couche superficielle où elles
s'alimentent.

L'irrigation corrige les effets des terres sablonneuses,
le plus souvent stériles, et permet d'en tirer des récoltes
à haut rendement; elle assure l'établissement des prairies
dans des sols siliceux et calcaires que dessécheraient autrement les chaleurs de l'été; elle donne le moyen de
convertir en rizières productives les fonds marécageux
qui, faute d'assainissement, portent des roseaux ou des
joncs; elle augmente le produit des alluvions quelles
qu'elles soient, du moment où le drainage fonctionne
régulièrement.

Sous le rapport chimique, l'irrigation n'agit pas seulement sur les matières intégrantes du sol, qu'elle distribue
uniformément, ou bien qu'elle hydrate pour aider à leur
décomposition, mais elle lui apporte ses matières en suspension, jointes à celles enlevées aux rigoles d'arrosage,
en même temps qu'elle abandonne une partie des matières
dissoutes; elle concourt ainsi directement à l'enrichissement de la terre. Son action est la même sur les éléments
des engrais dont elle favorise la décomposition et la diffusion dans la couche arable; en la prédisposant pour la
fumure, elle tend à rendre la culture plus intensive.

On n'ignore pas qu'aux époques où les eaux sont le
plus chargées de principes fertilisants, notamment quand

les pluies ont délavé les fumiers des terrains situés à des niveaux supérieurs, les praticiens s'empressent de les utiliser, au lieu de les laisser couler à la rivière. La production constante de certaines rizières non fumées est attribuable à cette cause. De même l'épandage des engrais, suivi d'eaux d'arrosage, à défaut de pluies, donne tous ses effets utiles, en conservant dans le sol les éléments que les eaux de l'arrière-saison entraîneraient en pure perte.

L'irrigation n'offre des inconvénients que sur les terres fortes et compactes, qu'elle durcit parfois à un degré très préjudiciable, quand les cultivateurs, se fiant trop à la puissance fertilisante des eaux, négligent de donner le fumier nécessaire pour l'ameublissement. Dans les fonds d'alluvion du Val d'Arno, Marsh a souvent remarqué qu'à la suite de longs arrosages, les terres acquéraient, faute de fumier, une dureté telle qu'il devait en résulter une bien plus grosse dépense pour le labour et pour les autres façons à la houe, à l'extirpateur, etc. Il ajoute qu'un sol convenablement enrichi par l'engrais, se prête beaucoup moins, lorsqu'il est arrosé, à la cohésion et au durcissement (1). Si la terre compacte s'amollit naturellement pendant l'irrigation, elle durcit, quand l'irrigation a cessé. Aussi, en Toscane, est-il d'usage d'arroser après la récolte d'été, afin d'ameublir la terre pour le labour d'automne et de hâter la levée de la semence.

Sous les climats du Midi, les terres arrosées acquièrent la valeur que donne la certitude de produire le fourrage nécessaire aux bestiaux, de soustraire les récoltes de la fin du printemps aux dangers de la sécheresse, d'obtenir après la moisson une seconde récolte dont la valeur approche souvent de celle de la récolte principale, enfin de faciliter les travaux du sol à l'arrière-saison, en réduisant

(1) G. P. Marsh. *Report Comm. agric. for* 1874, *United States;* note, p. 367.

les frais de plus de moitié. Sous les autres climats, la plupart de ces avantages subsistent, sans être parfois aussi marquants ; mais pour toutes les terres sèches l'irrigation devient aussi indispensable que dans le Midi, quand on veut y faire une agriculture régulière et rationnelle.

A moins que l'irrigation ne se pratique à l'aide d'eaux chargées de principes fécondants qui équivalent à des engrais, la succession rapide des récoltes que l'on exige des terres arrosées, comporte une fumure abondante des terres, qui pourvoit en même temps à leur ameublissement et à leur perméabilité. Dans les terres trop fortes contenant au delà de 25 pour 100 d'argile, c'est plutôt la prairie permanente que les cultures annuelles, à laquelle il conviendra de recourir pour utiliser les eaux, la fumure n'exerçant plus l'action physique voulue qui détruit la cohésion et la plasticité des terres.

Si, par contre, les terres, se dessèchent trop rapidement par l'arrosage, c'est qu'elles renferment trop de sable siliceux ou calcaire. Tandis qu'en Lombardie, comme en Provence, on se borne à arroser tous les quinze jours les prairies, sur des sols renfermant 20 pour 100 de sable, on doit répéter les arrosages tous les huit ou dix jours, pendant les chaleurs de l'été, quand les sols en contiennent 40 pour 100.

Les engrais arrivent donc à corriger l'excès de consommation d'eau, c'est-à-dire l'évaporation du sol, mais pour cela faut-il ménager l'eau et éviter l'abus auquel les paysans de certaines localités se laissent prendre trop souvent, en croyant ne jamais saturer assez leur terrain. Dans toutes les irrigations bien traitées, l'engrais donne de la légèreté au sol ; cet effet est surtout sensible dans les régions soumises de longue date aux arrosages et à la bonne culture ; la proportion du terreau augmente dans les terres arrosées, et les terres fortes profitent le plus de l'ameublissement, quand elles sont drainées.

La valeur des terres arrosées, comme nous aurons à le démontrer, est très élevée, aussi bien dans les climats à pluies d'automne que dans ceux à pluies d'été ; elle est régie toutefois par une considération essentielle : de l'eau à discrétion et à bas prix.

## II. — LES CLIMATS.

*a*. **Saisons.** — Les circonstances atmosphériques rendent les arrosages nécessaires dans toutes les saisons, ou dans une saison seulement ; mais dans ce but ne sont-ils pas pratiqués de la même manière partout, ni aux mêmes époques, ou aux mêmes heures de la journée. L'irrigation se règle, en effet, dans les divers pays, d'après les conditions climatériques qui sont souveraines.

Pour ne citer qu'un exemple, choisi en Lombardie, et destiné à montrer l'influence des saisons sur le mode d'arrosage : en hiver, quand les prés se couvrent de givre ou de gelée blanche, il est d'usage d'y faire couler lentement une nappe d'eau continue. Les graminées qui constituent en grande partie la flore de ces prés, résistent à ce traitement que justifie la température des eaux et du sol plus élevée que celle de l'air ambiant. Au printemps, on arrose parfois pour hâter la germination, mais alors on donne très peu d'eau afin d'empêcher l'abaissement subit de la température, et on se garde bien d'arroser le soir, à cause de la fraîcheur des nuits. Au cœur de l'été, c'est au contraire le soir, ou pendant la nuit, que l'on répand les eaux qui se sont échauffées dans la journée ; on obvie ainsi à une trop grande évaporation et au soulèvement en croûte du sol superficiel. Enfin, en automne, on n'obtient la troisième et la quatrième coupe des foins qu'à l'aide de copieux et fréquents arrosages faits de jour et de nuit (1).

La pratique des irrigations ne varie pas seulement avec les saisons, pour un même pays, mais elle se distingue d'un territoire à l'autre, suivant la prédominance des vents, des pluies, la température, l'altitude, l'orientation, etc.

*b.* **Pluies et vents.** — De toutes les circonstances climatériques, la pluie est la plus importante, tant à cause de la hauteur d'eau que le sol reçoit naturellement dans l'année, que de sa fréquence plus ou moins grande, laissant des intervalles de sécheresse, de ciel sans nuages, ou de soleil, pour l'évaporation.

La pluie naissant du mélange de deux masses d'air de températures différentes, il arrive que lorsqu'elles se meuvent rapidement dans des directions contraires, entraînées par les vents, leur contact occasionne une précipitation d'autant plus abondante que les températures sont très opposées. Les chaînes de montagnes au pied desquelles sont situées les plaines brûlantes, comme il y en a dans le midi de la France, en Italie, etc., font, vis-à-vis des masses d'air humide qui les approchent, l'office de réfrigérant; les nuages éclatent en pluies plus ou moins torrentielles, ou en grêle, selon le décroissement plus ou moins rapide de la température (2).

Des trois sources qui amènent l'eau dans le sol : les météores aqueux, l'égouttement des terres d'un niveau supérieur, et la capillarité qui fait monter à la surface l'eau des couches souterraines, la pluie est celle qui pourvoit le plus complètement à l'humidité qu'exige la végétation.

(1) Vignotti, *Journ. agric. prat.*, 1863, t. II.
(2) M. Somerville, *De la connexion des sciences physiques*, 1857, p. 275.

Dans certains pays secs, l'eau étant rare, on s'est préoccupé de l'emploi pour l'irrigation d'un volume d'eau équivalant seulement à celui que fournirait la pluie. Il est certain que pour chaque récolte on se rapprocherait plus du volume d'eau d'arrosage nécessaire, si l'on connaissait la quantité d'eau pluviale qui tombe dans l'année; on arriverait à un degré d'exactitude plus grand encore en tenant compte de la quantité d'eau qui se perd.

Par la comparaison des rendements des diverses récoltes dans les pays sans irrigation, soumis au régime des pluies, avec ceux des mêmes récoltes dans les pays arrosés, il serait encore possible de déterminer le volume d'eau strictement nécessaire au développement des principales plantes cultivées, sans avoir égard aux variations de l'action des eaux et des méthodes d'arrosage (1). Cette comparaison n'a pas été faite.

L'étude du régime des pluies nous entraînerait à étudier la climatologie des diverses contrées du globe, mais elle serait hors de place dans ce livre; il n'en est pas moins intéressant de signaler quelques observations météorologiques dont l'agriculteur doit connaître pour la pratique des irrigations.

Gasparin a estimé que, pour l'ensemble de l'Europe, la moyenne des pluies annuelles représente une couche de 750 millimètres d'eau par mètre carré; les pluies se répartissant comme épaisseur de la couche d'eau, entre les saisons, de la manière suivante :

| | |
|---|---|
| Hiver............................... | 0<sup>m</sup>162 |
| Printemps........................... | 0<sup>m</sup>164 |
| Été................................. | 0<sup>m</sup>199 |
| Automne............................. | 0<sup>m</sup>225 |
| | 0<sup>m</sup>750 |

(1) O'Meara, *Mém. sur l'irrig. des pays neufs*; *Bull. min. agric.*, 1885.

La latitude, l'altitude et la situation des localités modifient beaucoup cette moyenne, comme quantité totale
et comme répartition entre les saisons.

Moins la latitude est élevée, plus les pluies sont abondantes, surtout dans la période de végétation, de mai à
septembre, quand on les compare à la chute annuelle totale. Le tableau XXIV montre d'un coup d'œil les écarts
dus à la latitude.

TABLEAU XXIV. — *Température et pluies
de mai à septembre.*

| LATITUDES N. | LOCALITÉS. | Température moyenne en été. Centigrades. | Pluies de la période de végétation pour 100 des pluies de l'année (mai à septembre). |
|---|---|---|---|
| 42°53′ | Rome ............. | 18.8 | 25.5 |
| 45°28′ | Milan............. | 18.2 | 42.7 |
| 48°12′ | Vienne .......... | 15.9 | 52.6 |
| 52°30′ | Berlin........... | 14.5 | 52.5 |
| 59°56′ | Saint-Pétersbourg. | 12.7 | 67.5 |

Il y a toutefois de nombreuses exceptions à cette règle,
notamment pour les pluies de l'Italie, au nord des Apennins, comparées à celles des mêmes latitudes dans d'autres
pays, et pour celles de l'Angleterre, qui sont plus fortes
que celles du nord de la France.

L'altitude, comme on l'observe dans les vallées, fait que
la quantité de pluie augmente proportionnellement au
niveau; mais comme cette différence est plus grande en
hiver qu'en été, il semble que la température exerce également une action sur elle.

D'une manière générale, on remarque qu'à des altitudes supérieures à 500 mètres au-dessus du niveau de la

mer, dans le voisinage des montagnes, quand le sol est coupé par des ruisseaux, couvert de landes ou de terres marécageuses, le climat est froid, humide, variable, et la culture se caractérise par un manque de maturité; tandis qu'aux altitudes inférieures, le climat étant moins pluvieux, la végétation acquiert plus de vigueur, le froid est moins excessif et la chaleur plus forte en été (1).

La situation plus ou moins abritée contre les vents est aussi une cause importante des modifications dans le régime des pluies. Ainsi tous les pays situés dans une enceinte qui les abrite des vents humides, surtout si cette enceinte est formée de montagnes élevées, sont soumis aux fortes pluies. Les localités de la Savoie, de l'Ain, sont dans ce cas; les pluies augmentent au fur et à mesure qu'elles se rapprochent du rideau de montagnes des Alpes et du Jura. Gênes et Pise, au pied de l'Apennin, Brescia, au pied des Alpes, offrent d'autres exemples de l'action locale réfrigérante des montagnes, vis-à-vis des vents humides.

Sur toute la côte occidentale de l'Europe et dans le nord de la France, souffle le plus communément le vent du sud-ouest, qui n'est que l'*alisé* de l'océan Atlantique, s'abaissant vers la terre dans les latitudes moyennes. Martins a indiqué comme il suit la fréquence relative des divers vents dans cette région (2); les nombres correspondent aux jours pendant lesquels les vents cardinaux et leurs collatéraux ont soufflé pendant l'année :

| N. | N.-E. | E. | S.-E. | S. | S.-O. | O. | N.-O. |
|----|-------|-----|-------|-----|-------|-----|-------|
| 126 | 140 | 84 | 76 | 117 | 192 | 155 | 110 |

En Angleterre et en Suède, c'est le vent du sud-ouest

(1) T. de Sainte-Claire, *Ann. ponts et ch.*, 1859.
(2) Martins, *Météorologie; Cent traités instr. pour le peuple.*

également qui est le vent régnant; en Allemagne, le vent d'ouest; en Hongrie et en Russie, le vent du nord-ouest.

En opposition à ces vents d'ouest, chauds et humides, soufflent ceux du nord-est, froids et secs, sous les latitudes moyennes de l'Europe, et de leur lutte résultent presque tous les changements de temps. La prédominance du nord-est ou du sud-ouest caractérise des saisons entières, et même des années.

Les saisons, à leur tour, ne sont pas sans influence sur la direction des vents, plus australe pendant l'hiver que dans le reste de l'année; plus occidentale en été et en automne, surtout en juillet.

En Allemagne, dans la saison d'hiver, le vent d'est est le plus humide et celui d'ouest, le plus sec; dans la saison d'été, c'est l'inverse. Dans la Norvège, c'est le sud-est qui amène les plus grands froids, car il descend du plateau Lapon. En Suisse, la *bise;* en Dalmatie et en Istrie, la *bora;* en Provence, le *mistral,* également redoutés par leur violence et leur âpreté, soufflent du nord.

A l'exposition du sud-ouest et du sud, les grandes chaînes de montagnes reçoivent les plus fortes pluies annuelles; celles-ci diminuent d'intensité dans les grandes plaines, en raison de leur éloignement des réservoirs d'humidité, de telle sorte que les reliefs des montagnes indiquent sur leurs faces sud et sud-ouest les points les plus pluvieux de l'Europe.

La répartition de la pluie entre les différentes saisons a une grande importance pour le climat agricole d'un pays; il sera d'autant plus favorable que les pluies tombent à l'époque de la grande végétation herbacée, pour s'arrêter à l'époque de la maturation.

La comparaison des chiffres rapportés dans le tableau XXV montre qu'il pleut plus en automne qu'en été dans les contrées situées à l'ouest du continent européen, telles que l'Angleterre et la France occidentale ; et qu'il pleut plus en été qu'en automne dans celles situées à l'est, telles que la France orientale, l'Allemagne et la Russie (Saint-Pétersbourg). De plus, la quantité totale de pluie qui tombe dans les premières est plus forte que celle reçue dans les secondes, dans le rapport de 100 à 65.

L'Italie offre, comme on le verra plus loin, un caractère exceptionnel ; car, sauf dans les mois de septembre, d'octobre et de novembre, pour lesquels les quantités de pluie sont respectivement de 100, 123 et 128 millimètres, la quantité mensuelle, pendant le reste de l'année, varie seulement entre 92 et 65 millimètres. Sur les côtes de la Méditerranée en général, où les vents du sud venant de la mer et chargés de vapeur, sont refoulés par les vents du nord venant des montagnes, les pluies augmentent comme nombre en approchant des chaînes de montagnes.

De même l'altitude, sauf dans certains cas attribuables à la proximité des massifs réfrigérants, fait croître le nombre de jours pluvieux.

La quantité d'eau qui tombe par jour de pluie offre un intérêt non moins grand pour les arrosages que l'intervalle qui sépare les jours pluvieux.

Si la somme des pluies se répartit entre un petit nombre de jours de l'année, ou de la période de végétation, les crues sont généralement rapides, au détriment des irrigations, et les débordements sont pleins de danger pour les cultures. Au contraire, dans les pays où elle se partage entre un grand nombre de jours, les cours d'eau sont paisibles et les eaux sont pleines, sans crainte d'inondations. C'est surtout à l'intérieur des terres continentales, en France, en Allemagne, en Russie, dans l'Italie et l'Espagne du nord, que l'on trouve les localités où les jours de pluie versent le plus d'eau pendant l'été, en

TABLEAU XXV. — *Distribution des pluies par saisons.*

| CLIMATS DE L'EUROPE. | Quantité de pluie annuelle moyenne. | RÉPARTITION POUR 100. | | | | Pluies en été pour 100 de pluies d'hiver. |
|---|---|---|---|---|---|---|
| | | Hiver. | Printemps. | Été. | Automne. | |
| | millim. | | | | | |
| Angleterre occidentale...................... | 913.1 | 26.4 | 19.7 | 23.0 | 30.9 | 86.8 |
| Angleterre orientale........................ | 790.1 | 23.0 | 20.5 | 26.0 | 30.4 | 113.1 |
| France occidentale......................... | 732.2 | 23.4 | 18.3 | 25.1 | 33.3 | 107.1 |
| France orientale........................... | 669.0 | 19.5 | 23.4 | 29.4 | 27.3 | 154.0 |
| Allemagne................................. | 690.8 | 18.2 | 21.6 | 37.1 | 23.2 | 204.2 |
| Pétersbourg............................... | 386.6 | 13.6 | 19.4 | 36.5 | 30.5 | 267.0 |
| *Climats de la France.* | | | | | | |
| Séquanien (bassin de la Seine).............. | 548 | 21 | 22 | 30 | 27 | 143 |
| Vosgien (bassins du Rhin et de la Moselle).. | 669 | 19 | 23 | 31 | 27 | 163 |
| Rhodanien (bassin N. du Rhône)............ | 946 | 20 | 24 | 23 | 33 | 165 |
| Girondin (bassin de la Gironde)............ | 586 | 25 | 21 | 23 | 33 | 132 |
| Méditerranéen............................. | 651 | 25 | 24 | 11 | 40 | 160 |

comparaison des autres saisons. Autrement, la quantité
moyenne par jour de pluie n'est à Milan et à Gênes,
par exemple, que de 10 millimètres, tandis qu'elle atteint,
sous la même latitude à peu près, 13 millimètres à Toulon et 31 millimètres à Trieste.

*c.* **Climats de la France.** — Pour la France spécialement, Martins a établi, d'après les quantités relatives
de pluie suivant les saisons, cinq climats, distingués
dans le tableau XXV sous des noms qui rappellent les
bassins des fleuves et les bords de la Méditerranée.

Les pluies qui règnent spécialement en été dans les
climats séquanien et vosgien, règnent en octobre et en
mai dans les climats méditerranéen et girondin. Ces deux
derniers, à été sec, offrent les régions vinicoles et d'arrosage les plus importantes. Dans le Bordelais, la saison
la plus sèche devient le printemps; mais l'été reste néanmoins plus sec que l'hiver et l'automne. Le climat rho-
danien, se place d'une manière intermédiaire : l'hiver y
est moins sec que l'été, mais l'été est moins humide que
le printemps et l'automne. Il y pleut plus, d'ailleurs, que
dans les autres régions; toutefois il comprend la troisième région vinicole, dans laquelle l'arrosage est appelé
à prendre de plus grands développements.

*d.* **Nombre et intervalles des jours pluvieux.**
— Le nombre des jours entre lesquels se distribue la pluie
est un facteur important du climat agricole et des irrigations. Un climat n'est pas sec parce qu'il tombe fréquemment une petite quantité de pluie, mais bien parce que
les intervalles entre les pluies sont plus ou moins longs.

La latitude, en dehors de la région méditerranéenne,
influe sur le nombre de jours de pluie, qui va en diminuant du nord au sud.

L'intervalle des jours pluvieux fait qu'on désigne
comme un climat nébuleux celui où le retour des

pluies a lieu tous les trois ou quatre jours, et comme
un climat serein, celui où le retour s'opère tous les sept
ou huit jours. Dans le premier cas, l'évaporation du sol
est relativement faible, faute de soleil; dans le second,
elle est très forte.

D'après les observations du comte de Gasparin, ces
intervalles deviennent plus grands dans la direction
N.-S., et le groupement du nombre de jours pluvieux
diminue dans la même direction. Ainsi, tandis qu'à Catane, en Sicile, on constate en moyenne 1,7 jour de pluie,
suivi de 10,8 jours de sécheresse; à Orange (Vaucluse)
1,7 jour de pluie est suivi seulement de 4,7 jours de sécheresse. Les intervalles sont de 4,7 jours au mois de
mars, à Catane; et de 3 jours, à Orange, au mois d'a-
vril, quand dans les deux localités la végétation se développe et les arrosages commencent.

De toutes manières, les journées sereines ont une importance réelle pour l'irrigation, surtout dans le Midi. Il
est de règle, en Lombardie notamment, de choisir quand
on le peut pour l'arrosage des diverses cultures, des jours
sereins et chauds, plutôt que des jours couverts. De
même, les vents du midi favorisent, et ceux du nord con-
trarient, les bons effets des irrigations.

L'observation a déjà été signalée de date ancienne, que
le régime des pluies exerce la plus grande influence sur la
végétation herbacée d'une contrée; en d'autres termes,
plus elles sont fréquentes et abondantes, plus aussi
est intense la pousse des graminées sauvages ou cultivées, à condition que la température soit favorable. A
cet égard, ajoute le D$^r$ Stebler, un coup d'œil sur la carte
pluviale de l'Europe montre que la région des Alpes, si
riche en prairies et en pâturages, est fort bien arrosée
atmosphériquement (1). Mais c'est là aussi une question

(1) *Les Mélanges de graines fourragères*, 1887.

de qualité de sol : il ne serait pas difficile de démontrer que le calcaire joue un rôle non moins grand que la pluie, dans la supériorité productive de la région indiquée.

### III. — LES TERRITOIRES IRRIGUÉS.

La description de quelques-uns des territoires où se pratique l'irrigation, complétera utilement ce chapitre, en même temps qu'il consacrera par des exemples les principes qui ont été énoncés.

*a.* **Italie.** — « Entourée par la mer et par les plus hautes montagnes du continent européen, l'Italie forme une presqu'île qui s'allonge au sud en deux pointes et s'élargit au nord en un demi-cercle dont la chaîne supérieure des Alpes trace la circonférence. Nord et Sud forment deux régions distinctes par leur configuration, leur origine, leur histoire (leur agriculture). L'une, vaste plaine, traversée par un grand fleuve qui l'a formée de ses alluvions... ; l'autre, longue et étroite presqu'île, coupée de montagnes et de volcans, ayant presque toujours eu des destinées contraires (1)... »

Touchant aux grandes Alpes et voisine de l'Afrique, l'Italie a tous les climats et toutes les cultures. La Sicile, les Calabres, la Pouille, et une partie de la côte des Abruzzes ont presque le ciel et les productions de l'Afrique ; le climat est pur et sec, mais brûlant ; le palmier, l'aloès, le caroubier, l'oranger, le citronnier, y végètent librement dans les plaines ; sur les côtes, des oliviers font encore la richesse du pays ; plus haut, jusqu'à 600 mètres, des forêts de châtaigniers couvrent une partie de la Sila.

(1) Victor Duruy, *Histoire des Romains*, 1870, t. I, p. 2.

En dehors des côtes de la Campanie et du Latium de l'antiquité, de leurs pacages abandonnés aux troupeaux et des maremmes insalubres, se développe, depuis la Calabre jusqu'à la Provence, sur le versant méridional de l'Apennin, la région des oliviers et des mûriers, des arbousiers, des lauriers et de la vigne; plus avant dans la montagne, les noyers, les chênes et les hêtres; puis les pins, les mélèzes et la neige, avec le vent glacial.

Dans la vallée du Pô, à la descente des Alpes, et malgré leur voisinage, le froid ne descend pas loin sur les versants rapides; d'étouffantes chaleurs succèdent en été à l'air congelé des cimes aux neiges éternelles. Mais l'abondance des eaux, la rapidité de leur cours, la direction de la vallée qui s'ouvre sur l'Adriatique et en reçoit toutes les brises, rafraîchissent l'atmosphère et donnent à la Lombardie le plus délicieux climat. « L'inépuisable fécondité du sol, engraissé par le limon que tant de fleuves ont apporté, développe partout une végétation puissante; en une nuit, dit le poète, l'herbe broutée la veille repousse (1) et la terre, qu'aucune culture n'épuise, ne se repose jamais . »

Dans l'Italie du Nord, notamment dans la vallée du Pô, les vents secs et impétueux soufflent des Alpes et chassent les brumes qui s'élèvent des basses terres et de la plaine, sur l'Adriatique, tandis que le *siroco*, vent humide et lourd, vient du sud de l'Adriatique, rasant les champs ouverts de la Romagne, le long des Apennins et produisant des nuées pluvieuses avec des chaleurs suffocantes. Le *grecale*, moins régulier, souffle du nord-ouest, après avoir traversé le continent, et apporte l'air sec avec le beau temps.

---

(1)    Et quantum longis carpent armenta diebus
       Exigua tantum gelidus ros nocte reponit.
                              (Virgilius, *Georg.*, lib. II, 201.)

Il résulte de cette direction des vents que le climat est plus doux au pied des Alpes que dans la grande vallée; Brescia, Vérone et Trieste, par exemple, ont l'avantage sur Milan et Pavie.

Au delà de l'Apennin, le climat est plus doux encore, la différence entre les deux mois qui représentent les températures extrêmes y étant moins grande. L'écart, qui est de 25 degrés dans la région continentale de la Lombardie et du Piémont, n'est que de 16 degrés à Pise.

Tandis que la température moyenne de l'été à Milan est inférieure à celle de Palerme de 1°,2, celle de la température moyenne de l'hiver est de 10 degrés au-dessous.

La plaine du Pô offre des exemples de température excessive comme froid, atteignant — 17 degrés et à Turin, — 18°; mais dans l'Italie centrale le froid le plus intense oscille entre — 6° et — 7°; dans l'Italie méridionale il ne dépasse pas — 4°, et en Sicile — 3°.

Les chaleurs excessives sont loin d'offrir de pareilles différences; c'est à peine en effet si du nord au midi de l'Italie, entre le 36e et le 47e méridien de latitude, l'écart est de 5 degrés. Le degré extrême de température de l'été est de 36 degrés à Turin, de 39 degrés à Cagliari, dans la Sardaigne, au climat africain, et de 38 degrés à Catane, au pied de l'Etna.

Sous le rapport de l'humidité atmosphérique, l'air est généralement sec, surtout dans les lieux un peu élevés. La différence entre l'humidité relative de l'été et celle de l'hiver, dans les localités élevées de la zone subalpine, est de 25 à 30 pour 100. de l'humidité absolue moyenne, et à peine de 15 à 20 pour 100 dans les stations maritimes. Le printemps et l'automne donnent ensemble la valeur très approximative, aussi bien de la température moyenne annuelle, en prenant la demi-somme, que de l'humidité relative moyenne de l'année.

L'état du ciel est très remarquable en ce qu'il assigne
aux jours sereins six dixièmes des jours de l'année. Cette
proportion est naturellement variable suivant les localités
et les saisons. Aussi, dans le midi de la péninsule, on
n'a dans l'année que trois dixièmes de jours couverts,
lorsque dans la haute Italie, la moyenne est de cinq
dixièmes. Partout, c'est au printemps que le ciel est le
plus couvert (en moyenne 5,3), et en été qu'il est le
plus serein (3,9).

Le régime des pluies caractérise d'une manière non
moins nette le climat de la péninsule ; que l'on considère
le versant méridional des Alpes, la vallée du Pô, ou les
deux versants des Apennins.

Sur toute la côte occidentale méditerranéenne, 10 pour
100 de la somme annuelle des pluies tombent en été ;
de l'autre côté des Apennins, les relations changent, pour
redevenir à peu près les mêmes sur le littoral de l'Adriatique. En remontant vers le nord, les pluies d'été augmentent sans cesse à l'approche des Alpes, et les pluies
d'hiver diminuent.

Schouw répartit de la manière suivante entre les diverses saisons la quantité moyenne de pluies annuelles (1).

| | Quantité totale. | Printemps. | Été. | Automne. | Hiver. |
|---|---|---|---|---|---|
| Versant méridional des Alpes | 1.493 | 0.321 | 0.391 | 0.480 | 0.301 |
| Pays au nord du Pô | 0.927 | 0.210 | 0.229 | 0.291 | 0.197 |
| Pays au midi du Pô | 0.633 | 0.137 | 0.137 | 0.219 | 0.140 |
| Versants des Apennins | 0.915 | 0.210 | 0.121 | 0.321 | 0.263 |

On reconnaît à la fois, en examinant ces chiffres, l'influence de la latitude et celle des montagnes ; mais précisément dans la région où il pleut plus en été qu'au prin-

(1) Schouw, *Tableau du climat de l'Italie*, Copenhague, 1839.

temps, se sont installées les grandes irrigations qui font la richesse de la Lombardie.

C'est que la quantité de pluie diminue des Alpes aux Apennins, de plus de moitié. Ainsi, dans la zone immédiatement subalpine (Lugano, Brescia, Udine), la moyenne annuelle de 1<sup>m</sup>,5o descend dans la plaine, au nord du Pô (Milan, Pavie), à 0<sup>m</sup>,93, et dans la zone au sud du Pô (Parme, Modène), à 0<sup>m</sup>,63. Les irrigations de la basse plaine apportent un faible remède à cette marche progressivement descendante, car les contrées qui ont le plus besoin de pluie sont celles, au sud du Pô, que les eaux torrentielles de l'Apennin ne peuvent servir à irriguer.

Quand on considère le maximum des eaux pluviales, on trouve dans la région subalpine le chiffre énorme de 2<sup>m</sup>,40 qui explique les pluies et les inondations violentes, désolant les campagnes au débouché des ravins et des vallées. Les nuages poussés par le *siroco* contre la muraille des Alpes s'y agglomèrent et se fondent en eau. Il en est de même sur la côte de Gênes, à Lucques, dans les vallées de l'Apennin toscan, et en Istrie où les pluies tombent avec la plus grande violence.

Ainsi, à toutes les variétés de culture de l'Europe et de l'Afrique du Nord que montre l'Italie, correspondent les climats les plus variés; des étés presque égaux ou semblables, mais des hivers absolument inégaux ou dissemblables.

Des Alpes et des Apennins descendent sur le territoire tous les cours d'eau qui forment le système hydrographique de l'Italie.

De Turin à Venise, la riche plaine subalpine que traverse le Pô, n'offre pas une colline; aussi les torrents qui s'échappent de cette ceinture de montagnes, l'exposent dans leurs débordements à des ravages que des travaux d'endiguement gigantesques parviennent seuls à rendre moins fréquents. Plusieurs de ces torrents ont rempli de grands lacs où les eaux abandonnent leur courant, leur température glaciale et leurs limons, mais la plupart arrivent au Pô, chargés de sables qui exhaussent son lit et forment à son embouchure un delta, devant lequel la mer recule chaque année de 25 mètres.

Prenant sa source au mont Viso, en Piémont, le Pô, le plus grand des fleuves italiens, se développe sur 350 milles de longueur, recevant la Dora, le Tanaro et la Sesia, en Piémont; le Tessin, l'Olona, le Lambro, l'Adda, l'Oglio, le Mincio, sur la rive gauche lombarde, tous descendant des Alpes, et le Taro, la Trebbia, la Secchia, le Panaro et le Reno, sur la rive droite, descendant des Apennins. C'est le lien qui réunit et confond dans les mêmes intérêts l'économie agricole de l'Italie subalpine.

Plus à l'est, le second fleuve italien, l'Adige, toujours alimenté, profond, aux eaux rapides, débouche du Tyrol pour couler du nord au midi et se jeter, comme le Pô, dans l'Adriatique. Dans cette mer également se déversent, venant des Alpes autrichiennes, le Bachiglione, la Brenta, la Piave, le Tagliamento et l'Isonzo, dont les eaux non pérennes ont un cours moins étendu et un régime plus incertain.

Dans l'Italie péninsulaire, les Apennins sont trop rapprochés des deux mers pour leur envoyer de grands fleuves. Qu'ils coulent vers la Méditerranée, comme l'Arno sur 250 kilomètres, ou comme le Tibre sur 370 kilomètres, et comme le Garigliano, le Volturno et le Sile; ou bien qu'ils affluent vers l'Adriatique, comme le Metauro, le Tronto, le Langro et l'Ofante, tous ces cours d'eau ont le caractère capricieux des torrents : larges et rapides au printemps, constamment chargés de limons, ils se dessèchent en été et restent inutiles à peu près pour l'irrigation.

En Lombardie, comme en Piémont, les grands lacs qui recueillent au pied des Alpes les eaux torrentielles et les restituent à la plaine pour la fertiliser, forment le complément admirable de l'organisation hydraulique du pays; ils préviennent les inondations et règlent les crues. Le tableau XXVI indique les lacs de la Lombardie et les cours d'eau qui en dérivent, avec l'altitude, la profondeur et la superficie des lacs.

Si l'on évalue, d'après Berti-Pichat, la surface totale de la Lombardie à 21,567 kilomètres carrés, sur laquelle les terres susceptibles d'être arrosées comptent pour moitié, on trouve que les lacs représentent environ le dixième de ces terres (1).

En Piémont, les contreforts qui relient la chaîne des grandes Alpes, dirigées à peu près perpendiculairement à sa direction, ne forment pas moins de 36 vallées, dans chacune desquelles coulent les eaux torrentielles qui forment le Tanaro, la Stura, la Dora riparia et la Dora baltea, le Tessin et le Pô, leur confluent.

A cause même des sommets élevés dont plusieurs dépassent 4,000 mètres, et de la faible longueur des vallées, le régime des cours d'eau est bien moins régulier que celui des rivières alimentées par les lacs lombards. Ce n'est pas que les lacs manquent en Piémont; on en compte jusqu'à 241; mais sans parler du lac Majeur, ils ont une importance très secondaire; à ce point que dans quelques localités il a fallu édifier des réservoirs artificiels d'une surface de 4 à 6 hectares, pour les eaux d'irrigation. Celui de Ternavasio en compte toutefois 40. Dans les seuls territoires de Turin et d'Alba, il y a huit étangs desservant plus de 400 hectares.

Pour nous borner à quelques territoires de la Lombardie,

(1) Vignotti, *Jour. agr. prat.*, 1863, t. I.

TABLEAU XXVI. — *Lacs de la Lombardie.*

| | Cours d'eau alimentés par les lacs. | Hauteur au-dessus du niveau de la mer. | Profondeur maximum. | SUPERFICIE. |
|---|---|---|---|---|
| | | mètres. | mètres. | kilomètres. |
| *Lacs principaux :* | | | | |
| Lac Majeur (Verbanus)........... | Tessin........ | 194.69 | 800.00 | 200.00 |
| — de Lugano (Ceresius)....... | Tresa......... | 272.37 | 166.00 | 48.00 |
| — de Côme (Larius)........... | Adda......... | 198.72 | 588.00 | 142.00 |
| — d'Isée (Serbinus)............. | Oglio......... | 191.84 | 300.00 | 60.00 |
| — de Garde (Benacus).......... | Mincio........ | 69.16 | 584.00 | 300.00 |
| *Lacs secondaires :* | | | | |
| Lac de Mantoue................. | Mincio........ | 19.47 | 8.50 | 5.20 |
| — de Varese................... | Bardello....... | 235.55 | 26.00 | 16.00 |
| — de Comabio................. | Varano........ | 239.98 | 7.50 | 3.90 |
| — de Pusiano................. | Lambro ....... | 259.16 | 30.00 | 6.70 |
| — d'Oggiono................. | Ritorto........ | 225.69 | 15.00 | 7.00 |
| — de Spinone................. | Chorio ....:... | » | » | 2.20 |
| — d'Idro..................... | Chiese ........ | 378.65 | 122.00 | 14.10 |
| Petits lacs au nombre de 200 environ. | | » | » | 200.00 |
| Superficie totale............. | | | | 1.005.10 |

nous décrirons ceux où l'arrosage a reçu les plus grands développements dans la basse vallée du Pô : le Crémonais, le Pavesan, la Lomelline et le Lodigian.

*Crémonais* (1). — La province de Crémone est limitée au nord par l'Oglio qui la sépare de la province de Brescia ; au sud, par le Pô et l'Adda qui la divisent des provinces de Parme, de Plaisance et de Milan ; à l'est, par le district de Casalmaggiore, et à l'ouest par celui de Crema. De forme pentagonale, elle comprend un sol constitué par les alluvions du Serio, du Pô, de l'Adda et de l'Oglio : roches siliceuses, argileuses et calcaires, recouvertes par le limon des couches végétales.

Sans parler des trois fleuves qui le bordent, le Crémonais est traversé par de vastes cours d'eau naturels et artificiels qui s'y déversent. Deux grands canaux (*navigli*), Civico et Pallavicino, empruntant leurs eaux à l'Oglio, par mille ramifications rattachées à des réseaux de différents niveaux, concourent à l'arrosage de tout le territoire. Des digues énormes, véritables bastions remontant aux siècles passés, servent à contenir les crues des fleuves qui atteignent jusqu'à 6 mètres au-dessus de l'étiage.

Sous le rapport météorologique, la température annuelle, établie comme moyenne de 34 années d'observations, est de 12°,6 ; le maximum étant de + 25,30 degrés, et le minimum de — 15 degrés. Le mois de janvier est le plus froid, et le mois de juillet le plus chaud de l'année ; mais il y a des écarts dans toutes les saisons.

La chute d'eau pluviale est de 0ᵐ,830 annuellement ; elle se répartit entre 51 jours pluvieux ; le nombre moyen de jours sereins est de 156, et le reste comprend les jours couverts ou brumeux. Le vent d'ouest est le plus fré-

_____

(1) Marenghi, *Monografia. Inchiesta agraria*, etc., 1882.

quent et persistant, et l'automne, sous son influence, se signale par des pluies lentes et continues.

Les trois zones agricoles du Crémonais correspondent aux arrosages qui y sont pratiqués.

La première zone, la plus étendue, confinant à la province de Crema, et s'étendant de Crémone à l'Oglio, vers Grumone, a pour culture dominante le pré, et pratique l'irrigation sur 50,045 hectares.

La seconde, située à l'est de la première et s'étendant sur 33,189 hect. jusqu'à Casalmaggiore, n'est arrosée qu'en partie; la culture des céréales domine celle des prairies.

La troisième ne pratique pas l'irrigation; c'est la *Regona*, développée le long du Pô; elle comprend 8,127 hectares.

L'ensemble du territoire crémonais embrasse ainsi 91,361 hectares.

*Pavesan* (1). — L'arrondissement de Pavie a la forme d'un triangle dont l'angle obtus est au nord-est, et la face opposée, sur plus de 50 kilomètres, s'appuie sur les fleuves Tessin et Pô. La surface comprend 91,000 hectares, avec une pente de 20 mètres dans le sens longitudinal, et de 3 mètres dans le sens transversal; ce qui la dispose admirablement pour l'irrigation.

Comme dans la Lomelline, le sol de l'arrondissement de Pavie appartient à la formation du pliocène. Les alluvions y dominent, variant de caractères, selon que les roches détritiques sont venues des Alpes ou des Apennins.

La température moyenne de 10 années (1872-82) est de 12°,9, oscillant entre + 25°,8 et — 14°,1. La différence entre les deux extrêmes de froid en janvier et de chaleur en juillet, est en moyenne de 24°,5.

(1) Saglio. *Monografia. Inchiesta agraria*, etc., 1882.

La chute d'eau pluviale annuelle est en moyenne de
0ᵐ,730; le maximum de pluie tombe en automne; 0ᵐ,232.
Le mois le plus sec est février. Les vents dominants sont,
en hiver, celui du sud-ouest; au printemps, celui de l'est;
en été et en automne, celui du nord-est.

Dans l'arrondissement de Pavie, comprenant les territoires de Cava Manara et de Sannazzaro, 72,500 hectares
jouissent de l'irrigation, sur lesquels 68,000 hectares
environ par les canaux, et le reste par les eaux de sources.
On évalue à 72 mètres cubes le volume d'eau d'un débit
continu.

*Lomelline* (1). — Cet arrondissement, qui a pour
chef-lieu Mortara, faisait jadis partie de la province de
Pavie; il couvre 122,245 hectares, bornés au sud par le
Pô, à l'est par le Tessin, à l'ouest par le Pô et la Sesia
qui le séparent des provinces d'Alexandrie, de Mont-
ferrat et de Verceil, et au nord par une ligne convention-
nelle de démarcation avec le Novarais.

Deux cours d'eau issus des montagnes le parcourent
du nord au midi, l'Agogna et le Terdoppio; ce dernier
aide, avec le Tessin, la Sesia et l'Arbogna, à alimenter les
canaux qui sillonnent tout le territoire.

Le sol d'alluvion pliocénique est plutôt léger et meuble,
mais frais; plutôt siliceux qu'argileux, et de niveau. La
déclivité de la Lomelline, marquée du nord au sud,
varie, en effet, entre 0,90 et 1 pour 100 jusqu'aux rives
du Pô.

Les conditions climatériques sont les mêmes que dans
l'arrondissement de Pavie. Il pleut 42 jours par an,
au printemps par les vents d'est, et principalement en
automne, quand les cours d'eau débordent et inondent les
basses terres. La chute d'eau moyenne par pluie est de

(1) Pollini, *Monografia. Inchiesta agraria*, etc.

o$^m$,009; mais par les orages que les vents d'ouest amènent en été, cette moyenne est surpassée. Les vents du
nord, vers la fin de février, causent la gelée blanche.

*Lodigian* (1). — L'arrondissement de Lodi a la forme
d'une demi-lune dont l'arc convexe, du nord au sud-est,
est tracé par le cours sinueux de l'Adda, entre Conegliano
et l'embouchure du fleuve, dans le Pô. Les limites sud
et sud-ouest, qui le séparent de la province de Plaisance,
sont fixées par le Pô, entre les confluents de l'Adda et du
Lambro; enfin, à l'ouest, le Lambro le divise de l'arrondissement de Pavie jusqu'à Malegnano, puis la frontière
du Milanais, jusqu'à Conegliano.

L'Adda, le Pô, la Muzza, le Lambro, le Sillero, et d'autres cours d'eau moins importants baignent le territoire,
approvisionnent les canaux d'irrigation, et complètent
par des colateurs de grande portée son régime.

Comme dans la plus grande partie de la plaine lombarde, le sol, formé de terrains de transport ou d'alluvions anciennes, comprend des graviers siliceux-calcai-
res, ou bien siliceux-calcaires-argileux, avec carbonate
de chaux et alumine, qui constituent la couche arable.
Celle-ci a une épaisseur, sur la rive gauche de l'Adda,
qui varie pour les terres fortes argileuses entre o$^m$,45 et
1 mètre; pour les terres siliceuses, calcaires ou alumi-
neuses, entre o$^m$,25 et o$^m$,45. Le sous-sol consiste en
sables agglutinés par de l'argile ferrugineuse et en argile
verdâtre.

La température moyenne annuelle de 13°,51 centigrades offre un maximum mensuel de 22°,75 et un minimum de 4°,45, pour la période décennale 1868-78. La
moyenne barométrique est de o$^m$,7544, variant entre
o$^m$,7630 et o$^m$,7428. La chute annuelle d'eau pluviale est

_____

(1) Bellinzona, *Memoria. Inchiesta agraria*, etc.

en moyenne de 0<sup>m</sup>,859 ; elle correspond à 89 jours plu-vieux. Le reste de l'année est partagé entre 149 jours sereins et 127 jours couverts.

Comme pour les arrondissements de Mortara (Lomel-line) et de Pavie, l'agriculture dans le Lodigian dépend de l'irrigation, qui fixe le caractère dominant de ses ré-coltes : dans la zone principale, la surface des terres non arrosées est insignifiante.

Tandis que le Crémonais présente comme culture type le lin, la Lomelline et le Pavesan assignent le premier rang à la culture des rizières alternes, et le Lodigian, comme une partie du Milanais, placé entre la zone des marcites et celle du riz, aux prairies alternes de trèfle blanc qui est la sole la plus importante de l'assolement.

Cette division n'est pas tellement rigoureuse que l'on ne trouve aussi des marcites dans les arrondissements de Mortara, de Pavie et de Lodi, et de même, des prairies et des céréales alternant avec le riz, dans la Lomelline et le Pavesan.

Dans le Lodigian, après trois ou quatre années de prairie, l'assolement comporte le lin, le maïs, le froment et parfois même le riz, avant le retour à la prairie ; mais dans le Crémonais, le lin est la culture princi-pale, à laquelle se joint celle du maïs, du mûrier, et depuis quelques années, de la prairie.

*b.* **Espagne.** — Située entre le 36<sup>e</sup> et le 40<sup>e</sup> degré de latitude, la péninsule ibérique est rattachée au continent européen par les Pyrénées qui la séparent de la France sur une longueur de 550 kilomètres environ. Le reste est baigné par la mer ; à l'ouest et au sud-ouest, en y comprenant le Portugal, par l'océan Atlantique ; à l'est et au sud-est, par la Méditerranée. Le détroit de Gibral-tar la divise de l'Afrique.

Trois systèmes de montagnes la partagent de l'ouest à l'est, auxquels se rattachent les groupes ou *sierras* asturiens et cantabriques, au nord, qui dépendent des Pyrénées; la Cordillère carpeto-vetonique, dirigée entre les deux Castilles, au centre; et la Sierra Morena qui s'étend au sud du royaume de Valence jusqu'aux limites de l'Andalousie et du Portugal. Certains pics de ces chaînes dépassent 3,000 mètres d'altitude.

De ces montagnes s'écoulent les grands fleuves et les rivières qui ont formé par leurs roches détritiques les vallées et les plaines de l'Èbre, du Douro, du Tage, du Guadiana et du Guadalquivir. La plupart de ces cours d'eau, torrents dévastateurs une partie de l'année, sont desséchés pendant l'été. Ils ne jouissent pas, comme dans l'Italie du Nord, de ces admirables lacs, servant de réservoirs où les eaux se réunissent, déposent leur limon et abandonnent leurs courants torrentiels, servant ainsi de régulateurs à l'irrigation.

Ce qui forme au contraire un des traits distinctifs des cours d'eau espagnols, est l'extrême variété de leur régime. En hiver et au printemps, lorsque la plupart des cultures ne réclament pas d'irrigation, ils roulent des volumes d'eaux considérables, dont le limon pourrait servir à fertiliser de vastes espaces sans valeur, ou à peu près incultes, mais qui reste inutilisé.

Le vaste plateau central servant de partage aux eaux entre l'Océan et la Méditerranée, légèrement incliné vers l'ouest, a une altitude moyenne de 700 mètres dans la partie de la Castille qui avoisine la province de Léon, et de 600 mètres dans la Castille méridionale et l'Estramadure. Beaucoup plus étendu et plus élevé que les plateaux de l'Auvergne, de la Bavière et de la Souabe, celui de l'Espagne est scindé vers le milieu par des terrains âpres, dont l'aridité est à peine discontinue depuis les monts

Maestrazzo, voisins de la Méditerranée, jusqu'à la Sierra de Estrella, en Portugal. Les contreforts des Pyrénées du côté ibérique ne sont guère plus riants d'ailleurs que ceux de cette longue Cordillère sur laquelle se déchaînent les vents d'est et d'ouest, créant des variations de température beaucoup plus brusques qu'au centre de la France ou du continent allemand, et où la neige succède sans transition à un soleil d'Afrique.

Excepté dans la partie septentrionale, l'eau n'abonde aucune part, les pluies étant rares. Les montagnes les plus élevées, telles que les Pyrénées, la Sierra Nevada, fournissent peu d'eau. Les rivières coulent dans des lits profonds et étroits, et leurs eaux sont le plus souvent maigres. Pour un volume d'eau que fournit le Guadalquivir en été, par kilomètre, la Tamise et la Seine en fournissent deux; le Rhin, trois; le Rhône, six; le Pô, dix fois plus.

Quoique coupée en certains endroits par des campagnes très fertiles, la steppe, véritable steppe que l'on retrouve dans le nord-est de l'Europe, règne le long de l'Èbre, depuis les environs de Tudela jusque vers Alcaniz; le long du Douro, au centre de la terre des Campos; le long du Tage, depuis Arganda, voisin de Madrid, jusque vers Albacète; le long du Segura qui contourne les côtes d'Alicante et de Carthagène pour finir à Almeria; le long du Guadalquivir dont le bassin offre une série de plaines désolées, il est vrai, moins étendues.

Heureusement, comme contraste avec ces régions desséchées, malgré les fleuves qui les baignent, l'Espagne peut vanter des contrées privilégiées; celles du versant cantabrique où le climat et la végétation se rapprochent de ceux de la France, favorables aux prairies et à l'élève du bétail. Il n'est guère question de prairies en Espagne, que dans cette région asturienne, où l'irrigation ne joue aucun rôle, contrairement à ce que l'Italie du Nord a si merveilleusement réalisé. Viennent ensuite les magnifiques terres du versant de la Méditerranée et de la vallée du Guadalquivir où prospèrent les irrigations, avec les délicieux vergers de Valence et de Murcie; la Vega de Grenade arrosée par les eaux du Xenil et de ses affluents, avec ses céréales, ses récoltes dérobées, ses vignes et ses oliviers; mais nulle part des prairies permanentes. Même dans le plateau central, on peut citer quelques campagnes d'une grande fertilité, comme la terre de Barros, la Sagra de Tolède et la région des Campos qui s'étend sur sept provinces, mais dont la fécondité est due principalement à une nappe d'eau située à une faible profondeur (1).

Pour qui entre en Espagne par Bayonne, se dirigeant sur Cadix, du nord au sud, les plaines plus ou moins arides offrent un caractère d'autant plus âpre que leur altitude les expose à un climat vraiment boréal; entre Valladolid et Avila, le granit commence à percer les puissants dépôts de sable dont sont revêtues les plaines; puis, de ses agglomérations bizarres, il hérisse toute la contrée qu'il transforme en un désert pierreux. En descendant dans la plaine de Madrid, laissant de côté l'oasis de l'Escurial et ses forêts, on retrouve de nouveau les dépôts de sables granitiques assez bien cultivés, comme presque toutes les plaines diluviennes de l'Espagne.

Plus loin, la contrée devient plus accidentée, le calcaire siliceux apparaît; on est dans la vallée du Tage, et bientôt à Tolède, aux climats excessifs; mais l'olivier, malgré l'altitude de 789 mètres, commence à végéter. Les granits et les gneiss ayant disparu sous les sa-

---

(1) Saavedra Menezes, *Fomento de España*, juillet 1865.

bles et les marnes, la plaine, de Tolède à Alcazar, est en culture; elle produit surtout beaucoup de céréales; çà et là, du vin et de l'huile.

La Manche, immortalisée par Cervantès, déploie encore plus avant sa plaine déboisée, couverte de blocs en calcaires blancs et crayeux; c'est la steppe jusqu'à Manzanares, où la vigne et l'olivier reprennent dans le sol rocailleux, teint en rouge et en jaune ocreux, qui convient aux raisins. Le fameux vin de Val de Peñas vient de là.

La Sierra Morena avec ses calcaires stratifiés, ses marnes schisteuses à couches redressées et ses schistes micacés, hardiment groupés et boisés, sépare la Manche de la vallée du Guadalquivir. Dès lors, on quitte les froids plateaux de la Castille pour aborder l'Andalousie au sol sablonneux et marneux.

Entre Cordoue avec ses montagnes arrondies, assez nues et sans caractère, qui ferment l'horizon, et la belle Séville, la vaste plaine perd bientôt sa parure d'oliviers, et son aridité n'est plus rompue que par des touffes de palmiers nains. Aux approches de Séville, la végétation africaine apparaît avec les orangers, les palmiers, les agaves, les opuntias, etc.

De Séville à Cadix, la distance est parcourue dans une plaine le plus souvent unie, riche en calcaires grisâtres et en conglomérats, au milieu desquels croissent les célèbres vignes de Xeres de la Frontera. Enfin, le littoral jusqu'à Cadix, occupé par les marécages et les lagunes salées que laissent les eaux de l'Océan, fait face à l'Afrique.

Tchihatcheff, qui décrit cette route (1), constate le changement de température aussi brusque que frappant qui attend le voyageur en arrivant dans le bassin du Gua-

(I) *Espagne, Algérie et Tunisie*, 1880, p. 21.

dalquivir : « Quand, venant de Madrid ou de Tolède, on a franchi la Sierra Morena, quelques heures suffisent pour faire éprouver les climats les plus variés; ainsi jusqu'à la Sierra, climat septentrional; à Cordoue, la température est celle de Florence; à Séville, celle de Naples ou de Palerme. En été, le thermomètre monte à Séville jusqu'à 40 degrés à l'ombre. Du 12 au 20 octobre, la moyenne est de 20 degrés à l'ombre et de 37 degrés au soleil. »

De l'autre côté de Cadix, sur la Méditerranée, Malaga offre le plus remarquable climat, également favorable à la culture des orangers et de la vigne dont les produits doux et secs ont acquis une légitime célébrité. La plaine, à calcaires marneux rouges, entresemés de galets, porte les riches vignobles, les taillis d'orangers et d'oliviers, avec les dattiers de l'Afrique, jusqu'au pied du massif montagneux de la Ronda où s'arrête la Sierra Nevada. Protégée du côté du nord par ces montagnes, exposée en plein aux vents qui soufflent du Maroc, du côté du sud, Malaga offre une température moyenne exceptionnelle, 14°,1, pour l'hiver, qui surpasse celle de Tunis et d'Alger et égale celle du Caire; mais elle correspond à une moyenne inférieure pour l'été.

Aussi bien par sa configuration géographique, baignée qu'elle est sur une étendue considérable de côtes par deux mers différentes, que par sa constitution géognostique et hydrographique, l'Espagne, plus encore que l'Italie, est soumise aux climats singulièrement variés. Les conditions atmosphériques sous le rapport de la température, des vents, des pluies, de l'humidité, offrent une diversité extrême.

Les températures oscillent entre + 45° et — 15°, c'est-à-dire, avec une différence effective de 60 degrés; la sécheresse offre des écarts non moins particuliers, car

pour une couche pluviométrique annuelle de 0^m,387, l'é-
vaporation, dans les provinces de Murcie et de Malaga,
enlève dans la saison d'été une tranche d'eau de 2^m,048,
soit un excédent de 1^m,661.

Humide et relativement tempéré dans la zone canta
brique que borde le golfe de Gascogne, le climat reste
également doux et tempéré dans la Galicie occidentale,
sous l'action des vents de l'Océan.

Dans le plateau central qu'occupent les deux Castilles,
le climat est rude, vraiment continental ; les hivers sont
rigoureux, les étés brûlants ; les pluies d'automne abondantes, mais déjà l'évaporation dépasse de quatre à cinq
fois le volume d'eau qui tombe sous forme de pluie.
Ainsi il s'évapore 1^m,50 d'eau par année, tandis que la
pluie moyenne annuelle varie de 0^m,250 à Salamanque
(Vieille-Castille) à 0^m,382 à Ciudad-Real (Nouvelle-Cas-
tille).

Le versant oriental, que limite la Méditerranée, jouit
d'un climat plus chaud ; sec, à peu de distance du littoral, mais doux et tempéré. Les températures moyennes
indiquent pour les différentes saisons :

|  | Barcelone. | Murcie. |
|---|---|---|
| Hiver.......................... | 9°8 | 11°6 |
| Printemps..................... | 14°6 | 16°2 |
| Été........................... | 23°4 | 24°9 |
| Automne....................... | 17°5 | 19°1 |
| Moyenne annuelle.............. | 16°3 | 17°8 |
| Maximum....................... | 32°3 | 40°3 |
| Minimum ...................... | —3°2 | 0°1 |

Tandis que la pluie moyenne varie entre 0^m,334 à
Murcie et 0^m,607 à Barcelone, le nombre de jours de
pluie correspondant est de 44 et 73. L'évaporation à
Murcie est de 2^m,047, supérieure de sept fois à l'eau pluviale.

Le versant méridional, sur la Méditerranée, est soumis au climat de la canne à sucre et des plantes tropicales. Les observations relevées à Malaga indiquent, pour les saisons et pour l'année, les températures moyennes suivantes :

| | |
|---|---|
| Hiver...................... | 14°0 |
| Printemps.................. | 17°7 |
| Été........................ | 26°3 |
| Automne.................... | 20°3 |
| Moyenne annuelle........... | 19°3 |
| Maximum................... | 41°0 |
| Minimum................... | +2°5 |

La pluie moyenne est de 0$^m$,533 dont 0$^m$,188 tombe en hiver et 0$^m$,020 seulement en été. Le nombre de jours pluvieux dans l'année est de 50.

L'inégale répartition des pluies, jointe à la disproportion énorme entre la couche d'eau pluviale et l'évaporation, commande impérieusement l'irrigation et lui assigne une valeur inappréciable, dans des provinces telles que celles de Valence, de Murcie, de Malaga, où le rapport comme valeur entre les terres d'égale qualité, arrosées et non arrosées, est celui de 3 à 1.

Sauf dans la zone cantabrique et dans le bassin supérieur des rivières, la plupart des terres et des cultures, sous une atmosphère sèche, sereine et transparente, et un soleil ardent, seraient calcinées si elles n'étaient irriguées. Aussi l'eau prend-elle une valeur si grande « qu'il y a intérêt à l'élever de 30 et même de 40 mètres de profondeur, comme dans les coteaux des grès ferrugineux d'Aleria et de Carcagente (Valence), pour la culture des orangers, dont l'hectare se paye jusqu'à 30,000 francs (1). »

(1) A. Laurado, *Irrigations en Espagne; Journ. d'Agriculture*, 1877.

Les dernières statistiques ne font toutefois figurer que 1,151,000 hectares de terres arrosées, en regard de 28 millions de terres arables ; les terres arrosées comprenant (1) :

882.000 hectares terres à céréales.
 43.000     —    vignobles.
 5o.ooo     —    oliveraies.
176.000     —    prairies.

Pour obtenir ce maigre résultat, les dérivations les plus imposantes ont été exécutées, quand les rivières étaient abondantes ; et lorsque les contrées étaient pauvres en eau, des barrages-réservoirs ont été établis à travers les gorges des montagnes, dans des conditions de grandeur et de force qui sont le caractère essentiel des constructions hydrauliques de l'Espagne.

*Les huertas.* — C'est la rivière le Turia qui alimente par huit prises d'eau les canaux d'irrigation de la *huerta* de Valence, remontant aux temps des Maures, et fertilise les belles campagnes où le riz occupe le premier rang comme culture; puis viennent le blé, le maïs, les fèves, les mûriers, et en tête des arbres à fruits, l'oranger, qui dans les champs, comme dans les vergers et les jardins, étale partout son feuillage, ses fleurs et ses fruits.

Le Jucar complète les dérivations du Turia, de façon à étendre sur le littoral une zone de terrains irrigués de Murviedro jusqu'à Cullera, sur 60 kilomètres de longueur. Le Jucar n'est pas dérivé par une série de barrages échelonnés dans le lit de la rivière, comme le Turia, mais par un barrage unique à dimensions colossales qui alimente un canal de 40 kilom. de longueur, avec une section de 11 à 12 mètres à la ligne d'eau, dans sa partie supérieure.

(1) *Catalogo de la seccion Espanola, Expos. univ. de Paris de* 1878; Madrid, 1878.

A Almansa, dans la province d'Albacete, un barrage-réservoir de dimensions remarquables pourvoit à l'irrigation d'un millier d'hectares cultivés en céréales. D'une hauteur de 20<sup>m</sup>,70, la digue repose en entier sur le rocher ; elle est construite en maçonnerie, revêtue en pierres de taille, et fournit l'eau à six canaux d'arrosage.

Quand on bifurque à partir d'Almansa, sur la route d'Alicante, on entre dans les ravins et les *ramblas* des montagnes escarpées qui forment le centre de la muraille bordant la Méditerranée, puis on s'engage dans des vallées, les unes, comme celle de Novelda, où la végétation est aussi luxuriante que dans la plaine de Valence, les autres arides, dominées par des montagnes noires, comme celle qui débouche sur la mer, à Alicante.

La nature rocheuse et calcaire de la province et la rareté des cours d'eau n'ont pas empêché que, sous un climat toujours sain et tempéré, les habitants, par leur travail et leurs connaissances pratiques, ne soient arrivés à rendre presque partout la terre productive. « L'eau manquait, ils ont sondé le sol, fouillé les montagnes, amené à la surface les eaux souterraines qu'ils ont conduites jusqu'à leurs cultures par de nombreux canaux, ou recueillies de place en place par des puits ou des *balsas* habilement construits. Ils ont ainsi transformé en jardins les terrains les plus ingrats ; ils ont apporté la terre sur les pentes abruptes et disposé en forme de terrasses, au milieu des rochers, des plantations d'arbres utiles, amandiers, limoniers, orangers, figuiers, des vignes, des cannes à sucre, etc. Nulle part, en Espagne, la culture n'est conduite avec plus de soin, plus de perfection, et n'offre une plus grande variété de produits (1). »

La *huerta* d'Alicante proprement dite est arrosée par les

(1) Germond de Lavigne, *Itinéraire de l'Espagne*, p. 489

eaux du Rio Monegre, retenues par un premier barrage qui forme réservoir, et distribuées par deux barrages de dérivation à Muchamiel et à San Juan. Le réservoir gigantesque alimenté par les eaux de source et pluviales qui se rendent au Rio Monegre, offre une capacité de 3,700,000 mètres cubes, correspondant à 1,000 mètres cubes par hectare de la *huerta*, ou à deux arrosages à l'année pour les céréales et les vignes.

A Elche, non loin d'Alicante, la culture des palmiers s'étend sur 150 hectares; les eaux du Rio Vinolapo sont également retenues par un barrage en trois parties, d'une hauteur moindre que celui d'Alicante, et distribuées sur 12,000 hectares principalement en céréales et en vignes, par 21 rigoles s'embranchant sur un canal principal.

La *huerta* de Murcie, dont l'étendue est sensiblement égale à celle de Valence, 10,000 hectares, est arrosée par les eaux du Rio Segura qu'un barrage dérive au profit de deux canaux principaux, dont un sur chaque rive; celle de Lorca, dans la même province, par les eaux du Guadalantin, dont le faible débit est distribué par des canaux d'irrigation sur plus de 10,000 hectares. Il faut ajouter que sur ces vastes territoires il s'agit surtout de céréales qui se contentent d'un ou deux arrosages par année.

De Murcie à Carthagène, la vaste plaine est désolée; l'eau manque absolument. Malgré un climat moins chaud que celui de Murcie, Carthagène ne doit sa production agricole qu'à l'irrigation. Citernes, mares et puits suffisent à peine au besoin d'eau, qui est une question de vie pour la culture.

Il n'en est point ainsi dans la *Vega* de Grenade, que fécondent les eaux abondantes du Genil, du Darro, du Monachil, du Dilar et des sources de l'Alfacar. Les terres de la *Vega*, sur une superficie de 19,000 hectares, sont cultivées en vignes, en oliviers, ou suivant un assolement de six années qui comprend trois soles de froment, et toujours une seconde récolte; de telle sorte que le sol ne chôme jamais, engraissé qu'il est par le fumier d'étable et le guano. Malgré une altitude de 759 mètres, la plaine irrigable de Grenade, limitée au sud par les montagnes neigeuses de la Sierra Nevada, et au nord par les collines d'Elvira, offre le sol le plus riche de toute l'Espagne, grâce aux canaux qui le sillonnent de toutes parts et permettent à l'eau d'accomplir les merveilles d'une double production annuelle.

*c.* **France.** — « Rien ne caractérise plus un climat que le nombre, la quantité, la distribution de ses pluies entre les saisons (1). » A ce point de vue qui intéresse directement l'irrigation, nous avons déjà esquissé à grands traits le régime pluvial et les divers climats de la France. Il reste à étudier de plus près deux régions arrosées que nous prendrons comme types opposés, et dans ces régions, Provence et Limousin, deux départements, les Bouches-du-Rhône et la Haute-Vienne.

Le contraste est grand entre les deux régions, non pas seulement sous le rapport climatologique, orographique, hydrographique et géologique, mais encore de l'irrigation en elle-même. Tandis que l'eau, en effet, s'emploie en Provence du mois d'avril au mois de septembre, elle s'applique dans le Limousin du mois de mars au mois de juin. Ici, les irrigations printanières ne servent qu'à l'arrosage de prairies permanentes, sur des terres granitiques; là, les irrigations estivales, sur des terres essentiellement calcaires, sont nécessaires pour toutes les

(1) De Gasparin, *Cours d'Agriculture*, t. II, p. 252.

récoltes, aussi bien les céréales et les prairies que les cultures industrielles, maraîchères, horticoles et les arbres fruitiers. Dans l'une des régions, le Limousin, c'est presque exclusivement à des sources captées que l'agriculteur recourt pour arroser les champs; dans l'autre, c'est surtout à des canaux construits, quelques-uns de très ancienne date, en communauté des usagers ou par des associations syndicales. Le foin, unique produit de l'arrosage dans la première contrée, est consommé dans l'exploitation pour le bétail, alors que dans la seconde, il est exporté comme denrée commerciale (1).

*Bouches-du-Rhône.* — Comme climat, le département des Bouches-du-Rhône a été divisé par de Villeneuve en quatre zones, à savoir Marseille au S.-E., Arles au S.-O., Aix à l'E., et la Durance au N.

La zone de Marseille offre une température moyenne de 14°,38 : pour l'hiver, 7°,51, et pour l'été, 21°,61. La température la plus basse qui ait été observée à Marseille, a été en 1820 de — 17°,6 ; et la température la plus élevée en 1818, de 36°,9. L'écart entre les deux extrêmes est de 54 degrés, plus faible de 9 degrés que celui observé à Paris et à Tours.

La pluie annuelle moyenne est de 0$^m$,482, correspondant à 57 jours de pluie par an ; en prenant les observations de soixante-douze ans rapportées par Arago ; mais de Villeneuve établit pour une période de vingt années la chute moyenne à 0$^m$,512, distribuée en 50 jours.

Dans la zone d'Arles, s'étendant de l'est à l'ouest entre l'étang de Berre et le petit Rhône, bornée au nord par la chaîne des Alpines, le maximum de la température est de 37°,50 et le minimum de — 6°. La chute d'eau pluviale moyenne est de 0$^m$,549 par an, répartie entre

(1) Barral, *l'Agriculture, les prairies et les irrigations de la Haute-Vienne*, 1884.

54 jours de pluie ; surtout en février, en juin, juillet et
août les pluies sont rares, les nombres moyens de jours
d'intervalle, étant 12,3; 10,1 ; 17,4 et 15,2.

La température moyenne de l'hiver étant de 6°,41
et celle de l'été de 23°,71, on constate que, pour une
moyenne annuelle de 14°,87, les extrêmes sont plus caractérisés à Arles qu'à Marseille.

La zone d'Aix, comprenant les vallées de l'Arc et de la
Touloubre, offre une température maximum de 38°,75
et une température minimum de — 7°,5. La chute d'eau
pluviale annuelle serait à peu près la même qu'à Arles,
mais répartie entre un moindre nombre de jours. Il fait
plus froid l'hiver, et plus chaud l'été, qu'à Arles.

Enfin la zone du nord, qui s'étend sur la rive gauche
de la Durance, indique pour hauteur d'eau pluviale, en
moyenne générale, $0^m,568$ par an, par rapport à 56 jours
de pluie dont les intervalles sont moins longs qu'à Arles,
les pluies ayant aussi une plus longue durée.

Le tableau XXVII donne, pour trois des zones, la
quantité et le nombre de jours de pluie par saison.

Il résulte des chiffres observés que si, en automne, les
pluies suffisent pour les besoins ordinaires de l'agriculture, les arrosages sont indispensables non seulement
d'avril à septembre, mais encore en février et en mars,
quoique l'eau ne soit pas livrée par les canaux à une
époque aussi hâtive.

Les vents produisent, en Provence surtout, des effets
importants pour la végétation et l'arrosage. Il y a bien
rarement un temps vraiment calme, les vents de terre et
de mer sont en lutte constante. Les vents de terre s'étendent de l'est à l'ouest, en passant par le nord, et comprennent le vent le plus fréquent, le plus impétueux et le plus
redouté de tous, le mistral, qui souffle de nord-ouest, descendant le Rhône et remontant la Durance, extrêmement

desséchant et dévastateur des cultures. Les vents de mer, chauds et humides en hiver, frais en été, amènent la pluie quand ils viennent du sud-est ou du sud-ouest.

Entre le 43ᵉ et le 44ᵉ degré de latitude, le département des Bouches-du-Rhône forme un rectangle oblong dont la grande base est appuyée sur la Méditerranée ; sa longueur est de 132 kilom., et sa surface de 510,000 hectares environ. La masse montagneuse d'où les eaux descendent, soit vers la Durance, soit vers le Rhône, ou vers la mer, comprend plusieurs chaînes entièrement calcaires, dont la Sainte-Baume, l'Étoile, la Sainte-Victoire, la Trévaresse, appartiennent au soulèvement de l'Esterel, et la chaîne des Alpines offre un prolongement des Alpes. Ces cinq groupes de montagnes qui occupent les trois quarts du département, et dont l'altitude atteint 1,000 mètres, sont déchirés par de nombreux vallons qui partagent les eaux entre l'Huveaune, l'Arc, l'Argens, la Durance, la Touloubre, le Verdon et les étangs.

Le calcaire grossier formant ces montagnes passe au calcaire siliceux, avec revêtement schistoïde et poudingues, comme à la Sainte-Baume, ou bien au calcaire marneux, aux grès coquilliers, au *safre* ou limon durci, comme dans la Trévaresse et les Alpines. Quelques-unes des eaux sont séléniteuses, le gypse constituant d'immenses dépôts dans les collines basses de la chaîne du Roussargue (Sainte-Baume); d'autres sont salines, venant de la chaîne Sainte-Victoire; mais la plupart sont légèrement calcaires et plusieurs d'une très grande pureté.

A l'immense plaine de la Crau contenant 15,000 hectares en culture sur 35,000, et au delta de la Camargue comprenant 88,000 hectares, sur lesquels 15,000 à peine sont à l'état cultivé, il convient d'ajouter 35,000 hectares

TABLEAU XXVII. — *Régime des pluies dans les Bouches-du-Rhône.*

| MOIS ET SAISONS. | SUD-EST (1) (MARSEILLE). | | SUD-OUEST (2) (ARLES). | | NORD (3) (DURANCE). | |
|---|---|---|---|---|---|---|
| | Chute de pluie. | Nombre de jours. | Chute de pluie. | Nombre de jours. | Chute de pluie. | Nombre de jours. |
| | millim. | | millim. | | millim. | |
| Décembre......................... | 38.1 | 7 | 48.3 | 5.3 | 39.5 | 5. |
| Janvier........................... | 51.1 | 9 | 37.4 | 5.6 | 43.3 | 5.2 |
| Février........................... | 26.1 | 6 | 44.7 | 5.0 | 42.9 | 5.0 |
| Moyenne totale de l'hiver........ | 115.3 | 22 | 130.4 | 15.9 | 125.7 | 15.4 |
| Mars............................. | 32.7 | 7 | 45.8 | 6.6 | 54.3 | 6.6 |
| Avril............................. | 33.0 | 7 | 26.4 | 2.9 | 23.9 | 3.0 |
| Mai............................. | 64.1 | 8 | 61.4 | 4.8 | 56.5 | 5.5 |
| Moyenne totale du printemps..... | 130.8 | 22 | 133.6 | 14.3 | 134.7 | 15.1 |
| Juin............................. | 27.2 | 6 | 22.2 | 3.7 | 29.1 | 3.5 |
| Juillet........................... | 2.2 | 1 | 7.6 | 1.7 | 13.4 | 3.1 |
| Août............................. | 10.7 | 3 | 35.7 | 2.6 | 40.9 | 2.2 |
| Moyenne totale de l'été.......... | 40.1 | 10 | 65.5 | 8.0 | 83.4 | 8.8 |
| Septembre........................ | 67.6 | 6 | 75.7 | 5.4 | 72.2 | 5.1 |
| Octobre.......................... | 87.4 | 9 | 78.9 | 4.8 | 83.8 | 6.1 |
| Novembre ....................... | 64.1 | 8 | 64.9 | 5.7 | 68.8 | 5.7 |
| Moyenne totale de l'automne..... | 219.1 | 23 | 219.5 | 15.9 | 224.8 | 16.9 |
| Moyennes totales de l'année...... | 505.3 | 77 | 549.0 | 54.1 | 568.6 | 56.2 |

(1) Observatoire de Marseille, 1853 à 1862.
(2) Observations d'Arles et de Saint-Rémy, 1860 à 1871.
(3) Observations de M. Salles (*Bulletin de la Société d'agriculture des Bouches-du-Rhône*, 1873).

de lacs et d'étangs, parmi lesquels ceux de Berre, de Valcarès, du Plan-du-Bourg, du Plan-d'Aren, et 17,000 hectares environ de marais à dessécher.

Déduction faite des surfaces occupées par les étangs et les marais et de 91,000 hectares de bois, forêts et oseraies, auxquels il y a lieu d'ajouter 167,000 hectares de landes, garrigues et pâtis, terres incultes, chemins, cours d'eau et surfaces bâties, il resterait, d'après Barral (1), comme superficie cultivée dans le département, 201,000 hectares se répartissant en :

| | | |
|---|---:|---|
| Terres labourables............ | 121.000 | hectares. |
| Cultures arbustives.......... | 63.000 | — |
| Prés secs.......... 3.400 ⎫ | | |
| — irrigués....... 5.400 ⎬ | 17.000 | — |
| Luzernes.......... 8.200 ⎭ | | |
| Total égal............ | 201.000 | — |

D'après les statistiques des ingénieurs, l'ensemble des terres irriguées serait seulement de 35,000 hectares ; les neuf douzièmes environ des eaux d'arrosage étant empruntés à la Durance. Le reste des eaux est fourni par le Rhône, la Touloubre, l'Arc, l'Huveaune et des ruisseaux disséminés. De Villeneuve avait évalué, cinquante ans auparavant, à 45,000 hectares la surface irriguée, quoique le canal de Marseille et sa dérivation sur Aubagne, ainsi que les nouveaux branchements des Alpines, ne fussent pas encore exécutés.

Ce qui semble certain, c'est que le périmètre arrosable s'étend sur 134,000 hectares placés dans une situation telle, que l'eau des canaux pourrait leur parvenir; mais l'eau serait insuffisante pour les arroser tous ensemble. En ne calculant que sur des arrosages d'été, du 1er avril au 30 septembre, durant six mois, à raison de concessions

(1) *Les Irrigations des Bouches-du-Rhône*, 1876, p. 77.

d'un litre d'eau par seconde, l'écoulement par hectare représenterait 15,811 mètres cubes, ou 1ᵐ,581 de hauteur d'eau par hectare. C'est en effet la quantité d'eau distribuée par les canaux, mais à des intervalles hebdomadaires qui comportent seulement un certain nombre d'heures par jour, chaque semaine.

Par rapport à la pluie qui tombe dans la saison d'arrosage, la quantité d'eau fournie par les irrigations est 4 à 5 fois plus considérable, et le nombre des jours où le sol peut s'imbiber est triplé, en recevant de 2 à 10 fois plus d'eau que la pluie n'en donnerait.

Les prairies permanentes et les jardins sont les cultures qui exigent les plus grandes quantités d'eau ; les haricots et les racines en réclament à peu près autant, mais pendant moins longtemps. Les céréales s'arrosent au plus trois fois, selon l'état d'humidité du printemps, et les oliviers deux fois par an, en juin et en août.

*Haute-Vienne.* — La Haute-Vienne appartient au plateau central, dont elle forme le premier étage vers l'ouest. D'une configuration polygonale, très irrégulière et sans limites naturelles, autres que quelques cours d'eau sur une petite longueur de son périmètre, elle embrasse comme étendue 551,000 hectares, sous une latitude comprise entre 45° 25′ et 46° 25′. Mais c'est l'altitude, beaucoup plus que son exposition méridionale, qui la place dans des conditions particulières de végétation.

Le département est en effet hérissé, sur presque toute sa surface, de montagnes et de collines se rattachant aux Cévennes de l'Auvergne, et entrecoupées par de nombreuses vallées qui lui donnent l'aspect pittoresque qu'Arthur Young n'avait pas manqué de noter. « Pour la beauté générale du pays, dit-il, je préfère le Limousin aux autres parties de la France...; son charme né dépend pas d'un seul objet agréable, mais de la réunion de plusieurs.

Les collines, les vallons, les bois, les enclos, les cours d'eau, les lacs, les fermes éparses, forment mille tableaux délicieux qui rehaussent partout cette province (1). »

En dehors des monts de Blond avec leurs pics de 500 m., au nord du département; des monts d'Ambazac plus à l'est, avec leur pic de Sauvagnac de 700 mètres de hauteur, les plus hauts sommets de la contrée se trouvent au sud-est du plateau des Mille-Vaches, à 800 mètres d'altitude. La hauteur moyenne, compensation faite des parties basses et des parties culminantes du sol de la Haute-Vienne peut être estimée à 350 mètres au-dessus du niveau de la mer.

Les cours d'eau extrêmement nombreux, dirigés vers l'ouest pour dévier aussitôt vers le nord, appartiennent à trois bassins principaux, la Loire, la Gironde et la Charente. De plus, dans chacun de ces bassins jaillissent un nombre infini de sources très abondantes, formant des ruisseaux multiples que l'irrigation utilise.

Dans le bassin de la Loire, desservi par la Vienne, qui parcourt environ 130 kilomètres dans le département, s'écoulent les eaux des arrondissements de Bellac, de Limoges, et de moitié de Saint-Yrieix; en tout, de 473,000 hectares. Avec ses affluents de droite et de gauche, la Vienne a une longueur de 584 kilomètres, à laquelle il faut ajouter, pour les cours d'eau de la Blourd et de la Gartempe, 341 kilomètres; en tout, 925 kilomètres, représentant 1 kilomètre pour 500 hectares. C'est un magnifique réseau de canaux naturels pour la distribution de l'eau d'arrosage sur les terres.

Le bassin de la Charente, auquel reviennent 30,000 hectares de Saint-Yrieix et de Rochechouart, est desservi par la Tardaire et le Baudiat qui ont ensemble un développe-

(1) *Voyages en France*, etc. (*trad. de Lesage*), t. II, p. 20.

ment de 80 kilomètres, correspondant à 1 kilomètre pour 375 hectares.

Dans le bassin de la Gironde où se déversent les eaux de 50,000 hectares environ, compris dans les parties méridionales des arrondissements que draine la Charente, la longueur totale des cours d'eau est de 87 kilomètres, soit 1 kilomètre pour 600 hectares.

Tous les cours d'eau, réunis au nombre de 177, sur une longueur de 2,083 kilomètres, donnent la force motrice à 600 moulins et usines, et portent 115 barrages servant à l'irrigation de 620 hectares.

De nombreux étangs, ne présentant pas de grandes étendues, servent en outre de réservoirs pour les arrosages; ils représentent ensemble une surface totale de 1,300 hectares.

Enfin, des sources et des ruisseaux de faible importance sillonnent presque toute la contrée, et alimentent les *pêcheries* où sont recueillies les eaux d'irrigation de chaque propriété.

Contrairement à ce que l'on observe pour les eaux calcaires de la Durance, le plus souvent troubles et chargées de limons, dont certaines cultures ont à être gardées; les eaux des sources et des cours d'eau de la Haute-Vienne sont remarquables par leur limpidité, par les très faibles quantités de matières qu'elles tiennent en dissolution et par la rareté du limon en suspension. Nous en donnerons plus loin l'analyse. Elles ne marquent en général qu'un demi à deux ou trois degrés à l'hydrotimètre. Le résidu de l'évaporation est principalement composé de silice et de potasse : la chaux y est en très petite proportion, mais les matières organiques sont relativement à dose élevée dans les eaux de surface.

Sous le rapport géologique, la Haute-Vienne offre trois sortes de terrains principaux : les roches primitives,

comprenant des micaschistes et des gneiss avec des modifications granitiques ; les roches éruptives, formées par le
granit, la pegmatite, les porphyres, la serpentine, etc.;
les terrains sédimentaires, constitués surtout par des dépôts argileux tertiaires, à rognons calcaires, et par des grès
quartzeux en amas.

Les calcaires, les gneiss, les granits et les autres roches éruptives, couvrent la presque totalité du département; les terres arables qui proviennent de leur décomposition sont généralement légères, graveleuses, mais
sous une faible épaisseur. Sauf pour les micaschistes
donnant des sols d'argile mêlée de fragments quartzeux,
les autres sols sont maigres et arénacés. La diorite à base
de feldspath et de hornblende, facilement décomposables,
est la seule roche qui donne des terrains profonds, légèrement calcaires, convenant aux céréales et constituant les
parties les plus fertiles de la contrée.

Comme climat, la Haute-Vienne subit à la fois les effets
de son altitude et de son inclinaison générale du sud-est
au nord-ouest. La grande altitude rend la température
plus basse qu'elle ne serait en raison de la latitude. Le
climat est plus continental, l'hiver étant plus froid et l'été
plus chaud qu'à Tours, par exemple. La plus basse température observée a été de — 23° en 1788, la plus haute,
à Limoges également, de + 37,°5 en 1800. La température moyenne de Limoges est de 10°,5 pour l'année.

L'hiver commence de bonne heure et finit tard, la
neige restant plusieurs semaines sur le sol. La chaleur
est plus grande dans la journée, le ciel étant clair; mais
à cause du grand nombre de cours d'eau, les brouillards
sont très fréquents.

Les vents les plus fréquents soufflent parfois avec
violence du nord-ouest, de l'ouest et du sud-ouest.

Quant à la hauteur moyenne d'eau pluviale tombée

dans la période de 1869 à 1876, on trouve, en prenant Limoges pour moyen terme entre Bellac, Eymoutier et Saint-Léonard, qu'elle atteint 0<sup>m</sup>,843 et qu'elle se répartit par mois et par saisons, en regard du nombre de jours de pluie, comme l'indique le tableau XXVII *bis*.

Les mois les plus pluvieux sont ceux d'octobre et de novembre; on remarque toutefois que toute l'année les pluies sont assez abondantes et également distribuées. Il tombe à peu près autant de pluie en été qu'en hiver, ou au printemps; ce qui est en opposition frappante avec le régime pluvial de la Provence.

La statistique dressée par le service des ponts et chaussées en 1863 indique que, sur 71 cours d'eau dénommés, 29 seulement avaient des barrages et donnaient lieu à des irrigations sur 620 hectares; mais l'irrigation avec les eaux de rivière est l'exception dans la Haute-Vienne, et l'on doit recourir aux sources pour justifier l'arrosage des 99 centièmes des herbages du département. Ce fait est essentiel à noter, parce qu'il caractérise complètement l'industrie agricole du Limousin. En effet, l'irrigation n'y est appliquée qu'à la production plus avantageuse de l'herbe, qui se lie étroitement à l'élevage et à l'engraissement du bétail, et constitue depuis des siècles la richesse et la prospérité du Limousin. C'est seulement par la surface des prairies fauchées et en pacage que l'on peut arriver à y déterminer l'importance de l'irrigation.

D'après une enquête ouverte en 1878 et 1879 sur les prairies de la Haute-Vienne, par les soins du préfet, indiquant la nature des eaux d'arrosage aussi bien pour les prés que pour les pacages, en regard des surfaces occupées, la répartition serait la suivante (1) :

(1) Barral, *l'Agriculture, les prairies et les irrigations de la Haute-Vienne;* 1884, p. 181.

| | Surface totale. | Surface arrosée. |
|---|---|---|
| Prairies........... | 76.956 hect. | 60.877 hect. |
| Pacages........... | 56.278 | 32.185 |
| Totaux...... | 133.234 | 93.062 |

Par rapport à 216,000 hectares de terres labourées, vouées en plus grande partie à l'assolement biennal, et fournissant les produits agricoles nécessaires à l'alimentation des habitants et à l'exportation, la surface en prairies, à laquelle on peut ajouter les prairies de trèfle et les racines directement employées pour le bétail, représente les deux tiers; en d'autres termes, la surface consacrée au foin est à celle livrée aux autres cultures dans la proportion de 2 à 3.

Les prairies fauchées occupent la plus grande partie de la surface en herbe, mais les pâtures arrosées ne laissent pas que de couvrir aussi une surface importante ; aussi l'on peut dire que les irrigations de la Haute-Vienne atteignent en nombre rond 100,000 hectares, pour lesquelles les eaux proviennent en moindre volume des rivières et de leurs affluents, des ruisseaux et des étangs, et en plus grande partie des sources naturelles, des sources captées et des eaux pluviales accumulées dans les pêcheries.

Le rendement moyen de 3,000 à 4,000 kilogrammes de foin à l'hectare, que Barral constate pour la première coupe, s'obtient grâce à l'emploi abondant d'engrais : fumier, chaux et phosphate de chaux; mais il n'indique pas à quel volume d'eau cette production correspond. Vidalin, qui a traité surtout des irrigations du Limousin, estime que, dans le centre de la France, le climat étant plus humide que sec, une couche d'eau de $0^m,08$ d'épaisseur suffit pour l'arrosage normal d'un pré soumis à des irrigations périodiques; soit 800 mètres cubes par hectare

TABLEAU XXVII *bis.* — *Régime des pluies dans la Haute-Vienne* (1869-1876).

| MOIS ET SAISONS. | LIMOGES. | |
| --- | --- | --- |
| | Chute de pluie. | Nombre de jours. |
| | millim. | |
| Décembre ................... | 62.93 | 9.00 |
| Janvier..................... | 69.81 | 9.62 |
| Février..................... | 57.62 | 10.00 |
| Moyenne de l'hiver........... | 190.36 | 28.62 |
| Mars....................... | 73.62 | 10.06 |
| Avril...................... | 48.86 | 7.46 |
| Mai........................ | 76.93 | 8.50 |
| Moyenne du printemps ....... | 199.41 | 26.02 |
| Juin....................... | 67.00 | 7.61 |
| Juillet..................... | 63.12 | 6.66 |
| Août ...................... | 67.93 | 7.61 |
| Moyenne de l'été............ | 198.05 | 21.88 |
| Septembre.................. | 78.06 | 8.50 |
| Octobre ................... | 99.01 | 9.93 |
| Novembre.................. | 78.31 | 10.68 |
| Moyenne de l'automne ........ | 255.38 | 29.11 |
| Moyennes de l'année......... | 843.20 | 105.63 |

et par an. « Toutes les prairies, ajoute-t-il, ne reçoivent malheureusement pas cette quantité d'eau que l'on pourrait être porté à regarder comme trop faible (1). »

(1) *Pratique des irrigations*, 2ᵉ édit., 1883, p. 126.

En admettant 800 mètres cubes par hectare, sur
100,000 hectares de prairies, la consommation d'eau
d'arrosage dans la Haute-Vienne s'élèverait pendant
100 jours, de mars à juin, à 80 millions de mètres cubes;
tandis que sur 30,000 hectares de cultures diverses, arrosées par les eaux de la Durance, à raison de $1^m,60$ par
hectare, pendant 200 jours, le département des Bouches-
du-Rhône consommerait annuellement douze fois ce volume. Ni le climat, ni le sol, ni les cultures ne motivent
un pareil écart. Même à parité de périodes d'arrosage,
de six mois, la Haute-Vienne utiliserait encore six fois
moins d'eau que les Bouches-du-Rhône, pour irriguer
une surface plus que triple. L'économie avec laquelle
les eaux sont aménagées dans les pêcheries et les reprises, pour les arrosages successifs des prairies étagées,
tels qu'ils se pratiquent dans le Limousin, fait toutefois
comprendre que la comparaison, au point de vue des volumes consommés, ne peut pas s'établir utilement entre les
irrigations à petites et à grandes eaux, étant donné les
conditions si éminemment variables de périmètres arrosés, d'altitude, de nature, de perméabilité et de déclivité de
terrains, de modes de cultures et de climats.

# LIVRE IV.

## LES EAUX ET LES LIMONS D'IRRIGATION.

---

L'eau d'irrigation est fournie par les pluies et la fonte des neiges, par les sources souterraines, par les lacs et les étangs, par les fleuves et les rivières, par le drainage superficiel des terres en culture ou des lieux habités.

La nature n'offre jamais l'eau à l'état de pureté chimique. Outre les substances salines, invisibles, qu'elle dissout en plus ou moins grande quantité, elle tient en suspension des matières étrangères qu'elle enlève aux terrains traversés ou à l'atmosphère qui la baigne. La filtration atteste la quantité de matières en suspension ; l'évaporation, celle des substances en dissolution, sous forme de résidus de composition variable.

Les qualités qui sont recherchées pour l'eau potable ne sont pas celles que l'on demande à l'eau d'irrigation. Il importe fort peu que celle-ci ne laisse pour mille parties que de 0,10 à 0,20 de résidu ; qu'elle soit fraîche en été, inodore, insipide, aérée, agréable au goût, etc. La meilleure eau d'irrigation est celle qui, renfermant le plus de principes fertilisants, les abandonne plus facile-

ment au sol ; celle dont la richesse latente en substances
utiles dissoutes, et la richesse apparente en matières
minérales et organiques qui la troublent et qui la souillent, concourent le mieux et le plus activement à féconder
le sol cultivé. La meilleure eau d'irrigation est une eau
chimiquement impure ; ce qui n'empêche pas qu'à l'aide
d'eaux relativement pures, employées en grandes masses,
dans le but d'utiliser les quelques millièmes de principes
utiles qu'elles renferment, on n'obtienne également par
l'irrigation des résultats merveilleux, principalement sur
les prairies.

Quant à l'efficacité des eaux employées en irrigation,
les uns l'ont attribuée uniquement aux matières dissoutes, les autres aux matières en suspension. Pour d'autres
encore, les eaux limpides sont les seules qui fertilisent.
Tantôt on a recommandé l'emploi d'eaux douces, tantôt
celui des eaux dures, chargées de principes salins. Ceux-
ci voient dans l'acide carbonique dissous les effets favorables, et ceux-là, les préjudices causés par l'irrigation.
Enfin, la température des eaux, qui constitue l'agent
essentiel de fertilisation aux yeux de certains praticiens,
pour d'autres est absolument indifférente (1).

L'examen que nous avons déjà fait du rôle de l'eau par
rapport au sol, réduit à néant tous ces avis disparates.
Il est en effet bien superflu de discuter de la qualité des
eaux d'irrigation sans examiner en même temps, et
comme étant en étroite relation avec elle, la qualité des
divers sols.

On n'ignore pas que, sur certaines terres argileuses, des
pluies abondantes qui irriguent par le fait, car elles sé-
journent des jours entiers sur les prés sans écoulement
ni évaporation, remplacent avantageusement l'emploi de

_____

(1) *Vœlcker ; travaux et expériences*, par A. Ronna, 1888, t. II, p. 385.

l'engrais. Dans les printemps peu pluvieux, les engrais
qu'on applique à ces terres restent sans effet; et dans
les années humides, aucun engrais ne saurait suppléer
la pluie quant à ses effets fertilisants. C'est qu'ici l'eau
dissout les éléments du sol qui contribuent à augmenter
le rendement de l'herbe.

Sur des terres bien fumées, mais légères et sablonneuses, l'eau qui tombe abondamment au printemps, a pour
effet de répandre par lavage les matières solubles, telles
que le nitrate de soude et même le guano. Ainsi l'eau
pure, qui exerce une action favorable sur certaines terres,
peut en exercer une préjudiciable sur d'autres terres. Ce
que l'eau de pluie accomplit, l'eau de source l'accomplit
également dans une certaine mesure.

Nous avons montré combien variée et complexe est
l'action de l'eau. Elle introduit d'abord de l'air dans le
sol, et, dans toute irrigation bien conduite, l'eau ne doit
pas seulement s'écouler à la surface, mais filtrer à travers le sol. Pour ce motif, le sol doit être perméable : il
ne suffit pas qu'il soit drainé superficiellement, mais
profondément, par des moyens naturels ou artificiels.
En amenant l'air dans le sol, l'eau introduit en même
temps deux éléments essentiels de fertilité, empruntés à
l'atmosphère : l'ammoniaque et l'acide carbonique, qui
facilitent la solubilité des matières organiques et minérales nécessaires à la végétation. Les matières organiques sont rapidement détruites par l'oxygène de l'air,
et les éléments azotés sont transformés en nitrates qui
agissent comme stimulants de la végétation. Les nitrates,
dont on constate la présence dans toutes les eaux de
drainage, se retrouvent dans les eaux de source, et
résultent évidemment des produits de l'oxydation des
matières organiques du sol.

Les matières minérales subissent des modifications non

moins importantes. L'acide carbonique, qui est présent dans l'eau pluviale comme dans l'eau de source, dissout bien des matières minérales que l'eau pure n'eût pas altérées. Les eaux dissolvent ainsi des quantités plus ou moins appréciables de phosphate de chaux, dans les roches qu'elles traversent, et décomposent les silicates naturels, pour mettre phosphates et silicates à la disposition des plantes.

Le degré de dureté des eaux ne nuit pas à l'irrigation ; dans le comté de Gloucester, par exemple, les prairies arrosées à l'aide d'eaux très calcaires, sont remarquables. Certains praticiens ont été portés à donner la préférence aux eaux douces, dont ils attribuent la qualité à la présence d'alcalis. Or l'eau douce ne renferme pas trace d'alcalis, et en général peu de matières minérales, chaux, oxyde de fer ou magnésie. Les eaux dures, au contraire, contiennent le plus de potasse, de soude, et d'autres éléments minéraux.

Le premier point que nous considérerons dans l'étude qui va suivre, à cause de l'importance de l'azote à ses deux états, organique et minéral, c'est sa détermination dans les diverses espèces d'eaux ; puis celle des autres principes essentiels, le carbone, la potasse, l'acide phosphorique, etc., sous le rapport des terrains géologiques dont nous avons retracé les traits distinctifs ; enfin nous examinerons la question de qualité des eaux d'irrigation, telles qu'elles sont utilisées, eu égard à leur provenance, à leur température, etc.

### I. — EAUX NATURELLES.

*a*. **Eaux de pluie et de neige.** — L'eau de pluie, qui résulte d'une sorte de distillation naturelle, est la plus pure et la plus douce des eaux quand on la recueille en rase campagne, dans des récipients propres ; elle ne laisse par l'évaporation qu'un très faible résidu.

C'est rarement à cet état que l'agriculture l'emploie ; les eaux pluviales se recueillant pour l'irrigation sur des surfaces plus ou moins vastes, la terre étant couverte d'une végétation adventice, de mousses ou de tourbes, ou bien de cultures ayant reçu des engrais. Les réservoirs dans lesquels arrivent les eaux troubles, bien qu'ils soient périodiquement curés, ajoutent par leurs dépôts, des matières à celles que les pluies ont dissoutes dans leur parcours.

Quoi qu'il en soit, l'étude des eaux météoriques au point de vue des éléments qu'elles renferment est essentielle, car ces eaux alimentent aussi bien les irrigations de certaines contrées que les sources, les fleuves et les nappes souterraines.

Les recherches qui ont mis hors de doute la présence de l'acide nitrique dans ces eaux remontent au célèbre chimiste suédois, Bergman, dont Condorcet et Vicq-d'Azyr ont fait l'éloge. Continuées jusqu'à ce jour sur les eaux obtenues dans de nombreuses localités, à toutes les altitudes et dans toutes les saisons, elles permettent de conclure que les nitrates et l'ammoniaque dissous par l'eau de pluie peuvent apporter de l'azote aux végétaux. Des analyses suivies pendant six mois, en 1852, par Boussingault, ont établi que les eaux météoriques, obtenues à une grande distance des lieux habités, tenaient en moyenne 0,79 milligram. d'ammoniaque par litre. Pendant l'été et l'automne de 1856, ce savant a examiné en outre 90 échantillons de la pluie tombée au Liebfrauenberg, en Alsace, et il lui a été possible dans 76 de ces échantillons de doser les nitrates, en constatant qu'au milieu des champs ou dans la proximité des forêts étendues, l'eau météorique renferme bien moins d'acide nitrique que d'ammoniaque (1).

La proportion d'ammoniaque et d'acide nitrique varie suivant les saisons. Bineau a constaté à Lyon les différences suivantes :

|  | Ammoniaque. | Acide nitrique. |
|---|---|---|
|  | gr. | gr. |
| Hiver...................... | 0.0163 | 0.0003 |
| Printemps.................. | 0.0121 | 0.0010 |
| Été ..................... | 0.0031 | 0.0020 |
| Automne................... | 0.0040 | 0.0040 |

Les quantités d'ammoniaque augmentent dans les villes, tandis que celles d'acide nitrique diminuent, ou ne s'y accumulent que par les temps orageux.

L'azote combiné, à l'état d'ammoniaque et d'acide nitrique, tel que l'ont fourni les pluies, la grêle, la neige, les brouillards, la rosée, etc., à Rothamsted, pendant les trois années 1853, 1855 et 1856, a été déterminé par Way, et par MM. Lawes et Gilbert. Les résultats sont reproduits dans le tableau XXVIII.

TABLEAU XXVIII. — *Dosage d'azote combiné dans les eaux météoriques à Rothamsted.*

| Azote combiné des eaux météoriques. | Azote à l'hectare et par an. | | | |
|---|---|---|---|---|
|  | 1853 | 1855 | 1856 | Moyenne. |
|  | kil. | kil. | kil. | kil. |
| Ammoniaque....... | 6.35 | 6.57 | 8.80 | 7.24 |
| Acide nitrique...... | indéterminé. | 0.86 | 0.81 | 0.84 |
| Total ....... |  | 7.43 | 9.61 | 8.08 |

(1) *Comptes rendus de l'Acad. des sciences*, 1857.

Les nombreux dosages exécutés depuis, sur les eaux météoriques de Rothamsted, par le professeur Frankland (1), sont venues confirmer les résultats du tableau précédent; les nombres trouvés sont toutefois plus faibles.

Il ressort de l'ensemble des recherches faites également sur le continent, depuis Boussingault, que l'on ne saurait admettre, d'après Gilbert (2), plus de 9 à 11 kilogrammes d'azote combiné, comme provenance des eaux météoriques recueillies en pleine campagne, dans l'ouest de l'Europe. Il y a lieu pourtant de remarquer que, pour un même volume, les autres eaux renferment beaucoup plus d'ammoniaque que la pluie, et qu'il se dépose plus d'ammoniaque atmosphérique, à égalité de surface, dans les pores d'un sol naturel que dans le sol uni et plus ou moins imperméable d'une jauge d'expérience.

Frankland a établi comparativement la composition des eaux pluviales recueillies à Rothamsted en 1869, 1870 et 1872, c'est-à-dire à 40 kilomètres de Londres, dans une jauge placée au milieu d'un champ en culture, à 0m,60 au-dessus du sol et à 130 mètres au-dessus du niveau de la mer, et celle des eaux recueillies de 1870 à 1873 dans divers réservoirs de fermes et d'habitations à la campagne et en ville. Voici le résultat moyen de 82 analyses, dont 70 sur les eaux prises à Rothamsted :

|  | Rothamsted. (1869-72). | Localités diverses. (1870-73). |
|---|---|---|
| Azote organique.................... | 0.022 | 0.080 |
| Ammoniaque....................... | 0.050 | 0.115 |
| Azote à l'état de nitrates et de nitrites. | 0.007 | 1.140 |
| Azote total combiné........... | 0.071 | 1.315 |

(1) *Sixth report of the Rivers Pollution commission*, 1874, p. 27.
(2) *On some points in connexion with vegetation*, 1876.

Si l'eau de Rothamsted est relativement impure, celle des localités diverses (Oakham, Greaseley, Epsom, Goring, Londres, etc). est absolument souillée, au point de vue des qualités potables.

L'analyse chimique démontre que l'eau de pluie ne contient pas seulement de l'azote à l'état combiné, c'est-à-dire de l'ammoniaque à l'état de carbonate ; de l'acide nitrique, à l'état sans doute de nitrate d'ammoniaque, et des matières organiques empruntées à l'atmosphère ; mais encore des gaz oxygène, azote et acide carbonique, dont le volume varie avec la pression, l'altitude et les saisons, et des matières minérales : chlorure de sodium, sulfate de soude, oxyde de fer, etc.

Cent litres d'eau de pluie portée à l'ébullition fournissent comme gaz atmosphériques (1) :

| | |
|---|---|
| Azote........................... | 1.308 |
| Oxygène........................ | 0.637 |
| Acide carbonique............... | 0.128 |
| | 2.073 |

Gérardin a observé que les pluies fines et persistantes sont moins riches en oxygène que les pluies abondantes et passagères, les quantités variant entre 5,18 et 7,98 centimètres cubes par litre (2).

Comme impuretés ou matières solides, l'eau de pluie est d'autant plus chargée que l'atmosphère de la contrée est moins pure. Il a été constaté à Rothamsted, pendant de longues années d'observation, que le montant de ces matières pouvait varier entre 0,62 et 8,58 cent-millièmes, tandis que la proportion de matières organiques variait de 0,031 à 0,438. La moyenne des subs-

(1) *Sixth Report*, etc., 1874, p. 3.
(2) *Bull. Soc. Chim.*, 1873, t. XIX, p. 208.

tances organiques déterminées dans 71 échantillons d'eau de pluie a été de 0,116 cent-millièmes.

L'eau de pluie, qui a en réalité lavé l'atmosphère souillée de poussières minérales, excrémentitielles, de germes zymotiques et des produits de la putréfaction animale et végétale, est souvent, dans des contrées aussi brumeuses que l'Angleterre, moins pure que celle des sources et des puits forés profondément dans le sol.

Isidore Pierre a calculé, d'après la composition du résidu fixe obtenu dans un litre d'eau de pluie à Caen, qu'un hectare de terre reçoit annuellement, à raison de 60 centimètres de chute, plus de 58,38 kilogrammes de chlorures, dont 44 kilog. au moins de sel marin; 17 kil. d'acide sulfurique, soit environ 33 kil. de sulfates divers; plus enfin 26 kilog. de chaux (1). Brandes, opérant sur les pluies de Salzuffeln, avait trouvé 156 kil. de matières solides comme apport au sol, par hectare et par an, tandis qu'Isidore Pierre en compte 147 kil.

Barral a obtenu, de son côté, en analysant l'eau tombée à Paris :

| | | |
|---|---|---|
| Ammoniaque............ | $15^k264$ | } soit $31^k$ d'azote. |
| Acide nitrique.......... | 61.726 | |
| Sel marin............... | 21.224 | |
| Chaux................. | 28.698 | |
| Magnésie .............. | 9.000 | |

Barral a constaté, en outre, la présence des phosphates dans l'eau de pluie ; Chatin, des traces d'iodures, et Schœnbein, des azotites.

Les eaux de neige et d'écoulement des glaciers ne sont pas exemptes de matières minérales ni de matières organiques. Boussingault a dosé dans l'eau de neige récente 0 gr. 00017 d'ammoniaque; Marchand, 0 gr. 0013 de

(1) *Ann. Agron.*, 1851, t. I, p. 471.

carbonate d'ammoniaque ; o gr. 00145 de nitrate d'ammoniaque et o gr. 0238 de matières organiques (1). Le docteur Niepce a trouvé o gr. 019 de résidu fixe dans l'eau provenant des neiges du Grand-Charnier (vallée de l'Isère) (2). D'après Hassenfratz, l'eau de neige renferme un excès d'oxygène (3).

La composition de la rosée et de la gelée blanche se rattache intimement à celle de la pluie ; mais elles renferment une plus forte proportion de résidu fixe, et surtout d'ammoniaque que l'on doit attribuer au dégagement continu de ce gaz à la surface des sols en culture. Nous donnons, d'après Frankland, la moyenne de 11 analyses s'étendant sur la période de mai à novembre 1869, et au mois d'avril 1870 (4).

|  | En cent-millièmes. |
|---|---|
| Carbone organique.................... | 0.264 |
| Azote organique...................... | 0.076 |
| Ammoniaque.......................... | 0.198 |
| Azote (nitrates et nitrites)............. | 0.023 |
| Azote combiné total.................. | 0.262 |
| Chlore............................... | 0.53 |
| Matières solides, total................ | 4.87 |

Les vents ont une grande influence sur la proportion de matières solides que renferme l'eau pluviale. Les observations de Rothamsted montrent que le vent sud-ouest apporte le plus de matières solides, et le vent nord-ouest le moins.

Comme substances organiques et comme azote à l'état minéral, le vent sud-est fournit le maximum ; tandis que la pluie par le vent nord-ouest laisse le minimum d'éléments organiques, et par le vent sud-ouest le mini-

(1) Wurtz, *Dict. de chimie*, 1870.
(2) *Annuaire des eaux de France*, 1858, p. 235.
(3) *Journ. Ecol. polyt.*, t. IV, p. 571.
(4) *Sixth Report*, 1874, p. 32.

mum d'azote minéral. Enfin, le maximum de chlorures correspond aux pluies venant du nord-est, et le minimum, à celles du sud-est.

TABLEAU XXIX. — *Eaux pluviales à Rothamsted.*

COMPOSITION EN CENT-MILLIÈMES VARIABLE SUIVANT LES VENTS.

|  | N.-E. | S.-E. | S.-O. | N.-O. |
|---|---|---|---|---|
| Nombre d'analyses........ | 2 | 4 | 6 | 3 |
| *Matières solides, total :* | | | | |
| Maximum............. | 2.70 | 4.08 | 7.90 | 2.86 |
| Minimum............. | 1.94 | 1.37 | 1.34 | 0.62 |
| Moyenne......... | 2.32 | 2.55 | 4.07 | 1.78 |
| *Matières organiques :* | | | | |
| Maximum............. | 0.114 | 0.116 | 0.128 | 0.087 |
| Minimum............. | 0.036 | 0.063 | 0.051 | 0.031 |
| Moyenne......... | 0.075 | 0.093 | 0.090 | 0.051 |
| *Azote à l'état minéral :* | | | | |
| Maximum............. | 0.040 | 0.125 | 0.037 | 0.044 |
| Minimum............. | 0.034 | 0.016 | 0.004 | 0.022 |
| Moyenne......... | 0.037 | 0.059 | 0.017 | 0.030 |
| *Chlore :* | | | | |
| Maximum............. | 0.55 | 0.10 | 0.50 | 0.30 |
| Minimum............. | 0.50 | 0 | 0 | 0.10 |
| Moyenne......... | 0.52 | 0.04 | 0.25 | 0.22 |

Le tableau XXIX résume les résultats constatés sur 15 échantillons recueillis soigneusement et promptement analysés après la chute des pluies, sous l'action des quatre vents pluvieux qui règnent à Rothamsted.

T. I.                                                    17

Bobierre (1) a présenté aussi d'une manière très utile, en regard des données de ses expériences personnelles sur l'eau pluviale à Nantes, les résultats d'autres essais quant à la teneur des eaux de pluie en acide nitrique libre, en ammoniaque et en chlore traduit en chlorure de sodium. Dans le tableau XXX, les observations météorologiques figurent à côté des données numériques en milligrammes.

Tandis qu'à 47 mètres d'altitude, à Nantes, la dose moyenne de l'ammoniaque trouvée par Bobierre était de 1 gr. 997 par mètre cube d'eau de pluie, elle était, à 7 mètres d'altitude, de 5 gr. 682.

b. **Eaux de sources et de fontaines.** — Boussingault, en 1835, constatait la présence des nitrates dans l'eau des sources abondantes de Roye, près de Lyon. Examinant plus tard quatorze sources sur le territoire alsacien, il remarquait que celles fournies par le grès des Vosges, au Liebfrauenberg et aux ruines du Fleckenstein, renfermaient seulement par litre l'équivalent de 0 gr. 00003 à 0 gr. 00014 de nitrate de potasse. Les eaux les plus riches à Ebersbronn (Bas-Rhin) et à Rappentzwiller (Haut-Rhin), utilisées d'ailleurs pour l'irrigation, contenaient par mètre cube l'équivalent de 0 gr. 14 et 0 gr. 11 de nitrate de potasse.

Hünefield a dosé l'ammoniaque, se caractérisant comme celle de l'eau de pluie et de la neige fondue par son odeur spéciale, à l'état de carbonate et de nitrate dans les eaux des sources de Greifswald, de Wiek, d'Eldena et de Kostenhagen (2). Liebig l'a fait cristalliser à l'état de chlorhydrate dans l'eau de pluie des environs de Giessen, le vent soufflant dans la direction de la ville; les cristaux offraient toujours une coloration jaune ou brune,

(1) *Bull. Soc. chimiq.*, 1864, t. II, p. 468.
2) Wiegmann et Potzdorf, *Mém. sur les composés inorg. des plantes.*

| LIEUX. | ACIDE NITRIQUE. Milligrammes. | | | AMMONIAQUE. Milligrammes. | | | CHLORURE DE SODIUM. Grammes. | | | OBSERVATEURS. |
|---|---|---|---|---|---|---|---|---|---|---|
| | m/m | Années. | Temps. | m/m | Années. | Temps. | Gr. | Années. | Temps. | |
| Manchester ........... | » | » | » | » | » | » | 0.1330 | » | Tempête. | Dalton. |
| Caen................... | » | » | » | » | » | » | 0.0057 | » | » | Is. Pierre. |
| Fécamp............... | » | » | » | » | » | » | 0.0014 | » | » | Marchand. |
| *Nantes.* | | | | | | | | | | |
| Observatoire ......... | 0.0056 | 1863 | Orage. | 1.997 | 1863 | Orage. | 0.0050 | 1860 | Moyennes | Bobierre. |
| Ecluse ............... | 0.0073 | » | » | 2.939 | ...... | » | 0.0084 | » | de 10 mois. | — |
| *Paris.* | | | | | | | | | | |
| Observatoire.......... | 0.0202 | 1851 | 2ᵉ semestre. | 3.400 | 1851 | » | 0.0030 | 1851 | Orage. | Barral. |
| — .......... | 0.0062 | 1852 | 1ᵉʳ semestre. | 3.700 | 1852 | » | 0.0035 | » | » | — |
| Conservatoire.......... | ...... | ...... | ............ | 4.340 | ...... | Avril. | ...... | ...... | ............ | Boussingault. |
| *Lyon.* | | | | | | | | | | |
| Observatoire ......... | 0.0010 | 1852 | » | 4.400 | 1852 | Orage. | » | » | » | Bineau. |
| — ......... | 0.0008 | 1853 | Juillet. | 6.800 | 1853 | » | » | » | » | — |
| Fort Lamothe ........ | 0.0062 | » | » | 1.100 | » | » | » | » | » | |
| La Saulsaie. .......... | 0.0040 | 1854 | Orage. | 3.050 | 1852 | » | « | » | » | Pouriau. |
| .......... | | 1855 | » | 4.000 | 1855 | » | » | » | » | — |
| Liebfrauenberg...... | » | » | » | 0.500 | Moy. de 75 pluies. | » | » | » | » | Boussingault. |
| Giessen............... | » | » | » | » | » | » | 0.0006 | . » | Tempête. | Zimmerman. |
| *Marseille.* | | | | | | | | | | |
| Observatoire ......... | 0.0006 | 1853 | Orage. | 3.100 | 1853 | Orage. | 0.0070 | 1853 | Orage. | Martin. |
| *Toulouse.* | | | | | | | | | | |
| Ville.................. | » | » | » | 4.600 | 1855 | » | » | » | » | Filhol. |
| Campagne............. | 0.0020 | 1855 | Orage. | 0.650 | » | » | » | » | » | — |

ne laissant aucun doute sur la provenance atmosphérique de l'ammoniaque (1).

Sainte-Claire Deville a dosé également les nitrates,
dans les sources d'Arcueil près de Paris; de Suzon, qui
alimentent Dijon; et des environs de Besançon :

| | NITRATES. | | |
|---|---|---|---|
| | Soude. | Potasse. | Chaux et magnésie. |
| | gr. | gr. | gr. |
| *Besançon :* | | | |
|     Sources de Bregille........ | 0.0048 | 0.0023 | 0.0081 |
|     — de la Mouillère... | 0.0118 | 0.0023 | » |
|     — de Billecul........ | 0.0156 | 0.0044 | » |
|     — d'Arcier.......... | 0.0020 | » | » |
| *Dijon :* | | | |
|     Fontaine de Suzon........ | » | 0.0027 | » |
| *Paris :* | | | |
|     Sources d'Arcueil.......... | » | » | 0.0570 |

Le fait si intéressant, ajoute Deville, que l'eau des
sources, comme celle des rivières, est un engrais très
puissant pour les prairies naturelles, n'est plus un problème, si l'on se souvient que les graminées contiennent
une très grande quantité de silice et de potasse; l'eau
d'irrigation amène dans les prairies, non seulement de
la silice et des alcalis, mais encore sous forme de matières organiques et de nitrates, l'azote que les plantes demandent à l'engrais (2).

Les azotates ont été dosés dans quelques eaux du val
d'Aoste, par Cantù et par le D$^r$ Niepce; l'azotate de
chaux dans l'eau de la fontaine du Bourg Saint-Maurice,
titre 0 gr. 014 (3).

L'eau de la Dhuis qui alimente la ville de Paris, analy-

(1) Liebig, *Chemistry in its applications to agriculture*, etc., London,
1847, p. 45.
(2) *Ann. ch. et phys.*, t. XXIII, 3ᵉ série, 1848.
(3) *Annuaire des eaux de la France*, 1851, p. 293.

sée par MM. Bussy et Buignet (1), renferme o gr. 00358, par litre, d'acide nitrique; mais ni ces analystes, ni Poggiale, n'ont pu y constater la présence de l'ammoniaque. Selon Boussingault, l'eau de la Dhuis ne contient pas d'ammoniaque; d'après Hervé-Mangon, elle en contiendrait o gr. 00032; l'analyse de ce dernier porte (2) :

|  | Par litre. |
|---|---|
|  | gr. |
| Ammoniaque............................ | 0.00032 |
| Acide nitrique........................ | 0.00850 |
| *Gaz dissous :* | lit. |
| Acide carbonique..................... | 0.0254 |
| Oxygène.............................. | 0.0072 |
| Azote................................ | 0.0136 |

Nous donnerons plus loin, en étudiant les terrains des diverses formations géologiques, plusieurs analyses d'eaux de sources et de fontaines, qui établissent des variations multiples dans leur composition minérale et gazeuse.

*c.* **Eaux de fleuves et de rivières.** — Les eaux des fleuves et des rivières ont été analysées, surtout au point de vue de leurs qualités potables, mais sans que la plupart des chimistes se soient préoccupés d'y chercher l'azote à ses divers états.

Parmi celles dont Boussingault a déterminé la composition, les moins chargées de nitrate de potasse sont la Seltz et la Saüer, deux affluents du Rhin, qui titrent o gr. 7 à o gr. 8 par mètre cube; les plus chargées sont la Vesle, en Champagne, contenant 12 grammes, et la Seine (du 29 novembre 1856 au 18 janvier 1857), 9 grammes par mètre cube. Sainte-Claire Deville avait dosé en

(1) Barreswil, *Répert. chim. appliq.*, 1862, p. 172.
(2) *Documents relatifs aux eaux de Paris*, 1861, p. 421.

1846, dans la même eau de la Seine, l'équivalent de
18 grammes de nitrate de potasse par mètre cube; tandis
que Boutron-Charlard et Henry n'avaient trouvé en
1849 que des traces de nitrates alcalins et de matières
organiques (1), dans les eaux de la Seine et de la Marne.

Les dosages de nitrates dans les eaux des principales
rivières du territoire français, tels que Sainte-Claire Deville les a obtenus, sont les suivants :

| | NITRATES. | | |
| | Potasse. | Soude. | Magnésie. |
| --- | --- | --- | --- |
| Garonne............. | » | » | » |
| Seine............... | » | 0.0094 | 0.0052 |
| Rhin............... | 0.0038 | » | » |
| Loire............... | » | » | » |
| Rhône............. | 0.0040 | 0.0045 | » |
| Doubs.............. | 0.0041 | 0.0039 | » |

L'eau de la Loire, analysée par Bobierre, renferme de
0 gr. 00007 à 0 gr. 00020 d'ammoniaque par litre (janvier
1859); tandis que l'eau de l'Erdre, à Nantes, en contient
de 0 gr. 0048 à 0 gr. 0490 (novembre 1858) (2).

Les gaz, dans l'eau de la Loire, très pauvre en carbonate de chaux et de magnésie, contrairement à l'eau de
Seine, mais riche en silicates alcalins, ont été détermi-
nés par Bobierre en 1856, sur trois échantillons correspondant à des hauteurs différentes au-dessus de l'étiage,
de juin à juillet. La proportion pour 100 est la suivante :

| | |
| --- | --- |
| Oxygène...................... | 24.5 |
| Azote........................ | 66.2 |
| Acide carbonique............. | 9.3 |
| | 100.0 |

Deville n'avait trouvé en 1846, dans les mêmes eaux

(1) *Annuaire de Millon et Reiset*, 1849, p. 274.
(2) A. Bobierre, *Atmosphère, sol et engrais*, p. 60.

puisées à Meung, que 8,3 d'acide carbonique, après une
forte crue, et M. Morren, dans ses nombreux essais, que
2 à 3,22 pour 100. Il semble ainsi que coulant sur des
terrains siliceux, en l'absence de détritus organiques,
les eaux sont peu chargées d'acide carbonique.

L'eau du Rhône, dont la composition a été déterminée
par Bineau (1) (1839), renfermait de 0 gr. 007 à 0 gr. 013
de matières organiques, et 0 gr. 003 de nitrates de potasse
et de magnésie, par litre. La présence des nitrates n'est
pas un fait accidentel; on les a également retrouvés
dans les eaux puisées à diverses époques.

L'eau de la Saône est réputée tenir en dissolution plus
de matières salines que celle du Rhône. Bineau y a dosé
0 gr. 030 de matière organique et 0 gr. 002 de nitrates
alcalins; la prise avait été faite à Lyon, comme pour
l'eau du Rhône.

L'eau de la Durance, puisée au pont du Cadenet, a été
dosée pour l'azote, avec les résultats suivants (2) :

|  |  | milligr. |
|---|---|---|
| Azote | à l'état d'acide nitrique......... | 1.025 |
| | — d'ammoniaque.......... | 0.633 |
| | — de matière organique... | 0.041 |
| | Azote total......... | 1.699 |

Deux déterminations directes ont donné en outre, par
litre :

|  | millig. |
|---|---|
| Acide phosphorique..................... | 13.2 |
| Potasse................................ | 15.4 |

Dans deux analyses faites précédemment, la première
sur l'eau de la Durance au-dessous de l'étiage, et la seconde, comme moyenne de prises faites à des époques dif-

(1) *Annuaire des eaux de la France*, 1851, p. 218.
(2) Barral, *Irrigations des Bouches-du-Rhône*, 1876. p. 76.

férentes, Barral avait trouvé, pour résidu fixe par litre : o gr. 200 et o gr. 6244.

L'eau de la Seine, puisée en amont de Paris, au pont d'Ivry, les 11 mars et 4 août 1853, analysée par Poggiale, pour la commission d'enquête des eaux de Paris, et par Hervé-Mangon, contient par litre les matières azotées et les gaz dissous ci-après (1) :

| | | POGGIALE. Moyenne. | MANGON. |
|---|---|---|---|
| | | gr. | gr. |
| Matières azotées. | Ammoniaque......... | 0.00032 | 0.00032 |
| | Acide nitrique........ | Qté not. | 0.00850 |
| | Matières organiques.. | id. | |
| | | lit. | lit. |
| Gaz dissous, ramenés à o° sous la pression o^m 760............ | Acide carbonique. | 0.02325 | 0.0254 |
| | Oxygène......... | 0.0095 | 0.0072 |
| | Azote........... | 0.0021 | 0.0136 |

Péligot a constaté que l'acide carbonique, dans le mélange gazeux fourni par l'air que dissolvent les eaux, est à dose très variable. Pour 100 volumes de gaz extrait de l'eau de Seine pendant divers mois de l'année, il a trouvé que l'écart variait entre 30 pour 100, le 11 avril, et 54,6 le 16 février; la moyenne est de 41,7 pour 100, dans une eau riche, comme celle de la Seine, en carbonate de chaux et de magnésie (2). Gérardin conclut de ses analyses que l'eau de Seine renferme en moyenne de 6,80 à 7,98 centimètres cubes d'oxygène; une seule fois a-t-il constaté par litre 12 centimètres cubes (3).

L'eau de la Tamise a fait l'objet de nombreuses analyses dues à Graham, à Playfair, à Phillips et Bostock, à Frankland, etc. Ce dernier chimiste s'est attaché pour

(1) *Documents relatifs aux eaux de Paris*, 1861, p. 421.
(2) *Ann. chim. et phys.*, 3ᵉ série. t. XLI.
(3) *Bull. soc. chim.*, 1873, t. XIX, p. 208.

la Tamise, comme pour la plupart des eaux courantes de la Grande-Bretagne, que la commission d'enquête de 1868 sur la pollution des rivières a examinées, à déterminer l'azote dans ses divers états : organique, ammoniaque, nitrates et nitrites ; ainsi que le carbone, le chlore et le résidu fixe de l'évaporation ; nous nous bornons à donner ici les résultats pour l'azote en cent-millièmes :

|  | AZOTE. | | | |
|---|---|---|---|---|
|  | Organique. | Ammoniaque. | Nitrates et nitrites. | Combiné total. |
| *La Tamise :* | | | | |
| (Mai 1873) au confluent de la Thame......... | 0.103 | 0.010 | 0.098 | 0.209 |
| (Avril 1868) en aval d'Oxford.. | 0.028 | 0 | 0.277 | 0.305 |
| (Mai 1873) — de Reading. | 0.071 | 0.007 | 0.167 | 0.244 |
| (Avril 1868) à Medmenham ... | 0.036 | 0 | 0.229 | 0.265 |
| (Mai 1868) en amont de Windsor. | 0.028 | 0.002 | 0.205 | 0.235 |
| (Janv. 1871) — de Hampton. | 0.064 | 0.007 | 0.353 | 0.423 |
| (Janv. 1874) à Thames-Ditton.. | 0.076 | 0.003 | 0.312 | 0.391 |
| Moyenne.... | 0.058 | 0.004 | 0.234 | 0.296 |

La plupart des eaux des rivières de la région granitique de l'Écosse, analysées par Letheby et Vœlcker, renferment de 0 gr. 05 à 0 gr. 07 de matières solides par litre, y compris la matière organique et l'ammoniaque. Celles de South-Esk et du Tweedale-Burn ont donné à l'analyse faite par Vœlcker :

|  | South-Esk. | Tweedale. |
|---|---|---|
| Matière organique............... | 0.0074 | 0.0180 |
| Ammoniaque libre ............. | 0.0007 | 0.0003 |
| — organique.......... | 0.0013 | 0.0007 |

L'eau du terrain crétacé que la Compagnie New-River distribue à Londres, renfermant 0 gr. 1794, par litre, de carbonate de chaux qui la classe parmi les eaux dures,

(14°, 4), tient o gr. 0045 de matière organique, o gr. 0001 d'ammoniaque libre, o gr. 0003 d'ammoniaque organique et o gr. 0296 de nitrate de magnésie (1).

Le chimiste Ekin, constatant la présence de l'acide nitrique dans les eaux de certaines sources, près de Bath, qui n'avaient pu l'emprunter aux couches superficielles, a analysé les terrains oolitiques et liasiques d'où elles sourdent. Ces terrains et surtout les fossiles contiennent de l'azote, dosant jusqu'à 0,00076 pour 100. C'est des couches riches en fossiles que sortent les eaux renfermant de o gr. 002 à o gr. 0028 d'acide nitrique par litre (2).

Pour donner une idée de la puissance fécondante des fleuves, Boussingault calcule qu'un litre d'eau du Rhin, renfermant o gr. 0038 de nitrate de potasse, le fleuve débitant à Lauterbourg, à l'étiage moyen, 1,105 mètres cubes par seconde, porte à la mer en 24 heures, 363,122 kilogrammes de nitrate, soit un million de quintaux par an. C'est ce que Hervé-Mangon a exprimé autrement, en calculant que les eaux de la Seine jettent à la mer « une tête de bétail par minute. »

D'après les renseignements recueillis par le duc de Raguse (3), le Nil laisse couler dans les basses eaux en 24 heures :

| | |
|---|---|
| Par la branche de Rosette..... | 79.533.000 m. cubes. |
| Par la branche de Damiette.... | 71.034.000 — |
| Soit en tout........... | 150.567.000 m. cubes. |

En supposant que l'eau du Nil ne contienne pas plus de nitrate que l'eau du Rhin, le fleuve porterait cha-

(1) *Vœlcker, travaux et expériences*, par A. Ronna, 1888, t. II, p. 371.
(2) *Journal chemic. soc.*, 1871.
(3) Duc de Raguse, *Voyages*, t. III, p. 247.

que jour à la Méditerranée 301,133 kil. de salpêtre. Barral ayant dosé dans l'eau puisée en 1859, jusqu'à o gr, 004 d'acide nitrique par litre, c'est-à-dire l'équivalent de o gr. 0075 de nitrate de potasse, le Nil entraînerait ainsi par jour plus d'un million de kilogrammes de salpêtre (1).

Dans ces évaluations toutes approximatives, il n'est pas tenu compte de la perte de substances que subissent les fleuves avant de gagner leur embouchure. Il résulte, par exemple, des analyses des eaux de la Meuse qui servent à l'irrigation de la Campine, exécutées à la demande du gouvernement belge, que les sels contenus dans ces eaux vont en décroissant au fur et à mesure qu'elles s'éloignent de la prise, sauf pour le sulfate de chaux, qui augmente; les matières organiques ne sont pas appréciables. Les analyses de Chandelon sont rapportées tableau XXXI.

Nous joignons, plutôt à titre de renseignement, sans discuter les résultats analytiques obtenus à des dates très différentes, à l'aide de méthodes parfois critiquables, deux tableaux XXXII et XXXIII présentant la composition des eaux de fleuves et de rivières, sous deux formes différentes, selon que les analystes ont groupé dans un ordre préconçu les éléments constitutifs des eaux pour former les sels, ou qu'ils ne les ont pas associés par le calcul.

*Eau du Nil.* — Depuis les dosages partiels de Barral, les eaux du Nil ont été analysées complètement par divers chimistes; en première ligne par le docteur Vœlcker, qui a donné leur composition moyenne au début de la crue et en pleine crue (tableau XXXIV) (2).

---

(1) Boussingault, *Agron. Chimie agric.*, etc., 1861, t. II, p. 63.
(2) *Vœlcker, travaux et expériences*, par A. Ronna, 1888, t. II, p. 391.

Quoique renfermant peu de matières solubles, l'eau avant la crue est riche en carbonates de soude et de magnésie. En pleine crue, l'eau colorée en rouge vif perd, après un certain temps de repos, sa coloration

TABLEAU XXXI. — *Analyse des eaux de la Meuse suivant leur éloignement de la prise.*

| SUBSTANCES CONTENUES DANS 10 LITRES D'EAU. | EAU DE LA MEUSE RECUEILLIE | | | |
|---|---|---|---|---|
| | A Hocht en amont de la prise. 1. | A Bocholt à 39 kil. de la prise. 2. | A Pierre-Bleue à 60 kil. de la prise. 3. | A Arendonck à 84 kil. de la prise. 4. |
| | gr. | gr. | gr. | gr. |
| Résidu de l'évaporation..... | 2.300 | 2.100 | 1.050 | 0.750 |
| Carbonate de chaux........ | 1.369 | 1.255 | 0.498 | 0.321 |
| — magnésie..... | 0.270 | 0.241 | 0.089 | 0.055 |
| Sulfate de chaux.......... | 0.122 | 0.136 | 0.203 | 0.124 |
| — magnésie........ | 0.043 | 0.030 | 0.021 | 0.012 |
| Chlorure de sodium........ | 0.150 | 0.140 | 0.100 | 0.092 |
| Silice.................... | 0.200 | 0.182 | 0.104 | 0.028 |
| Alumine et oxyde de fer.... | 0.050 | 0.040 | 0.024 | 0.023 |
| Sels de potasse............ | traces. | traces. | traces. | traces. |
| Matières organiques........ | » | » | » | » |
| | 2.204 | 2.024 | 1.039 | 0.655 |

due à l'oxyde de fer; la diminution de matières solubles par rapport à l'échantillon n° 1 est remarquable, et comme elle renferme beaucoup plus de nitrate de potasse, il semblerait que la matière organique azotée s'est convertie en acide nitrique pour se combiner avec la potasse. Il y a lieu d'observer, en outre, que les matières

TABLEAU XXXII. — *Analyse des eaux de fleuves* (pour 1 litre).

| | RHIN | | RHÔNE A LYON | LOIRE A ORLÉANS | GARONNE A TOULOUSE | SEINE (amont) A PARIS | ELBE près HAMBOURG | DANUBE près VIENNE | TAMISE | |
|---|---|---|---|---|---|---|---|---|---|---|
| | A STRASBOURG | A EMMERICH | | | | | | | A CHELSEA | A GREENWICH |
| | 1. | 2. | 3. | 4. | 5. | 6. | 7. | 8. | 9. | 10. |
| | c.c. | | | c.c. | c.c. | c.c. | | | | |
| Gaz { Oxygène | 7.4 | » | » | 7.0 | 7.9 | 3.9 | » | » | » | » |
| { Azote | 15.9 | » | » | 13.2 | 15.7 | 12.0 | » | » | » | » |
| { Acide carbonique | 7.6 | » | » | 1.8 | 17.0 | 16.2 | » | » | 0.46 | 71.6 |
| | gr. | gr. | gr. | gr. | gr. | gr. | gr. | gr. | gr. | gr. |
| Calcium | 0.0586 | 0.0434 | 0.0659 | 0.0192 | 0.0558 | 0.0739 | 0.0279 | 0.0343 | 0.0766 | 0.0905 |
| Magnésium | 0.0014 | 0.0175 | 0.0014 | 0.0017 | 0.0009 | 0.0048 | 0.0011 | 0.0070 | 0.0044 | 0.0057 |
| Sodium | 0.0051 | 0.0023 | » | 0.0093 | 0.0034 | 0.0074 | » | » | 0.0083 | 0.0181 |
| Potassium | » | » | » | » | 0.0058 | 0.0022 | » | » | 0.0040 | 0.0088 |
| Alumine | 0.0025 | 0.0048 | » | 0.0071 | » | 0.0003 | » | » | » | » |
| Oxyde de fer | 0.0058 | » | » | 0.0055 | 0.0031 | 0.0017 | 0.0012 | 0.0030 | 0.0041 | » |
| — manganèse | » | » | » | » | 0.0030 | » | » | » | » | » |
| Acide carbonique | 0.0849 | 0.0817 | 0.0900 | 0.0415 | 0.0448 | 0.1018 | 0.0447 | 0.0609 | 0.0906 | 0.1232 |
| — sulfurique | 0.0195 | 0.0434 | 0.0147 | 0.0023 | 0.0078 | 0.0219 | 0.0072 | 0.0131 | 0.0566 | 0.0591 |
| Chlore | 0.0012 | 0.0037 | » | 0.0029 | 0.0019 | 0.0074 | 0.0394 | 0.0020 | 0.0175 | 0.0269 |
| Acide silicique | 0.0488 | traces. | 0.0070 | 0.0406 | 0.0401 | 0.0244 | 0.0034 | 0.0049 | 0.0101 | 0.0113 |
| — nitrique | 0.0038 | » | » | » | » | » | » | » | » | » |
| Matière organique | » | » | » | » | » | » | » | » | 0.0340 | 0.0528 |
| Résidu fixe | 0.2317 | 0.2890 | 0.1590 | 0.1346 | 0.1367 | 0.2544 | 0.1269 | 0.1414 | 0.3040 | 0.3988 |

Nᵒˢ 1, 4, 5 et 6; analyses de H. Deville: *Ann. chim. et phys.*, 3e série, t. XXIII.
Nᵒ 2; analyse de Müller; *Archiv. Pharm.*, 2e série. t. XLIX.
Nᵒ 3; analyse de Bineau; *Dict. de chimie* de Wurtz, 1868.
Nᵒˢ 7 et 8; analyses de Bischof.
Nᵒ 9; analyse de Graham; *Quart. journ. chem. soc.*, t. IV.
Nᵒ 10; analyse de Bennett; *ibid.*, t. II.

## Tableau XXXIII. — *Analyses d'eaux de*

| | | LA MARNE | | LA SAÔNE | | LE VAR AU PONT DE GAUDE | |
| --- | --- | --- | --- | --- | --- | --- | --- |
| | | CHARENTON, 1845. | SAINT-MAUR, 1864. | MACON, 1847. | LYON, 1839. | Mars 1865. | Août 1865. |
| | | 1. | 2. | 3. | 4. | 5. | 6. |
| Gaz. | Acide carbonique | 0.013 | » | » | 0.013 | | |
| | Oxygène | faible | » | » | 0.014 | | |
| | Azote | volume. | » | » | 0.006 | | |
| | | | | | 0.033 | | |
| Résidu argilo-siliceux | | » | 0.003 | » | » | 0.007 | 0.007 |
| Alumine et oxyde de fer | | 0.030 | 0.001 | traces. | » | » | » |
| Chaux | | » | 0.091 | » | » | 0.128 | 0.099 |
| Magnésie | | » | 0.008 | » | » | 0.003 | 0.004 |
| Acide silicique | | » | » | traces. | » | » | » |
| Carbonate chaux | | 0.301 | » | 0.113 | 0.134 | » | » |
| — magnésie | | 0.120 | » | » | » | » | » |
| — soude | | » | » | » | » | » | » |
| — protoxyde de fer | | » | » | » | » | » | » |
| Chlore | | » | 0.003 | » | » | 0.014 | 0.011 |
| Chlorure sodium | | | » | 0.020 | 0.002 | » | » |
| — potassium | | 0.020 | » | 0.007 | » | » | » |
| — magnésium | | | » | » | » | » | » |
| Alcalis | | » | 0.011 | » | » | 0.043 | 0.031 |
| Acide sulfurique | | » | 0.015 | » | » | 0.154 | 0.141 |
| Sulfate de chaux | | 0.022 | » | 0.047 | 0.003 | » | » |
| — magnésie | | 0.018 | » | » | » | » | » |
| — alumine | | » | » | » | » | » | » |
| Azotates | | traces. | » | » | 0.002 | » | » |
| Eau et matières organiques | | » | 0.012 | » | 0.030 | 0.024 | 0.035 |
| Acide carbonique | | id. | 0.073 | » | » | 0.036 | 0.015 |
| Produits non dosés | | » | | » | » | | |
| Résidu solide | | 0.511 | 0.217 | 0.187 | 0.171 | 0.409 | 0.343 |

N° 1. Boutron et Henry. — N° 2. Hervé-Mangon. — N° 3. Niepce. — N° 4. Bi- et 10. Tingry. — N° 11. Tordeux. — N° 12. A. Penot. — Nos 13 et 14. Bischof. — N°

*rivières et de fleuves* (pour 1 litre).

| LA MOSELLE | | L'ARVE. | | L'ESCAUT A CAMBRAI, 1826. | LA BOLLER, 1850. | LA MOLDAU A PRAGUE. | LA VISTULE A CULM. | LE PRUTH A CZERNOWITZ. |
|---|---|---|---|---|---|---|---|---|
| amont METZ, 1850. | A METZ, 1848. | 28 février 1808. | 5 août 1808. | | | | | |
| 7. | 8. | 9. | 10. | 11. | 12. | 13. | 14. | 15. |
| | | | | 0.0267 | | | | |
| | | | | 0.0058 | | | | |
| | | | | 0.0176 | | | | |
| | | | | 0.0501 | | | | |
| » | » | » | » | » | » | » | » | » |
| » | » | » | » | » | traces. | » | » | » |
| » | » | » | » | » | » | 0.022 | 0.071 | 0.060 |
| » | » | » | » | » | » | 0.005 | 0.013 | » |
| » | 0.002 | » | » | 0.006 | 0.103 | | | |
| 0.086 | 0.060 | 0.052 | 0.083 | 0.233 | » | | | |
| » | 0.004 | 0.004 | 0.012 | » | » | | | |
| 0.020 | » | » | » | » | » | | | |
| » | 0.001 | » | » | » | » | | | |
| » | » | » | » | » | » | 0.007 | 0.005 | 0.015 |
| » | 0.003 | » | » | 0.047 | traces. | | | |
| » | 0.004 | » | » | » | » | | | |
| » | 0.003 | 0.007 | 0.015 | » | » | | | |
| » | » | » | » | » | » | | | |
| » | » | » | » | » | » | 0.006 | 0.014 | 0.016 |
| 0.010 | 0.026 | 0.032 | 0.065 | 0.008 | 0.081 | | | |
| » | 0.003 | 0.029 | 0.062 | | » | | | |
| » | 0.001 | » | » | » | » | | | |
| » | 0.005 | » | » | » | » | 0.005 | » | 0.009 |
| indét. | 0.004 | 0.003 | 0.004 | traces. | » | 0.009 | 0.022 | 0.069 |
| » | » | » | » | » | » | 0.015 | 0.063 | » |
| » | » | » | » | » | » | | | |
| 0.116 | 0.116 | 0 128 | 0.243 | 0.294 | 0.184 | 0.069 | 0.188 | 0.169 |

neau. — N^os 5 et 6. H.-Mangon. — N° 7. Rivot. — N° 8. D^r Langlois. — N^os 9
15. Pribram.

TABLEAU XXXIV. — *Composition de l'eau du Nil.*

| | Au début de la crue. 1 | En pleine crue. 2 |
|---|---|---|
| | par litre. | par litre. |
| Matières en suspension................... | 0.3398 | 1.2480 |
| — en dissolution................... | 0.2548 | 0.1694 |
| *Composition des matières en suspension.* | | |
| Matières minérales (argile, sable et oxyde de fer)....................... | 0.2979 | 1.1646 |
| — organiques (1)................. | 0.0419 | 0.0834 |
| | 0.3398 | 1.2480 |
| *Composition du résidu de l'eau filtrée.* | | |
| Matière organique........................ | 0.0302 | 0.0220 |
| Oxyde de fer et alumine................. | 0.0010 | 1.0149 |
| Acide phosphorique..................... | traces. | traces. |
| Silicate de chaux....................... | 0.0264 | 0.0552 |
| Carbonate de chaux..................... | 0.0621 | 0.0201 |
| — de magnésie................. | 0.0400 | 0.0164 |
| — de potasse.................... | 0.0094 | » |
| — de soude.................... | 0.0465 | 0.0068 |
| Chlorure de sodium.................... | 0.0328 | 0.0112 |
| Sulfate de chaux....................... | » | 0.0188 |
| — de potasse....................... | 0.0134 | » |
| Nitrate de potasse..................... | 0.0026 | 0.0120 |
| | 0.2644 | 0.1774 |
| (1) Contenant azote..................... | 0.0015 | 0.0037 |
| — égal à ammoniaque........ | 0.0018 | 0.0045 |

organiques en suspension dans l'eau n° 2 ne tiennent pas moins de 4 milligrammes et demi d'ammoniaque par litre; par conséquent, chaque mètre cube d'eau apporte au sol 4 kilogrammes et demi d'ammoniaque sous forme de matière organique dans le limon. Il n'y a donc pas lieu d'être surpris des effets sur la végétation de pareils dépôts où la matière organique est à un état de division non moins grand que les substances minérales et salines avec lesquelles elle est mélangée (1).

A l'occasion des projets d'irrigation que l'ingénieur John Fowler avait dressés en 1875-76, sur l'invitation du khédive Ismaïl, les eaux et le limon, recueillis chaque mois auprès du Caire, pendant une année entière, furent soumis à l'analyse du docteur Letheby, qui trouva à l'eau du Nil la composition moyenne suivante par litre :

|                          | gr.     |
|--------------------------|---------|
| Chaux                    | 0.0424  |
| Magnésie                 | 0.0100  |
| Soude                    | 0.0062  |
| Potasse                  | 0.0144  |
| Chlore                   | 0.0067  |
| Acide sulfurique         | 0.0216  |
| Silice                   | 0.0097  |
| Matières organiques      | 0.0175  |
| Acide carbonique et perte| 0.0403  |
|                          | 0.1690  |

Cette composition ne s'éloigne pas sensiblement de celle de la plupart des rivières d'Europe. Pendant l'année à laquelle se rapporte la moyenne des analyses de Letheby, le poids de matières dissoutes dans un litre d'eau du Nil a varié seulement de 0 gr. 1361 à 0 gr. 2047; le maximum ayant été atteint au moment des

(1) Le limon du Nil a été analysé par Regnault en 1812 (*Description de l'Égypte*, t. II, p. 406), et par Lassaigne en 1846 (*Rapp. sur les progrès de la chimie*; Berzélius, 6e année).

plus basses eaux, par suite de l'augmentation de la chaux, de la soude, du chlore, de l'acide sulfurique et des matières organiques. Un autre maximum est constaté pendant les plus hautes eaux, en raison d'une plus grande quantité de potasse, de silice, de matières organiques et d'acide carbonique.

Quant à la teneur de l'eau en ammoniaque provenant des substances salines et organiques en dissolution, elle varie entre 114 et 270 milligrammes par litre; la moyenne est de 0 gramme 176 (1). Cette proportion diffère légèrement de celle que l'on observe dans l'eau des diverses rivières d'Europe dont la composition est rapportée dans les tableaux XXXII et XXXIII.

Nous renvoyons au chapitre où il est traité des limons des fleuves, pour de plus amples détails sur l'analyse des matières en suspension qui fertilisent périodiquement le delta et la vallée du bas Nil.

*d.* **Eaux des lacs et des étangs**. — Les eaux des lacs jouissent généralement d'une grande pureté, mais elles sont peu aérées. Boussingault n'a trouvé dans l'eau du lac de Stern (vallée de Massevaux) que l'équivalent de 0 gr. 00001 de nitrate de potasse dans un litre d'eau puisée en octobre 1856; dans l'eau du lac Seven (même vallée), d'où sort la Doller, l'équivalent de 0 gr. 00007 de nitrate dans un litre d'eau puisée à la même date; et dans l'eau de l'étang de Soultzbach, près de Wœrth (Bas-Rhin), formé par le barrage de la rivière du même nom et entouré de montagnes de grès des Vosges, l'équivalent de 0 gr. 00003 de nitrate par litre d'eau puisée en août 1856. « Les dates des prises des eaux sont nécessaires, ajoute le regretté savant, parce que dans les eaux, comme dans les terres, la

---

(1) J. Barois, *l'Irrigation en Égypte*, 1887, p. 15.

proportion de nitre n'est pas la même à toutes les époques. » Bobierre a trouvé o gr. 0126 de matières organiques dans les eaux du lac de Grandlieu.

Les lacs du nord de l'Écosse et du Cumberland,
dans les terrains primitifs, schistes argileux et micaschistes, fournissent des eaux d'une grande pureté, qui,
à certaines périodes de l'année, se souillent pourtant
par la tourbe et acquièrent un trouble et une saveur
désagréables. Vœlcker n'a constaté que des traces d'a-
cide nitrique dans les eaux des lacs Katrine, Saint-
Mary et Portmore; mais l'ammoniaque a pu être
dosée par lui aux teneurs suivantes (1) :

|  | AMMONIAQUE | |
|---|---|---|
|  | libre. | organique. |
| Eau du lac Katrine | 0.0004 | 0.0014 |
| — du lac Saint-Mary | 0.0006 | 0.0017 |
| — du lac Portmore | 0.0003 | 0.0006 |

Les eaux des lacs Haweswater, Ullswater et Thirl-
mere, situés dans les schistes de transition, au pied
des monts Cheviots (Cumberland), ont été analysées par Way; elles ne renferment que o gr. 087,
o gr. 050 et o gr. 011, par litre, de matière organique. Le terrain qui environne ces lacs est cultivé
en pâturages secs.

Le tableau XXXV ci-contre reproduit les analyses des
eaux des principaux lacs de la Grande-Bretagne, faites
pour la Commission d'enquête des rivières; la matière
organique, due principalement à la tourbe, est d'origine
végétale; le rapport du carbone à l'azote organique étant
en effet de 1 : 29,8 en moyenne.

Nous faisons suivre ce tableau des analyses de détail
publiées par Vœlcker, des eaux des trois lacs d'Écosse dont

(1) *On the composition and properties of water; Journ. Roy. Agric. Soc.,*
1875.

il vient d'être question, auxquelles nous avons joint celles exécutées par Bobierre et Moride, de l'eau du lac de Grandlieu (Loire-Inférieure), dans lequel se jettent divers cours d'eau, avant qu'il ne se déverse lui-même par l'Acheneau dans la Loire; et du lac de Genève, publiée en 1808 par Tingry (tableau XXXVI).

Dans les pays granitiques, les eaux des étangs ont une composition qui se rapproche absolument de celle des eaux de source.

Barral a déterminé, entre autres, celle des eaux des étangs de la Châtelaine et du Marais (Haute-Vienne) (1) :

| Par litre. | ÉTANGS. | |
| --- | --- | --- |
| | Châtelaine. | Marais. |
| Résidu fixe.................... | 15 milligr. | 30 milligr. |
| Silice........................ | 4.0 | 5.2 |
| Chlore........................ | 6.6 | 9.2 |
| Acide sulfurique.............. | » | 1.1 |
| Potasse....................... | 2.9 | 2.5 |
| Chaux........................ | » | 1.7 |
| Matières organiques.......... | 2.1 | 10.3 |
| Oxygène...................... | 7.2 c/c | 2.2 c/c |

Hervé-Mangon a publié de son côté l'analyse des eaux très pures de l'étang de Cazau (Arcachon) qui alimente un canal d'irrigation, dont les eaux ont été également analysées (2).

| | POUR 1 LITRE. | |
| --- | --- | --- |
| | Étang. | Canal. |
| | gr. | gr. |
| Chlorure de sodium........... | 0.076 | 0.042 |
| — de calcium.............. | 0.014 | 0.016 |
| Sulfate de soude............. | 0.025 | 0.027 |
| Alumine...................... | 0.011 | 0.013 |
| | 0.126 | 0.098 |

(1) L'Agric., les prairies et les irrig. de la Haute-Vienne, 1884; p. 555.
(2) Journ. Agric. prat., 1853, t. XIX, p. 19.

TABLEAU XXXV. — *Composition des eaux des lacs de la Grande-Bretagne*
(EN CENT-MILLIÈMES).

| NOMS DES LACS. | NOMS DES BASSINS. | Résidu solide. | Carbone organique. | AZOTE. | | | | Chlore. |
|---|---|---|---|---|---|---|---|---|
| | | | | Organique. | Ammo-niaque. | Nitrates et nitrites. | Total combiné. | |
| *Pays de Galles :* | | | | | | | | |
| Lac Bala................. | La Dee...... | 2.79 | 0.227 | 0.001 | 0.001 | 0 | 0.002 | 0.73 |
| *Angleterre :* | | | | | | | | |
| Lac Grassmere........... | Windermere. | 4.18 | 0.235 | 0.050 | 0.001 | 0 | 0.051 | 0.79 |
| Lac Rydal................ | — | 4.44 | 0.254 | 0.043 | 0.002 | 0 | 0.045 | 0.69 |
| Lac Windermere.......... | — | 5.78 | 0.299 | 0.076 | 0.002 | 0.018 | 0.096 | 0.99 |
| Lac Haweswater.......... | Eden........ | 3.56 | 0.158 | 0.004 | 0.004 | 0 | 0.008 | 0.54 |
| Lac Ullswater............ | — | 3.63 | 0.067 | 0 | 0.003 | 0.005 | 0.008 | 0.60 |
| Lac Thirlmere........... | Derwent..... | 2.66 | 0.194 | 0.004 | 0.003 | 0.002 | 0.008 | 0.52 |
| Lac Bassenwhaite........ | — | 4.64 | 0.154 | 0.037 | 0 | 0 | 0.037 | 1.29 |
| Lac Derwentwater........ | — | 6.56 | 0.218 | 0.043 | 0.001 | 0 | 0.044 | 1.29 |
| Lac Buttermere.......... | — | 3.56 | 0.127 | 0.040 | 0.004 | 0 | 0.044 | 0.89 |
| Lac Cranmock .......... | — | 4.06 | 0.183 | 0.055 | 0.007 | 0 | 0.061 | 0.89 |
| *Écosse :* | | | | | | | | |
| Loch Katrine............. | Le Forth.... | 2.40 | 0.185 | 0.022 | 0.001 | 0 | 0.023 | 0.85 |
| Saint-Mary Loch.......... | La Tweed ... | 4.48 | 0.254 | 0.019 | 0 | 0 | 0.019 | 0.72 |

Ces dernières analyses permettent de confirmer l'observation que Chandelon avait déjà faite pour la Meuse, relativement à la diminution des matières solubles, au fur et à mesure de l'éloignement de la prise.

*e.* **Eaux des puits.** — Les puits foncés dans les communes rurales fournissent des eaux qui renferment plus de nitrates que les eaux de surface, mais en proportion très variable.

Depuis la découverte des nitrates dans l'eau des puits d'Upsal, par Bergmann en 1770, un grand nombre d'eaux de cette provenance ont été analysées par les chimistes. Dupasquier (1) constate la présence de o gr. 076 de nitrate de chaux par litre d'eau venant du puits du jardin des plantes à Lyon; Boussingault trouve seulement des indices de nitrates dans l'eau du puits de Bechelbronn, creusé dans le terrain tertiaire de l'Alsace, tandis que les eaux des puits de Wörth et de Freischwiller (Bas-Rhin), établis dans les marnes du lias, en contiennent 66 et 91 grammes par mètre cube.

Les eaux des puits de Besançon, analysées par Sainte-Claire Deville, dosent de 53 gr. 5 à 89 gr. 9 de nitrate de potasse, et de 30 gr. 4 à 123 gr. de nitrate de soude par mètre cube (2); mais sans nous arrêter aux eaux provenant des puits des villes, rappelons que Boussingault, dans celles des puits maraîchers des faubourgs de Paris, trouve 1 k. 268 et 1 k. 546 de nitrates par mètre cube; de telle sorte que 100 mètres cubes de ces eaux, exclusivement destinées à l'arrosage, portent dans le terrain 120 à 125 kil. de salpêtre, à raison d'une absorption quotidienne de 30 à 40 mètres cubes. L'utilité comme engrais d'une pareille dose de nitrate ne saurait être contestée (3).

---

(1) *Des eaux de source et de rivière,* 1846, p. 71.
(2) *Annuaire, loc. cit.,* p. 47.
(3) *Comptes rendus Acad. des sciences,* 1857.

TABLEAU XXXVI. — *Analyse des eaux de divers lacs*

(POUR 1 LITRE).

| | ÉCOSSE. | | | FRANCE. | SUISSE. |
|---|---|---|---|---|---|
| | Katrine Loch. | Saint-Mary Loch. | Portmere Loch. | Lac de Grandlieu. | Lac de Genève. |
| Matière organique................. | 0.0119 | 0.0285 | 0.0131 | 0.0126 | 0.006 |
| Carbonate de chaux................ | 0.0050 | 0.0113 | 0.0275 | | 0.072 0.007 |
| Sulfate de chaux.................. | 0.0091 | 0.0115 | 0.0064 | | 0.026 |
| — de magnésie............... | | | | 0.0650 | 0.031 |
| Chlorure de sodium................ | 0.0113 | 0.0084 | 0.0147 | | » |
| — de magnésium............ | traces. | traces. | traces. | | 0.009 |
| Nitrate de magnésie............... | 0.0014 | 0.0028 | 0.0033 | | » |
| Oxyde de fer, alumine et silice..... | | | | | 0.001 |
| Résidu par litre............. | 0.0382 | 0.0625 | 0.0650 | 0.0776 | 0.152 |
| Ammoniaque libre (sels)........... | 0.0004 | 0.0006 | 0.0003 | | |
| — organique........... | 0.0014 | 0.0017 | 0.0006 | | |
| Acide nitrique.................... | traces. | traces. | traces. | | |
| Dureté avant ébullition............ | 1°3 | 1°6 | 2°4 | | |
| — après ébullition............ | 1.0 | 1.4 | 2.0 | | |

Les terrains de grès ou de silice donnent, dans les nappes qui alimentent les puits, des eaux douces de bonne qualité. Vœlcker a notamment analysé celles de puits foncés à 10 et à 22 mètres dans la roche siliceuse du Hampshire, sans y doser l'ammoniaque, ni l'acide nitrique. Dans l'eau d'un puits artésien de la même contrée, il a constaté la teneur de o gr. 0045 de nitrate de magnésie et de o gr. 0006 d'ammoniaque organique par litre. Un puits profond du Devonshire a indiqué à l'analyse une teneur de o gr. 0123 de nitrate de magnésie, o gr. 0001 d'ammoniaque libre et o gr. 0003 d'ammoniaque organique (1).

Les puits de Londres, traversant les graviers, les argiles plastiques et bleues, les sables et enfin la craie, fournissent des eaux dont la composition varie, suivant que les forages en excluent plus ou moins les provenances des nappes supérieures. Elles indiquent généralement un moindre résidu fixe par litre que celles des puits ordinaires, chargées de sulfate et de carbonate de chaux et de très peu de sel marin; mais elles renferment des sels alcalins en abondance, entre autres, du carbonate de soude, et aussi de l'acide carbonique.

Les eaux des puits ordinaires de Londres, qui montrent un haut degré de dureté, portent, d'après Brande, des traces très sensibles d'oxyde de manganèse. Leur résidu fixe dépasse 2 grammes par litre (2).

Nous indiquons plus loin, en passant en revue les sources d'eau fournies par les diverses couches des systèmes géologiques, la moyenne d'un grand nombre d'analyses d'eaux de puits artésiens et de puits ordinaires.

*f.* **Conclusions.** — Il est permis de conclure de l'ensemble de ces recherches analytiques que, sous le rap-

(1) *Vœlcker, trav. et expér.*, etc., 1888, t. II, p. 375.
(2) Th. Brande, *Manual of chemistry*, 1843, t. I, p. 307.

port des principes fertilisants qu'elles apportent à la terre par l'irrigation ou l'imbibition, les eaux qui circulent à la surface, ou à une faible profondeur dans le sol, agissent bien plus par le nitrate que par l'ammoniaque qui s'y rencontre.

L'eau des rivières tenant rarement au delà de 0 gr. 20, et l'eau des sources, au delà de 0 gr. 02 d'alcalis par mètre cube, les analyses montrent, dans un mètre cube des mêmes eaux, l'équivalent de 6 à 7 grammes de nitrate de potasse, correspondant comme engrais azoté à 1 gr. 10 d'ammoniaque. C'est ce même chiffre que Bineau a constaté dans les eaux du bassin du Rhône.

La constitution des terrains d'une contrée exerce naturellement une action prononcée sur la teneur des eaux en nitrate.

Ainsi, dans les lacs des formations syénitiques, les eaux en offrent des traces ; celles qui sortent du grès rouge ou du grès quartzeux des Vosges indiquent à peu près une dose maximum de 0 gr. 5 par mètre cube ; tandis que dans les terrains calcaires du trias, du jurassique, du crétacé, les eaux de source et de rivière ont fourni par mètre cube l'équivalent de 15 grammes de nitrate de potasse ; la proportion variant de 6 à 60 grammes (1). C'est l'influence de la constitution géologique sur la composition générale des eaux que nous nous proposons maintenant d'examiner.

## II. — EAUX DES FORMATIONS GÉOLOGIQUES.

### 1. — *Eaux des formations primitives.*

*a.* **Eaux granitiques.** — Les sources des terrains granitiques et gneissiques sont en général remarqua-

(1) Boussingault, *Comptes rendus Acad. des sciences*, 1867.

blement pures; elles conservent une température uniforme pendant toute l'année.

Des analyses publiées des eaux de huit sources de la Cornouaille (Camborne et Saint-Austell) et de l'Écosse, il résulte que le résidu fixe n'atteint pas 6 cent-millièmes. Les matières organiques y sont en proportion négligeable, depuis o jusqu'à 0,133 cent-millièmes.

|  | CORNOUAILLE ET ÉCOSSE. | |
|  | Sources. | Cours d'eau. |
| Résidu fixe...................... | 5.94 | 5.15 |
| Carbone organique .............. | 0.042 | 0.278 |
| Azote organique................ | 0.008 | 0.033 |
| Ammoniaque.................... | 0.001 | 0.001 |
| Azote (nitrates et nitrites)........ | 0.106 | 0.002 |
| Azote total combiné............. | 0.115 | 0.035 |
| Chlore ........................ | 1.69 | 1.13 |

Dans les cours d'eau (rivières et ruisseaux) qui traversent les terrains primitifs, le résidu fixe est aussi peu élevé que dans les eaux de source. La proportion de chaux et de magnésie que renferment les eaux courantes ne dépasse guère o gr. 010 par litre. La teneur en matière organique dépend de l'état de la surface; quand celle-ci est recouverte de tourbe, il n'est pas rare que l'eau, à défaut du sol, s'imprègne de la matière végétale qui lui communique une coloration jaunâtre ou brune et un goût amer, que l'eau de source ne possède pas. La composition moyenne de 18 ruisseaux et cours d'eau, parmi lesquels la Teign et l'Erme (Cornouaille), la Dee et le Don (Écosse), est donnée plus haut en regard de celle des sources.

M. Le Chartier, de Rennes, a fait l'analyse ci-après de deux eaux provenant des terrains granitiques en Bretagne :

| | EAUX | |
| | de la Vollerie. | de la Boisardière. |
| Résidu solide par litre.............. | 0.0880 | 0.0843 |
| Id.  insoluble dans l'eau alcoolisée. | 0.0450 | 0.0410 |
| Titre hydrotimétrique ............. | 3°.9 | 4°.6 |
| Silice................................ | 0.0222 | 0.0180 |
| Alumine et oxyde de fer............ | 0.0010 | 0.0023 |
| Chaux .........................: ....... | 0.0096 | 0.0064 |
| Magnésie........................... | 0.0031 | 0.0063 |
| Potasse............................ | 0.0020 | 0.0048 |
| Soude............................. | 0.0200 | 0.0150 |
| Chlore............................. | 0.0140 | 0.0135 |
| Acide sulfurique ................... | 0.0041 | 0.0050 |
| Id.  carbonique ................. | 0.0076 | 0.0091 |
| Id.  azotique.................... | 0.0024 | 0.0038 |

La quantité de chlorure de sodium contenue dans ces eaux est considérable; elle est attribuable aux engrais, et sans doute aussi au voisinage de l'Océan.

Malaguti fait remarquer que la plupart des eaux en Bretagne, dont il a déterminé la composition, contiennent de la silice ou des silicates alcalins. On irrigue, ajoute-t-il, mais non pas sur une grande échelle, à cause de l'humidité du climat; toutefois, la plupart des irrigations sont couronnées de succès, sans que les eaux offrent de grandes différences entre elles (1). Peligot n'a également trouvé dans les sources de Saint-Yrieix (Haute-Vienne) que du silicate de potasse et de la matière organique, avec des traces de chlorures (2).

Dans ses nombreuses analyses des eaux des sources, des fontaines et des ruisseaux de la Haute-Vienne, Barral a constaté qu'à moins d'être souillées par des écoulements venant de terres préalablement fumées, ou des égouts, les eaux renferment comme résidu sec par litre, de

(1) *Enquête sur les engrais industriels*, 1866, t. I.
(2) *Soc. nat. d'agric.*, 1877.

15 à 50 milligrammes formés de silice, de chlore, de potasse et de matières organiques. Le tableau XXXVII reproduit un certain nombre de ces analyses qui permettent de juger de la composition des eaux; on y notera la quantité extrêmement faible de sels en dissolution et l'absence presque complète de chaux.

Dans un mémoire sur l'origine de la chaux dans les plantes (1), M. Albert Le Play conclut de l'analyse des sols et sous-sols de sa terre de Ligoure (Limousin) et des diverses eaux courantes, à la nécessité, pour ne pas épuiser le sol arable et répartir au mieux les engrais minéraux sur les sols gneissiques, de recourir à l'irrigation des prés.

Le gneiss qui forme le sol au sud de Limoges ne contient, à l'état de roche solide, aucune matière minérale que les végétaux puissent immédiatement utiliser, tandis que le tuf produit par la décomposition de cette roche, qui sous une épaisseur de plusieurs mètres supporte la couche végétale, est susceptible de leur fournir la silice, la potasse, la magnésie et la chaux. Il résulte (tableau XXXVIII) des analyses des eaux du domaine de Ligoure que les eaux atmosphériques, n'ayant pas d'action sur le gneiss même, dissolvent la plus grande partie de la chaux et des éléments minéraux du tuf gneissique, en appauvrissant le sous-sol d'autant plus énergiquement qu'elles s'écoulent plus vite sur les déclivités. La terre végétale remuée par la charrue, perd ainsi en général la chaux assimilable que les eaux pluviales entraînent, de telle sorte que le principe de culture le plus essentiel dans la contrée consisterait à déverser aussitôt que possible dans les prés les eaux pluviales qui sortent des champs. « C'est le plus sûr moyen, ajoute M. Le Play,

_____

(1) *Comptes rendus Acad. des sciences*, 1862, t. I.

TABLEAU XXXVII. — *Composition des eaux granitiques de la Haute-Vienne.*

| SOURCES ET EAUX COURANTES. | Résidu sec par litre. | Silice. | Chlore. | Acide sulfurique. | Potasse. | Chaux. | Matières organiques. | Oxygène. |
|---|---|---|---|---|---|---|---|---|
| | milligr. | milligr. | milligr. | milligr. | milligr. | milligr. | milligr. | cent. cub. |
| Ruisseau du Repaire (Limoges)............ | 15 | 5.0 | 1.5 | » | 4.5 | » | 4.0 | 5.3 |
| Source de la Verdeille (Saint-Yrieix).......... | 15 | 4.0 | 6.6 | » | 3.0 | » | 1.4 | 4.2 |
| Eau du Vimou (Bellac)...................... | 15 | 5.0 | 6.6 | » | 1.7 | » | 1.7 | 5.9 |
| Fontaine de l'Airmont (Limoges)............ | 15 | 5.8 | 6.6 | » | 3.0 | » | 0.1 | 2.3 |
| Source du pré de la Lande................... | 16 | 2.0 | 9.9 | » | 4.0 | » | 2.1 | 4.5 |
| Eau du Courct (Limoges)................... | 25 | 4.2 | 5.2 | » | 2.0 | » | 3.2 | 5.8 |
| Source du Reverdon (Limoges)............. | 25 | 3.9 | 4.0 | » | 2.1 | » | 8.1 | 2.5 |
| Eau de l'Aurence (Limoges)................. | 25 | 6.1 | 5.3 | » | 2.4 | » | 4.1 | 1.7 |
| Source de la Gaufrenie (Saint-Yrieix)........ | 30 | 6.7 | 6.6 | » | 2.1 | » | 8.0 | 2.2 |
| Source du Mas-Neuf (Limoges)............. | 35 | 6.4 | 6.6 | » | 3.1 | » | 7.8 | 4.9 |
| Source Haute-Réserve (Limoges)............ | 35 | 6.7 | 6.6 | » | 3.5 | » | 8.1 | 5.6 |
| Ruisseau de la Richardière................. | 35 | 7.1 | 7.9 | » | » | » | 7.9 | 1.9 |
| Ruisseau de Lavignac (Saint-Yrieix)......... | 40 | 7.2 | 7.9 | 4.1 | 1.9 | 10.7 | 8.1 | 5.0 |
| Eau de la Vienne (Rochechouart)............ | 40 | 9.1 | 6.6 | » | » | » | » | 5.4 |
| Ruisseau de Brugeras (Limoges)............ | 50 | » | 6.6 | » | » | » | » | 5.2 |
| Fontaine de Janaillac (Limoges)............. | 50 | » | 9.9 | » | » | » | » | 3.6 |
| Fontaine de la Rocherie (Bellac)............ | 60 | » | 6.6 | » | » | » | » | 5.0 |
| Eau du Baudiat (Bellac).................... | 60 | 16.0 | 2.1 | 10.9 | 2.7 | 18.1 | 10.2 | » |
| Eau de la Vienne (à Maury)................. | 60 | 16.0 | 4.0 | 18.7 | 1.1 | 13.6 | 6.6 | » |
| Eau de l'Aixette (à Lavignac)............... | | | | | | | | |

de restituer aux terres arables les éléments de fertilité qui leur sont journellement enlevés. » Il y a lieu seulement de déplorer que l'état de morcellement du sol interdise ce moyen de fertilisation et conduise les propriétaires à laisser écouler infructueusement dans les ruisseaux les eaux des champs.

Le tuf résultant de la décomposition rapide du gneiss, tout en conservant un caractère schisteux, est perméable aux eaux pluviales, sur une épaisseur de 8 à 10 mètres, et laisse suinter un grand nombre de sources au sommet de toutes les pentes. C'est en dérivant les sources du domaine de Ligoure qui affluent dans les ruisseaux de Chevillat et Gaby, pour arroser d'anciens prés sur les flancs du promontoire et en créer de nouveaux à des hauteurs de 30 à 40 mètres au-dessus du niveau de la Ligoure, que M. Le Play a pu, à peu de frais, augmenter les ressources fourragères de sa propriété, malgré l'absence complète de chaux assimilable dans la couche végétale, qui caractérise les terrains cristallisés du Limousin central (1).

En Auvergne, les eaux granitiques analysées par Truchot ont donné la composition suivante par litre :

|  | Montaigut. | La Celle (fontaine). | Sauviat (fontaine). | Estandeuil (fontaine). |
|---|---|---|---|---|
|  | milligr. | milligr. | milligr. | milligr. |
| Silice................. | 40 | 9 | 29 | 28.5 |
| Chaux................. | » | 2.4 | 25 | 13.5 |
| Potasse............... | 2.7 | 2.5 | 1.9 | 8.2 |
| Soude................. | 2.0 | 3.6 | 6.4 | 13.5 |
| Acide phosphorique... | traces. | traces. | traces. | traces. |

Dans la vallée de l'Isère, les terrains cristallins fournissent des eaux que Grange et Niepce ont analysées, parmi lesquelles nous citerons, la source du Chalet du

(1) *Journ. agric. prat.*, 1862, t. II.

TABLEAU XXXVIII. — *Analyse des eaux du domaine de Ligoure*

(HAUTE-VIENNE).

| | EAUX DE SOURCES. | | | EAUX COURANTES. | | | EAUX DE PUITS. | |
|---|---|---|---|---|---|---|---|---|
| | Grand-Pré. | La Boufferie. | Pré Picard. | Chevillat. | Gaby. | Ligoure. | Château. | La Porte. |
| Silice.......................... | 0.033 | 0.058 | 0.029 | 0.029 | 0.019 | 0.016 | 0.036 | 0.037 |
| Alumine et oxyde de fer.......... | » | 0.009 | 0.002 | 0.008 | 0.003 | 0.001 | 0.063 | 0.074 |
| Chaux........................ | 0.007 | 0.010 | 0.005 | 0.006 | 0.008 | 0.007 | 0.122 | 0.171 |
| Magnésie...................... | 0.006 | 0.005 | 0.004 | 0.006 | 0.004 | 0.004 | 0.035 | 0.065 |
| Alcalis........................ | 0.017 | 0.010 | 0.010 | 0.013 | 0.010 | 0.009 | 0.063 | 0.038 |
| Acides chlorhydrique............ | 0.012 | 0.007 | » | 0.003 | 0.004 | 0.004 | 0.184 | 0.195 |
| — sulfurique................. | » | » | » | 0.001 | » | » | 0.017 | 0.050 |
| — carbonique................ | 0.002 | 0.002 | 0.003 | 0.003 | 0.006 | 0.009 | 0.006 | 0.043 |
| Matières organique, carbonique non dosées et perte................. | 0.041 | 0.023 | 0.020 | 0.018 | 0.021 | 0.003 | 0.203 | 0.132 |
| Résidu total par litre....... | 0.118 | 0.124 | 0.073 | 0.087 | 0.075 | 0.053 | 0.729 | 0.805 |

Compas, près d'Allevard, qui jaillit du milieu des roches du protogyne, au pied du pic du Grand-Charnier, et celle du ruisseau de Vaulnaveys (1) :

| | Châlet du Compas. | Vaulnaveys. |
|---|---|---|
| | gr. | |
| Carbonate de chaux.......... | 0.012 | 0.102 |
| Carbonate de fer............ | » | traces. |
| Sulfate de chaux............ | » | 0.007 |
| Acide silicique ............. | traces. | » |
| Silicate d'alumine.......... | » | 0.002 |
| Chlorure de sodium......... | » | 0.003 |
| Chlorure de calcium........ | 0.007 | 0.008 |
| | 0.019 | 0.122 |

Les eaux de la Romanche, dans la même vallée, sortant des terrains primitifs, chargés de millièmes de potasse, sont réputées meilleures pour l'irrigation que celles du Drac, qui a également sa source dans les granits, mais qui coule sur des terrains d'alluvion et sur des roches calcaires. Des deux rivières qui traversent le canton du Valbonnais, la Bonne, venant de formations exclusivement granitiques, et la Marsanne (malsaine), venant de terrains schisteux, c'est la Bonne qui est surtout utilisée pour les arrosages, et pourtant les vallées des deux rivières sont toutes deux également cultivées (2).

Mauny de Mornay cite une exploitation, dans l'Autunois, où l'irrigation se pratique à l'aide des eaux de deux petites rivières, placées l'une et l'autre à la limite des terres granitiques et calcaires. Les prairies arrosées par l'une d'elles, qui sort des terrains granitiques et parcourt des pays cultivés, valent quatre ou cinq fois plus que celles arrosées par l'autre rivière sortant des forêts du Morvan. D'après Belgrand, les roches gra-

(1) *Ann. des eaux de la France*, 1851, p. 234.
(2) Scipion Gras, *Statist. minér. de la Drôme*, 1835.

nitiques du Morvan, où l'Yonne tire son origine de la réunion de milliers de petites sources très peu calcaires, fournissent des eaux qui, marquant seulement de 2 à 7 degrés à l'hydrotimètre, sont souvent altérées par la tourbe (1).

Bouchardat a donné l'analyse des eaux de la source des Pannats, dans le département de l'Yonne, à Avallon, qui sort d'une roche granitique; aucun des filets d'eau qui la forment ne traverse de roches d'autre formation; et d'une petite rivière, le Cousin, qui coule dans une vallée profonde, creusée dans des rochers granitiques. Nous reproduisons les deux analyses du résidu (2).

| | Source des Pannats. | Rivière le Cousin. |
|---|---|---|
| Acide silicique............... | 0.021 | 0.019 |
| Carbonate de chaux........... | 0.032 | 0.043 |
| — de potasse......... | | » |
| Sulfate de chaux.............. | » | traces. |
| Chlorures de sodium et de calcium................... | » | 0.015 |
| Matières organiques.......... | 0.013 | traces. |
| | 0.066 | 0.077 |

L'eau de la Garonne, dont Deville a déterminé la composition, après l'avoir puisée en amont de Toulouse (1846), indique, par la forte proportion de silice qu'elle renferme, son origine et celle de ses principaux affluents, qui, comme l'Ariège, coulent en très grande partie sur les roches feldspathiques. Quant à l'élément calcaire, sa présence se justifie très bien par les terrains traversés (3). La composition est la suivante, comparée à celle de l'eau de la Loire :

(1) *Documents relatifs aux eaux de Paris*, 1861, p. 135.
(2) *Journ. de pharm.*, janvier 1830.
(3) *Ann. chim. et phys.*, 3e série, t. XXIII.

|  |  | La Garonne. lit. | La Loire. lit. |
|---|---|---|---|
| Gaz. | Acide carbonique.......... | 0.0170 | 0.0018 |
|  | Azote..................... | 0.0157 | 0.0202 |
|  | Oxygène................. | 0.0079 |  |
|  |  | 0.0406 | 0.0220 |

|  |  | gr. | gr. |
|---|---|---|---|
|  | Silicate de potasse......... | » | 0.0044 |
|  | Acide silicique ............ | 0.0401 | 0.0406 |
|  | Peroxyde de fer........... | 0.0031 | 0.0055 |
|  | Alumine.................. | » | 0.0071 |
| Résidu fixe. | Carbonate de chaux....... | 0.0645 | 0.0481 |
|  | —      de magnésie.... | 0.0304 | 0.0061 |
|  | —      de manganèse... | 0.0030 | » |
|  | —      de soude........ | 0.0065 | 0.0146 |
|  | Sulfate de soude.......... | 0.0053 | 0.0034 |
|  | —   de potasse......... | 0.0076 | » |
|  | Chlorure de sodium ....... | 0.0032 | 0.0048 |
|  |  | 0.1367 | 0.1346 |

Le résidu de l'eau de la haute Garonne est presque identique à celui trouvé pour l'eau de la Loire à Meung, près d'Orléans, qui reçoit en amont les écoulements du massif montagneux du centre de la France, c'est-à-dire des terrains cristallins : granit, gneiss, porphyres, etc., dont l'Allier fournit une grande partie. On remarquera la quantité notable d'acide silicique que renferment les eaux des deux fleuves, et notamment du silicate alcalin, dans l'eau de la Loire.

*b.* **Eaux volcaniques.** — Les terrains volcaniques, en raison même du défaut de stratification, de la porosité et de l'irrégularité des groupes de roches ignées, ne donnent naissance à aucun cours d'eau souterrain ou superficiel. Les eaux qui les pénètrent sont recueillies le plus souvent par des couches imperméables auxquelles ils sont superposés, et c'est vers les affleurements que se découvrent les sources, à une profondeur ordinaire.

Truchot, dans les analyses qu'il a faites des eaux sortant des terres volcaniques du Puy-de-Dôme, y a trouvé les éléments suivants :

|  | Nohanent. | Lac Pavin. | La Couze d'Issoire. |
|---|---|---|---|
|  | gr. | gr. | gr. |
| Silice.............. | 0.033 | 0.035 | 0.017 |
| Potasse............ | 0.0014 | 0.0012 | 0.0015 |
| Chaux ............. | traces. | traces. | traces. |
| Acide phosphorique. | 0.0009 | 0.0011 | 0.0008 |

Ces eaux riches en acide phosphorique et en potasse sont très estimées pour l'irrigation, principalement celles des terrains granitiques qui, dans le Cantal et l'Auvergne, se trouvent au-dessous des massifs volcaniques.

Puvis vante les prés de qualité supérieure qu'arrosent les eaux du Royan, dans la Limagne, aux environs de Clermont (1).

## 2. — *Eaux des formations de transition.*

*c.* **Eaux siluriennes.** — Dans les roches siluriennes, les sources dissolvent plus de matières que dans les granits et les gneiss; il en résulte que le résidu fixe est le double en moyenne de celui constaté pour les eaux granitiques; mais sous le rapport de l'azote, il n'y a qu'une légère différence. Voici la moyenne de 15 analyses d'eaux siluriennes, dont 13 puisées dans le Pays de Galles et le Cumberland, et 2 en Écosse (2) :

En cent-millièmes.

| *Eaux de sources.* | |
|---|---|
| Résidu fixe...................... | 12.33 |
| Carbone organique............... | 0.051 |

(1) *Des eaux d'irrigation. Journ. agric. prat.*, 1850, t. XIII, p. 309.
(2) *Rivers pollution Commis., Sixth report*, 1871.

En cent-millièmes.

| | |
|---|---|
| Azote organique...................... | 0.014 |
| Ammoniaque........................ | 0.001 |
| Azote (nitrates et nitrites).......... | 0.178 |
| Azote total combiné................ | 0.192 |
| Chlore............................. | 1.84 |

*d.* **Eaux dévoniennes.** — La proportion de matières dissoutes augmente aussi notablement dans les sources provenant des roches dévoniennes et du vieux grès rouge; mais celle des éléments organiques reste très faible, entre 0,02 cent-millièmes et 0,137; sur 22 analyses d'eaux provenant des comtés de Hereford, Cornouaille, Devon et de l'Écosse, la moyenne a été la suivante :

En cent-millièmes.

| | |
|---|---|
| *Eaux de source.* | |
| Résidu fixe ...................... | 25.06 |
| Carbone organique................ | 0.054 |
| Azote organique.................. | 0.012 |
| Ammoniaque...................... | 0.001 |
| Azote (nitrates et nitrites).......... | 0.764 |
| Azote total combiné................ | 0.777 |
| Chlore............................ | 3.85 |

Il y a lieu de remarquer la forte teneur de ses eaux en azote, à l'état de nitrates et de nitrites, qui élève la dose de l'azote total combiné.

Les cours d'eau nombreux qui prennent naissance dans les terrains cambrien, silurien et dévonien, dont l'étendue en Grande-Bretagne est relativement considérable, se caractérisent, comme ceux des terrains cristallins, par leur faible résidu solide qui varie entre 2,14 cent-millièmes et 12,48, pour un ensemble de 81 analyses. Comme l'eau pluviale ne pénètre pas dans ces sols, mais glisse rapidement à la surface, sans pouvoir se charger de matière organique, celle-ci n'y apparaît à l'état végétal que lorsque le cours d'eau traverse les landes et les tourbières.

La moyenne des 81 analyses d'eaux de rivières et de ruisseaux parcourant les anciens terrains sédimentaires indique :

En cent-millièmes.

| *Eaux courantes.* | |
|---|---|
| Résidu fixe...................... | 5.12 |
| Carbone organique............... | 0.293 |
| Azote organique................. | 0.024 |
| Ammoniaque .................... | 0.002 |
| Azote (nitrates et nitrites)........ | 0.006 |
| Azote total combiné............. | 0.031 |
| Chlore.......................... | 0.92 |

Les eaux des puits qui ont été forés dans les roches dévoniennes à une profondeur variant entre 30 et 75 mètres sont bien plus riches en principes fixes, et surtout en azote à l'état combiné; la composition moyenne des eaux de sept de ces puits a fourni :

En cent-millièmes.

| *Eaux des puits forés.* | |
|---|---|
| Résidu fixe...................... | 32.68 |
| Carbone organique............... | 0.068 |
| Azote organique................. | 0.012 |
| Ammoniaque .................... | 0.005 |
| Azote (nitrates et nitrites) ....... | 0.294 |
| Azote total combiné............. | 0.310 |
| Chlore.......................... | 2.70 |

Frankland a constaté dans l'eau de l'un de ces puits, celui de Bradford, foncé en 1869, à 92 mètres de profondeur, la présence de l'hydrogène sulfuré qui s'est rapidement dissipé dans l'air; il est dû probablement à la réduction des sulfates.

En France, les eaux que reçoit la Loire, dans le département de la Loire-Inférieure, ont été analysées par Bobierre et Moride en 1846; on trouvera leur composition dans le tableau XXXIX (1). Ces eaux proviennent toutes des schistes de transition associés aux terrains granitiques et gneissiques, à savoir :

L'Erdre, dont le lit généralement très vaseux est presque entièrement composé de micaschiste et de gneiss; il contient aussi quelque peu de psammite et d'amphibolite;

Le Cens et la Chésine, qui coulent presque constamment dans le micaschiste;

Le Brivé, dont le lit est composé de micaschiste, de granits et, dans quelques endroits, d'amphibolite; les eaux d'égouttement des immenses marais tourbeux de Montoir se déversent dans le Brivé.

La Sèvre-Nantaise, qui traverse les terrains de micaschistes, de gneiss, d'amphibolite et de granit;

La Moine, qui coule entre des phyllades et des granits, et souvent sur des bancs de quartz;

Enfin le Maine, dont le lit est principalement formé de micaschiste et de granit.

Nous avons joint dans le tableau XXXIX les analyses fournies par les mêmes chimistes, des eaux de la Vilaine et de ses affluents, le Chère et le Don, qui, sortent du massif des roches anciennes de la Bretagne et se déversent dans l'Océan.

Le lit de la Vilaine est constitué en grande partie par des phyllades, et celui de ses deux affluents par des phyllades également, mélangés de quelque peu de psammite. Ces rivières sont vaseuses, encombrées de plantes, et forment des marais entourés de charas, de carex, de sphagnes, de sagittaires, d'iris, etc.

(1) *Études chimiques sur les cours d'eau du dép. de la Loire-Inf.*, 1847.

Tableau XXXIX. — *Analyse des eaux de la Loire-Inférieure.*

| | ERDRE A LA JOYELLIÈRE. | CENS AU PONT DE CENS. | CHÉSINE A NANTES. | BRIVÉ A POST-CHATEAU. | SÈVRE A LA MORINIÈRE. | MOINE A CLISSON. | MAINE à CHATEAU-THÉBAUD. | VILAINE A REDON. | CHÈRE A CHATEAUBRIANT. | DON A TRÉVOUX. |
|---|---|---|---|---|---|---|---|---|---|---|
| Acide carbonique...................... | 0.0006 | 0.0010 | 0.0043 | 0.0037 | 0.0013 | 0.0033 | 0.0020 | 0.0018 | 0.0022 | 0.0015 |
| Azote................................ | 0.0122 | 0.0149 | 0.0139 | 0.0150 | 0.0121 | 0.0145 | 0.0132 | 0.0149 | 0.0138 | 0.0148 |
| Oxygène.............................. | 0.0050 | 0.0055 | 0.0010 | 0.0049 | 0.0044 | 0.0043 | 0.0039 | 0.0037 | 0.0023 | 0.0054 |
| Résidu organique ..................... | 0.0260 | 0.0110 | 0.0210 | 0.0523 | 0.0083 | 0.0410 | 0.0400 | 0.0295 | 0.0170 | 0.0266 |
| — inorganique ................... | 0.0615 | 0.1190 | 0.0920 | 0.1410 | 0.0550 | 0.1180 | 0.0760 | 0.0705 | 0.0830 | 0.0566 |
| — total.......................... | 0.0875 | 0.1300 | 0.1130 | 0.1933 | 0.0633 | 0.1590 | 0.1160 | 0.1000 | 0.1000 | 0.1832 |

POUR 100 PARTIES.

| | | | | | | | | | | |
|---|---|---|---|---|---|---|---|---|---|---|
| Acide silicique........................... | 3.00 | 3.87 | 8.60 | 1.80 | 13.00 | 8.30 | 3.10 | 4.50 | 4.00 | 5.10 |
| Alumine et oxyde de fer.............. | 8.00 | 12.40 | 5.20 | 4.95 | 5.00 | 6.00 | 5.40 | 4.50 | 11.00 | 24.00 |
| Sodium................................ | 17.00 | 16.11 | 22.00 | 30.22 | 24.00 | 25.00 | 23.00 | 23.00 | 10.70 | 17.20 |
| Calcium............................... | 12.90 | 8.12 | 4.30 | 18.11 | 7.10 | 9.30 | 9.30 | 10.00 | 9.10 | 5.40 |
| Magnésium ........................... | 8.60 | 0.76 | 7.30 | 2.74 | 6.70 | 4.50 | 7.90 | 9.00 | 22.70 | 25.10 |
| Chlore................................. | 24.00 | 16.79 | 23.90 | 15.80 | 15.80 | 19.70 | 16.30 | 21.20 | 8.20 | 7.20 |
| Acide sulfurique........................ | 7.20 | 3.96 | 7.20 | 3.94 | 3.90 | 4.60 | 2.90 | 7.50 | 12.30 | 10.90 |
| Acide carbonique et oxygène combinés. | 19.30 | 10.99 | 21.50 | 22.44 | 24.50 | 22.60 | 32.10 | 20.30 | | |

La plupart des eaux analysées indiquent une teneur élevée en acide silicique, notamment celles de la Chésine et de la Sèvre-Nantaise ; cet acide est probablement entraîné à la faveur d'un excès de bases alcalines et terreuses, provenant aussi de l'altération des feldspaths. C'est surtout à l'état de silicate de chaux et d'alumine que la combinaison de l'acide se trouve dans ces eaux.

La quantité considérable d'acide carbonique que l'analyse décèle dans les eaux de la Chésine, du Brivé, de la Moine, s'explique d'autre part en raison des matières organiques que donnent les tourbières et les plantes aquatiques. Ces rivières débordent fréquemment et portent l'abondance sur les prairies qu'elles inondent, quand les barrages n'y maintiennent pas un excès d'humidité.

Les eaux de la ville de Rodez indiquent également par leur composition les substances que les roches de transition laissent dissoudre.

Le mamelon isolé sur lequel la ville est assise, est formé de gneiss, de schistes et de micaschistes, dont la nature varie peu sous le rapport des silicates de chaux, de magnésie, d'alumine, de soude et de potasse qu'ils renferment et que l'on retrouve dans les eaux. La présence des sulfates s'explique par l'altération de la pyrite de fer ; celle des chlorures, par les eaux pluviales, et celle des azotates, des phosphates et de l'excès d'acide carbonique, à l'état de carbonates, par la décomposition des matières organiques dérivées du sol superficiel.

Les analyses qui figurent dans le tableau XL sont extraites du mémoire de Blondeau (1), et se rapportent aux eaux relativement pures des puits de Rodez ; elles diffèrent seulement par la proportion d'azotates, de sulfates et

____

(1) *Ann. des eaux de la France*, 1851, p. 178.

TABLEAU XL. — *Analyse des eaux des schistes de transition* (FRANCE).

| | PUITS DE RODEZ | | | VALLÉE DE L'ISÈRE | | | | | | L'ISÈRE À GRENOBLE |
| --- | --- | --- | --- | --- | --- | --- | --- | --- | --- | --- |
| | | | | SCHISTES TALQUEUX | | | TERRAIN ANTHRAXIFÈRE | | | |
| | CHARTREUSE | SÉMINAIRE | LYCÉE | LE GLÉZIN | LE VEUTON | LE BRÉDA | LE GONELIN | LE TEYGIN | LE GIÈRES | |
| Gaz { Acide carbonique | lit. 0.0178 | lit. 0.0319 | lit. 0.0290 | | | | | | | lit. 0.0011 |
| Azote | 0.0251 | 0.0238 | 0.0234 | | | | | | | » |
| Oxygène | 0.0104 | 0.0095 | 0.0089 | | | | | | | » |
| | 0.0533 | 0.0552 | 0.0613 | | | | | | | |
| Acide silicique | gr. 0.0073 | gr. 0.0063 | gr. 0.0094 | gr. 0.0090 | gr. 0.0045 | gr. 0.0072 | gr. 0.0022 | gr. 0.0024 | gr. 0.0060 | gr. 0.0037 0.0035 |
| Alumine | 0.0186 | 0.0055 | 0.0103 | 0.0260 | 0.0159 | 0.0283 | 0.1155 | 0.0809 | 0.1400 | 0.1037 |
| Carbonate de chaux | 0.0545 | 0.0524 | 0.0472 | 0.0039 | 0.0009 | 0.0040 | 0.0320 | 0.0046 | 0.0200 | 0.0025 |
| — de magnésie | 0.0236 | 0.0141 | 0.0240 | » | 0.0019 | 0.0020 | » | » | traces. | traces. |
| — de fer | 0.0121 | 0.0154 | 0.0361 | 0.0134 | 0.0077 | 0.0134 | 0.0325 | 0.0423 | 0.0040 | 0.0090 |
| Sulfate de potasse | 0.0142 | 0.0056 | 0.0123 | | | | | | | |
| — d'alumine | » | » | » | | | | | | | |
| — de soude | 0.0182 | 0.0173 | 0.1092 | 0.0034 | 0.0021 | 0.0040 | 0.0058 | 0.0174 | 0.0400 | 0.0208 |
| — de chaux | 0.0283 | 0.0251 | 0.0382 | » | traces. | 0.0025 | » | 0.0020 | » | 0.0302 |
| — de magnésie | 0.0121 | 0.0121 | 0.0873 | 0.0059 | 0.0033 | 0.0059 | 0.0018 | 0.0050 | 0.0010 | 0.0036 |
| Chlorure de sodium | 0.0335 | 0.0482 | 0.1052 | | | | | | | |
| — de calcium | 0.0186 | 0.0203 | 0.0824 | 0.0118 | 0.0067 | 0.0118 | 0.0166 | 0.0124 | 0.0200 | 0.0107 |
| — de magnésium | 0.0060 | 0.0851 | 0.0213 | | | | | | | |
| Azotate de potasse | 0.0126 | 0.1035 | 0.1314 | | | | | | | |
| — de soude | 0.0142 | 0.0512 | 0.1560 | | | | | | | |
| — de magnésie | 0.0134 | 0.1103 | 0.1215 | | | | | | | |
| — de chaux | » | » | » | | | | | | | |
| Matière organique | » | 0.0061 | 0.0097 | | | | | | | |
| Résidu fixe | 0.2872 | 0.5795 | 1.0015 | 0.0753 | 0.0411 | 0.0791 | 0.2073 | 0.1675 | 0.2310 | 0.1876 |

de chlorures ; l'acide silicique, l'alumine et les carbonates ne varient pas sensiblement.

Le tableau renferme en outre les résultats des analyses des eaux de la vallée de l'Isère, et de l'Isère elle-même, qui descend du massif sauvage des Alpes de la Savoie, traverse les terrains métamorphiques et longe le pied des collines du terrain crétacé, avant d'atteindre Grenoble. La plus grande partie des eaux que reçoit l'Isère, en dehors de quelques ruisseaux des terrains calcaires, proviennent par ses affluents les plus importants des terrains talqueux.

Parmi les cours d'eau débouchant dans la vallée de cette rivière, les uns, à savoir : les ruisseaux du Glézin, à Pinsot (altitude 678 mètres), du Veiton, au Pont (altitude 600 mètres), et du Bréda, à Allevard (altitude 560 mètres), sont alimentés par les schistes talqueux; et les autres, à savoir : le Goncelin (281 mètres), le Tencin (260 mètres) et le Gières, par le terrain anthraxifère, superposé au dévonien.

Grange, dans les observations qui accompagnent ces analyses (1), constate que la quantité de résidu fixe varie du sommet des montagnes à la plaine. Les chlorures dominent dans les schistes talqueux où ils atteignent de 25 à 32 pour 100; tandis qu'ils ne forment plus dans le terrain anthraxifère que 10 à 16 pour 100. Les sulfates ont à peu près la même importance, de 18 à 37 pour 100, mais les carbonates qui comptent seulement de 36 à 47 pour 100 sur le sol granitoïde, varient de 48 à 71 sur le sol anthraxifère. Les sels de magnésie se rencontrent avec une constance remarquable dans les eaux des deux terrains.

*e.* **Eaux des formations houillères.** — Le terrain carbonifère inférieur, le calcaire de montagne notamment, fournit des sources dont quelques-unes sont

(1) *Ann. chim. et phys.*, 3e série, t. XXIV, 1848.

de véritables nappes souterraines, où le résidu fixe des eaux varie entre 15,7 cent-millièmes et 98,5. Le maximum, observé à Weston-sur-Mare, est exceptionnel. La matière organique est plus faiblement représentée que dans les eaux des schistes cristallins supérieurs, et l'azote se trouve en moins grande proportion. La moyenne de 13 analyses d'eaux provenant du calcaire houiller dans les comtés de Derby, de York, de Devon, etc., a donné :

En cent-millièmes.

*Eaux de source.*

| | |
|---|---|
| Résidu fixe...................... | 32.06 |
| Carbone organique.............. | 0.087 |
| Azote organique ............... | 0.010 |
| Ammoniaque ................... | 0.001 |
| Azote (nitrates et nitrites)........ | 0.224 |
| Azote total combiné............. | 0.235 |
| Chlore......................... | 4.63 |

Les mêmes observations s'appliquent aux sources calcaires des terrains carbonifères supérieurs, sans houille (*yoredale* et *millstone grit* des géologues anglais), dans le Yorkshire, le Northumberland, etc.; et à celles des couches houillères proprement dites, dont les eaux ont été recueillies en Angleterre, dans le Pays de Galles et en Écosse.

Sur les 22 analyses de sources appartenant à ces terrains supérieurs, les résultats suivants ont été constatés :

En cent-millièmes.

*Eaux de source.*

| | |
|---|---|
| Résidu fixe...................... | 21.96 |
| Carbone organique.............. | 0.050 |
| Azote organique................. | 0.014 |
| Ammoniaque ................... | 0.001 |
| Azote (nitrates et nitrites)......... | 0.393 |
| Azote total combiné............. | 0.408 |
| Chlore......................... | 1.85 |

Les strates supérieurs renferment encore moins de matières organiques, mais plus d'azote à l'état de nitrates, et moins de chlore, que les couches inférieures.

Pour les ruisseaux et les cours d'eau du terrain carbonifère, comme pour les anciennes formations sédimentaires, on doit établir une distinction entre ceux qui coulent sur les strates non calcaires et ceux qui parcourent les couches calcaires.

Les premiers se rattachant au *yoredale* et *millstone grit* du système houiller supérieur, offrent des eaux plus chargées de matières fixes que celles des terrains plus anciens, aussi peu absorbants. La moyenne de 47 analyses de ces eaux indique seulement 8,75 cent-millièmes de résidu solide. La matière organique, de nature végétale, provient en général des tourbes et des mousses qui recouvrent les terrains; la proportion de chlore y est plus faible que dans les eaux de source de même provenance.

Sur 47 échantillons d'eaux recueillies dans les couches supérieures des bassins de la Wyre (Lancashire), de la Mersey et de la Ribble, de l'Aire et de la Calder, de l'Ouse, de la Wear et de la Tees, du Don, de la Derwent (Derbyshire); et en Écosse, du Forth et de la Clyde; on a obtenu la composition moyenne en cent-millièmes qui figure ci-après :

| | COURS D'EAU DU TERRAIN HOUILLER. | | |
|---|---|---|---|
| | Couches non calcaires. | Calcaire de montagne. | Calcaires houillers. |
| Résidu fixe................. | 8.75 | 17.07 | 22.79 |
| Carbone organique......... | 0.377 | 0.370 | 0.346 |
| Azote organique ........... | 0.033 | 0.047 | 0.037 |
| Ammoniaque............... | 0.003 | 0.001 | 0.003 |
| Azote (nitrates et nitrites)... | 0.010 | 0.011 | 0.016 |
| Azote total combiné......... | 0.050 | 0.059 | 0.056 |
| Chlore...................... | 1.05 | 1.24 | 1.52 |

Les cours d'eau du calcaire de montagne (houiller inférieur) sont plus chargés de matière organique végétale
azotée que ceux du *millstone grit*, etc. ; la composition
moyenne résultant de 7 analyses figure en regard de
celle des eaux des couches supérieures. Elle s'applique
aux eaux des ruisseaux des comtés de York, de Durham
et de Northumberland.

Quant aux eaux courantes des calcaires houillers supérieurs et permiens, dont la composition est très variable,
les unes, grâce à la friabilité et à la perméabilité des couches, sont riches en principes minéraux; les autres coulant
sur des couches compactes et résistantes, contiennent peu
de matières fixes. La dose de matière organique est également très variable, suivant que les terrains de surface
sont tourbeux ou nus. La troisième colonne reproduit
les résultats analytiques de 26 échantillons d'eaux recueillis en Angleterre, dans les bassins de la Trent, de
la Tyne, de la Mersey, etc.; dans les bassins, en Écosse,
du Forth, de la Tweed, de la Clyde, et dans le Pays de
Galles à Merthyr-Tydfil et à Newport.

Les puits des exploitations houillères, comme ceux
forés dans le terrain houiller, fournissent des eaux chargées de matières minérales et de principes organiques
qui leur donnent un haut titre d'azote combiné. La
moyenne de 9 analyses d'eaux de puits foncés dans les
comtés de Lancaster, de Northumberland et de York, a
été trouvée telle que suit :

En cent-millièmes.

| *Puits forés.* | |
|---|---|
| Résidu fixe......................... | 83.10 |
| Carbone organique................... | 0.119 |
| Azote organique..................... | 0.034 |
| Ammoniaque......................... | 0.044 |
| Azote (nitrates et nitrites)........... | 0.207 |

Azote total combiné.................... 0.278
Chlore............................... 18.05

Il convient de remarquer la forte proportion d'ammoniaque et de chlore que renferment ces eaux.

*f.* **Eaux permiennes.** — La dolomie ou calcaire
magnésien, qui tient lieu et place du terrain permien
en Angleterre, abandonne par sa décomposition, à
l'eau des puits qui y sont foncés, de la chaux et de la
magnésie. Le résidu fixe est notablement augmenté par
ces deux bases; l'azote y est représenté surtout par des
nitrates et des nitrites. La composition moyenne des
eaux de trois puits forés dans le calcaire magnésien à
Mansfield, à Pontefract (Yorkshire) et à Sunderland
(Durham) est la suivante :

En cent-millièmes.

*Puits forés.*

Résidu fixe............................ 61.14
Carbone organique...................... 0.076

Azote organique........................ 0.030
Azote (nitrates et nitrites).............. 1.426

Azote total combiné.................... 1.456
Chlore............................... 4.31

Le grès vosgien et le grès rouge, soulevés avec le
noyau central des Vosges, que composent les granits, les
syénites et les porphyres, fournissent des eaux peu calcaires et peu riches en alcalis, mais douces et pures.
Hervé-Mangon a donné la composition des eaux employées pour l'irrigation de la prairie de Habeaurupt,
près de Plainfaing (1), qui renferment seulement de
0 gr. 018 à 0 gr. 026 de matières minérales par litre,
entre autres :

(1) *Expériences sur l'emploi des eaux d'irrigation,* 1869.

gr.

0.001 à 0.003 de chaux.

0.001 de magnésie.

0.002 à 0.003 d'alcalis.

0.002 à 0.004 d'acide sulfurique.

D'après Braconnier, les eaux de deux sources provenant du grès des Vosges contiennent par litre :

|  | Grand Rougimont. | Bienville. |
|---|---|---|
|  | gr. | gr. |
| Silice ...................... | 0.003 | 0.001 |
| Chlorure de sodium......... | 0.004 | 0.007 |
| Sulfate de chaux............ | 0.004 | » |
| Carbonate de chaux ........ | 0.068 | 0.031 |
| —        de magnésie...... | traces. | 0.008 |
| —        de fer............ | 0.013 | 0.023 |

Les eaux de source du nouveau grès rouge, quoique plus ou moins calcaires, ne donnent pas généralement de résidu fixe abondant; la plupart des matières étrangères proviennent de sels dissous, la matière organique varie de 0,022 cent-millièmes à 0, 166. Sur 15 analyses des eaux du grès, puisées dans les comtés de Warwick, Leicester, Chester, Stafford, Derby, etc., la moyenne a été de :

En cent-millièmes.

*Eaux de source.*

| | |
|---|---|
| Résidu fixe..................... | 28.69 |
| Carbone organique............. | 0.065 |
| Azote organique................ | 0.017 |
| Ammoniaque .................... | 0.001 |
| Azote (nitrates et nitrites) ...... | 0.330 |
| Azote total combiné............. | 0.349 |
| Chlore .......................... | 2.19 |

C'est dans le nouveau grès rouge, qui forme une des meilleures nappes souterraines de la partie centrale de l'Angleterre, qu'ont été forés le plus grand nombre de puits, à des profondeurs variant entre 36 et 162 mètres. Les eaux de ces puits, à cause de la faible solubilité du grès, offrent un résidu solide qui ne dépasse pas 0 gr. 63 par litre. La roche, d'ailleurs poreuse et ferrugineuse, exerce une action oxydante très énergique sur la matière organique que l'eau entraîne par infiltration, de telle sorte que certaines eaux n'en offrent plus même de traces; mais l'azote, à l'état de nitrates et de nitrites, y est à haute dose. Les matières minérales du nouveau grès rouge consistent principalement en sable quartzeux cimenté par du carbonate et du sulfate de chaux.

La composition résultant de l'analyse de 28 échantillons d'eaux recueillies dans les puits forés à Birkenhead (Cheshire), Birmingham, Liverpool, Nottingham, Wolverhampton, etc., assigne aux principaux éléments les chiffres suivants, pour une température de l'eau variant entre 10 et 11 degrés centigrades :

| Puits forés. | En cent-millièmes. |
|---|---|
| Résidu fixe........................ | 30.63 |
| Carbone organique................... | 0.036 |
| Azote organique..................... | 0.014 |
| Ammoniaque......................... | 0.003 |
| Azote (nitrates et nitrites)......... | 0.717 |
| Azote total combiné................. | 0.734 |
| Chlore............................. | 2.94 |

### 3. — *Eaux des formations secondaires.*

*g.* **Eaux liasiques.** — Le terrain liasique comprend des sources dont l'eau est très chargée de matières solides, surtout de matières minérales; leur dose varie entre 21,22 cent-millièmes et 58,12. La matière organique y est surtout carbonée. Sur 7 analyses des eaux liasiques des comtés de Gloucester et de Somerset, la moyenne a été trouvée de :

|  | Sources. | Puits forés. |
|---|---|---|
| *Eaux de sources et de puits.* | | |
| Résidu fixe........................ | 36.41 | 70.98 |
| Carbone organique................. | 0.073 | 0.146 |
| Azote organique................... | 0.019 | 0.027 |
| Ammoniaque........................ | 0.001 | 0.001 |
| Azote (nitrates et nitrites)......... | 0.467 | 0.389 |
| Azote total combiné............... | 0.487 | 0.417 |
| Chlore ............................ | 2.48 | 4.42 |

Ces eaux très dures s'améliorent, pour la plupart, par l'addition d'une faible quantité de chaux.

Les quelques puits foncés à une profondeur de 50 à 60 mètres dans le lias, fournissent des eaux très chargées de substances minérales : sulfate et carbonate de chaux, chlorures, et en assez forte proportion, des éléments organiques. La composition moyenne des eaux de deux puits forés à Northampton et à Samerton, indique une teneur de 0,146 cent-millièmes de carbone organique et 0,417 d'azote à l'état de combinaison.

Le docteur Niepce a analysé l'eau puisée sur divers points du parcours d'une source qui sort du lias, dans la vallée de l'Isère ; ses analyses montrent combien le sulfate de chaux, quoique naturellement soluble, se dépose abondamment après un assez court trajet à l'air libre (1).

|  | SOURCE DU LIAS. | | |
|---|---|---|---|
|  | Au point d'émergence. | Après 55 m. de parcours. | Après 600 m. de parcours. |
| Carbonate de chaux...... | 1.762 | 0.592 | 0.134 |
| Sulfate de chaux........ | 0.182 | 0.131 | 0.078 |
| Chlorure de sodium..... | 0.042 | 0.036 | 0.030 |
| Id.    de calcium..... | 0.239 | 0.233 | 0.231 |
| Carbonate de fer......... | traces. | traces. | traces. |
| Acide silicique.......... | Id. | Id. | Id. |
|  | 2.225 | 0.992 | 0.473 |

(1) *Annuaire des eaux de la France,* 1861, p. 234.

Dans le tableau XLI sont groupées plusieurs analyses d'eaux du lias, à savoir :

1° Des eaux des fontaines du Tencin et de Domène (vallée de Graisivaudan), dérivées des schistes ; analysées par Niepce.

2° Des eaux de la nappe qui alimente la fontaine principale de Vesoul et se trouve dans les schistes bitumineux et pyriteux, au-dessus du calcaire à gryphées. Ces eaux ne renferment que des traces de chlorures alcalins et d'acide sulfurique ; le carbonate de chaux y prédomine. (Analyse de Ebelmen) (1).

3° Des eaux du lias recueillies dans le comté de Somerset et analysées par le docteur Vœlcker (2). L'eau de la tranchée de Dunball renferme en quantité importante du sulfate de soude et du sulfate de magnésie ; c'est de plus une eau très dure, contenant huit fois plus de résidu fixe que les eaux de dureté moyenne. L'eau ·de la source Ford-Farm, quoiqu'elle ne soit pas aussi riche en matières salines que la précédente, offre une grande analogie avec elle. Par le contact des sulfates et des matières organiques dans un sol non aéré, ces eaux émettent de l'hydrogène sulfuré.

Aussi bien dans la formation du lias que dans celles du système salifère, comprenant le nouveau grès rouge, le grès congloméré et le calcaire magnésien, les eaux courantes se rapprochent par leur composition de celles du terrain carbonifère. La facile décomposition des roches de ces formations, notamment du calcaire magnésien, par les agents atmosphériques, aide à la dissolution des matières minérales par les eaux superficielles. Toutefois, le résidu fixe est bien moins considérable que celui des sources de même provenance ; l'azote

(1) *Ann. des Mines*, 1841, 3ᵉ série, t. XX.
(2) *Trav. et expér. de Vœlcker*, par A. Ronna, t. I, p. 23.

TABLEAU XLI. — *Analyse des eaux du lias.*

| | | GRAISIVAUDAN. FONTAINES | | VESOUL. | SOMERSET. | |
| | | Du Tencin. | De Domène. | PUITS. | Tranchée de Dunball. | Source de Ford-Farm. |
|---|---|---|---|---|---|---|
| Gaz. | Acide carbonique........................ | | | lit. 0.0390 | | |
| | Oxygène................................ | | | 0.0066 | | |
| | Azote................................. | | | 0.0166 | | |
| | | | | 0.0622 | | |
| Résidu fixe. | Carbonate de chaux............. | gr. 0.134 | gr. 0.137 | gr. 0.132 | gr. 0.441 | gr. 0.378 |
| | — de magnésie.......... | » | » | » | » | traces. |
| | Sulfate de chaux................ | 0.009 | 0.009 | 0.126 | 1.494 | 1.567 |
| | — de magnésie............. | » | » | » | 0.522 | 0.368 |
| | — de potasse et soude....... | » | » | » | 0.147 | 0.088 |
| | Acide silicique................ | traces. | » | 0.015 | » | » |
| | Oxyde de fer.................... | traces. | » | traces. | » | » |
| | Chlorure de sodium............. | 0.054 | 0.007 | 0.015 | 0.263 | 0.095 |
| | — de calcium............. | » | 0.016 | » | » | » |
| | — magnésium ............. | » | » | 0.074 | » | » |
| | Azotate de potasse............. | » | » | traces. | 0.014 | 0.008 |
| | Matière organique............. | » | » | indét. | | |
| | | 0.197 | 0.169 | 0.362 | 2.881 | 2.504 |

combiné et le chlore y sont en bien moins grande proportion. La composition moyenne ci-après se rapporte
à 9 échantillons d'eaux fournies par le lias, le nouveau grès rouge et le calcaire magnésien.

| *Eaux courantes.* | En cent-millièmes. |
|---|---|
| Résidu fixe.......................... | 18.80 |
| Carbone fixe.......................... | 0.286 |
| Azote organique...................... | 0.042 |
| Ammoniaque ...................... | 0.002 |
| Azote (nitrates et nitrites)............... | 0.010 |
| Azote total combiné.................... | 0.054 |
| Chlore................................ | 1.49 |

*h.* **Eaux jurassiques.** — Les eaux des terrains
jurassiques où prédomine l'oolite, presque exclusivement calcaire, renferment de grandes quantités de
carbonate de chaux qui augmente le résidu fixe;
le poids de ce résidu varie entre 22,34 cent-millièmes
et 52,16. Les éléments organiques, carbone et azote,
sont faiblement représentés, comme il résulte de la
moyenne ci-après de 35 analyses d'eaux de sources jurassiques, puisées dans les comtés de Gloucester, de Somerset, à Cirencester, et dans le bassin de la Tamise :

| *Eaux de sources et de puits.* | Sources. | Puits forés. |
|---|---|---|
| Résidu fixe...................... | 30.33 | 33.60 |
| Carbone organique................. | 0.043 | 0.037 |
| Azote organique................... | 0.011 | 0.010 |
| Ammoniaque...................... | 0.001 | 0.022 |
| Azote (nitrates et nitrites)........... | 0.402 | 0.625 |
| Azote total combiné............... | 0.414 | 0.654 |
| Chlore........................... | 1.55 | 2.69 |

Les titres en chlorure ne sont guère plus élevés dans
ces eaux que dans celles des terrains primitifs.

Très perméables, absorbantes, et susceptibles d'emmagasiner d'énormes volumes d'eau, les couches oolitiques laissent émerger non seulement des sources abondantes d'eaux calcaires, peu riches en matières organiques; mais dans les nappes souterraines qu'atteignent les puits jusqu'à 70 mètres de profondeur, les eaux renferment à peu près le même résidu fixe que celles fournies par les sources.

Les analyses publiées par la Commission d'enquête anglaise, comprennent 21 prises d'eau des sources qui alimentent le bassin supérieur de la Tamise. Toutes ces sources proviennent de l'oolite, tant sur le territoire de Cirencester qu'à North-Leach, Stow-on-the-Wold, Taddington, etc. Les données qui résultent de ces analyses, réduites à une composition moyenne, sont les suivantes, en cent-millièmes :

| *Sources oolitiques du bassin de la Tamise.* | En cent-millièmes. |
|---|---|
| Résidu fixe.......................... | 27.34 |
| Carbone organique..................... | 0.035 |
| Azote organique....................... | 0.012 |
| Ammoniaque........................... | 0 |
| Azote (nitrates et nitrites)............... | 0.379 |
| Azote total combiné................... | 0.391 |
| Chlore............................... | 1.31 |

Ces sources ne renferment que des traces de matière organique; quant à leur dureté, causée par les carbonates de chaux et de magnésie, elle est facilement réduite par le traitement à la chaux, de 22°,5 à 5°,5.

La matière organique est si énergiquement détruite, comme au contact du nouveau grès rouge, par la roche oolitique, qu'il en reste à peine des traces; l'ammoniaque et l'azote à l'état d'azotates et d'azotites, s'en trouvent d'autant augmentés dans l'eau des nappes souterraines.

La composition moyenne des eaux de 5 puits indique, en effet, 0,656 cent-millièmes d'azote total, à l'état combiné, et 2,69 de chlore.

Nous citerons parmi les eaux jurassiques en France, dont la composition a été déterminée, celles des sources voisines de Besançon, examinées par H. Deville; de la fontaine de Vesoul, analysée par Delesse (1); de la rivière le Doubs (2), qui descend des hautes sommités calcaires du Jura; du Rhône (3), à Genève, quand il n'est encore chargé que des détritus des formations schisteuses et calcaires qui caractérisent, dans les Alpes, le terrain jurassique; enfin de deux sources calcaires du même terrain, dans la vallée de Graisivaudan, recherchées par le docteur Niepce (tableau XLII).

Le professeur Macagno (4) a donné des eaux du Tanaro, à Asti, eaux limoneuses et réputées pour leur qualité excellente à l'arrosage, la composition suivante par litre :

*Eaux du Tanaro.*

| | |
|---|---|
| Acide carbonique.......................... | 0.0011 |
| Carbonate de chaux....................... | 0.0423 |
| Sulfate de chaux.......................... | 0.0042 |
| — de magnésie et chlorures de magnésium. | 0.0975 |
| Chlore.................................... | 0.0204 |
| Matières organiques....................... | 0.0014 |
| Degré de dureté (Boutron et Boudet)......... | 12° |

Le Tanaro qui reçoit les eaux des terrains jurassiques supérieurs de la chaîne des Apennins, et celles de la Stura dont l'origine est la même, coule de Carru par

(1) A. Delesse, *Ann. des Mines*, 3ᵉ série, t. XX, 1841.

(2) Des deux analyses de l'eau du Doubs, l'une a été faite en 1845 par H. Deville, et l'autre en 1828, par Desfosses. (*Ann. des eaux de la France*, p. 202.)

(3) L'analyse de l'eau du Rhône, prise à Genève en 1846, est due à H. Deville (*Annuaire id.*, p. 214).

(4) *R. Stazione enologica sperimentale di Asti*, 1874.

TABLEAU XLII. — *Analyse des eaux des terrains jurassiques* (FRANCE).

| | FONTAINE DE VESOUL. | SOURCES A BESANÇON. | | | | LE DOUBS. | | LE RHÔNE A GENÈVE, 1846. | GRAISIVAUDAN, FONTAINES. | |
| --- | --- | --- | --- | --- | --- | --- | --- | --- | --- | --- |
| | | BREGILLE. | LA MOUILLÈRE. | BILLECUL. | ARCIER. | 1845. | 1828. | | VERSOUD. | SASSENAGE. |
| Gaz { Acide carbonique..... | » | 0.0226 | 0.0300 | 0.0267 | 0.0021 | 0.0178 | » | 0.0080 | » | » |
| Azote................ | » | 0.0142 | 0.0154 | 0.0101 | 0.0015 | 0.0182 | » | 0.0184 | » | » |
| Oxygène............. | » | 0.0072 | 0.0064 | 0.0049 | 0.0006 | 0.0095 | » | 0.0084 | » | » |
| | | 0.0440 | 0.0518 | 0.0417 | 0.0042 | 0.0455 | | 0.0348 | | |
| Carbonate de chaux......... | 0.1947 | 0.0079 | 0.2573 | 0.2561 | 0.2139 | 0.1910 | 0.071 | 0.789 | 0.131 | 0.063 |
| — de magnésie....... | » | 0.0043 | » | 0.0046 | 0.0078 | 0.0023 | 0.028 | 0.049 | 0.003 | » |
| — de fer...... | » | » | » | » | 0.0069 | » | 0.006 | 0.466 | 0.005 | 0.009 |
| Sulfate de chaux............. | » | 0.0074 | 0.0051 | 0.0100 | » | » | » | 0.063 | 0.007 | » |
| — de magnésie........... | » | » | » | » | 0.0045 | 0.0051 | » | 0.074 | » | » |
| / — de soude......... | 0.0007 | 0.0348 | 0.0250 | 0.0246 | 0.0390 | 0.0159 | » | 0.238 | 0.001 | » |
| Acide silicique.............. | » | » | » | » | » | » | 0.001 | » | » | » |
| Silicate d'alumine............ | » | 0.0065 | 0.0043 | 0.0043 | 0.0090 | 0.0021 | » | 0.039 | » | » |
| Alumine................... | » | » | » | » | » | 0.0030 | » | » | » | » |
| Oxyde de fer.............. | 0.0046 | » | » | » | » | 0.0023 | 0.003 | 0.017 | 0.010 | 0.011 |
| Chlorure de sodium.......... | 0.0100 | 0.0011 | 0.0007 | 0.0071 | » | » | 0.004 | » | 0.026 | 0.002 |
| — de calcium.......... | » | 0.0027 | 0.0020 | 0.0040 | » | 0.0005 | » | » | » | » |
| — de magnésium...... | 0.0010 | » | » | » | » | » | » | » | » | » |
| — d'aluminium........ | » | 0.0023 | 0.0023 | 0.0044 | » | 0.0041 | » | 0.040 | » | » |
| Azotate de potasse.......... | » | 0.0048 | 0.0118 | 0.0156 | 0.0020 | 0.0039 | » | 0.045 | » | » |
| — de soude.............. | » | 0.0081 | » | » | » | » | » | » | » | » |
| — de chaux............. | » | » | » | » | » | » | 0.018 | » | » | » |
| Matière organique............ | » | » | » | » | » | » | » | » | 0.183 | 0.085 |
| Résidu fixe.................. | 0.2110 | 0.0280 | 0.3085 | 0.3307 | 0.2831 | 0.2302 | 0.131 | 0.182 | » | » |

Asti jusqu'à Felizzano, dans les terrains tertiaires.

*i.* **Eaux crétacées.** — Le terrain crétacé inférieur, que forment les couches du Weald et des grès verts (sables et argiles), est loin de fournir des eaux de qualité comparable à celle des sources ou des nappes du nouveau grès rouge et de l'oolite. Le volume des eaux est également moindre.

Les sables de Hastings, les argiles du Weald et les grès verts abandonnent beaucoup de matières fixes à l'eau des puits ; la proportion varie de 28 grammes 34 par litre à 79 gr. 20, dans les eaux qui ont été examinées. Au contact des sables poreux la matière organique s'oxyde promptement, et sans doute, en raison du protoxyde de fer que contiennent les grès verts, les nitrates et les nitrites résultant de la décomposition de la matière organique, se transforment en ammoniaque, en laissant échapper l'azote à l'état libre ; ce qui explique la teneur élevée des eaux des puits de cette formation, dont la composition moyenne est la suivante :

|  | cent-millièmes. |
|---|---|
| *Puits forés* (1). | |
| Résidu fixe.......................... | 45.20 |
| Carbone organique.................... | 0.068 |
| Azote organique...................... | 0.014 |
| Ammoniaque.......................... | 0.016 |
| Azote (nitrate et nitrites)............. | 0.196 |
| Azote total combiné.................. | 0.223 |
| Chlore............................... | 5.38 |

Vœlcker a fait, à la demande de la Commission des eaux de Londres, les analyses rapportées dans le ta-

(1) Les puits dont les eaux ont fourni la moyenne sont au nombre de vingt, 17 ont été forés dans les grès verts supérieurs et inférieurs, jusqu'à la profondeur de 60 mètres, et les autres dans les sables et argiles du Weald.

bleau XLIII des eaux puisées à cinq sources du comté de
Surrey (1); le dosage de l'ammoniaque et de l'acide ni-

Tableau XLIII. — *Analyse des eaux de source
du comté de Surrey.*

| | SOURCES (COMTÉ DE SURREY). | | | | |
|---|---|---|---|---|---|
| | Witley. | Critchmare | Velwood. | Punchbowl | Barford. |
| Matière organique...... | 0.0158 | 0.0128 | 0.0170 | 0.0186 | 0.0150 |
| Carbonate de chaux..... | » | » | » | » | 0.0340 |
| — de magnésie.. | 0.0061 | traces. | traces. | | 0.0038 |
| Sulfate de chaux........ | 0.0188 | 0.0144 | 0.0122 | 0.0084 | 0.0057 |
| — de potasse...... | » | 0.0004 | 0.0057 | 0.0013 | 0.0028 |
| — de soude........ | » | » | 0.0044 | 0.0006 | » |
| Chlorure de potassium. | 0.0044 | 0.0037 | » | » | 0.0004 |
| — de sodium.... | 0.0163 | 0.0125 | 0.0124 | 0.0105 | 0.0134 |
| Nitrate de chaux........ | » | » | » | » | » |
| — de magnésie.... | » | » | » | » | » |
| Silicate de chaux.,...... | 0.0093 | » | 0.0064 | 0.0143 | » |
| — de chaux........ | » | » | » | 0.0043 | » |
| Oxydes de fer et alumine. | » | » | » | 0.0003 | 0.0011 |
| Silice ................. | 0.0064 | 0.0143 | 0.0132 | 0.0014 | 0.0103 |
| Résidu par litre.... | 0.0771 | 0.0581 | 0.0733 | 0.0597 | 0.0865 |
| Ammoniaque libre (sels). | 0.0001 | » | » | » | » |
| — organique. | 0.0008 | » | » | » | » |
| Acide nitrique.......... | 0.0063 | » | » | » | » |
| Dureté avant ébullition. | 1°.95 | 1°.86 | 1°.86 | 2°.45 | 2°.70 |
| — après ébullition. | » | » | » | » | » |

trique pour la source de Witley, est dû à Frankland. Ces
eaux, dont la température varie entre 9 et 11 degrés centi-

(1) *Trav. et expér. de Vœlcker*, par A. Ronna, 1888, t. II, p. 371.

grades, sont aussi bonnes que celles de l'oolite, sans dureté notable, le carbonate de magnésie y étant en très faible proportion (1).

Le terrain néocomien est particulièrement riche en sources qui alimentent les cours d'eau dérivés des formations plus anciennes.

C'est ainsi que la Durance, qui n'est à proprement parler qu'un torrent gigantesque, descend du massif serpentineux du mont Genèvre, sur le terrain jurassique, pour se gonfler à Sisteron, entre les crêtes perpendiculaires du calcaire néocomien dont il reçoit les eaux, avant de gagner les terrains tertiaires à lignite et les dépôts cailloûteux, jusqu'à son embouchure dans le Rhône.

De même l'Isère, partie comme son affluent, l'Arc, du massif des Alpes de la Savoie, traverse les terrains métamorphiques ou cristallins, longe ensuite le pied des collines du terrain crétacé inférieur et néocomien d'où descendent les eaux du grand cirque de l'Oisans dans le Rhône, entre Tournus et Valence.

L'Huveaune qui coule sur le revers septentrional de la chaîne Sainte-Baume, formée de calcaire avec revêtement schistoïde, et l'Arc qui recueille les eaux du versant nord de la chaîne de l'Étoile, constituée également par le calcaire compact, revêtu de calcaires grossiers, de sables et d'argiles tertiaires, fournissent des eaux calcaires.

Enfin, la Sorgue, au sortir de la fontaine de Vaucluse dans laquelle se drainent les *Avens* néocomiens, arrose de ses eaux calcaires la riche plaine des Paluds par l'une de ses branches, et le territoire non moins fertile de Gadagne, Saint-Saturnin, d'Entraigues, etc., par l'autre branche.

Le tableau XLIV réunit les analyses des eaux de la

TABLEAU XLIV. — *Analyse des eaux de la Durance, de l'Isère et de la Sorgue.*

| | DURANCE. | | | CANAL du Cabédan-Neuf | | ISÈRE. | | | | SORGUE. Canal de l'Isle. | |
|---|---|---|---|---|---|---|---|---|---|---|---|
| | Au-dessous de l'étiage. | Eaux d'été. | Eaux d'hiver. | 4 août 1860. | 13 sept. 1860. | 1. | 2. | 3. | 4. | 16 juillet 1860. | 8 août 1860. |
| Composition par litre............ | | | | | | | | | | | |
| Gaz dissous { Acide carbonique, cent. cub. | | | | 6.9 | 3.2 | | | | | 9.6 | 14.1 |
| Oxygène, cent. cub.......... | | | | 4.1 | 5.3 | | | | | 5.7 | 6.3 |
| Azote, cent. cub ........... | | | | 12.8 | 13.0 | | | | | 13.4 | 13.0 |
| Volume total.............. | | | | 23.8 | 21.5 | | | | | 28.7 | 33.4 |
| Ammoniaque, milligr........ | 1.000 | | | 0.850 | 0.454 | | | | | 0.679 | 0.750 |
| Acide nitrique, milligr.............. | 2.000 | | | 5.252 | 3.033 | | | | | 5.249 | 5.071 |
| Matières solides dissoutes, gr....... | | | | 0.298 | 0.269 | | | | | 0.219 | 0.224 |
| — en suspension, gr .. | | | | 0.959 | 2.771 | | | | | » | » |
| Résidu insoluble................ | » | 0.008 | 0.008 | 0.0306 | | | | | | 0.010 | |
| Alumine et oxyde de fer............. | 0.003 | » | » | 0.0056 | | | | | | 0.005 | |
| Chaux................. | 0.051 | 0.079 | 0.091 | 0.0690 | | 0.051 | 0.075 | 0.094 | 0.095 | 0.090 | |
| Magnésie . .................... | 0.004 | 0.013 | 0.023 | 0.0033 | | 0.011 | 0.021 | 0.003 | 0.011 | 0.001 | |
| Potasse..................... | 0.018 | 0.001 | 0.002 | 0.0253 | | 0.0015 | 0.0014 | 0.002 | » | 0.007 | |
| Soude.................. | » | 0.010 | 0.014 | | | » | 0.012 | 0.010 | 0.003 | 0.002 | |
| Chlore.................. | 0.006 | » | » | 0.0086 | | » | 0.008 | 0.005 | 0.005 | 0.016 | |
| Acide sulfurique.................. | 0.041 | 0.048 | 0.086 | 0.0620 | | 0.027 | 0.051 | 0.064 | 0.084 | » | |
| — phosphorique.............. | 0.026 | » | » | 0 | | | | | | » | |
| — chlorhydrique ............. | » | 0.027 | 0.027 | » | | | | | | | |
| — carbonique................. | 0.011 | 0.101 | 0.101 | | | 0.077 | 0.102 | 0.084 | 0.066 | 0.072 | |
| — nitrique................. | 0.002 | » | » | 0.0376 | | | | | | » | |
| Matière organique.............. | 0.029 | » | » | | | | | | | 0.008 | |
| Perte.................. | 0.009 | » | » | 0.0230 | | | | | | | |
| | 0.200 | 0.287 | 0.352 | 0.2650 | | 0.167 | 0.278 | 0.258 | 0.264 | 0.211 | |

Durance, de l'Isère et de la Sorgue qui sont employées pour l'irrigation.

Les eaux de la Durance ont été analysées par Barral, de Gasparin et Hervé-Mangon; celles de l'Isère par de Gasparin et par les laboratoires des ponts et chaussées et de Grenoble; celles de la Sorgue par Hervé-Mangon.

Comme le fait très justement remarquer A. de Gasparin (1), les différences d'une analyse à l'autre pour la même rivière, suivant les altitudes et suivant l'époque de la prise d'échantillon, sont beaucoup plus considérables que d'une rivière à l'autre. Entre les eaux de la Durance et de l'Isère, contrairement à ce qu'a voulu établir l'ingénieur Dumont (2), il est impossible d'établir une différence sensible; « car elles sont également séléniteuses, calcaires bicarbonatées, passablement magnésiennes et contenant une proportion de soude qui n'est pas tout entière à l'état de chlorure. »

Les eaux de l'Isère sont donc aussi propres aux irrigations que celles de la Durance. Quant à la température de ces eaux, on sait par expérience qu'elle n'a jamais empêché l'emploi d'eaux encore plus froides, alimentées par les neiges et les glaciers, dans la Savoie, les Hautes-Alpes, le canton de Vaud, etc.

Barral conclut de ses essais sur les matières en dissolution dans l'eau de la Durance, que leur proportion varie entre 200 et 700 grammes par mètre cube, suivant la saison, le débit de la rivière et surtout de ses affluents en temps de crue (3).

A. de Gasparin caractérise l'eau de la Durance par rapport aux eaux calcaires, comme celles de la Sorgue,

(1) *Qualités comparées des eaux de l'Isère et de la Durance. Journ. d'Agric.*, 1881.

(2) *Comptes rendus Acad. des sciences*, 24 octobre 1881.

(3) *Les Irrigations des Bouches-du-Rhône*, 1876, p. 462.

par la présence des sulfates de chaux et de magnésie, ainsi que d'une faible proportion de sel marin, que justifie la constitution géologique du bassin inférieur de la Durance où les formations gypseuses sont étendues. L'absence de toute matière organique est non moins remarquable. Bermond-Devaulx avait attribué, de son côté, les qualités de cette eau pour l'irrigation, aux carbonates alcalins provenant des marnes potassiques que la rivière traverse au-dessus de Sisteron (1).

Quant à l'eau de la Sorgue, plus chargée de carbonate et d'acide carbonique, elle est de fait moins estimée pour l'irrigation. Ainsi, malgré une portée rarement inférieure à 9 mètres cubes par seconde, permettant d'arroser de 8 à 9,000 hectares, elle n'en arrose que 2,000. Tandis que l'on paye un pour l'eau de la Sorgue, ajoute Hervé-Mangon, on paye quatre pour celle de la Durance (2). Scipion Gras remarque, en outre, qu'entre les eaux du Drac qui prend sa source dans les terrains granitiques, puis traverse des couches de schistes noirs, argilo-calcaires, et celles de la Romanche qui, venant aussi des formations granitiques, renferme quelques millièmes de potasse et reste dans les terrains primitifs, la préférence est accordée à ces dernières, que l'on utilise pour l'arrosage de la plaine au sud de Grenoble (3).

D'un autre côté, les eaux dérivées du Drac, aussi froides et de même aspect louche que celles de l'Isère, seraient préférées par les agriculteurs de Gap, à Saint-Bonnet dans le Champsaur, comme aussi dans le Queyras et les hautes vallées, aux eaux de source de la montagne de Charance et des chaînes voisines.

Barral a déterminé pour plusieurs cours d'eau servant

(1) *Biblioth. univ. de Genève*, 1844.
(2) *Enquête sur les engrais industriels*, 1865, t. I, p. 919.
(3) *Enquête, loc. cit.*, p. 318.

à l'arrosage dans le département des Bouches-du-Rhône, le volume de l'oxygène dissous, le poids du résidu de l'évaporation et le degré hydrotimétrique. L'Huveaune, puisée à Aubagne; l'Arc au pont du moulin et ses affluents : la Cause, à Tholonet; le Bayon, à Beaurecueil, ont donné les résultats suivants :

|  | Huveaune. | Arc. | Cause. | Bayon. |
|---|---|---|---|---|
| Oxygène dissous (centimètres cubes).............. | 1.6 | 0.6 | 1.0 | 0.5 |
| Résidu solide de l'évaporation (milligr.) ............ | 631 | 710 | 293 | 341 |
| Degré hydrotimétrique...... | 36° | 22° | 22°5 | 25° |

Chaque degré hydrotimétrique correspond à 0 gr. 0058 de chaux et quelquefois de magnésie; toutes les eaux calcaires de ces rivières sont un peu magnésiennes.

Les eaux des sources et des petites rivières des vallées de l'Isère et du Graisivaudan, qui coulent dans les terrains néocomien et crétacé, ont été analysées par Grange, Niepce et Gueymard (1); dans le tableau XLV sont groupées les analyses suivantes :

1. Eau de la Tronche (altitude 316 mètres).
2. Eau du Château-d'Eau (altitude (214 mètres).
3. Eau du Furon, à Sassenage.
4. Eau de la Roise, à Voreppe.
5. Eau de Saint-Bruno (vallée du Guer).
6. Eau de la Ruisseraye.

Les chlorures représentent seulement de 4 à 8 pour 100 des sels dissous dans les eaux des formations néocomienne et crétacée de l'Isère, et les sulfates de 5 à 12 pour 100; tandis que les carbonates atteignent de 80 à 88 pour 100.

Au-dessus des étages wéealdien et néocomien, se super-

(1) *Annuaire des eaux de la France*, p. 232 et 236.

TABLEAU XLV. — *Analyse des eaux des terrains néocomien et crétacé*

(VALLÉES DE L'ISÈRE, DE GRAISIVAUDAN ET DU GUER).

| | LA TRONCHE (Isère). | | LE CHATEAU D'EAU (vallée de Grenoble). | | LE FURON à SASSENAGE. | LA ROISE à VOREPPE. | St-BRUNO à la Chartreuse (GUER). | RUISSE-RAYE. GRAISI-VAUDAN. |
|---|---|---|---|---|---|---|---|---|
| | Grange. | Gueymard. | Grange. | Gueymard. | Grange. | Grange. | Grange. | Niepce. |
| | gr. | | gr. | | gr. | gr. | | gr. |
| Chlorure de magnésium..... | 0.0065 | » | 0.0050 | » | 0.0030 | 0.0150 | 0.0003 | 0.005 |
| — de sodium........ | 0.0026 | 0.003 | 0.0040 | 0.004 | 0.0019 | 0.0001 | » | traces. |
| Sulfate de soude et potasse... | 0.0147 | » | 0.0060 | » | 0.0027 | 0.0110 | | » |
| — de chaux........... | traces. | » | traces. | » | 0.0055 | traces. | 0.1910 | traces. |
| — de magnésie......... | 0.0110 | 0.031 | 0.0012 | 0.007 | 0.0011 | 0.0009 | | » |
| — de fer............. | » | » | » | » | » | » | » | » |
| Carbonate de chaux......... | 0.1800 | 0.180 | 0.0960 | 0.096 | 0.0800 | 0.1710 | » | 0.138 |
| — de magnésie....... | 0.0003 | » | 0.0030 | 0.003 | 0.0200 | 0.0050 | » | 0.001 |
| — de fer............. | » | » | » | » | » | | 0.0038 | » |
| Acide silicique............ | 0.0016 | » | 0.0012 | » | 0.0100 | 0.0023 | | » |
| Alumine.................. | | » | | » | | | | » |
| Argile.................. | » | 0.002 | » | » | » | » | » | » |
| Résidu fixe.......... | 0.2167 | 0.216 | 0.1164 | 0.110 | 0.1242 | 0.2053 | » | 0.144 |

posent l'argile appelée gault, les sables et les grès verts, la craie tufau et la craie marneuse, et enfin comme couronnement des terrains secondaires, la craie blanche proprement dite et le calcaire pisolitique.

C'est dans les grès verts formant avec les sables inférieurs et l'argile du gault un seul tout arénacé, contenant une assise marneuse, que se trouvent les nappes d'eau principales qui alimentent de nombreux puits artésiens dans le nord-ouest de la France et le sud-est de l'Angleterre.

Les sources du terrain crétacé supérieur se rapprochent, au point de vue de leur composition, de celles de la formation jurassique. Le carbonate de chaux y constitue également la plus grande partie du résidu fixe et donne aux eaux la dureté caractéristique. L'action oxydante de la craie blanche poreuse et spongieuse, comparable à celle des calcaires oolitiques, réduit la matière organique, bien qu'en petite quantité, qui vient du sol par les eaux d'infiltration. La moyenne de 30 analyses d'eaux crayeuses, puisées aux sources des divers comtés de l'Angleterre, a donné :

| | Sources. | Puits forés. |
|---|---|---|
| Résidu fixe.................... | 29.84 | 36.88 |
| Carbone organique........... | 0.044 | 0.050 |
| Azote organique............. | 0.010 | 0.017 |
| Ammoniaque................. | 0.001 | 0.001 |
| Azote (nitrates et nitrites)..... | 0.382 | 0.610 |
| Azote total combiné.......... | 0.392 | 0.628 |
| Chlore ..................... | 2.45 | 2.76 |

La craie supérieure est le réservoir naturel des eaux que l'on cherche à obtenir par des puits profonds dans la région du sud-est de l'Angleterre, et notamment dans le bassin de la Tamise. Ces eaux dissolvent une grande quantité de matières minérales, principalement du bicarbonate de chaux, et la proportion du résidu fixe se maintient entre 16 gr. 30 et 46 gr. 44 par litre. Plus que toute autre formation, la craie tendre absorbe l'eau pluviale, l'emmagasine en grandes masses et par les puits qui élèvent les eaux dans lesquelles elle se dissout, elle agrandit spontanément la capacité du réservoir.

Quoique caractérisées par leur dureté, les eaux purement crayeuses sont à peu près exemptes de matière organique. Ainsi, la moyenne fournie par l'analyse des eaux de 60 puits foncés en Angleterre dans la formation crétacée, quelques-uns à une profondeur de 180 mètres, mise en regard de celle des sources de même provenance, indique que la proportion de chlore varie peu, tandis que celle de l'azote, à l'état de nitrates et de nitrites, est presque double dans l'eau des puits.

On ne trouve pas d'eau dans la craie proprement dite du bassin de Paris, si ce n'est à la partie tout à fait supérieure, formée d'une craie remaniée; mais dans l'Artois, par exemple, on y rencontre des eaux jaillissantes.

Dans la Seine-Inférieure, le manque général de sources ou fontaines, et la profondeur des puits de toutes les hautes plaines entre Rouen, Fécamp, Dieppe, Gournay, etc., obligent de pousser dans la craie pour obtenir des eaux salubres et abondantes; or l'épaisseur de la craie varie beaucoup suivant la hauteur des plateaux qui dominent les vallées de la Seine et de l'Andelle, de l'Arques, de la Béthune, etc., sur les pentes de la longue crête qui va de la mer, au-dessous du Havre et d'Yvetot, jusqu'à Forges, Aumale et au delà.

De Rouen au Havre, on voit les parties inférieures de la masse crayeuse, la craie tufau, la craie glauconie; au Havre même, les fouilles ont révélé sous la craie les argiles, les marnes et les calcaires coquilliers lumachelles. De même dans toutes les vallées latérales qu'encaissent des côtes crayeuses, des sources de fond, souvent très abondantes, remontent à travers la craie. Dans les fonçages opérés près de Dieppe, au commencement du siècle, jusqu'à une profondeur de 333 mètres, on a reconnu sept grandes nappes d'eau ascendantes, très copieuses, à partir du niveau de 25 à 30 mètres. Un forage entrepris en 1848 à Sotteville, près de Rouen, est entré presque immédiatement dans les argiles de Kimmeridge et le terrain crétacé, et a été poussé jusqu'à 320 mètres sans quitter cette formation, après avoir rencontré à 254 mètres une source salée, d'une température de 25 degrés centigrades, jaillissant au-dessus du sol. Les puits artésiens de Rouen, d'Elbeuf, donnent des eaux abondantes et ascendantes.

L'Indre-et-Loire offre de nombreux exemples de sondages à travers la craie, amenant au jour les eaux des sables verts et des argiles vertes, qui sont employées aux irrigations, comme force motrice, et pour la salubrité du pays. Dans l'Yonne également, la sonde traversant 60 mètres de craie, poussée à 203 mètres jusque dans les argiles, les sables et les grès verts inférieurs, a rencontré à Saint-Fargeau deux nappes fortement ascendantes.

Nous avons réuni dans un premier tableau, XLVI, les analyses des eaux de quelques-uns des puits qui ont traversé ou rencontré la craie; à savoir : 1º celles du puits de Grenelle amenées de la nappe des grès et des sables verts, à 548 mètres de profondeur, avec un débit de 800 litres par minute et une température de 28 degrés (analyse de Payen, 1841); 2º celle du puits Saint-Gratien à Tours, qui a traversé la craie à 71 mètres de profondeur et pénétré dans les grès calcaires coquilliers, alternant avec des marnes et des sables verts argileux, pour rencontrer

ABLEAU XLVI. — *Analyse des eaux des puits artésiens inférieurs et supérieurs à la craie.*

| | PUITS ARTÉSIENS TRAVERSANT LA CRAIE. | | | PUITS FORÉS. | | | | | | |
|---|---|---|---|---|---|---|---|---|---|---|
| | | | | SEINE. | | | SEINE-INFÉR. | | MARNE, A REIMS. | |
| | GRENELLE. | TOURS. | ELBEUF. | ALFORT. | VINCENNES. | SAINT-OUEN, 65 mètres. | ROUEN, SAINT-SEVER. | FEUCHATEL. | HOUPIN. | CAMUS. |
| | I. | 2. | 3. | 4. | 5. | 6. | 7. | 8. | 9. | 10. |
| | lit. | | | | | lit. | lit. | | lit. | lit. |
| Gaz. { Acide carbonique | 0.0015 | | | | | 0.0650 | 0.010 | | 0.0094 | 0.0323 |
| Azote | 0.0130 | | | | | 0.0040 | 0.030 | | 0.0149 | 0.0189 |
| Oxygène | 0.0036 | | | | | » | | | 0.0041 | 0.0014 |
| Volume total | 0.0181 | | | | | » | » | | 0.0284 | 0.0526 |
| | gr. | gr. | gr. | gr. | gr. | gr. | gr. | gr. | gr. | gr. |
| Carbonate de chaux | 0.0680 | 0.2800 | 0.1633 | 0.300 | 0.400 | 0.0271 | 0.0412 | 0.364 | 0.1383 | 0.2622 |
| — de magnésie | 0.0142 | » | 0.0800 | 0.010 | » | 0.0516 | » | » | » | » |
| — de potasse | 0.0296 | » | » | » | » | traces. | 0.2600 | 0.016 | » | » |
| Sulfate de chaux | » | 0.0004 | 0.2629 | 0.580 | 0.105 | » | » | » | » | » |
| — de magnésie | » | » | 0.0676 | 0.640 | 0.200 | » | » | » | 0.0031 | 0.0108 |
| — de potasse | 0.0120 | » | » | » | » | » | » | » | 0.0052 | 0.0041 |
| — de soude | » | 0.0016 | » | » | » | 0.0912 | 0.7335 | 0.017 | » | » |
| Chlorure de calcium | » | » | » | 0.080 | 0.055 | indloes. | » | » | » | » |
| — de magnésium | » | » | 0.0120 | » | » | traces. | 0.1046 | 0.003 | » | » |
| — de potassium | 0.1009 | » | » | » | » | traces. | traces. | » | » | » |
| — de sodium | » | 0.0336 | 0.0842 | 0.100 | » | 0.0551 | 1.4835 | » | 0.0114 | 0.0150 |
| Phosphate de chaux | » | » | » | » | » | traces. | » | » | 0.0044 | 0.0088 |
| Acide silicique | 0.0057 | 0.0044 | 0.0400 | » | » | 0.0360 | 0.0060 | » | 0.0094 | 0.0096 |
| Alumine | » | » | » | traces. | traces. | 0.0024 | » | » | 0.0022 | 0.0022 |
| Oxyde de fer | 0.0026 | » | » | » | — | 0.0040 | 0.0440 | » | 0.0021 | 0.0290 |
| Matière organique | » | » | traces. | » | » | » | » | » | 0.0141 (1) | 0.0232 |
| Perte | » | » | » | » | » | » | » | » | » | » |
| Résidu fixe | 0.1430 | 0.3200 | 0.7100 | 1.710 | 0.760 | 0.2674 | 2.7000 | 0.400 | 0.1923 | 0.3191 |

(1) Comprend : azotate de soude, 0 gr. 0061.

deux nappes, puis une troisième à 122 mètres, ayant donné 100 litres par minute d'une eau jaillissante, à $+16°,5$ (analyse de Dujardin); 3° celle de deux puits artésiens forés à Elbeuf, alimentés par une même nappe que l'on rencontre à la profondeur de $149^m,30$ et qui jaillit jusqu'à $32^m,50$ au-dessus du sol (analyse de J. Girardin).

Les analyses des eaux de puits forés à Alfort, à Vincennes, à Saint-Ouen, à Saint-Sever (Rouen), à Neufchâtel et à Reims dans les couches de l'étage éocène, supérieur à la craie, complètent le tableau précédent.

Le n° 4 du tableau correspond à l'eau d'un puits foré en 1843, à Maisons-Alfort; profondeur, $53^m,25$; température de l'eau $+14°$; la nappe aquifère est au-dessous des argiles plastiques pures, dans les sables argileux, supérieurs à la craie.

Le n° 5 se réfère à l'eau d'un puits foré, à peu près dans les mêmes conditions, dans la place de Vincennes. Les deux analyses sont de Lassaigne (1).

N° 6. Le puits de la gare de Saint-Ouen a traversé deux nappes principales, dont la plus profonde à 65 mètres, fournissant une eau douce, à $+9°,5$, qui a été analysée par Ossian Henry (2).

N°s 7 et 8. Les deux analyses de J. Girardin se rapportent, la première à un puits foré en 1832, à $59^m,25$ de profondeur, au faubourg Saint-Sever, à Rouen; la seconde, à un puits foré en 1835 à Neufchâtel; tous deux ont atteint la craie.

N°s 9 et 10. Maumené a analysé dans son mémoire sur les eaux de Reims (1850), les eaux du puits Houpin qui traverse la terre végétale, la tourbe, la grève blanche et atteint la craie, à une profondeur de 17 mètres, et celles du puits Camus qui, foré également à travers la

(1) *Annuaire des eaux de la France*, p. 39.
(2) *Journ. de Pharm.*, t. XV, p. 622.

tourbe et la craie, rencontre un lit de fer limoneux, mêlé de pyrite décomposé, auquel elles doivent leur saveur ferrugineuse.

Dans le tableau suivant, XLVII, ont été groupées les analyses d'eaux fournies comme sources, comme eaux courantes et comme nappes de puits dans les terrains crayeux des départements de la Seine-Inférieure et de la Marne.

Nos 1 et 2; analyses de Leudet; sources de Tricauville et de Sainte-Adresse, au Havre; ces eaux se caractérisent par leur proportion d'azotates de potasse (1).

Nos 3 et 4; analyses des sources d'Yonville et de Darnétal, à Rouen, par Marchand (2). Ces sources, fournies par la craie, sont moins calcaires que celles du Havre; la proportion des chlorures y est également moindre.

Nos 5, 6 et 7; analyses de Maumené (3); la Vesle et la Suippe, qui coulent sur des lits tourbeux reposant sur la craie, renferment beaucoup de débris végétaux. L'analogie de la composition des eaux de ces deux rivières apparaît dans le poids des sels contenus par litre et dans la nature de ces sels. La Suippe contient un peu moins de carbonate de chaux; mais le sulfate de potasse, les chlorures et surtout l'acide silicique y sont en proportion plus forte que dans la Vesle. Le puits de l'abattoir de Reims, foré dans la craie, donne une eau qui ne renferme aucune trace de matière organique; avec le carbonate de chaux très pur dont le résidu salin est presque entièrement formé, se trouvent associés un peu de sulfate de soude, des phosphates et azotates de soude également.

Nos 8, 9 et 10; ces analyses figurent dans le rapport

(1) *Soc. Havraise d'études*. 1840, p. 80.
(2) *Ann. des eaux de la France*, 1851, p. 95.
(3) *Mémoire sur les eaux de Reims*, 1850.

TABLEAU XLVII. — *Analyse des eaux de sources, de puits et des eaux courantes* (terrain crétacé).

| | SEINE-INFÉRIEURE | | | | MARNE | | | | | |
| | HAVRE | | ROUEN | | | | | SOURCES DE PARIS | | |
| | FRICAUVILLE | SAINTE-ADRESSE | YONVILLE | DARNÉTAL | LA VESLE | LA SUIPPE | PUITS (abattoir), REIMS | LA SOMME | LA SOUDE | LES VERTUS |
| | 1. | 2. | 3. | 4. | 5. | 6. | 7. | 8. | 9. | 10. |
| | | | | | lit. | lit. | lit. | | | |
| Gaz { Acide carbonique | | | | | 0.0058 | 0.0059 | 0.0172 | | | |
| Oxygène | | | | | 0.0057 | 0.0077 | 0.0054 | | | |
| Azote | | | | | 0.0156 | 0.0176 | 0.0163 | | | |
| Volume total | | | | | 0.0271 | 0.0312 | 0.0389 | | | |
| | gr. | gr. | gr. | gr. | gr. | gr. | gr. | gr. | gr. | gr. |
| Carbonate de chaux | 0.2280 | 0.2528 | 0.182 | 0.175 | 0.1643 | 0.1572 | 0.2361 | 0.100 | 0.086 | 0.234 |
| — de magnésie | 0.0013 | » | » | » | » | » | » | » | » | » |
| Sulfate de chaux | 0.0154 | 0.0191 | 0.032 | 0.008 | » | » | » | » | » | » |
| — de soude | 0.0059 | 0.0031 | » | » | » | » | 0.0263 | » | » | » |
| — de potasse | » | » | » | » | 0.0027 | 0.0037 | » | » | » | » |
| Chlorure de calcium | 0.0650 | 0.0428 | » | » | » | » | » | } | | |
| — de sodium | 0.0221 | 0.0558 | 0.004 | 0.017 | 0.0059 | 0.0059 | 0.0046 | 0.040 | 0.032 | 0.030 |
| — de potassium | 0.0080 | » | » | » | 0.0030 | 0.0038 | » | | | |
| — de magnésium | » | traces. | 0.014 | 0.014 | » | » | » | | | |
| Phosphates (soude, chaux) | » | » | » | » | » | » | » | | | |
| Azotates alcalins | 0.0269 | 0.0279 | » | » | » | » | 0.0105 | » | » | » |
| Acide silicique | 0.0062 | 0.0030 | » | traces. | 0.0018 | 0.0025 | 0.0109 | ». | » | » |
| Alumine | » | » | » | » | 0.0012 | 0.0020 | 0.0071 | | | |
| Oxyde de fer | 0.0019 | traces. | » | » | 0.0012 | 0.0020 | 0.0008 } | traces. | » | traces. |
| Matière organique | » | » | traces. | traces. | 0.0042 | 0.0053 | » | | | |
| Perte | 0.0125 | 0.0051 | » | » | 0.0082 | 0.0106 | 0.0180 | » | » | » |
| Résidu fixe | 0.3932 | 0.4096 | 0.232 | 0.214 | 0.1913 | 0.1910 | 0.3163 | 0.140 | 0.118 | 0.264 |

présenté en 1854 par Belgrand sur les eaux de Paris. Les eaux de la Somme et de la Soude, appartenant à la craie blanche de Champagne, ne renferment pas de sulfates terreux, et celles du ruisseau des Vertus, de même provenance, renferment, outre du carbonate de chaux et des chlorures seulement, des traces de silice, d'alumine et d'oxyde de fer (1).

### 4. — *Eaux des formations tertiaires.*

*j.* **Eaux du groupe éocène.** — Les sources des terrains tertiaires en Angleterre, grès, crag, graviers, etc., offrent des eaux de composition très variables, par suite de la faible épaisseur des couches où elles se réunissent. Le résidu solide varie entre 23,72 cent-millièmes dans la source de Ravenfield (Doncaster), et 25,24 dans celle de Townend du même district, toutes deux fournies par le gravier. La matière organique y est souvent en grande proportion. La moyenne de dix analyses d'eaux des divers comtés (Ipswich, Bedford, Doncaster) donne en cent-millièmes :

|                                      | Sources. | Puits forés. |
|--------------------------------------|----------|--------------|
| Résidu fixe                          | 61.32    | 78.09        |
| Carbone organique                    | 0.086    | 0.093        |
| Azote organique                      | 0.019    | 0.028        |
| Ammoniaque                           | »        | 0.048        |
| Azote (nitrates et nitrites)         | 0.354    | 0.068        |
| Azote total combiné                  | 0.374    | 0.135        |
| Chlore                               | 2.76     | 15.02        |

Les eaux de ces terrains, comme celles du lias, sont exceptionnellement dures, par suite des sulfates de chaux et de magnésie qu'elles renferment en dissolution.

(1) *Documents relatifs aux eaux de Paris*, 1859, 2ᵉ mém., p. 60.

Les puits profonds qui traversent l'argile de Londres pour atteindre la craie, devenue plus compacte, moins absorbante et d'une action oxydante moins énergique, fournissent des eaux qui empruntent aux couches tertiaires inférieures une forte proportion de matières fixes, notamment du chlorure de sodium et du bicarbonate de soude. Le résidu fixe comprenant ces composés salins atteint 74 gr. 69 par litre dans l'eau du puits de Braintree (Essex) foncé à une profondeur de 130 mètres. La matière organique est faiblement représentée dans ces eaux dont la composition moyenne pour onze puits est donnée ci-dessus.

Dans le bassin de la Seine, le calcaire crayeux, recouvert assez généralement par des dépôts réguliers, peu épais, de sables et grès, de marnes, d'argiles, de lignites, de calcaires, de graviers, etc., renferme à la base de ces dépôts, des nappes et des sources nombreuses que l'on rencontre par des forages à des profondeurs variables.

Dans la projection des coupes de sondages exécutés dans la vallée de la Marne, qu'ont donnée MM. Degousée et Laurent (1), on constate que les couches aquifères des terrains tertiaires comprenant le groupe du calcaire grossier et celui des argiles plastiques qui repose sur la craie, sont à un niveau variable, par rapport au fonçage dans la craie proprement dite. En voici quelques exemples :

| Puits forés. | PROFONDEURS | |
|---|---|---|
| | des nappes. | atteintes dans la craie. |
| | m. | m. |
| Reuil | 42 à 60 | 83.33 |
| Meaux | 50 à 63 | 93.00 |
| Trilburdon | 50 à 64.30 | » |
| Lagny | 65 à 88 | 125.00 |
| Vaire | 38 à 55 | » |

(1) *Guide du sondeur*, 2 édit., 1861, atlas, planche 43.

Le premier niveau aquifère se trouve dans les marnes et calcaires lacustres supérieurs; le second, dans les sables et grès supérieurs dont le type de formation est celui de Fontainebleau, Palaiseau, etc. Ces eaux sont rarement ascendantes, parce qu'elles n'ont pas de bassin hydrographique d'une étendue suffisante; on les voit sortir du flanc des collines sous forme de sources, et on les rencontre dans les puits dont on perce les couches qui les contiennent. Un troisième niveau se remarque dans le terrain lacustre inférieur, au-dessous des marnes et calcaires meulières et des gypses, qui renferment également des eaux souvent ascendantes, et parfois jaillissantes à plusieurs mètres au-dessus du niveau de la Marne et de la Seine. Les groupes du calcaire grossier contiennent un quatrième niveau; enfin, les sables inférieurs des argiles plastiques fournissent un cinquième niveau dont les jets sont les plus fréquents et les plus importants de tout le bassin tertiaire, à cause des réservoirs plus étendus qui conservent l'eau.

La plupart des eaux des terrains tertiaires se signalent par la proportion de sulfate de chaux enlevé aux couches gypseuses qui sont intercalées entre les bancs de calcaire grossier et les marnes vertes de l'étage éocène. Le tableau XLVIII, où figurent les analyses des eaux courantes et des eaux de sources appartenant à cet étage, indique, sauf pour le Sourdon et la Dhuis qui ne sont pas gypsifères, des résidus plus ou moins abondants, chargés de carbonate et de sulfate de chaux, et le plus souvent de matières organiques. Les analyses se rapportent : nos 1 au Sourdon, l'une des sources du Cubry, qui marque de 20 à 21 degrés hydrotimétriques, et n° 2 à la Dhuis, un des affluents du Surmelin (Marne), qui mesure 23 degrés à l'hydrotimètre.

Ces deux eaux captées pour le service de la ville de

Paris depuis 1863, sortent du calcaire siliceux éocène; la première analyse est extraite du travail de Belgrand (1); la seconde a été exécutée par Mangon.

N$^{os}$ 3 à 10; analyses de Boutron et Henry (2); le n° 3 se réfère à la source d'Arcueil qui provient des territoires de Rungis, l'Hay et Cachan; cette eau, puisée à l'Observatoire, laisse déposer du point de son origine, dans les marnes et calcaires lacustres, jusqu'à celui de sa distribution, un sédiment de carbonate de chaux très abondant, qui n'est tenu en dissolution qu'à la faveur d'un excès de gaz acide carbonique.

N° 4; eau de la Bièvre, recueillie à Amblainvilliers, au sortir des marnes vertes et des couches gypseuses, avant qu'elle n'ait reçu les eaux extrêmement calcaires des sources artésiennes du moulin de l'Hay.

N° 5; eau des sources de Belleville, crues, et de mauvaise qualité, alimentées par les couches de marnes argileuses et calcaires, recouvrant des bancs de gypse.

N° 6; eau de l'Ourcq, puisée à Mareuil, fournit un résidu d'évaporation bien moins considérable que celui de ses affluents n$^{os}$ 7 à 10, qui comprennent le Clignon, venant des environs de Château-Thierry; la Thérouenne, prenant naissance au nord d'Oisery; les sources de Crégy, qui émergent du coteau gypseux de Crégy, près de Meaux; et la Beuvronne, qui s'écoule dans les environs de Vinantes.

Comme celles de Belleville (Paris), les eaux de Crégy offrent des exemples d'eaux séléniteuses, calcaires, dures, incrustantes, que l'on rencontre fréquemment dans les nappes des puits superficiels du bassin gypseux de Paris. L'intervention des matières organiques, par rapport aux sulfates, a pour effet de transformer une partie de ces sels

(1) *Documents relatifs aux eaux de Paris*, 1861, p. 160 et 420.
(2) *Analyses chimiq. des eaux qui alimentent Paris*, 1848.

TABLEAU XLVIII. — *Analyse des eaux du terrain tertiaire* (éocène).

| | EAUX DE PARIS. | | | | | EAUX DU CANAL DE L'OURCQ. | | | | |
|---|---|---|---|---|---|---|---|---|---|---|
| | LE SOURDON. | LA DHUIS. | Source ARCUEIL. | LA BIÈVRE. | Source BELLEVILLE. | Rivière L'OURCQ. | LE CLIGNON. | LA THÉROUENNE. | LE CRÉGY. | LA BEUVRONNE. |
| | 1. | 2. | 3. | 4. | 5. | 6. | 7. | 8. | 9. | 10. |
| Chaux | » | 0,128 | » | | | | | | | 0,142 |
| Magnésie | » | 0,010 | » | | | | | | | 0,100 |
| Bicarbonate de chaux | 0,160 | » | 0,158 | 0,303 | 0,400 | 0,107 | 0,247 | 0,380 | 0,816 | 0,071 |
| — de magnésie | » | » | 0,060 | | 1,100 | 0,082 | 0,014 | 0,061 | 1,470 | 0,180 |
| Sulfate de chaux | » | » | 0,138 | 0,116 | | 0,051 | 0,060 | 0,041 | 0,175 | |
| — de magnésie et de soude | » | » | 0,072 | 0,170 | 0,520 | | | | | |
| Alcalis | » | 0,009 | » | | | | | | | |
| Chlore | » | 0,003 | » | | | | | | | |
| Chlorures (sodium) | 0,046 | » | 0,081 | 0,181 | 0,400 | 0,014 | 0,040 | 0,059 | 0,110 | 0,105 |
| Azotates | » | » | traces. | | traces. | traces. | indices. | » | indices. | traces. |
| Acide sulfurique | » | 0,005 | » | | | | | | | |
| — carbonique | » | 0,113 | » | | | | | | | |
| — silicique | traces sensib. | 0,010 | 0,018 | 0,034 | 0,100 | 0,027 | 0,009 | 0,031 | 0,024 | 0,063 |
| Alumine et oxyde de fer | traces. | | traces. | traces. | » | indices. | traces. | traces. | traces. | traces. |
| Matière organique | | 0,017 | | | | | | | | |
| Résidu solide | 0,206 | 0,295 | 0,527 | 0,804 | 2,520 | 0,281 | 0,370 | 0,572 | 2,595 | 0,661 |

en sulfures nuisibles à l'économie animale et végétale.

*k.* **Eaux du groupe miocène.** — L'étage miocène, supérieur au précédent et constituant pour certains géologues le terrain subapennin qui surmonte la molasse ou le calcaire éocène, renferme dans le dépôt lacustre, de nombreuses sources dont plusieurs ont un volume considérable à l'origine.

Le vaste plateau de la Bresse, dont l'extrémité méridionale se prolonge en forme de delta jusqu'à Lyon, en ne présentant que quelques dépressions, dues à des vallées transversales, telles que celles de Sathonay, de Fontaine, de Neuville, est formé par un immense dépôt alluvial de terres argileuses, entremêlées de galets, de sables et de poudingues à ciment calcaire, d'où sortent les eaux des belles sources de Roye, de Rouzier, de Fontaine et de Neuville, dont les ruisseaux coulent de l'est à l'ouest, vers la Saône, et celles de la Vosne et de la fontaine Camille. Boussingault et Dupasquier avaient analysé les eaux des sources; Bineau a répété toutes les analyses qui sont reproduites dans le tableau XLIX, en regard de celles de la Vosne et de la fontaine Camille (1).

On remarquera la teneur en azotates et la présence des matières organiques, attribuée par Donné à des substances végétales et à des infusoires. L'eau Camille, la moins calcaire de toutes, est signalée comme formant déjà des incrustations dans le canal souterrain où elle coule d'abord.

*l.* **Eaux du groupe pliocène.** — Le terrain supérieur marin du pliocène fournit de nombreux cours d'eau descendant des contreforts de l'Apennin dans la plaine du Piémont. Macagno a déterminé la composition des eaux limoneuses, servant à l'irrigation des campa-

---

(1) *Ann. des eaux de la France*, 1851, p. 224.

TABLEAU **XLIX**. — _Analyse des eaux du terrain tertiaire (Bresse)._

| | Roye. | SATHONAY. | | NEUVILLE. | |
| --- | --- | --- | --- | --- | --- |
| | | Rouzier. | Fontaine. | La Vosne. | Camille. |
| | lit. | lit. | lit. | lit. | lit. |
| Gaz. { Acide carbonique.................. | 0.0355 | 0.0320 | 0.0439 | 0.0397 | 0.0335 |
| Azote........................... | 0.0160 | 0.0163 | 0.0156 | 0.0168 | 0.0158 |
| Oxygène......................... | 0.0076 | 0.0066 | 0.0065 | 0.0065 | 0.0062 |
| | 0.0591 | 0.0549 | 0.0660 | 0.0630 | 0.0555 |
| Carbonate de chaux................... { | 0.235 | 0.224 | 0.230 | 0.238 | 0.195 |
| Acide silicique...................... | | | | 0.002 | 0.001 |
| Sulfate de chaux..................... | 0.021 | 0.005 | 0.004 | | |
| Chlorure de sodium................... | 0.013 | 0.014 | 0.016 | 0.005 | 0.006 |
| Azotates de chaux et de potasse............ | 0.011 | 0.010 | 0.012 | 0.007 | » |
| Matière organique.................... | 0.015 | indét. | indét. | 0.040 | 0.010 |
| | 0.295 | 0.253 | 0.262 | 0.292 | 0.212 |

gnes d'Asti, du torrent Borbore, qui reçoit également quelques ruisseaux du miocène (1).

*Composition par litre.*

| | gr. |
|---|---|
| Acide carbonique libre................ | 0.0033 |
| Carbonate de chaux.................... | traces. |
| Sulfate de chaux ...................... | 0.1582 |
| Sulfate de magnésie................... | |
| Chlorure de magnésium............... | 0.1525 |
| Chlore................................ | 0.0102 |
| Matières organiques.................. | 0.0036 |
| Degré de dureté (Boutron et Boudet)..... | 21°. |

## III. — LIMONS.

**1. Limons des cours d'eau.** — Les cours d'eau qui affluent dans les mers et dans les lacs sont chargés de matières en suspension, variant en quantité, en composition, en couleur et en grain, d'après les saisons. Tantôt les eaux qui charrient ces matières sont hautes et rapides, travaillant à la corrosion des roches qu'elles traversent; tantôt elles sont basses et lentes, facilitant le dépôt sédimentaire le long de leur parcours. Enfin, certains tributaires entraînent des limons particuliers et grossissent à des époques variables, modifiant la loi suivant laquelle les atterrissements de chaque fleuve s'opèrent, exhaussant le lit, l'élargissant, le comblant, ou le forçant à s'en ouvrir un nouveau (2).

Les matières transportées par les cours d'eau peuvent s'utiliser de deux manières pour l'amélioration ou la bonification du sol. La première consiste à créer, par voie de colmatage, des alluvions, à l'aide desquelles on dessèche

(1) *R. Staz. enologica sperim. di Asti*, 1874.
(2) Lyell, *Éléments de géologie*, 1839, p. 38.

et on comble les bas-fonds des marais, qu'il serait difficile ou impossible d'assainir autrement; ou bien à fertiliser des landes et des grèves entièrement stériles; c'est là un des modes les plus précieux d'amélioration du sol, quand les limons sont fertiles et susceptibles d'une production agricole qui couvre les frais de l'opération de colmatage.

La seconde manière, d'une application bien autrement large, à tous les terrains, quelle que soit leur fertilité, a pour but, par voie de déversement, ou de submersions plus ou moins prolongées, de restituer au sol un ensemble de principes fertilisants que les récoltes consomment incessamment. Tel est le but principal des arrosages avec les eaux troubles d'hiver; non seulement les eaux agissent alors par les sels qu'elles tiennent en dissolution, ou à l'état latent, mais encore par le dépôt des matières terreuses ou limoneuses dont elles se dépouillent au profit du sol.

Nous nous proposons d'examiner dans ce dernier but l'importance et la nature des limons des eaux courantes. L'étude déjà faite des couches géologiques montre qu'à l'exception d'un très petit nombre, telles que les argiles marneuses, les bancs gypseux, les sables ligniteux ou pyriteux, etc., presque toutes les roches peuvent céder des principes favorables à la végétation. Or, ceux de ces principes qu'il est le plus difficile et le plus coûteux de remplacer dans le sol cultivé, la potasse et l'acide phosphorique, se rencontrent généralement en beaucoup plus grande quantité dans les limons et dans les eaux, que dans la terre arable.

Les données expérimentales fournies par de nombreuses observations qui ont été faites surtout en Italie, permettent de constater que les eaux troubles de certains torrents, ou de rivières à forte pente, contiennent quelquefois jusqu'à 5 et 6 millièmes de leur volume de limon, qui, par le seul effet de la vitesse du liquide, reste en suspension, mais, dès que la vitesse s'atténue ou cesse, se dépose. C'est ainsi que se sont formées les immenses alluvions anciennes dont nous avons parlé et qui continuent sous nos yeux celles des vallées du Pô, du Rhône, de l'Èbre, du Nil, etc.

*Alluvions du Rhône.* — Les dépôts alluviens du Rhône, ou *créments*, comme on les appelle, sont d'une fécondité si remarquable que beaucoup de riverains, au lieu de préserver leurs terres de l'envahissement du fleuve à l'aide d'endiguements que l'intérêt général commande d'établir, préféreraient acheter, au prix d'une année de récolte, la matière fertilisante que les eaux apportent avec elles. D'après l'analyse chimique, ces alluvions ne sont pas calcaires, mais magnésiennes (1).

*Limon de l'Èbre.* — Les eaux de l'Èbre qui parcourent les vastes territoires de l'Aragon et de la basse Catalogne, abandonnent, d'après l'expérience et le calcul, un poids total, pour chaque année culturale, pendant les irrigations, de 39 kilogrammes de limon par hectare.

Ce limon très ténu, mélangé dans le delta aux parties salines laissées par la mer, et constituant le terrain où ne se rencontrent ni coquilles ni gravier, a été analysé sur trois échantillons prélevés dans la ferme Castillaroz, sur la couche attaquée par les labours. M. Carvallo a publié ces analyses (2) :

| | 1. | 2. | 3. |
|---|---|---|---|
| Eau perdue............. | 19.40 | 17.00 | 24.00 |
| Résidu insoluble (argilo-siliceux)................. | 32.68 | 39.27 | 30.58 |
| A reporter...... | 52.08 | 56.27 | 54.58 |

(1) Pouriau, *Thèses à la faculté des sciences de Lyon*, 1858.
(2) *Acad. nat. agricole*, etc., 1864.

| | 1. | 2. | 3. |
|---|---|---|---|
| Report........ | 52.08 | 56.27 | 54.58 |
| Alumine et oxyde de fer .. | 14.63 | 8.26 | 14.22 |
| Chaux................ | 14.22 | 16.13 | 12.42 |
| Magnésie ............... | 2.02 | 1.86 | 1.70 |
| Eau combinée ; acide carbonique ........... | | | |
| Matière organique......... | 16.55 | 17.48 | 17.08 |
| | 100.00 | 100.00 | 100.00 |
| Azote................. | 0.28 | 0.10 | 0.15 |

Ce qui manque à ce mélange en proportions convenables des éléments nécessaires à la végétation, c'est la matière organique et la potasse.

*Limon du Nil.* — Il n'en est pas ainsi de l'exemple le plus remarquable de limon, celui du Nil, abandonné après chaque crue périodique, sur les sables de ses rives. « Les digues sont rompues ; l'inondation du Nil s'étend à perte de vue, s'écrie l'attrayant et érudit voyageur, Arthur Rhoné, le fleuve sacré règne sur la plaine... La nappe de ses eaux fécondes s'étale, s'élargit et s'endort sur cette vieille terre qu'elle enrichit, en regardant le soleil. Là, elle se resserre et fuit entre deux pointes boisées qui se contemplent, pour aller s'épanouir plus loin. Par cette échappée on aperçoit encore des lagunes sans nombre, la plaine brune et fertile qui attend les eaux, envahissant les tertres croulants de Memphis, puis le désert, puis les pyramides, comme lui, éternelles et muettes (1). »

Vœlcker qui n'a pas eu à décrire le spectacle de l'inondation du Nil, a déterminé, comme nous l'avons indiqué plus haut, la composition des eaux du fleuve, pour reconnaître à quelle période des crues elles sont plus fertilisantes. Il a ainsi constaté que pendant l'inondation,

(1) A. Rhoné, *l'Égypte à petites journées*, Paris, 1877, p. 183.

T. I.                                                                 22 elles tiennent quatre fois plus de matières en suspension qu'à l'étiage; et en outre o gr. 169 par litre de matières solubles. Mais chaque crue déposant une couche de sol vierge à la surface, on peut dire que la fertilité est due principalement au colmatage des rives (1), qui s'exhaussent d'un millimètre environ par an.

La composition moyenne du limon du Nil, pendant la crue et pendant l'étiage, telle que le D<sup>r</sup> Letheby l'a déterminée, est la suivante :

|  | Crue. | Étiage. |
|---|---|---|
| Matières organiques............ | 15.02 | 10.37 |
| Acide phosphorique............. | 1.78 | 0.57 |
| Chaux .........:............... | 2.06 | 3.18 |
| Magnésie...................... | 1.12 | 0.99 |
| Potasse....................... | 1.82 | 1.06 |
| Soude........................ | 0.91 | 0.62 |
| Alumine et oxyde de fer......... | 20.92 | 23.55 |
| Silice ......................,... | 55.09 | 58.22 |
| Acide carbonique et perte........ | 1.28 | 1.44 |
| Total.................. | 100.00 | 100.00 |

Ainsi, c'est pendant la crue, au moment où l'irrigation est la plus active, et quand la submersion des bassins de la haute Égypte fonctionne, que le limon du Nil contient les plus grandes quantités de matières organiques, d'acide phosphorique et de potasse, les éléments fertilisants par excellence. S'il peut être classé parmi les alluvions les plus riches, le limon est toutefois pauvre en calcaire; aussi les agriculteurs ont-ils reconnu depuis longtemps que les cultures qui exigent le moins de chaux sont celles qui procurent la meilleure réussite en Égypte.

Un fait singulier à noter au point de vue des irrigations, c'est que l'eau du Nil, par infiltration dans les

(1) *Vœlcker, travaux et expériences*, par A. Ronna, 1888, t. II, p. 391.

couches inférieures du sol, formé de limon de même
composition, se charge de quantités considérables de
carbonates, de sulfates de chaux et de magnésie, et surtout de chlorure de sodium; aussi quand les eaux d'infiltration arrivent à la surface, laissent-elles en s'évaporant
des efflorescences blanchâtres et de véritables dépôts salins qui rendent toute culture impossible. Les cultivateurs redoutent à ce point l'eau d'infiltration qu'ils pré-
fèrent élever l'eau d'un canal de niveau inférieur à
celui de leurs champs, plutôt que de la recevoir à la
hauteur même des terres.

La composition moyenne des eaux puisées pendant
l'étiage, dans trois puits situés à une assez grande distance du Nil, comparée à celle de l'eau du fleuve, justifie
amplement cette appréhension des agriculteurs :

|  | PAR LITRE. | |
|---|---|---|
|  | Eau des puits. gr. | Eau du Nil. gr. |
| Chaux............................ | 0.1656 | 0.0424 |
| Magnésie......................... | 0.0453 | 0.0100 |
| Soude ........................... | 0.0820 | 0.0620 |
| Potasse.......................... | 0.0037 | 0.0144 |
| Chlore........................... | 0.1360 | 0.0067 |
| Acide sulfurique................. | 0.0593 | 0.0216 |
| Acide nitrique ................... | 0.0017 | traces. |
| Silice, alumine et oxyde de fer.... | 0.0180 | 0.0097 |
| Matières organiques.............. | 0.0060 | 0.0175 |
| Acide carbonique et perte......... | 0.1226 | 0.0403 |
| Résidu solide................ | 0.6402 | 0.1690 |
|  | milligr. | milligr. |
| Ammoniaque saline............... | 0.057 | 0.0061 |
| —        des matières organiques. | 0.067 | 0.0110 |

Relativement aux matières tenues en suspension, la
proportion est très variable d'un mois à l'autre, cha-

que crue amenant des eaux *rouges*, chargées d'une quantité considérable de limon des plateaux de l'Abyssinie, entraîné par les courants rapides du Nil bleu et de l'Athara; mais aussitôt le grand flot passé, le fleuve perd sa couleur rougeâtre, et le limon n'est plus charrié en aussi grande quantité.

Les matières en suspension constatées pendant l'année 1874-75 sont indiquées ci-après en grammes par litre d'eau :

| | Minimum. | Maximum. | Moyenne de 12 mois. |
|---|---|---|---|
| Matières organiques... | 0.0051 | 0.1841 | 0.0413 |
| Matières minérales..... | 0.0383 | 1.3074 | 0.2713 |
| Total ............ | 0.0434 | 1.4915 | 0.3126 |

Il y a lieu d'observer que pendant les premiers jours de chaque crue, alors que le fleuve monte encore lentement, il commence par prendre une couleur verdâtre due aux détritus végétaux venant des immenses marais équatoriaux; dans cette période ascendante qui dure de 8 à 15 jours, les eaux tiennent peu de limon, mais beaucoup de matières organiques (1).

Tandis que dans les rivières calmes, le limon des vallées inférieures ne consiste qu'en matières impalpables qui troublent plus ou moins la limpidité des eaux; dans les rivières torrentielles, la quantité de limon est parfois si forte que les eaux boueuses déposent jusqu'à 40 millièmes de leur volume. C'est avec ces dernières qu'ont été effectuées en Toscane les premières grandes opérations de colmatage.

Pour les opérations qui concernent le limonage du sol, il s'agit seulement d'eaux troubles ordinaires. La

(1) J. Barois, *l'Irrigation en Égypte*, 1887, p. 16.

proportion de ces troubles est toujours facile à calculer en laissant reposer pendant le délai voulu un volume d'eau recueilli en temps de crue; on établit ensuite la proportion entre le volume du dépôt et celui de l'eau qui l'a fourni (1).

Si la quantité des troubles par mètre cube d'eau se modifie d'un jour à l'autre, la quantité absolue, subordonnée au chiffre du débit, et la composition de ces troubles, se modifient également. Il en résulte que, pour obtenir des résultats exacts et comparables, il faudrait procéder à des séries continues d'expériences exigeant du temps, des soins délicats, notamment pour les jaugeages des cours d'eau au moment des prises.

Mangon a poursuivi dans ce sens des recherches du plus haut intérêt, sur les limons de la Durance, de la Loire et de quelques-uns de ses affluents, du Var, de la Marne et de la Seine. Il en a été fait également par Hübbe, sur l'Elbe, et par Forshey, sur les eaux du Mississipi, sans que la composition chimique des limons recueillis ait été indiquée par ces deux derniers observateurs.

*Limon de la Durance.* — La Durance dont les eaux utilisées pour les irrigations, sont on peut dire le mieux utilisées en France, a surtout fait l'objet des expériences de Mangon (2). C'est ainsi qu'il a constaté que la moyenne mensuelle du poids des matières solides entraînées, variant en nombres ronds de 199 grammes à 3,633 grammes, la moyenne annuelle est de 1,454 gr. par mètre cube.

Au point de vue de leur composition, ces limons représentent comme moyennes par mois et par an, pour cent :

(1) Nadault de Buffon, *Des submersions fertilisantes*, 1867, p. 21.
(2) *Expér. sur l'emploi des eaux d'irrigation*, 1869, p. 137.

| | MOYENNES | |
| --- | mensuelles. | des extrêmes. |
| Résidu argilo-siliceux insoluble...... | 45.02 | 46.650 |
| Alumine et peroxyde de fer.......... | 3.72 | 4.650 |
| Carbonate de chaux................ | 41.27 | 41.470 |
| Azote............................ | 0.06 | 0.098 |
| Carbone.......................... | 0.41 | 0.686 |
| Eau et produits non dosés.......... | 9.52 | 6.446 |
| | 100.00 | 100.000 |

Du 1er novembre 1859 au 31 octobre, pendant le cours d'une année plutôt inférieure à la moyenne, le poids total des matières charriées par la Durance, devant Merindol, pour un total jaugé de 12,188 millions de mètres cubes d'eau, s'est élevé à près de 18 millions de tonnes, correspondant à un volume d'environ 11 millions de mètres cubes, ou à une couche de 0m,01 d'épaisseur sur une surface de 110,000 hectares.

Si l'on rapporte au poids total de matières solides entraînées, les quantités pour cent des éléments qui les composent, on constate que la rivière emporte par an 9 millions et demi de tonnes d'argile siliceuse; 7 millions de tonnes de carbonate de chaux; 14,000 tonnes d'azote et 98,000 tonnes de carbone.

Barral ne croit devoir attribuer aux chiffres observés par Mangon, pendant une période trop restreinte, qu'une valeur accidentelle; car, outre que les troubles de l'eau, au même moment, ne sont pas identiques sur les différents points du parcours, ils n'ont pas de rapport constant avec le débit de la rivière. On ne saurait non plus admettre, avec Mangon, que chaque mètre cube de limon a un poids fixe de 1,600 kilog., l'intensité des troubles n'étant pas proportionnelle à la hauteur ni au débit des crues. Les plus grands troubles dus à des orages locaux, éclatant dans le bassin supérieur, ne produisent que des crues relativement faibles. D'autre part, il convient de remarquer que si les grands troubles ont le plus souvent lieu dans la saison d'été, la Durance est, au contraire, généralement claire dans la saison d'hiver (1).

La puissance colmatante d'une rivière ne saurait ainsi être calculée que par dérivation d'un débit constant, et sur base des coefficients donnant pour chaque jour le poids du limon charrié par ce débit constant (soit 1 mètre cube).

Il résulte des études sur le régime de la Durance, poursuivies sans interruption au pont de Mirabeau, par le service des ponts et chaussées, que pendant dix-sept années le débit total moyen a été de 5,980 millions de mètres cubes par an, correspondant à un débit moyen, par seconde, de 188 mètres cubes. Le débit maximum constaté le 18 mars 1873 a été de 4,008 mètres cubes par seconde, et le minimum, le 28 juillet 1870, de 45 m. c. 95.

Le limon charrié annuellement a donné, comme poids total moyen, 12 millions et demi de tonnes, représentant un volume moyen de 8,300,000 tonnes. Tandis que la saison d'été offre un poids moyen annuel de 21 kil. 70 de limon dans 10,000 litres d'eau, la saison d'hiver n'en présente que 17 kil. 60 (2).

Toute tentative pour mesurer la vitesse avec laquelle se transportent les crues et leurs limons a été inutile.

Le canal de Carpentras, l'un des dix-huit canaux alimentés par la Durance, a fait aussi l'objet d'expériences contradictoires sur la quantité et la composition des eaux de la rivière. Mangon a constaté qu'à l'échelle de Taillades, à 16 kil. et demi de la prise d'eau de Merindol, la moyenne mensuelle du poids des matières en suspension

(1) *Les irrigations des Bouches-du-Rhône*; 1876; p. 258.
(2) *Rapp. de l'Ing. en chef, Gay : Bull. Min. agric.*; 1886.

a varié, en 286 jours, entre 136 gr. 25 et 7,444 gr. 36 ; et la moyenne générale annuelle a été de 1 kil. 417. Comme composition, les limons ont indiqué les variations suivantes pendant les mois d'observation :

| | Pour 100. | | |
|---|---|---|---|
| Résidu argilo-siliceux insoluble..... | 45.90 | à | 52.75 |
| Alumine et peroxyde de fer......... | 3.70 | à | 6.00 |
| Carbonate de chaux ............... | 34.82 | à | 42.50 |
| Azote ........................... | 0.09 | à | 0.12 |
| Carbone.......................... | 0.49 | à | 0.93 |
| Eau combinée et produits non dosés. | 4.44 | à | 6.61 |

Le carbonate de chaux présente un maximum en juillet, et un minimum en septembre. La proportion de carbone est un peu moindre que dans les limons de la Durance, et celle d'azote légèrement supérieure. Ces résultats concordants démontrent que la composition du limon variant avec les diverses époques de l'année, il y aurait intérêt à la déterminer aussi sur plusieurs endroits du parcours des eaux, à la même époque.

*Limon du Var.* — Le Var, cours d'eau plus torrentiel que la Durance, offre des variations très considérables dans le poids de limon que contient un mètre cube d'eau (au pont de la Gaude). L'écart constaté par Mangon est compris entre 36 kil. et demi, le 30 juin 1864, et 9 grammes, le 9 janvier 1865. Les limons renferment plus du tiers en moyenne de leur poids de carbonate de chaux, et un peu plus d'azote que ceux de la Durance.

A un poids total de 19,600,000 tonnes de matières solides que le Var entraîne annuellement, suffisante pour colmater plus de 12,000 hectares sur une épaisseur de $0^m,01$, correspond un poids de 1,214 millions de tonnes de matières solubles contenant 391 millions d'acide sulfurique et 387 millions de chaux. Ce transport énorme de matières solides qui constituent les remblais et

les deltas à l'embouchure des fleuves, et de matières solubles qui se transforment, se combinent et partiellement se déposent, explique la grandeur des ressources
dont l'agriculture dispose pour créer ou améliorer le sol
végétal.

*Limons divers.* — Même pour les fleuves à cours pai-
sible, comme la Loire, la Marne, la Seine, mais également soumis aux crues qui causent des inondations, le
limon atteint des quantités véritablement extraordinaires. Tandis que la Vienne, avec des hauteurs de 2$^m$,90
à 3$^m$,60 à l'échelle de Châtellerault, peut entraîner en
24 heures 23,900 tonnes de limon contenant 102 tonnes
d'azote et 818 tonnes de carbone, la Loire, au pont de
Tours, charrie pour des hauteurs de 2$^m$,10 à 2$^m$,65, en
24 heures, 47,000 tonnes de limon, correspondant à un
volume de 29,000 mètres cubes, suffisant pour colmater
100 hectares sur une épaisseur de près de 3 centimètres.
Avec des eaux de 2 mètres seulement au-dessus de l'étiage,
la Loire comporte 2,736 mètres cubes de limon contenant 24 tonnes d'azote et 217 tonnes de carbone (voir le
tableau L).

*Eaux de pluie et limons.* — Une observation, due à
Robinet, trouve naturellement sa place ici : c'est que les
eaux de pluie ont non seulement une influence sur la
composition des eaux des fleuves et des rivières, par
l'apport du limon qu'elles entraînent, mais par la précipitation de ce limon, elles contribuent à leur clarification. Ainsi, après de fortes pluies tombées dans la vallée
de la Saône, qui avaient surchargé l'eau du fleuve de limon, il a constaté qu'elle avait gagné en pureté, c'est-à-
dire qu'elle retenait en dissolution une proportion moindre de sels calcaires. Ce résultat s'explique, d'une part,
par l'introduction d'une masse d'eau pluviale pure et,
d'autre part, par l'impossibilité pour cette eau, privée

d'acide carbonique, de dissoudre une quantité suffisante de carbonate de chaux qui maintienne entre 13 et 15 degrés le titre hydrotimétrique de l'eau de la Saône (1).

Nous reproduisons dans le tableau L le poids moyen approximatif des matières en suspension dans un mètre cube d'eau de divers fleuves, pour l'année, et pendant les crues; le poids total et le volume total annuels, par année moyenne, avec l'indication des quantités de carbonate de chaux et d'azote, entraînées dans l'année par certains fleuves, tels que la Durance, le Var, la Vienne, la Loire, la Seine et la Marne. Quant aux autres cours d'eau, l'Allier, la Saône, le Rhône, le Rhin, l'Elbe, le Danube, le Pô, le Nil, le Gange et le Mississipi, les chiffres du tableau indiquent, quand les ingénieurs en ont fait mention, le débit annuel, le poids moyen de limon par mètre cube d'eau et le volume de limon charrié annuellement.

L'intérêt qui s'attache à ces déterminations est d'autant plus grand que les observations s'étendent sur une plus longue période; aussi est-il à regretter que les services techniques, en faisant connaître les renseignements qu'ils recueillent pour les études des inondations, des crues et des atterrissements vers les embouchures, ne joignent pas des données sur la composition des limons charriés.

*Qualité des limons.* — La composition des limons, malgré les variations considérables d'une crue à une autre, malgré l'inégalité dans les couches sédimentaires, est, en effet, non moins utile à connaître que leur quantité. Il ne faudrait pas croire, en généralisant les quelques données que l'on possède, que tous les limons sont analogues aux terres les plus fertiles et renferment invariablement les éléments utiles à la végétation (2). Il en est des limons comme des eaux d'irrigation. L'analyse seule,

(1) *Soc. centr. agric.*, décembre 1864.
(2) C. de Cossigny, *Notions sur les irrigations*, 1874, p. 23.

TABLEAU L. — *Poids et volumes des limons charriés par les cours d'eau.*

| FLEUVES OU RIVIÈRES. | NOMS DES OBSERVATEURS. | DATES DES OBSERVATIONS. | DÉBIT ANNUEL MOYEN. | LIMONS. | | | | | |
|---|---|---|---|---|---|---|---|---|---|
| | | | | POIDS MOYEN PAR M. CUBE. | | POIDS TOTAL PAR ANNÉE. | VOLUME TOTAL PAR ANNÉE. | POIDS PAR ANNÉE. | |
| | | | | ANNUEL. | Pour LES CRUES. | | | CARBONATE DE CHAUX. | AZOTE. |
| | | | millions m. cubes. | gr. | gr. | milliers tonnes. | milliers m. cubes. | tonnes. | tonnes. |
| Durance, à Merindol..... | Mangon. | 1859-60 | » | 1454 | 3633 | 17.723 | 11.077 | 7.034 | 14.166 |
| Var, au pont de Gaude... | — | 1864-65 | » | 3577 | 36617 | 19.600 | 12.222 | 7.460 | 22.500 |
| Garonne, à Toulouse.... | Baumgarten. | 1839-46 | 24.841 | 235 | 400 | » | 5.692 | » | » |
| Loire, au pont de Tours.. | Mangon. | 1860 | » | 185 | 467 | 9.747 | 4.668 | 304 | 3.800 |
| Vienne, à Châtellerault.. | | 1868 | 5.000 | 173 | 495 | 2.263 | 1.413 | 59 | 1.200 |
| Allier.................. | Monestier. | » | 16.000 | 555 | » | » | 1.366 | » | » |
| Seine, à Rouen.......... | Marchal. | 1852 | » | 22 | » | 208 | 368 | 48 | 1.100 |
| — au Port-à-l'Anglais. | Mangon. | 1863-66 | » | 39 | 626 | 182 | 96 | 39 | 900 |
| Marne, à Saint-Maur..... | — | 1863-64 | » | 74 | 516 | » | 169 | » | » |
| Saône, à Lyon .......... | Fournet. | 1844 | 54.236 | 96 | 184 | » | » | » | » |
| Rhône, à Beaucaire...... | Surell. | 1847 | 63.072 | 482 | 1758 | » | 21.000 | » | » |
| ..... | Gorse. | | » | 500 | » | » | 31.536 | » | » |
| Rhin, à Bonn............ | Hevaz. | | 34.675 | 48 | 80 | » | 22.192 | » | » |
| Elbe, à Lobositz........ | Breitenlohner. | | 6.000 | 104 | » | 1.170 | » | » | » |
| Danube, à Vienne........ | | | » | 114 | 800 | 6.112 | » | » | » |
| Pô..................... | Lombardini. | | 54.240 | 749 | » | » | 40.637 | » | 0 |
| Nil.................... | Barois. | | 67.000 | 444 | 1490 | » | 30.000 | » | 0 |
| Gange.................. | Everest. | 1831-32 | | | 1943 | 42.062 | | | |
| — | Rennel. | | | | | | 78.000 | | |
| Mississipi............. | Forshey. | 1851-52 | | 553 | 1748 | | | | |

à moins d'une pratique consacrée de longue date, révèle les qualités des dépôts, qu'il s'agisse de fertiliser des terres déjà cultivées, ou d'améliorer et d'exhausser des terres arides ou submersibles. Ainsi, Surell mentionne les eaux dérivées du Buëch, du Robioux, du Crévaulx, du Boscodon, du Pals, qui descendent torrentiellement dans les Hautes-Alpes jusqu'au Rhône, comme étant estimées pour leur limon; et dans le Val Godemard, les eaux de la Severaisse, comme préférables à celles du Drac. « Ces différences dans les qualités des « eaux limoneuses sont telles, ajoute-t-il, que le bourg « de Guillestre est à la veille de faire des dépenses pour « chercher au loin le ruisseau de Chagne, tandis que son « territoire est traversé par celui de Rif-Bel, mais dont « les eaux sont moins bonnes (1). »

On sait que l'Ill, pendant les crues, charrie un limon moins sablonneux que le Rhin, et que ses eaux troubles sont recherchées pour les irrigations, tandis que les eaux maigres et froides du Rhin ne deviennent favorables qu'après avoir déposé le sable qu'elles tiennent en suspension. Les eaux du canal d'Huningue, alimenté par le Rhin, sont d'un bon effet pour la création de prairies, sur un sol de gravier et de cailloux, mais à la condition que les prises d'eau, dans le canal, soient munies de vastes réservoirs où l'eau du fleuve dépose en partie son sable. M. de Maupeou a dû procéder de la sorte sur 185 hectares de prairies, dans son domaine de Hambourg, près de Habsheim (2).

S'il y a, d'ailleurs, de nombreux exemples d'une fertilisation exceptionnelle, résultant des inondations, il n'en manque pas où de véritables désastres ont été causés par le dépôt que les cours d'eau ont abandonné en se retirant.

(1) *Étude sur les torrents des Hautes-Alpes*, 1870, p. 41.
(2) *Les Primes d'honneur en* 1867, p. 185 (1870).

Dans ses recherches sur les limons, Mangon ne s'est pas borné à déterminer le poids et le volume des matières solides entraînées, mais encore la composition chimique de ces matières. Les résultats de ses nombreuses recherches sont résumés dans le tableau LI pour chaque cours d'eau qu'il a examiné, par deux analyses de prises d'eau faites en mars et en août, quand cela a été possible. Nous y avons ajouté pour la Saône (col. 9) le limon analysé par Robinet (1), qui correspond à une crue énorme du 27 octobre 1864; pour la Marne (col. 11) le limon ayant été laissé après une inondation de cette rivière (2), et pour le Rhin (col. 15) le limon ordinaire que ce fleuve abandonne (3).

Mangon fait remarquer au sujet des matières qu'entraîne la Durance, que tout en se trouvant réunies dans les conditions les plus favorables à la constitution des terres arables les plus fertiles, les neuf dixièmes ne sont point utilisés et se perdent à la mer. Il en est de même pour la Loire qui jette à l'Océan des millions de mètres cubes de limon chaque année, sauf un faible volume qui se dépose dans la baie de Noirmoutiers et forme le sol des polders que l'on endigue peu à peu sur cette côte. Quoique le volume total du limon transporté chaque année par la Marne ne soit pas comparable à celui qu'emporte le Var, il suffirait, en raison de sa richesse en matières fertilisantes, au limonage de surfaces étendues. Il renferme en effet des matières organiques et une forte proportion d'azote. La composition chimique du limon de la Seine est moins variable que celle du limon de la Marne; la proportion moyenne d'azote y est un peu plus élevée. Tous ces sédiments ont une densité comprise entre 1,4 et 1,5.

(1) *Soc. centr. agric.*, déc. 1864.
(2) et (3) *Ann. de Millon et Reiset*, 1858; analyses de Müller.

Tableau LI. — *Composition des limo*

| | DURANCE. | | VAR. | | LOIRE. | |
|---|---|---|---|---|---|---|
| | Mars 1860. | Août 1860. | Mars 1865. | Août 1865. | Mars 1860. | Décembre 1862 |
| | 1. | 2. | 3. | 4. | 5. | 6. |
| Résidu insoluble.......... | 49.10 | 44.31 | 44.28 | 44.59 | 66.60 | 68. |
| Silice.................... | » | » | » | » | » | » |
| Alumine................ | | | | | | |
| Peroxyde de fer........ .. | 4.85 | 4.30 | 5.03 | 7.74 | 11.90 | 11. |
| Carbonate de chaux....... | 39.64 | 43.83 | 35.53 | 32.95 | 2.20 | 2. |
| — de magnésie ... | » | » | » | » | » | » |
| Matière organique........ | » | » | » | » | » | » |
| Carbone...... .......... | 0.66 | 0.53 | » | » | 3.71 | 4. |
| Azote.................... | 0.13 | 0.08 | 0.12 | 0.18 | 0.41 | 0. |
| Eau combinée........... | | | | | | |
| Produits non azotés....... | 5.62 | 6.95 | 15.04 | 14.54 | 15.18 | 12.9 |
| | 100.00 | 100.00 | 100.00 | 100.00 | 100.00 | 100.0 |

*Limons comparés de la Durance et de l'Isère.* — Sur la question soulevée devant l'Académie des sciences par Aristide Dumont, quant à l'infériorité des eaux de l'Isère pour l'irrigation, par rapport à celles de la Durance, M. Paul de Gasparin a transmis à la Société nationale d'agriculture, en même temps que les analyses des eaux des deux rivières, celles des limons recueillis sur divers points de leur parcours.

Il ressort de la comparaison de ces analyses (tableau LII) que les limons de l'Isère, analogues à ceux de la Durance, leur sont supérieurs en ce qu'ils renferment une moindre proportion de carbonate de chaux;

*charriés par divers cours d'eau.*

| VIENNE | | SAÔNE, Octobre 1864. ROBINET. | MARNE | | SEINE | | GIRONDE. | RHIN. MULLER. |
|---|---|---|---|---|---|---|---|---|
| Avril 1859. | Septembre 1860. | | Mars 1864. | INONDATION. MULLER. | Mars 1865. | Août 1866. | | |
| 7. | 8. | 9. | 10. | 11. | 12. | 13. | 14. | 15. |
| 56.30 | 57.86 | 74.0 | 41.92 | 33.30 | 15.25 | 20.92 | 70.22 | » |
| » | » | » | » | 16.61 | » | » | | 17.05 |
| 15.70 | 10.37 | » | 10.37 | 5.97 | 9.11 | 7.19 | 13.66 | 55.50 |
| | | 10.0 | | 0.80 | | | | 15.65 |
| 1.40 | 3.56 | 8.0 | 26.61 | 37.96 | 29.68 | 29.46 | 6.61 | 4.60 |
| » | » | » | » | 0.33 | » | » | | 2.10 |
| » | » | 8.0 | » | 0.83 | » | » | | |
| 7.00 | 6.93 | » | » | » | » | » | 9.31 | 5.10 |
| 0.78 | 0.57 | » | 0.42 | » | 0.56 | 0.43 | | |
| 18.82 | 20.71 | » | 20.68 | 4.20 | 45.40 | 42.00 | 0.20 | » |
| 100.00 | 100.00 | 100.0 | 100.00 | 100.00 | 100.00 | 100.00 | 100.00 | 100.00 |

en moyenne 25 pour 100, au lieu de 42 pour 100. La proportion d'acide phosphorique et de matière organique, quoique faible, est plus notable; celle de la potasse est la même. Le limon de l'Isère est un peu plus sablonneux que celui de la Durance, ce qui implique, étant donnée la forte pente de la rivière, l'obligation d'installer des bassins pour empêcher l'encombrement des canaux d'arrosage. La vitesse du courant de l'Isère et le volume considérable des eaux, même basses, amènent en effet la suspension, non seulement de l'argile, mais encore du sable fin. Une prise d'échantillon dans le même profil et le même jour, à différents points de la section, peut offrir de grandes inégalités, suivant que la prise a lieu en eau courante, dans un remous ou en eau tranquille. D'après les estimations de Gasparin, les eaux vives de l'Isère, à Romans, contiennent par litre plus d'un gramme de matières solides en suspension (1).

*Limon du Rhône.* — Le limon du Rhône renferme, sans que nous ayons pu nous procurer l'analyse complète, 49 pour 100 de résidu insoluble, dont 10 de peroxyde de fer, 32 de carbonate de chaux, et 9 à 10 pour 100 d'autres sels contenant en moyenne 0,16 pour 100 d'azote. Nous n'avons pas constaté sans quelque surprise qu'à l'occasion du vaste projet des canaux du Rhône, dont la réalisation paraît s'éloigner de plus en plus, aucun travail complet ait été présenté sur les limons du fleuve, aux points principaux où les dérivations doivent se faire. C'eût été là pourtant une recherche importante et décisive.

**2. Limons et eaux des canaux.** — Les eaux des canaux d'irrigation et leurs limons ont fait l'objet d'un très petit nombre de recherches. On trouvera plus haut les analyses des eaux du canal du Cabedan-Neuf (Durance), du canal de l'Isle (la Sorgue), du canal de l'étang de Cazau (Arcachon), exécutées par Mangon; nous rapportons dans le tableau LIII celles des eaux de trois canaux de navigation; canaux de l'Ourcq, du Berri et de Hazebrouck, et des limons du canal des Alpines et du canal Cavour (Piémont).

Les eaux des canaux ont été analysées : l'Ourcq, à la Villette, par Boutron et Henry (1848); du Berri, à Vierzon, par Rivot, et de Hazebrouck, par Salvetat (2). Dans le sédiment du canal des Alpines, dont P. de Gasparin a donné la composition, « il faudrait, dit-il, non seule-

(1) *Journal de l'agriculture*, novembre 1881.
(2) *Ann. des eaux de la France*, 1851 ; p. 154 et 261.

TABLEAU LII. — *Composition des limons de l'Isère et de la Durance.*

| | ISÈRE | | | DURANCE | | |
|---|---|---|---|---|---|---|
| | à Romans 1ᵐ 60 au-dessus de l'échelle. | à Romans. 3ᵐ 60 | en aval de l'Arc (1879). | Canal des Alpines. | Domaine de Lapit en culture. | Cabanne, terre en culture. |
| Silice et silicates insolubles.......... | 57.600 | 67.650 | 64.680 | 47.280 | 45.210 | 52.000 |
| Carbonate de chaux................. | 30.410 | 18.680 | 25.030 | 42.580 | 44.050 | 41.630 |
| —      de magnésie.............. | 1.710 | 1.780 | 3.110 | 1.040 | 1.443 | 1.430 |
| Potasse........................... | 0.055 | 0.056 | » | 0.072 | 0.188 | 0.052 |
| Sesquioxyde de fer................. | 5.980 | 5.710 | 3.340 | 5.925 | 3.680 | 2.400 |
| Alumine........................... | 2.330 | 1.840 | 2.050 | 1.489 | 2.070 | 0.770 |
| Eau combinée...................... | 1.830 | 1.615 | 1.380 | 1.555 | 1.368 | 0.818 |
| Acide phosphorique................. | » | 0.152 | 0.110 | » | 0.020 | 0.044 |
| Matières organiques................ | 0.085 | 2.517 | 0.300 | 0.059 | 1.971 | 0.866 |
| | 100.000 | 100.000 | 100.000 | 100.000 | 100.000 | 100.000 |

ment la culture et les engrais, mais encore une période assez longue de végétation pour créer une réserve organique, au moins de 1 pour 100, avant de pouvoir compter sur une culture fructueuse (1). » Le limon du canal Cavour, recueilli dans les rigoles d'une prairie marcite du territoire de Novare, a été analysé par le professeur Celi, à la station agronomique de Modène. Desséché à 120°, il a abandonné à l'eau, o gr. 2724 de matières solubles, sur lesquelles o gr. 110 de matière organique. De couleur gris-jaune, il traverse à l'état pulvérulent un tamis à mailles de trois centimètres, et se divise mécaniquement en 87 pour 100 d'argile, 10 pour 100 de sable et 3 pour 100 d'eau.

Berra remarque que l'avantage le plus précieux des canaux de la Lombardie, pour les arrosages d'hiver, consiste en ce qu'ils ne sont pas sujets aux crues subites des fleuves ni aux diminutions périodiques des fontaines; l'agriculteur peut dès lors compter sur un volume d'eau à peu près égal et surtout sur de l'eau à peu près de même qualité. Au contraire, pendant les crues, les eaux des fleuves deviennent troubles et limoneuses, il faut fermer avec soin les écluses pour que l'herbe ne se souille pas et que les animaux n'en souffrent pas. Berra cite l'exemple d'un fermier des bords du Lambro dont les vaches ont péri pour avoir été nourries avec l'herbe d'une marcite imprégnée des limons de cette rivière. Suivant son expérience, le sédiment que laissent la plupart des fleuves de l'Italie du nord est funeste aux cultures et aux champs; le limon du Pô n'est fertilisant qu'en aval de Pavie et de Ferrare (2); celui des canaux au contraire, quoique dérivé des mêmes cours d'eau, est bienfaisant.

(1) Barral, *les Irrigations des Bouches-du-Rhône*, 1876, p. 264.
(2) Berra, *Dei prati del basso Milanese detti a marcita*, Milano, 1822.

Tableau LIII. — *Analyse des eaux de canaux et des limons déposés par les canaux d'irrigation.*

| | EAUX DES CANAUX | | | LIMONS. | |
|---|---|---|---|---|---|
| | de l'Ourcq. | du Berri. | de Hazebrouck. | Canal des Alpines. | Canal Cavour. |
| | | | | pour 100. | pour 100. |
| Résidu insoluble.................... | » | » | » | 47.280 | 82.300 |
| Acide carbonique.................. | » | » | » | » | 1.200 |
| Chaux............................ | » | » | » | » | 1.711 |
| Carbonate de chaux............... | 0.158 | 0.1952 | 0.1420 | 42.580 | » |
| — de magnésie.............. | 0.075 | » | 0.0170 | 1.040 | » |
| — de soude................. | » | 0.0236 | » | » | 0.166 |
| Acide sulfurique.................. | 0.080 | traces. | 0.0500 | » | » |
| Sulfate de chaux.................. | | | | » | » |
| — de magnésie........... | 0.095 | 0.0020 | 0.3219 | » | » |
| — de soude.............. | 0.113 | 0.0600 | | » | 0.340 |
| Chlorures alcalins................. | traces. | » | » | 0.072 | » |
| Potasse........................... | » | » | 0.0280 | » | 0.811 |
| Acide silicique.................... | » | » | » | 0.021 | traces. |
| Acide phosphorique............... | » | 0.1210 | » | » | » |
| Phosphate de soude............... | » | 0.0036 | 0.0180 | » | » |
| — de chaux............... | » | » | traces. | 1.489 | 5.530 |
| Alumine........................... | 0.069 | » | » | 5.925 | » |
| Oxydes de fer..................... | | » | 0.0581 | 1.555 | (1) |
| Eau combinée..................... | qté notable. | » | 0.0500 | 0.038 | 7.936 |
| Matière organique { soluble...... / insoluble...... | qté notable. | » | | | 0.006 |
| Perte ou non déterminée........... | | | | | |
| Résidu................... | 0.590 | 0.4054 | 0.6850 | 100.000 | 100.000 |

(1) Azote = 0.245.

*Azote dans les eaux des canaux.* — Selmi a dosé dans les eaux d'irrigation du canal Rio Palmano (Plaisance) provenant de la Trebbia, affluent du Pô, qui descend des Apennins : o gr. 0036 d'ammoniaque et o gr. 012 d'acide nitrique par litre, les eaux étaient riches en oxygène et en acide carbonique à l'état gazeux. L'analyse avait été faite au mois d'août 1858, la saison étant plutôt sèche (1).

M. Chabrier a recherché la loi de répartition des acides nitreux et nitrique dans les eaux de plusieurs canaux d'irrigation des Bouches-du-Rhône, variables suivant les dates où elles sont puisées. D'après ses essais, voici les résultats pour 1 litre d'eau :

| | Dates de puisage. | Acides nitreux. | Acides nitrique. |
|---|---|---|---|
| 1. Canal de Saint-Chamas. | Mai 1869. | 0.247 | 0.003 |
| 2. Même canal............ | Janvier 1870. | 0.329 | 0.002 |
| 3. Canal de la Poudrerie... | — | 0.274 | 1.923 |
| 4. La Touloubre (période de chômage)............ | Mars 1869. | 0.238 | 0.005 |
| 5. Canal de Boisgelin..... | Juillet 1869. | 0.250 | » |
| 6. Même canal............ | Mars 1870. | 0.952 | 2.487 |
| 7. Même canal (surverse de Miramas)................ | — | 0.965 | 4.023 |
| 8. Canal de Boisgelin...... | Mai 1870. | 0.161 | 0.771 |

M. Chabrier serait tenté de conclure que pendant l'hiver et au commencement du printemps, les eaux des canaux atteignent leur dose maximum d'acides, et que leur teneur dépend non seulement de la saison, mais accidentellement des terrains qu'elles traversent ou qu'elles pénètrent et des limons qu'elles déposent (2). Il importe de remarquer que sur un nombre d'essais aussi restreint, et sur des canaux aussi peu importants, une conclusion aussi nette serait bien hasardée.

(1) *Deficienza dei concimi, Lezioni di chim. agron.*, Torino, 1863, p. 31.
(2) *Comptes rendus, Acad. des sciences*, 1871.

Il en est de même pour les recherches sur les limons desdits canaux, sous le rapport de la distribution de l'acide nitreux, qui, suivant M. Chabrier, peut offrir une teneur très variable, tandis que la proportion d'acide nitrique serait à peu près uniforme.

| | Humidité. | Acides | |
|---|---|---|---|
| | | nitreux. | nitrique. |
| 1. *Canal de Boisgelin.* | | | |
| Limon de 1869 prélevé le 5 février 1870 près de l'embouchure. | 1.450 | 0.88 | 138.80 |
| 2. *Canal de Miramas.* | | | |
| Limon extrait depuis plusieurs années.............. | 45.100 | 10.11 | 130.87 |
| 3. *Canal de Saint-Chamas.* | | | |
| Limon argileux prélevé le 5 février 1870 après essorage de huit mois .................... | 33.600 | 0.73 | 279.27 |
| 4. *Même canal (autre branche).* | | | |
| Limon sablonneux prélevé le 10 février 1870 sur les berges, à l'état humide.............. | 44.400 | 0.68 | 69.20 |
| 5. *Même canal.* | | | |
| Même limonage qu'au n° 4 séché à 80 degrés.................. | 220 | 0. | 68.13 |
| 6. *Même canal.* | | | |
| Même limonage qu'au n° 4 séché à l'air .................... | 660 | 0. | 69.00 |

Si l'argile semble favoriser l'accumulation des produits nitreux dans le limon d'une des branches du canal Saint-Chamas, le sable dans le limon de l'autre branche (n^{os} 4, 5 et 6) les perd, tout en conservant la même teneur en acide nitrique; ce qui tend à confirmer le fait que l'eau courante agissant plus efficacement que l'humidité du sol pour la répartition des acides nitreux et nitrique, les nitrites en particulier ne subsistent au contact de la terre qu'à la faveur d'un excès d'eau (1).

(1) *Journ. agric. prat.*, 1870-71.

### 3. Limons et eaux de drainage. — Les eaux de drainage, comme nous l'avons vu (p. 206), renferment la plupart de fortes proportions d'acide nitrique et d'ammoniaque.

Barral a trouvé dans l'eau de drainage d'une terre argilo-siliceuse, o gr. 0766 d'acide nitrique par litre, c'est-à-dire douze fois plus que n'en contient la pluie d'orage la plus chargée.

M. Albert Le Play, analysant les eaux pluviales recueillies après avoir lavé les champs en culture, dans les rigoles destinées à l'arrosage des prairies inférieures de sa propriété de Ligoure (Haute-Vienne), leur a trouvé un résidu fixe moyen (hiver et été) de o gr. 197 : acide nitrique, o gr. 0110 ; ammoniaque, 0,0017 ; azote organique, o gr. 0012 par litre. Les matières organiques offraient une teneur moyenne de o gr. 0485 contre o gr. 1435 de matières minérales formées en plus grande partie par la silice (1), et l'acide phosphorique titrait o gr. 0015.

Les résultats des analyses de M. Le Play sont rapportés dans les deux tableaux suivants, LIV et LV.

Le premier de ces tableaux (LIV) indique la composition moyenne annuelle des eaux du drainage superficiel, c'est-à-dire des matières solubles et du limon contenus dans un mètre cube d'eau d'irrigation ; et comparativement, l'analyse de l'eau d'une des rigoles ayant passé sur une bande de prairie d'environ 50 mètres de largeur, qui permet de juger avec quelle rapidité les matières solubles, sans parler de celles en suspension, sont absorbées par le sol en prairie.

Le second tableau (LV) montre en regard de la composition centésimale de la terre arable de Ligoure, qui

(1) Barral, *Irrigations de la Haute-Vienne*, 1884, p. 561.

TABLEAU LIV. — *Analyse des eaux pluviales de drainage.*

MATIÈRES CONTENUES DANS UN M. CUBE DES EAUX D'IRRIGATION, A LIGOURE.

| | COMPOSITION MOYENNE | | | COMPOSITION DES EAUX | | |
| | ANNUELLE DES EAUX PAR 1 M. CUBE. | | | (MATIÈRES SOLUBLES) PAR 1 M. CUBE (1). | | |
| | Matières solubles. | Limon. | Total. | Entrée dans la prairie. | Après 50ᵐ d'irrigation. | Matières fixées par la prairie. |
|---|---|---|---|---|---|---|
| | gr. | gr. | gr. | gr. | gr. | gr. |
| Silice..................... | 89.57 | 3.110.08 | 3.199.65 | 121.00 | 107.80 | 13.00 |
| Fer et alumine............ | 35.01 | 848.40 | 884.01 | 39.60 | 35.40 | 4.20 |
| Chaux..................... | 9.10 | 11.16 | 20.26 | 16.40 | 15.80 | 0.60 |
| Magnésie.................. | 2.45 | 74.65 | 77.10 | 5.80 | 2.00 | 3.20 |
| Potasse................... | 4.50 | 50.17 | 54.67 | 8.60 | 7.20 | 1.40 |
| Soude..................... | 5.57 | 12.20 | 17.77 | 8.60 | 9.80 | 1.20 |
| Acide phosphorique........ | 1.50 | 6.16 | 7.66 | [1.20 | indét. | indét. |
| Matière organique......... | 48.52 | 496.42 | 544.94 | 69.80 | 61.40 | 8.40 |
| Total.............. | 196.82 | 4.609.24 | 4.806.06 | 271.00 | 240.00 | 32.00 |
| Acide nitrique............ | 11.000 | » | 11.000 | » | » | » |
| Ammoniaque................ | 1.686 | » | 1.686 | 0.500 | 0.3443 | 0.1557 |
| Azote organique........... | 1.180 | 16.213 | 17.393 | 1.300 | 0.743 | 0.557 |

(1) Eau de la rigole n° 3 (Meniéras, tableau LV) prélevée le 15 février 1875, avant et après son passage sur la prairie u Grand-Pré.

peut se classer parmi les sols argilo-siliceux, caractérisés par une certaine imperméabilité, celle de la terre des diverses prairies du domaine, améliorées par le transport incessant des limons que laissent les eaux pluviales de drainage, et par la culture de l'herbe; il donne en outre l'analyse moyenne centésimale, pour l'hiver et pour l'été, des limons qui sans être aussi abondants que ceux de la Durance ou du Nil, sont riches en potasse, en acide phosphorique et surtout en azote organique.

Il en est des eaux comme des limons, sous le rapport de leur richesse minérale et organique, dans les saisons d'hiver et d'été. Quand on compare les analyses des eaux recueillies en février, après des pluies et des neiges abondantes, avec celles de juillet provenant d'orages faisant suite à une longue sécheresse, ou avec celles d'octobre, les terres étant en pleine culture, on constate que les eaux d'hiver sont les plus riches en matières solubles et en détritus abandonnés par les engrais (1).

Quand les pluies peu abondantes se succèdent à des intervalles plus ou moins éloignés, le sol retient l'eau tombée; mais si la pluie est continue, la terre saturée n'absorbe plus et l'eau gagne les rigoles en entraînant plus ou moins de matières utiles, suivant la saison, l'état et l'inclinaison du sol, et principalement, la condition de fumure des terres en culture. Quoi qu'il en soit, pour les prairies, ces eaux constituent par leurs sédiments et par les matières solubles une fumure précieuse qui dispense de tout engrais complémentaire. Le terrage seul des prés, obtenu de la sorte, est un puissant moyen d'accroître la production de l'herbe.

En effet, la surface des terrains cultivés à Ligoure étant double de celle des prairies, M. Le Play a compté

(1) *Mémoires publiés par l'Acad. des sciences*, t. XXIII, p. 2.

TABLEAU LV. — *Eaux pluviales de drainage.*

ANALYSE COMPARÉE DE LA TERRE ARABLE, DE LA TERRE DE PRAIRIE ARROSÉE ET DES LIMONS
TRANSPORTÉS PAR LES RIGOLES, A LIGOURE.

| | TERRE ARABLE MOYENNE. | TERRE DE PRAIRIE ARROSÉE. | | | LIMONS. | | |
|---|---|---|---|---|---|---|---|
| | | MÉNIÉRAS. | GRAND-PRÉ. | MOYENNE. | ÉTÉ, MOYENNE. | HIVER, MOYENNE. | MOYENNE ANNUELLE. |
| Matière insoluble.......... | 88.750 | 81.192 | 74.800 | 77.735 | 66.615 | 76.500 | 71.560 |
| Fer et alumine............. | 6.141 | 9.250 | 13.400 | 11.325 | 18.791 | 14.370 | 16.580 |
| Chaux..................... | 0.148 | 0.250 | 0.350 | 0.300 | 0.224 | 0.420 | 0.322 |
| Magnésie.................. | 0.374 | 1.250 | 0.800 | 1.025 | 1.759 | 0.260 | 1.005 |
| Potasse............ ...... | 0.401 | 0.450 | 0.550 | 0.400 | 1.124 | 0.710 | 0.917 |
| Soude..................... | 0.0045 | 0.050 | traces. | 0.025 | 0.257 | 0.340 | 0.298 |
| Acide phosphorique........ | 0.059 | 0.110 | 0.100 | 0.105 | 0.116 | 0.320 | 0.218 |
| Matière organique.......... | 4.000 | 7.690 | 10.480 | 9.085 | 11.123 | 7.080 | 9.102 |
| Total ................. | 100.000 | 100.000 | 100.000 | 100.000 | 100.000 | 100.000 | 100.000 |
| Azote ..................... | 0.090 | 0.242 | 0.280 | 0.261 | 0.360 | 0.236 | 0.298 |

que chaque hectare de ces dernières reçoit annuellement
en moyenne 6,000 mètres cubes d'eau qui transportent
de 300 à 15,000 grammes de limon par mètre cube.
En se basant sur l'analyse moyenne (tableau LV), les
6,000 mètres cubes d'eau par hectare représenteraient
en éléments fertilisants :

|  |  | kil. |
|---|---|---|
| Chaux | .................................... | 121.56 |
| Magnésie | .................................. | 462.60 |
| Potasse | ................................... | 328.02 |
| Soude | ..................................... | 106.62 |
| Acide phosphorique | ...................... | 45.96 |
| Matière organique | ...................... | 3.189.84 |

La matière organique correspond à :

|  |  |  |
|---|---|---|
| Acide nitrique | ............................. | 66.00 |
| Ammoniaque | ................................ | 10.12 |
| Azote organique | ......................... | 104.36 |

Comme, d'autre part, ces mêmes matières dans
3,000 kil. de foin à l'hectare, d'après l'analyse des cendres du fourrage et du regain, figurent pour les proportions suivantes :

|  |  | kil. |
|---|---|---|
| Chaux | .................................... | 25.56 |
| Magnésie | .................................. | 14.40 |
| Potasse | ................................... | 71.00 |
| Soude | ..................................... | 1.80 |
| Acide phosphorique | ...................... | 11.94 |
| Matière organique représentant azote | ....... | 52.50 |

on voit que les rigoles importent dans le sol beaucoup
plus d'éléments fertilisants que n'enlèvent annuellement
la coupe d'herbe et le regain.

Il est difficile, les prés de Ligoure étant depuis des siècles fertilisés par les eaux pluviales découlant des champs
contigus supérieurs, d'évaluer exactement les accroisse-

ments de produit dus au système perfectionné des rigoles de captation des eaux pluviales, appliqué par M. Le Play, dont il sera question livre IX, mais on peut estimer que la même surface en prairies, qui donnait 45,000 kil. de foin en 1875, a fourni, après l'application du système, en 1874, 55,000 kil. Or, la récolte de 1874 dans la contrée avait été bien inférieure à celle de 1870.

Comme résultat des essais sur un hectare, la production fourragère s'est accrue par l'irrigation à l'aide des rigoles, de 1,870 kil. de fourrage sec.

## IV. — QUALITÉS DES EAUX D'IRRIGATION.

**1. Composition chimique.** — Les eaux d'irrigation ne peuvent être bien jugées que lorsque l'on connaît leur composition ; c'est ce qui ressort de l'étude que nous avons faite jusqu'ici des éléments qui concourent à rendre leur action efficace. Aussi Peligot insistait-il avec raison, déjà en 1853, au congrès scientifique d'Arras (1), pour que la valeur réelle de ces eaux fût constatée, avant d'en disputer les prises aux riverains. En effet, si elles agissent par les matières dissoutes ou par limonage, en charriant, pour déposer ensuite les principes qu'elles contiennent, il y aurait urgence à en connaître exactement la qualité, avant d'en réglementer la quantité.

Du moment où l'analyse chimique fournit les renseignements les plus précis sur la valeur des eaux d'arrosage, on ne peut que s'étonner de trouver aussi peu d'eaux, surtout de celles utilisées de longue date, dont la composition ait été déterminée au point de vue spécial de l'irrigation.

(1) *XX^e session, Journ. agric. prat.*, t. XIX.

Les eaux d'alimentation des villes ont été souvent examinées avec soin; elles ont motivé des travaux remarquables, tels que ceux présentés par Charles Sainte-Claire Deville, dans l'Annuaire des eaux de la France en 1851, et ceux dus à Frankland, sur les eaux de la Grande-Bretagne, qui ont été publiés dans les rapports de la commission d'enquête pour la pollution des rivières. Mais il n'y a aucune relation entre la potabilité d'une eau et ses vertus au point de vue de la culture, et, sauf des déterminations précieuses concernant la matière organique (carbone et azote), l'azote à ses divers états et le chlore, que l'enquête anglaise a fait connaître, les nombreuses analyses d'eaux potables sont d'un faible secours pour décider les qualités des eaux d'irrigation, suivant les plantes et suivant les saisons auxquelles on les applique.

A défaut d'analyse, on en a été réduit à attribuer à l'eau une très bonne qualité quand on y rencontre le cresson de fontaine (*nasturtium officinale*), les épis d'eau (*potamogeton perfoliatus* et *fluitans*), les véroniques (*veronica anagallis* et *beccabunga*), la renoncule aquatique (*ranunculus aquatilis*) et la glycérie (*glyceria aquatica*); une moins bonne qualité, quand elle produit les roseaux (*arundo*), les patiences (*rumex*), les ciguës (*cicuta*), les salicaires (*lythrum*), les menthes (*mentha*), les scirpes (*scirpa*), les joncs (*juncus*); une mauvaise qualité, quand il n'y végète que des mousses et des carets (*carex acuta, stricta*), ou des charas qui indiquent la présence en excès de la chaux, et des nymphées qui caractérisent la stagnation. Mais il ne s'agit là que de l'eau d'une source, d'un ruisseau ou d'un étang. Aux indices des plantes, Puvis ajoute que l'eau est bonne quand il se forme sur les cailloux du fond une couche visqueuse, foncée, qu'une espèce d'algue verte nage dans l'eau tranquille et que les bords se couvrent d'herbe vive. Quant aux cours d'eau de quelque importance, l'inspection des prairies qui le bordent, et, à leur défaut, des gazons ou des atterrissements nouveaux, couverts d'herbe, suffirait pour s'éclairer sur la qualité des eaux.

Voici, d'après Reiber (1), ce que les expériences de l'Allemagne ont appris sur les qualités et l'action des eaux, le terrain ayant été irrigué pendant vingt-quatre heures et mis à sec.

Si la teinte qu'auront prise les fonds des fossés est d'un brun-rougeâtre, et si la surface des eaux dans ces fossés est couverte d'une couche grasse et bleuâtre, c'est que les eaux, comme le sol, contiennent des parties ferrugineuses. Si, l'eau restant limpide, les fonds des fossés présentent seuls la teinte rougeâtre, c'est que le sol contient du fer et que l'eau est pure.

Quand le dépôt laissé par la prompte évaporation des eaux dans les fossés est de couleur noirâtre, il est certain qu'elle peut être employée sur toutes espèces de terrains.

La présence de l'acide gallique en excès est attestée par la courbure des bonnes herbes, et celle de l'acide ulmique, également nuisible, par la couleur brune du dépôt sur le gazon, l'eau restant foncée sur une certaine épaisseur.

L'eau demeurant pure et limpide, les pierres et les cailloux demeurant nets, les bords des fossés étant dépourvus de matières visqueuses verdâtres, et les fossés eux-mêmes ne montrant pas de plantes aquatiques rampantes, c'est que l'eau est de la meilleure qualité et convient à l'irrigation de tous les terrains.

Ce sont là, quoi qu'en pensent les auteurs, des indices

_____

(1) *Des prairies artificielles et des irrigations*, Strasbourg, 1849.

purement empiriques qui ne sauraient tenir place d'une analyse bien faite des eaux et des terres auxquelles les eaux sont destinées.

En dehors de l'analyse chimique, on peut se guider d'après certaines considérations pratiques qui ont une valeur dans la localité où se fait l'application des eaux, mais uniquement pour ces eaux. Heiden ne craint pas toutefois d'avancer qu'une eau est de bonne qualité moyenne pour l'arrosage, lorsque sa composition est la suivante (1) :

|  |  | POUR 1 LITRE. |
|---|---|---|
| Oxygène | 4 | cent. cubes. |
| Chaux | 100 | milligr. |
| Magnésie | 8 | — |
| Potasse | 10 | — |
| Soude | 25 | — |
| Acide sulfurique | 30 | — |
| Chlore | 30 | — |
| Acide carbonique | 175 | — |
| Acide azotique | 10 | — |

comme si cette composition, dans laquelle sont négligés l'azote, l'acide phosphorique et la matière organique, tout en assignant une teneur hypothétique aux autres éléments de fertilité, répondait aux besoins de tous les sols et de toutes les récoltes à soumettre à l'arrosage.

La teneur des eaux en azote exerce la plus grande influence sur leur qualité. Dans les recherches que Chevandier et Salvetat ont suivies sur les eaux d'irrigation, ils s'étaient proposé de savoir si les différences de pouvoir fertilisant qu'offrent certaines sources des Vosges, employées aux arrosages dans des conditions analogues d'exposition, de situation, de hauteur au-dessus du niveau de la mer, de température et de pureté apparente,

(1) *Lehrbuch der Düngerlehrer*, Hanover, 2 ter band, 3 ter abtheil, p. 966.

sont proportionnelles aux quantités mises en œuvre; ou bien si elles sont, jusqu'à un certain point, indépendantes de ces quantités et liées à la présence des matières dissoutes (1).

L'étude des sols où les expériences se sont faites, des eaux d'arrosage et des récoltes, a conduit à cette conclusion que les bons effets des sources examinées ne sont dus ni aux gaz tenus en dissolution, ni aux sels alcalins ou terreux contenus, pas plus qu'à la silice ou aux composés ferrugineux, ni même à la masse variable des matières organiques dissoutes, mais bien à la teneur en azote de ces matières. Il ne suffit pas toutefois de considérer la quantité absolue de l'azote, car le rapport de l'azote au carbone dans les matières organiques des eaux d'irrigation est non moins essentiel. D'après Chevandier et Salvetat, les sources fertilisantes étudiées, paraissent agir à la manière d'un purin très étendu.

On est généralement convenu d'attribuer une plus grande valeur aux eaux des terrains anciens qu'à celles des terrains tertiaires; mais ce sont là aussi des qualités absolument relatives, car la meilleure eau pour une terre est celle qui renferme surtout les principes faisant défaut à cette terre; de telle sorte qu'une eau calcaire peut être très utilement employée sur un sol argileux, tout en étant détestable pour un sol crayeux. De même une eau riche en potasse peut parfaitement convenir à un sol calcaire.

Puvis a beaucoup insisté sur la distinction essentielle à établir entre les eaux provenant des formations calcaires, dont l'effet très fertilisant au début va en s'amoindrissant et s'épuise promptement, et les eaux des formations primitives, également très fécondantes, mais dont l'effet

(1) *Recherches sur les eaux employées dans les irrigations*, 1852.

subsiste et se prolonge en conservant aux prairies, par exemple, la même végétation et la même coloration sur leur parcours. Il s'ensuivrait, d'après ce zélé agronome, que les méthodes d'irrigation doivent varier selon que les eaux appartiennent à l'une ou à l'autre formation. Mais il y a un moyen fort simple de corriger les eaux tuffeuses ou trop calcaires, il s'agit sans doute de celles-là, qui abandonnent à l'air les sels en excès dont elles incrustent les plantes et le sol, c'est de les aérer, en les divisant. D'ailleurs, il n'y a guère d'eau qui ne s'améliore en s'éloignant de son point de départ, par le contact avec l'air et le sol.

**2. Eaux calcaires.** — La commission d'enquête sur les eaux de rivière en Grande-Bretagne, a tenu à examiner comparativement la composition des eaux courantes, recueillies sur les terres en culture, dans les districts à sol non calcaire et à sol calcaire. Ces deux grandes divisions, qui offrent un intérêt spécial quant à la potabilité des eaux et à leur emploi économique, n'en ont guère au point de vue de l'irrigation, sinon par l'évaluation de la matière solide fixe, de l'azote et du chlore que les eaux ont dissous ; à cet égard les analyses ne sont pas à passer sous silence.

On trouvera ci-après les éléments de composition

| *Eaux courantes.* | TERRES EN CULTURE | |
|---|---|---|
| | non calcaires. | calcaires. |
| | I | 2 |
| Résidu fixe...................... | 9.52 | 30.08 |
| Carbone organique ............... | 0.276 | 0.268 |
| Azote organique.................. | 0.034 | 0.053 |
| Ammoniaque..................... | 0.007 | 0.005 |
| Azote (nitrates et nitrites)......... | 0.089 | 0.257 |
| Azote total combiné............... | 0.128 | 0.314 |
| Chlore ......................... | 1.49 | 2.24 |

moyenne : 1º de 31 échantillons d'eaux recueillies dans
des cours d'eau différents de l'Angleterre, du Pays de
Galles et de l'Ecosse, traversant des terrains en culture
qui appartiennent aux formations non calcaires; 2º de
124 échantillons d'eaux courantes, rivières et ruisseaux
parcourant des terrains de formation calcaire, soumis
à la culture.

Il ressort de la composition des eaux de rivière s'écoulant à la surface des terrains non calcaires, que le fait de
la culture n'ajoute guère de matières fixes au résidu solide d'évaporation, fourni par les eaux de pluie qui tombent sur ces mêmes terrains, non cultivés. L'écart entre
0 gr. 0632 et 0 gr. 0952 n'est pas considérable. Quant à
la matière organique, la culture semble avoir pour effet
de réduire la proportion que l'eau courante dissout; c'est
là un fait avéré, quand on compare l'eau des sols tourbeux non cultivés et celle des sols soumis à l'assolement
cultural. La tourbe s'imprègne d'eau et ses pores ne sont
pas aérés; la faible quantité de matière organique soluble
est enlevée par la pluie, sans qu'elle ait pu s'oxyder. Au
contraire, la terre labourée laisse pénétrer et sortir la
pluie; la matière organique se trouve ainsi soumise à
l'oxydation énergique de l'air et du sol et se détruit ou
se fixe dans le sol. La plus grande partie des engrais
étant d'origine animale, malgré l'emploi de jour en jour
plus grand des phosphates de chaux, des sels ammoniacaux et du nitrate de soude, l'eau est toujours souillée,
en passant dans les champs en culture, de matières
animales, qui, par leur décomposition et leur oxydation,
donnent des nitrates, des nitrites et de l'ammoniaque.
C'est en effet la matière organique animale qui caractérise les eaux superficielles des terrains non calcaires,
livrés à la culture.

Les sols calcaires qui donnent en se désagrégeant des

terres arables plus fertiles que les sols siliceux ou argileux, auxquels] la chaux fait défaut, sont cultivés sur une plus grande étendue; les eaux des rivières qui les traversent sont bien plus riches en principes fixes qui comprennent les carbonate et sulfate de chaux, les nitrates de chaux et de soude et le chlorure de sodium. Le résidu solide y est en moyenne trois fois plus élevé que dans les eaux correspondantes des autres terrains; il a varié pour les 124 échantillons analysés, entre 0 gr. 1322 et 1 gr. 104 par litre. D'autre part, la matière organique oxydée se dissout dans l'eau en telle proportion que l'apport de l'engrais au sol devient indispensable pour compenser la perte de l'azote converti en nitrates et en nitrites.

Nous avons fait remarquer l'influence qu'exercent les arrosages avec des eaux granitiques sur les terrains calcaires et siliceux; inversement, les eaux calcaires sont d'un emploi très profitable pour l'irrigation des terres granitiques. Risler cite comme un résultat frappant celui qu'offrent les prairies de Semur, sur les bords de l'Armançon, coulant au fond d'une vallée granitique. Les prés descendant vers la rivière sont recouverts par les limons calcaires et phosphatés qu'entraînent les pluies, au sortir des couches liasiques qui les dominent. Les légumineuses y abondent, tandis qu'elles sont très rares sur le sol granitique du Morvan (1).

Dans le Calvados, il y a des sources de deux natures tout à fait différentes; les unes, sortant des terrains calcaires et vraisemblablement saturées, sont très redoutées; les autres ruisselant sur les coteaux argileux, sont au contraire considérées comme très propres à la fertilisation des prairies (2).

(1) *Géologie agricole*, t. I, 1884.
(2) Elie de Beaumont, *Enquête Engr. ind.*, 1865, t. I.

Certaines eaux sont tellement calcaires dans les pays jurassiques, que les plantes en sont incrustées. Le moyen de les corriger pour les utiliser consiste à les aérer par des chutes successives et à les enrichir de purin ou de fumier. Il faut recourir à l'aération surtout quand les eaux trop calcaires ont traversé des tourbières où les matières organiques ont été privées de l'oxygène nécessaire pour en faire de l'acide carbonique qui facilite la dissolution du carbonate de chaux en excès.

Dailly a signalé le bon emploi qu'il a pu faire pendant certains mois de l'année, sur sa propriété d'Etuz, commune de Rouvres-sur-Aube (Haute-Marne), d'eaux parfaitement incrustantes. En les faisant servir à l'arrosage des prairies avant la floraison, elles déposent un sédiment calcaire qui nuit à la qualité des foins; mais en hiver, les dépôts peuvent être lavés par les pluies avant la coupe des foins, et les effets sont satisfaisants (1).

Des trois cours d'eau qui traversent la Sologne, la Sauldre, venant des pays marneux et cultivés, fournit des eaux fertilisantes, tandis que le Cosson et le Beuvron, prenant leur source dans le terrain argilo-siliceux, sont froides et de mauvaise qualité. Aussi les prairies naturelles riveraines ont-elles une valeur médiocre; l'herbe n'y est guère récoltée avant la mi-août et doit être séchée en lieu élevé (2).

**3. Gaz contenus dans les eaux.** — La quantité de gaz atmosphériques dont les eaux d'arrosage sont chargées n'est pas un indice qui serve à juger de leur qualité. Il ressort, en effet, des analyses faites à cet égard, tableau LVI, que le volume d'azote ne varie pas très sensiblement, qu'il s'agisse d'une eau de source, de lac, de rivière ou de puits foncé profondément.

(1) *Enquête Engr. ind.*, 1865, t. 1.
(2) *Journ. Agr. prat.*, 1853.

L'oxygène disparaît dans les eaux profondes, mais il ne tarde pas à être dissous au contact de l'eau avec l'atmosphère. Quant à l'acide carbonique dont le volume est à peu près aussi grand dans l'eau d'un fleuve comme la Tamise, que dans celle d'une nappe à 115 m. de profondeur, il y est combiné en plus grande partie avec la chaux;

TABLEAU LVI. — *Volume et composition des gaz dégagés par l'ébullition de 100 litres d'eaux diverses* (1).

| | de pluie. | DE SOURCE (Cumberland). | DU LAC KATRINE (Écosse). | de la TAMISE. | d'un puits de 115 m. dans la craie. |
|---|---|---|---|---|---|
| | | | EAUX | | |
| | lit. | lit. | lit. | lit. | lit. |
| Air atmos-{Azote............ | 1.308 | 1.424 | 1.731 | 1.325 | 1.944 |
| phérique. {Oxygène......... | 0.637 | 0.726 | 0.704 | 0.588 | 0.028 |
| Acide carbonique. | 0.128 | 0.281 | 0.113 | 4.021 | 5.520 |
| | 2.073 | 2.431 | 2.548 | 5.934 | 7.492 |

comme gaz dissous, la proportion diffère peu de celle que renferment les eaux de sources ou de lacs.

**4. Éléments nuisibles.** — Les causes qui affectent la fertilité des terres, telles que la présence d'éléments nuisibles à la végétation, ou l'excès d'un ou de plusieurs éléments utiles, affectent également la qualité des eaux d'arrosage.

Ainsi les eaux acides, quand elles renferment des

(1) *Rivers pollution Commission, Sixth Report*, 1871, p. 3.

quantités plus ou moins faibles de sulfure et de sulfate de fer, d'acides organiques ou humiques, de chlorures divers en excès, sont nuisibles aux plantes. Le professeur Knop, de Leipzig, a constaté que de l'eau renfermant plus d'un millième de matière minérale, très soluble, donnait à la plante une végétation languissante, et la dose étant plus considérable, l'arrêtait complètement. Vœlcker a lui-même conclu de ses expériences qu'une terre renfermant plus d'un dixième pour cent de matières minérales solubles, telles que le sel marin, en plus de un pour cent de nitrate de chaux et de chlorure de potassium, ne peut maintenir dans de bonnes conditions la vie du végétal. Il y a donc des limites dans la teneur en matières salines, qui ne peuvent être dépassées sans danger pour la culture. L'eau de mer ne tarde pas à frapper le sol de stérilité; quoique, à faible dose, le sel marin améliore les prés d'embouche.

Le sulfure de fer qui imprègne certaines eaux venant des terrains pyriteux, donne lieu par sa décomposition dans le sol, au gaz fétide, l'hydrogène sulfuré, qui est très pernicieux pour la végétation, même à l'état de dilution extrême.

Les eaux qui coulent des tourbières, des marais, des hautes bruyères, sont réputées nuisibles à cause des principes acides et astringents qu'elles renferment; on conseille de les améliorer en les faisant passer dans des bassins pourvus de chaux, ou bien encore, en les mélangeant avec des purins ou des eaux d'écoulement des fumiers. D'après ses expériences directes sur la composition des tourbes, Vœlcker a reconnu qu'elles ne renferment ni tanin, ni principes astringents du même genre, mais bien des composés d'acide humique et d'acide ulmique qui colorent les eaux particulièrement stagnantes des tourbières et que la chaux neutralise.

La pratique indique, d'accord en cela avec la théorie, que beaucoup d'eaux mauvaises peuvent s'améliorer artificiellement; s'il s'agit d'eaux à limon inerte, argileux ou calcaire, on les bonifie en répandant le fumier dans les réservoirs, ou d'avance, sur la terre à arroser; ou bien, comme en Suisse, en conduisant les eaux sur des branches de sapin vert, sur des genêts, des ajoncs, des fougères, etc.; s'il s'agit d'eaux venant de marais, d'étangs stagnants ou des terrains forestiers, en les traitant par la chaux; enfin, s'il s'agit d'eaux épuisées par de nombreuses reprises sur les prairies, en les faisant retomber dans les cours d'eau et les canaux d'amenée où elles se mélangent et se revivifient avec les eaux fraîches. Dans les irrigations en pente, l'aérage sert à prolonger l'action des eaux jusque dans les prairies inférieures; c'est pourquoi les rigoles du pays vosgien sont peu profondes, tandis qu'en Allemagne, on leur donne de la profondeur afin que l'eau y prenne de l'air par un repos prolongé (1).

Pusey fait remarquer qu'aussi bien les eaux chargées d'un excès d'acide carbonique, les eaux ocreuses dont la surface au repos est irisée, les eaux des marais, classées comme dures et défavorables pour l'irrigation, peuvent s'employer souvent, après avoir traversé les terrains en culture, ou séjourné simplement dans les réservoirs.

Dans la partie occidentale du comté de Somerset, aux environs de Dulverton, ajoute Pusey, quatre torrents descendant des montagnes, parcourent des vallées très boisées et se réunissent pour se jeter dans la rivière Exe. L'un de ces torrents, Haddyo, peuplé de belles truites, fournit les eaux de meilleure qualité pour l'irrigation des prairies; le second, Exe, donne des eaux crues mé-

---

(1) A. Puvis, *Des eaux d'irrigation. Journ. agric. prat.*, 1850, t. XIII.

diocres; le troisième, Barle, et le quatrième, Danesbrook, tous deux sans poisson, offrent des eaux limpides, mais colorées en brun par les détritus des tourbières, et restent sans emploi. L'eau de la rivière Exe, formée de ces quatre torrents est elle-même impropre à l'irrigation, mais après avoir reçu, en amont de Bompton, un tributaire qui déverse des eaux granitiques de qualité excellente, et à Tiverton, les ruisseaux et les égouts de la ville, elle acquiert des propriétés fertilisantes telles que toutes les prairies situées à l'aval en sont arrosées. C'est là un exemple frappant de l'action des matières animalisées et minérales sur les eaux crues, de mauvaise qualité, pour les rendre propres à l'irrigation.

Dans beaucoup de pays, du reste, les eaux destinées aux prairies, ne sont pas seulement corrigées, mais enrichies par des mélanges avec les eaux industrielles; eaux de sucreries, de féculeries, de distilleries, de brasseries, etc., ou avec des purins, des vidanges, des eaux ménagères ou d'égout. L'irrigation à l'aide des eaux des féculeries annexées aux fermes, est un trait caractéristique de la culture des prairies vosgiennes. En Allemagne, le canal d'irrigation des prairies reçoit généralement les liquides d'écoulement des fosses à fumier, des fosses d'aisance, ou de fosses renfermant les détritus et les engrais de l'exploitation. Patzig recommande l'installation dans le canal d'amenée, d'une caisse à jour, renfermant du fumier de mouton, de la chaux éteinte et les carcasses des animaux morts, pour que les eaux d'arrosage se chargent de matières azotées. Ces pratiques se rattachent spécialement à l'emploi des engrais liquides proprement dits, dont il est question dans l'ouvrage de MM. Müntz et Girard, qui fait partie de la Bibliothèque de l'Enseignement agricole (1).

(1) *Les Engrais*, t. I, p. 443, 3e partie, et p. 506 et suiv., 4e partie.

## 5. Température des eaux. — Une des qualités de l'eau d'irrigation que l'analyse n'indique pas, et qui est très appréciée dans la pratique, c'est sa température.

Comme nous l'avons montré, l'eau exerce sur le sol une action spéciale : elle élève ou elle abaisse sa température. L'eau est plus dense à la température de 4 degrés au-dessus de zéro, quand celle de l'air ambiant approche de zéro. En se refroidissant, au lieu de devenir plus dense et de descendre, elle s'élève dans les couches supérieures du sol; elle s'élève jusqu'à ce qu'atteignant la température de zéro, la glace se forme, qui conserve la couche inférieure à 4 degrés; de telle sorte que sous la glace, l'eau marque quatre degrés de plus que l'air ambiant pendant la gelée. Il résulte de cette propriété que pendant des froids intenses, l'eau dormante qui recouvre les prairies atteint rarement une température inférieure à $+ 4°,1$, qui ne porte aucun préjudice aux organes des plantes (1).

Dans une circonstance où la température de l'air était de $- 2°,5$, Sir Humphrey Davy a vu le thermomètre indiquer $+ 6°$ dans l'herbe d'une prairie inondée, entièrement couverte de glace (2).

Un fait singulier est noté par Turner qui voyageait au commencement du siècle, en ambassade, dans le Thibet. A l'approche de l'hiver, les agriculteurs ont l'usage de recouvrir d'une nappe d'eau les bas-fonds cultivés dans les vallées; l'eau se prend en glace et les vents violents de la saison n'ont plus prise sur le sol alluvien pour l'entraîner (3). Il est probable que cette pratique n'a d'autre but que de préserver les gazons contre la sécheresse des vents glacés.

En général, la température des eaux de sources natu-

---

(1) Boussingault, *Écon. rurale*, 1844, t. II.
(2) Davy, *Chim. agric.*, t. II, p. 100.
(3) Turner, *Embassy to Tibet*, in-4°, London, 1806, p. 354.

relles excède de cinq degrés celle de l'air, pendant les mois où a lieu l'irrigation ; mais elle offre de grandes variations. Certaines eaux de source indiquent une température uniforme au thermomètre, quoiqu'elles paraissent froides en été et chaudes en hiver. Toutes autres circonstances égales d'ailleurs, ces eaux sont plus favorables pour l'irrigation, car elles apportent dans le sol, au profit des racines des plantes, un degré de chaleur qui résulte de leur passage même dans la couche arable. En outre, les eaux qui jouissent d'une température égale, provenant généralement de sources profondes, par conséquent plus riches en matières minérales, donnent de meilleurs résultats, étant chaudes en hiver, que celles dont la température subit l'influence de l'atmosphère.

Dans son intéressant mémoire sur les irrigations de prairie (1), Pusey cite la pratique d'un irrigateur qui ne se prononçait sur la qualité d'une eau qu'en l'essayant au doigt dans le creux de la main. Une eau était de bonne qualité quand il la trouvait chaude et onctueuse au toucher ; et Pusey d'ajouter : « La température, en effet, n'est « pas sans action sur l'arrosage. Plus les sources sont « chaudes, plus elles sont recherchées pour les prairies, « dans le Devonshire. Un des ruisseaux resté jusqu'a- « lors sans emploi, venant à recevoir les eaux de con- « densation des machines à vapeur de la station du « chemin de fer, qui élevaient sa température, fut aus- « sitôt utilisé pour l'arrosage. Une grande différence « est établie, dans ce même comté, entre l'eau des « sources qui émergent du côté du midi, sur le versant « des collines, ou du côté du nord. Davy a, du reste, « affirmé l'importance de la température de l'eau pour « activer la végétation des herbes de prairie ; ce qui est en

(1) Ph. Pusey, *Journ. Roy. Agric. Soc.*, 1849, vol. X.

« conformité avec les faits observés à diverses altitudes
« dans une même vallée et avec la végétation précoce
« que favorisent les abris. »

L'eau agirait aussi sur la prairie en manière d'abri
protecteur, ou d'écran, contre les extrêmes températures. Pusey cite à cet égard les expériences de Gurney
qui, se basant sur l'observation qu'à l'abri d'une bar-
rière ou d'un tronc d'arbre gisant sur le pré, la pousse
de l'herbe au mois de mars était luxuriante, tandis
qu'elle était chétive ailleurs, fit répandre sur une prairie
de la paille à raison de 2,500 kil. à l'hectare. Le résultat
fut non moins saisissant que s'il s'était agi d'une nappe
d'eau courante; la paille, comme l'eau, avait empêché
que la chaleur naturelle du sol s'échappât par radiation
dans l'atmosphère.

« Quant au toucher onctueux ou huileux de l'eau
« bonne pour l'arrosage, observe Pusey, il est certain
« que cet indice empirique correspond à la sensation
« que procure la douceur de l'eau, par contraste avec
« celle de dureté, due à l'excès d'acide carbonique. » Liebig attribuait de même la sensation au toucher que produit l'eau douce pluviale, par rapport à celle de l'eau pure
distillée, au carbonate d'ammoniaque dissous par la pluie.

Les eaux de sources, chaudes en hiver, conviennent
admirablement aux marcites, surtout quand elles sont
prises près de leur origine, avant qu'elles se soient re-
froidies au contact de l'air ambiant.

Berra a constaté qu'un thermomètre Réaumur marquant à l'air libre 1°,5 au-dessous de zéro, plongé dans
le bassin d'une source de marcite, remonta à 10°,5 au-
dessus; donnant ainsi 12 degrés de différence (soit 15°
centigr.). A 500 mètres de distance, l'eau avait déjà perdu
5 degrés centigr. et la différence n'était plus par conséquent que de 8 degrés.

Favorables en hiver, à cause de leur température, les eaux des fontanili, par suite de leur fraîcheur relative, ne conviennent pas, en été, à l'arrosage des marcites.

C'est l'inverse pour les eaux des canaux de navigation ou d'irrigation, qui sont plus froides en hiver que celles des sources et plus chaudes en été. Il faut excepter toutefois les eaux des égouts des villes, comme le canal de la Vettabia, à Milan, qui sont chaudes et fertilisantes à la fois toute l'année.

En dehors des prairies auxquelles les eaux glaciales des Alpes s'appliquent avec succès, il n'y a guère d'exemples, en Piémont et en Lombardie, d'autres cultures pour lesquelles la valeur de l'eau d'arrosage ne soit en rapport direct avec sa température. Les eaux froides de la Doire Baltée ont ainsi détruit la récolte des rizières sur lesquelles on avait tenté de les utiliser (1).

L'eau du Pô est reconnue de meilleure qualité, à cause de sa température, que celle de la Sesia, de l'Adda et du Tessin; elle se paye en conséquence plus cher (2).

Des données intéressantes ont été recueillies sur la température des eaux de la Dora Baltea et du Pô, relativement à celle de l'air ambiant. Dans le graphique (fig. 1), les courbes montrent que les températures moyennes de chaque mois sont plus élevées en été pour l'air, sur le parcours du Pô, que pour celui de la Dora; en hiver, c'est le contraire. La moyenne annuelle est de 14° pour l'air dans la vallée du Pô, et de 12°,95 dans la vallée de la Dora.

Les mêmes observations se vérifient sur la température des eaux des deux fleuves. Tandis que la tempéra-

(1) G. P. Marsh, *Report to the commission of agriculture for* 1874; Washington, 1875, p. 375.
(2) J. Pisani, *Pièces justificatives de la Soc. des can. d'irrig. de la Haute-Italie.*

ture moyenne des eaux du Pô est de 11°,96 et celle des
eaux de la Dora, de 10°,73 ; soit une différence de 1°,23 ;
les limites de variation sont plus restreintes pour la
Dora que pour le Pô. Pour le mois le plus froid, en janvier, la moyenne est de 3°,42 dans les eaux du Pô, et de
4°,37 dans celles de la Dora.

Ce n'est donc pas sans quelque raison que les agriculteurs du Verceillais redoutent les eaux de la Dora,
comme plus froides que celles du Pô, dans la saison des
irrigations, et que l'administration du canal Cavour
n'emprunte de l'eau à la Doire que lorsque celle du Pô
est insuffisante pour assurer le service.

Dans l'arrondissement de Lodi, les eaux dérivées du
canal la Muzza, que l'Adda alimente, n'ont pas grande
vertu fertilisante et sont très froides ; mais comme elles
sont très pures, elles dissolvent les matières fertilisantes
du sol pour les y distribuer. Les longs circuits des canaux
secondaires et des rigoles d'arrosage contribuent du reste
à élever leur température et à les aérer. Les eaux des
fontaines ou des sources, à température constante et élevée, même en hiver, sont de beaucoup les meilleures (1).

Dans la Lomelline, les eaux sablonneuses, troubles
et froides, ne sont pas utilisées pour l'arrosage des prairies, encore moins des marcites. Le sol non seulement
se refroidit, mais se couvre d'une poussière fine et nuisible au bétail. Les eaux préférées sont fournies par les
colateurs, après qu'elles ont arrosé les terres en culture ;
par les égouts des villes où elles se sont réchauffées ; mais
les meilleures de toutes pour les marcites sont les eaux
de sources qui sont chaudes en hiver (2).

Le service que l'on demande à l'eau dans l'arrosage d'hi-

(1) *Atti della giunta; Inchiesta agraria;* Roma, 1882, vol. VI, t. II, *Memoria dell'Ing. Bellinzona.*
(2) *Id., id., Monografia della Lomellina.*

ver, fait remarquer Saglio (1), dépend surtout de sa température, plus élevée que celle de l'air ambiant. On la fait fonctionner comme agent de conservation du calorique que le sol a acquis pendant les saisons d'été et d'automne. La supériorité des eaux de sources qui émergent de profondeurs variant entre 2 et 4 mètres, est due à la température du sol à ces profondeurs. Cette température varie entre 8 et 10 degrés à l'origine des sources, et se maintient entre 3 et 4 degrés, malgré la rigueur de l'hiver, jusqu'à une distance de quelques centaines de mètres.

L'eau de dérivation de l'Adige est beaucoup trop froide; aussi, dans le Véronais, lui fait-on parcourir avant

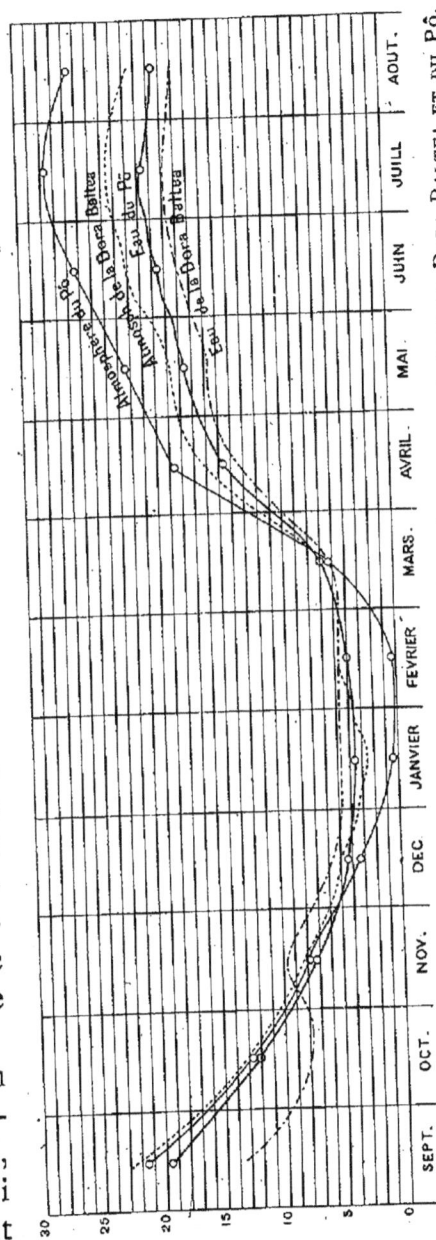

FIG. 1. — GRAPHIQUE DES TEMPÉRATURES COMPARÉES DE L'ATMOSPHÈRE ET DES EAUX DE LA DORA BALTEA ET DU PÔ.

(1) *Atti della giunta, etc.*; *Monografia di Pavia.*

l'entrée dans la rizière, une série de canaux (*caldane*) où elle s'échauffe au soleil. Il en est de même, dans l'arrondissement de Chiari, pour les eaux de l'Oglio qui sont de 2 à 3 degrés plus froides que celles utilisées dans le Milanais; elles servent pour l'irrigation estivale des prairies permanentes et des céréales (1).

Si de l'Italie nous passons en Belgique, nous constatons avec Jenkins (2) que l'eau de la Meuse qui irrigue la Campine, est au printemps de 1° à 1°,5 plus chaude que l'air, et de 4 à 5 degrés en hiver; « de telle sorte « qu'elle apporte aux sables des dunes, non seulement « les matières fertilisantes et l'humidité nécessaires, « mais aussi la chaleur que réclame la végétation her- « bacée. »

En Alsace, les eaux du canal Quattelbach ou de Vauban, sont considérées comme plus fertilisantes que celles de l'Ill dont elles dérivent, parce qu'elles sont moins froides.

**6. Eaux thermales.** — L'élévation de température des eaux a donné lieu de penser que certaines sources thermales pourraient être utilisées sinon pour l'irrigation, du moins pour réchauffer les eaux d'arrosage.

Puvis constate ainsi que les prés situés au-dessus de Plombières n'ont pas le quart de la valeur de ceux situés au-dessous, qui reçoivent les mêmes eaux, mais mêlées à celles de l'établissement thermal. On a des exemples nombreux de prés arrosés d'eaux chaudes et minérales, qui produisent plus que ceux des mêmes terrains recevant de l'eau ordinaire. C'est un fait facile à vérifier au mont Dore, où l'eau de la Dordogne, mélangée d'eau

---

(1) *Atti della giunta, etc.; monografia del prof. Sandri*, vol. VI, t. II, p. 4.

(2) H. Jenkins, *Report on the agriculture of Belgium. Journ. Roy. agric. Soc.*, 1870.

minérale, est préférée à celle des ruisseaux voisins, et surtout à Chaudes-Aigues, où l'eau thermale produit une magnifique végétation (1).

A Aix, les versures des eaux thermales, ne vont pas aux égouts, mais sont concédées aux propriétaires des terrains inférieurs, pour l'arrosage des prairies et des jardins. Deux sources alimentent les irrigations d'eau tiède ; celle de Sextius, dont les eaux ont une température comprise entre 34 et 37 degrés, et celle de Barret dont l'eau marque de 20 à 21°,5. La composition des eaux d'après Robiquet (1827) est la suivante, pour 1 litre :

| | SOURCES | |
|---|---|---|
| | de Sextius. | de Barret. |
| Acide carbonique...................... | indét. | indét. |
| Air atmosphérique..................... | — | — |
| Carbonate de chaux.................... | 0.1072 | 0.2416 |
| — de magnésie............... | 0.0418 | 0.1080 |
| Chlorure de sodium.................... | 0.0073 | 0.0070 |
| — de magnésium................. | 0.0120 | 0.0186 |
| Sulfate de soude...................... | 0.0325 | 0.0880 |
| — de magnésie................. | 0.0080 | 0.0230 |
| Matière organique et acide sélénique.. | 0.0170 | 0.0214 |
| Fer................................... | traces | traces |
| Résidu fixe........ | 0.2258 | 0.5176 |

Le débit des eaux sortant de l'établissement est de 3 litres dans la saison d'été et de 5 litres dans la saison d'hiver.

L'effet de la température des eaux ne se fait sentir que chez le concessionnaire le plus proche. Comme elles ne sont pas assez abondantes pour un arrosage à fil, elles sont recueillies dans un bassin où elles perdent ce qui leur reste de chaleur; mais pendant l'hiver l'effet est très

(1) H. Lecoq, *Traité des plantes fourragères*, 2e édit., 1862, p. 462.

sensible. Dans le potager, les petites plantes : épinards, radis, persil, etc., offrent une végétation plus belle et plus hâtive qu'ailleurs ; l'action est déjà moins appréciable sur les grosses plantes : choux, cardes, salades, etc.; elle est nulle sur les arbres, sous le rapport de la floraison et de la fructification (1).

A Gréoux et à Digne, les eaux des sources, plus chaudes que celles d'Aix, tombent immédiatement au sortir des bains, dans des cours d'eau d'un volume plus considérable, et ainsi mêlées, elles perdent leur chaleur avant de servir à l'irrigation.

(1) Féraud Giraud, *Enquête des Engrais industriels*, 1866, t. II, p. 144.

# LIVRE V.

## L'APPROVISIONNEMENT DES EAUX.

---

### I. LES PUITS.

Dans les terrains sédimentaires les eaux de pluie s'infiltrent et tendent à s'accumuler au-dessus des couches imperméables pour y former des nappes souterraines, d'où il est facile de les extraire par des puits creusés à des profondeurs variables.

*a.* **Puits ordinaires et citernes.** — De temps immémorial les puits servent à l'alimentation et aux besoins domestiques des habitants des villes et de la campagne. C'est le plus souvent à des puits qu'ont recours les fermes isolées pour les arrosages des potagers et des jardins. Quand les nappes souterraines sont abondantes, les puits sont employés à l'irrigation de surfaces étendues, en recourant à des engins plus ou moins simples que mettent en mouvement les animaux.

L'emplacement du puits étant déterminé, soit par un sondage, soit par la connaissance que l'on a de la couche aquifère dans la localité, on ouvre un trou circulaire sur la ligne que la nappe est censée suivre, et l'on approfondit jusqu'à ce que la nappe soit atteinte. Si le diamètre du trou initial est de 2 mètres, on le réduit à partir du point où la nappe est rejointe, à 1$^m$,40 par exemple, de façon à former une banquette sur laquelle se monte jusqu'au niveau du sol un revêtement en maçonnerie. Ce revêtement est d'autant plus solide qu'il repose au-dessus de la banquette sur un châssis ou rouet bien horizontalement assis et construit en madriers robustes.

Lorsque le puits doit avoir une profondeur de 15 mètres et au delà, on écarte de nombreuses causes d'accident en ayant soin de maçonner toute la partie qui traverse le sol mouvant, avant de pénétrer plus profondément. Le forage du puits achevé, on élève au-dessus du sol la maçonnerie destinée à supporter l'appareil à tirer l'eau (1).

Dans les terrains sans consistance, il est indispensable d'étayer au fur et à mesure que la fouille avance, et afin de faciliter le travail, on donne à l'orifice une forme carrée, rectangulaire ou pentagonale. Les châssis, circulaires, ovales ou carrés, suivant la section du puits, à l'aide desquels on soutient la paroi, sont placés à 1 mètre ou 1$^m$,50 d'intervalle ; derrière ces châssis on glisse des planches ou des clayonnages faits avec des perches dressées à 0$^m$,35 de distance, entre lesquelles on entrelace, au fur et à mesure que l'on descend, des verges fortes et flexibles. Les suintements s'arrêtent à l'aide de tampons ou trousses, maintenus contre la paroi par un picotage. Il ne faut pas généralement s'arrêter à l'origine de la première nappe, mais approfondir en épuisant l'eau, et donner en tous cas sur le fond un coup de sonde que l'on tube.

Dans certains sols, comme la craie, on augmente

(1) Bona, *Manuel des constructions rurales*, 3$^e$ édit., p. 234.

beaucoup le débit du puits en creusant latéralement des galeries qui amènent l'eau au puits central (1).

Nous venons de décrire le mode le plus ordinaire pour la construction des puits, mais d'autres procédés plus expéditifs sont employés par les puisatiers; notamment celui qui consiste à descendre dans la fosse un tambour en bois, ou en fonte, formé d'un anneau ou gril plat, destiné à soute-

nir la maçonnerie, et d'un cylindre creux vertical, de même diamètre que celui du muraillement extérieur, portant l'anneau sur le bord supérieur, et taillé en biseau sur le bord inférieur. Quand le puits a été creusé à la profondeur que comporte le terrain, sans éboulement, on y introduit le tambour

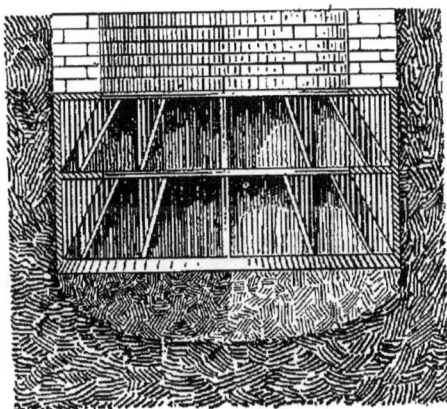

FIG. 2. — PUITS EN FONÇAGE AVEC CADRE EN FONTE.

et l'on commence à maçonner au-dessus de l'anneau, en ayant soin de ne commencer une seconde assise que la première étant achevée, de façon à ce que le tambour supporte une charge égale sur sa périphérie. Pendant qu'on maçonne, on fouille le terrain au centre du tambour, puis au-dessous, et peu à peu, sous la charge du muraillement, le tambour descend verticalement jusqu'à la profondeur voulue. Cette disposition est montrée par la figure 2.

Un autre procédé, suivi dans l'Inde, revient à creuser

(1) Lefour, *Constructions rurales*, 3ᵉ édit., p. 80.

une fosse cylindrique, aussi profondément que le terrain le permet, à y maçonner un anneau de 30 à 40 centimètres d'épaisseur, puis à creuser intérieurement, sur un diamètre égal à celui de l'anneau. Arrivé à niveau, on déblaye au-dessous de l'anneau, aux deux extrémités d'un même diamètre, deux prismes de terre d'une hauteur de 40 à 50 centimètres de hauteur, et dans le déblai, on commence à construire le muraillement du second anneau ; puis on enlève deux autres prismes de la même manière et l'on muraille jusqu'à ce que le second anneau de maçonnerie soit achevé. Un troisième, un quatrième anneau s'exécutent d'après le même mode, jusqu'à la profondeur déterminée. La figure 3 indique cette seconde disposition (1).

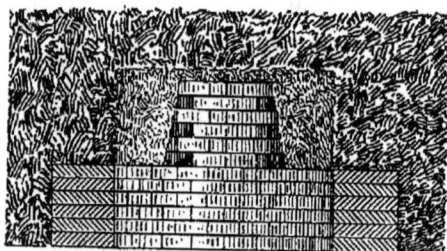

FIG. 3. — PUITS EN FONÇAGE AVEC ANNEAU EN MAÇONNERIE.

Le revêtement achevé, il arrive qu'on approfondit encore le puits de 3 à 4 mètres (fig. 4), moyennant une tinelle ou tube en bois cerclé en fer, ayant la forme d'un tronc de cône, à l'intérieur duquel on opère le déblai, et que l'on chasse au fur et à mesure dans la couche aquifère jusqu'à ce qu'il ait pénétré à quelques décimètres au-dessous du niveau des eaux les plus basses.

Les puits sont l'unique ressource d'une foule de localités et même de régions très vastes, au point de vue des arrosages et de l'alimentation.

Quoique séléniteuses à un haut degré, à cause du gypse qu'elles dissolvent, les eaux des puits de Paris

(1) Chizzolini, *Della ricerca ed utilizzazione delle acque di sorgenti. Annali di agricoltura*, 1879.

servent sans inconvénient aux maraîchers pour l'arrosage des légumes et des cultures précoces. Il a été calculé que pendant la saison sèche le sol des marais de Paris reçoit 36 hectolitres d'eau par are; mais certaines cultures en consomment bien davantage.

Nous aurons l'occasion de revenir sur les moteurs et les machines s'adaptant au service des puits et des irrigations ; il suffira de rappeler ici que, grâce aux puits et aux norias élevant les eaux souterraines, la superficie des jardins de Hyères a pu être portée de 400 à 1,200 hectares (1). Dans les plaines de Pise et du val d'Elsa (Toscane), les puiserandes, mues par un cheval, élèvent les eaux des larges puits, foncés jusqu'à la nappe aquifère, en telle abondance que l'irrigation s'opère, dit Simonde, comme avec l'eau d'un ruisseau (2). L'ingénieur Job mentionne que dans la plaine de Tortosa (Espagne) les propriétaires dépensent chaque année plus de 2 millions de francs

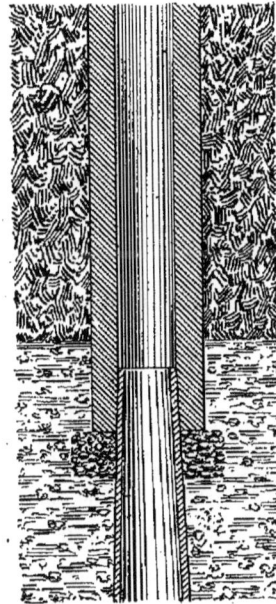

FIG. 4. — PUITS EN FONÇAGE; TUBE DE FOND.

en irrigations, pratiquées au moyen de puits très profonds sur lesquels sont établis des manèges qui exigent le travail de deux paires de mules, l'une pour le matin, et l'autre pour le soir (3). La fertilité du sol de Carthagène n'est maintenue qu'à l'aide des puits. Leur eau est saumâtre; mais il faudrait forer à de trop grandes

(1) H. Doniol, *Jour. agric. prat.*, 1884, t. II.
(2) *Tableau de l'agric. toscane*, 1801, p. 26.
(3) Job, *Rapport sur les travaux de la canalisation de l'Èbre*, 1853.

profondeurs pour en obtenir de plus pure (1). De même, dans la province d'Alicante, c'est grâce aux puits seulement que la culture a pu être amenée à un si haut degré de perfection dans les parties montagneuses.

En Algérie, les eaux de la nappe du sous-sol, relevées par des norias rustiques, sont employées principalement pour l'arrosage des cultures maraîchères et arbustives, rarement pour les luzernières et les prairies naturelles. Ailleurs, en Égypte, comme dans le Soudan, les puits fournissent le moyen unique d'approvisionner les caravanes et d'arroser les dattiers de certaines oasis.

Quoique la partie nord du Punjab soit arrosée par cinq fleuves, on y utilise pour l'irrigation des puits dont la profondeur varie de 3 à 9 mètres. Les canaux d'inondation qui ne servent qu'à conduire les eaux de printemps, arrosent la partie sud jusque vers le Sind. A l'aide de puits et de canaux, l'immense pays de Moultan, entre les fleuves Sadley et Chenab, est transformé en une série d'oasis florissantes. Dès le printemps, le niveau des nappes augmentant par suite de la fonte des neiges de l'Himalaya, les puits et les canaux se remplissent et s'alimentent jusque passé le mois d'octobre (2).

En 1860, le colonel Bairdsmith consigne dans son rapport sur les irrigations de l'Inde, que le Doab, entre le Jumna et le Gange, comptait 70,000 puits maçonnés et 280,000 puits temporaires, dont les eaux étaient employées à l'arrosage de 600,000 hectares.

Les populations des collines d'Aravali, isolées de tout cours d'eau et bordées par les déserts de la plaine du nord du Bengale, n'ont de ressources pour la culture que les eaux pluviales, recueillies dans des citernes, et les eaux d'infiltration que les puits permettent d'extraire

---

(1) De Tchihatcheff, *Espagne, Algérie et Tunisie,* 1880.
(2) J. Wolff, *Ostindische Konkurrenz in Weizenhandel,* Tubingen, 1886.

pour l'irrigation. Le district de Mairwara, dans l'Aravali, soumis en 1820 par le colonel Hall, administré depuis 1835 par le colonel Dixon, s'est outillé, de 1836 à 1846, de 2,065 réservoirs et de 9,915 puits, qui suffisent à l'arrosage de 6,000 hectares (1).

*Kerise en Asie.* — L'Asie centrale, comprenant la Perse, le Beloutschistan, l'Afghanistan, etc., offre, dans le système d'irrigation des *kerise* ou *kariz,* le moyen d'utiliser les nappes souterraines dont la déclivité ne dépasse guère quatre degrés (2).

Les quelques sources et ruisseaux des gorges arides s'infiltrent dans les terres schisteuses et dans les conglomérats siliceux où elles se réunissent en cours d'eau souterrains. L'état de désagrégation du sol ne permettant pas de construire des canaux, on a recours aux *kerise,* c'est-à-dire à un groupe de puits profonds, creusés au pied des montagnes et reliés entre eux sous terre par des galeries qui débouchent dans un puits spacieux, servant de réservoir général. A une certaine distance de ce réservoir sont établies, dans la direction de la vallée, des séries de citernes sèches, écartées d'une cinquantaine de mètres, dont le fond est plus bas que celui du réservoir principal, ce qui est possible quand la couche de la nappe souterraine offre une pente égale ou supérieure à celle du sol superficiel. Au fur et à mesure que la série des citernes s'étend, à chaque intervalle de 50 à 100 mètres, leur profondeur diminue, jusqu'à ne plus présenter pour la dernière qu'une hauteur de $0^m,60$ environ. Les galeries de communication ont les dimensions nécessaires pour permettre le passage d'un homme accroupi.

(1) *East India; progress and condition* (1872-73), p. 59 et 65.
(2) Strukel, *Wochenschrift der Œst. Ing. und archit. Verein,* 12 jahr, 1887.

L'eau s'écoulant du réservoir central dans les citernes, qui communiquent entre elles, débouche de la dernière par un canal à ciel ouvert, dirigé dans la vallée. La longueur d'un kerise varie de 3 à 60 kilomètres (1).

Une conduite directe permettrait de se passer de citernes étagées et de galeries, mais la pose offrirait des difficultés insurmontables, surtout aux niveaux supérieurs où la profondeur du puits atteint parfois 80 mètres. Les indigènes sont extrêmement habiles pour le fonçage de ces puits; deux puisatiers peuvent creuser en moyenne 2$^m$,70 à 3 mètres par jour. Outre que les puits servent à évacuer les déblais des galeries, ils rendent la visite et les réparations faciles, ils donnent le moyen de se procurer de l'eau sur le parcours de la conduite, et diminuent la perte par évaporation qui, dans un canal à ciel ouvert, sous ces climats, serait très considérable.

C'est à l'aide des *kerise* ou *kanat*, comme les Afghans les appellent, que dans les contrées montagneuses, où les cours d'eau manquent, l'on arrose les cultures. Dans l'Ahal-Teke, le Korasan et dans toute l'Asie centrale, on ne connaît pas d'autre système. Les environs de la ville de Meschéd, en Perse, sont tellement fouillés par les puits qu'on ne peut sortir la nuit, sans danger d'y tomber.

Ce système de citernes et de canalisations ne s'applique pas seulement aux sources et aux nappes souterraines, mais encore aux rivières, avec cette différence toutefois que la première citerne est alimentée directement par la dérivation du cours d'eau.

Dans les steppes, éloignées de tous ruisseaux, les Kirghiz arrosent leurs petites cultures passagères à l'aide des

(1) Elphinstone, *Account of the Kingdom of Caboul*, 1827.

puits qu'ils groupent au nombre de 60 ou 80, communiquant entre eux et avec un réservoir ou puits central d'où les eaux sont élevées par des manèges que font mouvoir les chevaux. Il a fallu recourir également aux puits pour l'alimentation des stations du chemin de fer de la mer Caspienne.

Quand les nappes n'ont de l'eau qu'en hiver et au printemps, comme dans les plus vastes steppes centrales, on a recours aux *mullah,* c'est-à-dire à des citernes d'une profondeur qui varie entre 20 et 30 mètres et d'un diamètre de 20 mètres environ, murées en briques avec ciment et recouvertes par des voûtes également en briques. Les parois sont percées d'orifices donnant passage à de petits conduits par lesquels les eaux des sources, des nappes aquifères et les eaux pluviales d'infiltration ou de la fonte des neiges s'accumulent. Remplis pendant l'hiver et au printemps, les *mullah* conservent les eaux jusque vers la fin de l'été, tant que leur emploi est indispensable pour l'arrosage des plantes légumineuses.

*b.* **Puits artésiens.** — Quand, d'après la stratification du terrain, on est amené à croire qu'une nappe aquifère, alimentée par des niveaux supérieurs, se trouve à de plus ou moins grandes profondeurs, on peut recourir à la sonde pour amener l'eau à la superficie et s'en servir pour les irrigations. Si l'eau s'élève au-dessus de l'embouchure du trou de sonde et jaillit au dehors d'une manière continue, on obtient un puits artésien, du nom de l'Artois, où ces forages ont été le plus anciennement pratiqués.

En considérant qu'un puits artésien représente une des branches d'un tube recourbé, dont l'autre serait alimentée constamment à un niveau supérieur à l'orifice de la première, on explique l'ascension de l'eau au-dessus du sol, ou le maintien de son niveau à une certaine profondeur au-dessous de la surface dans le trou foré, par le fait de l'équilibre des liquides dans les vases communiquants, ou par l'expérience connue du siphon renversé. Dans la pratique, quand il s'agit de tuyaux de conduite, l'équilibre s'établit d'une manière variable, en ce sens que la hauteur des niveaux dans les deux branches du siphon n'est pas la même, suivant les dimensions, la forme des branches, etc. Le rapport entre la charge entière, représentée par la hauteur du point d'alimentation au-dessus de l'orifice d'écoulement, et la charge effective, calculée d'après la vitesse réelle de l'eau à la sortie, fait en outre que la dépense réelle n'est souvent qu'un tiers ou qu'un quart de la dépense théorique, même pour des distances et des quantités moyennes. S'il en est ainsi pour des tuyaux de conduite, on conçoit que pour des canaux irréguliers, tels que les offrent les nappes souterraines, entravés par toutes sortes de détritus et de causes de frottement, la déperdition du niveau ou du jet ne puisse être évaluée d'avance, même en connaissant l'étendue de la formation où se trouve l'eau ascendante, et l'écart entre les niveaux. De plus, les nappes s'épanchent pendant le trajet à travers toutes les fissures des terrains, de telle sorte qu'il n'est pas du tout certain, quoique la ligne de départ des eaux artésiennes soit située à une plus grande hauteur que l'orifice du trou de sonde, que les eaux soient amenées ou jaillissent à la surface.

L'étude géologique du sol sur lequel on doit pratiquer un sondage laisse de l'incertitude sur la réussite du forage, soit par la difficulté qu'offre la profondeur à laquelle l'eau sera atteinte, soit par la dépense de l'opération, surtout quand il s'agit d'utiliser la source artésienne pour l'irrigation.

*Sondages.* — La sonde primitive, que l'on peut appeler agricole, et à laquelle on a conservé le nom du

célèbre potier Palissy qui fut le premier à en indiquer
l'ingénieux emploi dans la recherche de la marne (1), se
compose (fig. 5) d'une tige portant d'un côté une cuiller ou tarière terminée en spire, et de l'autre un petit
ciseau ou trépan. La tarière pénètre dans le terrain par
rotation, et le trépan par percussion.
Une douille D glisse le long de la tige
et se fixe à l'aide d'une vis de pression
à la hauteur qui convient pour agir sur
le manche en bois, la traversant à angle
droit. La sonde ainsi établie a généralement 2 mètres de longueur. Elle se
manœuvre facilement du côté de la
mèche, en appuyant sur le manche,
et en lui imprimant un mouvement
de rotation semblable à celui qu'exige
une tarière de charpentier. On doit
avoir soin de ne pas l'engager de plus
de 25 à 30 centimètres, avant de se
convaincre par un léger effort ascensionnel que l'outil est libre. Dans les
terrains trop secs, on jette un peu
d'eau dans le forage après avoir retiré
la sonde. Pour des profondeurs au delà
de 1m,60 à 1m,70, on a recours à des

FIG. 5. — SONDE
PALISSY.

sondes articulées dont nous décrivons plus loin l'équipage, s'appliquant jusqu'à 50 mètres, dans des mains
habiles.

Lorsqu'il s'agit de sondages à exécuter à des profondeurs variant de 25 à 50 mètres, sans appeler des
hommes déjà exercés dans le métier, le premier appareil
nécessaire consiste en une chèvre à trois montants, d'une

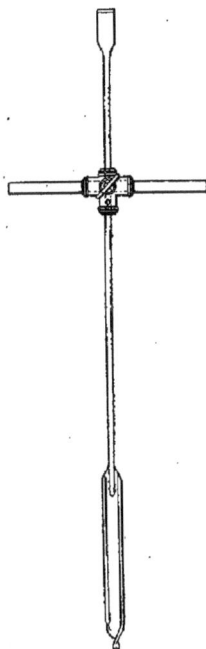

---

(1) Œuvres de Bernard Palissy, édition Cap; Paris, 1844.

construction simple, munie d'une poulie et d'un mou-
linet ou tambour à manivelle, ainsi que le représente en
coupe la figure 6. C'est au moyen du treuil que les
manœuvres s'accomplissent ; l'effort des hommes étant,
eu égard à la résistance, dans le rapport du rayon du treuil à celui de la manivelle, il en résulte que si le treuil a 10 cen- timètres de rayon et les mani- velles 40 centimètres, l'effort sera quatre fois moindre que si l'on agissait directement par la corde qui tient la sonde sus- pendue. Pour imprimer au moyen du tambour un mouve- ment de battage à la sonde, l'extrémité opposée de la corde, au lieu d'être enroulée sur le tambour, est libre, afin qu'on puisse opérer dessus un effort de traction. Si, au moment où la sonde est suffisamment sou- levée, l'homme qui opère la traction la cesse immédiate- ment, et qu'au contraire, ren- dant la corde, il en facilite le glissement sur le tambour, il se

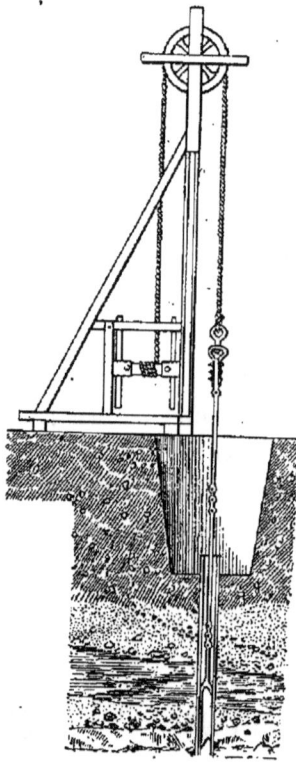

FIG. 6. — CHÈVRE ET TREUIL DE SONDAGE.

produit une chute de la sonde. Alors il recommence son
effort de traction sur la corde, tandis qu'un second ouvrier placé à la manivelle enlève la sonde, et un troisième, au manche, change la direction de l'outil.

Il convient de pratiquer sous la chèvre une excavation
de quelques mètres, que l'on boise avec soin et au fond
de laquelle on place un tuyau-guide, dans une vertica-

lité parfaite, de manière que son axe corresponde exactement à celui de la corde et des outils qui y sont suspendus.

*Systèmes de sondage.* — De tous les systèmes de sondage mis jusqu'ici en pratique, le plus ancien et le plus simple, auquel on a conservé le nom de système chinois, consiste en un mouton pesant, mû par percussion, au moyen d'une corde plus ou moins extensible, en chanvre, en aloès, en bambou tressé, ou en fil de fer avec âme en chanvre.

Dans ce système, l'engin employé est une simple chèvre déjà décrite avec une poulie de renvoi et un treuil sur lequel la corde s'enroule, comme le montre la figure 5. On imprime à cette corde un mouvement de sonnette au moyen de plusieurs cordelettes tirées et lâchées alternativement par les ouvriers sondeurs. Les cordelettes sont fixées à la corde principale à l'aide d'un porte-mousqueton qui glisse à volonté, au fur et à mesure que le puits s'approfondit. La hauteur à laquelle on lève la sonde varie entre $0^m,30$ et $0^m,60$.

Les nombreux essais de ce système démontrent qu'il est suffisant et très économique pour tous les terrains que l'on peut traverser au ciseau, tels que le grès des Vosges, le grès bigarré, les schistes primitifs, la craie, etc., jusqu'à une profondeur de 5o à 6o mètres.

Jobard l'a perfectionné en employant dans les roches dures un mouton coulé en coquille pour que les dents aient une grande dureté; il est cannelé extérieurement, afin que les détritus puissent se dégager, et sa partie supérieure est évidée en cône renversé. Le haut de la tige qui traverse le mouton est formé par une croix de Malte ou couronne qui conserve à l'outil sa direction verticale; quant au bas, il se termine par une pointe d'acier qui sert d'amorçoir et retombe toujours dans le trou de direction. En frappant avec ce mouton d'un poids de 100 à 200 kilogrammes, on réduit les roches en boue qui entre dans le cône creux ; le mouton ramené à la surface est vidé et l'opération recommence.

Suivant la nature des terrains, l'outil change, qui accompagne le mouton : tantôt, dans les roches tendres, une cuiller à soupape; tantôt un découpeur à branches, un élargisseur à ressort, ou, dans les roches dures, une cloche à clapets pour la reprise des parties brisées.

La principale objection faite à ce système et qui a déterminé l'application d'autres procédés dans les divers pays, c'est qu'à de plus grandes profondeurs, il ne faut pas seulement agir par percussion, mais par rotation, ce que la corde seule rend impossible. On a alors appliqué, au lieu de la corde, des tiges rigides formant la sonde entière avec laquelle on met en mouvement par rotation des tarières, des vrilles, des tire-bourre des tubes à soupape, etc. Les sondes à tige rigide, pour une profondeur quelconque, sont mues, suivant les terrains à traverser, par rotation ou par percussion. Le premier mode est le seul suivi quand les sondes sont à fourche. Le poids et la longueur des tiges s'opposant à ce que, pour de grandes profondeurs, la sonde puisse agir autrement que par rotation, lorsque la percussion devient indispensable pour traverser des roches, telles que les sables secs quartzeux, les roches siliceuses, etc., la coulisse Œynhausen a été inventée, avec laquelle on articule la sonde en un certain point de sa longueur, de manière à la séparer en deux parties, complètement indépendantes l'une de l'autre, la partie inférieure qui est agissante, et la partie supérieure qui n'a d'autre fonction que de relever la première et dont le poids est équilibré par un levier ou balancier de bascule romaine.

Le dernier procédé employé dans les grands forages

par Kind, par Degousée et Laurent, et les autres sondeurs qui leur ont succédé, est basé sur la chute libre ou
déclic, à l'aide soit d'un disque que l'eau met en mouvement par sa résistance, soit d'un poids mort, couplé
au trépan.

Quelles que soient les dispositions des nombreux systèmes pratiqués, et nous ne saurions les décrire sans sortir du cadre d'un ouvrage qui traite de l'irrigation, c'est
moins dans l'outil et dans son mode d'attache que dans
la marche du travail et l'expérience, jointe à l'habileté du
sondeur lui-même, que résident les chances d'une bonne
et prompte opération, disons, d'une opération économique. « Le nombre et la nature des accidents en sondages
sont tellement variés qu'un bon sondeur est celui qui
par sa prudence et son intelligence sait les éviter; on ne
doit mettre qu'en seconde ligne celui qui sait plus ou
moins bien les réparer (1). »

*Équipage de sonde.* — Une sonde ordinaire, à l'aide de
laquelle on peut espérer obtenir des eaux jaillissantes
des couches aquifères jusqu'à
25 mètres de profondeur, se
compose des parties suivantes : une tête, qui sert à suspendre la sonde; des outils,
qui attaquent la roche au
fond du trou ou sur ses parois; et des tiges qui réunissent la tête aux outils.

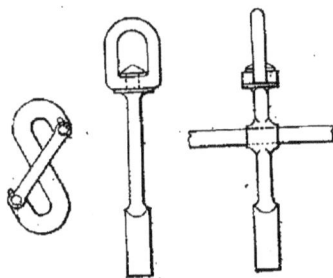

FIG. 7. — TÊTE DE SONDE.

La tête de sonde se com-
pose d'un emmanchement femelle, portant un anneau
tournant, très solide, sur lequel on joint l'instrument
aux différentes attaches de suspension et à l'extrémité des

(1) Degousée et Laurent, *Guide du sondeur,* 2ᵉ édit., 1861, t. II, p. 283.

chaînes de relevée ou du levier de battage (fig. 6); certaines têtes de sonde (fig. 7) portent des bras horizontaux pour la facilité de la manœuvre au début. Un S complète la tête de sonde.

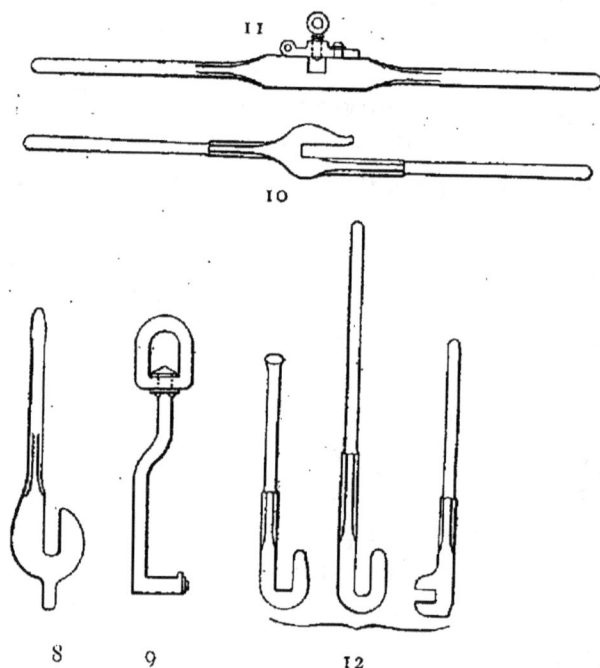

FIG. 8 A 12. — SONDAGE; OUTILS DE MANŒUVRE.

Les outils se distinguent en outils de manœuvre, en outils de percussion et en outils de rotation.

Les outils de manœuvre comprennent : 1° une clé de retenue ou griffe (fig. 8). C'est la pièce sur laquelle repose la sonde pour la descente ou le retrait successif des tiges.

2° Une clé de relevée ou pied de bœuf (fig. 9) qui sert à prendre chaque tige au-dessous du pas de vis pour la remonter du trou, ou pour l'y descendre.

3° Des manches de manœuvre sans vis de pression (fig. 10) qui sont des tourne-à-gauche doubles; ou avec vis en pointeau et aciérée pour fixer l'instrument sur la tige (fig. 11).

4° Des tourne-à-gauche (fig. 12) ou grappins, avec lesquels on saisit la sonde pour la tourner dans un sens ou dans un autre.

5° Une poulie mobile à chapel, en fonte cannelée, pour recevoir sur champ les maillons des chaînes, et présenter une surface cylindrique sur laquelle les autres reposent à plat. Cette poulie mobile a pour objet de diminuer de moitié l'effort à produire quand on soulève la sonde, en atténuant la vitesse dans la même proportion, si l'on fait abstraction des frottements.

6° Une chèvre à quatre montants fixés sur des semelles et consolidés dans l'intervalle par des entretoises, sur lesquelles on pose les planches servant à faciliter l'accrochage et le dévissage des tiges à une hauteur quelconque. La chèvre est munie d'un treuil sur lequel s'enroulent deux chaînes ou deux cordes, dont l'une sert à descendre et à remonter la sonde, et l'autre à la manœuvre du cylindre à soupape. Jusqu'à 30 mètres le treuil est mû par deux manivelles.

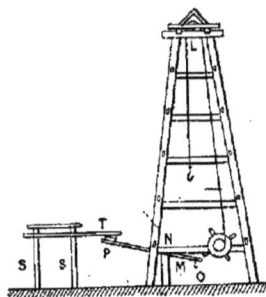

FIG. 13.—SONDAGE; CHÈVRE ET APPAREIL DE BATTAGE.

Dans la figure 13, on voit en place, au sommet de la chèvre, la poulie à chapel sur laquelle passe la chaîne ou la corde qui sert à relever la sonde. Pour des trous de 10 à 20 mètres, le treuil ne porte qu'une chaîne ou une corde servant au relevage de la sonde et à la manœuvre du cylindre à soupape. Le levier de battage *m* peut basculer autour d'un axe en fer qui traverse les poteaux *n;* il porte en *o* le crochet auquel on suspend la tête de la sonde, et, à l'autre bout *p,* il bat contre une perche élastique en bois *t,* solidement fixée entre deux montants *s s* et faisant ressort. Cette disposition, qui limite l'excursion du levier sur lequel les ouvriers agissent pour soulever la sonde, a surtout pour but de diminuer de beaucoup le fouet des tiges et, quand la profondeur devient trop considérable, de pouvoir ajouter un contrepoids à l'extrémité *p* du levier de battage.

Les outils de percussion comprennent des trépans ou casse-pierres dont la figure 14 indique un modèle avec téton faisant suite au taillant principal. Les formes données aux trépans sont nombreuses, suivant qu'on perce des roches très dures ou des couches d'argiles, de marnes, de sables durs ou argileux. Depuis que l'industrie des aciers s'est perfectionnée, on a des trépans en acier corroyé, avec lame et fût d'une seule pièce, qui offrent une grande solidité et se prêtent plus facilement aux réparations que nécessite le rodage.

Comme outils de rotation, les tarières sont plus économiques que le trépan, dans les terrains tendres et à une petite profondeur ; mais elles servent surtout pour l'alésage du trou de sonde, pour le retrait des débris et la reprise des fragments d'outils brisés. La figure 15 représente des tarières ouvertes, à talon et à mèche rubanée. Comme pour les trépans, les formes des tarières varient à l'infini. La figure 16 montre le spécimen d'une langue américaine à hélice, servant au retrait des marnes ou argiles coulantes.

Enfin les instruments de nettoyage et de vidange comprennent des soupapes à boulet ou à clapet, avec ou sans mèche (fig. 17). Pour les petites profondeurs, la mèche est analogue à celle d'une tarière ; sur la couronne que forme intérieurement la frette, tombe un clapet en fer battu ;

ce clapet est retenu par une traverse qui ne permet qu'un angle de 25° environ. La soupape à boulet (fig. 17) sert plutôt à l'épuisement des sables : le boulet, plein ou creux, retenu à la hauteur voulue par une bride, tombe dans le coquetier en fonte, évidé coniquement au-dessus et au-

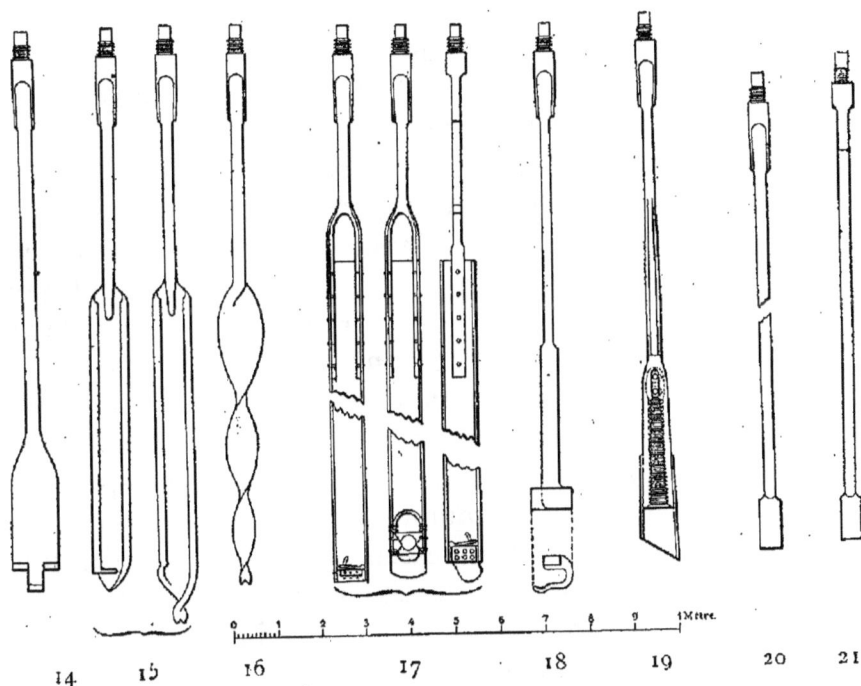

FIG. 14 A 21. — SONDAGE; OUTILS DE TRAVAIL.

dessous de la pièce d'arrêt. Au lieu de roder doucement, ainsi qu'on le fait avec les outils précédents, il faut donner à celui-ci un mouvement de tige de pompe, aussi rapide que possible.

En vue de la rupture des tiges et des instruments, des outils raccrocheurs sont le plus souvent joints à l'équipage d'une sonde ordinaire. Ils consistent principalement en caracoles ou *arrache-sonde*, dont la figure 18 montre le spécimen le plus courant. La caracole se termine par un fer à cheval dans l'intérieur duquel le premier emmanchement de la partie de la tige cassée vient s'asseoir par son épaulement et que l'on ramène au jour avec la portion de la sonde qui y est reliée. Quand le trou est assez cylindrique et que l'on suppose que la partie rompue est restée verticale, on a recours à la cloche à vis (fig. 19), consistant en un tronc de cône fileté intérieurement que l'on fait tourner dans le sens des filets, dès que la cloche tient la partie cassée.

Quant aux tiges, de 2 m. de longueur, en fer carré, dont le côté varie de 6 à 7 centimètres, elles se terminent à un bout par un tenon fileté sur la moitié à peu près de sa hauteur, la partie lisse servant de guide pour le vissage, et à l'autre bout, par une douille creuse se vissant exactement sur le tenon correspondant. La figure 20 représente une tige entière, et la figure 21 une allonge de 1 mètre, pour le cas où la longueur double est inutile.

Pendant le sondage, il est souvent indispensable, afin d'empêcher l'encombrement par des éboulis de couches meubles ou déliquescentes, de descendre des tubes de retenue dans le trou. Ces tubes sont généralement en tôle, de 0$^m$,40 à 0$^m$,50 de diamètre intérieur et de 4 à 5 millimètres d'épaisseur, rivée à plat. D'une longueur de 6 à 9 mètres, ils sont réunis au moyen de frettes ou manchons extérieurs.

Les tubes en bois qui doivent servir de colonne d'ascension, sont aussi employés comme tubes de retenue; on les fait en chêne, en aune ou en orme, avec emboîtement sur 15 à 20 centimètres de hauteur. La ligne de jonction est protégée par une frette en tôle. Quand la colonne de bois est à fond, il faut avoir soin, si la partie supérieure est libre dans le sondage, de la fixer avec un collier sur lequel on appuie des madriers.

Comme tuyaux d'ascension destinés à recevoir les eaux ascendantes ou jaillissantes, on remplace parfois le bois par le cuivre rouge. Les colonnes en cuivre rouge, frettées et rivées, comme celles en tôle, entraînent un grand surcroît de dépense, quand elles ne sont pas d'un petit diamètre; alors faut-il qu'elles soient protégées contre la poussée des terrains par une colonne de retenue. Pour des forages de 0$^m$,16 à 0$^m$,20 de diamètre, des colonnes d'ascension de 0$^m$,12 et de 0$^m$,10 peuvent être fixées, sans crainte de modifier le régime allant jusqu'à 2,500 litres d'eau par minute. Il faut naturellement soigner le bétonnage qui les entoure et empêche toute déperdition.

Si les colonnes de garantie ne sont pas trop longues, on se sert, pour les faire descendre, d'un mouton frappant sur un tampon entrant dans le tuyau, dont la frette est protégée par une doublure. Pour de grandes profondeurs, le choc ne se transmettant plus, à cause de l'élasticité, et n'ayant pour effet que d'ébranler la partie supérieure du tubage, en causant des avaries, on a recours à des colliers s'abaissant par des vis que font mouvoir des écrous, reliés à l'aide de chaînettes à une tête à oreilles, qui surmonte le tube en descente. Ce système de pression continue peut seul permettre de vaincre les alluvions de certains terrains.

Le tube d'ascension définitif étant assujetti et garanti extérieurement dans toute sa hauteur par un bon béton, on le prolonge au-dessus du sol, s'il s'agit d'eaux jaillissantes, jusqu'à ce que l'on ait déterminé le niveau hydrostatique. On l'abaisse ensuite suivant la hauteur à laquelle on veut élever l'eau et suivant le débit que l'on veut obtenir.

La figure 22 représente la coupe du bâtiment ayant servi d'atelier pour le fonçage du grand puits de Passy.

*Débit des puits forés.* — Le volume d'eau que fournit un puits artésien varie selon le niveau hydrostatique, le diamètre du tuyau ascensionnel et la facilité de circulation de l'eau dans la nappe souterraine. Quand le produit diminue, le niveau hydrostatique restant le même, c'est que des obstructions se sont produites, qu'un curage peut enlever. Si le niveau hydrostatique s'est abaissé, c'est qu'il s'est déclaré des fuites dans la colonne ascendante et il faut procéder au remplacement du tubage. Il n'y a pas de motif autrement pour que les fontaines artésiennes s'épuisent. On a l'exemple de puits jaillissants dans le Pas-de-Calais, qui n'ont pas varié depuis le douzième siècle.

*Température des eaux artésiennes.* — La chaleur constante et élevée des sources artésiennes, confirmant la loi de croissance de la température dans le sol, les a fait rechercher pour un certain nombre d'industries ; leur limpidité également. La température, plus que la limpidité, rend ces eaux particulièrement propres aux irrigations d'hiver ; mais comme la température ne croît qu'avec la profondeur des puits, et que cette profondeur n'est atteinte qu'en augmentant la dépense du forage, l'avantage n'est peut-être pas compensé sous le rapport économique.

Le tableau LVII donne la température, le débit et la profondeur de quelques eaux artésiennes.

Dans les expériences que Walferdin a faites, à l'aide de ses thermomètres à déversement, sur la température des eaux jaillissantes de Paris, il a constaté que pour la craie, qui forme la partie inférieure du bassin parisien, la température croît de 1 degré pour 31 à 32 mètres de profondeur (1). Collegno confirme cette loi résultant de

---

(1) Kaemtz, *Cours de météorologie*, traduit par Martins, 1843, p. 207.

FIG. 22. — SONDAGE DU PUITS ARTÉSIEN DE PASSY; COUPE DU BATIMENT.

TABLEAU LVII. — *Puits artésiens; débit, profondeur, température des eaux.*

| DÉSIGNATION DES PUITS. | DÉPARTEMENTS OU PAYS. | DÉBIT PAR MINUTE. | PROFONDEUR DU PUITS. | TEMPÉRATURE | |
|---|---|---|---|---|---|
| | | | | DE L'EAU. | A LA SURFACE MOYENNE. |
| Cambrai (caserne)............ | Nord. | lit. | m. | | |
| Marguette................... | — | 3o | 20 | 11°.6 | 10°.3 |
| Calais (citadelle)............ | Pas-de-Calais. | » | 56 | 12°.5 | » |
| Aire........................ | — | 25 | 94.25 | 14°.5 | » |
| Saint-Venant................ | — | » | 63 | 13°.3 | » |
| Maisons-Alfort.............. | Seine. | » | 100 | 14°.0 | » |
| Ecole militaire (Paris)........ | — | » | 80 | 14°.0 | 10°.8 |
| Saint-Ouen (Paris)........... | — | » | 137 | 16°.4 | » |
| Grenelle (Paris)............. | — | » | 66 | 9°.5 | » |
| Place Hébert (Paris)......... | — | 800 | 548 | 27°.4 | » |
| Saint-André................ | Eure. | » | 719.20 | 34°.5 | » |
| Reims (abattoir)............. | Marne. | » | 255 | 17°.9 | 11°.0 |
| Tours (Saint-Gratien)....... | Indre-et-Loire. | » | 34 | 11°.6 | 10°.2 |
| — (Champoiseau)...... | — | 100 | 122 | 16°.5 | 11°.5 |
| Perpignan (Fauvelle)........ | Pyrénées-Orientales. | 1.100 | 140 | 17°.5 | » |
| Toulouges.................. | — | 36 | 70 | 21°.0 | 15°.5 |
| Tamelath (oasis)............ | Algérie. | 700 | 70 | 18°.5 | » |
| — (mosquée)......... | — | 150 | 58.50 | 21°.2 | 17°.8 |
| Tamerna................... | — | 40 | 82.20 | 21°.0 | » |
| | | 4.500 | 60 | 21°.5 | » |
| Sheerness.................. | Angleterre. | » | 110 | 15°.5 | 10°.5 |
| Chicago ................... | Etats-Unis. | 65 | 213 | 19°.4 | 11°.2 |

toutes les observations qui ont été recueillies dans les mines et sur les eaux artésiennes. Le puits artésien de Mondorf, dans le Luxembourg, ayant atteint la profondeur de 671 mètres au mois de septembre 1845, indiquait une progression de 1 degré pour 29<sup>m</sup>,60 de profondeur. Des circonstances spéciales peuvent toutefois modifier cette loi, notamment le voisinage de sources chaudes. C'est ainsi que dans un puits artésien foré à Neuflen, dans le Wurtemberg, la température, à la profondeur de 385 mètres, est de 38°,7, ce qui, par rapport à la température moyenne de l'air superficiel, indiquerait une progression de 1 degré par 10<sup>m</sup>,50 (1).

Le dernier puits foré à Paris, place Hébert, a fini par atteindre, après 22 ans de travail, une profondeur de 717<sup>m</sup>,20 dans les sables au-dessous du gault. La nappe d'eaux jaillissantes indique une température de 34°,5, c'est-à-dire de sept degrés plus élevée que celle du puits de Grenelle. Si l'on tient compte de la différence de niveau entre les deux puits, soit 172 mètres environ, l'accroissement de température accusé par le nouveau puits artésien, dont la profondeur dépasse de 120 mètres celle des puits de Grenelle et de Passy, est de 1 degré par 24<sup>m</sup>,50. Nous ajouterons que le puits Hébert, au diamètre de 1<sup>m</sup>,06, représente pour le poids de la colonne centrale, 400,000 kil., et comme dépense totale, 2 millions et demi de francs. Les travaux, arrêtés en 1874 par l'écrasement de 100 mètres de colonne, dû à la poussée des terres, quand le puits avait déjà atteint 692 mètres de profondeur jusque dans l'argile de gault, n'ont pu être repris qu'en 1887.

*Coût des forages.* — L'évaluation du coût d'un puits artésien, qui est en somme la question importante pour

(1) Collegno, *Elementi di geologia*, Torino, 1847, p. 26.

l'agriculture, repose sur des données si variables qu'il
est difficile, du moins en ce qui concerne la dépense,
de limiter d'avance les chances aléatoires de l'entreprise.

Que le prix des travaux soit fixé à la journée, ou à tant
par mètre de profondeur, on ne peut calculer préalablement les frais du forage, et à plus forte raison, le prix
auquel reviendra le mètre cube d'eau. Si l'on veut en
effet se guider d'après le coût des sondages déjà exécutés dans le pays, ou dans la région, on s'expose à
des mécomptes graves, car les couches varient de puissance d'un lieu à l'autre; elles ne sont pas dans la
même direction, ni au même niveau; enfin des accidents
de tous genres peuvent se présenter, qui augmentent
beaucoup le prix du travail. Il peut arriver, si la couche
perméable est une roche compacte, telle que la craie,
offrant de grandes fissures dans lesquelles l'eau circule,
que de deux puits voisins, l'un rencontre une de ces
fissures et donne de l'eau en abondance, tandis que l'autre
n'en rencontre aucune, quoique foncé à une plus grande
profondeur. Enfin il existe plusieurs nappes superposées
à des distances variables, qui ne se comportent pas de
la même manière, soit que les eaux jaillissantes s'élèvent
d'autant plus qu'on approche des points d'alimentation,
soit qu'elles décroissent suivant la pente des vallées. Les
sondages exécutés dans les vallées de la Seine et de la
Marne, indiquent par exemple trois, quatre et cinq niveaux différents à des profondeurs variant entre 20 et
100 mètres. Le percement des puits sur la place de la cathé-
drale de Tours a rencontré trois couches entre 120 et 146
mètres de profondeur.

D'après les nombreux puits forés dans le bassin tertiaire de Londres, la dépense du forage varie entre 25 et
40 francs par mètre pour une profondeur comprise entre

3o et 6o mètres, et entre 40 et 6o francs pour une profondeur allant de 6o à 100 mètres.

Un puits artésien de 163 mètres de profondeur, dont 100 mètres dans les couches tertiaires et 63 mètres dans la craie, creusé à Longhton, dans le comté de Sussex, a coûté 18,750 francs, ou 115 francs par mètre.

Les puits forés dans le gault, à Cambridge, reviennent entre 400 et 5oo francs pour des profondeurs de 3o à 40 mètres (1). Hughes cite un forage de 0$^m$,15 de diamètre, au fond d'un puits de 56 mètres, à Liverpool, exécuté sur base de 35 francs par mètre pour les premiers 18 mètres, de 45 francs pour les 18 mètres suivants, et ainsi de suite.

Pour des forages jusqu'à 2oo mètres, en France, le coût moyen par mètre est compris entre 20 et 8o francs. Les sondeurs Degousée et Laurent ont établi trois puits artésiens d'une profondeur moyenne de 25o mètres, tubage et tous frais payés, à des prix variant entre 15,ooo et 25,ooo francs.

Quoique l'on puisse réduire la dépense notablement, en recourant, dans certains terrains tendres, tels que la craie, au sondage à la corde, qui peut s'exécuter à 9 ou 10 francs le mètre courant (2), il est permis, d'après l'expérience acquise et les perfectionnements réalisés, de considérer comme dignes de toute confiance les chiffres indiqués par Degousée et Laurent, d'une dépense de 3,ooo fr. pour un sondage de 6o mètres, et de 15,ooo francs pour un forage jusqu'à 3oo mètres de profondeur.

Nous donnons ici le coût et les profondeurs de quelques puits artésiens, construits à diverses dates en France (3) :

(1) Samuel Hughes, *Treatise on water works*, 1856, p. 166.
(2) A. Debette, *Dict. des arts et manufactures*, art. *Sondage*, 1854.
(3) Ure, *Dict. arts manuf. and mines*, edited by R. Hunt, London, 1863.

| PUITS ARTÉSIENS. | Profondeur. | Coût. |
|---|---|---|
| | mètres. | francs. |
| Calais (Pas-de-Calais)......... | 338 | 89.000 |
| Donchery (Ardennes)......... | 370 | 76.125 |
| Saint-Fargeau (Yonne)........ | 203 | 30.400 |
| Lille (Nord).................. | 180 | 8.000 |
| Crosne (Seine-et-Oise)........ | 101 | 4.750 |
| Brou (Marne) .............. | 75 | 5.000 |
| Ardres (Nord).............. | 47 | 1.600 |
| Claye (Seine-et-Marne)........ | 33 | 1.950 |
| Chaville (Oise).............. | 20 | 375 |

A défaut d'informations concernant la nature des terrains traversés, les accidents qui ont pu se présenter pendant le forage, le système de sonde, le degré d'habileté des sondeurs et le temps que l'opération a nécessité, l'indication de ces prix n'a pas grande valeur. De plus, ils s'appliquent à des travaux déjà anciens; or l'on peut admettre qu'aujourd'hui, avec les progrès obtenus dans la fabrication des tiges et des outils en acier, le bas prix des matières, l'économie et la puissance des machines à vapeur, les dépenses des forages au delà de 50 mètres de profondeur doivent être notablement réduites, à moins de circonstances et d'accidents tout à fait imprévus.

*Succès et insuccès des forages.* — L'histoire des irrigations apprend que beaucoup de contrées ont dû aux forages la mise en culture de terres éloignées de tous cours d'eau, sous des climats absolument secs pendant une grande partie de l'année; mais, sauf dans quelques régions exceptionnelles comme en offrent l'Algérie, la Californie, la Chine, etc., il ne semble pas que les sources artésiennes puissent subvenir aux besoins d'une irrigation étendue.

Aussi bien dans l'Artois que dans le pays de Modène, où les puits artésiens sont en usage depuis des siècles, les nappes étant à une petite profondeur, les eaux sont utilisées pour les besoins industriels ou domestiques, plutôt que pour l'agriculture.

*Italie.* — Dans la province de Modène, le marquis Tanari, commissaire de la grande enquête agricole, considère que l'utilité pratique des sources artésiennes est très limitée; quelques irrigations se font à l'aide des dérivations de la Secchia, du Panaro, des canaux venant de la province de Reggio et de quelques sources alimentant les rivières (1); mais les puits artésiens ne servent pas.

Dans la province de Turin, quelques puits ont été forés d'après le système de l'ingénieur Calandra, c'est-à-dire directement dans le sol, au moyen de tubes en fer; ils se sont étendus aux districts de Cuneo et de Pinerolo. Quand les eaux ne jaillissent pas au-dessus du sol, on applique des pompes pour leur élévation. Vingt-quatre de ces petits puits forés sur le territoire de Gargano débitent ensemble 80 litres d'eau à la seconde. Les eaux servent à l'arrosage du maïs, du trèfle et des prairies.

Dans l'ancien royaume de Naples (principauté citérieure), le sénateur Atenolfi a fait forer quatre puits pour l'irrigation des terres qu'il administre dans le Vallo di Lucania. Ailleurs, à Reggio de Calabre et dans la province d'Alexandrie, les sondages ont échoué.

*Espagne.* — Sauf à Albacète, où des eaux abondantes et de meilleure qualité ont été obtenues, les sondages exécutés en Espagne n'ont donné aucun résultat, pas plus à Madrid qu'à Cadix et dans la plaine de Carthagène, où ils eussent été si précieux.

*Grèce.* — En Grèce également, un sondage poussé dans la Ferme royale, près d'Athènes, jusqu'à 247 mètres, n'a rencontré que des eaux ascendantes dont le niveau s'est arrêté à 4 mètres au-dessous du sol.

_____

(1) *Inchiesta agraria; atti della giunta*, vol. II, p. 1-100.

*France.* — En France, on cite peu d'exemples, plutôt anciens, des applications d'eaux artésiennes à l'irrigation. La plupart des sondages récents ont été faits pour l'alimentation des communes, des établissements industriels ou pour l'embellissement des propriétés privées. Quelques-uns des puits forés à Tours fournissent de la force motrice et entre-temps de l'eau pour l'irrigation des prairies. Dans les Pyrénées-Orientales seulement, des sources nombreuses et abondantes, amenées au-dessus du sol, sont employées aux irrigations. Onze sources jaillissantes à Bages, près de Perpignan, procurent ensemble un volume de 11 mètres cubes par minute, d'eaux à une température moyenne de 19°. Dans la commune de Toulouges, plus favorisée encore par les eaux jaillissantes, sept sources, sur une ligne d'environ 2 kilomètres fournissent chacune en moyenne de 600 à 800 litres par minute, d'eaux à la température de 18°,5 (1).

*Algérie.* — C'est en Algérie surtout que les eaux artésiennes ont été appelées à faire des merveilles pour l'irrigation. Contrairement à ce qui s'est passé pour les réservoirs en montagne, destinés à l'alimentation des canaux d'arrosage, les travaux de sondage dus à l'initiative du général Desvaux ont donné en quelques années, à partir de 1856, des eaux jaillissantes très abondantes qui ont permis de transformer la région déserte de la province de Constantine.

De 1856 à 1860, 31 puits, livrant un débit de 33,000 litres d'eau par minute, avaient été creusés dans l'Oued-Rir et dans le Hodna ; 19, donnant un débit de 2,800 litres d'eau par minute, ont été creusés dans le district de Tuggurt : soit pour la seule province de Constantine un débit total de 36,000 litres d'eau par minute.

(1) *Ann. des eaux de la France*, 1851, p. 193.

Les puits de l'Oued-Rir et du Hodna ont une profondeur moyenne de 89$^m$,55 et un débit moyen de 1,083$^l$,87 par minute; ceux de Tuggurt ont une profondeur moyenne de 56$^m$,19 et un débit moyen de 146$^l$,84 par minute.

Pour obtenir ces résultats, la dépense de l'administration s'est élevée en quatre années à 262,676 francs, dont il y a lieu de déduire, comme valeur du matériel des trois équipages de sonde, 120,000 francs; il reste ainsi, pour les travaux de sondage, une dépense totale de 142,676 fr., représentant par puits une dépense moyenne de 2,853 fr. 50 (1).

En 1856, dans l'oasis de l'Oued-Rir, près de Tamerna, au nord-ouest de Tuggurt, fut exécuté le premier sondage, à la suite du tarissement d'une des plus belles sources dues à l'industrie arabe, qui causa la ruine des cultures et des habitants. En 39 jours de travail, depuis le 17 mai, quand le premier coup de sonde fut donné, jusqu'au 19 juin, une véritable rivière de 4,500 litres par minute, d'eau à 21 degrés, s'échappa pour rappeler à la vie les plantations déjà abandonnées. La source artésienne de Tamerna, baptisée par les marabouts du nom de fontaine de la Paix, couronna les premiers efforts de la sonde européenne et assura dès lors à cette pratique une grande popularité dans le désert (2).

A Sidi-Rached, la même année, la sonde amena d'une profondeur de 43 mètres une source jaillissante de 4,300 litres d'eau par minute. En raison des bienfaits de la nouvelle source jaillissante, pour cette oasis où les tentatives des Arabes étaient restées infructueuses, les marabouts l'appelèrent fontaine de la Résurrection.

La figure 23 représente en coupe ces deux sondages

(1) *Revue algér. et colon.*, nov. 1860.
(2) Ch. Laurent, *Puits artésiens du Sahara.* *Bullet. Soc. géol. de France,* mai 1857.

mémorables, avec l'indication et les épaisseurs des couches des terrains traversés.

Plus au sud de Tuggurt, le sondage de la mosquée de Tamelath, près de Temacin, a fait jaillir, à 82 mètres de profondeur, une source de 40 litres par minute, coulant dans un fossé d'irrigation, creusé à 1 mètre en contre-bas du sol. Ce fut la source de la Bénédiction.

Les remarquables résultats fournis par 50 puits, au diamètre de 0$^m$,20, ont permis d'établir la coupe hypothétique de la nappe d'eau souterraine du Sahara oriental, de Temacin à Biskra. La figure 24 reproduit cette coupe, telle que M. Laurent l'a présentée à la Société géologique, pour montrer les niveaux auxquels les eaux souterraines ont été atteintes.

Dans la région de l'Oued-Rir, les deux puits, par exemple, d'Ain-Kerma et d'Oun-el-Thiour, distants de 30 kilomètres, offrent, le premier une profondeur de 14 mètres seulement, et le second de 107$^m$,70. De même dans le Chott-Hodna, la profondeur du puits Nemech-dib est de 3 mètres, et celle du puits Barika, à 250 mètres de distance, atteint une profondeur de 39$^m$,15.

La nappe s'étend sous la vallée de Batna, du nord au sud, sur une longueur de 130 kilomètres. Depuis 1856, les sondages exécutés sous la direction de M. Jus ont conduit à l'établissement de 117 puits jaillissants, tubés en fer, et de 500 puits des indigènes, simplement boisés. Le débit total représenté par les eaux jaillissant d'une profondeur de 70 à 75 mètres, avec une température moyenne de 25°, est d'environ 4 mètres cubes par seconde. Les puits de 3,000 à 4,000 litres par seconde, les plus nombreux, permettent d'arroser chacun de 40 à 80 hectares, suivant la nature du sol.

On a constaté qu'en trente ans, les puits tubés, sauf quelques rares exceptions, n'ont pas varié de débit de-

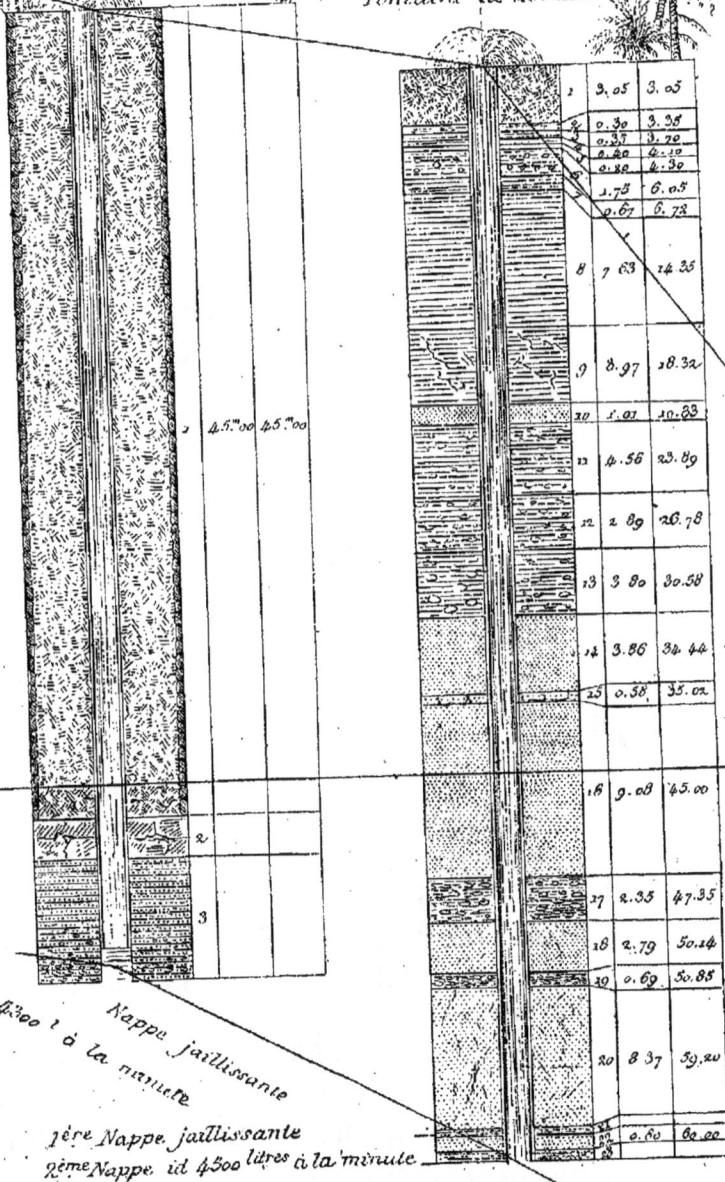

| | | |
|---|---|---|
| 1 | 3.05 | 3.05 |
| 2 | 0.30 | 3.35 |
| 3 | 0.35 | 3.70 |
| 4 | 0.40 | 4.10 |
| 5 | 0.30 | 4.30 |
| 6 | 1.75 | 6.05 |
| 7 | 0.67 | 6.72 |
| 8 | 7.63 | 14.35 |
| 9 | 3.97 | 18.32 |
| 10 | 1.01 | 19.33 |
| 11 | 4.56 | 23.89 |
| 12 | 2.89 | 26.78 |
| 13 | 3.80 | 30.58 |
| 14 | 3.86 | 34.44 |
| 15 | 0.58 | 35.02 |
| 16 | 9.08 | 45.00 |
| 17 | 2.35 | 47.35 |
| 18 | 2.79 | 50.14 |
| 19 | 0.69 | 50.83 |
| 20 | 8.37 | 59.20 |
| 21 | 0.80 | 60.00 |

FIG. 23. — SONDAGES DU SAHARA; COUPES DES PUITS DE SIDI-RACHED ET TAMERNA.

puis leur exécution. Pour quelques tubages défectueux,
l'eau se creuse des bassins ou *bahr* qui finissent par devenir de petits lacs. Le *bahr* de Medjerda, près de Tuggurt,
a plus de 2 kilomètres de longueur.

Là au contraire où émergent les sources naturelles,
apparaissent au sommet de monticules ou *chria,* des
volcans d'eau jaillissante, en miniature.

### Légende

| | |
|---|---|
| Terre végétale et Remblai | |
| Argiles pures | |
| Argiles sableuses | |
| Argiles avec gypse et noyaux cal. | |
| Sables purs et Cailloux roulés | |
| Sables aglutinés et Grès | |

Fig. 23 bis. — Sondages du Sahara; légende
des coupes fig. 22.

En créant une route d'oasis à travers les Zi-
bans, l'Oued-Souf et l'Oued-Rir jusqu'à
Ouargla, dans le Sahara; en faisant revivre
celles que l'abandon ou l'impuissance des indigènes avaient perdues, les sondages ont complètement modifié l'aspect de la contrée, la valeur des terres
et les conditions de la population. Les belles exploitations
de Tala-Em-Mouïdi (1879), de Chria-Saïa (1881) ont été
accrues dans l'Oued-Rir de trois nouveaux centres agricoles : Ourir, Sidi Yahia et Ayata (1882-86) créés par la
Société de Batna et du Sud-Algérien. Grâce au forage de
sept puits, cette société a défriché ou aménagé 400 hectares pour l'irrigation et planté 50,000 palmiers qui rapportent mille francs par hectare, net des frais de culture (1).

(1) A. Barbier, *Journal de l'agriculture,* octobre 1887.

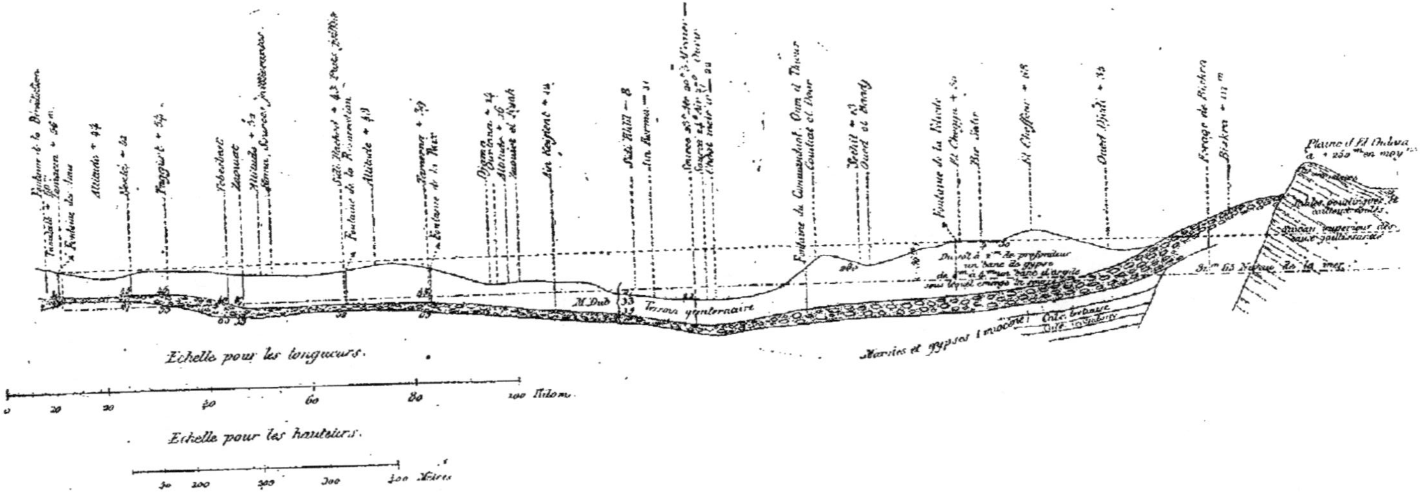

Fig. 24. — Sondages du Sahara; coupe hypothétique de la nappe d'eau souterraine de Temacin a Biskra.

*États-Unis.* — Aux États-Unis, un grand nombre de puits ont été forés sans succès dans les pays de l'Ouest : Texas, New-Mexico, Colorado, Wyoming et Nevada. C'est seulement dans le sud de la Californie que les sources artésiennes ont pu être utilisées pour l'irrigation, après des dépenses considérables, presque ruineuses pour les compagnies et les particuliers.

Comme les cultures très lucratives de la vigne, des arbres à fruit, des orangers, des légumes, peuvent supporter un prix de l'eau très élevé, les Californiens n'ont pas hésité à recourir aux puits forés pour se procurer l'eau que les rivières ou les canaux distribuaient à volume trop réduit et moyennant des redevances excessives.

Dans le seul comté de los Angeles on compte, sur les exploitations moyennes, 550 puits forés à une profondeur variant entre 15 et 150 mètres. Le débit moyen ne dépasse guère 5 litres par seconde et chaque puits sert à l'arrosage en moyenne de 12 à 15 hectares. Le prix moyen de chaque puits étant estimé à 2,000 francs, le luxe de l'irrigation ne peut être justifié que par le rendement exceptionnel des cultures auxquelles elle est appliquée (1).

## II. — LES SOURCES.

Quand les terrains sont en pente, sans être pour cela en montagne, des nappes puissantes, alimentées par les eaux des glaciers et la fonte des neiges ou par des infiltrations de couches calcaires perméables, se rencontrent parfois à peu de profondeur et laissent sourdre des eaux que l'irrigation emploie sur des surfaces plus ou moins étendues, sans recourir aux puits.

(1) R. Porter, *The West, from the census of* 1880, Chicago, 1882.

Si des forages ont indiqué l'existence d'une pareille nappe à 4 mètres de profondeur, par exemple, et que le terrain offre une déclivité de 5 centimètres par mètre, une tranchée de 80 mètres environ de longueur, suffira pour amener l'eau au jour.

Le lieu des fouilles étant choisi, on ouvre une tranchée d'essai sur quelques mètres, jusqu'à la rencontre en profondeur des premiers filets, autour desquels on pratique un forage à la tarière pour tâcher de découvrir la veine-mère ; puis on relève celle-ci par un cuvelage, soit à l'aide d'un tronc d'arbre creusé, soit à l'aide d'un petit puits maçonné qui vient affleurer au fond de la tranchée. Quand le niveau de la source ainsi captée s'est arrêté, on détermine par un nivellement l'indication du point d'affleurement au

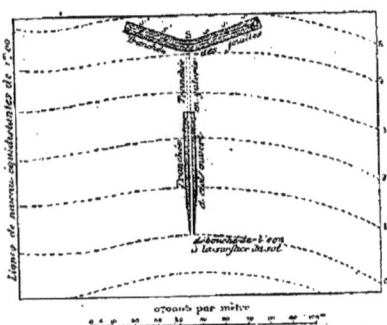

FIG. 25. — CROQUIS MONTRANT LE MODE DE CAPTAGE DES SOURCES.

sol où l'eau doit sortir à ciel ouvert ; puis on pratique une tranchée à la pente d'environ deux millimètres par mètre, qui reste à découvert jusqu'à une profondeur de 2 mètres et demi environ, et se continue en galerie jusqu'au débouché à la source. La figure 25 donne le détail du travail de captage ainsi décrit (1); S indique la source principale, relevée de 1 mètre par un cuvelage ; s' s', s', les sources auxiliaires.

L'emploi de barrages qui arrêtent les eaux pluviales superficielles et de tranchées dans le sol, qui conduisent les eaux d'infiltration ou d'émergence des couches supé-

(1) Vidalin, *Pratique des irrigations*, 1883, p. 37.

rieures, dans un bassin récepteur, permet de constituer des sources artificielles dont le débit est variable suivant la capacité du bassin. Considérant cette méthode de création de fontaines comme sienne, J. Dumas a consacré un ouvrage entier à l'exposé du système général des eaux atmosphériques et souterraines, pour aboutir finalement à une simple application du drainage, tel qu'il était primitivement exécuté (1).

**1. Fontanili.** — Sur le versant italien des Alpes, dans la zone située entre la basse et la haute plaine lombarde, la plupart des eaux souterraines sont alimentées par les lacs; elles bifurquent à l'infini, en suivant dans les sables et les graviers, les couches imperméables, jusqu'aux points où elles sourdent à une profondeur de 2 à 5 mètres.

En fonçant un trou sur le point où se trouvent les surgeons d'eau, on constate si le niveau de l'eau est tel que l'on puisse irriguer les terres inférieures; alors on fonce de 0$^m$,50 à 1 mètre plus bas que le niveau repéré, puis on s'assure du débit. Il est d'usage de considérer comme une source utilisable celle qui, sur un tiers de mètre carré, fournit au moins de 6 à 7 litres d'eau à la minute. Le débit étant reconnu, on agrandit la cavité pour former la tête de la source ou *fontanile,* dans laquelle se ramassent les eaux des divers surgeons. La forme de la tête diffère suivant les localités et suivant l'importance des surgeons; elle a le plus souvent l'aspect en plan d'une poire dont la queue ou *asta* est représentée par le canal étroit qui emmène l'eau d'irrigation (fig. 29). La longueur de la tête varie entre 80 et 100 mètres; la largeur entre 10 et 40 mètres.

On diffère sur la direction à donner à l'*asta* du *fonta-*

---

(1) *La Science des fontaines,* par J. Dumas, 2ᵉ édit. 1857.

*nile;* les uns la veulent parallèle au courant souterrain, les autres, normale; pour les premiers, on a la chance de voir s'augmenter le débit par de nouveaux surgeons; pour les seconds, on diminue les chances de perte, en raison de la perméabilité de la couche supérieure du terrain. Quoi qu'il en soit, on donne au pourtour de la tête un talus, suivant la nature du sol, ou bien on le consolide, s'il y a lieu, par un mur, par des palissades ou par des fascines.

Si l'enceinte doit être murée et que des surgeons puissent se produire transversalement, on ménage des barbacanes demi-rondes, comme l'indique la figure 26; et au cas où l'enceinte est faite en fascines, on dispose celles-ci par lits à angle droit, pour permettre à l'eau de pénétrer, venant des sources extérieures (fig. 27).

FIG. 26. — FONTANILE; TÊTE AVEC ENCEINTE MURÉE.

Le radier de la tête du *fontanile* est légèrement incliné vers son axe; cette inclinaison est moindre que celle du canal de décharge ou *asta,* auquel on donne les dimensions que comporte le débit.

Au bout de quelques mois, le régime de la source ou des sources étant établi, on fonce autour de chaque surgeon en activité un baril défoncé (*tino*), cerclé en fer, ayant 1$^m$,20 de diamètre à la base et 1 mètre à la partie supérieure. Les douves des barils ont une épaisseur de 4 à 5 centimètres et leur hauteur varie de 2 à 3 mètres.

On doit avoir soin, en fonçant ces tinelles dans le sol,

de ne pas s'engager dans la couche imperméable qui
supporte la nappe ou le filet d'eau. Parfois, pour rendre
la tinelle étanche à sa base, on pilonne autour un bon
corroi, le but étant d'empêcher que les *œils* des sources
ne s'obstruent par le mouvement des sables.

Le haut des tinelles, qui surmonte le niveau d'eau de
7 à 8 centimètres, porte une encoche (fig. 28) dirigée du
côté du canal de décharge dont la pente va en diminuant

FIG. 27. — FONTANILE; TÊTE AVEC ENCEINTE
EN FASCINES.

FIG. 28. — FONTANILE;
FORME DE TINELLE.

seulement à partir des 200 premiers mètres, afin de maintenir la hauteur d'eau minimum, c'est-à-dire la moindre pression sur le plan d'eau des surgeons.

Le plan et la coupe d'un *fontanile* de la province de
Bergame sont représentés fig. 29.

Le débit des sources, en Lombardie, est très variable;
on l'évalue en moyenne entre 100 et 140 litres par minute. Les conditions météorologiques influent beaucoup
sur ce débit qui dépend en somme de la neige et des glaces des Alpes et de la répartition des pluies dans les canaux d'infiltration. On s'est naturellement préoccupé
de rechercher l'eau dans des nappes plus profondes, à

l'aide du fonçage de tubes de grand diamètre à travers la
première couche imperméable; mais alors on arrive à
faire de véritables puits qui entraînent à des frais plus

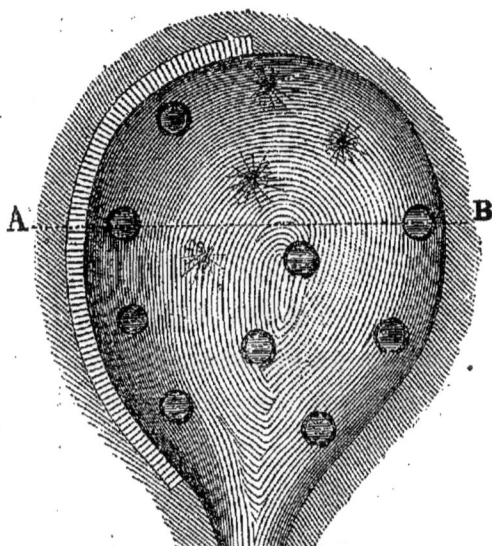

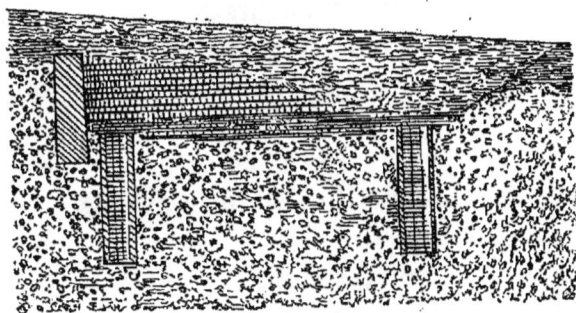

FIG. 29. — FONTANILE A NEUF SURGEONS (BERGAME);
PLAN ET COUPE SUR A B.

considérables. Malgré l'avantage préconisé de n'avoir
pas à curer annuellement et d'obtenir le niveau de l'eau
à quelques centimètres de plus de hauteur que dans les
tinelles, ces puits ont été condamnés par l'usage.

Comme débit des *fontanili* les plus célèbres, l'ingénieur Chizzolini cite celui de Gorla, à l'ouest de la route postale de Milan à Monza, qui en hautes eaux donne 12,456 litres par minute, et à l'étiage jamais moins de 6,288 litres. Le *fontanile* de la Cagnola, dont la tête se trouve près de Monza, débite de 18,000 à 24,000 litres par minute. L'aqueduc Stanga, dans la province de Crémone, est desservi par trois *fontanili* qui fournissent ensemble 38,400 litres par minute. Le canal Alchina, alimenté par les sources de Fornovo, servant à l'irrigation d'une partie du territoire crémasque, a une portée de 415,000 litres par minute, etc.

La plupart des sources, qu'elles proviennent de la première nappe (*primo aves*) qui coule dans un banc de gravier entre 2 et 5 mètres de profondeur; de la seconde nappe, séparée par une couche imperméable de 0ᵐ,60 d'épaisseur (*secondo aves*), ou d'une troisième nappe située également dans les graviers et les sables (*terzo aves*), mais encore plus profondément, donnent lieu à des concessions particulières, dont plusieurs appartiennent aux plus anciennes familles lombardes, telles que les Litta, les Visconti, les Borromeo, les Melzi, les Belgiojoso, etc. (1). Du reste, quiconque découvre une source dans son terrain, pourvu qu'il y ait une distance de 120 mètres au moins entre elle et la tête du *fontanile* le plus proche, en a la propriété.

Dans la zone où ces sources se rencontrent, il y en a rarement plus de 8 à 10 par commune. Le territoire de Melzi, dans le Milanais, comprenant 27 communes, compte 196 têtes de *fontanili*. Dans la partie nord de la Lomelline, elles sont nombreuses et abondantes, en raison même de la perméabilité et de la déclivité du sol. Depuis

(1) Vignotti, *les Irrigations en Piémont et en Lombardie*, Journ. agric. prat., 1863, t. II.

que le canal Cavour fonctionne, le volume des sources inférieures, par suitedes infiltrations des eaux d'arrosage, aurait augmenté de près d'un tiers (1).

Avec leurs eaux fraîches en été, presque tièdes en hiver, les sources de la Lombardie constituent surtout une richesse pour l'irrigation des prés-marcites. Dans beaucoup d'autres contrées, on pourrait, peut-être moins abondamment, mais sûrement, se les procurer au pied des massifs de montagnes et des hauts plateaux qui emmagasinent les eaux des pluies et des neiges.

**2. Sources en montagne.** — Dans les régions montagneuses où des monticules, à versants plus ou moins abrupts, aboutissent à des vallées étroites et profondes, les eaux circulent en minces ruisseaux le long des coteaux, ou bien elles pénètrent dans le sol sans qu'aucune source paraisse à la surface, ou bien enfin elles s'accumulent dans des fondrières à l'état stagnant. De là trois procédés de recherche ou de captage des eaux qui diffèrent sensiblement entre eux.

Quand les sources émergent en un seul point, à la réunion des veines du sous-sol, ou sur plusieurs points dans un périmètre déterminé, on recueille les eaux dans une petite cuvette ou réservoir muni d'une buse, formée le plus souvent d'un tronc d'arbre évidé dans lequel se trouve le trou de bonde. Par cette buse les eaux débouchent dans la rigole qui distribue l'eau au terrain.

Les veines libres coulent directement du terrain sourcier dans le réservoir, mais il faut avoir la précaution de les y conduire par des rigoles; autrement, faute d'entretien, elles se perdent, ou forment des mouillères qui maintiennent le sol dans un état d'humidité nuisible. Quant aux veines qui n'émergent pas, il importe de les

(1) Pollini, *Monografia della Lomellina, Inchiesta agraria*, vol. VI, t. II, part. 3.

capter par des tranchées, pour qu'elles n'affouillent pas le sol arable.

Pour les sources non apparentes dont les eaux circulent dans le sous-sol, le premier soin consiste à jalonner les veines aux endroits où la terre est humide, en temps de sécheresse; puis à vérifier les points piquetés lorsque les pluies d'automne ont rétabli la circulation normale des eaux souterraines. On dirige alors, suivant chaque trace indiquée par les jalons, une tranchée vers un ou plusieurs collecteurs qui suivent la ligne de plus grande pente, dans le thalweg des vallons.

Dès que la tranchée la plus basse est creusée pour servir de débouché aux eaux d'amont, on attaque successivement les tranchées supérieures, en approfondissant le plus possible jusqu'au sous-sol imperméable, de manière à ne pas laisser de filets d'eau non captés, au-dessous du drain, et à assurer à ceux que l'on capte un débit régulier et plus abondant. Au cas où le sous-sol ne peut être atteint qu'à une trop grande profondeur, on corroie le fond des tranchées avec une épaisseur de terre glaise, de 10 centimètres environ.

La pente des tranchées doit être au minimum de 1 centimètre par mètre, pour que le lit soit toujours naturellement curé et que la vitesse de l'eau augmente régulièrement en vue d'empêcher les obstructions. Les tranchées sont empierrées et recouvertes de dalles ou pierres plates que l'on charge de cailloux, de mottes de gazon, puis de terre que l'on dame avec soin, afin que le tassement soit régulier. Le collecteur auquel les tranchées aboutissent est construit de la même manière; il débouche soit dans un réservoir, soit dans le canal d'arrosage.

Les sources stagnantes se forment par un arrêt brusque de la pente, et les eaux qui finissent par refluer étant rendues acides par la fermentation des plantes, devien-

neînt impropres à l'arrosage. Il suffit généralement pour
assainir ces fondrières, si fréquentes sur les plateaux
des pays montagneux, de creuser une tranchée de cir-
convallation jusqu'à la profondeur du sous-sol solide ou
imperméable, et de lui donner une pente suffisante pour
l'évacuation des eaux souterraines jusqu'au réservoir
d'alimentation, ou bien jusqu'à la tête de la rigole d'arrosage. Si la fondrière renferme des sources, on les capte

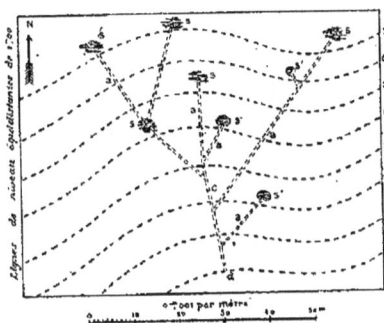

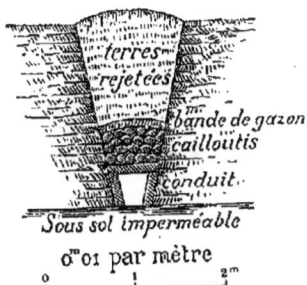

FIG. 30. — TERRAIN SOURCIER EN PENTE;     FIG. 31. — COUPE D'UN AQUEDUC
          MODE DE CAPTAGE.                          DE SOURCE.

pour les diriger vers un drain pratiqué dans le thalweg,
comme il a été dit précédemment (1).

*Limousin.* — Dans les figures 31 à 32, empruntées
au petit ouvrage de Vidalin, on peut voir une application des procédés de captage des sources en montagne :

Fig. 30.—Terrain sourcier en pente : s s, indices de veines d'eau; s' s', veines trouvées dans les fouilles; a, aqueducs empierrés amenant les eaux au collecteur c; d,
débouché du collecteur;

Fig. 31. — Coupe d'un aqueduc sur sous-sol imperméable;

Fig. 32 a. — Sources et bassins d'une prairie de mon-

(1) Vidalin, *loc. cit.*, p. 22.

tagne : R, petits bassins au fond desquels émergent des
sources S S ; dimensions ordinaires : 7 mètres de longueur :
5 mètres de largeur; 1 mètre de profondeur ; capacité,
35 mètres cubes pouvant arroser 350 mètres carrés ; r, rigoles d'irrigation ; S′ S′, sources libres s'écoulant par de petites rigoles ; M, mouillère formée par un ancien bassin
comblé ;

Fig. 32 b. — Même prairie que dans la figure 32 a, avec

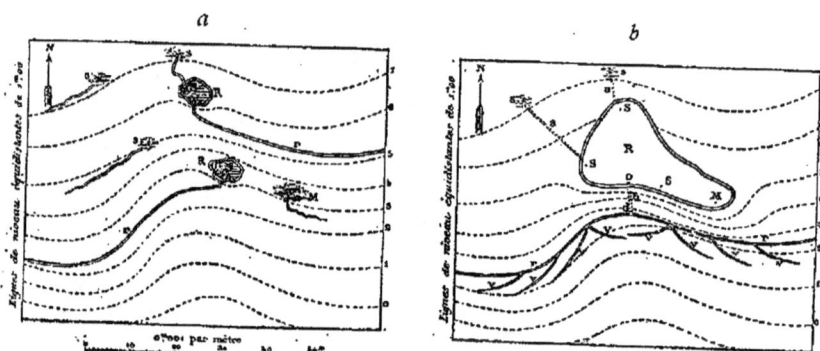

FIG. 32. — PRAIRIE DE MONTAGNE. — a, Captage par bassins;
b, Captage par aqueducs.

un meilleur aménagement des eaux ; R, bassin agrandi
comprenant les deux petits bassins primitifs : 35 mètres
de longueur; 10 mètres de largeur moyenne ; 1m,80 de
profondeur; capacité, 630 mètres cubes pouvant arroser
5,300 mètres carrrés;

a, a, aqueducs couverts amenant les eaux des sources
S′ S′ dans le bassin ;

S S, sources des anciens bassins naissant dans le fond du
bassin agrandi ;

M, source de la mouillère ;

b, buse en bois ;

o, trou de bonde ;

d, débouché de la buse ;

*r*, rigole d'irrigation;
*v v*, rigoles de déversement.

## III. — LES BASSINS DES SOURCES.

Quand les sources ne sont pas assez abondantes pour assurer un débit continu, on recourt à la construction des bassins qui permettent de pratiquer des irrigations intermittentes.

Les bassins les plus économiques, qu'on peut appeler les réservoirs agricoles, sont construits sans chaux ni ciment, en mettant à profit les déblais pour exécuter les remblais nécessaires. En admettant une profondeur de 2 mètres, qui ne saurait être dépassée sans compromettre le débit des sources par un excès de pression sur les veines d'eau, on fixe l'emplacement du bassin et l'on enlève le gazon superficiel en tranches aussi épaisses que possible, car elles sont destinées au revêtement intérieur de la chaussée; puis on procède à la fouille au-dessous du niveau du plafond du réservoir jusqu'au sous-sol imperméable. Dès lors, on exécute soigneusement en corroi les fondations sur lesquelles reposera la chaussée; quand elles ont atteint le niveau du plafond, on installe la buse consistant en un tronc d'arbre, de 6 à 8 mètres de longueur et de 0^m,50 de diamètre, évidé intérieurement. Cette buse porte dans la partie qui pénètre, un trou de bonde servant au passage de l'eau, et afin d'éviter les affouillements de la paroi corroyée au-dessous de la buse, on la fait reposer sur des madriers d'aulne ou de toute autre essence qui résiste à l'eau (fig. 33).

Les fondations achevées et la buse en place, on élève la paroi en corroi sur un mètre d'épaisseur, et on la protège sur la face du bassin par un revêtement en maçonnerie provenant des pierres et pierrailles extraites de la fouille; au-dessus de la ligne des eaux jusqu'au couronnement, le revêtement s'exécute à l'aide des tranches entre-croisées de gazon, qui ont été mises de côté; elles font corps avec le corroi et quand l'inclinaison a été bien calculée, elles s'opposent aux éboulements. La paroi intérieure étant légèrement convexe pour mieux résister à la pression de l'eau, la paroi extérieure qui s'appuie à la chaussée en talus, est consolidée par les terres de l'excavation du réservoir.

La partie délicate du travail consiste dans la préparation des fondations et du corroi qui exige la terre la plus grasse, exempte de pierres et de graviers, pilonnée incessamment à la damette. La longueur à donner à de tels bassins dépend du volume des sources, qui peut varier depuis 10 mètres jusqu'à 50 mètres, selon l'affluence des eaux superficielles et souterraines. Vidalin estime que dans le Limousin, un bassin ou serbe (1), capable de se remplir en trois jours, est dans de bonnes conditions, car il suffit pour deux arrosages par semaine (2).

L'entretien réclame de fréquents raclages, pour prévenir l'aveuglement des sources, et un curage à fond tous les trois ou quatre ans. Pendant les fortes chaleurs, il convient de bonder, afin d'éviter l'évaporation, les fissures et les végétations parasites.

Les bassins n'ont pas seulement pour but d'emmagasiner l'eau des sources et de faciliter ainsi les arrosages intermittents, mais encore de servir à l'arrosage d'une plus grande étendue de terrain.

Dans les fermes des Vosges, par exemple, où les prairies disséminées sur les revers des montagnes, ordinairement

(1) *Serbe*, ou ailleurs *serve*, du latin *servare*, conserver.
(2) *Journ. agric. prat.*, 1880, t. I.

dans le voisinage des sources, s'arrosent sur des pentes rapides, l'eau n'a pas le temps de pénétrer le sol pour lui donner tous ses effets fertilisants ; mais après qu'elle a parcouru un certain espace, elle est recueillie dans des rigoles qui la conduisent à un autre bassin d'où elle ressort, après y avoir séjourné quelque temps, pour être de nouveau employée à l'irrigation. La même eau sert ainsi plusieurs fois au même fermier et à plu-

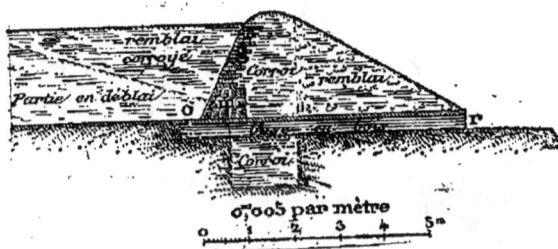

FIG. 33. — BASSIN DE SOURCES ; COUPE DE LA CHAUSSÉE.

sieurs fermiers, avant d'arriver dans la vallée où le cours d'eau l'emporte (1).

Il en est de même dans plusieurs cantons de la Suisse ; les bassins concentrent les eaux de sources et les eaux de pluie, et pour éviter qu'elles ne débordent, ils s'ouvrent et se ferment automatiquement grâce à un mécanisme des plus simples dont Schwerz a donné le dessin (fig. 34) et l'explication suivante :

Dans la digue qui forme le réservoir d'eau, B représente le point jusqu'où l'eau peut monter.

Lorsque l'eau est arrivée à cette hauteur, elle entre dans les tuyaux C, par lesquels, jusqu'au point D, elle arrive dans une cuiller E dont le manche s'étend jusqu'au point F, sur lequel il repose ; G représente un fort pieu au haut duquel il y a une entaille, ou bien deux pieux moins

(1) Villeroy et Muller, *Manuel des irrigations*, 2e édit., 1867, p. 1

forts sont placés près l'un de l'autre, entre lesquels passe le manche de la cuiller, fixé par une cheville en fer; H, pierre qui fait contrepoids à la cuiller; I, planche étroite mobile dans la charnière K. Cette planche est garnie d'un tampon en cuir ou en linge M, destiné à boucher le conduit L, par la pression qu'exerce la cuiller sur la planche.

Lorsque le réservoir étant plein, l'eau entre dans les tuyaux C et tombe dans la cuiller, celle-ci devient plus lourde que la pierre K qui fait contrepoids et s'abaisse.

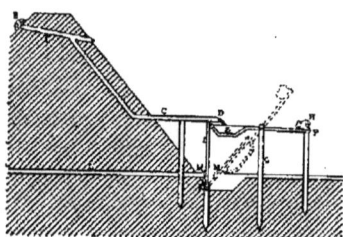

FIG. 34. — BASSIN DE SOURCE; FERMETURE AUTOMATIQUE.

Par suite de ce mouvement, la planche et le tampon sont éloignés de l'ouverture du conduit, et l'eau s'écoule dans les rigoles d'irrigation.

Lorsque le réservoir est vide, la cuiller remonte, la planche reprend sa position verticale, et le tampon bouche de nouveau l'ouverture de L. Les lignes ponctuées représentent la position de la cuiller lorsqu'elle est abaissée, et celle de la planche.

**Mares ou balsas.** — Dans la plaine d'Alicante les eaux de source ou de pluie sont recueillies, en vue de l'irrigation, dans des *balsas* ou grandes excavations revêtues au fond et sur les parois, de maçonneries étanches. Ces sortes de réservoirs peuvent seuls permettre de combattre les funestes effets d'un climat aussi sec que celui d'Alicante. Nous donnons les dessins de deux d'entre eux; celui de *los Frailes,* sur la route qui conduit d'Alicante à Elche, à mi-chemin entre ces deux villes, et celui de *Garcia,* situé sur la route de Madrid, à deux kilomètres d'Alicante.

La balsa de *los Frailes* (fig. 35) a 40 mètres de

longueur, 20 m. de largeur et 3 m. de profondeur. Alimentée par une source qui débite environ 2 litres à la seconde, à 1<sup>m</sup>,40 au-dessus du radier, et par les eaux de pluie que les pentes du terrain y concentrent, elle est desservie par une bonde en bois de 0<sup>m</sup>,20 de diamètre placée au fond du radier. La capacité au ni-

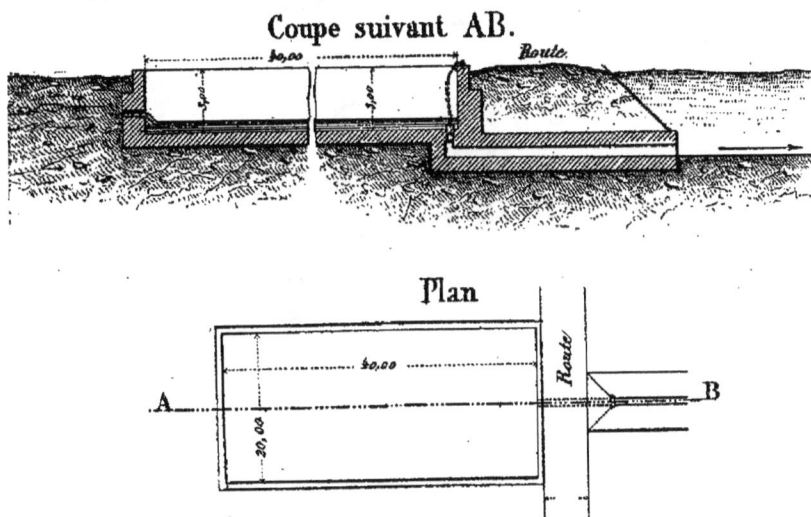

**Coupe suivant AB.**

**Plan**

FIG. 35. — MARE OU BALSA DE LOS FRAILES; PLAN ET COUPE SUIVANT A B.

veau de 1<sup>m</sup>,40 étant de 1,120 mètres cubes, on peut faire une éclusée toutes les semaines pour l'arrosage de 2 hectares, sur une épaisseur de 0<sup>m</sup>,05 ; ce qui assure le succès d'une grande surface de cultures, céréales, vignes, oliviers, etc., qui ont besoin de trois arrosages au plus par an.

La balsa de *Garcia* (fig. 36) ne recueille que les eaux de pluie d'une plaine très inclinée, sur un espace triangulaire qui n'a pas moins de 2 à 3 kilomètres de hauteur et une base à peu près égale, le long du pied du coteau dominant la plaine. Des bourrelets de 1 mètre environ de hauteur arrêtent les eaux dans cette périphérie et sont longés par des canaux dirigés vers la mare.

La balsa elle-même a 124 mètres de longueur, 40 m. de largeur et 4 m. de profondeur; elle peut contenir

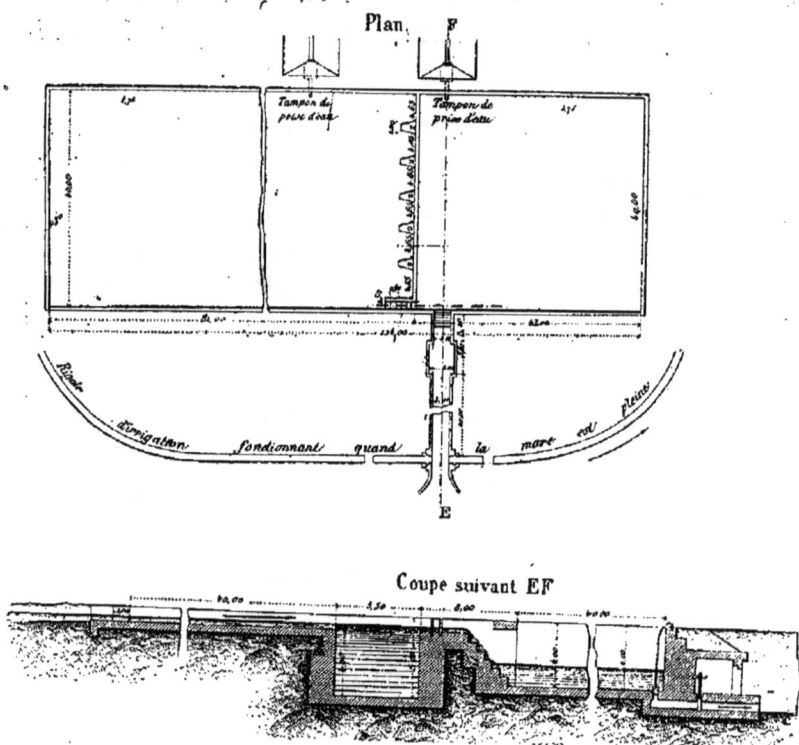

FIG. 36. — MARE OU BALSA DE GARCIA; PLAN ET COUPE SUIVANT EF.

près de 20,000 mètres cubes. Elle est partagée en deux compartiments, dont l'un a 43 mètres et l'autre 81 mètres de longueur. Le premier se remplit à l'aide des premières pluies, et seulement quand celles-ci persistent, on enlève les madriers qui ferment le pertuis de communication avec le deuxième compartiment. Une bonde de fond, comme à *los Frailes*, ferme chaque compartiment; et une ventelle logée dans une chambre en dehors de la mare, au-dessus du canal d'arrosage, complète le système de prise d'eau. Le canal lui-même, maçonné à son origine, est fermé par cette ventelle verticale en fonte, qui se meut par une grosse vis. On peut ainsi limiter le débit du volume d'eau qui s'échappe par les bondes (1).

## IV. — LES BARRAGES-RÉSERVOIRS EN MONTAGNE.

Sur les sols en pente rapide, à surface lisse, presque imperméable, les eaux pluviales glissent en suivant les lignes de plus grande pente, se réunissent dans les plis des coteaux et y creusent des ravines dont les éjections sont transportées sur les champs placés dans les thalwegs les moins rapides et les plus larges. Ces sortes de transports sont fréquents au pied des coteaux calcaires, et l'ingénieur Chanoine (2) signale notamment les penchants crayeux de la Champagne, soumis aux vents d'ouest et du nord-ouest, où la couche arable a presque disparu et des ravins très profonds se sont constitués sur beaucoup d'hectares, par des débris calcaires, des cailloux, des éclats de roches, etc.

Des fossés tracés perpendiculairement aux lignes de plus grande pente et destinés à recueillir les eaux pluviales pour l'arrosage des prairies artificielles ou permanentes, ou pour l'alimentation de réservoirs, fournissent un moyen efficace de prévenir la dévastation de pareils terrains en pente. A défaut de prairies, de cultures à labours aussi profonds que possible, dirigés à angle droit sur les lignes de plus grande pente, ou de plantations fores-

(1) Aymard, *Irrigations du midi de l'Espagne*, 1866, p. 129.
(2) *Soc. imp. et cent. d'Agric.*, 1856.

tières, entrecoupées de fossés également perpendiculaires, il reste la ressource de construire des barrages dont les effets sont excellents, quoique leur coût soit parfois hors de proportion avec la faible valeur du sol dévasté.

Bien des vallons débouchant dans les vallées principales sont en effet susceptibles d'être barrés par des digues, formant autant de réservoirs, étagés les uns au-dessus des autres, dans le but de régulariser les eaux torrentielles au moment des crues, et de préserver les terres en culture des inondations périodiques. Ces réservoirs ont d'ailleurs un autre objet non moins important, celui de procurer d'abord à l'agriculture l'eau indispensable pour l'irrigation des terres; à l'industrie ensuite, des forces plus régulières et de concilier par là des intérêts dont l'antagonisme est regrettable.

On a souvent objecté, non sans quelque raison, au système de retenues par les digues transversales, que les dégâts auxquels la rupture de ces digues expose les riverains, sont difficilement imputables aux communes et aux particuliers. Le partage des compétences entre l'autorité judiciaire et la juridiction administrative ne laisse pas, en effet, que les questions de responsabilité et d'indemnités soient difficiles à régler; mais la création de syndicats pour l'établissement des réservoirs dans les vallées, permet d'obvier en grande mesure à une situation que créeraient seulement des travaux mal étudiés ou mal exécutés.

Le grand avantage des barrages, dans les vallées en tête des cours d'eau, est que le niveau des eaux souterraines se relève au profit des sources et de l'humidité atmosphérique. Les infiltrations se développent, qui permettent aux sources de débiter pendant plus longtemps, ou de ne point tarir aussi vite; l'irrigation étend et disperse l'eau sur de plus grandes surfaces, pour la faire retourner insensiblement aux ruisseaux et aux rivières dont le débit se régularise.

Au contraire, par les digues longitudinales qui ne constituent pas de réserves utilisables pour l'agriculture, ou par les canaux latéraux de dérivation dans les parties basses des vallées et dans la plaine, les eaux à régime torrentiel se concentrent sur les thalwegs, et se déversent sans entrave, sous l'action de la pesanteur, aux points les plus bas de leur course. Ces travaux, outre qu'ils sont fort coûteux, et sans profit direct pour les riverains, ne tendent qu'à accélérer la vitesse des eaux, en augmentant les sections et les mouillages, ou la hauteur des crues. Il s'ensuit que les lits des cours d'eau corrodés à l'amont, se colmatent à l'aval et ne pourvoient plus au débit; alors les crues submergent les levées et causent des dommages d'autant plus graves que les eaux sont plus longues à rentrer dans leur chenal (1).

Sous quelque aspect qu'on les envisage, les réservoirs destinés à l'irrigation sont l'un des plus puissants moyens, non seulement d'amélioration du régime des eaux des contrées montagneuses, mais encore de propagation de la pratique des arrosages. « Partout, dit de Gasparin, où un vallon, recevant les eaux d'une vaste surface de collines, laisse échapper, lors des pluies et des orages, un torrent passager qui dégrade les terres inférieures; partout où un ruisseau trop peu abondant pour être utile, peut être retenu, et ses eaux mises en réserve pour le besoin, la création d'un réservoir peut devenir une source de richesse. Il suffit de calculer la quantité d'eau que l'on peut recevoir, l'étendue du bassin que l'on doit former, et les frais que coûtera sa construction,

---

(1) H. Schlumberger, *Journ. agric. prat.*, 1870-71.

puis balancer ces dépenses avec l'accroissement de valeur qu'acquerront les terres à arroser (1). «

Dès qu'il s'agit de ruisseaux à débit régulier et surtout d'eaux de pluie coulant sur une surface plus ou moins étendue, le problème si simplement résolu par les bassins de sources, que nous avons décrits, devient plus compliqué, en ce sens que la détermination du produit maximum des eaux à emmagasiner est délicate et que la construction même du réservoir nécessite des matériaux différents et des dépenses plus considérables.

Pour déterminer le produit des eaux pluviales à capter, on cherche d'abord à délimiter la surface versant dans le réservoir projeté, c'est-à-dire le bassin dont quelques nivellements ont permis de tracer la ligne de faîte, et on applique à cette surface la moyenne de la hauteur d'eau de pluie qui tombe annuellement dans la localité, ou dans une localité voisine, en réduisant cette hauteur d'un quart à un sixième, pour tenir compte des années de sécheresse. Le produit de la surface du bassin par la hauteur d'eau ainsi corrigée représenterait le volume d'eau que doit recueillir le réservoir, s'il ne s'en perdait pas une grande partie par les infiltrations dans le sol et par l'évaporation. Nous ne reviendrons pas sur l'estimation de cette perte, qui, pour les petites opérations, dans le centre de la France, correspond à deux tiers et au minimum, à moitié, de la chute d'eau annuelle. Quant au volume d'eau enlevé par évaporation dans le réservoir même, il est facile à calculer, en multipliant la surface moyenne de l'eau par le coefficient d'évaporation applicable à la contrée où l'on se trouve. Il suffit de retrancher ce produit du volume d'eau reçu à la surface, pour obtenir la capacité réellement nécessaire.

(1) *Cours d'agriculture*, 3e édit., t. I, p. 448.

Il reste encore à déterminer, d'après l'ordre de succession des arrosages, le nombre de fois que l'on pourra remplir et vider le réservoir dans le courant de l'année; mais, outre que le réservoir devra toujours conserver un certain volume d'eau indispensable à sa conservation, il est difficile de poser une règle qui dépend surtout de la nature des récoltes à arroser et qui entraîne l'examen d'une question bien plus vaste, celle des quantités d'eau que consomment les irrigations.

Aucune formule ne trouve ici sa place, car aucune n'est susceptible d'être généralisée. De Gasparin, parlant pour le Midi, admet que les réservoirs de profondeur moyenne doivent contenir par hectare à arroser, autant de fois 1,000 mètres cubes d'eau qu'il convient de faire d'arrosages. Polonceau estime que, dans le centre de la France, chaque arrosage de vingt-quatre heures exige par hectare, 200 mètres cubes d'eau pour les terres argileuses, 300 pour les terres franches, et de 4 à 500 pour les terres sablonneuses et perméables. Pareto évalue la capacité des réservoirs à construire en Sologne, à 2,000 mètres cubes pour un hectare de pré à arroser, et Mangon établit qu'en moyenne, dans les circonstances ordinaires, un réservoir doit pouvoir fournir annuellement de 1,000 à 1,200 mètres cubes d'eau par hectare versant (1). Il y a là des écarts tellement grands que l'on ne saurait rien décider, sans prendre pour règle celle que donnent les arrosages, dans la localité même où se construit le réservoir.

Les figures 37 et 38 représentent en plan et en coupe des configurations de terrains, telles qu'on les rencontre communément dans les vallons qui se prêtent à l'établissement de réservoirs d'irrigation. La première disposition

_____

(1) *Dict. des Arts et Manufactures*, 2ᵉ édit., 1853, t. I.

comporte un barrage rectiligne, et la seconde, un barrage courbe.

Nous ajoutons, à titre d'exemple, les croquis relatifs à deux réservoirs, avec digues en terre et en maçonnerie (1).

Dans le premier de ces réservoirs (fig. 39), établi dans

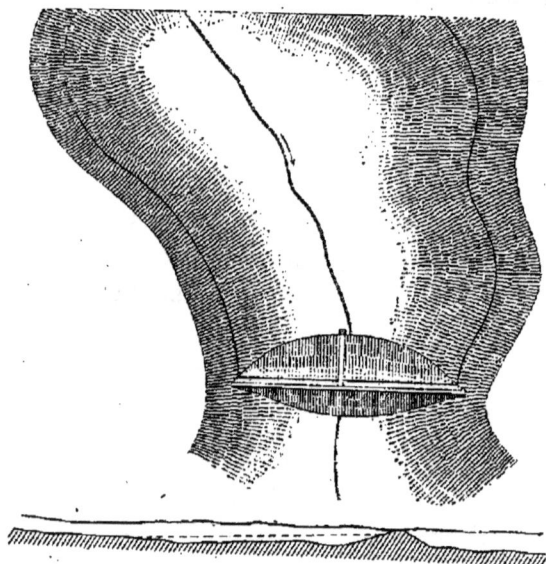

FIG. 37. — BARRAGE DROIT EN RAVIN.

un vallonnement, sur un sol dont les courbes pointillées indiquent les ondulations, l'arête de la digue en terre est supposée tracée dans le plan horizontal, entre les points A et G de la même ligne de niveau. Les talus se prolongeant d'autant que la profondeur est plus grande, il s'ensuit que la digue a une large base vers le milieu de sa longueur, tandis qu'elle s'amincit, en perdant de sa hauteur, jusqu'aux extrémités où elle s'appuie contre le flanc

(1) C. de Cossigny, *Notions sur les irrigations*, 1874, p. 612 et 626. Perels, *Handbuch des landw. wasserbaus*, 1884, p. 514.

du vallon, quand elle n'y pénètre pas. Le couronnement de la digue est plat et surpasse de $0^m,50$ à 1 mètre, comme le recommande Pareto, le plus haut niveau des eaux, suivant l'étendue du bassin. Cette surélévation de la crête a pour but d'empêcher que, par les grands vents, les vagues ne passent par-dessus, en dégradant la digue. D'au-

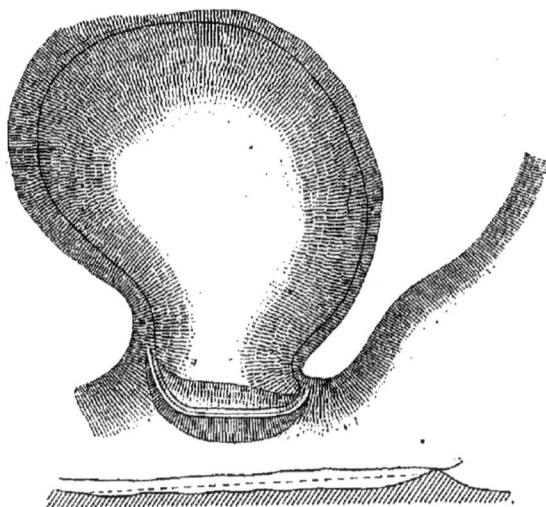

FIG. 38. — BARRAGE COURBE EN RAVIN.

tre part, le tassement auquel donne lieu chaque digue après un certain temps, et que l'on évalue à un vingtième environ de la hauteur en chaque point, exige que l'on tienne compte de cette différence pour le calcul de la hauteur définitive.

L'eau s'échappe en B par un conduit ménagé au niveau du fond du réservoir, venant de l'intérieur, et muni extérieurement d'une vanne ou d'une bonde qui sert à la vidange. Le canal ou rigole F où débouche ce conduit, suit avec une faible pente la direction des courbes horizontales de niveau.

Un déversoir D, de quelques mètres de largeur, est placé
au point où la digue arrive presque à fleur du sol et où

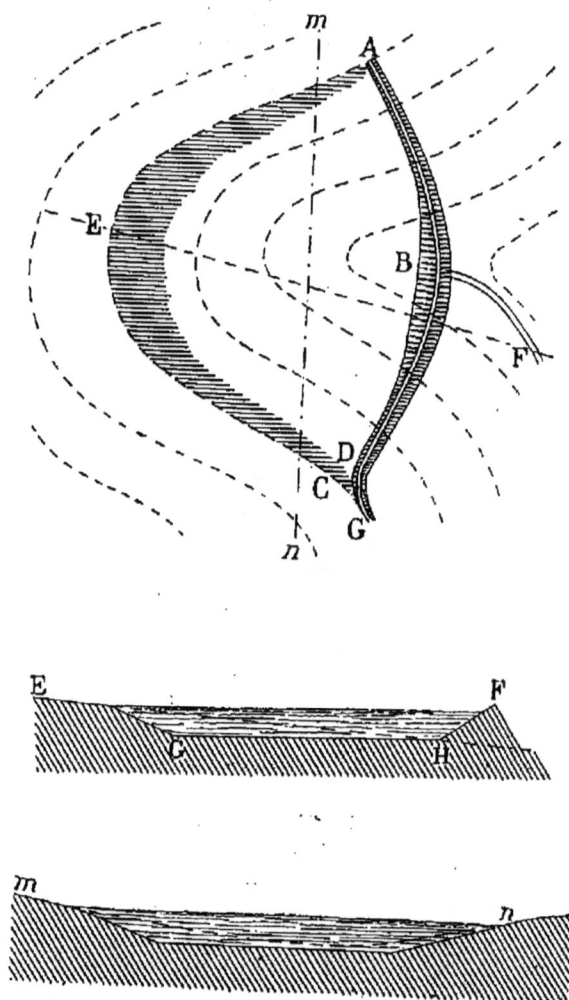

FIG. 39. — RÉSERVOIR AVEC DIGUE EN TERRE; PLAN ET COUPES
SUIVANT E F ET *m n*.

s'amorce également un canal de trop-plein G, qui suivant
les horizontales du terrain peut au besoin fournir, en

temps de crues, de l'eau d'irrigation à un niveau plus
élevé que celui de la bonde. Il convient de disposer le
déversoir en dehors de la partie centrale de la digue où
elle est la plus haute, afin d'empêcher que l'eau de trop-
plein, tombant d'une grande hauteur, ne produise des
affouillements difficiles à réparer.

Dans les coupes, les lignes ponctuées indiquent la
courbure du sol naturel, et les lignes pleines, le profil

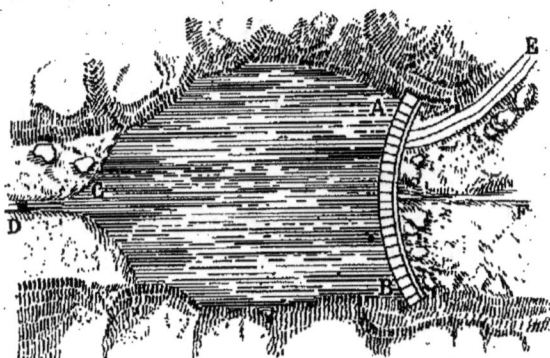

Fig. 40. — Réservoir avec digue en maçonnerie.

du fond, quand on peut creuser pour le rendre plat afin
d'augmenter ainsi la capacité du réservoir.

Le second réservoir avec digue en maçonnerie, en forme
de voûte, offre un cas spécial, applicable quand les parois
sont en roche solide et que les extrémités de la digue
peuvent s'y encastrer. La forme cintrée du mur dont la
partie convexe est dirigée du côté de l'eau, permet d'en
diminuer l'épaisseur. Le plan fig. 40 montre en A et B les
points où le mur pénètre dans les rochers du ravin ; en
CD, le ruisseau qui alimente le réservoir et qui, avant
sa construction, coulait en F. Un petit canal de dérivation en E, conduit par une bonde l'eau pour l'irrigation ;
tandis qu'en B se trouve le déversoir de trop-plein par-

dessus lequel l'eau, au moment des crues, tombe sur les enrochements pour gagner le lit du ruisseau.

## *a.* — Retenues temporaires ou permanentes.

C'est à Polonceau qu'on doit l'exposé du système consistant à établir au fond des gorges et des petits vallons dans les terrains montueux, au moyen de barrages sur les points d'étranglement, des réservoirs permanents ou temporaires, dans le but de retenir les eaux que les rigoles horizontales creusées sur les versants n'auraient pas arrêtées.

Au cas de réservoirs temporaires, les vannes de fond sont ouvertes quelques jours après les crues, afin d'évacuer totalement les eaux et de recevoir les pluies nouvelles; ces réservoirs ne sont à proprement parler que des prés submersibles.

Si les réservoirs sont permanents, les pertuis des barrages sont destinés à l'évacuation progressive de la plus grande partie des eaux, des deux tiers au moins de la retenue, pour faire place aux eaux des pluies nouvelles (1).

**Barrages de retenue.** — Les barrages de retenue sont les ouvrages les plus importants et les plus difficiles dans les travaux d'irrigation ordinaire, surtout quand on les applique à l'emmagasinement de volumes d'eau considérables, pour des irrigations sur des surfaces étendues.

Le choix de l'emplacement du barrage étant fait, en vue de retenir le plus grand volume d'eau avec la moindre dépense, on trace la courbe dont la convexité regarde

_____

(1) Polonceau, *Note sur les débordements des fleuves*, etc., 1847, p. 19.

la retenue. Cette courbe doit avoir une flèche égale au moins au dixième de la corde de l'axe de la courbure pour de bonnes terres compactes, et le huitième de la corde pour des terres graveleuses (1).

L'épaisseur à donner à l'ouvrage doit être telle que la résultante du poids du mur et de la poussée de l'eau, par unité de longueur, passe dans la fondation, à un tiers de l'arête extérieure du mur; et si le sol n'est pas très résistant, qu'elle passe près du milieu de la fondation. Cette épaisseur augmente du sommet à la base; le parement extérieur étant en courbe concave, tandis que le parement intérieur peut présenter une courbure plus ou moins prononcée, ou bien un talus à inclinaison régulière, ou encore une série de redans.

La pression du mur de barrage, dans les ouvrages en maçonnerie dont nous ne nous occuperons pas encore, ne doit guère dépasser 5 à 6 kilogrammes, mais elle a atteint dans certains cas, comme pour le barrage de Grosbois, jusqu'à 15 kilogrammes.

Les digues de réservoirs moins importants, qui rentrent dans les applications agricoles, pour des profondeurs n'excédant pas 5 à 7 mètres, se font plus économiquement en terre qu'en maçonnerie.

Prenant l'exemple que Polonceau a donné, d'un réservoir dont la digue aurait 5 mètres de hauteur, on a comme largeur de base sur le terrain : 5 mètres pour le talus intérieur, 1m,25 pour largeur du couronnement et 7m,50 pour le talus extérieur, en tout 13m,75. Quand le sol est en pente à l'aval, le talus doit être élargi de ce côté, proportionnellement à la pente.

Les pieds des deux talus de la digue, en dedans et en dehors, étant piquetés, on trace les enracinements des

---

(1) Polonceau, *Des eaux relativement à l'agriculture*, 1846, p. 201.

deux extrémités dans les berges des terrains, à droite et à gauche, en O O (fig. 41.)

On procède alors à la fouille du sol, sous le milieu du barrage (fig. 41 et 42), par des redans ou escaliers, P, P, jusqu'à ce que l'on arrive à l'aplomb des deux arêtes du

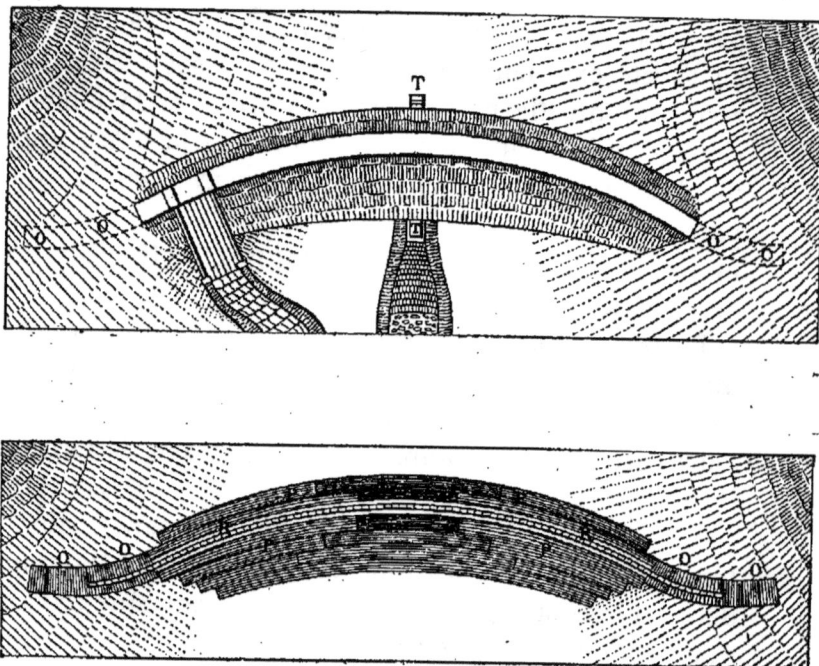

FIG. 41. — BARRAGE DE RETENUE, DIGUE POLONCEAU;
PLAN D'ENSEMBLE ET PLAN DES FONDATIONS.

couronnement, sur le sol compact ou imperméable. Pour les deux enracinements, les tranchées sont pratiquées perpendiculairement aux deux faces de droite et de gauche, et aussi par redans, s'il y a lieu, jusqu'à la rencontre du sol ferme. Les fonds des tranchées ont une inclinaison; ceux du corps de la digue, vers la retenue, et ceux des enracinements vers l'amont du terrain.

Cela fait, on bat sur une ligne courbe continue, suivant l'axe du milieu de la digue, correspondant à l'axe du couronnement, des palplanches jointives R, R, que relient en S, S, des ventrières en bois également, appliquées de chaque côté et fixées par des boulons qui traversent les palplanches de part en part. Ces palplanches ont pour but d'arrêter la filtration des eaux entre les faces de jonction du remblai et du déblai, et de garantir la construction (fig. 41 et 42).

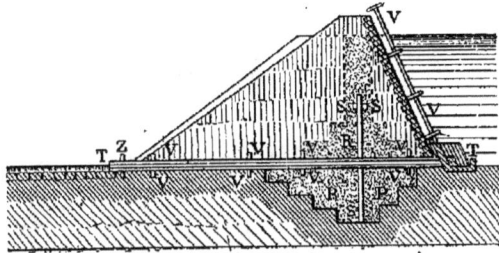

Les tranchées sont alors arrosées avec de l'eau de chaux, fortement pilonnées, puis remblayées par couches de 40 centimètres d'épaisseur que l'on pilonne soi-

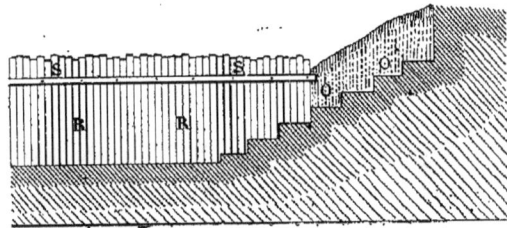

FIG. 42. — BARRAGE DE RETENUE; COUPES DE LA DIGUE POLONCEAU ET DES FONDATIONS.

gneusement, après les avoir recouvertes de graviers ou de pierrailles pour donner du corps. Au milieu même du massif de la digue, le remblai s'exécute à l'aide de terre grasse et compacte, et à défaut de cette terre, à l'aide d'un petit mur de $0^m,30$ à $0^m,40$ d'épaisseur en bon béton à chaux hydraulique, de chaque côté des palplanches, jusqu'à la hauteur du couronnement. Dès lors, on recouvre la surface du talus extérieur avec de la terre végétale que l'on gazonne, et celle du talus intérieur avec un perré dont les joints sont garnis de terre grasse, ou bien avec des gazons de marais, bien piquetés.

La buse TT pour la sortie des eaux est disposée avec une faible·pente, un peu au-dessus du fond du réservoir; elle traverse la digue et saillit en amont dans le réservoir de 5o à 60 centimètres. On l'établit en fortes planches de chêne avec de fortes frettes U en bois, et l'on cloue contre

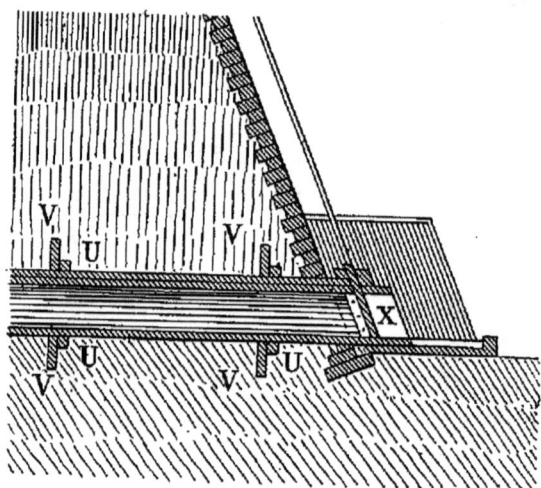

Fig. 43. — Barrage de retenue; coupe du pied de la digue Polonceau et de la buse en amont.

ces frettes des planches saillantes V qui entrent dans le remblai, afin d'arrêter les filtrations (fig. 42 et 43).

La manœuvre de la buse s'opère en tête de la saillie, au pied du talus d'amont, par une petite vanne oblique X, qui glisse entre deux planches latérales et que l'on lève ou l'on abaisse au moyen d'une tige en bois dur. Pour mieux garantir la buse contre les filtrations d'eau, une seconde vanne Z est disposée en queue, que l'on abaisse avant de fermer la première de tête.

Les détails de la buse sont représentés fig. 44; la vanne est montrée en élévation, fig. 45.

La vanne de tête X est entourée, pour la protéger
contre les herbes, d'une cage en fer, à barreaux droits ou
verticaux, que l'on nettoie au moyen d'une griffe à dents
coudées (fig. 45).

Le déversoir, ou large canal en planches, fortifié par

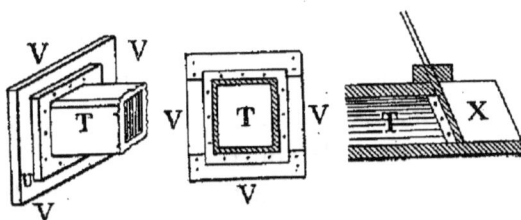

FIG. 44. — DIGUE POLONCEAU; DÉTAILS DE LA BUSE.

des madriers, est disposé en contre-bas du couronnement
du barrage sur le talus extérieur, pour laisser échapper les
eaux en cas de trop-plein, sans
qu'elles puissent dégrader la
digue.

Une précaution essentielle
que l'on ne saurait assez re-
commander dans l'établissement de tels réservoirs, consiste à donner à leurs berges
une forte inclinaison, afin
d'éviter pendant les basses
eaux, les causes d'insalubrité
dues à la fermentation des
vases. Il convient donc de
creuser le terrain autour des

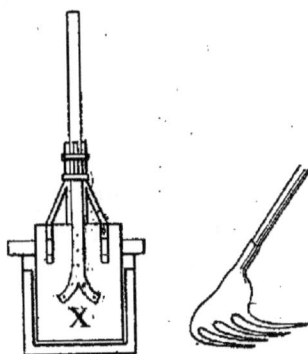

FIG. 45. — DIGUE POLONCEAU;
ÉLÉVATION DE LA VANNE ET
GRIFFE DE NETTOYAGE.

bords du réservoir, surtout du côté de la queue où le sol
offrant moins de pente, l'eau a en conséquence moins de
profondeur. Le plus souvent la terre extraite de ces
fouilles sert à la construction de la chaussée et permet

d'augmenter beaucoup, sans grande dépense, la capacité du réservoir, grâce à une plus grande profondeur. Il s'ensuit également que l'évaporation sur les bords est diminuée, au profit de la température de l'eau du bassin.

Enfin faut-il se garder de fonder sur un sol lisse, c'est-à-dire qui ne soit pas raboteux. Pour cela, les fondations doivent être piochées en travers de la digue, car si on piochait en long, on courrait le risque d'ouvrir des sillons qui faciliteraient les filtrations. Les terres des fondations ne doivent plus servir, quand elles sont de bonne qualité, que pour le couronnement.

L'emploi de la glaise pour empêcher la filtration des eaux dans les réservoirs, comme dans les canaux, etc., exige des soins particuliers ; un bon triage, un pilonnage par lits et une épaisseur qui permette aux fissures de se rejoindre. Malgré ces soins, et même en recouvrant les glaises d'un lit épais de terre ou de sable, des causes accidentelles, telles que le manque d'eau, une avarie, un curage, font que les parois en glaise, soumises à un retrait inégal par la dessiccation et l'humidité surabondante, finissent par laisser passer l'eau.

Les revêtements en maçonnerie et les bétons avec mortiers de chaux hydraulique n'ont pas les mêmes inconvénients, mais ils sont fort dispendieux et rigides par rapport au sol dont le tassement est incessant.

L'introduction de cailloux et de gravier dans les glaisages constitue une amélioration réelle, en augmentant la consistance du lit d'argile. Le sable fin et gras, bien pilonné par couches, est encore préférable, vu sa parfaite imperméabilité; mais très utile derrière les corrois, il ne résiste pas comme paroi de revêtement, à l'action des eaux et aux chocs.

Polonceau a proposé l'emploi d'un enduit composé d'une partie de chaux éteinte, de 20 p. d'argile délayée et de 100 p. de sable ou gravier, parfaitement mélangés à la griffe ou au rabat, dont l'imperméabilité et la ténacité sont à toute épreuve, sur une épaisseur de 0ᵐ,17 pour les petits bassins, et de 0ᵐ,33 pour les grands réservoirs. Ce revêtement qui participe des propriétés des bétons, sans en avoir la rigidité, est économique. Polonceau l'évalue pour du gravier naturel, transporté à 500 mètres et employé sur 0ᵐ,33 d'épaisseur, à environ 1 fr.50 le mètre carré (1).

## *b.* — Retenues pour irrigations.

D'Angeville, le promoteur de la loi de 1845 sur les irrigations, a été l'un des premiers à établir des réservoirs spécialement affectés à l'arrosage, dans le département de l'Ain. Ces réservoirs au nombre de trois, placés à une grande différence de niveau, dans la gorge d'une montagne, représentent ensemble une superficie de 3 hectares et une capacité de 78,000 mètres cubes. La profondeur maximum est de 5ᵐ,80. Alimentés simplement par les eaux pluviales, ils servent à l'irrigation de 40 hectares de prés, qui reçoivent, au moyen de plusieurs remplissages dans l'année, 160,000 mètres cubes d'eau. Pareto signale qu'ils ont coûté fort cher; car leur prix, ajouté à celui des rigoles maîtresses, ne représente pas moins de 500 francs par hectare de pré irrigué.

Depuis d'Angeville, les applications des réservoirs à l'arrosage n'ont pas manqué en France. Nous aurons à citer, parmi celles dues à l'ingénieur Pareto, l'irrigation de la Celle-Guenand, en Touraine. Une des plus récentes est celle de M. Courtejaire, dans son domaine de Gaudal, situé à quelques kilomètres de Carcassonne, sur les der-

---

(1) *Journ. agric. prat.*, 1841-42, t. V, p. 355.

niers contreforts des Corbières. Une digue de 100 mètres de longueur et de 14 mètres de hauteur, barrant une gorge stérile, entrecoupée de ravins, emmagasine un volume annuel de 70,000 mètres cubes d'eau. Les eaux pluviales et superficielles découlent de la montagne dans le réservoir dont la surface est de plus d'un hectare. Grâce à l'irrigation, le domaine de Goujal dont les prés n'étaient couverts que de lavandes stériles s'est transformé en une exploitation des plus productives (1).

*Vallée d'Orbey (Alsace).* — La vallée d'Orbey, l'une des plus belles du versant oriental des Vosges, débouche dans la plaine d'Alsace, à 5 kilomètres environ de Colmar. Son thalweg est occupé par le torrent la Weiss, dont les sources principales viennent des lacs *noir* et *blanc* au sommet du plateau. Le premier lac, situé à 950 mètres au-dessus du niveau de la mer, offre une superficie de 14 hectares et un bassin de réception de 228 hectares; le second, plus élevé de 100 mètres, couvre une superficie de 29 hectares pour un bassin de réception de 165 hectares. Les riches prairies des versants inférieurs étaient inondées pendant trois mois de l'année, et à sec pendant les autres mois.

Une digue de retenue construite au point le plus resserré de la gorge sur 25 mètres de largeur et 4 mètres de hauteur, dont 2 mètres en contre-bas dans le sol, et une seconde digue de retenue du lac blanc, construite en amont, ont assuré la régularisation de la Weiss, de façon à ce que l'agriculture, d'une part, les moulins, les scieries et les filatures, d'autre part, jouissent de l'eau nécessaire à leur industrie.

La digue du lac blanc a 17 mètres de largeur au sommet; elle est comprise entre deux murs secs, en blocs de

(1) *Journ. d'agriculture,* mai 1887.

granit, avec revêtement en béton hydraulique, suivant le profil en long, jusqu'à 3 mètres du parement, vers le lac. L'écoulement de l'eau s'opère au moyen d'une double conduite en fonte de 0^m,027 d'épaisseur; les tuyaux, de 2 mètres de longueur, sont raccordés par des oreilles boulonnées. Du côté du lac, les conduites débouchent dans une cage ménagée dans le mur de soutènement, fermée par une grille; de même, en aval, une chambre abrite le prolongement des conduites; elle est fermée par une vanne.

Le canal d'amenée s'évase sur 20 mètres de longueur en amont; son radier, comme pour la rigole d'aval, est dallé.

Avec une dépense de 6,000 francs, qui a été doublée en appliquant le même système de retenue au lac noir, une réserve a été obtenue de plus d'un million de mètres cubes, permettant d'ajouter 150 litres au débit de la Weiss pendant les mois d'été (1).

## c. — Retenues contre les torrents.

Quoique le service forestier n'ait eu à envisager au début, dans l'ordre des principes établis par Surell, que le reboisement des montagnes et le gazonnement des ravins, bien des ouvrages entrepris sous la direction de MM. de Gayffier, Demontzey, etc., dans le but de fixer le régime des torrents, ont trouvé une application des plus fructueuses pour préserver les réservoirs d'irrigation contre les crues et l'ensablement. Ces ouvrages, notamment les barrages de régularisation, méritent à cet égard que nous les décrivions avec quelques détails.

(1) *Bulletin Soc. ind. de Mulhouse*, 1860.

Depuis un demi-siècle, mais surtout depuis les lois de 1860 et 1864 qui ont prescrit les dispositions, facultatives pour les particuliers et obligatoires pour les communes et les départements, en vue d'améliorer le cours des torrents, les ingénieurs forestiers ont poursuivi avec une admirable persévérance, moyennant de faibles allocations budgétaires, un ensemble d'opérations qui ont déjà reconstitué le sol sur près de 200,000 hectares.

Parmi les travaux qui servent à défendre, à consolider et à fixer les terres sur les versants, ou dans le lit des ravins, les barrages jouent un rôle dominant. Ce sont eux qui retiennent les blocs, les cailloux et les sables, constituant des atterrissements que l'on ensemence. Alors le torrent, au lieu de suivre une pente rapide ou furieuse, trouve des paliers où il calme et épure son cours, où il imbibe la végétation forestière et herbacée, et d'où il redescend lentement dans la rivière qui débouche à la plaine. Au lieu de trente minutes qu'un torrent aussi violent, par exemple, que celui du Bourget (Basses-Alpes), mettait à descendre jusqu'à la base du cône de déjection, il met douze heures (1).

Dans les hautes régions des Alpes, cette terre classique des torrents, où les dévastations jetaient l'effroi depuis si longtemps dans les populations, « on peut voir aujourd'hui de nombreux peuplements d'essences résineuses, appropriées au climat local, étaler leur vigoureuse végétation, non seulement dans les bassins de réception des premiers torrents attaqués par les travaux, mais même sur leurs berges vives, fixées et protégées pour toujours, tandis que les torrents eux-mêmes, jadis si redoutés, sont devenus des ruisseaux non seulement inoffensifs, mais d'autant plus précieux qu'ils procurent à l'agriculture des

_____

(1) Viollet-le-Duc, *Reboisement des montagnes*, 2 avril 1880. (*XIXᵉ Siècle.*)

eaux d'irrigation meilleures et plus abondantes (1). »

La fixation du sol des montagnes par la forêt et l'herbe entraîne la conservation de toutes les cultures et la sécurité des nombreux hameaux disséminés dans le bassin de réception de chaque grand torrent.

Les torrents transformés en ruisseaux qui coulent désormais dans des lits encaissés, à travers les cônes de déjection, rendent à l'agriculture des surfaces relativement énormes, en même temps que des sources, dont le débit augmente, non pas en eaux boueuses, mais en eaux claires, propres à l'irrigation des prairies, la principale richesse des pays de montagne. Il en résulte pour les vallées inférieures, pendant les sécheresses de l'été, une augmentation des eaux d'irrigation, et cette sécurité indispensable, à savoir, que les travaux d'endiguement destinés à conquérir de vastes étendues de terrains ne seront plus emportés par les crues torrentielles, ni stérilisés par les matériaux qui exhaussent le lit des rivières.

On a estimé, en ce qui concerne la Durance, que dans le seul département des Basses-Alpes on pourrait reprendre dans son lit, pour les livrer à l'agriculture, après un bon système d'endiguement et de colmatage, plus de 6,000 hectares de gravier. On restituerait ainsi en terres de première qualité, 4 pour 100 de la surface totale des terres arables du département.

Au lieu du pâturage s'exerçant sur des surfaces abandonnées à toutes les causes de destruction, la population laborieuse des montagnes trouve la prairie améliorée, et dans l'élève du bétail, le moyen de vivre et de s'accroître, tandis que celle des vallées inférieures n'est plus menacée par les divagations perpétuelles du lit des rivières.

(1) Demontzey, *Traité pratique du reboisement*, etc., 1882, p. 6.

## Travaux de régularisation dans les Alpes. —

Pour les travaux de reboisement entrepris depuis ces
dernières années par le service des forêts, dans les départements des Alpes-Maritimes et des Basses-Alpes, M. Demontzey a fait sur les barrages une étude des plus intéressantes dont les résultats visant directement le régime
des eaux torrentielles, sont applicables selon nous à l'irrigation des plateaux et au gazonnement des ravins.

Le premier type des barrages construits offre un parement amont rectiligne et perpendiculaire à l'axe du torrent
et un parement aval en voûte horizontale, à courbure peu
cintrée. Il a été généralement adopté pour les barrages en
maçonnerie de pierre sèche dont les matériaux sont placés
pour ainsi dire à pied d'œuvre; mais M. Demontzey donne
la préférence à une maçonnerie mixte dans laquelle le
corps du barrage est construit en pierre sèche, tandis que
le parement aval est en maçonnerie ordinaire de mortier,
ainsi que le couronnement. Un aqueduc ou pertuis suffisant pour les eaux ordinaires, bâti en maçonnerie, traverse le barrage à sa partie inférieure et maintient son
fonctionnement, à l'aide d'un grillage en troncs d'arbres
appuyés sur le mur même.

Grâce à l'emploi du mortier, l'épaisseur des ouvrages
est diminuée sans nuire à leur solidité, et une notable
économie est réalisée. D'autre part, le barrage mixte étant
attaqué par une crue, ou par une grande lave, ne disparaît pas comme s'il était fait en pierre sèche, mais il subit
une brèche à son couronnement, facile à réparer. C'est
en effet le couronnement qui est la partie la plus délicate des barrages; aussi importe-t-il que l'arête supérieure soit arasée aussi horizontalement que possible
pour que le déversement de l'eau ait lieu d'une manière
uniforme.

Lorsque les berges sont résistantes, les barrages curvilignes, soit en pierre sèche, soit en maçonnerie mixte, sont justifiés. Au parement d'aval, comme au parement d'amont, la courbe du couronnement se projette sur le plan vertical, normalement à l'axe du torrent, suivant un arc de cercle dont la flèche égale le dixième de la corde. Les fondations s'établissent au fond du lit, quand on trouve la roche, jusqu'à une profondeur variant de 1 à 2 mètres; elles peuvent être menées plus profondes au parement aval et tracées par ressauts verticaux, avec assises formant une série de redans. Pour une construction en pierre sèche le parement aval reçoit un fruit de 25 pour 100, et l'épaisseur est égale à la moitié de la hauteur du barrage au-dessus du lit, du côté d'amont.

Les barrages curvilignes ainsi construits présentent une force de résistance extraordinaire que M. Demontzey a constatée lors des violents orages de l'été de 1876.

*Barrage de Riou-Bourdoux (Basses-Alpes).* — Comme exemple de grand barrage destiné à servir de base au système de correction d'un des plus redoutables torrents de la vallée de Barcelonnette, nous décrirons, d'après M. Demontzey, le barrage du torrent de Riou-Bourdoux (fig. 46 et 47).

Construit vers le milieu de la gorge du torrent, il a pour but de produire à l'amont, sur une longueur de 1,200 mètres environ, un puissant atterrissement susceptible d'être rehaussé par des ouvrages secondaires, d'élargir la section du lit et de consolider d'immenses berges de terres noires, en état de glissement, sur les deux rives.

La hauteur du barrage au-dessus du lit est de 8 mètres; sa longueur développée de 83$^m$,50; son épaisseur au couronnement de 3$^m$,20 avec un fruit du cinquième au parement aval; les fondations ont 4$^m$,50 de profondeur. Il est tout entier établi en maçonnerie avec mortier hydraulique.

En raison du volume parfois considérable des eaux, il
est traversé par cinq grands aqueducs ou pertuis à l'étage
inférieur, et six à l'étage supérieur. Ces aqueducs ne devant laisser passer que les eaux plus ou moins limoneuses
sont garnis au parement amont par des grillages en fortes

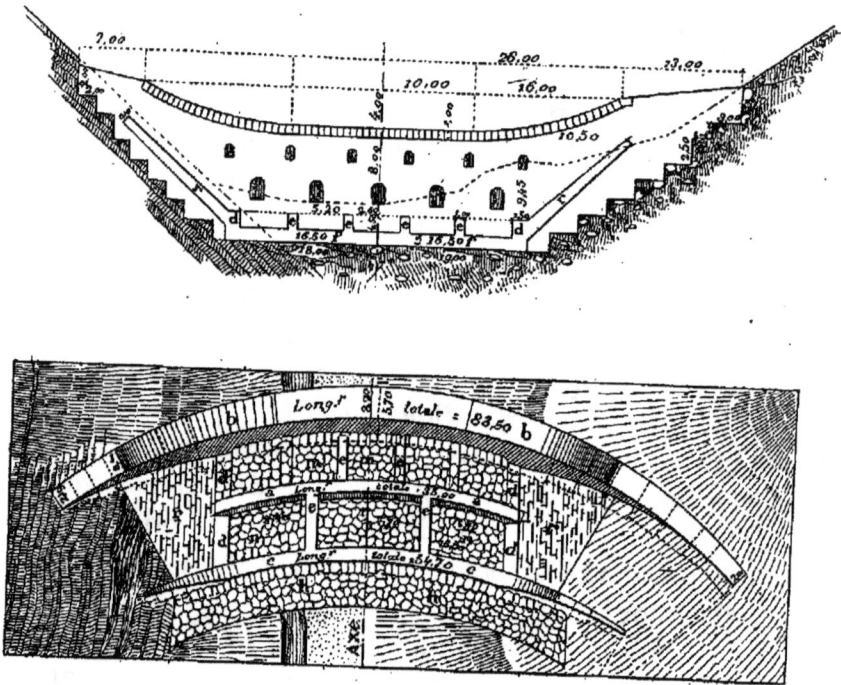

FIG. 46. — BARRAGE DE RIOU-BOURDOUX (BASSES-ALPES).
ÉLÉVATION ET PLAN D'ENSEMBLE.

barres de fer, qui arrêtent les blocs, les moellons, les
troncs d'arbres, etc.

Le sol, quoique ferme et incompressible, pouvant être
affouillé par une chute de 8 mètres de hauteur, l'atterrissement étant formé, un contre-barrage c (fig. 46
et 47), destiné à servir de tête de radier, a été construit
dans l'axe, à 17 mètres en aval du parement du barrage b. Le milieu de son couronnement, placé au niveau

du lit, est à 1 mètre en contre-bas du seuil de l'aqueduc
central.

Le barrage et le contre-barrage sont reliés à gauche et
à droite par deux murs verticaux de 1ᵐ,5o d'épaisseur,
distants de 15 mètres par rapport à l'axe de l'ouvrage

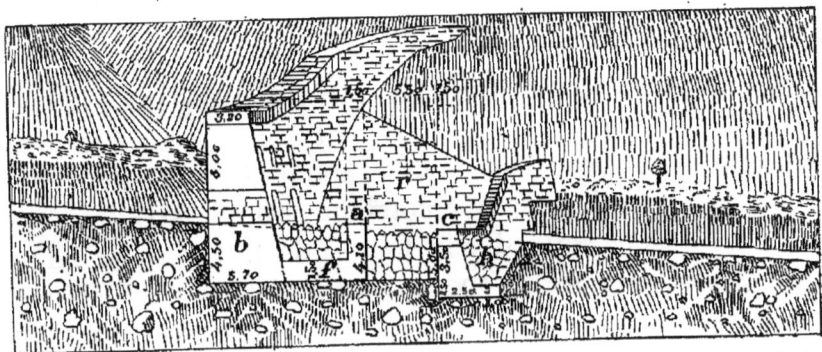

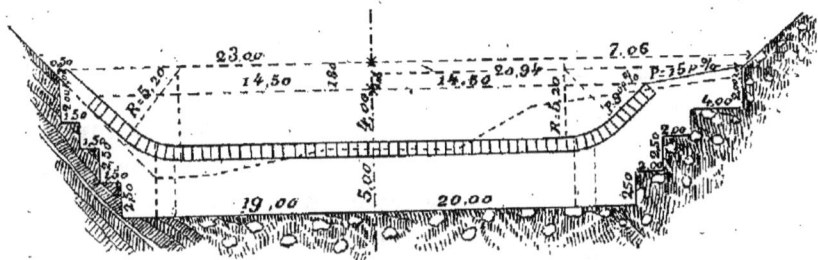

Fig. 47. — Barrage de Riou-Bourdoux. Coupe en travers
suivant l'axe et élévation du contre-barrage.

auquel ils sont parallèles. Perpendiculairement à cet axe
et parallèlement aux deux barrages, un mur intermédiaire *a*, en forme d'anneau, divise le radier en deux sections. La section supérieure comprend cinq compartiments égaux *m* correspondant aux cinq grands aqueducs;
elle est déterminée par des murs verticaux, *e e*, de 1 mètre
d'épaisseur. La section inférieure comprend trois compartiments, *n n*, divisés également par des murs verticaux,

arasés comme les précédents au niveau du débouché horizontal du contre-barrage. Ces compartiments sont garnis de gros blocs posés debout et formant enrochement.

Au pied du contre-barrage, à l'aval, la fondation est prolongée par un massif de maçonnerie de 2 mètres de largeur supportant un fort enrochement *h*, placé dans une fouille ouverte à 45 degrés.

Le couronnement du grand barrage, absolument plat en son milieu, se termine vers les ailes par deux arcs de cercle symétriques et tangents à la partie horizontale; cette forme a pour but d'épanouir les eaux des crues en lame aussi mince que possible, et dès lors d'autant moins puissante, quand elle tombe de 8 mètres de hauteur. D'ailleurs, le second palier, hérissé par les pointes de l'enrochement des compartiments, supprime tout danger de remous des eaux sur la surface du radier; de telle sorte qu'après avoir traversé le couronnement du contre-barrage, elles ont une vitesse initiale presque nulle à l'arrivée sur l'enrochement *h*, à l'aval.

En brisant la violence des eaux et en détruisant l'effet de la chute sur leur vitesse, le barrage de Riou-Bourdoux réalise l'une des conditions les plus importantes de la stabilité et du maintien de l'ouvrage, par la réduction de la puissance d'affouillement (1).

C'est évidemment par de pareilles dispositions que, dans les gorges escarpées des ravins, il eût été possible de protéger les grands bassins de retenue, construits en Algérie par les ingénieurs de l'État.

D'après les renseignements que M. Demontzey a fournis sur les travaux qu'il a lui-même dirigés, le périmètre du torrent le Faucon, dans la vallée de Barcelonnette, a nécessité sur 37 hectares la construction, à des altitudes

(1) Demontzey, *loc. cit.*, p. 470.

variant de 2,300 à 2,500 mètres, de trois grands barrages de retenue, en pierre sèche, susceptibles d'être exhaussés dans l'avenir; de six barrages de correction aux plus grandes altitudes, et de cinq barrages à l'aval, en maçonnerie mixte. Le coût de ces quatorze barrages représentait, au 1er janvier 1881, une dépense totale de 184,937 fr., soit 4,998 francs par barrage, et 2,507 francs pour leur entretien.

Dans le bassin du torrent du Bourget, 23 barrages ont été exécutés, dont un, le plus important, ayant 7 mètres de hauteur, 30 mètres de longueur, 2$^m$,80 d'épaisseur au couronnement, a comporté pour 784 mètres cubes de maçonnerie une dépense de 15,490 francs.

Les 23 ouvrages se décomposent, quant au genre de maçonnerie adopté, de la manière suivante:

| Nombre de barrages. | | Cube ensemble. | Prix moyen du mètre cube. |
|---|---|---|---|
| | | mètres cubes. | fr. c. |
| 2. | Maçonnerie de mortier avec parement aval en moellons piqués. | 1.100 | 21.12 |
| 5. | Maçonnerie de mortier.......... | 899 | 20.30 |
| 15. | — mixte.............. | 3.027 | 15.16 |
| 1. | — pierre sèche........ | 300 | 11.00 |

L'ensemble a comporté pour 5,386 mètres cubes de maçonnerie une dépense totale de 91,660 francs, soit 4,000 fr. environ par barrage.

## V. — LES ÉTANGS-RÉSERVOIRS

*a.* **Digues d'étang.** — L'ingénieur Pareto, après avoir discuté les règles empiriques qui servent à déterminer l'épaisseur de la crête des digues en terre et les talus (1), conclut en faveur d'une largeur de 1$^m$,50 à

(1) Voir, pour la formule donnant l'épaisseur des digues : *Irrigations et assainissement des terres,* t. II, p. 381.

2 mètres comme étant, d'après l'expérience, plus que suffisante pour leur solidité. Quant aux talus, celui qui est à l'extérieur, dépend directement de la nature des terres employées, qui le fait varier entre 1 mètre et $1^m,75$ de base pour 1 mètre de hauteur. Il n'en est pas de même du talus intérieur qui doit être recouvert et comprimé par l'eau ; d'après la moyenne de dix-sept observations sur des étangs existants, Pareto adopte $2^m,80$ de base pour 1 mètre de hauteur, et un profil suivant une ligne concave ou

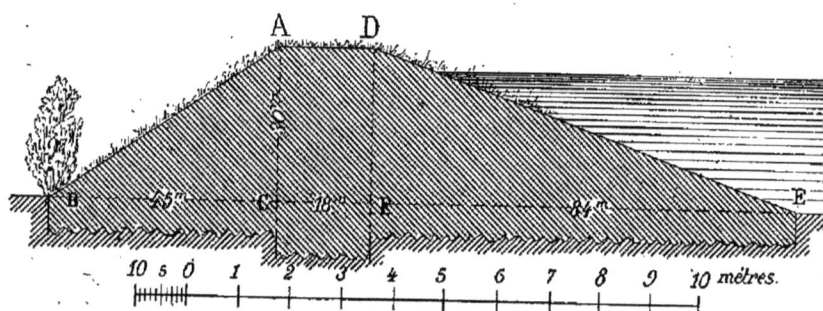

Fig. 48. — Digue en terre (Pareto); coupe transversale.

parabolique, en prenant pour périmètre de la parabole le quotient de la hauteur par le coefficient 2,8. On réalise ainsi, selon lui, une économie notable de terrassement. D'ailleurs, la poussée et le clapotement de l'eau sur le talus plan finiraient à la longue par lui donner cette même forme.

D'après ces règles, si A D étant la crête de la digue en terre (fig. 48), B E étant une horizontale, on abaisse sur cette dernière les perpendiculaires AC et DF; si, à partir de F, on porte FE égal à trois fois la hauteur DF, et, à partir de C, on porte CB égal à une fois et demie la même hauteur, en joignant A à B et D à E, on a le profil de la digue. En admettant que ce profil corresponde au point où la digue est plus élevée, on obtiendra tous les

autres profils transversaux en menant entre A D et BE
une série de lignes horizontales dont les distances jusqu'à
AD donneront respectivement les hauteurs de la digue
dans les divers points considérés.

Les figures 48 et 49 représentent en coupe des digues
d'étang conformes aux principes énoncés. Dans la figure 48,
les fondations ont été construites en vue d'empêcher les
infiltrations; et dans la figure 49, la digue comporte au
centre du massif, un corroi, et sur le talus, au niveau des
eaux, des fascinages pour la défendre contre le remous.

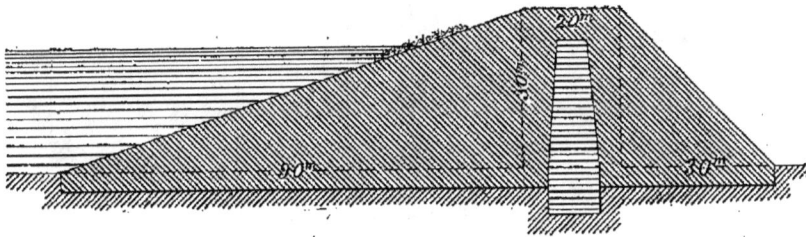

Fig. 49. — Digue en terre avec fondations en maçonnerie et fascinage
de défense; coupe transversale.

Dans un des étangs-réservoirs construits par Pareto,
sur la ferme de Breviande, domaine de la Celle-Guenand
(Touraine), dans le but de recueillir les eaux pluviales
nécessaires à l'irrigation, la profondeur moyenne est de
1$^m$,68 pour une surface de 1 hectare 28 ares. La capacité
de 21,504 mètres cubes, se réduisant par l'évaporation
à 19,600 mètres cubes, s'applique à l'irrigation de 11 hectares ; le réservoir permet ainsi d'utiliser par hectare de
pré, entre deux coupes , environ 1,300 mètres cubes.
La digue a été établie en terre, sur le terrain naturel,
bien pelé à la pioche, avec une longueur développée de
276$^m$,60, et une largeur à la crête de 1$^m$,50. Le talus extérieur a 1 de base pour 1 de hauteur et le talus intérieur
2,5 de base pour 1 de hauteur. Pour un cube de 1,167

mètres, la distance moyenne des transports a été de 42 mètres. Dès la première année la digue a tenu l'eau d'une manière satisfaisante (1).

*Prises d'eau des étangs.* — Les prises d'eau par des buses en bois, fermées par une vanne que l'on manœuvre de la chaussée de la digue, à l'aide d'une tige telles

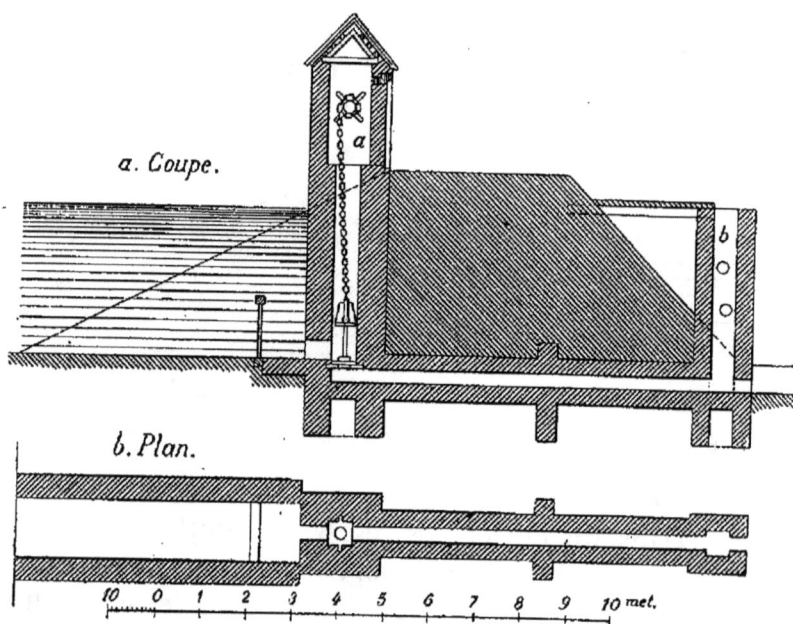

a. *Coupe.*

b. *Plan.*

10 0 1 2 3 4 5 6 7 8 9 10 met.

FIG. 5o. — DIGUE D'ÉTANG-RÉSERVOIR (PIÉMONT); COUPE ET PLAN.

que Polonceau les a décrites (fig. 44), sont parfaitement appropriées aux réservoirs, quand on les fortifie par des frettes et qu'on les encaisse dans du corroi; mais pour la plupart des étangs, un autre système de prise a été employé, qui ne semble pas aussi pratique, en vue des irrigations. Ce système se rapporte à deux types comportant l'un et l'autre un aqueduc en briques et ci-

(1) Pareto, *loc. cit.*, t. III, p. 853.

ment, ou en maçonnerie hydraulique, pratiqué sous la digue et communiquant par un orifice conique à l'extrémité supérieure, avec un second aqueduc qui débouche en amont dans l'étang.

D'après le type usité en Piémont (fig. 50), l'aqueduc en maçonnerie communique avec deux puits : l'un intérieur, *a*, servant à prendre l'eau; et l'autre, *b*, extérieur qui permet la distribution de l'eau de la surface à des terrains élevés que n'atteindrait pas celle du fond de l'étang. L'œil ou l'ouverture conique de l'aqueduc, percé dans une forte dalle de pierre ou de marbre, est fermé par une bonde ou bloc de pierre (fig. 51), garni sur sa face inférieure d'une planche et d'un cuir tendu que réunissent des frettes en fer. Ce bloc se manœuvre par une chaîne enroulée sur un treuil. Deux barres de fer rond, fixées des deux côtés du bloc et glissant dans des rainures que portent les parois du puits, servent à en diriger les mouvements.

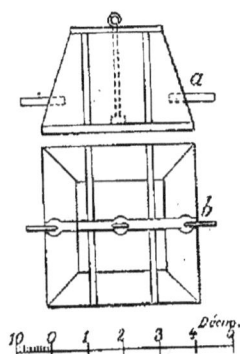

Fig. 51. — Bonde pour étang-réservoir (Piémont).

Le second puits présente plusieurs ouvertures à des hauteurs différentes, que l'on bouche à l'aide de tampons en bois. Suivant qu'on enlève l'un ou l'autre de ces tampons, l'eau coule à un niveau variable, l'étang étant plein jusqu'à ce niveau.

L'autre type, appliqué par Pareto (fig. 52) à des buses en madriers, avec tasseaux pour couper les infiltrations, comporte un bondon en bois de charme, couvert de peau de buffle (fig. 53). Ce bondon est mû à l'aide d'une tige en bois que guide et soutient une forte charpente formée d'une semelle engagée dans le sol, de deux montants verticaux encastrés par le bas, dans la maçonnerie des murs de soutènement qui entourent la bonde, d'un chapeau et de moises. C'est dans des entailles pratiquées dans les moises que glisse librement la tige mobile. Le sommet de la tige étant terminé par une vis en fer qui traverse le chapeau, et la vis portant deux écrous, l'un au-dessus, et l'autre au-dessous du

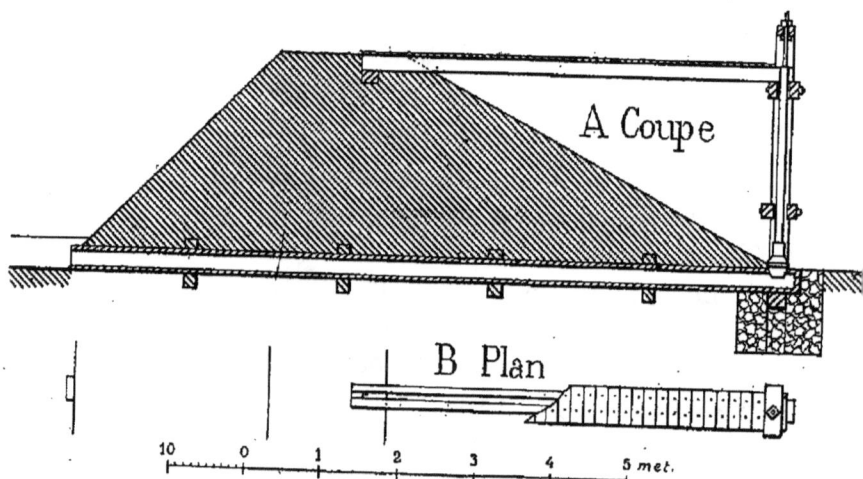

FIG. 52. — ÉTANG-RÉSERVOIR (SYSTÈME PARETO); DIGUE ET PRISE D'EAU. COUPE ET PLAN.

chapeau, on fait servir le premier écrou à ouvrir, et le second à fermer la bonde, en réglant à volonté l'écoulement suivant les exigences de l'irrigation. La manœuvre des écrous s'opère à l'aide d'une clef. Un petit pont fixe (fig. 62) permet d'accéder du sommet de la digue, à l'endroit du coffrage où la bonde se manœuvre.

Quoique Pareto trouve son modèle de bonde préférable à tous les autres et d'un prix plus réduit, et qu'il critique la disposition italienne, à cause de la manœuvre difficile du bloc dont on a le poids à soulever, en plus de celui correspondant à la colonne d'eau du réservoir,

et à cause du coût du puits en briques, etc., il est certain
qu'on peut avantageusement se passer aujourd'hui de
ces systèmes très primitifs. Soit que l'on recoure à une
vanne placée à la tête d'amont de l'aqueduc, et que l'on
manœuvre de l'extrémité d'un appontement léger; soit

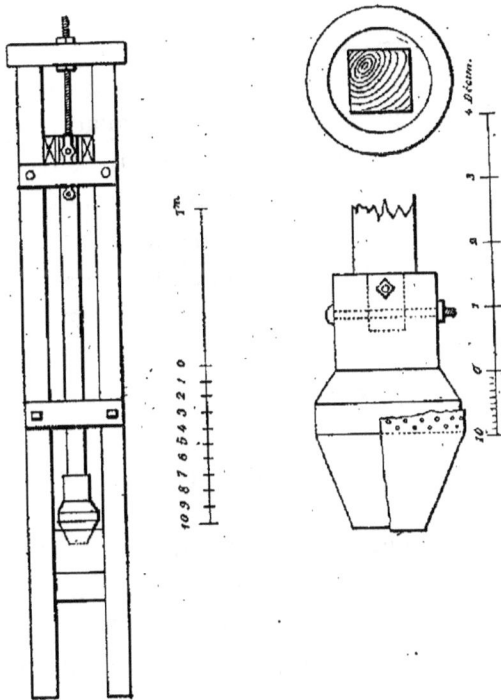

FIG. 53. — GUIDAGE ET BONDE PARETO.

que l'on emploie des tuyaux de fonte traversant la digue,
engagés du côté de l'eau dans une tête en maçonnerie et
fermés par des vannes en métal, glissant dans une rainure, on réalise des dispositions plus convenables pour
la manœuvre fréquente des eaux d'arrosage, sans avoir
à vaincre de trop fortes résistances.

Quand les réservoirs sont munis de deux bondes, l'une

au point le plus bas pour la vidange, et l'autre, plus élevée, pour le service des irrigations, il faut que chacune ait son canal de fuite et, pour faire perdre à l'eau son excès de vitesse, que chaque canal soit précédé de petits bassins, ou d'empierrements sur une assez grande longueur, afin d'éviter les affouillements du pied de la digue.

*Capacité*. — Sur le point de savoir s'il vaut mieux construire un vaste réservoir très profond, ou plusieurs réservoirs offrant ensemble la même capacité que le réservoir unique, Pareto fait remarquer qu'un seul, quoique étendu, occupe moins de terrain et probablement perd moins d'eau, mais la construction est plus coûteuse et plus difficile ; d'ailleurs, il se trouve plus éloigné des terres à arroser et le canal d'amenée devenant plus long, est exposé à une déperdition d'eau plus grande ; enfin, la digue étant plus haute, les accidents peuvent être plus fréquents, causer de plus sérieux dommages et amener d'un coup le chômage de toute irrigation, même quand il ne s'agit que de réparations (1).

L'emplacement de réservoirs ordinaires, offrant une profondeur d'eau jusqu'à la bonde, de 2 à 5 mètres, est plus facile à trouver dans une gorge, ou dans un pli de terrain que celui d'un grand réservoir de plus de 5 mètres de profondeur.

*Siphons*. — Le siphon peut avantageusement remplacer les bondes pour la vidange des étangs et des réservoirs, en même temps qu'il peut servir à l'emmagasinement des eaux, quand on dispose, dans de bonnes conditions, de tuyaux de fonte ou de tôle bitumée. Du reste, les siphons peuvent être établis en bois ou en ciment.

(1) Pareto. *loc. cit.*, t. II, p. 375.

Pour la vidange des étangs, des appareils commodes sont établis qui permettent d'amorcer sans pompe, sans clapet, sans aucune pièce mobile, sujette à dérangement ou à engorgement. La courte branche du siphon plonge dans l'étang; la partie horizontale qui fait communiquer les deux branches est engagée dans la digue au niveau que l'eau doit atteindre et non pas dépasser, c'est-à-dire à la hauteur du déversoir ou du trop-plein; la grande branche a son extrémité inférieure d'environ $0^m,30$ plus bas que l'extrémité de l'autre branche, mais elle est entourée d'un récipient de $0^m,05$ ou $0^m,06$ de profondeur, au-dessus du fond duquel elle est maintenue, à une distance de $0^m,02$ ou $0^m,03$. C'est de ce récipient que l'eau s'écoule pour l'irrigation, ou pour la vidange.

Le jeu de l'appareil est facile à comprendre (1). Lorsque le niveau de l'eau dans le réservoir s'élève à la hauteur de la paroi inférieure de la branche horizontale du siphon, l'eau commence à couler et remplit bientôt le petit récipient, de façon à intercepter la communication de l'orifice de la grande branche avec l'air extérieur. Dès lors, l'air qui est dans le siphon et qui est entraîné par la chute de l'eau ne peut plus être remplacé; peu à peu le siphon se remplit complètement d'eau, quoique le niveau de l'étang ne s'élève encore qu'au tiers du diamètre de la partie horizontale; l'amorçage du siphon est effectué. Le réservoir se vide jusqu'au niveau de l'extrémité de la branche intérieure.

Quand on veut empêcher que l'étang ne se vide, on enlève le récipient dans lequel plonge l'extrémité de la branche extérieure; le siphon n'agit alors que comme déversoir. Comme le débit d'une partie de l'eau de l'étang continue encore à se produire après que le siphon cesse de jeter à

(1) Raudot, *Journ. agric. prat.*, 4e série, t. II, 1854.

flot, Raudot a imaginé de percer à 0$^m$,05 environ de l'extrémité de la branche intérieure un trou de 0$^m$,03 par lequel l'air s'introduit lorsque le niveau de l'eau descend à sa hauteur; il ne s'écoule plus alors aucune goutte d'eau par le siphon, jusqu'à ce que l'étang soit plein de nouveau. On trouvera au chapitre des machines élévatoires quelques données sur le débit des siphons.

*Déversoirs.* — Les digues d'étang doivent être munies de déversoirs que l'on construit en bois, en briques ou en pierres. On les place généralement, comme il vient d'être montré, à l'extrémité de la digue, de façon à établir le canal de décharge à flanc de coteau, et autant que possible sans chute. La largeur des déversoirs doit être telle que la tranche d'eau qu'ils débitent ne dépasse jamais 0$^m$,15 à 0$^m$,20 et n'acquière pas assez de vitesse pour dégrader les ouvrages; quelques mètres de largeur suffisent pour les réservoirs moyens. Lorsque la disposition des lieux oblige à établir le canal de décharge à une certaine hauteur en contre-bas du déversoir, il y a lieu de diviser cette hauteur en plusieurs chutes, séparées par de petits bassins, dans lesquels l'eau amortit sa vitesse. L'eau des déversoirs sert parfois aux arrosages d'hiver (1). Parfois aussi on établit deux déversoirs pour faciliter l'envoi des eaux, soit dans le canal d'amenée venant de la bonde ou de la vanne, soit dans le canal de colature qui emmène les eaux ayant servi à l'irrigation. De même lorsqu'on arrose les deux versants d'une vallée et que deux canaux partent de la bonde, on établit deux déversoirs, l'un à droite, et l'autre à gauche du réservoir. Cette disposition se recommande si l'eau que reçoit le réservoir est en trop grande quantité pour être facilement débitée par un seul déversoir.

(1) Pareto, *loc. cit.*, livre III, 1$^{re}$ partie, p. 390.

Nous donnons (fig. 54) en plan et en coupe, l'installation d'un déversoir en maçonnerie de briques, avec pont de service en bois, sur la crête de la digue. Pareto recommande des clayonnages, ou plus simplement encore des gazons, au lieu de maçonnerie, en insistant sur ce que la hauteur des seuils qui doivent être, pour le moins

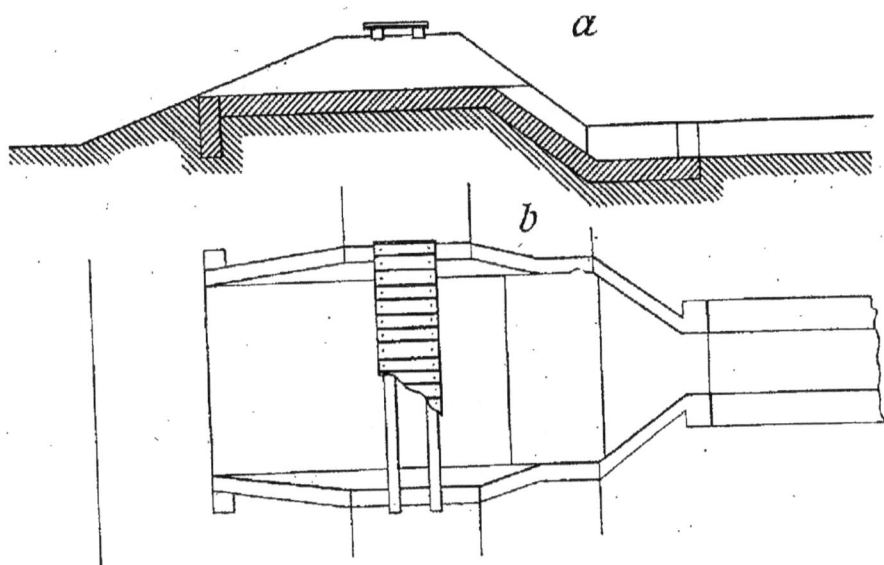

FIG. 54. — ÉTANG-RÉSERVOIR; PLAN ET COUPE DU DÉVERSOIR
EN MAÇONNERIE ET DU PONT DE SERVICE.

à 0^m,60 ou 0^m,70 plus bas que le couronnement de la digue, soit soigneusement fixée; ce qu'il conseille de faire à l'aide de plusieurs piquets reliés par deux longrines formant moise et une rangée de palplanches.

Quand l'étang est alimenté par un canal dérivé d'une rivière, le déversoir a peu d'importance, puisqu'il suffit, l'étang rempli, de baisser les vannes de prise d'eau, et le déversoir ne sert plus qu'à l'écoulement de l'excédent dû à l'eau pluviale; mais lorsqu'il est alimenté par un ruisseau, le déversoir devient indispensable, et pour peu que le ruisseau charrie du limon ou du sable, faut-il en outre protéger l'étang contre l'envasement par un fossé de ceinture dans lequel on peut diriger au besoin, par la double vanne placée à la queue de l'étang, les eaux trop troubles.

*b.* **Étangs-réservoirs (Piémont).** — Malgré un grand nombre de petits lacs, dont nous avons déjà fait mention, le Piémont a été amené, pour les besoins de l'irrigation, à construire dans plusieurs localités des réservoirs artificiels plus ou moins vastes, parmi lesquels il y a lieu de citer les suivants, en regard de leur superficie, de leur profondeur et de l'étendue des terres arrosées (1), dans les provinces d'Albe et de Turin :

| Réservoirs. | Surface. | Profondeur maxima. | Étendue des terres arrosées. |
|---|---|---|---|
| | hect. | m. | |
| Ternavasio...... | 40 | 5.00 | 60 hectares de prairies. |
| Olivieri......... | 6 | 3.00 | 7 hectares de prairies. |
| Colombero..... | 4 | 2.50 | plus de 13 hectares de prairies. |
| Gallina ......... | 4 | 1.50 | plus de 8 hectares de prairies. |
| Palermo ........ | 5 | 3.00 | comprend 2 réservoirs arrosant 9 hect. |
| Pratolero....... | 4 | 2.00 | 8 à 10 hectares. |
| Mourgian....... | 2 | 2.50 | 5 à 6 hectares. |
| Pralormo....... | » | 10.00 | 200 hectares de cultures diverses. |

Les réservoirs de plus petites dimensions reçoivent outre les eaux pluviales et de sources, les écoulements des fosses à fumier, des eaux domestiques, de lavage d'écuries, etc., qui ajoutent des substances fertilisantes, utilisables pour les prairies.

*c.* **Étangs-réservoirs (France).** — En France, la plupart des étangs ne servent pas aux irrigations, et quand par exception on les emploie, c'est d'une manière spéciale ou incomplète. « Une des principales causes qui empêchent, suivant Pareto, de construire des réservoirs pour les irrigations, autres que des étangs, c'est l'o-

(1) Vignotti, d'après Pareto, *Journ. agric. prat.*, 1863.

pinion généralement admise qu'il faudrait les faire très vastes pour irriguer seulement une petite surface. » Cette opinion peut aller de pair avec celle « qu'il faut « avoir des terrains situés près des cours d'eau et pou- « voir y pratiquer des dérivations, pour faire des irri- « gations. » Or, on peut se procurer une grande partie de leurs avantages pour une foule de terrains éloignés des courants permanents, et même se passer d'eux, quand on éprouve des obstacles pour en dériver les eaux, en employant les eaux pluviales et les réservoirs (1).

Quoi qu'il en soit, les applications des eaux des étangs-réservoirs, telles qu'elles se rencontrent en Piémont, ne se sont répandues en France que chez un nombre très limité de propriétaires et d'agriculteurs.

## VI. — LES RÉSERVOIRS DES CANAUX.

De nombreux et de vastes réservoirs ont été construits en France depuis un demi-siècle, par les ingénieurs de l'État, mais uniquement pour l'alimentation des biefs de partage des canaux de navigation, afin d'assurer à la navigation le mouillage normal. Les grandes digues de Grosbois, de Chazilly, de Cercey, de Ponthier, de Tillot, de Remilly pour les deux branches du canal de Bourgogne; de Bouzey, pour le canal Saône-et-Meuse; de la Vingeanne et de la Liez, pour le canal de la Marne à la Saône, etc., suffisent pour démontrer quels sacrifices l'État s'est imposés dans ce but.

Deux ruisseaux du département de l'Allier, l'Auron et la Marmande, ont été fermés, par exemple, depuis 1846, pour emmagasiner les eaux nécessaires au canal

(1) Polonceau, *Des eaux relativement à l'agriculture*, p. 16.

du Berri. Les réservoirs établis à l'extrémité des vallées accidentées où coulent ces ruisseaux, offrent ensemble une surface de 208 hectares et une capacité de 7 millions et demi de mètres cubes; ils livrent à un écoulement régulier 11 millions et demi de mètres cubes d'eau par an. Les bassins formés par le terrain triasique, les sables et les argiles tertiaires qui se drainent sur une superficie de 6,300 hectares, abandonnent aux réservoirs plus du tiers de la quantité d'eau pluviale qu'ils recueillent (1).

Il en est de même des réservoirs établis en amont de Montluçon, qui captent les eaux des affluents du Cher, sur des terrains granitiques moins perméables. Le rapport entre le volume d'eau emmagasiné et celui de l'eau pluviale qui tombe annuellement serait encore plus élevé; il atteindrait 56 pour 100.

Comme pour les bassins-réservoirs destinés aux irrigations, ceux que nécessite l'alimentation des canaux navigables, font appel aux ruisseaux et aux sources qui prennent naissance au-dessus du bief de partage. Ces cours d'eau, le plus souvent à pentes rapides, ne convergeant pas au bief, il est nécessaire de les dériver en totalité ou en partie, à l'aide de canaux ou d'aqueducs dans lesquels la vitesse de l'eau est supérieure à 0$^m$,20 ou 0$^m$,30 par seconde, pour qu'ils n'aient pas trop de longueur et ne s'ensablent pas à la suite des orages.

Les produits inconstants des cours d'eau et l'étiage, qui coïncide d'ordinaire en été avec l'époque où la navigation est la plus importante et où la dépense des biefs est la plus grande, obligent de mettre en réserve les eaux surabondantes d'hiver pour les ajouter aux eaux insuffisantes de l'été, et d'établir des réservoirs. Ces réser-

---

(1) Gallicher, *Rapport sur l'état des travaux publics à l'Assemblée nationale,* juillet 1871.

voirs sont le plus souvent constitués par des digues, telles que nous les avons déjà décrites, barrant une vallée ou un vallon que parcourent un ruisseau, un torrent ou des sources abondantes, et dont le versant offre une assez grande étendue pour recueillir les pluies qui tombent. Le jaugeage des sources et des ruisseaux et l'observation des volumes annuels de pluie permettent de calculer la quantité d'eau que le réservoir devra contenir et la hauteur à donner à la digue. Souvent ces ressources ne suffisent pas, même pour le débit des grandes eaux, et il faut recourir aux machines qui élèvent les eaux inférieures d'une rivière jusqu'au niveau du point de partage.

Les digues des canaux se construisent suivant trois systèmes : remblais seuls, murs et remblais, et mur seul.

**1. Digues en terre.** — Les digues en terre, d'après Déglin (1), ont au moins 6 mètres d'épaisseur au sommet, et leur crête doit dépasser d'au moins $1^m,5o$ le niveau maximum des eaux. En outre, cette crête doit être couronnée d'un pavé et garnie d'un parapet. Les vagues font que ces dimensions sont souvent augmentées, pour empêcher le ravinement et les brèches du talus extérieur, par les eaux qui franchiraient le couronnement. L'intensité des vagues dépend de l'orientation, de la surface et de la profondeur du bassin. Au réservoir de Chazilly que nous signalons plus loin, on a observé des vagues de 3 mètres de hauteur, et à celui de Cercey, qui a une forme circulaire, des vagues de 2 mètres.

L'inclinaison à donner aux talus des digues peut varier de 1,25 à 3 de base pour 1 de hauteur; comme les parements des remblais tendent toujours à prendre

(1) Art. *Canal. Dictionnaire des Arts et Manufactures*, 2e éd., t. I, 1853.

un profil concave, plus raide vers le haut et plus doux vers le bas, il a été proposé, notamment pour les terres glissantes, de partager le profil en trois parties séparées par des banquettes horizontales, et présentant 1,5,2 et 3 de base pour 1 de hauteur.

Quel que soit le mode de construction des remblais en

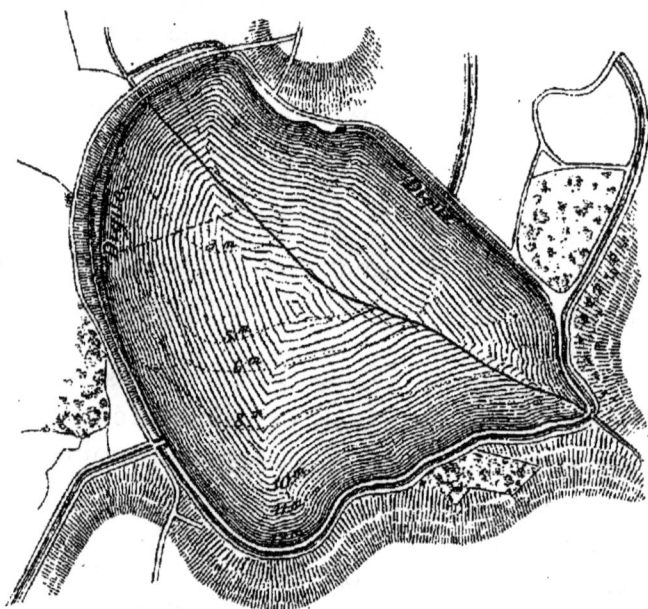

FIG. 55. — RÉSERVOIR DE CERCEY; TYPE DE REMBLAI; PLAN.

terre, leur parement intérieur est revêtu d'un perré posé par assises réglées, ou à joints incertains, ou même d'un simple enrochement, qui défend la surface mouillée contre les corrosions des vagues et le choc des eaux en mouvement.

*Digue de Cercey.* — Sans nous étendre davantage sur la construction des digues en terre, nous décrirons le réservoir de Cercey, dont le mur circulaire est formé seulement de remblai.

Situé près du village de Toisy, le réservoir occupe le fond d'une petite vallée (voir le plan fig. 55) et reçoit les eaux du ruisseau le Thorey, par un canal de 14 kil. de longueur.

La digue a 1<sup>m</sup>,50 d'épaisseur à la crête, et 50 mètres à la base ; elle est revêtue de maçonnerie sèche extérieurement. Sa longueur est de 1,040 mètres, et son profil est formé par deux talus rectilignes également inclinés, de 10 de base pour 4 de hauteur, sans retraites. La hau-

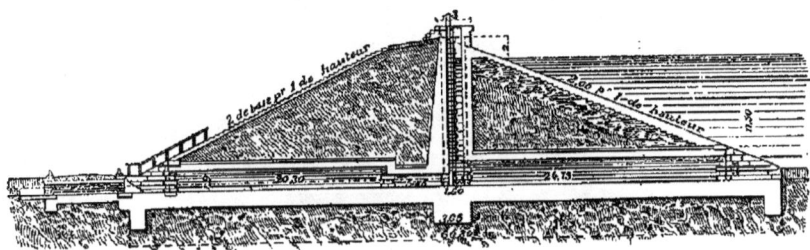

FIG. 56. — RÉSERVOIR DE CERCEY ; COUPE TRANSVERSALE DE LA DIGUE EN TERRE.

teur de la crête est de 12 mètres, et la capacité du réservoir de 34,00,000 mètres cubes.

La prise d'eau (fig. 56) se fait au moyen d'un aqueduc placé au radier du réservoir. Un puits sert à manœuvrer du haut de la digue, par une tige, la vanne de l'aqueduc.

Le déchargeoir de fond consiste en un aqueduc que ferme également une vanne manœuvrée du haut de la digue. Un petit déversoir est pratiqué sur la rive droite.

Le canal de 4,000 mètres de longueur qui reçoit les eaux du réservoir, les conduit au bief de partage du canal de Bourgogne, à Pouilly.

A la suite de divers mouvements insignifiants que la digue éprouva dans les années 1836, 1841 et 1842, il arriva après de fortes pluies, en janvier 1846, qu'une partie de l'ouvrage, tant à l'intérieur qu'à l'extérieur, subit un glissement, et la plate-forme s'affaissa naturellement, de telle sorte que la surface a pris une cambrure cycloïde, que l'on retrouve dans d'autres digues, comme celle de Vassy.

**2. Digues mixtes**. — Le système des digues mixtes

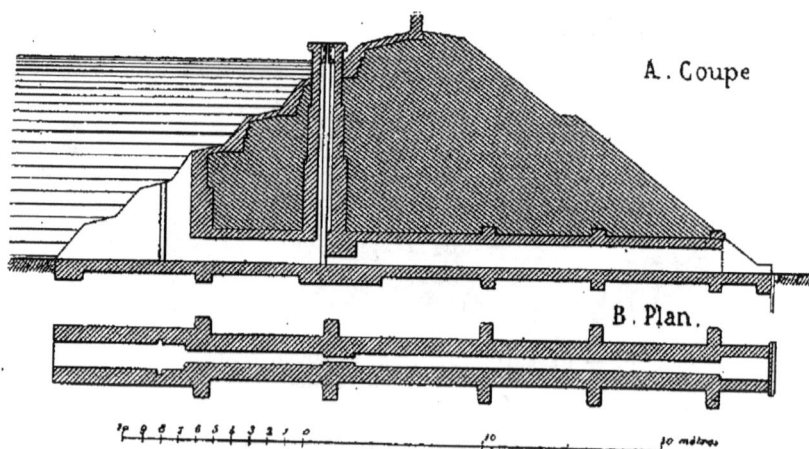

A. Coupe

B. Plan.

FIG. 57. — RÉSERVOIR DE TORCY; COUPE ET PLAN DE LA DIGUE DANS L'AXE DE L'AQUEDUC.

paraît être le moins économique de tous, car l'ensemble des maçonneries qu'il exige représente un cube au moins égal à celui que nécessiterait un mur unique, et les remblais ne donnent lieu qu'à une dépense excédante.

*Digue de Torcy*. — Comme type de digue mixte, construite pour les anciens réservoirs, nous citerons celui du réservoir de Torcy qui alimente le canal du Centre; il offre, pour une hauteur d'eau maximum de 11 mètres, une capacité de 2,380,000 mètres cubes. Le talus extérieur du remblai en terre porte en profil une retraite avec banquette; le talus intérieur, avec revêtements maçonnés sur une épaisseur de 1 mètre à $1^m,25$, est formé par une série de sept plans inclinés jusqu'à la crête. La largeur de la digue (fig. 57) est de 40 mètres, et la hauteur au couronnement, de 13 mètres.

L'aqueduc servant de prise d'eau offre une section rétrécie au droit du puits maçonné vertical ; c'est de la première banquette du talus intérieur, au niveau de laquelle affleure le sommet du puits, que se fait la manœuvre.

*Digue de Saint-Ferréol.* — Le bassin de Saint-Ferréol sur le canal du Midi, présente un type plus complet du

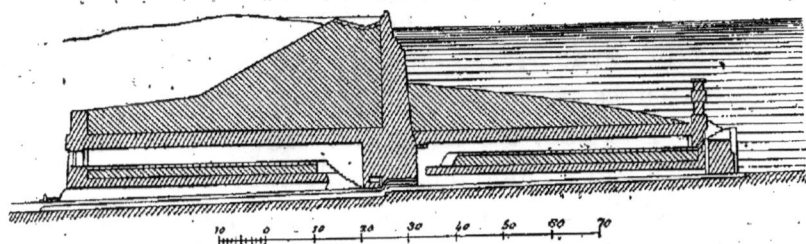

FIG. 58. — RÉSERVOIR DE SAINT-FERRÉOL; TYPE MIXTE; COUPE DE LA DIGUE PAR L'AQUEDUC.

système mixte. La digue en terre (fig. 58) de 140 mètres de longueur à la base, est soutenue et consolidée par deux murs extrêmes. Un troisième mur est construit à peu près au milieu de la digue. Les terres, dont les talus sont très doux, arrivent à l'aval au niveau du sommet du mur central, et à l'amont, seulement à $9^m,40$ en contre-bas de ce même niveau, de façon que lorsque les eaux sont basses dans le bassin, la partie supérieure de ce mur, sur une hauteur d'un peu plus de 9 mètres, supporte sans contrepoids le massif de terre qui est derrière lui.

L'épaisseur des murs extrêmes se calcule comme celle des murs de soutènement, en tenant compte pour le mur d'amont, du poids des terres imbibées d'eau;

quant à celle du mur central, elle se calcule sur la sur-
charge que donne le massif d'aval.

L'aqueduc qui traverse la digue n'est pas seulement
fondé avec solidité pour rompre les filtrations, et pourvu
de contreforts en saillie qui brisent les lignes droites
qu'offriraient les parements dans le sens de la longueur,
mais il lui a été ajouté trois tuyaux, scellés dans le mur
du milieu, garnis en amont d'une grille et terminés en
aval par des robinets de 0$^m$,20 de diamètre. Par suite de
leur tendance à se soulever quand l'eau y arrive avec
pression, ces robinets sont maintenus par une vis.

Le bassin de Saint-Ferréol, pour une hauteur d'eau
maximum de 31$^m$,35 offreune capacité de 6,374,000 mètres cubes.

**3. Digues en maçonnerie.** — On construit ces
digues soit à l'aide d'un simple mur dont les parements
sont en ligne droite, ou profilés par retraites successives,
soit à l'aide d'un mur soutenu par des contreforts également en maçonnerie.

Les trois conditions essentielles à remplir, comme nous
l'avons déjà signalé, sont les suivantes : bien enraciner les
fondations et les flancs dans le sol, afin qu'aucune filtration ne vienne affaiblir ou menacer l'ouvrage ; donner
une résistance suffisante à la poussée de l'eau ; et rendre
imperméable la maçonnerie pleine.

Nous verrons que l'étude du terrain est de la plus grande
importance pour assurer le succès des réservoirs, et qu'un
grand nombre de ces coûteux ouvrages ont péri par les
fondations, devenues perméables ou mobiles sous une forte
pression d'eau. Des enracinements en maçonnerie ou en
béton, d'une profondeur de 1 mètre à 1$^m$,50, sur 3 mètres de largeur, le long de la base, n'ont pas suffi parfois pour préserver les murs.

Pour le calcul de l'épaisseur, supposée égale sur toute

la hauteur du mur, qui peut faire équilibre à la poussée des eaux du réservoir (1), les formules de Navier donnent dans les cas les plus défavorables pour la résistance au renversement :

$$E = 0.41 \times h.$$

et pour la résistance au glissement :

$$E' = 0.50 \times h.$$

Mais Déglin remarque que l'on doit considérer ces résistances comme des minima, car au réservoir de Grosbois (canal de Bourgogne), où l'épaisseur a été établie à 1,65 de l'épaisseur théorique, nécessaire pour résister à la poussée, les lézardes se sont prononcées avant que les eaux fussent arrivées à leur hauteur définitive.

Le canal de Nantes à Brest offre l'exemple de deux réservoirs dont les murs supportent des charges, avec des épaisseurs qui sont en raison inverse de l'effort de la poussée des eaux. Tandis que le mur du réservoir de Bosméléac, dont les parements sont, l'un incliné, l'autre vertical (voir le profil, fig. 59), supporte une charge d'eau de $14^m,30$ avec une épaisseur moyenne d'environ 7 mètres, ce qui réduit la maçonnerie à un cube minimum, le mur du réservoir de Vioreau, dont les parois sont verticales (voir le profil, fig. 60), supporte une charge de 10 mètres seulement,

(1) Navier a donné deux formules théoriques, l'une pour la résistance au renversement :

$$E = 0.59\, h \sqrt{\frac{\text{densité de l'eau.}}{\text{densité de la maçonnerie}}};$$

l'autre pour la résistance au glissement :

$$E' = \frac{h}{2\,F} \times \frac{\text{densité de l'eau.}}{\text{densité de la maçonnerie}};$$

$h$ étant la hauteur totale depuis la base, F étant le rapport du frottement à la pression, eu égard à la résistance du terrain en aval des fondations.

avec une épaisseur de 8 mètres, c'est-à-dire avec excès de maçonnerie.

Le réservoir de Vioreau offre d'ailleurs la singularité, dans sa construction, d'une cloison imperméable au sein du massif, consistant en une tranche de béton, de 2 mètres d'épaisseur, qui sépare le corps de la digue en deux parties égales. A une hauteur d'eau maximum de 10 mètres, correspond une capacité de 7,497,000 mètres cubes.

*Digue de Grosbois.* — Le mur du réservoir de

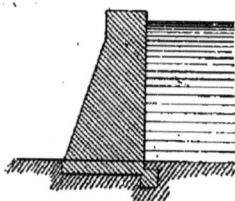

FIG. 59. — RÉSERVOIR DE BOSMÉ-LÉAC; COUPE DE LA DIGUE.

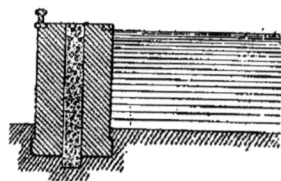

FIG. 60. — RÉSERVOIR DE VIOREAU; COUPE DE LA DIGUE.

Grosbois (fig. 61 à 64) présente un profil, à l'aval, presque vertical, et à l'amont, une série de retraites dont la hauteur est de 3$^m$,52 pour 1$^m$,30 de largeur. L'épaisseur à la base est de 14 mètres, et au couronnement de 6 mètres. La hauteur est de 22$^m$,30 au-dessus du lit du torrent la Brenne, et de 23$^m$,80 au-dessus du niveau des fondations; la longueur à la crête est de 500 mètres.

Fondée sur l'argile du lias, dont le clivage est dirigé en tous sens, la digue de Grosbois, malgré les infiltrations qu'on chercha à arrêter pendant la construction, fut achevée et mise en charge; mais dès que la hauteur de 17 mètres fut atteinte, les lézardes se manifestèrent au plan de jonction du puits circulaire de la prise d'eau, et la digue s'avança tout entière de quelques centimètres. La vidange ayant été faite, les lézardes se refermant,

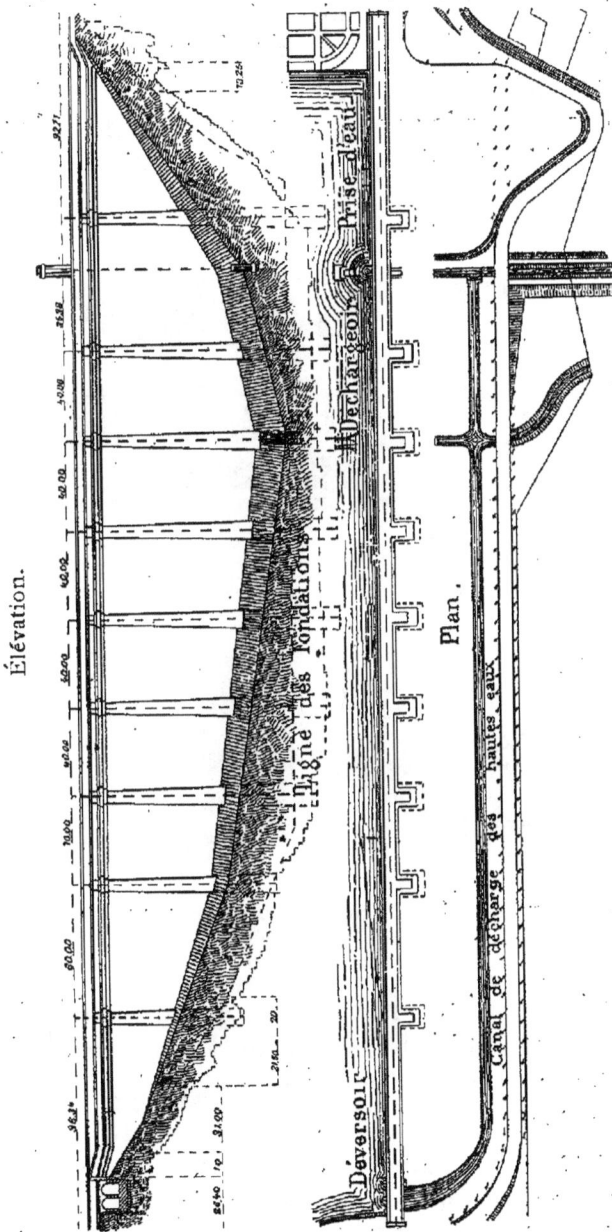

Fig. 61. — Réservoir de Grosbois; vue d'amont et plan de la digue en maçonnerie.

la digue reprit sa position primitive, en gardant une

courbure qu'elle n'avait pas. De nombreux essais ayant
démontré depuis, l'élasticité de la digue, on reconnut par
l'examen des fondations que la poussée de l'eau faisait
néanmoins glisser le mur sur sa base, de 0,045, le réservoir étant vide, et d'une quantité bien plus grande, le

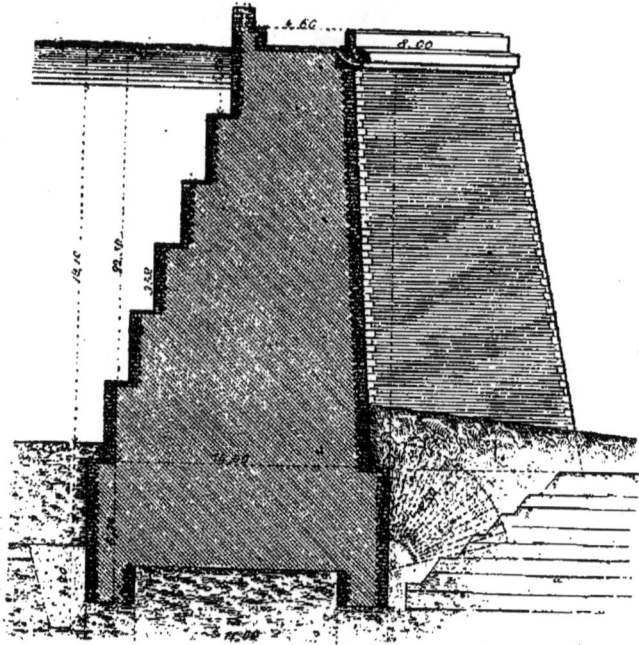

Fig. 62. — Réservoir de Grosbois; coupe de la digue et vue du contrefort d'aval.

réservoir étant plein. Ce fut alors qu'on se décida à soutenir la digue extérieurement d'abord par sept, puis par
deux autres contreforts, ayant 11 mètres d'épaisseur à la
base, 4 mètres au sommet, et faisant une saillie de
8 mètres sur le parement aval. Depuis ce soutènement, les
fissures ne se sont plus montrées (fig. 61 et 62).

Le réservoir de Grosbois est pourvu d'un puits de
prise d'eau demi-circulaire, placé sur la rive gauche, qui

permet de desservir deux bouches : l'une à 5 mètres au-
dessous de la crête, et l'autre à la partie inférieure, dé-
versant les eaux dans un canal de décharge de $1^m,30$ de
largeur (fig. 63 et 64).

Un déversoir de superficie placé à 3 mètres au-dessous

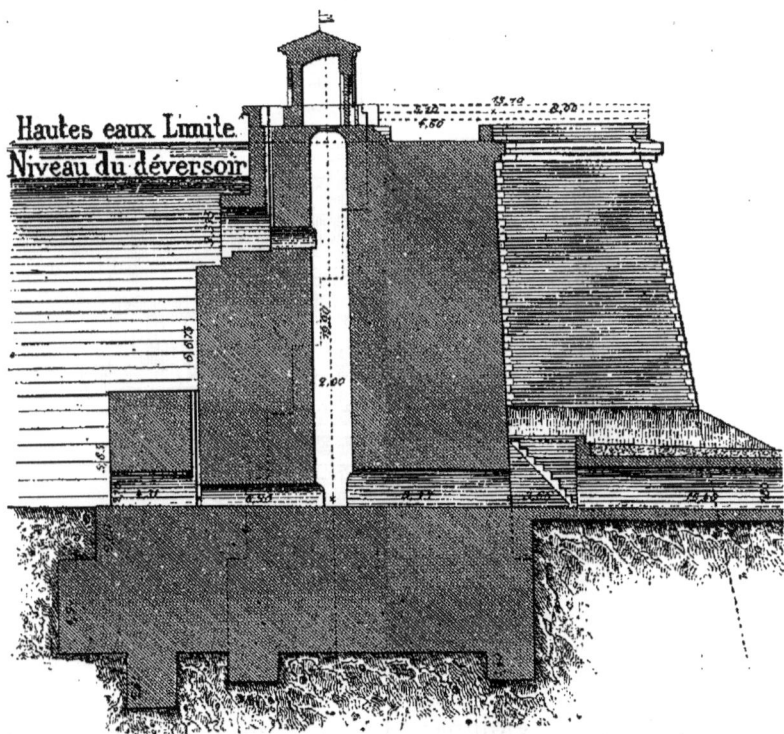

FIG. 63. — RÉSERVOIR DE GROSBOIS ; COUPE DE LA DIGUE
PAR L'AXE DE LA PRISE D'EAU.

du couronnement est divisé en deux sections, sur une
largeur de 10 mètres.

Le bassin hydrographique qui alimente le réservoir de
Grosbois, d'une surface de 38 hectares, s'étend sur
27 kil. carrés. On estime que de 33 à 50 pour 100 de
l'eau pluviale annuelle y sont recueillis.

L'ensemble des dépenses ayant atteint 3,600,000 francs,

pour une capacité de 9,200,000 mètres cubes, le prix du
mètre cube d'eau revient à o fr. 39.

*Digue de Chazilly*. — Le réservoir de Chazilly qui
alimente comme celui de Grosbois, le canal de Bourgogne, reçoit les eaux, non seulement de la petite vallée
des Sabines où il est établi, mais encore de deux autres

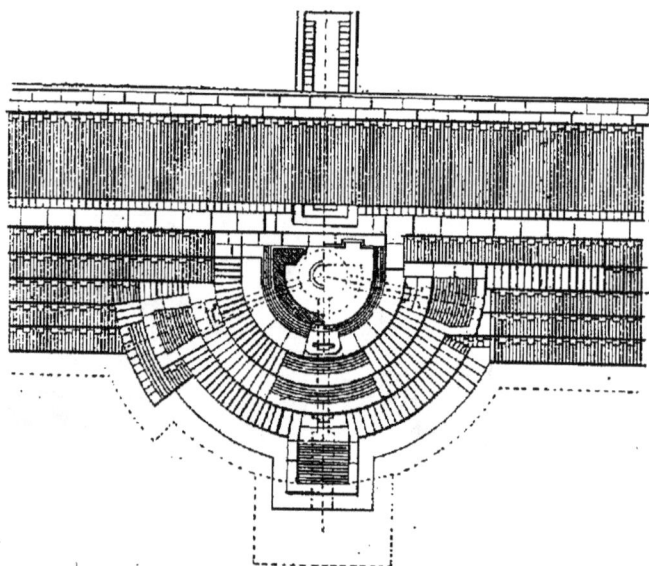

Fig. 64. — Réservoir de Grosbois; plan du puits de la prise d'eau.

bassins plus éloignés. La totalité des eaux des trois
bassins le remplit difficilement.

La digue en maçonnerie, de $22^m,50$ de hauteur, sur
une longueur de 536 mètres, a été construite d'après le
type du réservoir de Grosbois; elle a une épaisseur de
$4^m,08$ à la crête et de $16^m,20$ à la base. La capacité du
réservoir est de 5,200,000 mètres cubes.

Le profil est à retraites successives du côté d'amont, et
à peine incliné du côté d'aval. Comme à Grosbois, six
contreforts (fig. 65) soutiennent le mur dont les fonda-

tions reposent sur l'argile; la prise d'eau se fait par une tour demi-circulaire (voir le plan); le canal de décharge passe au pied de la digue, dans l'axe de l'ouvrage. Un déversoir, sur la rive droite, écoule les eaux dans un canal qui rejoint celui amenant les eaux au bief de partage du canal de Bourgogne, situé à 7 kilomètres du réservoir.

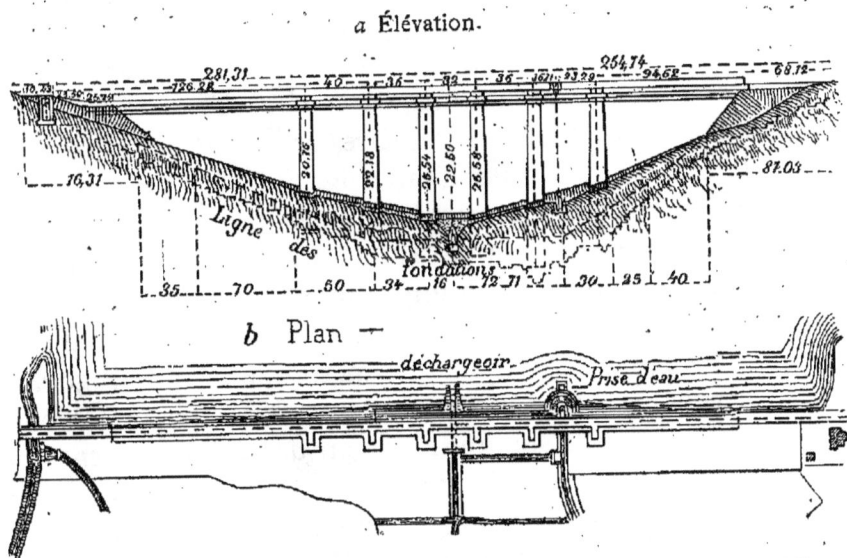

FIG. 65. — RÉSERVOIR DE CHAZILLY; VUE D'AMONT ET PLAN DE LA DIGUE EN MAÇONNERIE.

*Digue de Bouzey*. — Le réservoir de Bouzey est de construction plus récente que celle des ouvrages qui viennent d'être décrits; il a été établi après la guerre de 1870, pour alimenter les biefs des deux branches du canal à double pente, dit canal de l'Est, appelé à remplacer le canal du Rhin.

Situé entre 6 et 7 kil. de distance d'Épinal, il reçoit les eaux de la vallée de l'Avière que barre la digue, et celles de la Moselle que dérive un canal de 14 kilomètres.

La hauteur de la retenue est de 15 mètres environ et

la longueur de 471 mètres; la capacité représente 7 millions de mètres cubes.

Le terrain sur lequel pose le mur de la digue est formé de grès bigarrés du trias, assez poreux, qui résistent à une compression de 300 à 600 kilog. par centimètre carré, mais cèdent à une traction de 11 kilog. seulement. Les couches étant sensiblement horizontales et sans cohésion à la surface, on a cherché, pour asseoir les fondations sur la roche compacte, à descendre un mur de garde de l'épaisseur de 2 mètres jusqu'à cette roche dont la profondeur varie entre 3 et 6 mètres et atteint 10 mètres dans le thalweg du cours d'eau (fig. 66).

Le réservoir, construit sous la protection de ce mur, fut mis en charge en 1882, mais à peine la cote de $2^m,50$, inférieure à la limite maximum de retenue, fut-elle atteinte, que des filtrations se firent jour, et dans le thalweg même, à quelques mètres derrière la digue, apparut une source débitant jusqu'à 300 litres par seconde. La digue céda sur une longueur de 135 mètres environ, en avançant de $0^m,37$, mais avec la même concavité dans la partie basse qu'au sommet. D'autres fissures verticales se déclarèrent plus tard, offrant le singulier phénomène de s'ouvrir pendant l'hiver et de se fermer en été. En conséquence de cet état d'instabilité, le réservoir n'a plus été rempli qu'à la cote correspondant à une capacité de 4 millions, au lieu de 7 millions de mètres cubes.

Le profil du mur est continu (fig. 67); le parement d'amont est vertical, et celui d'aval est établi suivant une courbe qui admet pour une surélévation de 2 mètres d'eau dans le réservoir, une pression inférieure à 10 kilogr. par centimètre carré. Les charges et la courbe des pressions ont été calculées sur base d'un poids spécifique égal à 2,000 kilogr. pour la maçonnerie.

A Élévation du côté amont.

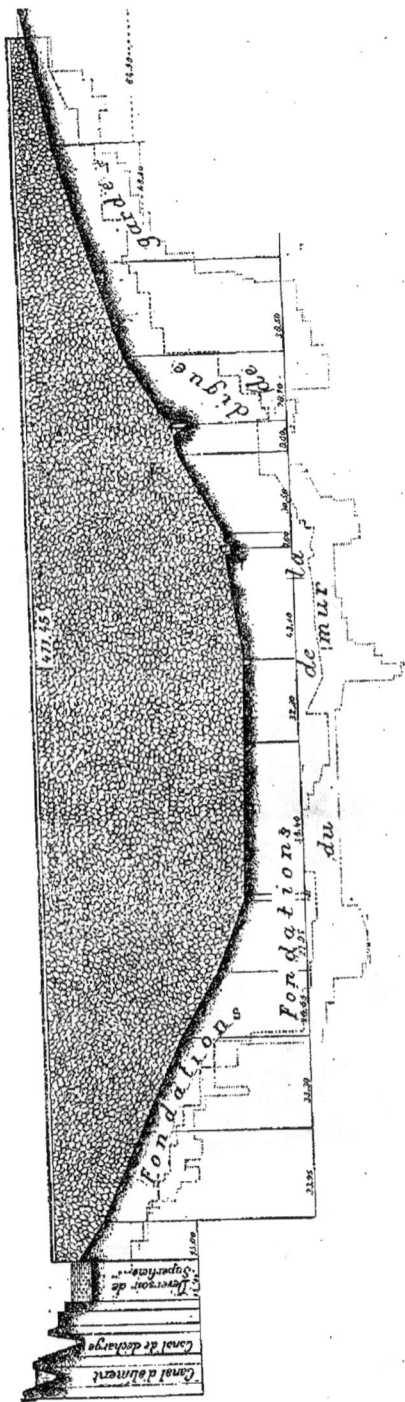

B Plan de la digue

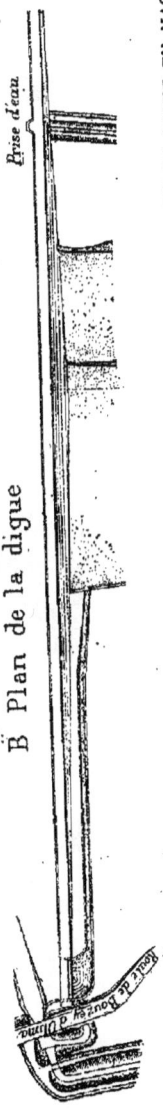

Prise d'eau

Fig. 66. — Réservoir de Bouzey; élévation d'amont et plan de la digue en maçonnerie.

## a Coupe de la digue

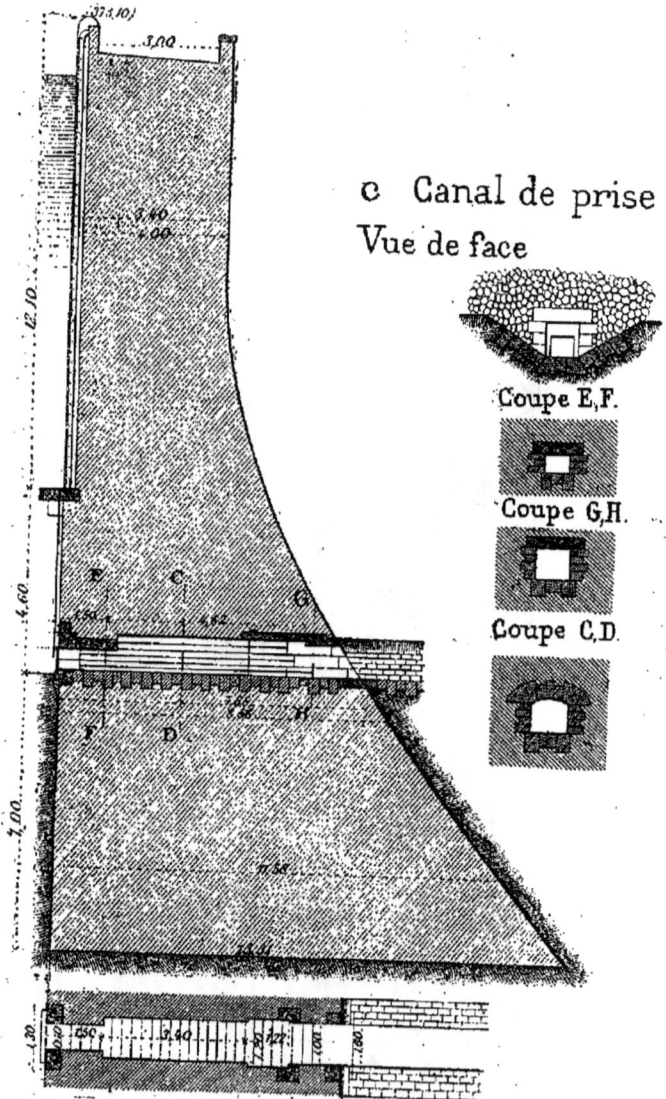

## c Canal de prise
### Vue de face

Coupe E,F.

Coupe G,H.

Coupe C,D.

b. Plan ou Coupe horizontale

FIG. 67. — RÉSERVOIR DE BOUZEY; COUPE ET PLAN DE LA DIGUE ET VUE DE FACE AVEC SECTIONS DU CANAL DE PRISE.

L'axe de la digue est rectiligne ; peut-être eût-il mieux valu, étant donné le mauvais état du terrain et des matériaux fournis par le grès bigarré, adopter un axe curviligne avec deux épaulements rectilignes. Le mur de garde, bien que descendu à 7 mètres au-dessous du lit du cours d'eau, n'ayant pas atteint la roche solide, a été

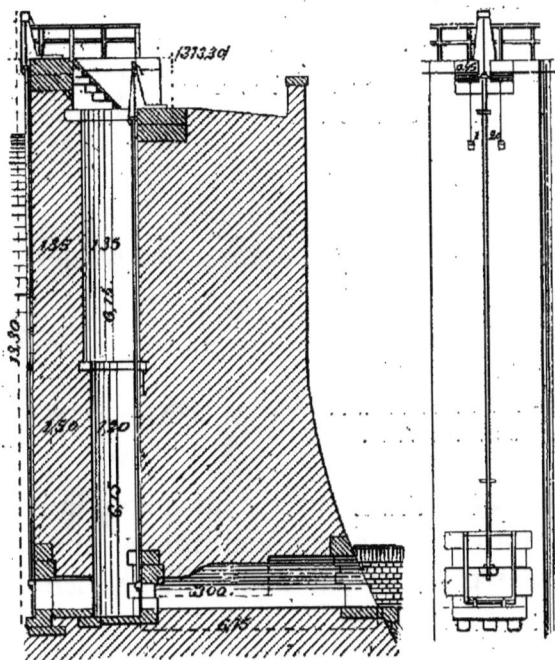

Fig. 68. — Réservoir de Bouzey; coupe et vue d'amont de la prise.

insuffisant pour assurer l'imperméabilité de l'ouvrage.

La prise d'eau se fait par une tour à vide cylindrique d'un diamètre intérieur de 2$^m$,41, et de forme prismatique ou semi-hexagonale extérieurement (fig. 68 et 69). Deux ventelles au bas de la tour, séparées par un pilier de 0$^m$,80 d'épaisseur, ferment des orifices de 0$^m$,80 de largeur sur 0$^m$,55 de hauteur. Une troisième ventelle à l'extérieur de la tour en amont sert de vanne de sûreté pendant les réparations. Les trois ventelles en fonte (voir les détails, fig. 71) sont manœuvrées du haut de la digue, par un treuil.

La galerie de prise d'eau est large de 2ᵐ,40 sur 0ᵐ,55 de hauteur jusqu'au débouché dans la tour ; son niveau est situé à 4 mètres au-dessus du lit du cours d'eau (voir les coupes, fig. 67).

Le canal de décharge au fond du thalweg est fermé par une vanne en fonte (fig. 70) qui se manœuvre sur une petite plate-forme située à 1 mètre au-dessus du seuil des

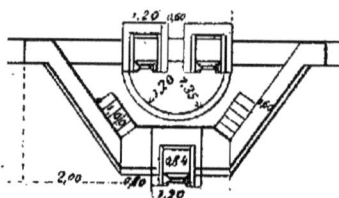

FIG. 69. — PLAN SUPÉRIEUR DE LA TOUR
DE PRISE D'EAU.

FIG. 70. — DÉCHARGEOIR
DE FOND.

ventelles de prise d'eau. Ce canal était inutile, puisque la plate-forme est immergée et que les eaux d'alimentation, amenées par un canal de 14 kilom., viennent en grande partie de la Moselle.

Enfin, le déversoir de superficie placé sur la rive droite, à 0ᵐ,60 au-dessus de la plate-forme du couronnement, offre une largeur de 15 mètres. Il s'épanche dans un canal qui réjoint le lit de l'Avière.

D'après les exemples que nous venons de citer, auxquels nous ajoutons ceux du barrage du Pas-de-Riot sur le Furens, et des bassins du canal de Marseille, il devient assez difficile de poser des règles fixes qui puissent guider dans le choix du système de digues. Il est vrai que les fondations des murs exigent des terrains d'une

grande résistance, tandis que les digues en terre qui
ont un empattement considérable, courent moins de risques sur des terrains moins résistants; mais les conditions d'imperméabilité, de bonne soudure avec le sol naturel et sur les côtés du vallon, de résistance à l'action du
temps et des dégradations latentes, semblent être en faveur des digues muraillées, lorsque la profondeur n'est pas
trop grande et que des
mouvements de l'eau
trop fréquents ne sont
pas à prévoir.

Une considération
doit dominer toutes les
autres, dès que le terrain
pour asseoir les fonda-
tions a été trouvé irré-
prochable, c'est la dé-
pense, qui entraîne le
coût du mètre cube d'eau
emmagasiné.

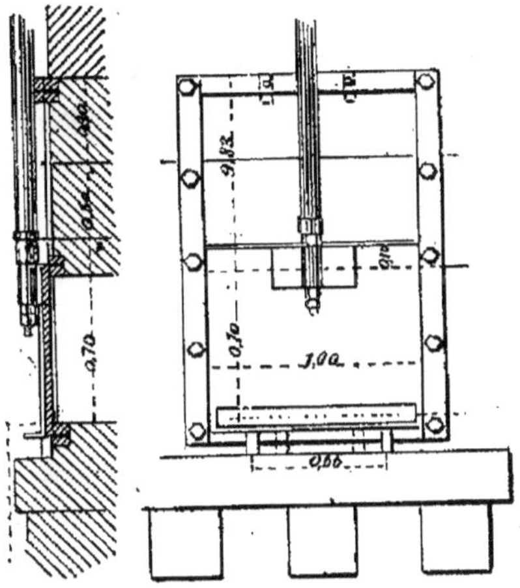

*Barrage du Furens.*
— Le barrage du Pas-de-

FIG. 71. — RÉSERVOIR DE BOUZEY;
DÉTAILS D'UNE VENTELLE.

Riot, construit en moellons de granit, avec couronnement
en pierre de taille, représente un cube de maçonnerie de
37,600 mètres cubes; il forme en plan un arc de cercle
dont le rayon moyen est de 350 mètres. L'épaisseur de
la digue est de 4$^m$,90 au sommet et de 21$^m$,86 au niveau
du sol de la vallée.

Les eaux sont évacuées en temps ordinaire par un tunnel de vidange de 81 mètres de longueur entre les têtes; il
est creusé dans le rocher contre lequel s'appuie le barrage, sur la rive droite du Furens. Du côté du réservoir,
l'extrémité du tunnel est fermée par un massif de
20 mètres d'épaisseur, dans lequel sont logés deux tuyaux

de 0$^m$,40 de diamètre, munis chacun d'un robinet-vanne ordinaire et d'un robinet de sûreté, qui peuvent se suppléer mutuellement. Ces tuyaux déversent, par l'intermédiaire d'un puisard destiné à amortir le choc des eaux, dans des canaux maçonnés qui aboutissent à un répartiteur d'où les eaux peuvent être envoyées dans les biefs des usines, situées en aval du barrage, ou dans le lit même du Furens. Un déversoir de superficie de 30 mètres de longueur, établi à 1 mètre en contre-bas de la chaussée du barrage, entraîne les eaux de trop-plein dans un canal de décharge qui présente sept chutes successives de 3$^m$,50 de largeur, jusqu'au Furens (1). La figure 72 donne une vue d'ensemble de la digue du Pas-de-Riot.

*Bassins de Réaltort et de Saint-Christophe.* — La Durance livre à Marseille, par le canal, des eaux contenant en moyenne 2 millièmes de leur volume de limon. Aussi, après avoir usé et abandonné une série de bassins échelonnés sur le parcours, dut-on en construire un suffisamment vaste, au moyen du barrage de la vallée de la Mérindole, dans la commune de Cabriès : c'est celui du Réaltort, qui n'a pas moins de 70 hectares de superficie (fig. 73 et 74). Après le renforcement de la digue par l'ingénieur Pascalis, le bassin fut inauguré en 1869, et depuis cette époque les eaux sont arrivées suffisamment claires à Marseille. Le bassin de Saint-Christophe, projeté par le même éminent ingénieur, dans le but de venir en aide à celui de Réaltort, avant qu'il ne fût comblé par les limons (2), est formé par un barrage de la vallée de Saint-Christophe, en face le pont de Cadenet, à 15 kilom. en aval de la prise. La superficie est de 23 hectares

(1) *Notice sur les modèles, etc., des ponts et chaussées,* 1878, p. 34.
(2) *Projet du bassin d'épuration de Saint-Christophe,* par M. Pascalis, ingénieur civil *Bullet. Soc. de Mulhouse.*

FIG. 72. — VUE DE LA DIGUE DU PAS-DE-RIOT, SUR LE FURENS.

Les eaux troubles introduites au fond du bassin par

une galerie plongeante, déposent les parties les plus denses de leur vase devant le barrage, percé de galeries d'échappement à sa base, et traversé par des tuyaux en fonte que des robinets-vannes ferment extérieurement.

Le fond du bassin, recouvert d'un radier en maçon-

FIG. 73. — VUE DU BASSIN DE RÉALTORT; PRISE D'EAU DU CANAL DE MARSEILLE.

nerie, porte des cloisons espacées de $3^m,5o$ qui forment autant de canaux s'inclinant, depuis le canal de ceinture qui entoure le bassin, jusque vers le thalweg occupé par le collecteur. Chacun de ces canaux de fond ou purgeurs est muni de martelières avec vannes en tôle qui remplissent un double but : elles ramènent l'eau décantée, quand le limon s'est déposé, dans le canal de ceinture en communication par des siphons automatiques avec la branche-mère, et quand on doit procéder au curage, la hauteur du limon ayant atteint $1^m,5o$, elles servent à expulser par la galerie du puits, sous de forts courants d'eau, les vases accumulées qui retombent en aval dans la Durance.

Quand, après cinq mois environ, le réservoir est encombré de plus de 30,000 mètres cubes de limon, on dirige

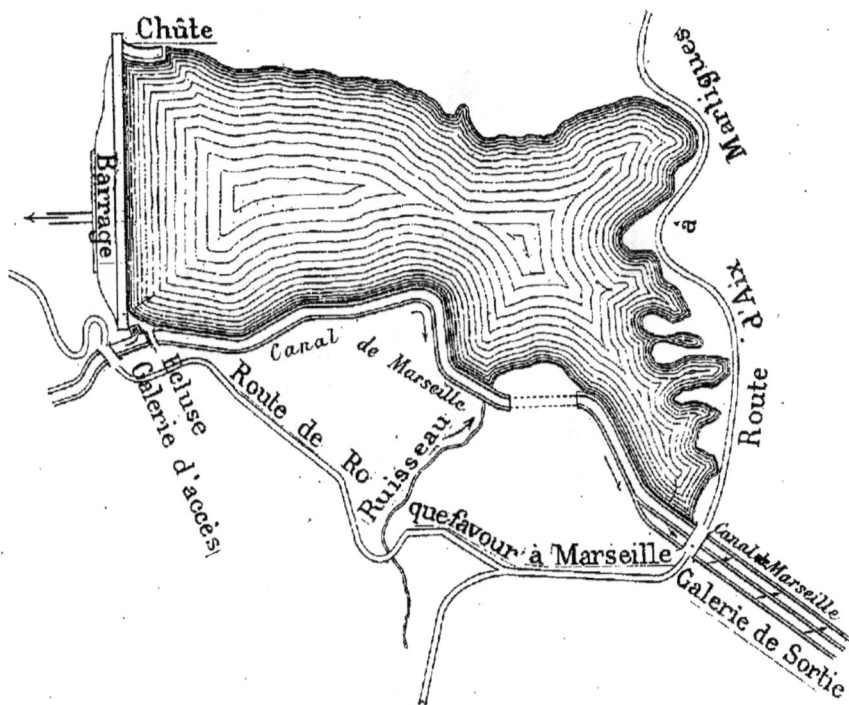

FIG. 74. — PLAN DU BASSIN DE RÉALTORT; CANAL DE MARSEILLE.

une partie des eaux du canal principal par une branche spéciale, pour les faire décanter dans le bassin de Réaltort, et on opère la chasse des canaux purgeurs par l'admission d'un volume de 2,400 litres à la seconde. La durée du curage est de 2 mois et demi environ; mais elle peut se réduire à 1 mois et demi. L'eau de décharge du réservoir, pendant le curage, renferme un tiers en volume de

Entrée
du Canal

*Siphon*

Rocher

Chambre des Écluses de fond

Niveau des Canaux de fond

Rocher

Canal de
Marseille

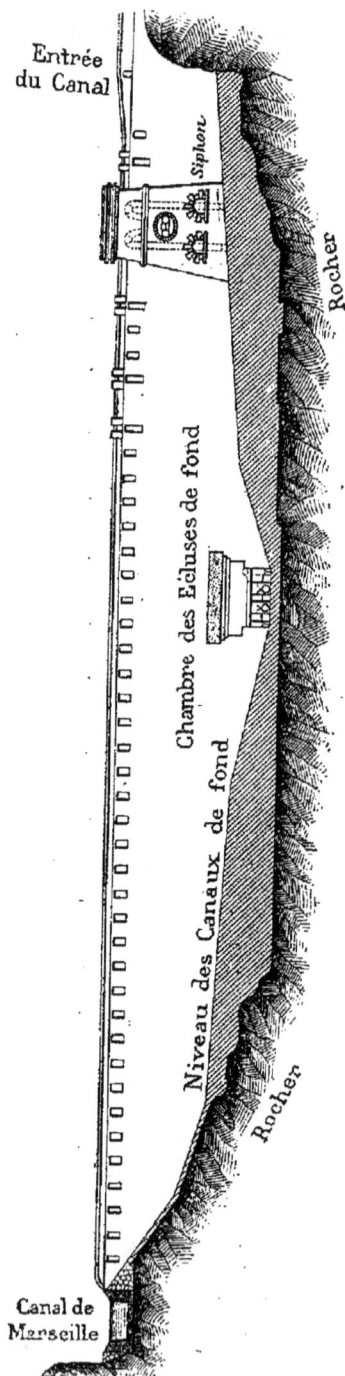

FIG. 75. — VUE CÔTÉ D'AMONT DU BARRAGE DU BASSIN DE SAINT-CHRISTOPHE; CANAL DE MARSEILLE.

limon, correspondant à
450 grammes par kilogr.
d'eau trouble (1).

Les figures 75 et 76
représentent la vue du
côté d'amont et la coupe
du barrage qui forme le
bassin de Saint-Christo-
phe, tel que Pascalis
l'avait projeté.

Dans le tableau LVIII
nous avons relevé les principaux ouvrages de rete-
nue, destinés à l'alimen-
tation des villes en eaux
potables, en forces motrices, et des biefs de par-
tage des canaux de navi-
gation, qui ont été exécutés dans ces 50 dernières
années, en France, au
compte des départements,
des municipalités et de
l'État. Le coût total des
travaux des digues a at-
teint 30 millions de francs
pour emmagasiner théori-
quement 61 millions et
demi de mètres cubes
d'eau ; ce qui met le prix

(1) *Annali di agricoltura. Relazione di Zoppi e Torricelli*, 1886,
p. 154.

du mètre cube d'eau emmagasiné à o fr. 48. La dépense
totale, comprenant les frais d'acquisition et d'indemnités,
qui augmenteraient notablement le prix moyen du mètre
cube, est toutefois beaucoup plus élevée que ne l'indique
le tableau; ainsi la ville de Saint-Étienne, pour sa part,
n'a pas reculé devant l'acquisition des eaux du Furens,

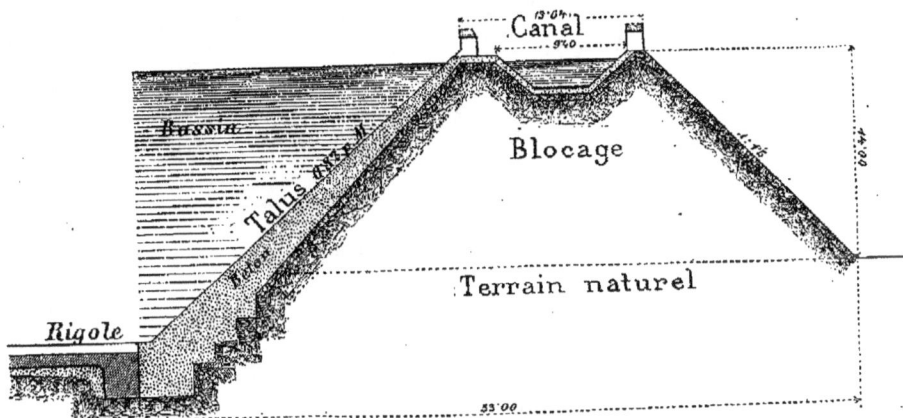

FIG. 76. — COUPE DU BARRAGE DU BASSIN DE SAINT-CHRISTOPHE;
CANAL DE MARSEILLE.

au prix de 2,200,000 francs qui ne figurent pas dans le
montant total.

En regard de cette dépense estimée à 40 millions de
francs pour les ouvrages indiqués, si l'on tient compte
des frais accessoires, l'agriculture n'a obtenu, comme on
le verra plus loin, que le réservoir d'Orédon, pour une
dépense d'environ 900,000 francs, qui devra représenter
o fr. 10 comme prix du mètre cube d'eau emmagasiné.

## VII. — LES RÉSERVOIRS D'IRRIGATION.

Les réservoirs, qui offrent une aide si efficace quant
aux voies navigables et à l'alimentation des villes en eaux

TABLEAU LVIII. — *Réservoirs pour canaux d'alimentation et de navigation.*

| DIGUES OU RÉSERVOIRS. | LOCALITÉS. | ANNÉE DE L'ACHÈVEMENT. | DIGUE, LONGUEUR A LA CRÊTE. m. | DIGUE, HAUTEUR SUR LE FOND. m. | CONTENANCE TOTALE. m. cub. | COÛT TOTAL DES TRAVAUX. fr. | COÛT DE L'EAU. fr. | EMPLOI DES EAUX. |
|---|---|---|---|---|---|---|---|---|
| | | | | | | | | *Alimentation.* |
| Furens (Loire).... | Saint-Étienne. | 1886 | 100 | 50.00 | 1.600.000 | 900.000 | 0.56 | Saint-Étienne. |
| Pas-de-Riot....... | | 1878 | 155 | 34.50 | 1.850.000 | 1.271.000 | 0.90 | — |
| Rive-du-Ban.. | Loire. | 1870 | 163 | 44.50 | 1.800.000 | 844.000 | 0.47 | Saint Chamond. |
| Cotatay.......... | | » | » | 34.50 | 2.000.000 | 1.170.000 | 0.57 | Chambon. |
| La Tache ........ | | » | » | 49.20 | 4.500.000 | 1.800.000 | 0.40 | Roanne. |
| Ternay........... | Ardèche. | 1868 | 168 | 33.00 | 3.000.000 | 1.000.000 | 0.33 | Annonay. |
| Réaltort.......... | | 1869 | » | | 4.500.000 | 2.000.000 | » | Marseille. |
| Saint-Christophe.. | Bouches-du-Rhône. | 1880 | 180 | 20.00 | 2.000.000 | 1.125.000 | » | |
| Tholonet...... | | 1852 | 63 | 37.70 | 1.400.000 | 500.000 | 0.36 | Aix. |
| | | | | | | | | *Navigation.* |
| Couzon.......... | Rhône. | » | » | 23.00 | 1.400.000 | 2.000.000 | 1.43 | Canal Givors. |
| Gros-Bois... | Beaune (Côte-d'Or). | 1838 | 500 | 22.30 | 929.000 | 3.600.000 | 0.39 | Canal Bourgogne. |
| Cercey.... | Côte-d'Or. | » | 1.040 | 12.00 | 3.400.000 | 1.970.000 | 0.58 | — |
| Pont.... | Semur (Côte-d'Or). | 1883 | 151 | 20.00 | 5.300.000 | 2.000.000 | 0.37 | |
| Remilly.......... | Dijon (Côte-d'Or). | » | » | 36.00 | 336.000 | 1.270.000 | 0.38 | |
| Bouzey........... | Epinal (Vosges). | 1882 | 470 | 15.00 | 7.000.000 (1) | 3.000.000 | 1.33 | Canal de l'Est. |
| La Vingeanne..... | | 1885 | 450 | 34.70 | 7.000.000 | 4.250.000 | 0.61 | Canal Saône-et-Marne. |
| La Liez.......... | Langres (Hte-Marne). | » | 459 | 16.00 | 15.000.000 | 1.300.000 | 0.08 | — |
| | | | | | 61.615.000 | 30.000.000 | 0.48 | |

(1) Réduits à 4 millions de mètres cubes.

potables et industrielles, ne semblent pas, en effet, avoir mérité la même faveur auprès des services de l'État, pour l'agriculture.

**1. France.** — Depuis la construction, remontant à plus de cinquante ans, des réservoirs spéciaux de la Motte-d'Aygues, près de Pertuis, et de Caromb, près de Carpentras, dans le Vaucluse, dont la capacité totale ne dépasse guère 5oo,ooo mètres cubes, il ne s'est exécuté aucun travail en France, au compte du budget, en vue de créer des approvisionnements d'eau pour l'irrigation. Dans ces dernières années seulement, la transformation a été entreprise du lac d'Orédon, dont il nous reste à parler.

*Lac-réservoir d'Orédon.* — Le lac d'Orédon, converti en réservoir pour la distribution des eaux de la Neste, est situé près de la ligne de partage des bassins de la Neste et du gave de Pau, en pleine région granitique (1). Sa surface est de 24 hectares pour un bassin d'alimentation évalué à 2,770 hectares.

A l'aide d'une tranchée qui a été ouverte dans le déversoir naturel et d'un barrage transversal permettant de surélever la retenue à 16m,80, la capacité du lac comme réservoir est évaluée à 7 millions et demi de mètres cubes. La tranchée a 7 mètres de profondeur et 480 mètres de longueur, dont 167 dans le lac et 313 dans le déversoir même ; elle a été creusée dans le granit.

Quant au barrage, il consiste essentiellement en un remblai protégé à l'amont par un bétonnage qu'un perré à pierres sèches de 1 mètre d'épaisseur met à l'abri des gelées. Le remblai dont la figure 77 représente la coupe transversale, a 86 mètres de largeur à la base ; le talus amont, 34 mètres ; le talus aval, 42 mètres, et la crête, 10 mètres. La hauteur de cette crête, au-dessus du rocher

(1) *Notices sur les modèles, etc., des ponts et chaussées ;* Paris, 1878.

qui sert de fondation, est de 30 mètres; tandis qu'elle est de 23 mètres au-dessus du sommet de l'aqueduc.

Un chemin de fer à deux voies ayant été établi depuis la Prade de Camon jusqu'au sommet du barrage, le remblai s'est opéré à l'aide de wagons descendant automatiquement du chantier des déblais vers le barrage, et remontant du barrage vers le pied du plan incliné sur lequel se déchargeaient les matériaux. L'eau a été l'agent principal employé pour l'assiette du remblai. Dans un fossé longeant la voie ferrée supérieure, un courant d'eau d'environ 15 litres par seconde, a servi à délayer dans une conduite spéciale, qui se prolongeait au fur et à mesure de l'avancement du remblai, les terres apportées par chaque wagon. La pâte ainsi obtenue, tombant de la hauteur de la voie sur le remblai, était répartie également; l'eau s'écoulait à droite et à gauche dans le remblai et les matériaux déposés ne tardaient pas à faire prise, le sable se logeant dans les moindres interstices, de façon à ce qu'aucun vide ne pût donner lieu au tassement.

Le revêtement en béton, quelque résistante et compacte que soit la chaux du Theil, a été protégé par une chape bitumineuse, et plus efficacement encore par un drainage général entre le remblai et le revêtement. Le perré qui forme le talus amont est recouvert d'une couche de béton de $0^m,20$, et sur cette couche est établi un perré en pierres sèches de $0^m,30$ d'épaisseur qui constitue le drain, en communication avec les collecteurs par des barbacanes. Ces collecteurs, qu'un homme peut parcourir, ont pour radier le roc vif; ils s'élèvent à droite et à gauche jusqu'au sommet du barrage, passent sous son couronnement et débouchent sur le talus aval du remblai.

L'appareil de prise d'eau se compose de onze conduites en fonte de $0^m,30$ de diamètre, terminées en aval par des robinets-vannes de mêmes dimensions, et en amont par un tuyau évasé, d'un diamètre double à l'entrée. Ces conduites enchâssées sur deux rangs au bas d'un massif de béton, sont accessibles par l'aval dans une galerie d'accès superposée à l'aqueduc, voûtée comme lui, et portant sur toute sa longueur le poids du barrage.

Le trop-plein du réservoir s'écoule par un déversoir de 40 mètres de longueur, creusé dans le granit, à droite du barrage. Sa section est calculée de manière à ce qu'il puisse recevoir, dans les plus grandes crues, une tranche

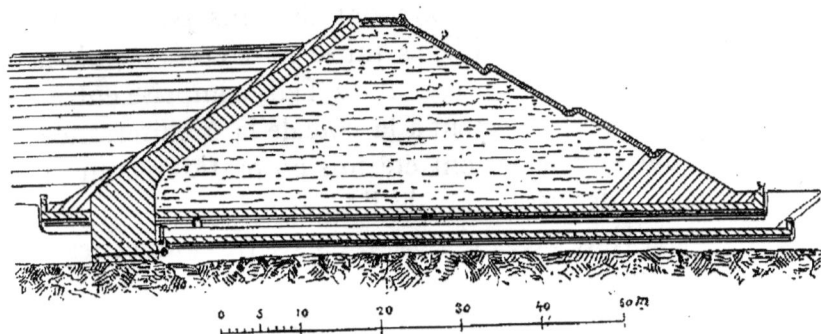

FIG. 77. — LAC-RÉSERVOIR D'ORÉDON; COUPE TRANSVERSALE DE LA DIGUE.

d'eau d'environ 0$^m$,5o d'épaisseur, correspondant à un débit de 25 mètres cubes par seconde.

Quelque important que soit ce travail pour l'amélioration agricole des nombreuses vallées qui s'étendent au pied des Pyrénées, prenant leur origine au plateau de Lannemezan, c'est un bien maigre appoint vis-à-vis des entreprises projetées et depuis tant d'années réclamées par les populations. Au nombre de ces projets, rappelons l'établissement de réservoirs dans les vallées du Tech et de la Tet, pour l'extension des arrosages dans les Pyrénées-Orientales; le réservoir du lac Bleu, en haut de la vallée de l'Éperonne, pour les irrigations des Hautes-Pyrénées; celui du lac Paladru dans l'Isère, la régularisation de la

Fure, pour l'arrosage de plusieurs milliers d'hectares;
enfin toute la série des étangs de la Meuse, de la Dombes,
du Forez, de la Sologne, de la Brenne, du Morvan, etc.,
à remplacer par des retenues qui alimentent des canaux
d'irrigation et suppriment de vastes surfaces marécageuses, improductives et insalubres.

**2. Réservoirs en Algérie.** — La construction des
réservoirs s'est imposée en Algérie pour la colonisation
des terres, qui, sans irrigation, sont absolument stériles,
mais auxquelles l'irrigation donne une fertilité merveilleuse. Les réservoirs ont de plus pour objet d'alimenter d'eau les villages qui se sont créés depuis la conquête dans la vaste région du Tell, comprise entre Alger
et Oran, parallèlement à la côte de la Méditerranée.

Quatre systèmes ont été mis en pratique pour la construction des réservoirs de l'Algérie :

1. L'État exécute à ses frais les travaux et les cède à
à un syndicat.

2. Les travaux se font au compte d'une compagnie
concessionnaire, subventionnée par l'État, ou pourvue
d'un capital dont l'intérêt est garanti par lui, soit à
5 pour 100 pendant 30 ans, après lesquels l'État et la
compagnie participent au revenu. Dans ce système, l'administration contrôle les projets et surveille l'exécution
des travaux.

3. Un syndicat subventionné par l'État exécute les
travaux.

4. L'État abandonne à la compagnie concessionnaire
une partie des terres arrosables.

D'après ces systèmes, les barrages de l'Hamiz et de
Marengo ont été exécutés pour compte de l'État; celui
de l'Habra, par une compagnie concessionnaire, ayant
reçu la concession d'une partie des terres irrigables; celui
de Cheurfas pour compte de l'association syndicale du

Sig, subventionnée pour un tiers des dépenses; celui du Sig, exécuté par le gouvernement, fut concédé plus tard au syndicat de ce nom. Enfin le réservoir projeté de Bou-Roumi doit être entrepris par un syndicat.

*Hamiz.* — Le barrage de l'Hamiz, situé sur le torrent de ce nom, près du village de Fondouk, à 32 kilom.

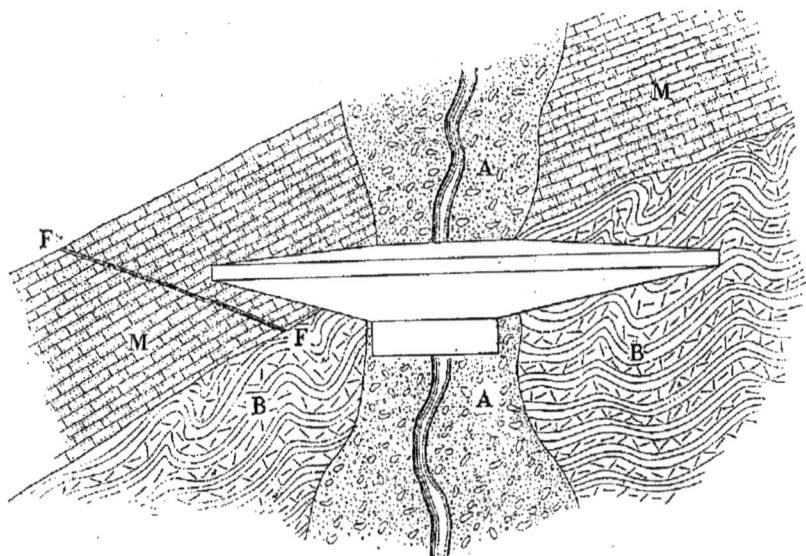

FIG. 78. — BARRAGE DE L'HAMIZ (ALGÉRIE); PLAN GÉNÉRAL DES TERRAINS DE LA DIGUE.

d'Alger, est le plus récent, celui pour lequel on a mis à profit l'expérience acquise : nous nous y arrêterons pour donner quelques détails sur les travaux.

Commencé en 1869, le barrage de l'Hamiz n'a été achevé qu'en 1884; la hauteur maximum de la digue étant de 38 mètres, la longueur est de 40 mètres environ, et au sommet, de 162 mètres; elle présente une épaisseur de 5 mètres au couronnement et de 27$^m$,80 à la base (fig. 78 à 83).

Le réservoir formé par la digue a une contenance

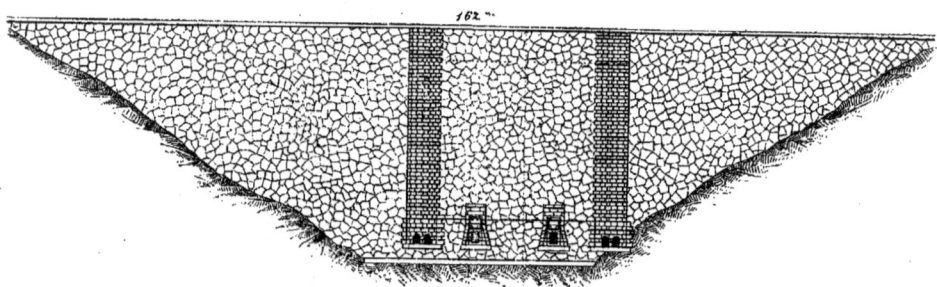

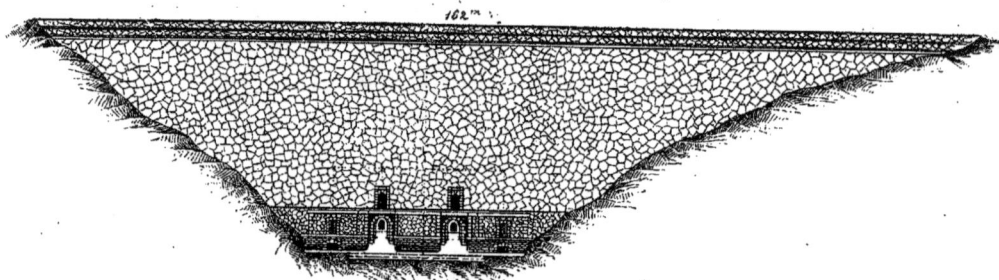

FIG. 79. — BARRAGE DE L'HAMIZ; FAÇADES DE LA DIGUE EN AVAL ET EN AMONT.

de 30 millions de mètres cubes. Comme le village de Fondouk tire assez d'eau, pour ses besoins journaliers, du torrent qui laisse couler encore un peu d'eau en été, l'eau du réservoir sert exclusivement aux irrigations de la plaine : prairies ordinaires et artificielles, maïs, orge et froment, aux époques de l'ensemencement.

Le bassin hydrographique s'étend sur 14,000 hectares et reçoit, d'après les évaluations des dernières années, 70 millions de mètres cubes d'eau pluviale, dont un cinquième suffit pour remplir le réservoir. Les infiltrations dans le terrain étant peu abondantes, le reste s'écoule en partie dans l'Hamiz, et pour l'autre partie se perd par évaporation, calculée à 1 centimètre par jour, en été.

Fondée sur les graviers ou conglomérats calcaires, au contact des schistes micacés imperméables, dont les couches plongent en amont, la digue (fig. 86), tenue en dehors des failles qui séparent les deux terrains, paraît offrir

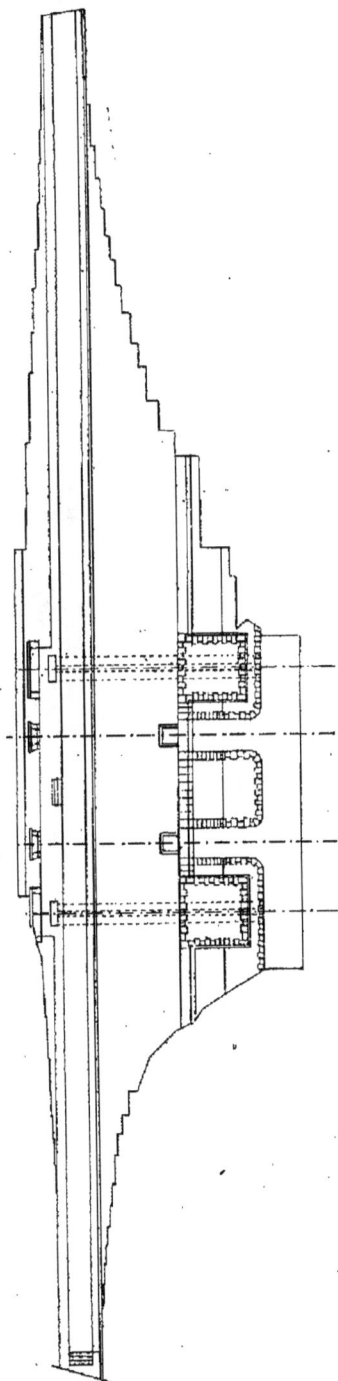

FIG. 80. — BARRAGE DE L'HAMIZ; PLAN DE DÉTAIL DE LA DIGUE.

une solidité remarquable, sauf toutefois sur son épaulement de la rive droite. Comme dans la plupart des digues construites en Algérie, son axe est rectiligne. Pour les autres dispositions, comme prise d'eau et comme

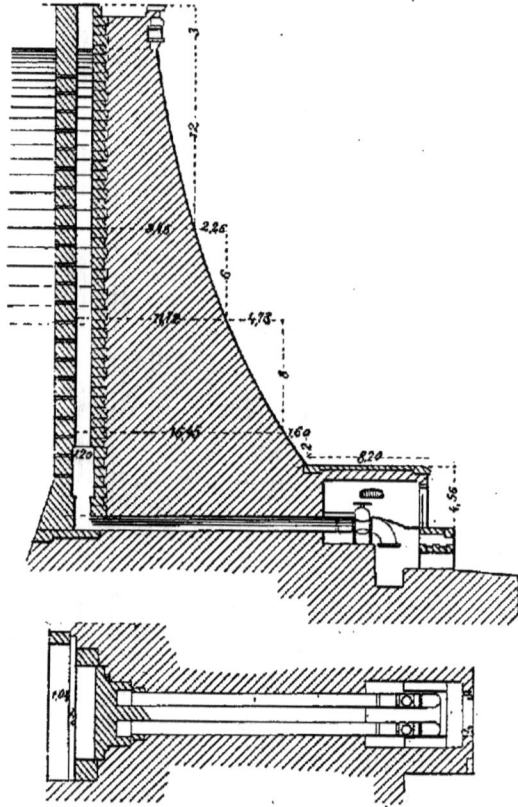

FIG. 81. — BARRAGE DE L'HAMIZ; COUPE ET PLAN DE LA PRISE D'EAU.

canaux de décharge des limons, les barrages algériens sont établis sur le modèle de ceux d'Espagne.

Les prises d'eau consistent, en effet, en un ou plusieurs puits dont la paroi, du côté de la retenue, est percée, à différentes hauteurs, de barbacanes (fig. 81), de telle sorte que l'eau puisse pénétrer dans l'aqueduc de prise

d'eau, quelle que soit la hauteur des vases, sans les
entraîner. Au fond des puits sont disposées une ou
plusieurs galeries, que ferment des ventelles à coulisses

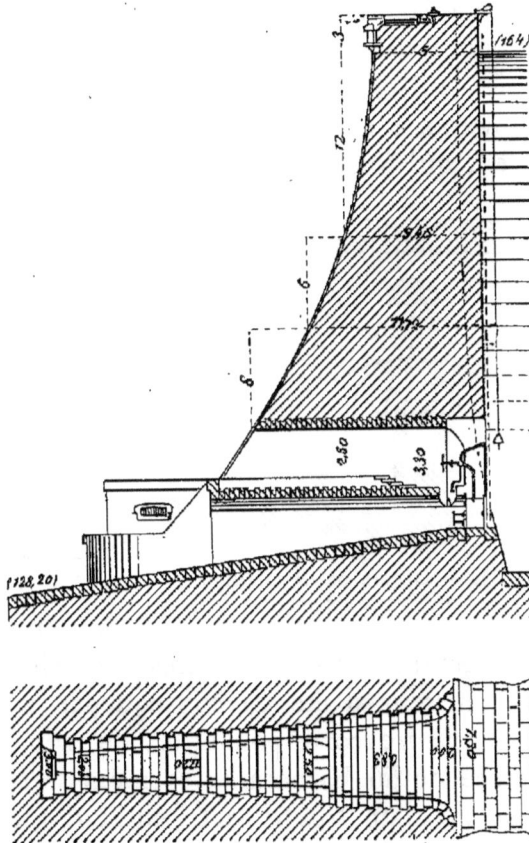

Fig. 82. — Barrage de l'Hamiz; coupe et plan du canal de vidange.

portant une crémaillère dentée. Des roues d'engrenage
que l'on manœuvre de la partie supérieure permettent de
régler avec une extrême facilité la quantité d'eau qui doit
être livrée aux irrigations.

La galerie de curage espagnole, placée dans l'axe même
du thalweg et traversant en droite ligne, de l'amont à l'a-

val, le massif du barrage, a un orifice assez étroit vers l'a-
mont sur une faible longueur, puis s'élargit brusquement, et sa section va en augmentant jusqu'à l'aval
(fig. 82). Il s'ensuit que lorsque l'opération du curage
commence, les limons s'échappant compactes et à gueule
bée du goulet initial, s'épanouissent aussitôt, sans arrêt
possible à mi-chemin. Cette galerie est close à l'amont
par une porte et par une contre-porte en matériaux
robustes, qui fonctionnent verticalement dans des rainures pratiquées l'une
sur le radier, l'autre
dans la voûte ; radier,
bajoyer et voûte sont
établis en pierres de
taille énormes, qui
assurent la solidité de
l'ouvrage.

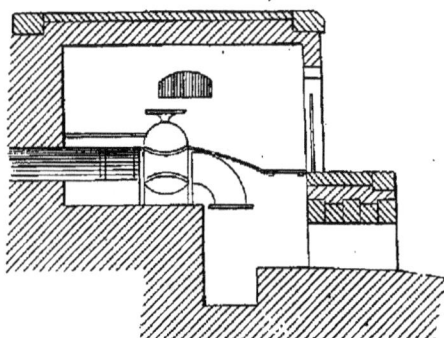

Fig. 83. — Détail de la chambre
de prise d'eau.

A la digue de Ha-
miz, les puits de prise
d'eau sont au nombre
de deux (fig. 80), à
section rectangulaire, et placés au milieu du massif
dont l'épaisseur a été en conséquence augmentée. La
paroi intérieure correspondante, de $1^m,60$ d'épaisseur,
est percée de 66 barbacanes formées de tubes en fonte
de $0^m,30$ de diamètre, répartis en deux files sur 33 mètres de hauteur. Au bas de chacun des puits partent deux conduites en fonte, encastrées dans la digue
et débouchant dans une chambre de repos avec déversoir
(fig. 83). Ces conduites sont pourvues en aval de vannes
régulatrices. Le fond des puits est divisé, par un mur, en
deux bassins où les conduites de prise ont leur origine ;
ces bassins sont couverts par une porte en fonte percée
de cinq orifices de $0^m,20$ de diamètre, dont l'occlusion se

fait à l'aide de boulets suspendus par des chaînes à une armature dont la manœuvre a lieu à la partie supérieure ae la digue.

Pour pouvoir prendre l'eau jusqu'à 2 mètres de hauteur au-dessus du radier, les barbacanes ne descendant qu'à la profondeur de 29 mètres, le puits porte en prolongement des conduites de prise, deux orifices coniques qui sont bouchés avec des pierres de grosses dimensions.

Deux aqueducs en maçonnerie (fig. 79) partent des chambres de repos et se poursuivent, lorsque le terrain le permet, comme canaux à ciel ouvert pour le service des irrigations. Des circonstances exceptionnelles ont fait qu'on a dû construire deux aqueducs au lieu d'un seul à plus grande section, au risque de diminuer la résistance de la base de la digue et de compromettre par une double ouverture l'épaulement un peu faible de la rive droite.

La galerie de décharge des limons est également double. Chaque galerie est symétrique par rapport à l'axe du torrent, et distante de 13 mètres d'axe en axe. Leur section est rectangulaire avec voûte cintrée; elle croît de $1^m,20$ de largeur sur 2 de hauteur sous clef, jusqu'à $2^m,50$ de largeur sur 5 de hauteur, à la sortie. La pente vers l'aval est de 3 mètres sur 19 mètres de longueur. A $1^m,40$ de l'entrée, les deux galeries prennent brusquement la largeur de 2 mètres, sur une hauteur de $2^m,50$, pour recevoir une porte espagnole, maintenue à l'aval contre la poussée par des traverses horizontales pénétrant dans les pieds-droits. Afin de pouvoir manœuvrer cette porte sans danger, au moment du curage, on a adopté à Hamiz, le système appliqué au barrage-réservoir d'Elche, en Espagne, que nous indiquons plus loin. La porte est masquée à Elche par une grande vanne que l'on fait remonter seulement au moment des curages, dans la galerie supérieure. A Hamiz, la question a été longtemps débattue par l'ingénieur Derotrie, pour savoir s'il ne valait pas mieux substituer purement et simplement la vanne, à la porte espagnole, en recourant à un jet d'air comprimé pour désagréger et chasser les vases. La disposition de la lance à air comprimé est représentée dans la figure 91. Le curage, quand le torrent n'a pas une très forte pente, est un point sur lequel les avis peuvent varier; il constitue en effet pour des eaux qui déposent de 200 à 400 litres de vase, après quinze jours de décantation, une opération des plus délicates et des plus chanceuses au point de vue du résultat.

Le canal de décharge superficielle du bassin d'Hamiz consiste en un déversoir creusé dans le conglomérat de la rive droite, suivi d'un canal à large section dont le développement donne lieu à trois chutes successives, avant que l'eau entre à faible vitesse dans le lit du torrent.

Cet ouvrage important comporterait une foule de détails techniques qui sont hors de place ici, en vue des agriculteurs auxquels notre livre s'adresse; mais ce qui devra frapper, c'est qu'une somme de 5 millions de francs étant dépensée pour emmagasiner 13 millions de mètres cubes d'eau, l'eau revient à 0 fr. 231 le mètre cube; or, en ajoutant à ce prix la quote-part pour frais d'entretien et de service du réservoir, et un bénéfice de 0 fr. 01 par mètre cube qui permette de servir un intérêt de 4 pour 100 au capital engagé, on constate que le colon agriculteur devrait payer le prix considérable de 0 fr. 30 par mètre cube.

Deux conditions sont particulièrement défavorables aux barrages, en Algérie, sans parler de la difficulté de constituer des syndicats : le prix des matériaux que les ingénieurs font venir de France et qui renchérissent de 30 à 50 pour 100 le coût des constructions, et la configuration même des terrains, qui empêche de donner aux digues une hauteur suffisante pour emmagasiner des volumes d'eau plus considérables.

Il nous reste à dire quelques mots des autres retenues établies dans le Tell.

*Habra*. — La digue de l'Habra fut commencée en 1865 et achevée dans l'hiver 1871-72; elle est située en amont du confluent de deux cours d'eau, l'Oued-Fergoug et l'Habra, à peu de distance du village de Perregaux. Son épaisseur est de 4$^m$,30 à la crête, et de 27 mètres à la base. Le bassin drainé par l'Habra est évalué à 800,000 hectares représentant, à raison d'une chute d'eau pluviale annuelle de 30 à 40 centimètres de hauteur, un volume de 2,800 millions de mètres cubes, dont 1/93 suffit pour remplir le réservoir. La perte par évaporation est estimée en moyenne à 1 centimètre par jour pendant l'été. Les figures 84 et 85 représentent le plan et la vue en aval du barrage de l'Habra.

Fondée sur le terrain miocène moyen (sables et argiles, en couches alternantes d'épaisseur variable), que traversent de nombreuses failles, la digue s'est effondrée au mois de décembre 1881, après une forte crue, faisant plusieurs centaines de victimes dans le village. Pendant les premières années, les fuites étaient telles que la digue fonctionnait, on peut dire comme filtre, mais peu à peu le carbonate de chaux déposé par les eaux avait fini par obturer les crevasses. Les causes de cet accident ne semblent donc pas devoir être imputées à aucun vice de construction du muraillement de la digue, mais bien aux fondations, étant donné le mauvais choix de leur emplacement. A 5 kilomètres en amont, l'ouvrage eût été assis à cheval sur la ligne de contact du miocène et du crétacé supérieur représenté par des argiles schisteuses, dans des conditions de parfaite solidité, mais le réservoir n'eût pas contenu les 30 millions de mètres cubes nécessaires pour l'irrigation des 40 à 50,000 hectares appartenant au domaine.

Quoi qu'il en soit, la digue a été relevée dans la partie effondrée, suivant un nouveau profil à parements para-

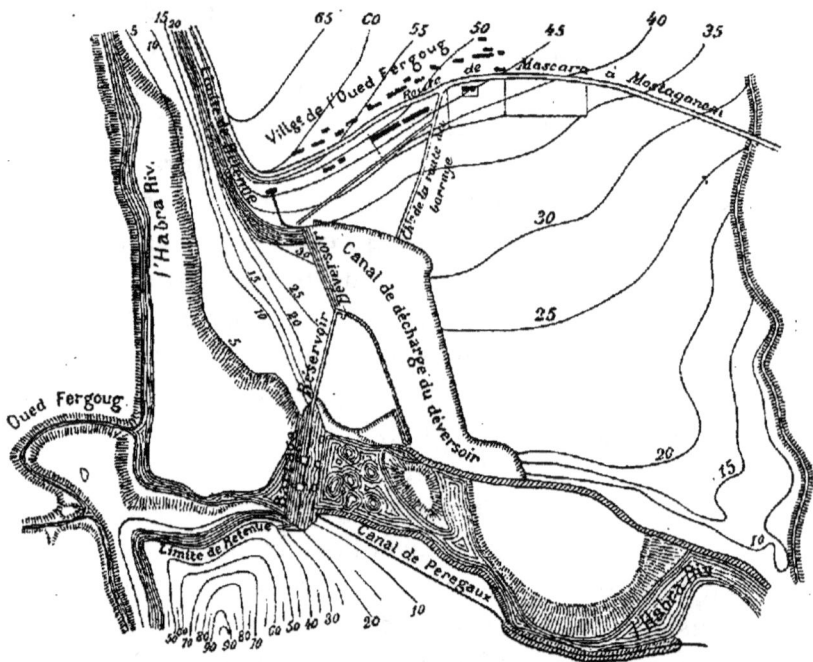

Fig. 84. — Barrage de l'Habra (Algérie); plan général.

boliques, calculé pour résister plus complètement que le premier aux pressions ; la réparation, effectuée de 1883 à 1884, comprenait la reconstruction du grand mur longitudinal depuis la brèche jusqu'à la rive droite; l'encastrement de la rive droite et la réfection de la prise d'eau et des canaux de vidange enlevés par la crue.

Avec un débit de 3 mètres cubes par seconde, le réservoir de l'Habra, moyennant les deux canaux Perregaux

et de la compagnie, sert à l'arrosage de 15,000 hectares;
soit 1 litre par seconde pour 5 hectares.

Comme, sur la dépense initiale de 4 millions de francs,
3 millions incombaient au réservoir, dont 500,000 francs
pourraient être déduits pour travaux accessoires, il
reste 2 millions et demi représentant la dépense de la
digue proprement dite. Ce montant, eu égard au cube

FIG. 85. — BARRAGE DE L'HABRA; VUE D'AVAL.

de la maçonnerie, correspond à 25 pour 100 de moins qu'à
la digue de Hamiz. C'est qu'en effet la chaux pour la
digue de l'Habra a été fabriquée à pied d'œuvre, au
lieu d'être importée, et que les autres matériaux ont
été économiquement préparés dans le pays. Sans l'accident qui a nécessité pour la réparation des maçonneries
1,200,000 francs, et pour les autres ouvrages 500,000 fr.,
le prix du mètre cube d'eau emmagasiné eût été seulement de 0 fr. 13. Il est aujourd'hui de plus de 0 fr. 18.

*Le Sig.* — Nous ne citons que pour mémoire la digue des Grands Cheurfas sur le Mekeira, à 15 kilomètres en amont du village de Saint-Denis du Sig, et celle du Sig, située en aval de la précédente. La première, exécutée de 1882 à 1884 par le syndicat du Sig, était à peine en charge depuis un mois, que la rive droite céda et fit écrouler la digue sur une dizaine de mètres. Pour cet ouvrage, on avait commis la même faute qu'à l'Habra, en ne l'établissant pas plus en amont, de crainte d'avoir une digue de plus grande largeur à construire. On l'eût assise contre des bancs de calcaire compact, au lieu de l'épauler à des calcaires marneux, remplis de failles sableuses, qu'on l'eût sauvée probablement de la ruine.

Quant à la digue du Sig, établie de 1845 à 1846 par le génie militaire d'abord, comme barrage de dérivation, puis surélevée en 1858, de 16ᵐ,50 jusqu'à une hauteur totale de 26ᵐ,50, par le service des ponts et chaussées, pour servir de retenue aux eaux du Sig, elle fut emportée à la suite de la rupture du réservoir des Grands Cheurfas. Les 16 millions de mètres cubes de ce réservoir s'écoulant en 10 heures dans le bassin inférieur du Sig, détruisirent ce dernier, malgré ses excellentes fondations, et inondèrent le village de Saint-Denis, jusqu'à 3 kilomètres de distance en aval.

*Arzew.* — La digue du ruisseau Muley Magoon, placée à 3 kilomètres d'Arzew, a été construite moitié en maçonnerie, moitié en terre, sur des schistes quartzeux tenaces. D'une contenance d'un million de mètres cubes, le réservoir, en raison du peu d'étendue de son bassin hydrographique, n'aurait pas pu se remplir; du reste, les fuites sont telles qu'il ne peut servir ni à l'alimentation d'Arzew ni à l'arrosage.

*Tlélat.* — Après avoir construit une première digue en terre sur le Tlélat, en 1862, qui s'écroula après deux années de service, on en établit une seconde en maçonnerie, au même endroit qu'on appelle l'Escargot. L'État, prenant à sa charge les travaux de la digue, exécutés en 1869, a concédé gratuitement une partie des eaux pour l'alimentation de la commune de Sainte-Barbe et a vendu le reste aux cultivateurs pour l'arrosage des jardins et des terres de Saint-Lucien, etc. Les dépôts de vase ont fini par réduire au minimum le service de ce réservoir.

*Djidiouia.* — La digue sur la Djidiouia, située à 7 kilomètres du village de Saint-Aimé, sur la ligne d'Oran à Alger, date de 1876. Elle fut établie dans le but d'alimenter les communes de Saint-Aimé et de Saint-Amadème. Ce réservoir, d'une contenance de 2 millions de mètres cubes, a été comblé par les limons. La Djidiouia pouvant fournir, sans l'aide d'une digue, un volume de 1 million et demi de mètres cubes d'eau par an, on propose de surélever le barrage de 8 mètres, moyennant une dépense de 350,000 francs, afin de pouvoir y emmagasiner 5 millions de mètres cubes.

*Marengo.* — Sur l'Oued Meurad, la digue construite en terre, à 4 kilom. de Marengo, est destinée à retenir les eaux pour l'approvisionnement des villages de Meurad, de Marengo, et l'irrigation d'une centaine d'hectares de jardins. Assise sur le basalte, cette digue a été exécutée d'après les mêmes principes que ceux suivis depuis au lac d'Orédon, en utilisant l'eau du canal de dérivation pour consolider les terres de remblai. Pourvu d'un puits, comme les réservoirs en Espagne, et d'un canal de vidange pour les limons, le réservoir de Marengo fonctionne très bien; mais comme la contenance est faible, 890,000 mètres cubes, le prix de revient de l'eau y est exorbitant : 0 fr. 45 par mètre cube.

Le tableau LIX reproduit les données principales des

divers barrages que nous venons de décrire sommairement. Les accidents auxquels la plupart de ces ouvrages ont été sujets, le prix élevé des matériaux et de la main-d'œuvre, l'abandon gratuit aux communes des eaux d'alimentation, ont contribué à augmenter énormément la dépense et à diminuer le revenu de la vente de l'eau. Il en résulte, au point de vue économique, que le colon algérien paye de 22 fr. 50 à 25 fr. par hectare le débit d'un cinquième de litre environ par seconde. Dans le midi de la France et en Italie, où l'on compte sur 1 litre par seconde et par hectare, il faudrait au tarif algérien, payer 112 fr. 50!

Les travaux accessoires des digues ont coûté de 100,000 à 500,000 fr., suivant la hauteur et les dispositions adoptées pour la prise et la décharge des eaux. Quant à la canalisation, rigoles principales et secondaires, elle représente, pour un débit de 2 à 3 mètres cubes par seconde, une dépense de 100,000 fr. à l'Hamiz et autant à l'Habra. Au barrage du Sig, pour un débit de 450 litres par seconde, correspondait de ce chef une dépense de 87,000 francs.

Ces résultats sont loin d'être encourageants pour le développement des irrigations dans la colonie. Quelque graves difficultés qu'aient présentées ces grands barrages, ils ont rempli médiocrement le but pour lequel ils avaient été entrepris. Sur sept exécutés dans une période de vingt-cinq années, deux seulement ont résisté sans exiger de réfection et trois seulement fonctionnent. A une dépense totale, estimée à 12 millions de francs, tous frais compris, correspondent l'emmagasinement effectif de 45 millions de mètres cubes d'eau et l'irrigation de 30,000 hectares, dont une moitié reçoit seulement deux arrosages par an.

*Envasement des réservoirs.* — Une question technique que les ingénieurs n'ont pas encore pu résoudre, crée le

TABLEAU LIX. — *Barrages-réservoirs pour l'irrigation et l'alimentation*
(ALGÉRIE, 1858-1884).

| DIGUES ET RÉSERVOIRS. | LOCALITÉS. | DATE DE L'ACHÈVEMENT. | DIGUE DE RETENUE. | | COÛT TOTAL DES TRAVAUX. | CONTENANCE TOTALE. | COÛT DE L'EAU EN RÉSERVOIR (le m. c.) | OBSERVATIONS. |
|---|---|---|---|---|---|---|---|---|
| | | | LONGUEUR A LA CRÊTE. | HAUTEUR. | | | | |
| | | | m. | m. | fr. | m. cub. | fr. | |
| L'Hamiz | Province d'Alger. | 1884 | 162 | 38.00 | 3.000.000 | 13.000.000 | 0.23 | Digue en maçonnerie. |
| L'Habra | — d'Oran. | 1872 | 325 | 35.60 | 4.000.000 | 30.000.000 | 0.13 | Réparée en 1884, après rupture en 1881. |
| Les Cheurfas | — | 1884 | 155 | 30.00 | 1.160.000 | 16.000.000 | 0.07 | Rompue en 1885. |
| Le Sig | — | 1858 1881 | 97 | 26.50 | 596.000 | 3.500.000 | 0.17 | Détruite en 1885. |
| Le Tlélat | — | 1869 | 99 | 21.00 | 200.000 | 550.000 | 0.36 | Envasée. |
| La Djidiouia | — | 1876 | 60 | 17.00 | 450.000 | 2.000.000 | 0.22 | |
| L'Oued Meurad | Province d'Alger. | 1864 | 120 | 18.00 | 400.000 | 892.000 | 0.45 | Digue en terre. |
| | | | | | 9.806.000 | 65.942.000 | | |
| La Djidiouia surélevée. | Province d'Oran. | » | 60 | 25.00 | 800.000 | 5.000.000 | 0.16 | En projet. |

plus sérieux obstacle à l'extension des barrages algériens, c'est l'envasement des réservoirs. Les évacuateurs, analogues à ceux des réservoirs espagnols qui ont servi de types, fonctionnent mal. Peut-être n'ont-ils pas une section assez considérable; ou bien les utilise-t-on imparfaitement, en ce sens que les premières eaux d'automne, qui sont les plus chargées de sédiments, pourraient être évacuées sans attendre que les dépôts deviennent plus volumineux.

Toujours est-il que le réservoir de Saint-Denis du Sig, avant sa ruine, renfermait, en 1879, 700,000 mètres cubes de vase pour une capacité de 3 millions et demi de mètres cubes d'eau; que le réservoir de l'Habra s'envase chaque année de 1 million de mètres cubes. L'envasement minimum des réservoirs algériens serait de 1/35, tandis qu'en Espagne, il est de 1/60. On en a conclu que le procédé des chasses, usité dans ce dernier pays depuis plusieurs siècles, n'est pas applicable, et présente d'ailleurs deux inconvénients graves : d'exiger une vidange complète du réservoir, ce qui perd une masse d'eau déjà trop rare, et ensuite de jeter les limons que l'agriculture pourrait utiliser.

L'ingénieur Calmels a proposé de mettre la vase en suspension dans l'eau, à l'aide de l'air comprimé. Dans ce but, un moteur, une turbine, par exemple, placée à la sortie du barrage, agit sur un compresseur dont l'air est envoyé par un tuyau et une lance au milieu de la masse de vase. Les expériences de M. Calmels sur les limons de Saint-Denis du Sig lui auraient fourni d'excellents résultats (1).

La lance, manœuvrée sur un ponton que maintenaient trois ancres dans les positions voulues, a été rapprochée

(1) Calmels. *Sur le dévasement des barrages-réservoirs*, *Assoc. franç.*, etc., Alger, 1882.

du mur de la digue-pour saper le pied des dépôts qui se désagrégeaient avec une grande rapidité. Les eaux, d'abord claires, se chargeaient autour 'de la lance, de façon à rendre les vases fluides et à assurer leur écoulement par l'ouverture d'une bonde. Ces vases coulaient encore quand elles étaient imprégnées d'une fois et demie leur volume d'eau. Du fond à la surface, le mélange variait de proportions, mais l'eau de la surface contenait encore 14 pour 100 de son volume de vase.

Le départ des limons s'opérant d'une manière continue par le fond, et le dépôt continuant à s'affaisser, le niveau contre le barrage est resté le même; ce qui justifierait le fait du remplacement sans interruption des vases d'aval par celles d'amont.

Le système Calmels, combiné avec un obturateur métallique plus commode à manœuvrer que la porte espagnole à glissières, permettrait ainsi de réaliser les chasses comme en Espagne, quelle que soit la charge d'eau, et de l'arrêter à volonté, moyennant une contrepression derrière la porte métallique, égale à la pression interne, et qui faciliterait son jeu.

Quoi qu'il en soit de l'application de l'air comprimé à l'évacuation des vases, nous croyons utile de donner ici les résultats constatés par les ingénieurs italiens (1) sur les volumes et le poids spécifique des limons de deux des réservoirs algériens et du canal de Marseille.

Il résulte du tableau LX que le volume des sédiments argileux ou sablonneux est plus considérable en moyenne pour la Durance que pour les torrents de l'Algérie, et que le poids spécifique moyen qui est de 1197.9 au canal de Marseille est de 1097.3 aux réservoirs d'Arzew, de Tlélat et du Chéliff. Il est constaté en outre par ces expé-

---

(1) Zoppi et Torricelli, *Annali d'agricoltura*, Roma, 1886.

riences que les limons charriés par les torrents algériens n'atteignent pas comme densité, ni comme facilité de dépôt, ceux de la Durance, du Drac, de la Romanche, représentant les types de ces cours d'eau torrentiels où viennent se déverser par de nombreux affluents les sources perpétuelles des glaciers, les fontes des neiges et les pluies d'orage de tous les hauts sommets. « Le Rhône reçoit dans la partie basse de son cours, le produit de crues formidables qui acquièrent souvent des proportions inaccoutumées et inquiétantes. Les torrents apportent ainsi leur contingent de dévastation aux plaines de Vaucluse, du Gard et des Bouches-du-Rhône, selon certaines lois de destruction que la science des ingénieurs a essayé de formuler, tant leur marche est constante et infatigable (1). »

La science des ingénieurs a fait plus que d'essayer de formuler des lois. Le savant et estimé Surell n'a pas seulement analysé, dans son œuvre devenue classique, les phénomènes de la formation des torrents, il a démontré les propositions principales, à savoir, que la présence des forêts empêche la création des torrents; que leur chute redouble la violence des torrents et les fait renaître quand ils sont éteints (2). C'est à la suite de cette démonstration que, dans les Alpes, on a pu effectivement maîtriser les torrents, comme nous l'avons montré, par des travaux dont la durée et l'ampleur suffisent pour affirmer aujourd'hui que la solution est acquise et qu'elle est pratique, efficace et économique. Comment s'expliquer dès lors que ces mêmes travaux n'aient pas été tout d'abord entrepris en Algérie, dans le but d'assurer le sort des barrages-réservoirs, et les débarrasser de la plus grande masse de limons qui les obstruent et les rendent inutiles?

(1) Blanqui, *Comptes rendus Acad. des sciences*, 1846.
(2) Surell, *Étude sur les torrents des Alpes*, 2e édit. 1870.

TABLEAU LX. — *Essais sur les limons des réservoirs d'Algérie.*

| RÉSERVOIRS ET CANAUX AYANT FOURNI LES SÉDIMENTS DANS LES EAUX TROUBLES ARTIFICIELLES. | POIDS SPÉCIFIQUE. | VOLUME DES SÉDIMENTS PAR MÈTRE CUBE D'EAU TROUBLE. | | | |
|---|---|---|---|---|---|
| | | APRÈS 1 JOUR DE REPOS. | APRÈS 15 JOURS DE REPOS. | APRÈS 30 JOURS DE REPOS. | A L'ÉTAT SÉC. |
| | kil. | lit. | lit. | lit. | lit. |
| Réservoir d'Arzew sur le Mouley............ | 1201.0 | 477 | 467 | 458 | 313 |
| —         sur le Magoun .. ......... | 1056.1 | 200 | 173 | 159 | 109 |
| —         — ............ | 1019.4 | 89 | 67 | 62 | 49 |
| Réservoir du Tlélat .................. ...... | 1222.0 | 628 | 609 | 605 | 448 |
| —         ................ | 1048.2 | 200 | 190 | 183 | 106 |
| Réservoirs d'Arzew et barrage du Cheliff..... | 1037.5 | 214 | 200 | 200 | 128 |
| | 1097.0 | 301.3 | 284.3 | 276.8 | 192.1 |
| Canal de Marseille (sablonneux)............ | 1310.7 | 500 | 490 | 478 | 414 |
| —         (argileux) ............ .... | 1200.8 | 538 | 486 | 452 | 380 |
| —         —         ................ | 1082.4 | 241 | 208 | 181 | 114 |
| | 1197.9 | 342.6 | 394.6 | 370.3 | 302.6 |

## 3. Réservoirs en Espagne.

— L'Espagne offre les plus nombreux et les plus remarquables exemples de barrages-réservoirs recueillant les eaux de source et pluviales, et subvenant à l'insuffisance des cours d'eau à l'aide de plusieurs millions de mètres cubes que l'arrosage consomme annuellement. Il est vrai que plusieurs remontent à une époque déjà reculée, tels que le réservoir d'Almanza, qui fonctionnait avant le seizième siècle, et le barrage d'Alicante, achevé en 1594. L'ingénieur Aymard (1) a décrit la plupart des constructions grandioses dans ce genre, dont nous donnons l'énumération :

|  | Hauteur de retenue. |
|---|---|
|  | m |
| Barrage d'Almanza | 20.69 |
| — d'Elche | 23.20 |
| — de Nijar | 30.93 |
| — de Lozoya | 32.00 |
| — du Val-de-Infierno | 35.50 |
| — d'Alicante | 42.70 |
| — de Puentès | 50.06 |

Tous ces barrages, exécutés en maçonnerie, reposent, à l'exception de celui de Puentès dont le fond fut emporté après un service de onze années, sur le roc incompressible, dans les gorges des montagnes, où ils s'envasent avec une grande rapidité; mais tous sont munis de galeries dans l'axe du thalweg, pour le curage. Les poutrelles qui ferment les galeries sont enlevées au moment de la vidange, que déterminent des chasses violentes. Quant aux prises d'eau, elles sont établies de façon à fonctionner, quels que soient les dépôts qui s'accumulent au fond du réservoir. En quatre ans, au barrage d'Alicante, les dépôts vaseux s'élèvent jusqu'à 16 mètres

(1) M. Aymard, *Irrigations du midi de l'Espagne*, Paris, 1864.

au-dessus du fond. Un puits vertical placé près du parement, en amont du barrage, et percé de nombreuses barbacanes, permet de faire le service de l'eau à l'aide d'une ventelle dans la galerie horizontale qui communique avec lui.

FIG. 86. — BARRAGE DU TIBI (ALICANTE); VUE D'AVAL.

*Tibi.* — Le barrage d'Alicante ou du Tibi, dont la figure 86 représente la vue perspective, est construit au point le plus étroit du cours du Rio Monegre, dans la gorge du Tibi, entièrement formée de rochers calcaires, très durs et relevés à pic. Sa largeur au fond n'est en effet que de 9 mètres et au couronnement de 58 mètres pour la première moitié, tandis que la seconde moitié est large de 84 mètres. La maçonnerie est revêtue en parement par des pierres de taille appareillées, et forme en place un arc de cercle faisant voûte contre la pression des eaux.

Le parement amont a un fruit régulier de 3 mètres, celui d'aval de 5$^m$,70, interrompu par six retraites de différentes dimensions; le couronnement enfin a une largeur de 20 mètres. D'après les calculs d'Aymard, la longueur de la retenue étant de 1,800 mètres jusqu'à la crête du barrage, la capacité serait, en chiffre rond, de 3,700,000 mètres cubes.

La surface de la *huerta* d'Alicante est de 3,700 hectares; le réservoir du Tibi, quand il est plein, fournit par conséquent 1,000 mètres cubes par hectare, ou deux arrosages par an, nombre suffisant pour les céréales et les vignes, mais qui est rarement atteint à cause des pertes que les eaux subissent dans le long parcours qu'elles ont à faire avant d'arriver à la plaine.

*Elche.* — Le barrage d'Elche, que nous choisissons comme moyen type de construction, n'a pas les proportions de celui du Tibi, et dans certains détails, comme ceux des galeries de curage, il ne lui est pas comparable, mais à d'autres points de vue, tels que la fermeture du *desarenador* ou galerie de curage, il lui est supérieur (fig. 87 à 94).

De même que le barrage du Tibi, celui d'Elche est construit tout en maçonnerie, sur le rocher, avec des revêtements en magnifiques pierres de taille. Sa hauteur n'est que de 23 mètres 10; sa largeur en couronne est de 9 mètres, et à la base, de 12 mètres. Il est fait en trois parties, au lieu d'une seule, comme au Tibi; outre le ravin principal, il barre en effet deux ravins secondaires, entièrement ouverts dans le rocher (fig. 88), qui auraient présenté des emplacements excellents pour des déversoirs de superficie; « mais la confiance dans la fondation a été telle, qu'on n'a fait de déversoirs nulle part, de même qu'au Tibi (1). » Ces ravins secondaires sont barrés à

(1) Aymard, *loc. cit.*, p. 195.

la même hauteur que le lit principal, et quand les grandes
crues du Rio Vinolapo arrivent, les eaux passent par-
dessus, sans aucune dégradation, sauf pourtant en 1838
où la digue subit une brèche très considérable.

Le barrage du grand ravin est tracé suivant un arc
de cercle de 62ᵐ,60 de rayon et de 70 mètres de développement. Le couronnement, dont la section est découpée
selon un profil bizarre, présente en son milieu une plate-
forme horizontale de 9 mètres de largeur sur 10 mètres
de longueur, où se trouve le puits à barbacanes pour

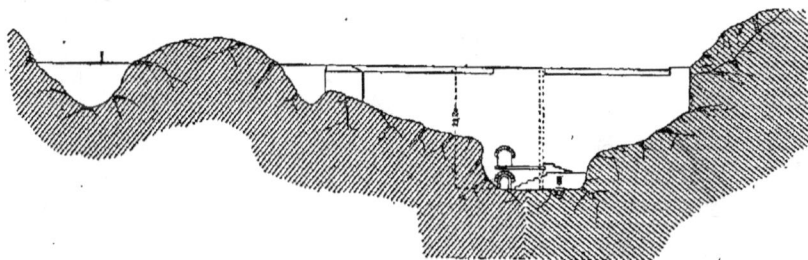

FIG. 87. — BARRAGE D'ELCHE ; ÉLÉVATION EN AVAL DE LA DIGUE.

la prise d'eau. Le diamètre de ce puits est plus grand
que celui du Tibi ; il est de 0ᵐ,95, au lieu de 0ᵐ,80.
Les barbacanes sont plus espacées, chacune d'elles
étant plus grande ; il n'y en a qu'une à chaque niveau,
au lieu de deux. La galerie horizontale qui termine
le puits sort en tunnel, comme au Tibi, sous le rocher qui forme la rive gauche. Une chambre pratiquée à l'aval, dans ce même rocher, est destinée à la
manœuvre de la ventelle qui règle l'écoulement des eaux.

Les figures 89 et 90 représentent la section courante
du barrage avec un fruit de 1 mètre du côté amont,
et de 2 mètres du côté aval, et la section suivant la
plate-forme centrale, qui passe par l'axe des galeries de
curage. Les galeries elles-mêmes sont représentées en élévation et en coupe dans la figure 91.

Pour le curage, la plate-forme supérieure porte une grosse pierre de taille en saillie, placée exactement à l'aplomb de l'axe de la galerie de curage (*desarenador*). Elle est percée d'un œil de 0^m,20 dans lequel s'engage le bout de la poutre à poulie qui sert à manœuvrer la barre à mine, avec laquelle la porte tombe pour la décharge des limons vaseux.

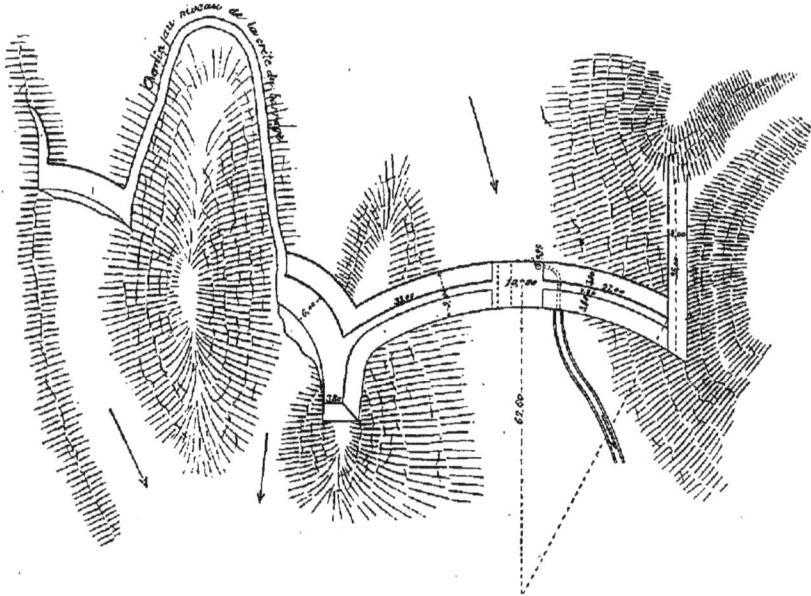

Fig. 88. — Barrage d'Elche; plan de la digue.

Le *desarenador*, au barrage du Tibi, offre un orifice à l'amont de 1^m,80 de largeur sur 2^m,70 de hauteur, qui grandit brusquement de 0^m,60 sur tous les côtés. La section se trouve portée à 3 mètres de largeur sur 3^m,30 de hauteur, puis s'élargit régulièrement par des inclinaisons, données à la fois au radier, aux bajoyers et à la voûte, jusqu'à offrir à l'orifice d'aval, 4 mètres de largeur sur 5^m,85 de hauteur.

Cette disposition remarquable d'un évasement continu

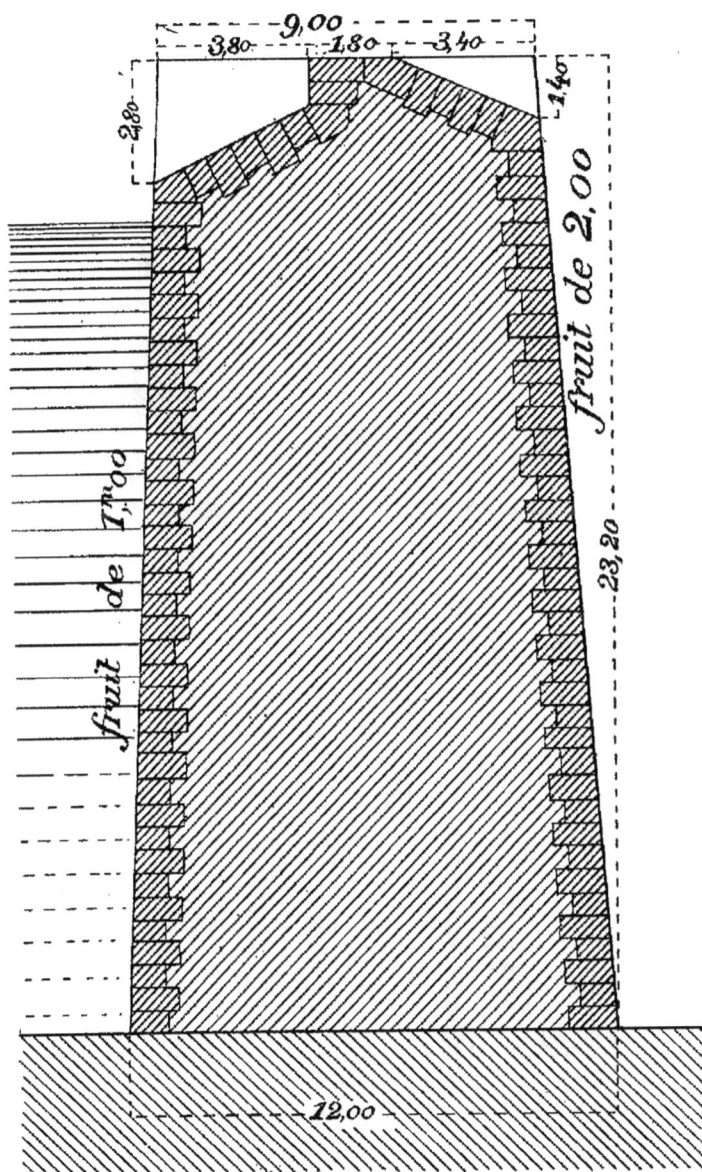

FIG. 89. — BARRAGE D'ELCHE; SECTION COURANTE.

sur les quatre côtés de la section, a échappé aux construc-

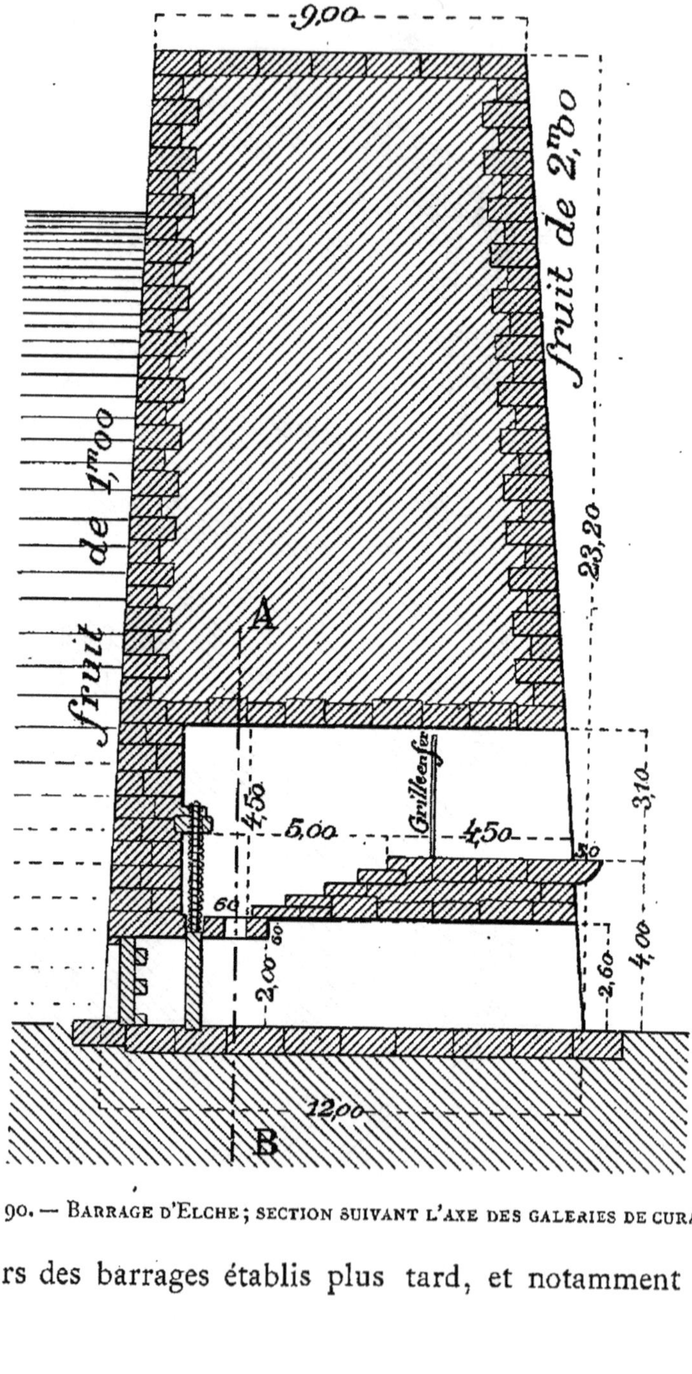

FIG. 90. — BARRAGE D'ELCHE; SECTION SUIVANT L'AXE DES GALERIES DE CURAGE.

teurs des barrages établis plus tard, et notamment de

celui d'Elche, où la section garde comme hauteur le ressaut brusque de 2 mètres, pour l'amont et 2<sup>m</sup>,60 pour l'aval. C'est pourtant à cette disposition évasée que les limons chassés du réservoir doivent de s'écouler sans être comprimés ni tassés, dans aucun sens, et qu'il ne se forme pas à mi-chemin de la galerie, des arrêts dont on ne peut plus avoir raison à grand renfort d'eau.

Malgré les dimension réduites des galeries de curage de la digue d'Elche (fig. 71 et 72), le mode de fer-

Fig. 72. — Barrage d'Elche; galeries de curage; élévation et coupe.

meture est plus rationnellement établi qu'au Tibi. En effet, la galerie, au lieu d'offrir, sur le radier et sur la voûte, des rainures dans lesquelles la porte est encastrée, de façon à ne plus pouvoir l'en faire sortir sans la dé-pecer, présente des feuillures qui l'empêchent simplement de tomber vers l'amont. Trois traverses horizontales, pé-nétrant dans les entailles des pieds-droits, servent à la main-tenir contre la poussée d'aval.

La manœuvre du curage se fait alors en entrant dans la galerie par l'aval : la traverse supérieure et la tra-verse inférieure étant enlevées à la main, on met à droite et à gauche du point central de la traverse médiane qui est seule à maintenir la porte, deux étais provisoires buttant sur le radier; on scie la traverse et on la soutient au droit du trait de scie par un nouvel étai, qui permet d'enlever les deux premiers. La porte n'étant plus ainsi maintenue que par un seul étai incliné, dont le pied est solidement engagé dans une entaille du radier, les ouvriers montent dans la galerie supérieure (qui n'existe pas au barrage du Tibi) et là, par un trou de $0^m,60$ ménagé dans le dallage, ils travaillent à l'aide d'une longue bisaiguë pour saper le pied de l'étai de la galerie inférieure. L'étai tombe; les deux tronçons de la traverse du milieu tombent aussi, et en ébranlant la porte par une corde préalablement assujettie à un crochet, elle finit par tomber à son tour.

C'est alors que, du couronnement du barrage, on manœuvre à l'aide d'une poulie et d'un treuil, sur lequel s'enroule une corde, la barre de mine qui sert à forer les dépôts. La barre de mine pèse jusqu'à 500 kilogrammes; elle est taillée en pointe par le bout où elle pénètre dans les limons. Quand le trou est assez profond, l'eau exerçant une pression supérieure à la résistance des couches limoneuses inférieures, le mouvement commence à s'opérer; les vases s'avançant lentement dans la galerie, puis y trouvant un débouché, se précipitent comme une avalanche, avec une force d'impulsion prodigieuse que détermine l'eau du réservoir tombant d'une hauteur de 10 mètres. L'effet de ces chasses que l'on renouvelle au printemps, tous les trois ou quatre ans, tant qu'il y a 3 à 4 mètres de hauteur d'eau approvisionnée au-dessus des vases, est radical; sur toute l'étendue du bassin la place est nette; seulement, il faut se résoudre à perdre un volume immense d'eau, et par conséquent, à faire un lourd sacrifice.

La ventelle à coulisse qui règle la sortie des eaux porte une crémaillère dentée; elle est mise en mouvement par des roues d'engrenage que l'on manœuvre dans la chambre spécialement pratiquée au-dessus. Toute en bronze, elle porte une échancrure par laquelle s'échappe toujours un filet d'eau qui empêche les limons en suspension d'obturer la ventelle et la galerie.

Les figures 92, 93 et 94 représentent le plan de la chambre de la ventelle et les coupes suivant AB et EF du plan (fig. 92).

C'est aux eaux du barrage d'Elche que la culture doit son aspect féerique sur 1,200 hectares consacrés aux céréales, aux vignes, aux oliviers et aux palmiers.

*Autres digues.* — Depuis le travail de Aymard, la digue de Puentès a été refaite sur 48 mè-

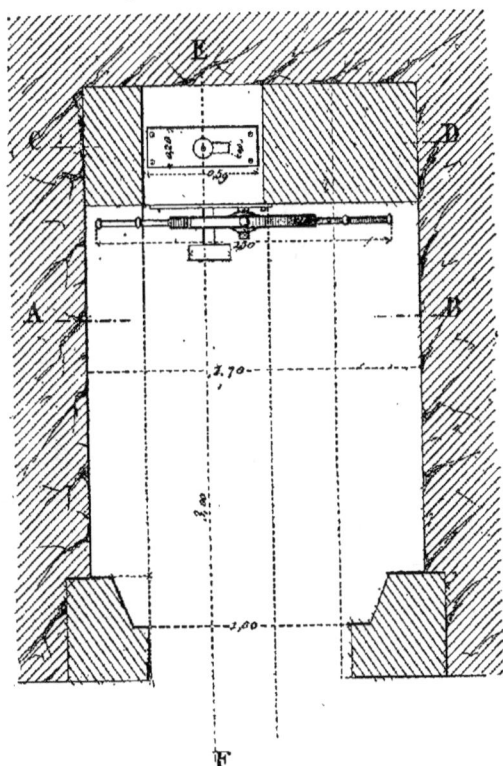

FIG. 92. — PLAN DE LA CHAMBRE DE LA VENTELLE.

tres de hauteur, pour une retenue d'une contenance de 40 millions de mètres cubes. La dépense s'étant élevée à 1,700,000 francs, le prix du mètre cube d'eau emmagasiné est de 0 fr. 09.

Les nouvelle digues de Hijar, hautes de 43 mètres, fournissant deux réservoirs, ensemble de 17,000,000 de mètres cubes, ont coûté 1,273,000 francs; ce qui met le mètre cube d'eau à 0 fr. 07 (1).

La digue curviligne de Villar, construite de 1869 à

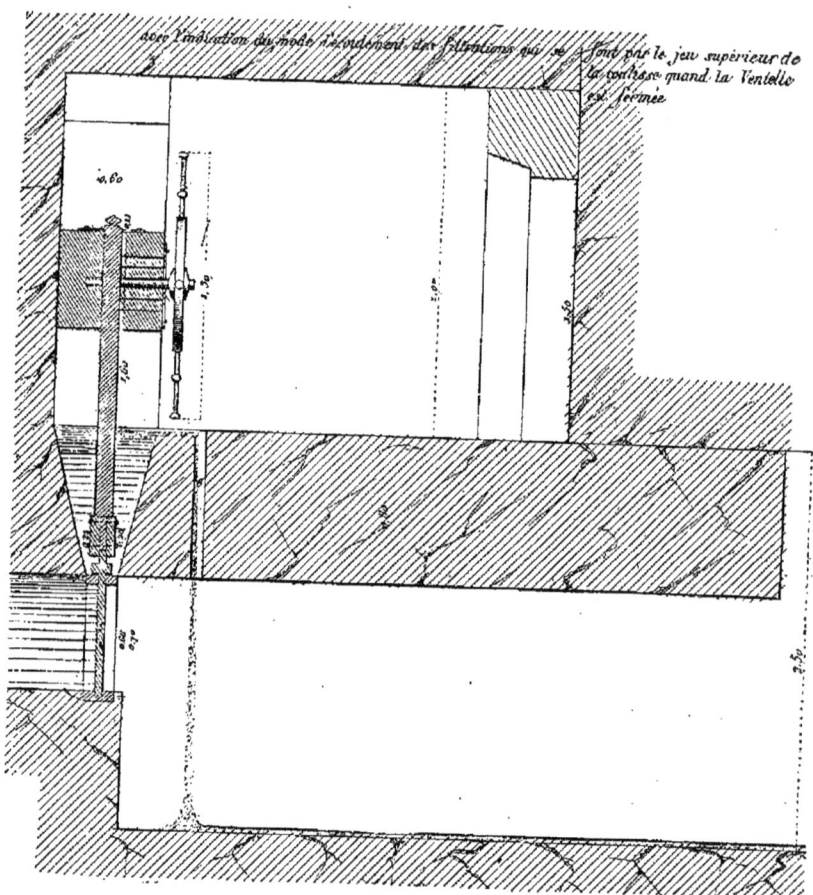

FIG. 93. — COUPE DE LA VENTELLE SUIVANT EF DE LA FIGURE 92.

1876 sur le Lozoya, en pleine sierra du Guadarrama, pour l'alimentation de la ville de Madrid et des arrosages

(1) *Annali di agricoltura; Relazione Zoppi e Torricelli*, Roma, 1886, et 1888.

de sa banlieue, offre une hauteur de 51<sup>m</sup>,40, fondations comprises, et une contenance de 20 millions de mètres cubes. Elle a coûté 1,665,000 francs; d'où un prix de 0 fr. 083 par mètre cube d'eau en réservoir.

## 4. Réservoirs dans l'Inde.

— Dans l'Inde britannique, les barrages et les réservoirs constituent la seule ressource pour l'irrigation de vastes contrées auxquelles sont ainsi épargnées les mauvaises récoltes et la famine.

Les bassins de retenue dominent dans la zone des terres sèches où la chute d'eau pluviale annuelle n'atteint pas 76 centimètres de hauteur. Cette zone comprise au centre de la péninsule, entre le versant est des Ghattes occidentales et le versant ouest des Ghattes orientales, s'étend sur le Nizam, le Mysore, la moitié de la présidence du Bengale à l'est, et le Karnatic. On

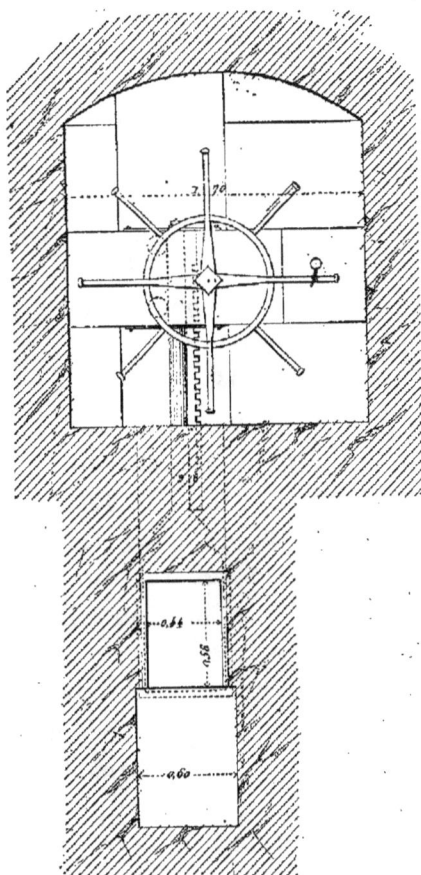

Fig. 94. — Coupe de la ventelle suivant AB de la figure 92.

y compte les retenues par milliers; dans 14 districts seulement de la présidence de Madras, la statistique fixait à 43,000 leur nombre, construites par les indigènes, représentant plus de 48,000 kilomètres de longueur de digues en terre et 300,000 ouvrages maçonnés (1). Quoique le revenu annuel de l'irrigation dans la présidence fût évalué à 37 millions et demi de francs, les Anglais jusqu'en 1853 n'avaient rien fait pour entretenir les réservoirs des indigènes et construire de nouvelles digues. C'est seulement depuis la création, en 1867, du service général des irrigations, confié par le gouvernement au colonel Strachey, qu'une grande impulsion a été donnée aux travaux de barrages dans les districts de Madras et de Mysore.

Les réservoirs, dans cette zone déshéritée de la pluie, sont établis d'après divers systèmes, suivant la configuration du terrain; ou bien, des digues sont élevées en travers des gorges des vallées, à la hauteur voulue pour assurer le volume d'eau nécessaire à l'irrigation d'une surface déterminée; ou bien des réservoirs sont étagés de manière à recevoir le trop-plein des eaux supérieures; ou bien enfin, des versants étendus sont clos de trois côtés et forment des étangs d'une contenance en rapport avec les besoins de l'arrosage. Quelques-unes de ces retenues d'eau sont très anciennes. C'est ainsi que le réservoir Viranum, dont la construction remonte à des siècles, occupe une superficie de 8,700 hectares; la digue a 19 kilomètres de longueur; le revenu annuel s'élève à 290,000 francs. Le réservoir Chembrumbaussum, dans le Chengalpat, ressemble à un étang naturel; la digue a 4$^k$,8 de longueur; six canaux de décharge (*calingulas*) pourvoient à la sécurité de la digue, au cas de crues, par des bassins ayant ensemble une largeur de 210 mètres. Les eaux de pluie et de drainage superficiel alimentent cette retenue qui sert à l'irrigation de 4,000 hectares de rizières. L'administration décida en 1867 de l'augmenter au moyen d'une nouvelle digue, estimée à 1,250,000 francs.

(1) *East India. Progress and condition* (1872-73), London, 1874, p. 17.

Dans le Nord-Arcot, le très ancien réservoir de Kavery-pauk, alimenté par la rivière Pallair, a une digue de 6ᵏ,5 de longueur, revêtue en maçonnerie sur tout son développement. Il sert à l'irrigation de 3,000 hectares. En 1872, par une crue exceptionnelle, les eaux déterminèrent plusieurs glissements de la digue, en même temps que des crevasses d'infiltration; la digue fut aussitôt fortifiée sur les points menacés par les soins de l'administration.

Le danger le plus à redouter pour ces vastes retenues n'est pas l'envasement, comme en Algérie et en Espagne, mais le choc contre les parois, que causent les vagues, en temps d'orage ou de grand vent. On y obvie autant que possible en donnant du fruit au talus d'amont que l'on protège par des perrés de pierres frustes. Le canal de décharge (*calingula*) pour chaque réservoir, est creusé en maçonnerie à l'une des extrémités du terrain, et à un niveau assez bas pour laisser écouler l'excédent des eaux. Quand la saison des pluies est à sa fin, le canal est bouché pour que les eaux puissent être retenues à toute hauteur dans le réservoir. La fermeture s'opère à l'aide d'une banquette solidement faite en mottes de gazon et en paille, qu'étaye une série de piliers de granit, de 1 mètre de hauteur, ménagés sur le couronnement du *calingula*.

Depuis 1872, le service des irrigations a procédé avec une très grande activité à la réparation des réservoirs dans la province de Mysore; mais ces ouvrages, à cause même de la configuration du sol ondulé, sont beaucoup moins importants, sauf dans le voisinage du fleuve Kavery et de ses affluents. Les réservoirs que réparent les ingénieurs du service, sont laissés, quant à l'entretien, à la charge des usagers, ou mieux des *Ryots* sous le régime des *Zamindars*.

Dans la présidence de Bombay, plusieurs grands barrages ont été relevés ou construits depuis 1867 par les ingénieurs du gouvernement. Celui de Ekruk, situé à 6 kilomètres au nord de Sholapur, sur un affluent de la Bhima, l'Adela, consiste en une digue en terre, flanquée de maçonnerie, d'une longueur de 2,200 mètres et d'une hauteur de 21$^m$,95 sur le fond, et en un canal de décharge à l'extrémité orientale de la digue. La superficie occupée par ce réservoir est de 1,710 hectares, et la contenance, de 95 millions de mètres cubes, pouvant desservir 14,500 hectares en culture. Trois canaux servent à l'irrigation ; deux à un niveau supérieur, de 6 kilomètres et de 29 kilomètres de longueur, destinés, le réservoir étant plein, à l'irrigation des récoltes de la mousson; le troisième, d'une longueur de 11 kilomètres pour le service de l'irrigation permanente. Cet immense ouvrage a coûté, canaux compris, 3,562,500 francs; il fonctionne depuis 1871.

Un autre réservoir, dans le même bassin de la Bhima, a été construit sur les plans du colonel Fife, en travers de la vallée de la Muta; au moyen d'une digue en maçonnerie de 884 mètres de longueur, d'où partent deux canaux dirigés l'un sur Puna, et l'autre sur Kirki. La partie centrale de la digue a été surélevée sur une longueur de 76 mètres pour obtenir un niveau égal de 16$^m$,15 au-dessus du lit de la rivière.

Les réservoirs de Mudduk, avec canaux d'irrigation, dans le Dharwar; de Kalhola-Nullah, des vallées de la Mulpurba et de la Yerla, ont été exécutés dans des conditions non moins grandioses, par les ingénieurs du gouvernement du Bengale.

Au nord de la présidence de Madras, quelques grands réservoirs sont à signaler dans le district de Nemar, occupant la vallée de la Narbada, où prospère la culture du coton. L'administration anglaise eut à réparer, dès l'entrée en possession de ce district, l'ancien réservoir de Lachma qui a 5 kilomètres de circuit, et 105 bassins moins importants. La grande digue en maçonnerie, construite en travers du ravin de Chuli qui débouche dans la vallée de la Narbada, et la digue en terre, à travers la vallée du Chapri, formant les retenues du grand Chuli et de Mandleswav, sont dues au colonel French, qui gouvernait en 1845 et 1846 le district de Nemar.

De bien plus nombreux et de plus récents exemples, sans parler des canaux d'État qui ont absorbé plus de 700 millions, témoigneraient de l'activité et de la puissance avec lesquelles le gouvernement de l'Inde a développé l'irrigation pendant ces vingt dernières années, dans cette immense contrée, prodiguant les ressources des capitaux et des connaissances techniques pour amener l'eau en abondance et à bas prix à l'agriculture.

D'après les calculs établis pour le grand réservoir d'Ekruk, le prix du mètre cube de l'eau emmagasinée est de 3 centimes et demi; tandis qu'il est compris entre 7 et 9 centimes pour les réservoirs dernièrement construits en Espagne.

Le prix de vente de l'eau est représenté pour l'Inde entière par une redevance fixe annuelle de 15 fr. 45 par hectare, qui frappe les terres arrosables, c'est-à-dire les *nunjah* ou terres en rizières, qui exigent l'irrigation continue. Les terres, pour être classées comme irrigables et taxées comme telles à 15 fr.45 par hectare, doivent avoir été arrosées pendant trois années consécutivement; après ce délai, si même l'arrosage n'était pas continué, elles demeurent sujettes à la redevance (1). Quant aux terres classées comme *poonjah*, sur lesquelles certaines récoltes comme le coton, le maïs, le blé, etc., ne sont soumises qu'à

(1) *Report on Irrigation works in India*, by colonel Strachey, 1869.

un nombre restreint d'arrosages, la redevance annuelle
est bien moindre; elle a le plus souvent pour base le volume d'eau employé. Cette question du prix de l'eau et
du coût de l'irrigation dans les divers pays sera, du reste,
traitée dans un chapitre spécial du Livre XI.

**5. Réservoirs aux États-Unis.** — L'établissement des réservoirs offre un intérêt tout spécial qu'il convient de signaler, dans les contrées où les eaux de rivières
grossissent de mai à juillet et baissent en août, bien avant
la fin de la saison des irrigations; c'est le cas du Colorado,
et de quelques autres États américains. La nécessité
d'établir des retenues devient impérieuse, d'autant plus
que la surface cultivée dépasse en étendue celle que le volume d'eau disponible permet d'arroser.

Pendant une période chaque année, n'excédant pas un
mois ou six semaines, à partir des premiers jours d'août,
les eaux à l'étiage ne suffisent plus à l'alimentation des
canaux et la récolte peut être très amoindrie ou perdue.
Il a été proposé, en conséquence, pour obtenir une réserve d'un volume égal au débit de chaque canal pendant
un mois ou six semaines, d'utiliser d'une part, les lacs
ou étangs situés sur les parcours du canal, et d'autre
part, des réservoirs constitués par le lit même des rivières.

Les réservoirs faisant partie d'un système de canaux
sont principaux ou secondaires. Les premiers reçoivent
la totalité de leurs eaux du canal même et peuvent atténuer ou faire disparaître complètement les risques de
manque d'eau pour l'étendue des terres à irriguer. Les
seconds ne reçoivent du canal qu'une partie de leurs
eaux et diminuent proportionnellement les risques. Un
certain nombre de réservoirs secondaires peuvent remplir
l'office de réservoir principal, et les deux sortes peuvent
se rencontrer dans un même système de canaux.

Il est essentiel, dans les deux cas, que les niveaux des

canaux d'amenée et d'évacuation diffèrent assez pour que les réservoirs puissent être utilisés (1).

Des associations formées au Colorado dans le but de construire et d'employer de tels réservoirs, sans se préoccuper des canaux situés en aval, ont dû suspendre les travaux par suite d'actions judiciaires. Du reste, le faible profit retiré de l'emmagasinement des eaux a été encore amoindri par la perte due à l'évaporation, là où fonctionnent les réservoirs.

(1) O'Meara, *Mém. sur l'irrig. des pays neufs* ; *Bull. min. agric.*, 1885.

# LIVRE VI.

## LES MACHINES ET LES MOTEURS

---

### I. — LES MACHINES ÉLÉVATOIRES.

Il ne suffit pas que l'eau d'irrigation soit trouvée, approvisionnée et à portée, il faut que l'on puisse en disposer à un niveau plus haut que celui des terres, afin que sous l'action seule de la pesanteur, elle soit dirigée par les canaux et les rigoles sur tous les points qui doivent profiter de l'arrosage. Il est donc indispensable, lorsque la nappe souterraine ou le cours d'eau ne peuvent pas être dérivés à hauteur voulue, de recourir aux machines et aux moteurs les plus économiques pour élever les eaux.

Les forces motrices qui impriment le mouvement aux machines sont les courants d'eau, l'action du vent, l'expansion de la vapeur, la pression de l'air ou de l'eau, la force de l'homme et des animaux, les ressorts, etc. Quel que soit celui de ces agents qu'on emploie, il importe surtout de prévoir le travail qu'il est capable de produire et de faire la part des pertes causées par les résistances, pour ne pas s'exposer à développer une force trop grande et trop coûteuse, ou à manquer l'effet cherché, faute de puissance (1).

Quant aux machines élévatoires, elles sont variées et en nombre très grand, suivant qu'elles servent elles-mêmes à élever l'eau, ou qu'elles comprennent une force motrice étrangère pour l'élever.

On comprendra que nous nous abstenions de définir les forces, leur mesure et leurs effets sur les machines, en renvoyant aux traités de mécanique, et que nous nous bornions, sans prétendre à une classification, à décrire ceux des appareils qui sont d'un usage courant, en vue des épuisements ou des irrigations.

Nous rappellerons que le travail d'une force étant le produit de la grandeur de cette force par le chemin qu'elle parcourt dans un temps donné, c'est en kilo-grammètres qu'on est convenu de l'exprimer. Le kilo-grammètre, ou unité de travail, est l'effet produit en élevant un kilogramme à la hauteur de un mètre, en une seconde. Ainsi, le travail de l'eau qui fait tourner une roue s'ex-prime en multipliant l'effort exercé sur la roue par le développement de sa circonférence pendant le travail. Soit cette circonférence de 10 mètres ; le nombre de tours effectués, de 4 ; la pression de l'eau, de 50 kilogr. ; le tra-vail sera égal à 10 × 4 × 50, soit 2,000 kilogrammètres.

Pour exprimer le travail mécanique accompli par un moteur, il faut ajouter à l'effort et à l'espace parcouru, le temps même du parcours, pour établir le nombre de kilo-grammètres par seconde, par minute ou par heure. Quand il s'agit de moteurs plus puissants, l'unité de travail de-vient le cheval-vapeur, qui représente 75 kilogrammètres par seconde ; c'est à peu près le double de travail du cheval ordinaire ; seulement, la machine en travaillant vingt-qua-

---

(1) Francœur, *Éléments de technologie*, 1842.

tre heures ou près de trois fois plus, fournit comme cheval-vapeur, cinq fois autant de travail que le cheval ordinaire.

Comme toute machine dissipe dans les résistances d'inertie, des milieux, et les frottements, une partie considérable de la force motrice, il s'ensuit que l'effet utile ne représente jamais le travail maximum. Ainsi, moins une machine perd de la force motrice qui lui est appliquée, par les résistances passives et le frottement, plus son effet utile est grand, meilleure est la machine. La roue hydraulique qu'une chute d'eau fait tourner, si on emploie son mouvement à manœuvrer une pompe pour faire remonter l'eau au niveau d'où elle est venue, n'en remontera jamais qu'une partie, au plus les deux tiers.

Quand on dit qu'une pompe, par exemple, rend 60 pour 100, on indique qu'au lieu d'élever 75 litres à 1 mètre, en une seconde, avec la force d'un cheval-vapeur, la pompe élève seulement $75 \times 0,60 = 45$ litres. Si au lieu d'élever à 1 mètre, elle élève à 2 mètres, à 3 mètres, etc., la quantité élevée deviendra moitié, tiers, etc., de 45 litres. La quantité d'eau élevée est donc inversement proportionnelle à la hauteur, mais proportionnelle à la force motrice développée.

Ces notions élémentaires permettent de se rendre toujours compte, la hauteur et la quantité d'eau à élever étant données, de la force qu'il faudra employer ; elles permettent également, dans le choix d'une machine destinée à fournir un travail déterminé, de mettre surtout en première ligne celle qui utilise la plus grande partie de la force qu'on lui applique, en dehors des considérations de commodité et de régularité.

S'il est moins essentiel en agriculture, que dans l'industrie, de tirer de la force motrice tout le parti possible, et pour l'irrigation notamment, la durée des chômages expose les moteurs et les machines à des dérange-

ments certains, il n'en est pas moins avéré que toute machine fournissant le rapport le plus grand entre l'effet
utile et le travail développé par le moteur, est la meilleure,
les conditions de durée et de solidité étant égales d'ailleurs,
lorsqu'il s'agit d'obtenir l'eau à bon marché pour la répandre sur le sol.

## A. Les seaux.

Le moyen le plus simple pour élever de l'eau consiste
dans la manœuvre à bras d'homme, de seaux ou de baquets qu'il faut tourner pour les remplir, descendre à
vide et remonter plus haut que le niveau où l'on doit déverser leur contenu.

Les baquets, en forme de vans, que deux hommes manœuvrent par un mouvement de va-et-vient, en suivant
un arc de cercle, améliorent peu ce mode de puisage qui
ne constitue pas une machine. Applicable seulement à
des hauteurs de $0^m,50$ à $0^m,60$, le seau est encore employé pour l'épuisement et l'arrosage dans les pays d'O-
rient, l'Inde, l'Égypte, etc., que caractérise la tradition.

**Nattal.** — Le *nattal* désigne l'installation primitive
et peu coûteuse, mais sans grand effet utile, très répandue
en Égypte, pour monter les eaux à des hauteurs qui
ne dépassent pas 1 mètre. La berge du canal où l'on
puise est entamée pour y pratiquer une petite plate-
forme au niveau de l'eau, et la rigole à alimenter est amenée jusqu'en face, terminée par un bourrelet en terre que
recouvre une natte qui le consolide. Deux hommes appuyés de chaque côté de la plate-forme, contre les
parois entaillées dans la berge, à $1^m,50$ environ de
distance l'un de l'autre, manœuvrent un panier à bord
rigide, en feuilles de palmier tressées, de $0^m,40$ de dia-

mètre et 0<sup>m</sup>,25 de profondeur, dont le fond est quelquefois recouvert de cuir. Le panier étant muni de quatre
cordes, les hommes en tiennent une dans chaque main,
le lancent dans le canal, puis le relèvent en rejetant en
arrière le haut du corps, l'approchent de l'extrémité de la
rigole, et chacun faisant avec le bras le même mouvement,
vide son conte-
nu dans la rigole.
On évalue de 4
à 5 mètres cubes
par heure la
quantité d'eau
que deux hom-
mes peuvent éle-
ver ainsi avec le
*nattal* (1).

Si, au lieu de
cette installation
rudimentaire,
on accroche le
panier ou le seau
par une corde, à
un levier, à une
poulie ou à un

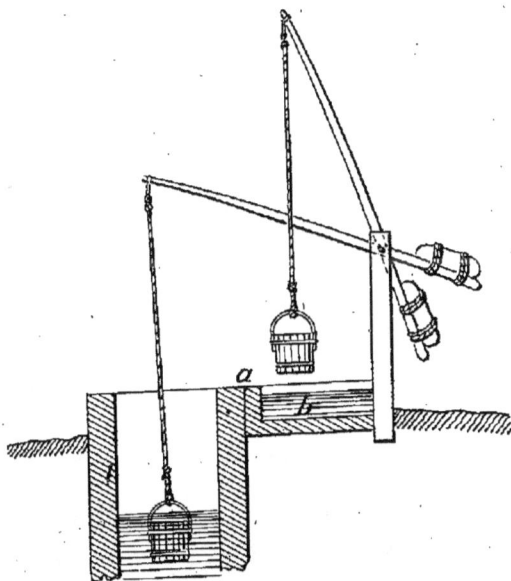

FIG. 95. — PUITS A DOUBLE BALANCIER.

treuil, on réalise une machine qui peut dès lors rendre
plus de services et atteindre de plus grandes profondeurs.

**Seau et levier**. — Que le seau soit, par exemple,
suspendu par une corde à l'extrémité d'un levier équilibré, tournant autour d'un point d'appui, et l'on a l'appareil rustique qui dessert les puits peu profonds des campagnes en France, en Allemagne, dans les plaines de la

(1) Barois, *Irrigation en Égypte*, 1887, p. 93.

Hongrie, etc. C'est aussi celui que les jardiniers de Gênes et de Savone emploient, sous le nom de *cigogne* (fig. 95) pour l'arrosage de leurs planches de légumes et de fleurs. Le croquis (fig. 96) indique la disposition d'un puits indien du même système pour l'arrosage.

**Chadouf.** — Le *chadouf* de l'Égypte est basé également sur le principe du levier à contrepoids; employé depuis les temps reculés, cet appareil, qui est reproduit sur les plus anciens monuments, se retrouve encore aux environs de

FIG. 96. — PUITS INDIEN A BALANCIER SIMPLE.

Pise, où il sert à l'irrigation des champs. Il semble que les Arabes qui avaient un quartier particulier assigné pour leur habitation dans cette ville, en aient alors introduit l'usage.

Le *chadouf* des Égyptiens modernes consiste en deux piliers en bois ou en maçonnerie, éloignés l'un de l'autre de 1 mètre environ, et réunis au sommet par une traverse en bois à laquelle est attachée une forte perche. Cette perche porte à son extrémité antérieure une corde en palmier qui tient le vase pour puiser l'eau, et à l'extrémité opposée, la plus courte des deux, un contrepoids en pierre ou en argile. Le vase a le plus souvent la forme d'un chaudron (fig. 97); l'anse est prise par la corde, et le fond est formé d'une pièce de cuir ou de feutre, cintrée par le cerceau même auquel l'anse est fixée ; c'est un panier analogue à celui du nattal.

Pour faire descendre le vase dans l'eau, l'homme tire en bas la corde en détruisant la résistance du contrepoids,

FIG. 97. — CHADOUF ÉGYPTIEN.

et quand le vase est plein, le contrepoids aide à faire remonter le levier avec le vase dont le contenu est déversé dans la rigole de l'étage supérieur. Comme on ne fait guère monter l'eau à plus de $2^m,5o$ à l'aide du chadouf et que les berges sont parfois beaucoup plus hautes au-dessus du niveau de la rivière, il faut que l'eau monte par degrés jusqu'au canal d'irrigation ; alors on établit des chadoufs par gradins, en manœuvrant des leviers perpendiculairement au canal d'amenée ou au cours d'eau. L'eau puisée par les chadoufs inférieurs est versée dans une première tranchée où la reprennent les chadoufs du deuxième étage pour la verser dans une tranchée d'un gradin plus élevé encore, et ainsi de suite (1). Souvent sur les bords du Nil, on rencontre, comme le montre notre dessin, des équipes de chadoufs fonctionnant ainsi sur des rangées de trois ou quatre de front et sur trois et même

FIG. 98. — PUITS A POULIE.

quatre étages superposés. Les leviers montent et descendent en cadence sous l'action des nègres ou des fellahs, à peu près nus, ruisselants d'eau et maintenus en haleine par des chants nasillards.

Loin du Nil et des canaux, le chadouf sert également à puiser l'eau dans des puits creusés jusqu'à 4 mètres au-dessous du sol.

Le mouvement de l'appareil est lent; un homme n'élève guère en moyenne que dix paniers par minute, ou 100 litres; soit 6 mètres cubes à l'heure, pendant un travail de deux heures consécutives. Un chadouf avec deux hommes suffit à l'arrosage d'un demi-hectare (2).

D'après de nombreuses observations recueillies par l'expédition française, le travail produit par le fellah avec le chadouf est de 330 kilogrammètres en moyenne, par minute, tandis que l'action d'un homme agissant avec une corde et une poulie est considérée comme donnant un travail de 216 kilogrammètres seulement pendant le même temps.

(1) *Magasin pittoresque*, 1842, p. 116.
(2) Barois, *loc. cit.*, . 94.

**Seau et poulie.** — La poulie n'offre, en effet, aucun avantage à la force pour vaincre la résistance, parce que c'est un levier dont les deux bras sont égaux; sans le frottement, les forces pour être en équilibre doivent être égales; mais la direction est heureusement changée, de façon qu'en tirant le seau d'un puits avec une poulie (fig. 98), on agit plus commodément de haut en bas,

FIG. 99. — PUITS A POULIE DANS LE DÉSERT.

en ajoutant le poids du corps à l'effort musculaire. La figure 99 montre l'application d'une poulie à corde, actionnée par un chameau, pour l'élévation de l'eau d'un puits d'abreuvoir, dans le désert et la figure 100, d'un puits à poulie, avec traction de bœufs, pour les irrigations dans l'Inde.

Le treuil est appliqué avec poulie simple (fig. 101) ou avec poulie double dans l'appareil que les maraîchers emploient pour puiser l'eau à de plus grandes profondeurs.

**Manège de maraîcher.** — Deux poulies (fig. 102)

sont suspendues au-dessus du puits, et sur ces poulies passent les deux bouts d'une corde, portant chacun un seau. La corde fait trois ou quatre tours sur un treuil ou tambour vertical qui reçoit directement son mouvement de rotation d'un manège mû par un cheval. Quand le cheval marche dans un sens, un seau monte plein, et l'autre seau descend à vide; un échappement placé à une hauteur convenable, détermine la limite de l'as-

FIG. 100. — PUITS A BŒUFS DANS L'INDE.

cension. A ce moment, le seau plein, suspendu par une anse, est vidé à bras; ou bien, si les deux tourillons qui retiennent l'anse sont placés très peu au-dessus du centre de gravité, il s'incline et se vide de lui-même, en buttant contre un taquet. Pendant ce temps, l'autre seau se remplit d'eau au fond du puits. On fait alors marcher le cheval en sens contraire, pour recommencer indéfiniment la même

FIG. 101. — PUITS A TREUIL.

manœuvre. La manivelle des maraîchers de Paris, pourvue de son hangar, des seaux et agrès divers, peut coûter 600 francs; son jeu est tellement simple qu'elle

fatigue peu et dure longtemps, sans entraîner de frais
d'entretien (1).

Coulomb estime qu'avec un treuil bien établi, un ouvrier peut élever en une heure 1 mètre cube d'eau à

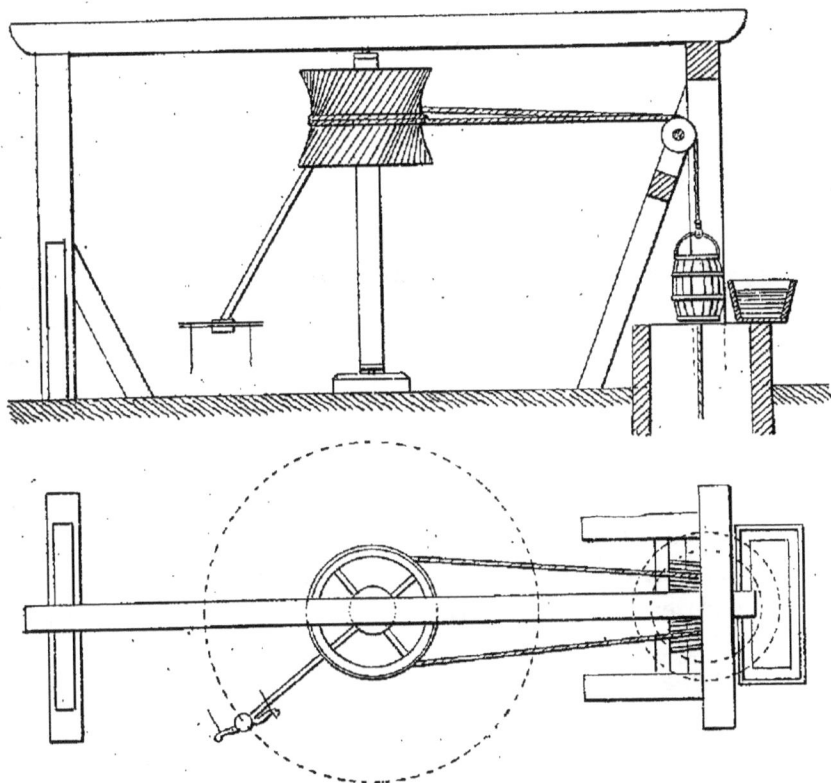

Fig. 102. — Manivelle de maraicher; élévation et plan.

20$^m$,17 de hauteur et qu'en agissant avec une corde et
une poulie, l'effet obtenu n'est que moitié moindre. D'Au-
buisson diminue le résultat du treuil, en l'appliquant à
un travail continu de 8 heures par jour; il établit qu'un
ouvrier peut en une journée de 8 heures élever 160 mètres cubes d'eau à un 1 mètre de hauteur.

(1) *Maison rustique du dix-neuvième siècle*, t. V, p. 17.

### B. Les écopes.

**Écopes ordinaires.** — La pelle creuse et l'écope
servent de temps immémorial, dans certaines localités, à
l'arrosage direct des planches de jardins et des arbres,
quand les rigoles pour l'écoulement de l'eau ou les bassins sont disposés dans le voisinage immédiat des cultures.
La différence de niveau ne doit guère dépasser o^m,3o à
o^m,4o pour obtenir un bon effet utile. Les hortillons d'A-
miens, séparés entre eux par de petites rigoles où l'eau dé-
rivée de la Somme circule en toute saison, offrent un
exemple de l'irrigation à l'aide de la pelle à long manche.
Les jardiniers enlèvent l'eau avec une admirable dexté-
rité et la laissent retomber sous forme de pluie sur leurs
hortolages.

L'écope ordinaire se compose d'une grande cuiller,
placée à l'extrémité d'un manche, léger et flexible, d'une
longueur de 1^m,25 à 1^m,5o, un peu incliné vers l'avant.
La cuiller de o^m,4o de longueur sur o^m,25 de largeur,
contient de 4 à 5 litres d'eau. Un manœuvre armé de
l'écope envoie l'eau dans un rayon de 8 mètres.

**Écope hollandaise.** — L'écope hollandaise, formée
d'une auge oblongue en bois, est représentée dans sa plus
grande simplicité par la figure 103. De la manière dont
elle est suspendue au sommet d'un chevalet de trois perches, un ouvrier se tenant sur la planche *a*, la manœuvre
avec facilité.

Le *jham* des Indiens est une écope actionnée de la même
manière.

Les écopes employées dans les irrigations et dans les
desséchements renferment jusqu'à 1 hectolitre et permettent de répandre sur le sol, par la manœuvre d'un
seul homme, jusqu'à 1,200 litres d'eau élevés à la hau-

teur moyenne de o^m,35 en une minute. Les auges sont
portées par des tourillons sur le bord du canal où l'on
puise, et par une anse à la partie postérieure; elles sont
suspendues à des tiges s'articulant au bout d'un bras de
levier. Les homme agissent par des cordes en tirant ver-

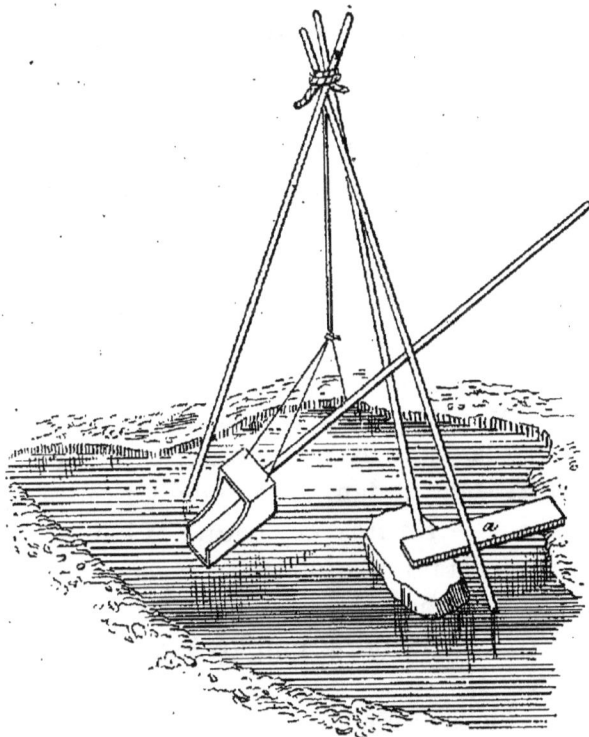

FIG. 103. — ÉCOPE ORDINAIRE.

ticalement par bras de levier et en lâchant successivement. Le mouvement alternatif ainsi imprimé à l'écope
fait qu'elle se remplit dans le canal inférieur et se vide
dans le conduit supérieur; pour faciliter la vidange, le
fond de l'écope est souvent muni d'un ou de plusieurs
clapets. Les auges sont également équilibrées de façon
à ce que les deux parties d'avant et d'arrière se fassent

contrepoids, pour que l'on n'ait que l'eau à soulever. Les écopes à vapeur sont décrites au chapitre où il est parlé des moteurs.

## C. Les norias.

Si le long d'une corde ou d'une chaîne sans fin qui descend jusque dans l'eau, sont attachés des vases ou des seaux, et que la chaîne soit suspendue à une roue à laquelle on imprime un mouvement de rotation, on aura constitué une machine élévatoire des plus simples, la noria. La chaîne saisie en différents points successifs par la roue, marche en faisant monter et descendre les vases. Ceux des vases qui plongent dans l'eau s'y emplissent ; le moteur les élève, et ils se vident dans l'auge ou le conduit supérieur, en s'inclinant.

Les norias se retrouvent dans tous les pays qui ont été soumis à la domination des Maures ; aussi bien en Égypte qu'en Espagne et dans le midi de la France.

**Sakié.** — En Égypte, pour des hauteurs supérieures à 3 mètres, la noria, qui est très répandue, s'appelle *sakié ;* elle ne diffère que par quelques détails, variables suivant les lieux, de la noria employée aux mêmes usages en Europe.

La sakié comprend une roue horizontale en bois de $1^m,5o$ environ de diamètre, garnie d'alluchons de $0^m,2o$ de longueur ; l'arbre vertical repose au-dessous du sol sur une crapaudine grossière, formée de pièces de bois juxta-posées. Cet arbre est relié par des cordes à un levier horizontal de 3 mètres de longueur, qui, mû par un animal, entraîne dans sa rotation la roue horizontale. L'extrémité supérieure de l'axe passe dans un tourillon en bois ou en fer, fixé à une traverse horizontale de 6 à 7 mètres de longueur, dont les bouts portent sur deux piliers en terre ou en briques, établis en dehors de la piste. Souvent l'arbre vertical de la roue est formé d'une branche non équarrie, se bifurquant en haut, de manière que les deux bras de la fourche aident à consolider la liaison avec le levier horizontal du manège. Dans les petites sakiés, la traverse supérieure est supprimée et l'arbre est maintenu vertical par des pièces en bois assemblées au niveau du sol.

Fig. 104. — Sakié dans le Soudan.

La roue horizontale engrène une roue dentée verticale en bois, de 1 mètre environ de diamètre, dont l'arbre passe au-dessous du niveau du sol, sous le manège, et porte à son autre extrémité la roue qui supporte la chaîne de la noria. Sur cette roue à noria, de 1$^m$,50 à 2 mètres de diamètre, est enroulée l'échelle de corde avec ses pots de terre cuite, espacés de 0$^m$,50 environ, qui s'élèvent pleins d'eau jusqu'à la partie supérieure de la roue et se déversent dans l'auge placée latéralement.

Tout l'appareil, grossièrement établi avec des bois d'acacia à peine équarris, ou avec des troncs de palmiers, se rencontre sur le bord du Nil ou des grands canaux, à l'état provisoire, ou à demeure. Une de nos figures (fig. 104) montre une sakié installée à demeure dans le Soudan, sur la rive du fleuve. Au-dessus d'un trou de 2 mètres carrés, pratiqué dans la berge et formant comme un puits, la plate-forme est dressée en bois de palmier, et sur la plate-forme est placé l'arbre de l'engrenage à lanterne que met en mouvement le manège attelé de deux bœufs. Le conducteur, assis, aiguillonne les bœufs pendant leur marche lente et monotone (1). Ailleurs, sur les puits creusés au milieu des champs, les norias sont installées avec massifs de maçonnerie; les puits et les rigoles sont également en briques (fig. 105). Quelquefois, on réunit deux, trois ou quatre sakiés aux angles d'un même puits; ou bien, on établit deux ou trois roues à chapelet sur le même axe (2). D'autres fois, les puits étant construits sur des rouets, on enlève la terre au-dessous pour les faire descendre au fur et à mesure que la maçonnerie avance et on les recouvre de petites voûtes destinées à supporter les axes de déversement.

Une paire de bœufs ou de buffles, un cheval, un âne, un chameau, que l'on relaye toutes les trois heures, travaillent au manège, en faisant de 150 à 200 tours de la piste par heure.

On compte près de 12,000 sakiés dans la partie du delta comprise entre les deux branches de Damiette et de Rosette, pour une surface cultivée de 500,000 hectares. D'après cette base, l'irrigation de la seule Basse-Égypte serait desservie par 28,000 sakiés (3).

Les expériences rapportées dans l'ouvrage de l'expédi-

(1) *Engineering*, 14 mars 1873.
(2) *Magasin pittoresque*, 1842, p. 117.
(3) Barois, *loc. cit.*, p. 96.

tion française en Égypte prouveraient que pour des pots de $1^{lit}$,60 et du poids de 1 kilogramme environ, le débit d'une sakié varie de 4,200 à 4,800 litres par heure, suivant la hauteur qui atteint jusqu'à 10 et 11 mètres. Un bœuf, pouvant donner normalement un travail de 2,160 kilogrammètres par mètre, n'utiliserait avec une

Fig. 105. — Sakié double d'Égypte.

sakié élevant l'eau à 10 mètres qu'un travail de 700 kilogrammètres. Il s'ensuit que la sakié, toute recommandable qu'elle est par sa simplicité, est peu économique comme rendement, son travail utile ne représentant que 0,20 du travail dépensé.

**Noria-sakié.** — Dans certains endroits de la Basse-Égypte et au Fayoum, la sakié a subi des perfectionnements qui la rapprochent, au point de vue de l'effet utile, des norias du midi de la France. Ainsi, les extrémités des axes et les coussinets sont garnis de ferrures qui atténuent

les frottements ; la chaîne des pots en terre est remplacée par des augets en bois ou en métal, qui ont 0$^m$,30 de largeur et autant de profondeur. Les figures montrent en élévation (fig. 106), en plan (fig. 107) et de côté (fig. 108), la sakié ainsi améliorée, pouvant fonctionner avec un seul animal moteur. Une noria de ce modèle suffit pour

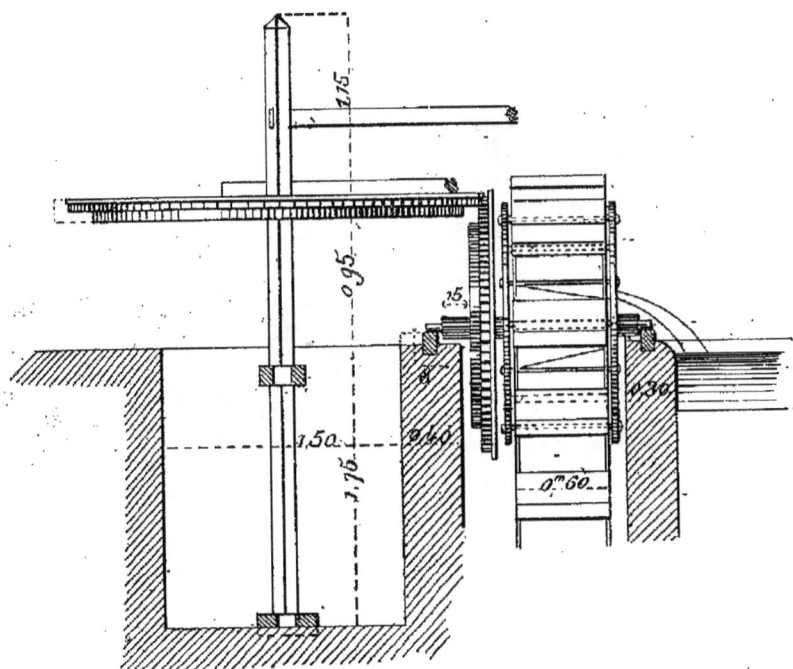

FIG. 106. — SAKIÉ-NORIA; ÉLÉVATION.

arroser un demi-hectare en douze heures, tandis qu'une sakié rustique n'arrose que la moitié de cette surface pendant le même temps.

**Noria bulgare.** — Parmi les populations appartenant aux nombreuses races que les Turcs dominaient dans la péninsule des Balkans, les Bulgares passent à juste titre pour les meilleurs cultivateurs de l'Europe orientale ; ils doivent cette réputation à l'emploi de leurs in-

génieux appareils d'irrigation, et notamment, dans le bassin du Vitbal, à de grandes roues à godets et à des norias, analogues à celles qu'on emploie en Afrique et en Espagne. Ces roues, qui plongent dans les rigoles creusées le long de la rivière, y puisent l'eau pour la conduire par des canaux sur la terrasse. Un manège attelé de deux bœufs fournit la force motrice. Eu égard à la rusticité

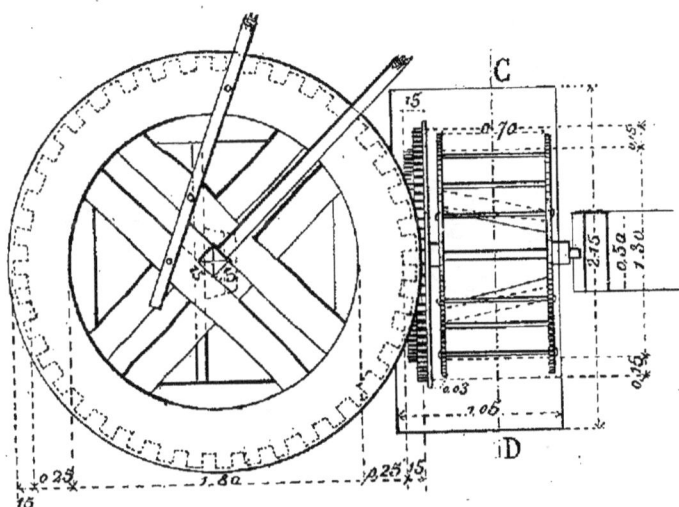

FIG. 107. — SAKIÉ-NORIA; PLAN.

des outils dont se servent les paysans bulgares qui le construisent, cet appareil, protégé contre la pourriture par une couche de couleur à l'huile noire, donne au point de vue pratique un rendement très suffisant (1).

Les mêmes norias se retrouvent dans la vallée du Guioprou, aux mains des paysans pomaks, turcs et bulgares.

Dans la Dobrudja, où le manque d'eau oblige de recourir aux puits, matin et soir, pour l'arrosage des différentes cultures, l'eau est élevée d'une profondeur de

(1) Kanitz, *la Bulgarie danubienne et le Balkan*, 1882, p. 115.

20 à 60 bras (*kolatchs*), au moyen de norias mises en mouvement par des chevaux ou des bœufs (1).

**Noria d'Espagne.** — La noria espagnole (fig. 109) n'a pas besoin d'être décrite; elle est le plus souvent desservie par une paire d'ânes ou de mulets. Dans son rapport sur les travaux de la canalisation de l'Ebre, l'ingénieur Job constate que l'effort de traction des mulets pour la mise en mouvement des norias, ne peut être estimé à plus de 20 kilog. pour un travail de 10 heures, et le coût, à 1 fr. 50 par jour de nourriture et d'entretien (2). Flachat compte que le travail d'un mulet, pour une hauteur moyenne d'ascension de 10 mètres, représente 72,000 kilogrammètres et peut, avec un coefficient de 50 pour 100, répandre sur le sol 30 mètres cubes d'eau par jour; ce serait donc à 0 fr. 05 le mètre cube

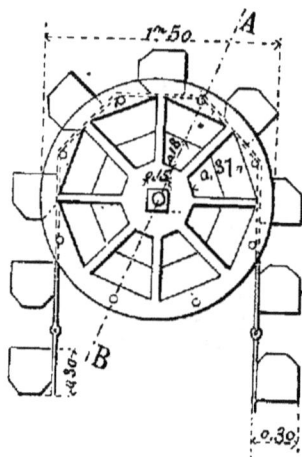

FIG. 108. — SAKIÉ-NORIA; ÉLÉVATION LATÉRALE.

que reviendrait l'irrigation par la noria attelée d'un mulet pour le travail du matin, et d'un second pour le travail du soir (3). En admettant que l'arrosage, en raison de la haute température de l'été, exige 0ᵐ,005 d'épaisseur d'eau par jour, soit 50 mètres cubes par hectare ou 9,000 mètres cubes par an, chaque hectare coûterait par ce moyen d'arrosage, 500 francs.

Dans la plaine de Carthagène, suivant de Tchihat-

---

(1) Kanitz, *loc. cit.*, p. 482.
(2) Job, *Rapport sur les travaux de la Société de la canalisation de l'Ebre*, 1853.
(3) Flachat, *Rapport id.* (*inédit*), octobre, 1858.

cheff (1), la rotation de la roue des norias s'effectue à
l'aide d'un pivot dont l'extrémité supérieure porte des
ailes tendues de toile, que le vent gonfle, mettant ainsi
en mouvement tout l'appareil. Cette opération, ajoute-
t-il, est pratique et peu dispendieuse.

**Puiserande.** — La puiserande, qui est employée
dans les plaines de Pise et du Val d'Elsa (Toscane) pour

FIG. 109. — NORIA D'ESPAGNE.

élever les eaux des puits, n'est autre qu'une noria que
l'on fait tourner par un cheval (fig. 110). Toscanelli, dans
son consciencieux travail sur l'économie rurale de la
province de Pise, fait remonter aux temps les plus reculés
l'usage de cette ingénieuse noria, connue sous le nom de
*bindolo,* dont l'invention serait pisane et non arabe (2).

**Noria du Midi** (*France*). — L'emploi de la noria est
vulgaire dans le midi de la France. On lui donne ici
le nom de puits à roue, et là, celui de *puisaro*. Elle est
essentiellement la machine de la petite propriété du Pro-

(1) De Tchihatcheff, *Espagne, Algérie et Tunisie*, 1880, p. 53.
(2) Toscanelli, *Economia rurale nella provincia di Pisa*, 1861, p. 12.

vençal; elle peut, en effet, rarement arroser plus de 2
ou 3 hectares, et son arrosage revient en moyenne à
150 francs par hectare et par an. Son grand avantage est
de donner de l'eau quand on en a besoin (1).

La noria la plus commune, du même type que la noria
catalane (fig. 111), donne, avec un cheval ordinaire, de

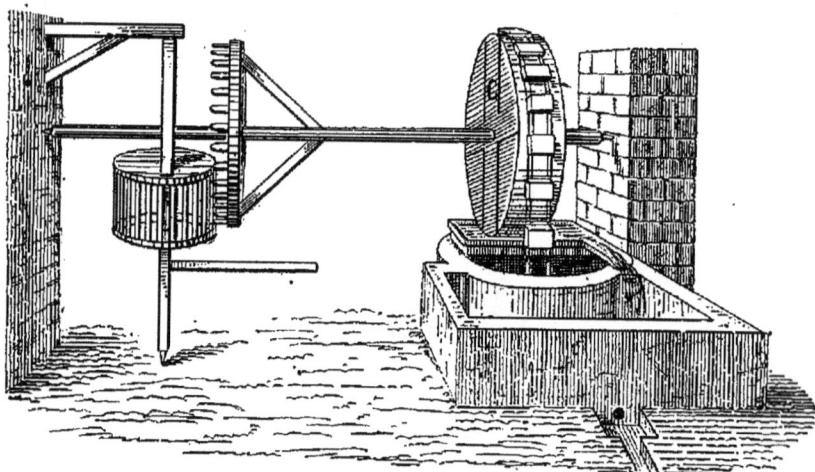

FIG. 110. — PUISERANDE DE PISE, OU *bindolo*.

20 à 25 mètres cubes d'eau par heure, à la hauteur de
5 mètres, et coûte de 700 à 800 francs. Le produit en
eau est évalué à environ 0,66 du travail dépensé (2);

(1) Doniol, *Journ. agric. pratique*, 1864, t. II, p. 185.
(2) Pareto donne, pour le calcul du nombre de chevaux à employer,
avec une noria bien établie, qui élève un volume d'eau déterminé à une
hauteur déterminée, en une heure de temps, la formule suivante :

$$N = Q \, \frac{H + r}{120}$$

dans laquelle :

N est le nombre de chevaux cherché;
Q, le volume d'eau en mètres cubes, à élever;
H, la hauteur de la surface du bassin au-dessus de celle du puisard;
r, la distance verticale entre la surface du bassin et le point le plus haut
auquel l'eau est montée.

l'effet utile n'est donc pas bien grand, en proportion de la
force développée; mais la noria a l'avantage de sa simplicité qui fait qu'elle peut être facilement réparée au
village. Pour obtenir le maximum d'effet, il faut la faire
marcher lentement.

**Noria moderne.** — Dans ces dernières années, la noria

FIG. 111. — NORIA DU MIDI DE LA FRANCE.

a été notablement perfectionnée par les constructeurs; notamment la noria Bonnaud (fig. 112), à l'aide de laquelle
on arrive à utiliser jusqu'à 0,80 de la force dépensée.

La noria Saint-Romas, dont nous donnons (fig. 113
et 114) la vue de face et la vue de côté, a fourni également, dans les essais qui ont eu lieu au Conservatoire en
1863, un rendement de 0,81 de la force dépensée. Le rapport
entre le travail du moteur et le travail utile a même atteint
0,867 pour les vitesses plus faibles de 42 tours par minute;

tandis qu'à 60 tours par minute, il est descendu à 0,75.
Il y aurait donc avantage pour de grands débits à em-

FIG. 112. — NORIA BONNAUD.

ployer des godets de grande capacité, plutôt que d'augmenter la vitesse.

Dans la noria Saint-Romas, le tambour des appareils
ordinaires placé au fond de la fosse et destiné à guider la

chaîne dans son mouvement, pour forcer les godets à entrer dans l'eau verticalement, est supprimé. Les augets
ont été ainsi modifiés, en leur ajoutant un double tube

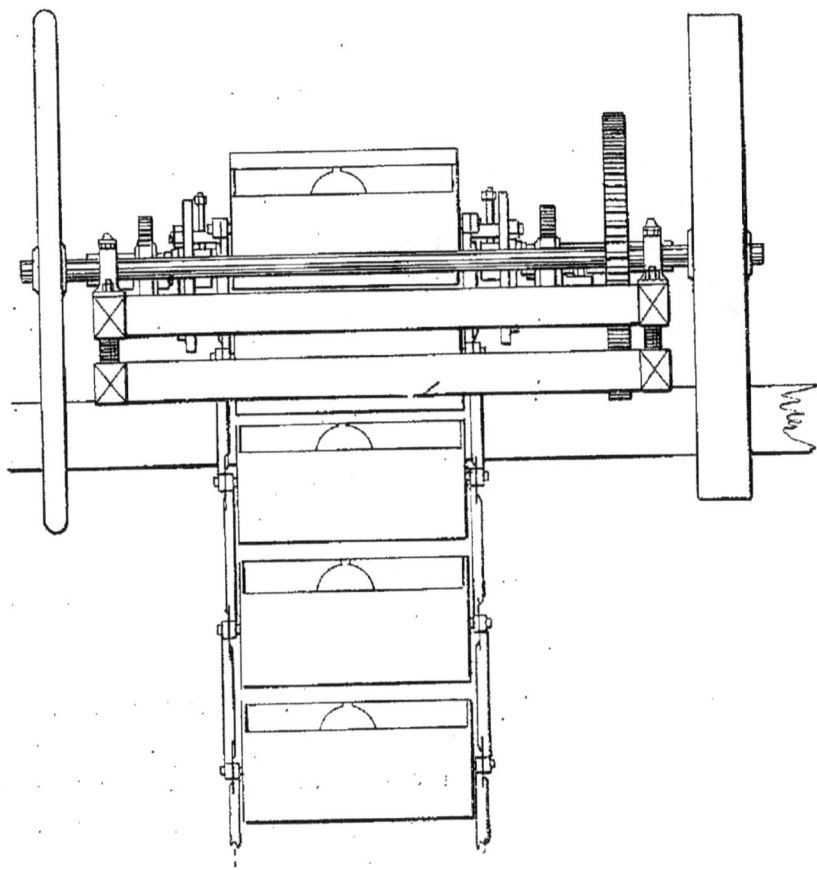

FIG. 113. — NORIA SAINT-ROMAS; VUE DE FACE.

ou siphon qui détruit la résistance de l'air au moment de
leur immersion. L'air enfermé dans le godet s'échappant
par le tube central du siphon, l'auget se remplit d'eau
et remonte, puis, par des trous percés dans le couvercle
du siphon, la pression atmosphérique s'exerce, dès que l'au-

get commence à sortir de l'eau. Les godets sont en tôle, d'une contenance qui varie jusqu'à 25 et 30 litres, et portent à mi-hauteur un boulon de suspension longitudinal. Les boulons s'articulent par leurs extrémités à des tiges en fer méplat qui réunissent les godets deux à deux.

Le tambour au-dessus de la fosse, sur lequel s'enroule la chaîne, est triangulaire, muni de trois ressorts à lames qui amortissent les trépidations. L'arbre de ce tambour porte une roue d'engrenage, menée par un pignon calé sur un second arbre parallèle; le tout est soutenu par un bâti en bois qui permet, par des verrins, de relever le plan du treuil lorsque l'on veut ajouter un certain nombre de godets ou allonger la chaîne pour puiser plus profondément.

La noria Saint-Romas élève l'eau jusqu'à une hauteur de 12 à 15 mètres, et fonctionne avec son fort rendement dans les eaux vaseuses, sans arrêt, ni obstructions (1).

### D. Les chapelets.

Le chapelet vertical peut être considéré comme une noria dans laquelle les godets sont réduits à leurs fonds, fixés par le milieu sur la chaîne sans fin. Comme dans la noria, la chaîne du chapelet s'enroule sur le contour de deux poulies, mais en passant pour remonter, dans un tuyau vertical, qui peut être quadrangulaire, A B, (fig. 115), auquel cas les grains ou patenôtres, également expacés sur la chaîne, sont des planchettes carrées C, C, d'une dimension presque égale à celle du tuyau; ou bien un tube cylindrique, auquel cas les grains sont des rondelles de cuir, comprises entre deux platines en fer

(1) Belin, *Des appareils servant à élever l'eau*, etc. *Études sur l'Exposition de 1867,* 2e série, 1868.

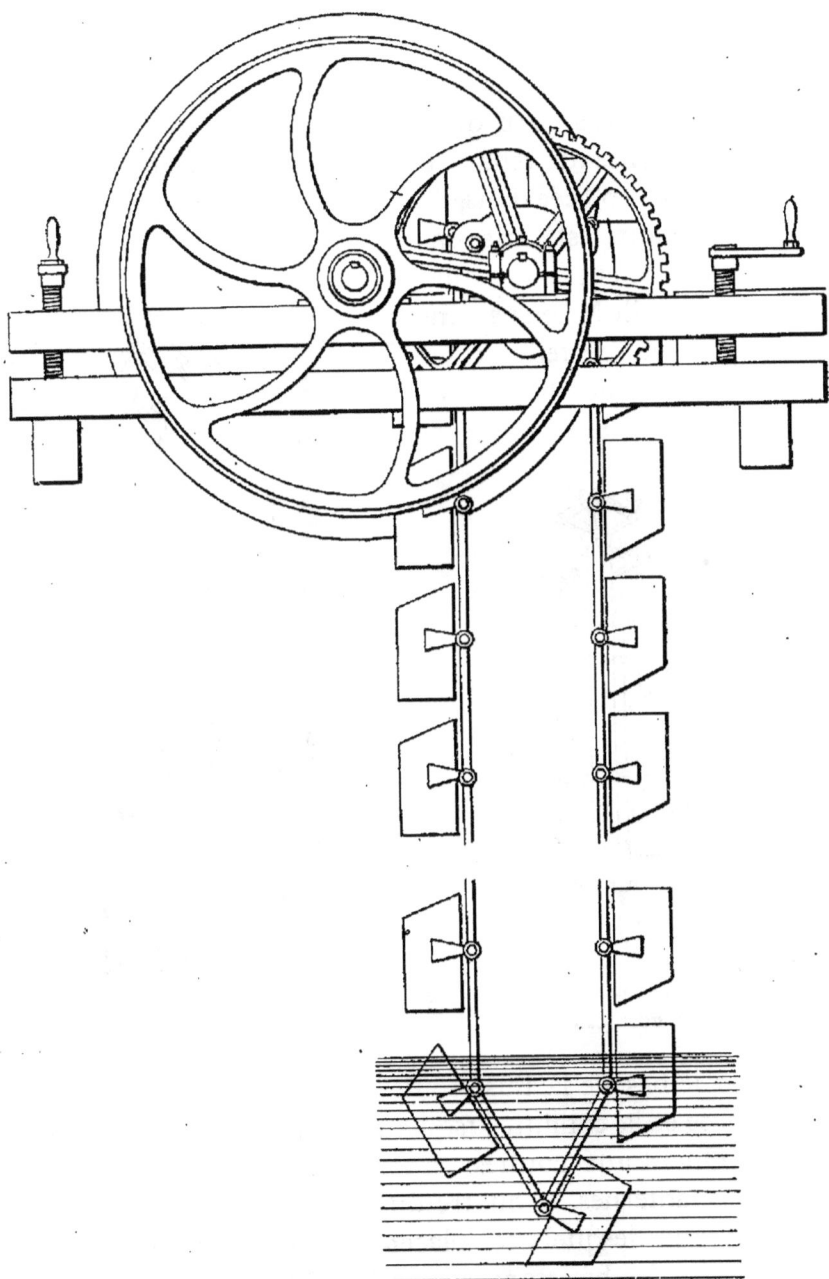

FIG. 114. — NORIA SAINT-ROMAS; VUE LATÉRALE.

(fig. 116). Qu'elle soit carrée ou cylindrique, la buse, comme on la désigne, plonge par son extrémité inférieure dans l'eau qu'on veut élever. La chaîne sans fin est maintenue tendue et convenablement dirigée par une lanterne placée dans l'eau au-dessous de la buse. L'arbre tournant est mis en mouvement par une manivelle M, ou par un manège, de telle sorte que chaque planchette ou rondelle en entrant

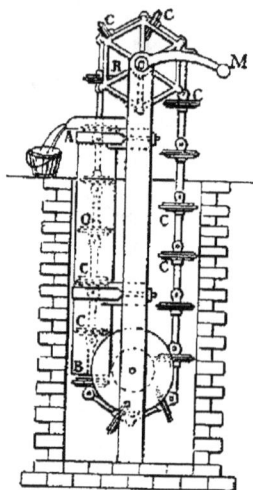

FIG. 115. — CHAPELET
A BUSE CARRÉE.

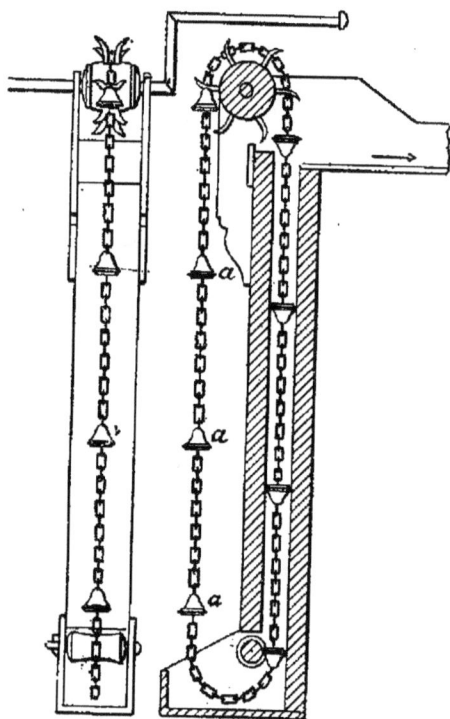

FIG. 116. — CHAPELET A BUSE CYLINDRIQUE;
VUE DE FACE ET DE COTÉ.

par le bas de la buse soulève la portion de liquide superposée et la conduit jusqu'au sommet où elle se déverse.

Quant aux poulies, ce sont des étoiles évidées, ou bien des lanternes à quatre ou six bras (fig. 115), sur les fuseaux desquels se placent les diaphragmes, ou bien encore des hérissons armés de griffes (fig. 116) qui saisissent les chaînons articulés de la chaîne.

Malgré le frottement des planchettes ou des rondelles dans la buse, cet appareil employé pour des élévations de 4 à 5 mètres, donne à peu près en effet utile les deux tiers de la force dépensée. De Gasparin n'en fait pas moins observer que l'usure des diaphragmes et du tube finit par occasionner des pertes d'eau notables, et qu'il n'a pas toujours retrouvé cet appareil dans les localités où il l'avait vu précédemment employé, tandis que les norias ne disparaissent pas des lieux où elles ont été introduites (1).

Quand les deux poulies ne sont pas placées dans la verticale et que la buse est placée obliquement à l'horizon, le chapelet est dit incliné ; il a surtout servi, avec cette disposition, pour les desséchements, au

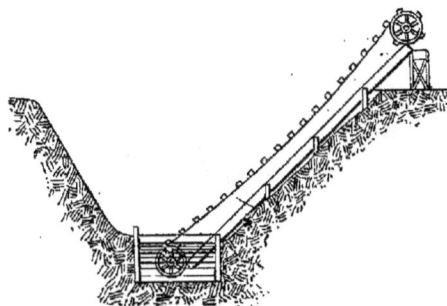

Fig. 117. — Pompe chinoise.

lieu d'écopes. Quoique peu coûteux, il donne lieu à des réparations fréquentes qui entravent la marche du travail. Pour une hauteur d'élévation ne dépassant guère 2 mètres, le rendement utile est de 40 pour 100 environ; au delà, la perte de travail augmente dans une rapide proportion.

**Pompe chinoise.** — La pompe chinoise, qui a été très employée en Californie, pour l'élévation des eaux d'arrosage, consiste en une courroie sans fin, se mouvant sur des poulies dont l'une plonge dans le canal ou le cours d'eau, et l'autre est située à un certain niveau au-dessus de la berge. Cette courroie est armée ex-

(1) De Gasparin, *Cours d'agriculture*, t. III, p. 293.

térieurement de palettes ou planchettes en bois qui amènent l'eau du canal jusque dans le bac où elle se déverse, comme pour le chapelet incliné. La courroie est en toile de coton ou en caoutchouc, ou bien formée de deux câbles sur lesquels les planchettes sont maintenues par des vis, à des intervalles équidistants (fig. 117).

Cet appareil des plus économiques, introduit par les Chinois, est d'un bon rendement pour des pentes n'excédant pas 20 degrés et pour des hauteurs d'élévation d'eau de 1 mètre à 1$^m$, 80. L'effet utile est d'autant plus grand que les palettes sont disposées de façon à ne point plonger trop profondément dans l'eau, autour de la partie inférieure, afin d'éviter les frottements, surtout quand le revêtement du canal est maçonné (1). Les pompes chinoises pour l'irrigation sont mises en mouvement par des chevaux. Pour des élévations au-dessus de 3 mètres et des pentes de plus de 30 degrés, les frottements et les pertes d'eau empêchent qu'on ne les emploie utilement.

### E. Les roues.

**Roue à tympan.** — Le tympan est une roue en bois et à jouées, divisée en plusieurs compartiments par des cloisons fixées sur les bras. Dans chacun de ces compartiments est pratiquée une ouverture, immédiatement après la cloison du compartiment qui précède. L'ouverture présente une section de plusieurs centimètres, suivant la circonférence, et de toute largeur dans le sens perpendiculaire, entre les jouées. Enfin, la partie centrale est percée d'un orifice autour de l'arbre que le moteur met en mouvement (fig. 118).

(1) *On irrigating machinery. Engineering*, novembre, 1887.

Quand un compartiment s'immerge, l'eau entre et demeure emprisonnée jusqu'à ce que, par la rotation, le niveau de cette eau arrive à la hauteur de l'orifice central; alors elle s'échappe.

C'est donc seulement d'une hauteur un peu inférieure au rayon du tympan que l'on peut élever l'eau. A moins de donner au tambour de la roue des dimensions exagérées, cette élévation est peu considérable (1); seulement l'épuisement s'opère par grandes masses.

**Tympan Lafaye.** — Si dans le tympan précédent, ou de Vitruve, les cloisons sont courbées suivant le développement du cercle du noyau central, en supprimant l'enveloppe convexe, on

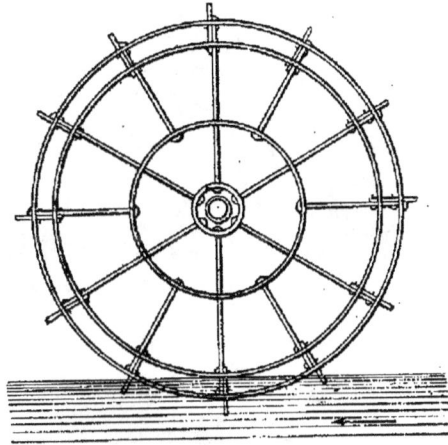

Fig. 118. — Roue a tympan, ou de Vitruve.

réalise le tympan Lafaye. L'eau s'y introduit et s'en écoule par l'axe, comme dans le tympan ordinaire; mais en pénétrant dans les compartiments que forment les cloisons, tous les centres de gravité des masses d'eau contenues sont sur la même verticale, tangente au cercle extérieur de l'orifice central (fig. 119). Il en résulte que le travail est presque constamment le même, et qu'en outre, la vitesse, très grande à la circonférence, est presque nulle au centre, ce qui est avantageux pour l'é-

_____

(1) Vitruve, qui a décrit le tympan employé par les anciens, dit (livre X. chap. 11) : « *Non alte tollit aquam, sed exhaurit expeditissima multitudinem magnam.* »

chappement de l'eau. L'inconvénient est que pour une différence de niveau de 4 mètres seulement, il faut des tambours de 9 à 10 mètres de diamètre.

Au barrage du Pont-Neuf, c'est une ancienne application à citer, la roue à développantes avait 6 mètres de diamètre; on lui imprimait une vitesse de deux tours et demi par minute, soit 0$^m$,90 par seconde, et le rendement était d'à peu près 80 pour 100; mais la quantité d'eau élevée par minute ne dépassait guère 24 mètres cubes.

Le tympan Lafaye a été très employé, notamment en Camargue, pour l'élévation des eaux destinées aux rizières. On ne lui donne que 2 à 4 mètres de diamètre. Au milieu de sa largeur, une roue dentée la fait engrener avec une plus petite roue qui reçoit le mouvement du moteur.

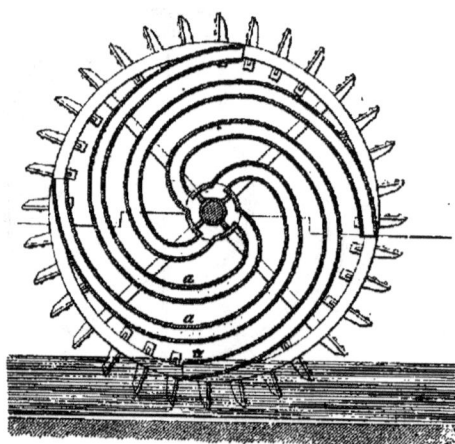

FIG. 119. — TYMPAN LAFAYE.

**Tabout.** — Quand on doit élever l'eau à moins de 3 mètres de hauteur, on se sert en Égypte d'une roue, au lieu de noria. Sur cette roue, appelée *tabout*, sont ménagés, à la périphérie, des encoffrements dans lesquels l'eau est élevée pour l'écouler dans un bac latéral, et de là dans la rigole d'arrosage. Cette roue est mue par un buffle ou un bœuf.

L'eau amenée dans un puits où la roue plonge d'un tiers de sa hauteur totale, ce qui détermine la hauteur de l'eau à élever par rapport au niveau du sol, pénètre dans les augets par les trous extérieurs, monte par la rotation de la roue et se déverse par les trous latéraux, quand l'auget arrive vers le sommet de sa course.

Pour l'établissement de cette roue (fig. 120), la charpente soigneusement ajustée comprend quatre bras, formés chacun de quatre montants autour du moyeu.

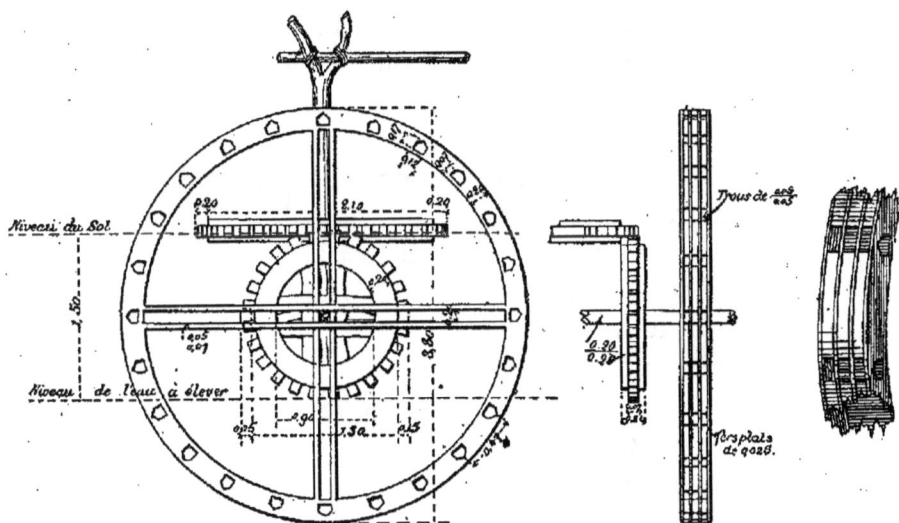

FIG. 120. — TABOUT D'ÉGYPTE; ÉLÉVATION DE FACE ET DE COTÉ, ET VUE PERSPECTIVE PARTIELLE.

Complètement fermé par un bordage circulaire qui présente une ligne d'orifices ménagés à la base de chaque auget, le pourtour de la roue a une couronne latérale, également percée d'un trou à chaque auget, tout près du bord intérieur. La figure 120 montre l'élévation de face d'un *tabout,* l'élévation de côté, et une vue perspective partielle.

**Roues à palettes.** — Les roues à palettes, quand elles sont mises en mouvement à rebours du coursier courbe où elles reçoivent l'eau, c'est-à-dire en sens contraire de la rotation que leur imprimerait le courant pour les faire agir comme moteurs, sont souvent employées à élever l'eau, surtout pour les desséchements en France, en Belgique et en Angleterre.

Navier, qui a calculé leur effet utile, a trouvé qu'il est d'autant plus grand que la vitesse de mouvement est plus faible; mais en même temps les pertes d'eau augmentent, à la circonférence des palettes, lorsque la vitesse diminue. Toutes choses égales d'ailleurs, les pertes sont moindres quand les aubes sont rectangulaires et que leur largeur est double de leur hauteur. Smeaton a évalué l'effet utile à 47 kilogrammètres par seconde pour une de ces roues, mue par un cheval, travaillant huit heures par jour.

Une roue à palettes installée à la gare de Saint-Ouen, près Paris, pour faire monter l'eau de la Seine et entretenir le niveau dans la gare du canal, est mise en mouvement par une machine à vapeur qui agit par une roue dentée engrenant avec les dents d'une des couronnes portant les palettes. L'axe de la roue étant ainsi faiblement chargé, l'effet est assez considérable par rapport au travail dépensé.

Les roues à palettes sont installées également dans l'établissement hydraulique de Marly, pour l'approvisionnement de la ville de Versailles (voir chap. III du présent livre).

**Roues à seaux ou à godets.** — Une roue hydraulique quelconque recevant l'eau par le bas, quand elle est armée à sa circonférence de seaux, de pots, de godets ou d'augets, peut puiser inférieurement et vider l'eau au fur et à mesure que chaque vase atteint le point le plus élevé de sa course.

Les pots ou godets fixes qui se vident par un trou, donnent moins d'effet utile que ceux tournant sur un arc de cercle, de manière à leur assurer une position verticale jusqu'au moment même où ils doivent se vider (fig. 121).

Très employées pour les irrigations et les épuisements, les roues à seaux sont parfois attelées à des roues pendantes, ou accouplées avec une roue à aubes. Dans l'em-

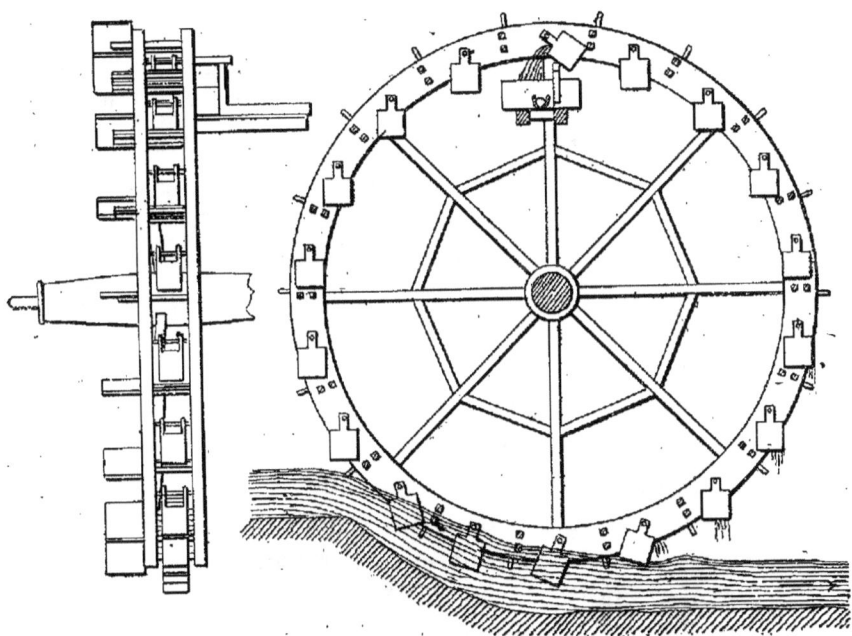

Fig. 121. — Roue a seaux; élévation de face et de coté.

ploi que Perronnet a fait de cette dernière disposition pour le pont de Neuilly, la roue à seaux était distante jusqu'à 35 mètres de la roue motrice à aubes. Cette dernière avait 5$^m$,85 de diamètre et les aubes avaient 6$^m$,50 de largeur sur 0$^m$,97 de hauteur. La roue à seaux, pour un diamètre de 5$^m$,36, portait 16 seaux cubant chacun 123 litres; mais à cause des pertes d'eau à la montée, chaque seau n'en donnait réellement que 103. La machine ainsi établie élevait en une heure 185 mètres cubes d'eau à 3$^m$,25 de hauteur.

Thomas et Laurens ont réalisé une disposition meilleure pour l'élévation des eaux de la Vesle, destinées à l'irrigation des prairies de Ciry-Salsogne, près de Soissons. La roue porte à sa circonférence un grand nombre d'augets ou de compartiments qui se remplissent dans le bief inférieur par le pourtour de la roue, et se vident par des orifices pratiqués intérieurement. A cet effet, les bras qui relient la couronne à l'arbre central n'occupent pas toute la largeur de la roue; ce qui permet à des compartiments de l'intérieur de recevoir l'eau, sans gêner le mouvement. Une roue motrice qu'actionne la chute d'eau, fait marcher la roue élévatoire.

*Espagne.* — Les grandes roues à godets, établies sur le Genil, un des affluents du Guadalquivir, pour les irrigations de la huerta de Palma del Rio (Andalousie), se meuvent dans des coursiers en maçonnerie, placés au milieu du courant rapide que produit une chute de 1 mètre, en aval du barrage; elles ont 9$^m$,10 de diamètre. Les bras disposés dans un seul plan vertical sont reliés entre eux à la circonférence par trois couronnes doubles formant moise, à l'intérieur desquelles deux plateaux massifs contreventent les extrémités inférieures des bras.

Toutes les pièces sont simplement assemblées par des chevilles.

A chacun des bras, au delà des couronnes, correspond une palette de 1$^m$,20 de longueur et de 0$^m$,40 de largeur, percée de quatre trous où s'engagent les harts qui portent les godets en poterie, sur double rang.

Les supports et les coussinets de la roue consistent en deux chapeaux couronnant des pieux, sur lesquels l'arbre s'emboîte par des entailles correspondantes. Une chantignole suffit pour fixer l'arbre qui tourne entre elle et les chapeaux.

D'après le jaugeage fait par Aymard (1), une roue de la dimension indiquée, portant 96 godets, se vidant pendant un tour d'une durée de 27 secondes, représente un débit par seconde de 17 litres élevés à une hauteur de 6$^m$,80.

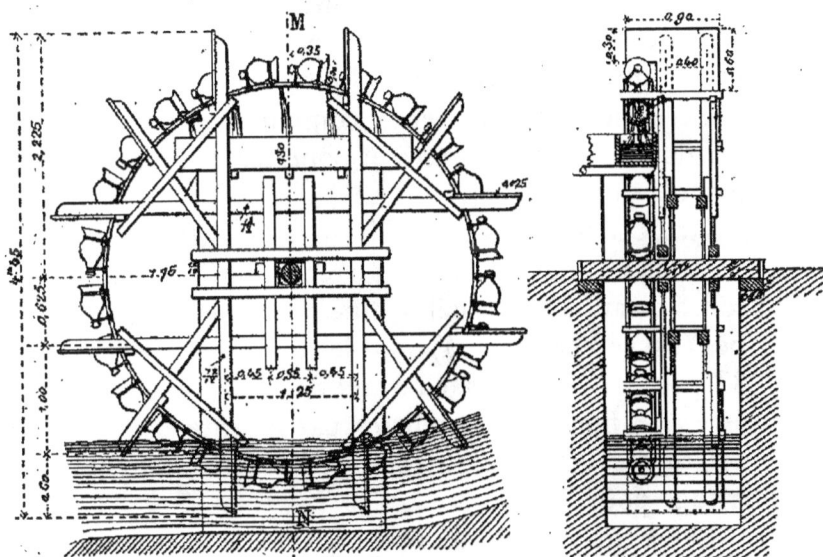

FIG. 122. — ROUE A POTS OU A GODETS; ÉLÉVATION ET COUPE SUR MN.

*Égypte.* — Dans le Fayoum, où les canaux ont une pente bien plus forte que dans le reste de l'Égypte, les chutes servent à faire mouvoir des roues à palettes, portant des pots en terre, du même type exactement que celui des roues Andalouses. Souvent le canal se resserre entre deux murs de maçonnerie qui supportent à la suite les arbres de plusieurs de ces roues, mues par des chutes d'eau de 0$^m$,30 à 0$^m$,60 de hauteur.

(1) *Irrigations du midi de l'Espagne;* 1864, p. 280.

Les dimensions des roues sont très variables. Ordinairement elles ont 4$^m$,50 de diamètre (fig. 122; élévation et coupe); munies de 12 palettes de 0$^m$,90 de longueur sur 0$^m$,60 de largeur, elles portent une couronne de 24 vases en terre, de 7 litres de capacité. Elles font à peu près, dans ces conditions, quatre tours par minute et élèvent, par conséquent, 40 mètres cubes d'eau par heure, à une hauteur moyenne de 3 mètres; ce qui permet d'arroser un hectare en 18 heures; pendant l'été, une pareille roue suffit pour irriguer 13 hectares en culture.

Certaines roues portent, comme à Palma (Espagne), un double rang de vases et pour les grands diamètres, jusqu'à 96 vases (1).

**Roues de côté.** — Girard a construit, en vue des pays de montagne où les torrents sont nombreux et les cours d'eau, à faible débit, une roue de côté, à aubes courbes (fig 123 et fig. 124) dont le rendement atteint jusqu'à 83 pour 100. Avec 2 chevaux de force, elle permet d'élever à 3 mètres, 2,000 litres par minute. La disposition des figures montre la roue actionnant une pompe centrifuge pour l'irrigation.

Le vannage étant mobile haut et bas pour suivre la variation du niveau, les aubes sont établies de façon à ce que l'eau entre sans choc, et que la force vive du courant soit pleinement utilisée.

**Roues en dessous.** — Ces roues reçoivent l'eau à leur partie inférieure et se meuvent entre des bajoyers en maçonnerie et une courte portion de coursier circulaire, de manière à être emboîtées, c'est-à-dire que l'espace libre entre la roue et le mur est très restreint.

Quand les aubes sont planes et dirigées suivant le rayon de la roue, et que le coursier couvre au moins

(1) Barois, *loc. cit.*, p. 97.

l'intervalle de trois aubes consécutives, pour qu'il ne puisse pas y avoir, dans aucun cas, une communication directe entre le bief d'amont et celui d'aval, le rendement pratique ne dépasse guère 40 pour 100 du travail moteur dépensé. Encore faut-il que la vanne soit inclinée

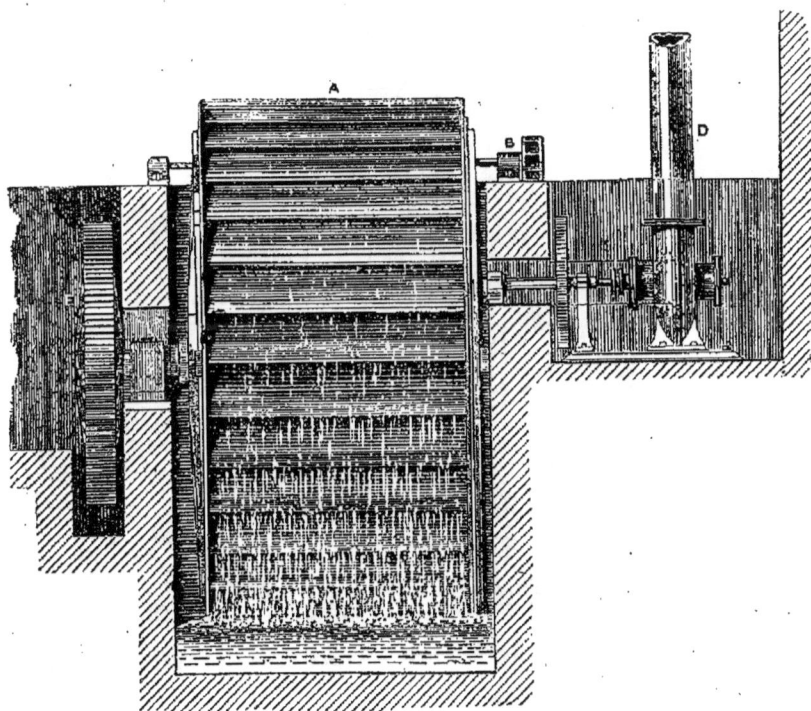

Fig. 123. — Roue de coté a aubes courbes, système Girard; élévation.

vers l'amont et rapprochée autant que possible de la roue.

On arrive à améliorer le rendement de ces roues à aubes planes, en utilisant la vitesse que l'eau possède en aval pour produire un ressaut, à l'aide duquel on baisse le niveau, par rapport à celui de la chute en aval, et l'on gagne ainsi une hauteur égale à 0,35 ou 0,45 de la chute réelle. Pour cela, le coursier circulaire est suivi d'un

radier dont l'inclinaison doit être suffisante pour conserver à l'eau une vitesse égale à celle de la roue. Ce
radier peut avoir une longueur de 2 mètres, et celui qui
le suit, sous une inclinaison d'un quinzième environ, se
raccorde avec le lit naturel des cours d'eau (1). Cette disposition est indiquée dans les figures 125 et 126 pour la
roue d'épuisement du polder de Zeeburg.

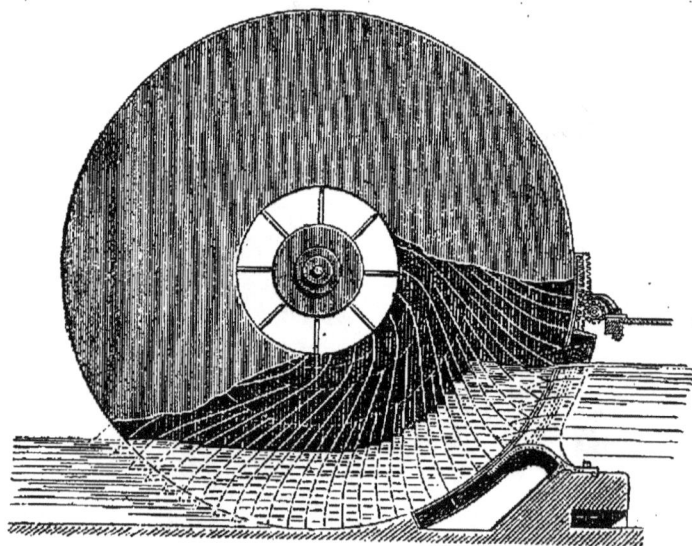

FIG. 124. — ROUE DE COTÉ A AUBES COURBES, SYSTÈME GIRARD;
COUPE PAR L'AXE.

En général, la hauteur de l'aubage doit être tenue
égale au moins à trois fois la levée; mais c'est parfois insuffisant, et il est préférable de donner à l'aubage une
profondeur qui lui permette de déborder un peu le niveau
d'aval le plus élevé.

Les roues en dessous, à aubes, sont de fortes constructions en bois ou en fer, avec des palettes également en
bois ou en fer, plates ou courbes, auxquelles on donne

(1) Vigreux et Raux, *Moteurs hydrauliques*, Exposition de 1867, 3ᵉ série.

de grandes dimensions. La roue de Katwyk a 9 mètres
de diamètre, 2ᵐ,45 de largeur, et la machine d'épuisement en comprend six, élevant chacune 150 mètres cubes
par heure à la hauteur de 1ᵐ,25. A Zeeburg, près d'Ams-
terdam, il y a pour la machine d'épuisement huit roues
de 8 mètres de diamètre sur 3ᵐ,25 de largeur.

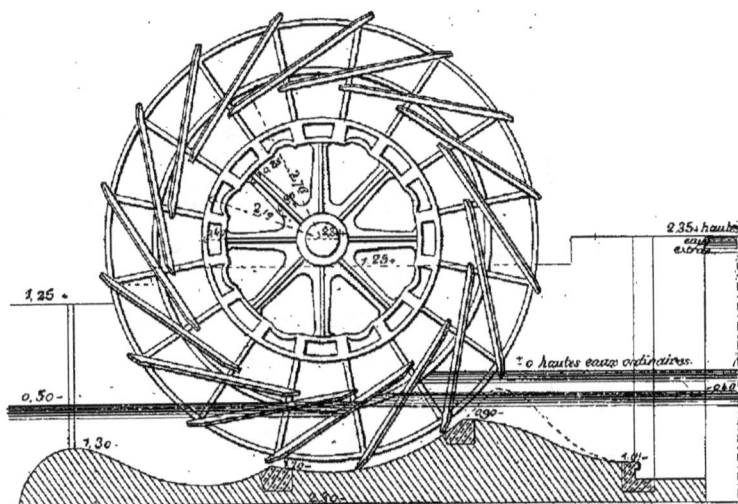

FIG. 125. — ROUE A AUBES DE ZEEBURG; ÉLÉVATION.

Pour l'accouplement, ces roues sont fixées sur des
essieux; ce qui permet de se servir à la fois du nombre
qui correspond aux besoins de l'élévation. Comme vitesse, on ne leur donne guère plus de 2 mètres par seconde à la circonférence; cette vitesse très faible est obtenue par une transmission de la machine à vapeur sur
l'essieu des roues, à l'aide d'engrenages, dans le rapport
d'un huitième à un douzième.

**Roue Poncelet**. — C'est à Poncelet que l'on doit
l'invention des aubes courbes, appliquées aux roues en
dessous, pour mieux utiliser la puissance vive de l'eau.

La direction de vitesse, donnée sur la circonférence extérieure, évite le choc et permet d'atteindre une hauteur à peu près égale dans l'aubage à la vitesse relative. L'eau abandonne ensuite la roue avec une vitesse absolue qui peut être bien inférieure à celle de l'appareil, quand la forme des aubes a été bien calculée. Cette roue a été souvent décrite; aussi nous bornons-nous à représenter, en comparaison avec la roue Poncelet (fig. 127), dont la vanne motrice place les filets de la lame d'eau dans les mêmes conditions, une modification du système due à Korevaar, appliquée en Hollande (fig. 128) (1). Les roues à aubes courbes construites légèrement, mais solidement, en tôle avec fers cornières, tourteaux en fonte, bras en fer plat ou en fonte, etc., ont un rendement qui varie de 0,50 à 0,65.

Les roues Poncelet peuvent marcher noyées jusqu'à une hauteur égale au tiers de la hauteur totale de la chute; ce qui les rend précieuses pour les pays de plaine, exposés aux inondations, mais elles se recommandent surtout pour les faibles chutes. Celle qui est représentée fig. 127, entièrement en fer et en fonte, a une force de 30 chevaux et une vitesse à la circonférence de 3 mètres par seconde.

Les roues en dessous, à aubes, sont d'une bonne application en Hollande pour les élévations inférieures à 2 mètres, quoiqu'elles aient été appliquées, non sans

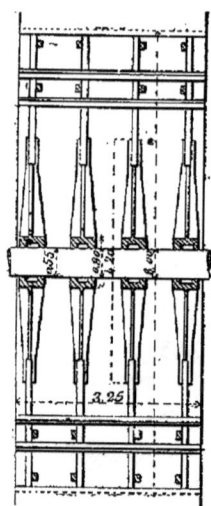

FIG. 126. — ROUE A AUBES DE ZEEBURG; COUPE VERTICALE.

(1) De Koning. *Note sur les polders. Soc. Ing. civils*, 1887.

succès, à des hauteurs de 3ᵐ,60. Leur usage est surtout indiqué pour les eaux d'un niveau à peu près constant, leur plus grand effet utile étant atteint quand l'angle que la palette entrante fait avec l'eau, est égal à celui que fait la palette sortante avec l'eau extérieure. Il en résulte que si les roues à aubes planes fonctionnent avec un

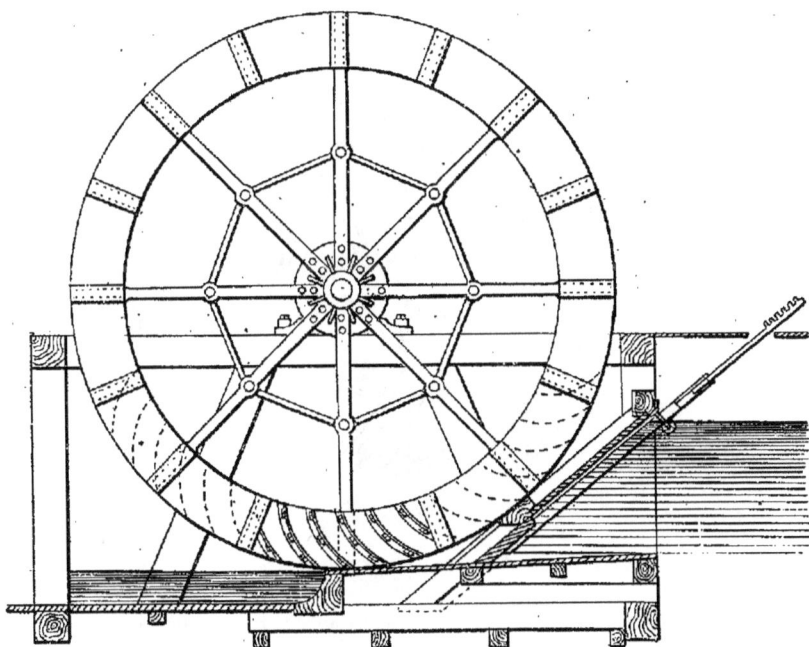

FIG. 127. — ROUE PONCELET, A AUBES COURBES.

rendement maximum à certains niveaux, elles perdent de leur effet utile quand les niveaux se déplacent.

L'avantage des roues à aubes courbes, en particulier, réside en ce que leur largeur, celle de l'orifice d'écoulement et du coursier, et leur poids, sont moindres pour un rendement supérieur que dans les roues à aubes planes.

**Roue-pompe.** — La roue-pompe est une modification de la roue à aubes (fig. 129). Les palettes courbes sont appuyées sur un tambour étanche, tournant autour d'un axe horizontal. L'inventeur Overmars pensait pouvoir réunir ainsi les avantages de la roue à aubes à ceux de la pompe commune. Le tambour étanche permettant de monter l'eau jusqu'à un niveau supérieur à celui de l'axe, une roue de petit diamètre pouvait suffire dans des circonstances déterminées; mais la roue Overmars, quand elle marche à petite vitesse, offre un rendement

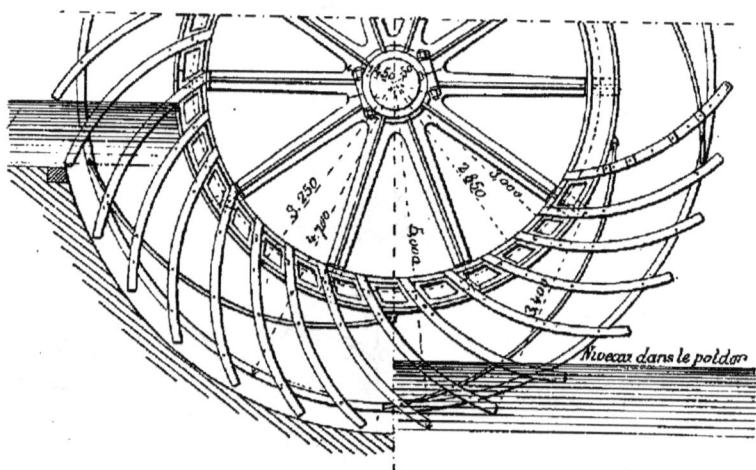

Fig. 128. — Roue de polder a aubes; système Korevaar.

moindre qu'une bonne pompe et quand elle est animée d'une grande vitesse, elle ne vaut pas, sous le rapport de la résistance dans l'eau, une bonne roue à aubes. Quoique les résultats n'aient pas répondu complètement à l'attente de l'inventeur, on a construit quelques roues-pompes, notamment pour l'épuisement du polder Mastenbroeck (1).

**Roue-turbine Girard.** — Les turbines à axe vertical, nous le verrons plus loin, tout en utilisant beaucoup mieux que des roues de côté, ou à axe horizontal,

(1) De Koning, *loc. cit.*

la force hydraulique, quand elle est représentée par une chute constante, perdent de leurs avantages quand la chute est variable.

•La roue-turbine Girard, à axe horizontal, compense par le débit d'un plus grand volume d'eau, la diminution de la chute, et si son rendement est évidemment meilleur à l'étiage, son effet utile reste le même malgré une diminution considérable de la hauteur de chute.

Pour l'usine hydraulique de Saint-Maur, installée sur

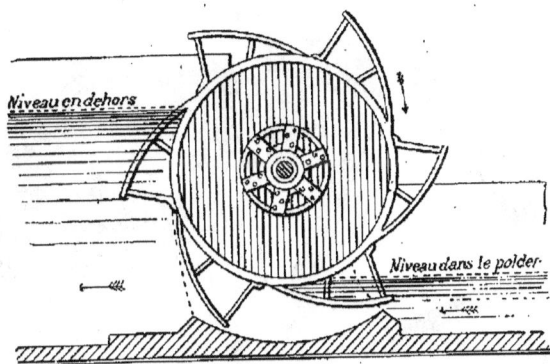

FIG. 129. — ROUE-POMPE OVERMARS.

la Marne, près de son confluent avec la Seine, la chute créée par la coupure d'un circuit de la rivière, a été utilisée à l'aide de quatre roues-turbines du système Girard. Ces roues de 12 mètres de diamètre et de 120 chevaux chacune donnent à l'étiage, c'est-à-dire avec une chute de $4^m,10$, correspondant à un volume de 5 à 6 mètres cubes, un rendement de 64 pour 100 en eau montée. Avec une chute réduite à 2 mètres, le rendement diminue, mais l'effet utile reste le même. Par un système ingénieux de fermeture et d'ouverture des vannes de l'appareil distributeur, la roue s'arrête et se met en marche avec la facilité et la rapidité des machines à vapeur les plus sensibles. En y comprenant les pompes qu'elles comman-

dent, les roues-turbines reviennent toutes posées à 5oo fr.
par force de cheval (1).

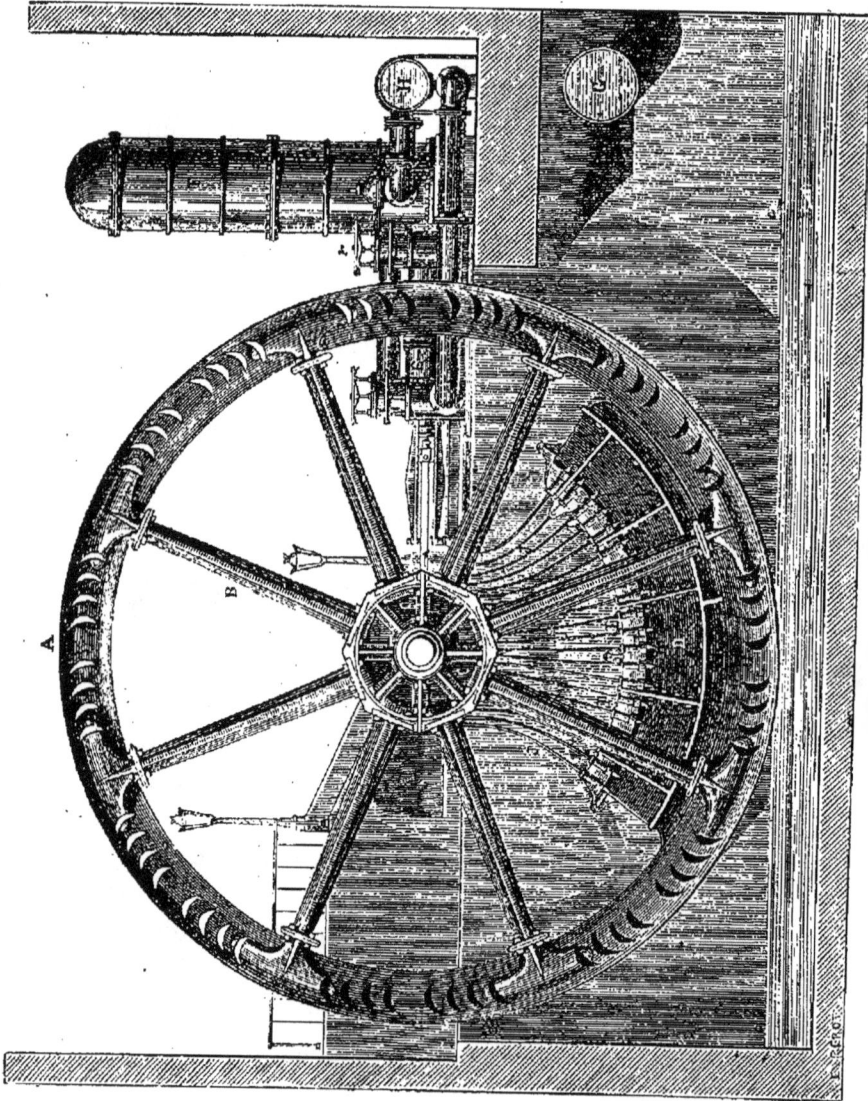

(1) *Exp. univ. de* 1867. *Rapports du jury international, classe* 65, *section VII,* E. Huet, t. X, p. 247.

Dans les figures 130 et 131 qui montrent en plan et

FIG. 131. — ROUE-TURBINE DE SAINT-MAUR; PLAN.

en élévation une des roues de Saint-Maur, la couronne, qui est en plusieurs parties, est boulonnée sur les bras B, fixés eux-mêmes sur le moyeu C ; le reste de l'appareil a pour légende :

D, chambre des injecteurs ;

I, I, partie mobile pour la visite des injecteurs et du vannage ;

J, J, vannage ;

E, pompe à pistons plongeurs ; diamètre $0^m,700$ ; course 1 mètre ;

P, clapets à ressorts compensateurs qui évitent la perte d'eau ;

F, réservoir d'air ;

G, tuyau d'aspiration ;

H, tuyau de refoulement.

Pour 8 tours de la roue par minute, le volume d'eau élevé est de 90 litres par seconde, ou de 7,800 mètres cubes par 24 heures.

L'application s'est montrée aussi favorable aux basses chutes de $1^m,50$ à 4 mètres qu'aux chutes très élevées de la ville de Genève ; aux débits pour le service de la ville de Paris, de 4,000 litres par seconde, comme à ceux de 7 litres de la ville d'Oran.

### F. Les vis.

**Vis ordinaire.** — La vis d'Archimede agit comme l'écope hollandaise, par l'effet du plan incliné ; c'est-à-dire en employant une force pour changer l'inclinaison du plan sur lequel se trouve l'eau. Cette vis consiste en un canal fermé, disposé en hélice autour d'un axe qui porte deux tourillons. Le tourillon supérieur est armé d'une manivelle ; l'extrémité inférieure du canal ou de la spire plonge dans l'eau, et en faisant tourner la manivelle le liquide est porté à la partie supérieure. La vis consistait autrefois en un simple tuyau en tiges de bois, puis en un tuyau de plomb enroulé sur un cylindre de bois, mobile autour de son axe central, et plus tard, en un double tuyau formant sur l'axe une sorte de vis à double pas.

A cette disposition lourde et difficile à mettre en mouvement, on a depuis substitué une cloison hélicoïde, contournée autour d'un noyau central et confinant à une enveloppe cylindrique extérieure.

En interrompant la surface hélicoïde, qui représente une somme d'hélices faisant office d'un canal suivant lequel l'eau s'élève, l'air peut circuler librement à l'intérieur, le long du noyau, sans qu'il y ait besoin de pratiquer de distance en distance des orifices pour permettre à l'air de l'appareil de s'équilibrer avec l'air atmosphérique, comme cela avait lieu pour les vis à tuyaux. Dans le but de diminuer le poids de la machine, le cylindre extérieur et le noyau intérieur étant rendus fixes, c'est la cloison hélicoïde qui est seule mobile dans l'espace compris entre le noyau et le cylindre extérieur qui porte le nom de *canon* (fig. 132).

Les marches de la vis, établies d'après trois directrices, sont sous un angle d'inclinaison, par rapport à l'axe, d'environ 60 degrés. La longueur de la vis elle-même est de 12 à 18 fois le diamètre du canon, qui, lui-même, est 3 ou 4 fois celui du noyau intérieur, soit de $0^m,33$ à $0^m,66$.

La vis étant installée de telle sorte que son axe fasse un angle de 30 à 45 degrés avec l'horizon, on lui fait courir environ 40 tours par minute, pour monter l'eau jusqu'à 3 mètres. A cette hauteur, le travail de trois hommes sur une petite vis, permet d'élever 7 litres d'eau par seconde. Pour une vis de grande dimension, trois chevaux donnent 18 litres par seconde, à la même hauteur; ce qui correspond à environ 0,75 du travail dépensé.

La quantité d'eau élevée est d'autant plus grande que l'axe de la vis est plus incliné à l'horizon, et comme en augmentant la hauteur d'élévation, la longueur de la vis croît dans une plus grande proportion, la limite est

assez vite atteinte, passé laquelle les matériaux ne résis-
teraient pas au poids de l'eau qu'ils ont à supporter.
C'est le motif pour lequel, en pratique, la longueur
ne dépasse guère 6 mètres pour porter l'eau à une hauteur de 3ᵐ,70, sous une inclinaison de 35 degrés.

**Vis hollandaise.** — Pour les Hollandais, la vis
d'Archimède a l'avantage de la tradition. Aussi est-elle
simplifiée, en ce que le canon est remplacé par un coursier demi-cylindrique dans lequel les spires se meuvent
assez rapidement pour que l'eau ne se répande pas au
dehors, dans son mouvement ascensionnel. Ce sont les appareils ainsi modifiés, mus pour la plupart par des moulins à vent, qui servent au desséchement des polders et
des marais.

Quand il y a une grande différence de niveau à surmonter, les arbres autour desquels tournent les vis,
devant avoir une grande longueur, il en résulte une certaine flexion et un frottement de la circonférence héliçoïde sur la paroi enveloppante. En outre, le point inférieur se détériore rapidement. Malgré ces inconvénients,
les vis d'Archimède de diamètres considérables (2 mètres
et au delà) continuent à être utilisées en Hollande pour
l'épuisement. Dans le polder Prince-Alexandre, près de
Rotterdam, elles élèvent l'eau de 4ᵐ,50. La figure 133
montre la disposition d'une de ces vis, construite en fer
forgé, au diamètre de 1ᵐ,50 en bas et de 1ᵐ,70 en haut,
avec son axe à 30 degrés d'inclinaison. Les vis coniques, ont un pas triple, de 1ᵐ,70 chacune, et épuisent par
une marche normale de la machine à vapeur, 75 mètres
cubes par minute, pour 17 à 18 révolutions (1).

Le rendement des vis hollandaises n'est pas le même,
suivant les dimensions et le mode de construction; mais

(1) Van Kerkwijk, *les Travaux publics aux Pays-Bas*, la Haye, 1878.

on peut admettre qu'il est en moyenne de 5o à 6o pour 100; c'est ce qui résulte d'observations nombreuses.

### G. Les pompes.

Les pompes fournissent un des moyens les plus utiles et les plus réguliers d'élever l'eau, qui exige à la fois

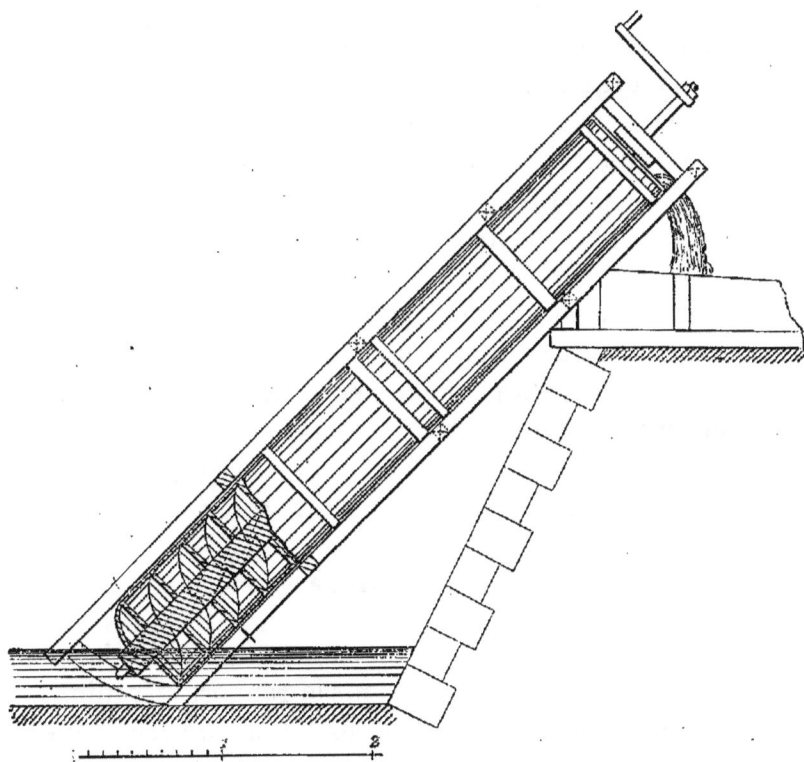

Fig. 132. — Vis d'Archimède ordinaire.

le moins de place et le moins de constructions. On peut ajouter que ce sont les machines que l'on emploie le plus fréquemment et dans les circonstances où l'on doit produire les plus grands effets.

La théorie des pompes se trouve dans tous les traités de physique, et le calcul des conditions dans lesquelles on les établit est donné dans les ouvrages de mécanique appliquée. On sait qu'en produisant le vide dans un tube qui plonge dans un liquide dont la surface est à l'air libre, le liquide s'élèvera dans le tube jusqu'à ce qu'il atteigne une hauteur telle, que la pression à la partie inférieure contre-balance celle de l'atmosphère. Si l'on fait le vide dans un cylindre par un piston, par exemple, l'eau montera non pas jusqu'à la hauteur théorique de $10^m,33$, mais jusqu'à 8 ou 9 mètres, suivant le degré de perfection du vide qui ne peut être absolu.

Le nombre de différents systèmes d'après lesquels le vide est produit dans le tube ascensionnel et le nombre de pompes construites d'après ces systèmes, avec des modifications de détail, sont devenus si considérables aujourd'hui qu'il serait hors de place de signaler d'autres machines que celles ayant fait leurs preuves pour le service des irrigations ou des épuisements. Au point de vue de leur fonctionnement, elles peuvent se classer, quant à leurs organes essentiels, en pompes à piston et en pompes rotatives, soit à piston tournant, soit à force centrifuge.

### 1. Pompes à piston.

Il y a encore peu d'années, jusqu'en 1850, la construction des pompes à piston sous le rapport mécanique, était restée très arriérée. Morin faisait encore remarquer alors que la perte de force atteignait de 55 à 80 pour 100 (1). Les meilleurs appareils ne rendaient que 45 pour 100 d'effet utile, et les moins soignés, 18 pour 100. Les pertes résultaient de la dimension et du mode particulier

(1) *Rapport du jury central sur les produits exposés en 1849*, vol. II, p. 14.

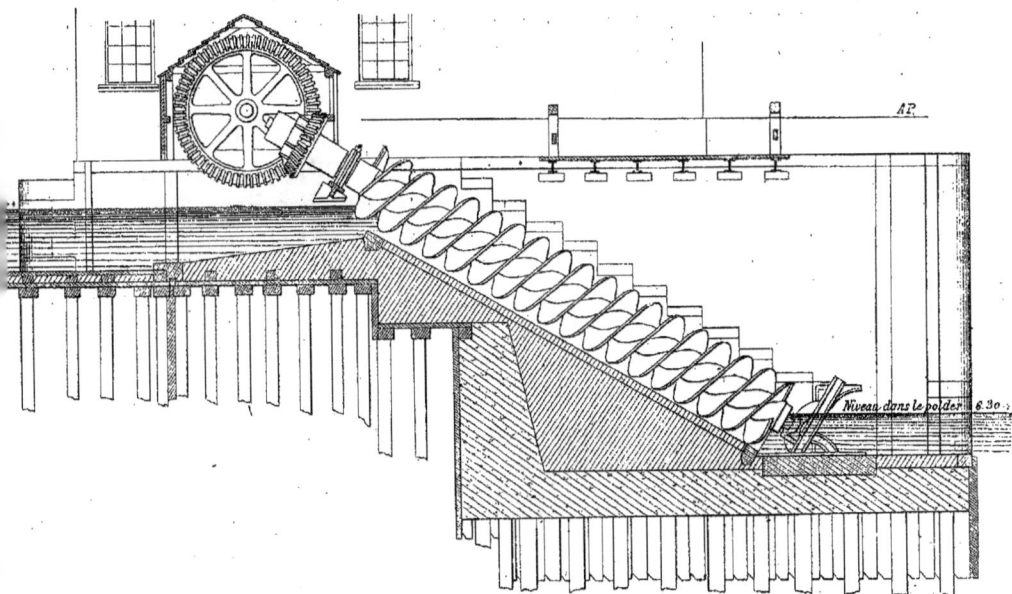

FIG. 133. — VIS HOLLANDAISE DU POLDER PRINCE-ALEXANDRE.

de fabrication des clapets, du rapport entre la section des cylindres et celle des tuyaux d'aspiration et de refoulement; de la forme donnée à l'embouchure de ces tuyaux; de leur jonction avec le cylindre; du rapport entre la longueur du cylindre et la profondeur à laquelle l'eau est puisée. L'étude de Moseley sur l'importance de ces causes de perte (1) n'a pas peu contribué à diriger les constructeurs dans la voie des améliorations qui assurent couramment aujourd'hui à ces appareils un rendement compris entre 60 et 70 pour 100.

**Pompes Letestu.** — Les pompes Letestu, pour élévation ou pour épuisement des eaux, se sont signalées les premières par la forme donnée aux soupapes d'aspiration : un cône allongé, en métal tourné, recouvert d'une enveloppe également conique, s'adaptant dans un siège conique assez large, de façon que la présence d'un corps étranger d'un certain volume n'empêche pas le jeu de la pompe.

D'après les essais faits au Conservatoire des Arts et Métiers, la pompe d'épuisement Letestu, de 0,400 de diamètre, ne donna toutefois qu'un rendement pour 15 tours par minute, de 49 pour 100, et pour 12 tours, de 43,5.

L'inconvénient de beaucoup de pompes en service continu consiste dans le frottement incessant du piston contre le corps de pompe, et le mouvement des soupapes, qui créent un vide de moins en moins parfait, réduisant le débit au fur et à mesure de leur durée. Les détériorations sont d'autant plus sensibles que l'eau est moins pure, chargée de limons qui, une fois engagés entre les organes frottants, les usent très rapidement. Les pompes à soupapes Letestu sont moins sujettes à ces causes de destruction.

**Pompes Noël.** — La pompe Noël, aspirante et fou-

(1) *Reports of the juries, Exhibition 1851*, p. 178.

lante, à quadruple effet, avec réservoir d'eau intermédiaire, est également employée pour les petites irrigations

Fig. 134. — Pompe Noel a quadruple effet; élévation en perspective.

(fig. 134, 135 et 136). Elle se distingue par ses clapets à boulets, dont deux pour l'aspiration et deux pour le refoulement. Afin d'assurer le nettoyage, un regard est ménagé en face de chaque clapet, que l'on peut ouvrir par un simple tour d'écrou à queue. Dans les figures 135 et 136 donnant les coupes transversale et longitudinale de la pompe,

A, est le cylindre;
B, piston unique;
C, récipient des clapets d'aspiration;
D, celui des clapets de refoulement;
F, orifice du tuyau de refoulement;
G, l'un des regards pour la visite et le nettoyage des boulets-clapets;
H H', boulets-clapets.

Lorsque le piston B se lève, l'eau aspirée soulève le boulet H, celui en H' étant fermé; et lorsque le piston redescend, l'eau refoulée repousse le boulet H et soulève le boulet H' pour entrer dans le second corps de pompe D, d'où elle s'échappe par le tuyau F sous la pression de l'air qui remplit le haut du second corps de pompe D, et ferme les boulets au moment où ceux du premier sont ouverts. C'est par l'orifice supérieur faisant communiquer les deux corps de pompe que la pression s'exerce dans le second, lorsque l'air est refoulé par l'ascension du piston dans le premier.

Le rendement utile des pompes Noël est de 60 à 65 pour 100. Leur prix, avec l'outillage accessoire, varie de 900 à 1,000 francs. Pour fournir 6 litres à la seconde, en supposant une aspiration de 3 mètres et un refoulement égal, elles exigent une force motrice de 2 chevaux-vapeur ou d'un manège de 4 mulets ou chevaux, la poulie de commande faisant 30 tours à la minute.

**Pompes castraises.** — Dans la pompe à double effet, de Delpech (Castres), le piston plein se meut dans un cylindre qui communique par ses deux extrémités avec une bâche dans laquelle l'eau circule par le jeu de soupapes sphériques. Les orifices de refoulement étant disposés immédiatement au-dessus de ceux d'aspiration, les pertes de force, causées par le changement de direction dans le mouvement du liquide, sont en partie évitées. Le jeu de la pompe Delpech peut se prêter parfaitement aux épuisements dans les eaux limoneuses; il a donné, aux essais faits au Conservatoire, 70 pour 100 d'effet utile pour 15 tours; mais pour 30 tours, l'effet utile s'est réduit à 47 pour 100 (1).

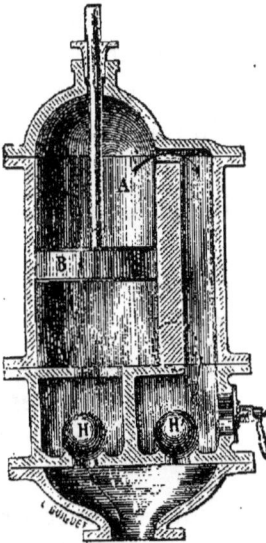

FIG. 135. — POMPE NOEL;
COUPE TRANSVERSALE.

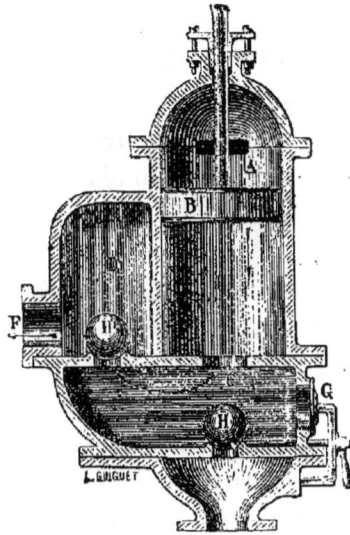

FIG. 136. — POMPE NOEL;
COUPE LONGITUDINALE.

La pompe *castraise*, de Schavaber, offre une boîte à clapets sphériques, superposés, sous forme de cylindre latéral, placé dans la direction des tuyaux d'aspiration et de refoulement, de telle sorte que l'eau aspirée n'éprouve aucune déviation en le traversant. Des expériences officielles ont consacré les avantages de cette disposition spéciale qui met également le cylindre à l'abri des corps étrangers entraînés par l'eau.

(1) Tresca, *Rapports du jury international, 1856*, t. I, p. 225.

## 2. Pompes à chapelet.

Pour des élévations de plus de 6 mètres, comprises entre 12 et 30 mètres les pompes à chaîne, ou à chapelet, sont employées avec succès. Les reproches que l'on fait à ces pompes d'exiger trop de place, trop de profondeur d'eau et de plateaux, et de s'engorger très facilement, peuvent être évités en appliquant le système Murray.

**Pompe Murray.** — La pompe Murray n'a que trois plateaux, au lieu de 20 ou 30, pour réduire autant que possible la résistance due au frottement. Ces plateaux sont fixés sur la chaîne de manière à ne se relever à angle droit que pendant l'ascension dans la buse. La chaîne elle-même, tendue sur un cylindre inférieur, est conduite à la partie supérieure par un pignon denté s'engrenant sur le mécanisme du moteur. Toute obstruction peut être rejetée dans le courant, en donnant un simple mouvement arrière à la chaîne. Enfin la vitesse de la pompe peut être augmentée sans risque de rupture ni de dérangement des clapets.

Pour une pompe de $13^m,75$ de course, avec une buse de $0^m,75$ sur $0^m,25$, en fonte, dont les joints d'assemblage sont boulonnés; avec des chaînes, au besoin en acier, et des plateaux de 3 en 3 mètres, marchant à la vitesse de 70 à 90 mètres par minute, le cube d'eau élevé atteint 10 mètres.

A la station centrale des pompes de Crossness, pour l'élévation des eaux d'égout de Londres, les pompes Murray, dans les dimensions indiquées, sont mues chacune par une machine à vapeur horizontale de 30 chevaux faisant 30 tours par minute.

Employées à des épuisements en Suède, avec des buses de $1^m,52$ de longueur sur $0^m,38$ de largeur, ces mêmes pompes actionnées par une machine à vapeur de 10 chevaux, élèvent à 3 mètres de hauteur, de 9 à 10 mètres cubes par minute.

La plus grande course donnée aux pompes Murray est de 18 mètres ; le débit étant calculé à raison de 100 mètres cubes élevés par minute. D'après les essais faits sous la direction de l'ingénieur Levick pour le Conseil des travaux métropolitains à Londres, l'effet utile a été trouvé de 63 pour 100 de la force dépensée par la machine (1).

**Pompes Gwynne.** — Les figures 137 et 138 représentent deux pompes à chapelet, construites par Gwynne et C$^{ie}$ de Londres. La première, pour un tube du diamètre de 0$^m$,08, peut débiter de 220 à 36o litres par

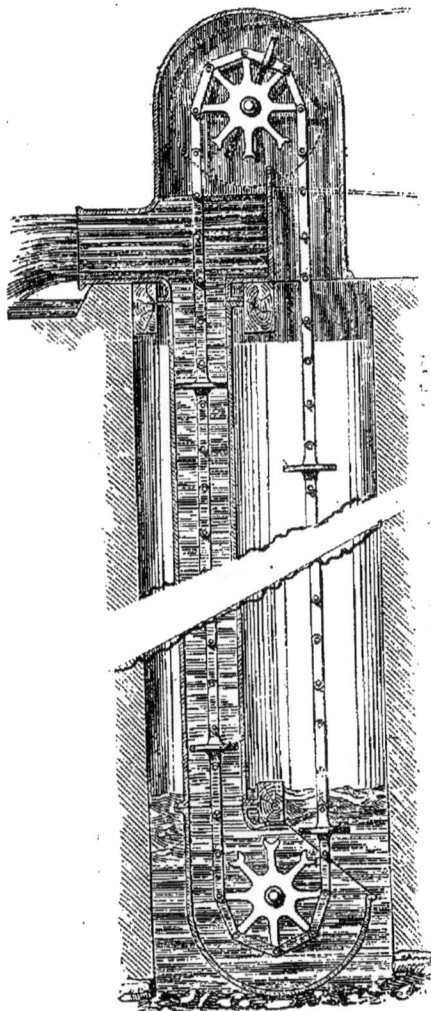

Fig. 137. — Pompe a chapelet; système Murray.

minute; pour un diamètre de 0$^m$,6o son débit varie entre

(1) Clark, *The exhibited machinery of 1862*, London, p. 39o.

2 et 2,5 mètres cubes par minute. La seconde pompe est munie de son moteur à vapeur :

A, est le cylindre à vapeur ;

B, la chambre qui enveloppe la pompe ;

D, la roue fixée sur l'arbre que fait mouvoir le pignon de la manivelle C ;

EF, le tube vertical ;

G, la cloche plongeant dans l'eau à puiser.

Pour un diamètre du tuyau de 0^m,10, le débit de cette seconde pompe est indiqué de 450 à 680 litres par minute, et pour un diamètre de 0^m,60, le volume débité varie entre 2 et 2,5 mètres cubes, comme pour la pompe précédente.

Le prix d'une pompe Gwynne avec machine à vapeur directe, et un tuyau de 0^m,60 de diamètre, puisant à 10 mètres de profondeur, est de 10,000 francs environ.

### 3. Appareils divers.

**Pompe spirale.** — La pompe spirale est formée

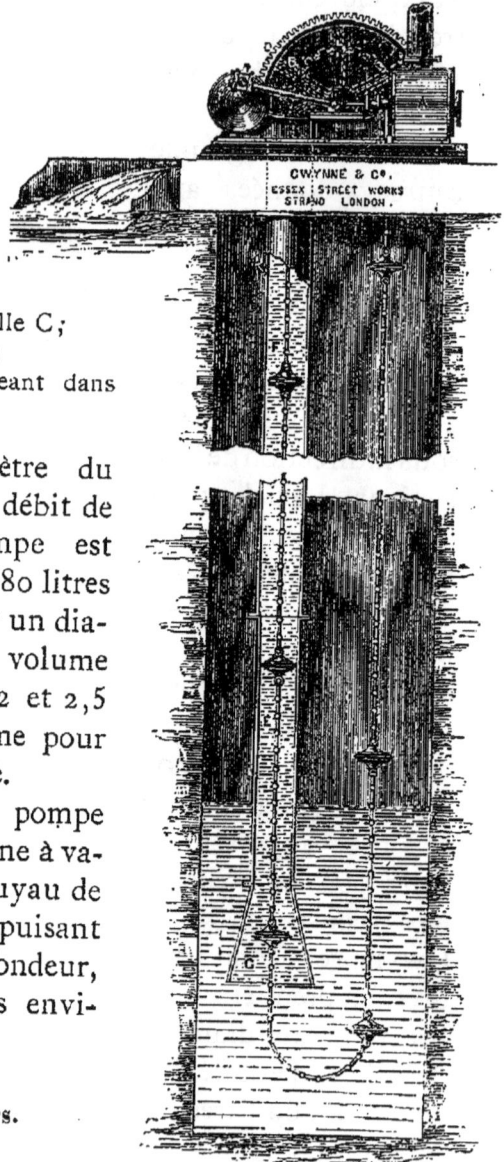

Fig. 138. — Pompe a chapelet; système Gwynne, avec moteur a vapeur.

d'un tube enroulé en spires sur un tambour en bois. Une des extrémités du tube est libre, parfois évasée, pour faciliter l'entrée de l'eau, et l'autre est soudée à un tuyau horizontal, servant d'arbre de rotation, qui communique avec le tuyau ascensionnel par une boîte à étoupe. Cette boîte empêche l'eau de s'échapper à la jonction des deux tuyaux, tout en laissant l'arbre se mouvoir librement. La

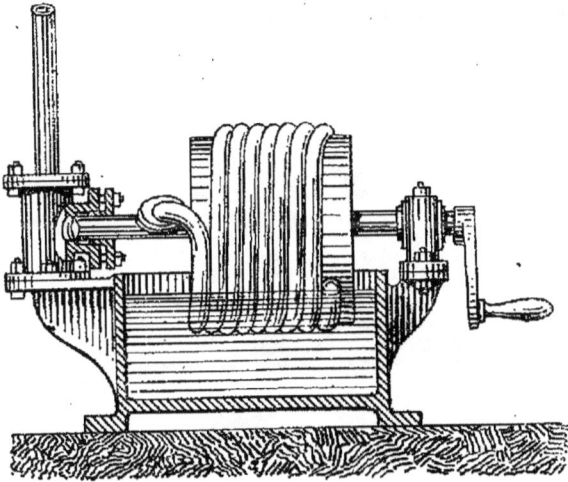

FIG. 139. — POMPE SPIRALE.

force du moteur se transmet par une manivelle ou par un engrenage (fig. 139).

Si l'appareil est disposé de telle sorte que le niveau de l'eau à élever soit peu inférieur à l'arbre moteur et que celui-ci tourne en laissant entrer l'eau par l'extrémité évasée du tube, celle-ci passera d'une spire à l'autre en poussant devant elle l'air qui a pénétré à chaque tour de spire, jusqu'à ce qu'elle s'élève dans le tube ascensionnel, l'air développant une force élastique capable d'équilibrer la colonne d'eau soulevée. La pression de l'air, qui croît d'une spire à l'autre, acquiert dans la dernière la force de soulever une colonne dont la hauteur maximum est égale à la somme des différences de niveau d'eau produites dans chaque spire successive.

La pompe spirale.n'est applicable qu'à de petits volumes d'eau et pour des élévations assez faibles. Sur un tambour de $1^m,20$ de diamètre, une spirale de $0^m,004$ faisant huit tours, peut élever l'eau jusqu'à 9 mètres. La vitesse superficielle étant de 0,40 pour produire l'effet utile maximum, le rendement de la pompe représente environ 65 pour 100 de la force motrice dépensée.

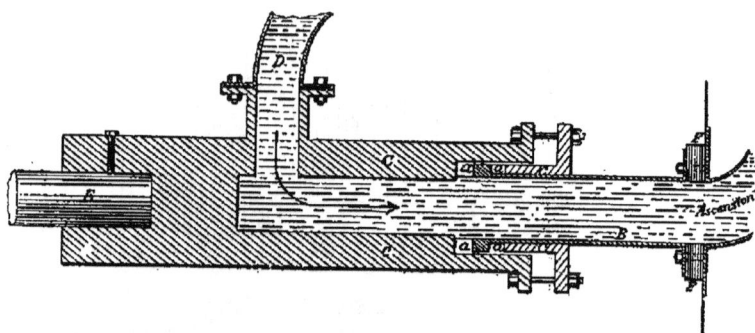

FIG. 140. — POMPE SPIRALE; DÉTAIL DE LA BOÎTE A ÉTOUPE.

Nous indiquons plus loin une application de moteur hydraulique à la manœuvre d'une pompe spirale pour irrigations, dont la boîte à étoupe est représentée par la figure 140. Le mode d'assemblage est suffisamment qué par le croquis dans lequel on remarquera :

a a a a, l'étoupe à graisse;
B, le tuyau fixe d'ascension;
c c, la partie mobile, ou couronne annexée à la spirale;
D, le tuyau terminal de la spirale;
E, l'axe de rotation de la spirale;
F, la rondelle en caoutchouc.

En serrant l'écrou au-dessus de E, de façon à fixer la partie mobile sur l'axe, la jointure du tuyau d'ascension avec l'embouchure de la spirale est assurée par des écrous qui traversent la couronne *c c*.

**Hydrovores.** — La spire hydrovore, de l'invention de l'ingénieur Chizzolini, consiste en une enveloppe légèrement conique (en fonte, en maçonnerie, etc.), dans le creux de laquelle tourne avec une vitesse variable un noyau porté par un arbre horizontal, ou légèrement incliné,

Fig. 141. — Hydrovore; système Chizzolini.

armé de quatre palettes hélicoïdes. Ces palettes sont construites de manière à présenter une inclinaison de moins en moins accentuée dans le sens du mouvement de l'eau, et une largeur qui permette autant que possible l'adhésion aux parois internes de l'enveloppe.

La spire se place, comme le montre la figure 141, sur le côté du bassin ou du réservoir dont on veut élever l'eau. De même que l'appareil ne comporte ni clapets, ni piston, ni garnitures, il peut s'actionner aussi, sans engrenages, directement par la courroie d'une machine.

La vitesse est proportionnelle à la hauteur d'élévation.

Un appareil hydrovore à deux spires, imaginé par l'ingénieur Guidi, a été appliqué au desséchement du marais d'Ostie. En 17 jours, grâce à cette machine, les 900 hectares du marais ont été mis à sec. Les deux spires de l'appareil Guidi sont verticales et en partie enroulées dans une enveloppe cylindrique, où elles tournent à l'aide de la même machine. L'eau s'élève le long du noyau des vis jusqu'à l'orifice supérieur qui est fermé, mais pourvu d'un tube de trop-plein.

D'après le professeur Saviotti, cette double spire aurait un rendement supérieur à 50 pour 100, mais seulement pour la vitesse correspondant au maximum d'effet utile. Comme elle coûte peu, qu'elle élève les eaux tourbeuses, et s'adapte aux divers niveaux sans perte de chute, la machine Guidi peut rendre des services que l'on n'a pas à attendre des pompes ordinaires (1).

### 4. Pompes rotatives et centrifuges.

Les pompes rotatives ont eu comme point de départ un ventilateur aspirant l'air au centre et le rejetant à la circonférence; elles n'étaient à proprement parler que des ventilateurs à eau (2).

Si on examine la figure 142 représentant une ancienne pompe rotative, on verra qu'elle comprend deux parties principales : 1° un tambour ou enveloppe externe, fixe, pourvu à la partie inférieure d'une ouverture pour l'entrée de l'eau, et à la partie supérieure, de deux issues, se rejoignant dans un tube unique d'ascension; 2° un cylindre intérieur mobile sur un arbre parallèle à l'axe

(1) Chizzolini, *Della ricerca ed utillizzazione delle acque*, 1879.
(2) Lebleu, *Machines et appareils de mécanique. Rapports du jury 1867, groupe VI, classe 53, t. IX.*

du tambour et tangent à la paroi supérieure. Ce cylindre porte quatre palettes à angle droit, qui le diviserait en quatre secteurs ou diaphragmes égaux, si elles n'étaient susceptibles de rentrer intérieurement, en faisant pression sur leurs ressorts respectifs, quand elles atteignent le sommet tangentiel du tambour. Le cylindre mobile tournant dans le sens indiqué par la flèche, dès que les palettes ont traversé l'orifice ménagé au bas du tambour, elles poussent l'eau qui y est entrée vers le tube d'ascension, en l'obligeant de monter par la pression qu'elle, exerce dans le dernier diaphragme.

On comprend que dans une pareille disposition, les frottements sont considérables; les pertes d'eau augmentent

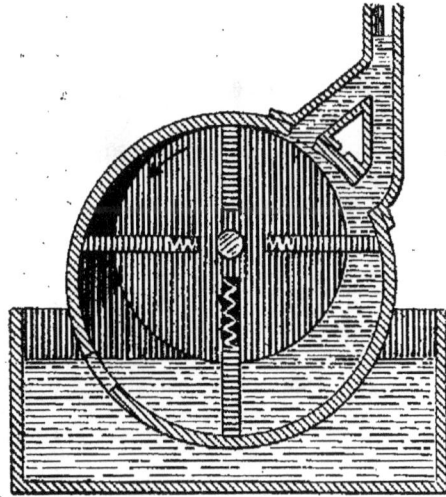

FIG. 142. — POMPE ROTATIVE, ANCIEN TYPE; COUPE EN CROQUIS.

par l'usure des diaphragmes sur la paroi interne du tambour, et l'air introduit par les presse-étoupes de l'arbre, par les joints de l'enveloppe, par l'aspiration, s'accumulant au centre de l'appareil, y acquiert une tension capable d'équilibrer la pression atmosphérique; d'où l'arrêt de la pompe.

Dans la disposition représentée par la figure 143, l'action des ressorts est remplacée par celle d'un poids P qui maintient le diaphragme vertical en contact constant avec l'excentrique C, dont l'axe de rotation coïncide avec celui du cylindre T. Une boîte à étoupe S empêche les fuites, et l'eau est puisée par un tuyau d'aspiration E, pour être refoulée dans un tuyau A. Il n'y a ainsi qu'un diaphragme au lieu de quatre ; d'où il résulte moins de frottement et plus de durée de l'appareil.

Pour éviter la perte d'eau, quand le rayon vecteur du cylindre excentrique se trouve sur la verticale P S, auquel cas le tambour n'est plus exactement partagé en deux capacités, une soupape automatique, placée dans un des tubes d'aspiration ou de refoulement, peut interrompre la communication entre l'arrivée et la sortie de l'eau.

Parmi les pompes réalisant un progrès sérieux dans l'application de la force centrifuge, en remplacement des pompes rudimentaires que nous venons de décrire, nous citerons seulement celles qui offrent un mécanisme simple, d'une commande et d'une réparation relativement faciles, et qui ont fait leurs preuves dans les irrigations et les desséchements.

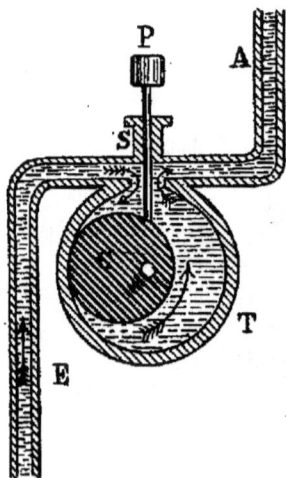

Fig. 143. — Pompe rotative, type amélioré ; coupe en croquis.

**Pompe Appold**. — La pompe Appold a longtemps joui d'une réputation méritée, à cause de son prix peu élevé, relativement au volume d'eau qu'elle débite, et de la simplicité de ses organes essentiels. Comme elle ne contient ni piston, ni soupape, les dérangements si fréquents dans les autres pompes ne se présentent pas dans l'appareil Appold ; son seul inconvénient est d'exiger un mouvement rapide de rotation, d'autant plus rapide que la hauteur à laquelle on doit élever l'eau est plus grande.

Suivant Tresca, « cette belle machine construite par Easton et Amos de Londres pour les irrigations ou les desséchements, » se caractérise par un axe horizontal, animé d'une très grande vitesse, et armé d'un certain nombre d'ailes courbes tournant avec lui dans un tambour. Ce tambour communique avec le réservoir inférieur au moyen d'un double tuyau d'aspiration qui part à droite et à gauche de son centre, et qui est surmonté d'un tuyau vertical formant la colonne d'ascension pour la conduite de l'eau dans un réservoir supérieur. Par le mouvement rapide des ailes, l'eau est aspirée et chassée avec énergie dans la colonne d'ascension qui lui offre un large débouché. Le mérite des bonnes proportions, le choix des formes les plus convenables, font de cet appareil une machine dont le rendement est très avantageux pour l'élévation des eaux à des hauteurs modérées (1). Nous donnons plus loin une application de la pompe Appold avec moteur à vapeur.

**Pompe Gwynne.** — Dans la pompe Gwynne, présentée à l'exposition universelle de Paris en 1855, et servant de modèle aux types qui ont paru depuis, les aubes légèrement courbes qui aspirent l'eau dans le vide au centre et la refoulent à la périphérie, tournent dans une capacité cylindro-elliptique. L'axe de rotation du disque à aubes est supporté à une extrémité dans un coussinet du renflement faisant corps avec la pompe elle-même, à l'aide d'une bride boulonnée, et à l'autre extrémité, après avoir traversé une boîte à étoupe, par deux paliers, entre lesquels est placée la poulie de très petit diamètre qu'actionne la poulie de la machine à vapeur, inverse-

_____

(1) *Rapports du jury, Exposit. univ.* 1855, Paris, 1856, t. I, p. 224.

ment d'un grand diamètre. Afin d'empêcher le mouvement
de rotation de l'eau de continuer dans l'enveloppe, et
pour lui donner sa direction vers le tuyau de sortie, une
plaque d'arrêt, disposée à l'entrée de ce tuyau, s'étend
jusqu'à la jonction du disque. Enfin, les articulations
entre le tuyau d'aspiration et le disque sont établies de
manière qu'aucune matière étrangère, sable, boue, etc.,

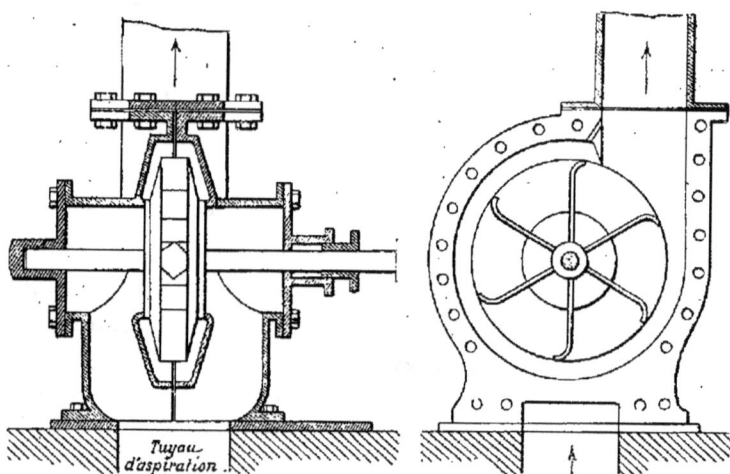

FIG. 144. — POMPE CENTRIFUGE GWYNNE; COUPE VERTICALE ET ÉLÉVATION.

puisse y séjourner; ce qui met l'appareil à l'abri de
l'usure. Les figures 144 et 145 représentent l'élévation
et la coupe d'une de ces pompes.

Les appareils Gwynne sont de tous les modèles et de
toutes les dimensions, depuis ceux qui débitent 3 litres
par seconde à 20 mètres de hauteur, avec 0,20 de force
en chevaux-vapeur pour élever l'eau de 1 mètre, jusqu'à
ceux qui débitent 3,300 litres par seconde à la plus
grande hauteur de 40 mètres, avec 57 chevaux-vapeur
et demi pour l'élévation de 1 mètre.

On trouvera également au chapitre des moteurs une

application de la pompe centrifuge Gwynne, attelée a
une locomobile pour l'irrigation.

**Pompe Neut et Dumont.** — La pompe rotative
Neut et Dumont repose sur un bâti en fonte qui supporte
l'axe de rotation et la poulie avec laquelle la machine attelle sa courroie. Le corps de pompe est formé de deux
coquilles réunies par des boulons, dans lesquelles tourne
une turbine composée de deux joues qui renferment les

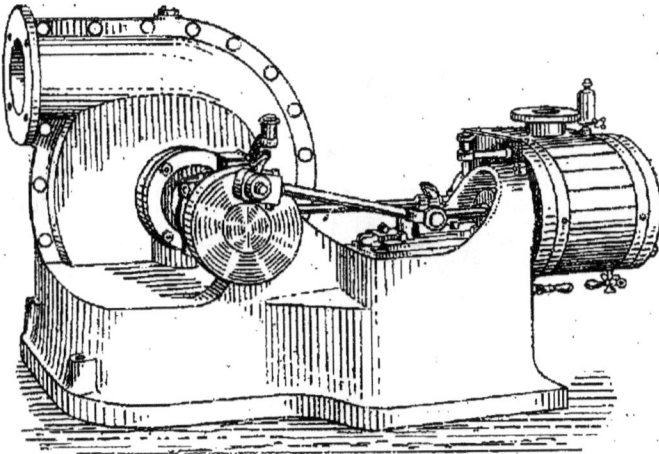

FIG. 145. — POMPE GWYNNE; MODÈLE PILTER.

aubes (fig. 146). Une partie de ces aubes rejoint les joues
au moyeu, au travers duquel passe l'axe de rotation.
Le conduit d'aspiration se divise en deux branches aboutissant de part et d'autre au centre de la pompe. Des
cloisons forcent l'eau de suivre le conduit annulaire, situé
entre le corps de pompe et la turbine, et leur section va
constamment en s'agrandissant, de manière que les chocs
et les remous violents de l'eau sont empêchés. Pour éviter la rentrée de l'air dans l'appareil, un excès de pression d'eau est déterminé à l'intérieur de la boîte à étoupe
par un tuyau latéral, venu de fonte avec les enveloppes

et établissant une double communication avec la colonne ascensionnelle et l'enceinte ménagée autour du presse-étoupe. Le courant continu ainsi créé sert en outre au nettoyage des surfaces et au refroidissement des parties frottantes.

Il y a lieu d'insister sur ce que les palettes de la roue à aubes, ou turbine, courbées de façon à se dégager facilement de la colonne ascensionnelle, sont venues de fonte avec les deux plateaux annulaires et constituent,

avec le moyeu de la roue, les aubes directrices conduisant l'eau aspirée sur les palettes. Une nervure arrondie, ménagée au milieu de la largeur de chaque palette, amortit aussi le choc du liquide affluant dans les deux directions.

FIG. 146. — POMPE ROTATIVE MOBILE; SYSTÈME NEUT ET DUMONT.

Enfin, le conduit d'aspiration est muni à sa partie inférieure de clapets qu'on peut placer au-dessus de l'eau dans les tuyaux et qui portent des charnières permettant la visite, sans que l'on ait rien à démonter.

Les pompes Neut et Dumont, de toutes les grandeurs, débitant, suivant les dimensions, de 6 mètres à 500 mètres cubes par heure, rendent 61 pour 100 en moyenne du travail moteur, d'après les expériences suivies au Conservatoire, sous la direction de Tresca. Les applications de ces pompes aux irrigations se retrouvent partout dans l'est et le midi de la France : Vosges, Yonne, Aude, Hérault, etc., comme en Espagne, en Italie, en Égypte et dans les colonies. Aux environs de Malaga, les pompes Neut et Dumont, mises en mouvement par des locomobiles, élèvent l'eau à 12, 15 et même 20 mètres. En Égypte, le long du Nil, elles élèvent l'eau à 10 ou 12 mètres.

L'installation d'une pompe à vapeur de ce système pour les irrigations du domaine de l'Armellière, en Camargue, est décrite dans le chapitre consacré aux moteurs.

**Pompe Coignard** (*héliçoïde*). — La pompe Coignard est formée, au lieu de roues à palettes, de deux plateaux distincts, calés aux extrémités de l'arbre et tournant à une très faible distance de l'enveloppe. Ces plateaux comprennent entre eux un espace rempli par l'eau aspirée qui s'y divise en deux colonnes dirigées vers des nervures, en forme de spirale, partant du moyeu et arrivant à la circonférence de chacun. L'eau ne trouvant aucune issue pénètre dans une enceinte close, sauf au point où elle débouche dans le tuyau d'ascension par des courbes arrondies.

Cette pompe héliçoïde-centrifuge consiste en somme, par la disposition des deux tambours, en deux pompes conjuguées, entre lesquelles s'effectue l'aspiration de l'eau; la communication étant ménagée entre la colonne ascensionnelle et le milieu de la masse aspirée à l'intérieur. Du reste, on peut faire agir à volonté les deux tambours, simultanément ou successivement; dans ce dernier cas, l'eau n'est admise que dans l'un des tambours d'où elle est refoulée dans le second, avec la vitesse acquise qu'augmente l'action du second tambour, de telle sorte que l'on diminue ainsi le débit en augmentant comme on veut la vitesse ou la charge. On peut également de cette manière diminuer sensiblement la vitesse de rotation sans crainte de voir la pompe se désamorcer (1).

(1) Lebleu, *Rapports du jury, loc. cit.*, 1868.

**Pompe Maginot.** — La pompe hélico-centrifuge, système Maginot, que construisent les ateliers de Pinette, à Châlon-sur-Saône, se compose essentiellement d'un propulseur à noyau conique, armé de directrices héli-çoïdes, tournant dans une coque métallique. Ce propulseur, grâce au mouvement de rotation dont il est animé, refoule l'eau dans une gorge en spirale annulaire qui la conduit au tuyau d'ascension (fig. 147).

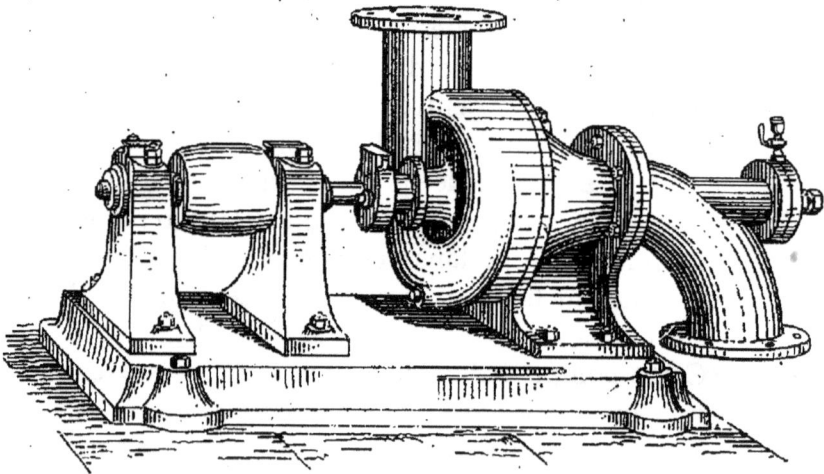

FIG. 147. — POMPE FIXE HÉLICO-CENTRIFUGE; SYSTÈME MAGINOT.

Pour une de ces pompes débitant de 300 à 600 litres par seconde, exigeant de 5,33 à 10,66 chevaux-vapeur par mètre d'élévation, avec des orifices de $0^m,390$ de diamètre et des poulies de $0^m,50$ de diamètre, le prix est de 4,000 francs, y compris les clapets avec crépines.

C'est une des pompes qui se recommande, par sa résistance et par son rendement garanti de 60 à 80 pour 100, pour les irrigations et les submersions.

**Pompes centrifuges en Hollande.** — Les pompes centrifuges de divers systèmes sont d'un usage répandu en Hollande, pour les épuisements.

Les plus grandes, comme celles du polder Hymers (province de Gueldre), ont une roue de 1$^m$,75 de diamètre, deux tuyaux d'aspiration de 0$^m$,85 et des tuyaux de refoulement de 1$^m$,20 de diamètre. Quand la différence de niveau est de 2$^m$,50, chaque pompe élève par minute 140 mètres cubes; quand elle atteint 4 mètres, le volume élevé est de 100 mètres cubes seulement, le nombre de

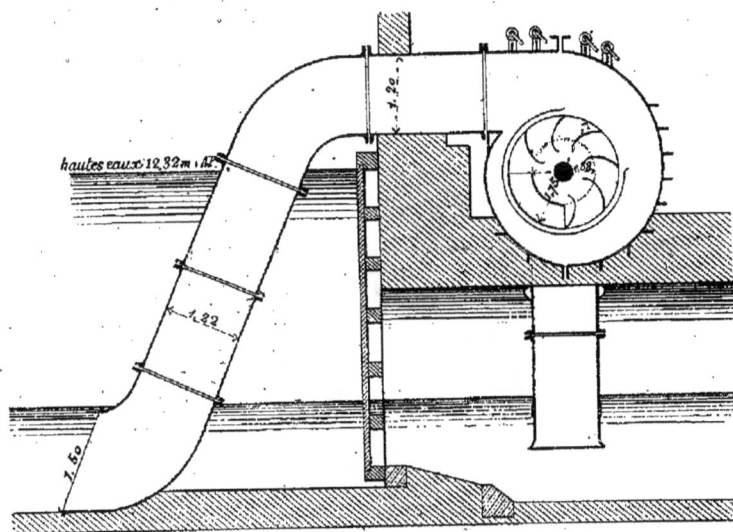

FIG. 148. — POMPE CENTRIFUGE A DOUBLE TUYAU DU POLDER HYMERS; COUPE LONGITUDINALE.

tours étant compris entre 95 et 106 par minute. Les figures 148 et 149 montrent en coupes transversale et longitudinale une des pompes à double tuyau d'aspiration du polder Hymers.

D'une manière générale, les niveaux étant variables et les hauteurs assez grandes, les pompes offrent plus de facilités pour la pose que les roues à aubes. On leur reproche de consommer trop de combustible pour la machine à vapeur dont la force est transmise directement sur l'axe de la roue, ou à l'aide de courroies, mais les essais comparatifs n'ont pas justifié ce reproche.

Il n'en est pas de même des pompes centrifuges à axe vertical, comme celles employées à l'épuisement de Schellingwoude (fig. 15o, coupes verticale et horizontale), qui offrent des résultats moins satisfaisants sous le rapport de l'économie et de l'exploitation (1).

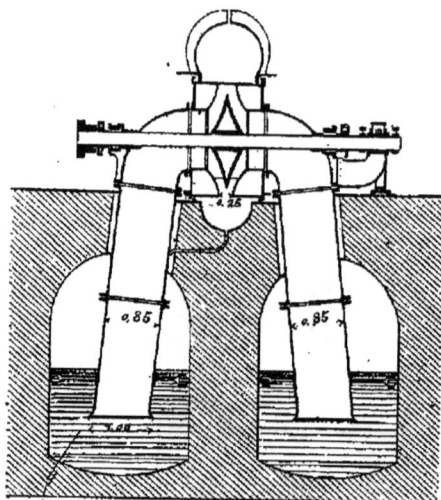

FIG. 149. — POMPE CENTRIFUGE A DOUBLE TUYAU DU POLDER HYMERS; COUPE TRANSVERSALE.

### H. Les roues horizontales.

**Roues à trompe.** — Les roues horizontales, très communes dans les pays de montagne et dans le midi de la France, sont principalement usitées pour les petits cours d'eau et les grandes chutes. Les aubes dont elles sont pourvues reçoivent le choc de la veine d'eau isolée, soit par une trompe ou buse pyramidale, peu inclinée, soit par une cannelle ou auge, inclinée de 20 à 45 degrés. Elles ont en général de petites dimensions : 1$^m$,60 environ de diamètre et 0$^m$,20 de hauteur; les aubes ou cuillères n'ont que 0$^m$,40 de longueur dans le sens du rayon; elles sont concaves et à surface gauche, du côté où elles reçoivent l'eau qui agit par le choc; la vitesse varie de 7 à 8 mètres et même davantage. Avec un nombre vitesse de 100 à 110 tours par minute,

(1) De Koning, *loc. cit.*

l'effet utile de pareilles roues est seulement de 0,30 à 0,31.

**Roues à cuve.** — Les roues à cuve, qui ont fourni le principe de l'invention des turbines, servent dans les rivières où l'on a beaucoup d'eau et peu de chute. Comme

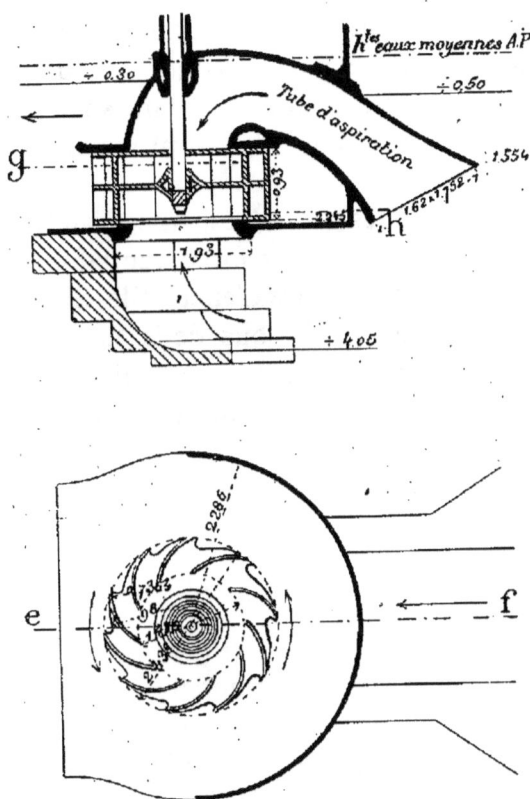

FIG. 150. — POMPE CENTRIFUGE A AXE VERTICAL POUR ÉPUISEMENT, A SCHELLINGWOUDE; COUPES SUIVANT *e f* ET *g h*.

les roues à trompe, elles n'ont d'ordinaire que 1 mètre de diamètre et 0ᵐ,20 de hauteur ; elles portent des aubes en bois, neuf en nombre, ayant à peu près la même forme que celles des roues à trompe. La cuve a 1ᵐ,10 de diamètre et 2 mètres de profondeur, et la roue y est placée jusqu'au fond. On ménage dans la maçonnerie, au-dessus du niveau de la roue, une entaille dont l'une des parois est tangente à la paroi intérieure de la cuve, et qui n'a plus que 0<sup>m</sup>,22 lorsqu'elle y débouche. Cette entaille représente le coursier d'amenée.

L'eau motrice, après avoir passé sous la vanne qui est à l'entrée du coursier, se porte avec rapidité sur la partie adjacente de la paroi cylindrique de la cuve, s'y applique, s'y élève, et en tournoyant sur ce pourtour, descend sur les aubes qu'elle entraîne par son impulsion et son poids.

Dans ces roues grossières, une grande partie de l'eau s'échappe, en vertu de la force centrifuge, entre la cuve et la roue, sans produire d'effet utile. Si l'on place la roue immédiatement au-dessous de la cuve, en lui donnant plus de diamètre pour que les aubes utilisent une plus grande masse d'eau motrice, malgré la perte de vitesse, cette disposition permet de porter le rendement des roues à cuve de 0,10, 0,16 jusqu'à 0,20 et 0,25 (1).

### I. Les turbines.

Les turbines sont des récepteurs hydrauliques destinés à utiliser la puissance vive de l'eau courante; cette vitesse étant due à une hauteur sensiblement égale à celle de la chute. Elles consistent principalement en une couronne mobile avec aubes, qui reçoit l'eau par des canaux répartis sur la circonférence, ou sur une partie de la circonférence, dont l'ensemble constitue la couronne fixe ou distributeur. On les fait à axe vertical ou à axe horizontal. Dans le système à arbre vertical, l'eau arrive horizontalement sur les aubes de la couronne mobile par l'in-

(1) Debette, *Hydraulique. Dict. des arts et manufactures*, 1854, t. II.

térieur et en sort en divergeant, c'est le système Fourneyron; ou bien l'eau entre dans la couronne mobile par sa face supérieure, et sort par la face inférieure, sans s'éloigner d'une distance constante de l'axe, c'est le système d'Euler.

Dans la turbine primitive, la roue, au lieu de tourner dans un cylindre comme pour les roues à cuve, était placée en dehors, sous forme d'un anneau qui enveloppait la partie inférieure, en laissant un faible jeu pour le mouvement. Cette roue était munie de cloisons directrices fixes dirigeant l'eau sur les aubes courbes dont l'axe traversait le cylindre dans un fourreau central.

Ces premières turbines fonctionnant sous l'eau, avec un effet utile de 0,60 et plus, constituaient déjà un progrès très sensible. Très légères, l'eau agissant seulement par la force centrifuge et ne pesant pas sur l'axe, elles ne devaient pas tarder à remplacer pour les chutes élevées, les roues à trompe ou à cuillères et les roues à cuve.

Quel qu'ait été le système adopté plus tard, et sans entrer dans la discussion des règles d'après lesquelles il importe que le rapport entre les dimensions des aubes des couronnes mobile et fixe assure la libre déviation (1), nous ferons observer que de ce rapport dépendent le rendement et même la dépense des turbines quelconques, suivant les variations de la vitesse de rotation.

Si, en effet, la vitesse linéaire à la circonférence d'une turbine, ou la vitesse d'entraînement comme on l'appelle, est à peu près égale à celle de l'eau, la turbine agit à grande vitesse. Le choix du rapport, dans ce cas, permet de dépenser un grand volume d'eau avec un appareil d'un diamètre restreint. L'adoption d'une turbine à grande vitesse se motive, soit que l'on dispose d'un fort

(1) Girard, *Hydraulique. Utilisation de la force vive de l'eau*, etc., Paris, 1863.

volume d'eau sous une faible chute (1 mètre et même moins), soit que l'on veuille économiser les ouvrages destinés à la recevoir (fondations, chambre d'eau, etc.), soit enfin que l'on cherche à obtenir effectivement pour l'arbre une vitesse plus grande. Mais le rendement d'une turbine à grande vitesse ne dépasse guère 0,65 du travail brut moteur dépensé.

Si, au contraire, même pour des chutes peu élevées, la vitesse d'entraînement est égale à la moitié environ de celle de l'eau, la turbine est dite à petite vitesse, et le rendement peut toujours être supérieur à celui d'une turbine à grande vitesse fonctionnant dans les mêmes conditions de chute et de volume (1).

Qu'il s'agisse de grandes ou de petites élévations d'eau, les turbines offrent sur les roues l'avantage de dépenser des volumes considérables de liquide, avec des dimensions bien plus faibles, pour le même débit; elles gardent leur effet utile quand leur vitesse s'écarte même sensiblement de la vitesse normale; enfin, elles jouissent de la propriété précieuse que n'ont pas les roues, de mettre à profit les plus hautes chutes.

Exécutées en métal, d'une installation facile, d'une longue durée, les turbines, plus économiques que les roues en bois, peuvent donner dans les conditions de meilleur établissement jusqu'à 80 pour 100 de la puissance absolue de la chute comme force utilisable; mais avec des appareils de construction ordinaire, placés dans des conditions anormales, le rendement descend à 65 et même à 50 pour 100.

Dans certains pays de montagne, comme en Suisse, de très petites turbines dont la force ne dépasse pas celle de plusieurs chevaux, servent à utiliser de très faibles vo-

(1) Vigreux et Raux, loc. cit.

lumes d'eau, et marchent des années sans réparations, à d'énormes vitesses, sous des chutes de plus de 80 mètres (1). Les roues motrices de ces petits appareils, formées de disques creux en bronze, sur la surface desquels sont soudées deux séries d'aubes, font mouvoir des poulies jusqu'à 3,000 tours par minute.

Pour les irrigations, comme pour les épuisements, les turbines sont appelées à rendre les plus grands services lorsque les roues ne sont pas utilisables.

### 1. Turbines verticales.

**Turbine Fourneyron.** — Dans la turbine Fourneyron où l'eau est versée latéralement (fig. 151), la couronne mobile est calée sur un arbre vertical en fer forgé A, dont l'extrémité inférieure se termine par un pivot qui tourne dans une boîte-crapaudine *b*, scellée sur une pierre dans le radier du canal de fuite. Un levier *l*, relié à une tringle, permet de régler la hauteur de l'arbre par rapport au pivot et à la couronne.

L'arbre A se meut dans un fourreau en fonte F qui supporte à la partie inférieure la couronne fixe ou directrice P. Ce fourreau est cintré et maintenu dans sa position par un collier en fonte B et trois entretoises en fer forgé, fixées à trois sabots en fonte B′ boulonnés sur la collerette d'un grand cylindre en fonte C. Le cylindre C sert à son tour de guide à un autre cylindre intérieur V, en fonte, qui forme le vannage de la turbine, en s'élevant ou s'abaissant entre la turbine et la couronne fixe, à l'aide de trois tringles verticales *t*, que manœuvre un mécanisme unique à l'étage supérieur. Le cylindre C est boulonné sur un cadre de charpente formant le fond de

(1) Hervé Mangon, *Traité de génie rural*, 1875, t. III, p. 326.

la chambre d'eau de la turbine. Quant à la couronne fixe P, elle est munie d'aubes partant du pourtour et dont la moitié seulement arrive au moyeu, tandis que l'autre moitié aboutit à la circonférence moyenne. Ces aubes donnent à l'eau la direction voulue pour qu'elle pénètre dans la couronne mobile.

La turbine Fourneyron, qui vient d'être décrite, a été complètement modifiée et renouvelée dans ses organes les plus essentiels; telle qu'elle était encore établie en 1867, la disposition de son vannage la rendait impropre à utiliser complètement la puissance d'un cours d'eau à volume et à niveau variables. Placée hors de l'eau d'aval, la vanne étant tout à fait levée, la turbine marchant dans des conditions normales, pouvait donner un rendement satisfaisant; mais que la vanne fût levée partiellement, ou bien que la turbine étant noyée, la vanne fût haussée d'une hauteur moindre que le regard, il y avait perte de travail. Cette variation de rendement, d'après les essais anciennement faits à la filature d'Inval, sur une turbine marchant noyée, sous une basse chute, était comprise entre 0,49 pour une levée de la vanne de $0^m,09$, et 0,71 pour une levée de $0^m,34$.

Le partage, par des cloisons horizontales, de la couronne mobile, suivant la hauteur, remédie à l'inconvénient quand les positions de la vanne correspondent à chaque cloison; mais il est inefficace pour les autres positions.

Un volume d'eau constant et une vitesse de rotation absolument constante ne sont pas des conditions que la pratique permet en général de remplir.

L'inconvénient le plus grave, indépendamment de la disposition du vannage, réside dans celle du pivot qui est constamment dans l'eau, ce qui rend le graissage impossible et oblige, pour la moindre réparation, à démonter complètement la machine. De plus, la disposition même des aubes facilite l'accumulation des herbes et des feuilles dans la couronne directrice, quoique l'on établisse un râtelier très serré en avant de la chambre d'eau.

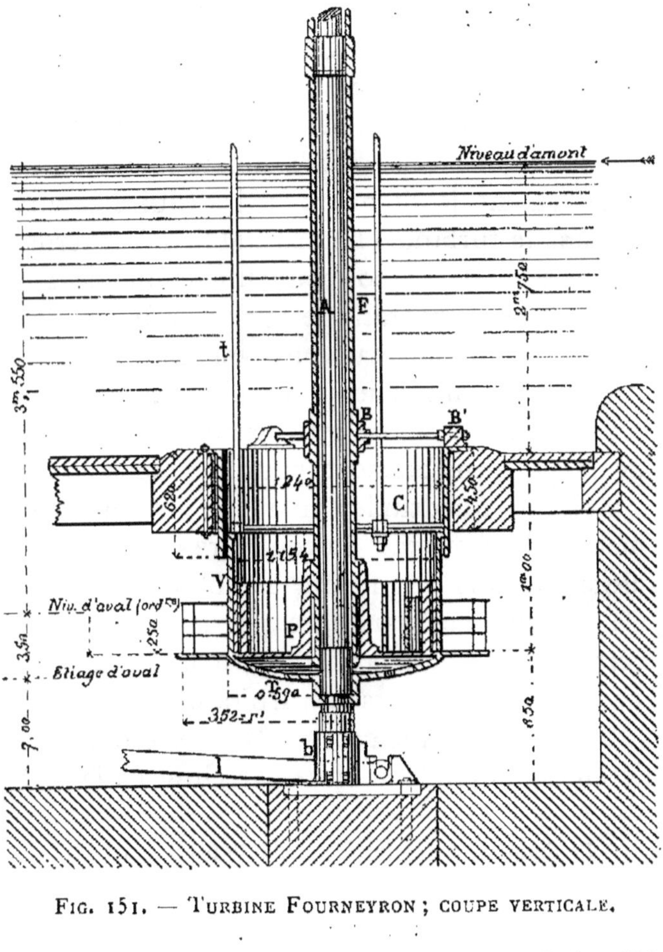

FIG. 151. — TURBINE FOURNEYRON ; COUPE VERTICALE.

Malgré cela, d'après les essais faits à Saint-Blaise, dans la Forêt-Noire, sur une turbine mise en mouvement par une chute de 108 mètres de hauteur, l'appareil n'ayant que 0ᵐ,55 de diamètre et marchant à la vitesse de 2,300 tours par minute, pour une force de 40 chevaux-vapeur, utilisait 0,75 de la force de la chute (1).

**Turbines Thomas.** — Pour de très fortes chutes, les turbines ordinaires se réduisent à des dimensions très exiguës et perdent beaucoup de force par les engrenages qui doivent leur imprimer une grande vitesse de rotation. Thomas, ingénieur hessois, fut le premier à appliquer, pour ces cas spéciaux, des turbines dans lesquelles l'eau arrive en dessous, sur un ou plusieurs points de la circonférence; ce qui donne le moyen d'augmenter notablement le diamètre et de réduire la vitesse.

Dans la turbine Thomas établie à Veckerhagen, le diamètre était de 1$^m$,20 pour une chute de 20 mètres, le nombre de tours étant de 160 par minute. Selon que l'effort à surmonter était plus ou moins considérable, on ouvrait un ou plusieurs des ajutages qui amènent l'eau sous les aubes, et de cette manière l'effet utile ne changeait pas sensiblement pour des dépenses variant du simple au quadruple; mais il diminuait très rapidement si l'on ouvrait au contraire un ou plusieurs autres ajutages, sans augmenter le volume d'eau alimentaire. Ce principe des vannages partiels a été, comme on le verra, utilisé plus tard d'une manière très remarquable par les constructeurs de turbines.

**Turbines Girard.** — Des perfectionnements considérables ont été introduits par Girard à la turbine Four-

---

(1) Le diamètre du cylindre se calcule par la formule :

$$D = \sqrt{\frac{5.5\,Q}{V}}$$

Q étant le volume d'eau à dépenser par seconde et V la vitesse due à la charge d'eau. Le diamètre intérieur de la roue est d'environ 0$^m$,04 plus grand, et le diamètre extérieur les 4 tiers du précédent. La hauteur de la roue se calcule d'après cela, de telle sorte qu'elle puisse débiter la quantité d'eau qu'elle reçoit. (Debette, *Dict. des arts et manufactures, Hydraulique.*)

neyron, quant au vannage, à l'alimentation, au pivot,
et à la marche par niveau variable.

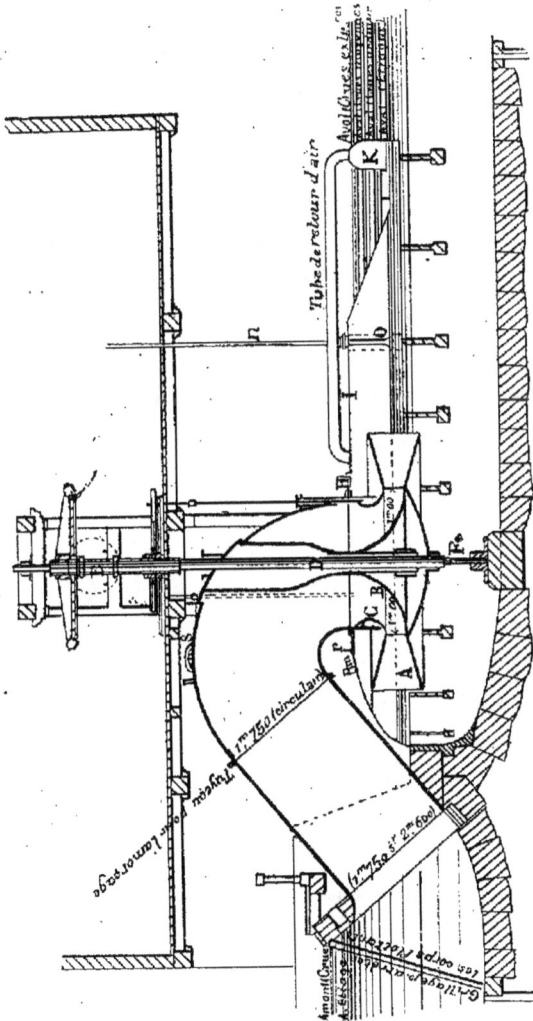

FIG. 152. — TURBINE GIRARD; COUPE LONGITUDINALE.

La figure 152 représente ces modifications, dues,
comme tant d'autres, à l'habile ingénieur qui, en collabo-
ration avec Charles Callon, a créé la plupart des types et

donné une grande impulsion aux progrès de l'hydraulique.

Une turbine à chambre d'eau ouverte, quand la chûte est peu élevée, exige pour l'approfondissement du canal de fuite, des travaux souvent très coûteux de fouilles, d'épuisement et de fondations. Girard a imaginé, pour réduire l'importance de ces travaux, d'alimenter la turbine à l'aide d'un siphon en fonte qui relève l'eau plus haut que le niveau d'amont, de telle sorte que la couronne mobile peut être placée à la hauteur du niveau d'aval, et la formation d'entonnoirs au-dessus des orifices de cette couronne est absolument évitée. Le siphon est étudié en vue d'utiliser la puissance vive correspondant à la vitesse de l'eau.

Le vannage même de la turbine comprend bien un cylindre en fonte, comme dans l'appareil Fourneyron, mais le profil ou diamètre est établi de manière que l'eau sort de la couronne fixe par une série d'ajutages coniques que forment les aubes, par la paroi intérieure B et par celle de la vanne cylindrique C.

La couronne mobile A est calée au bas d'un arbre creux en fonte D, passant dans le fourreau central de la bâche et se terminant en haut par un œil évidé dans lequel se logent le pivot et la boîte-crapaudine. Cette boîte elle-même est vissée à l'extrémité supérieure d'un arbre central fixe, F, en fer forgé, qui occupe l'intérieur de l'arbre creux. Il résulte de cette disposition que le pivot, l'organe le plus délicat de la turbine, est à l'abri de l'eau, et toujours accessible pour le graissage et les réparations.

Enfin, le niveau d'aval étant variable et pouvant descendre assez bas pour que le regard corresponde à un volume d'eau insuffisant, auquel cas le vannage ne peut pas être entièrement ouvert, le grave inconvénient se présente, commun à toutes les turbines, d'après lequel les aubes de la couronne mobile sont remplies partiellement par l'eau d'aval à l'état de repos relatif, d'où un choc de l'eau en mouvement sur l'eau au repos, qui cause une perte de travail. Pour assurer la marche de la turbine dans ces conditions, Girard a imaginé de dénoyer artificiellement la couronne mobile en y refoulant de l'air comprimé. Pour cela, une cloche en fonte H, parfaitement étanche, recouvre la couronne et reçoit par un tuyau *m* l'air comprimé. Elle se prolonge en aval par un tambour plat I en tôle, aboutissant à un récipient ou récolteur d'air K, dans lequel arrive l'air, mécaniquement entraîné par l'eau qui s'échappe de la turbine. Un tube vertical *n*, terminé par une sorte d'entonnoir renversé *o*, sert de trop-plein à l'air.

FIG. 153. — TURBINE GIRARD A AXE VERTI-CAL; ÉLÉVATION ET COUPE PARTIELLE.

Dans cette installation, la position du bord inférieur de l'entonnoir *o* détermine le niveau artificiel produit sous la turbine par l'insufflation de l'air; de telle sorte que la couronne mobile fonctionne dans l'air, quelle que soit la hauteur de l'eau d'aval.

Les turbines Girard sont de divers modèles suivant les

conditions dans lesquelles elles doivent être employées.

Le modèle à axe vertical (fig. 153) est très convenable pour les chutes de 2 à 4 mètres, en vue des élévations d'eau pour l'irrigation. Il fonctionne avec un rendement de 70 à 80 pour 100, quoique noyé dans l'eau d'aval et bien que le cours d'eau varie comme volume et comme

FIG. 154. — TURBINE GIRARD A BACHE (HAUTES ET BASSES CHUTES).

chute. L'effet utile, malgré les variations, reste constant à 5 pour 100 près.

Le modèle à bâche (fig. 154) applicable aussi bien aux chutes basses qu'aux chutes élevées, permet de se passer d'une chambre en maçonnerie. Les vannes-tiroirs se mouvant horizontalement dans le sens du rayon, empêchent les corps étrangers d'obstruer les orifices. L'immersion de la turbine dans l'eau d'aval pendant les crues n'exerce aucun effet quand le distributeur l'alimente sur toute la circonférence, mais quand le volume ne suffit pas pour ouvrir en entier le vannage, l'eau d'amont éprouve un obstacle à son passage. Pour obvier à cette perte de force, la turbine est artificiellement dénoyée, grâce à l'injection par une machine soufflante d'une certaine quantité d'air comprimé sous la couronne mobile.

Le modèle à siphon (fig. 155) ne diffère des types précédents que parce que l'eau y est relevée au-dessus du niveau d'amont, à l'aide du siphon qui la conduit à la bâche

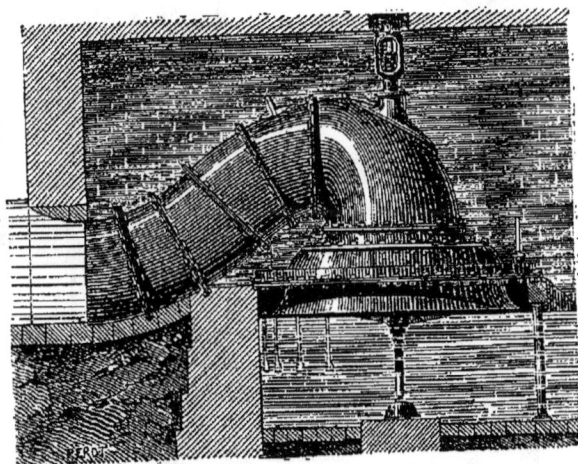

FIG. 155. — TURBINE GIRARD A SIPHON; ÉLÉVATION (BASSES CHUTES).

du distributeur. Cette disposition s'applique aux cas de basses chutes qui autrement nécessiteraient des travaux coûteux pour donner au canal de fuite une profondeur suffisante, et pour ménager une hauteur d'eau assez grande au-dessus des orifices des distributeurs.

Enfin le modèle à pivot (fig. 156) correspond à l'utilisation d'une chute très élevée, mais à faible volume. La turbine n'étant alimentée dans ce cas que sur une portion de la circonférence, on peut lui donner un plus grand diamètre et une plus faible vitesse, en même temps que des orifices plus grands, moins sujets à s'obstruer. La pression due à la chute, aide à supporter la turbine sur un pivot hydraulique consistant en deux plateaux : l'un inférieur et fixe, l'autre supérieur et mobile, entre lesquels arrive l'eau du bief d'amont pour détruire tout grippement.

**Turbines Fontaine** (*Euler*). — Dans le système

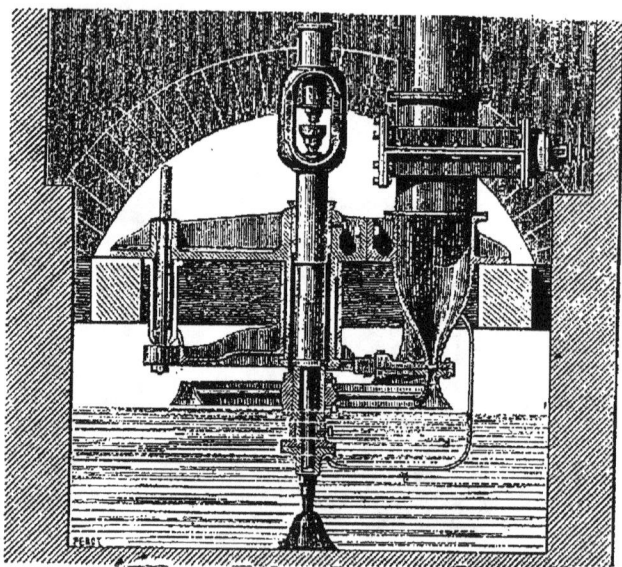

Fig. 156. — Turbine Girard, de coté ; élévation et coupe partielles (très hautes chutes).

d'Euler, l'eau entre par le dessus de la couronne mobile et en sort par le dessous.

Pour ne pas perdre de chute, il faut ainsi placer la face inférieure de la couronne au niveau d'aval le plus bas, et s'il est constant, la turbine est toujours dénoyée, contrairement à ce qui se passe pour l'appareil Fourneyron, qui marche plongé dans l'eau d'aval pour utiliser toute la chute.

Dans la turbine Fontaine (du système Euler) que représente la figure 157, B est le canal d'arrivée aboutissant à une chambre d'eau, formée de deux murs latéraux en maçonnerie hydraulique, d'un cadre en charpente A, et d'une cloison verticale D, également en bois.

La couronne fixe F est boulonnée sur le cadre A, et la couronne mobile H est calée au bas d'un arbre creux L, dont le pivot est disposé à l'étage supérieur. L'arbre fixe

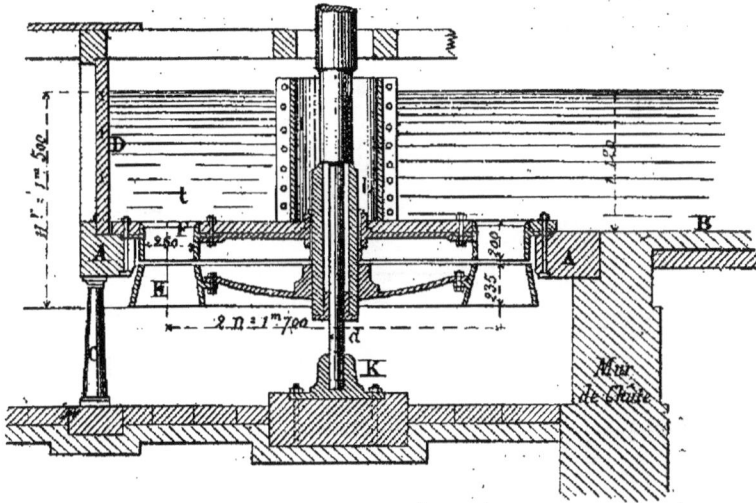

FIG. 157. — TURBINE FONTAINE; COUPE VERTICALE.

central qui porte à son extrémité supérieure la boîte-cra-paudine du pivot, est clavetée par le bas K, dans un support en fonte, boulonné sur une pierre dure engagée dans le radier du canal de fuite. Le croisillon de la couronne fixe sert de boîtard à l'arbre creux, et ce dernier est entouré, pour éviter la perte d'eau motrice, par un fourreau en fonte I qui s'élève un peu au-dessus des plus hautes eaux d'amont.

Le vannage est formé de 32 vannettes verticales en fonte, (fig. 158) qui glissent dans des rainures prati-quées dans les joues latérales de la couronne fixe; cha-

que vannette est attachée à une tige en fer que deux
écrous fixent sur un cercle en fonte. Le cercle est
lui-même suspendu à des tringles verticales T en fer
forgé, terminées en haut par une partie filetée qui
s'engage dans un écrou de rappel en bronze *m*, placé
sur le plancher de l'étage supérieur. Chaque écrou *m*
porte un pignon droit *p*, et tous les pignons *p* engrènent
avec une roue unique *r*.

En actionnant la roue *r* dans un sens ou dans l'autre,

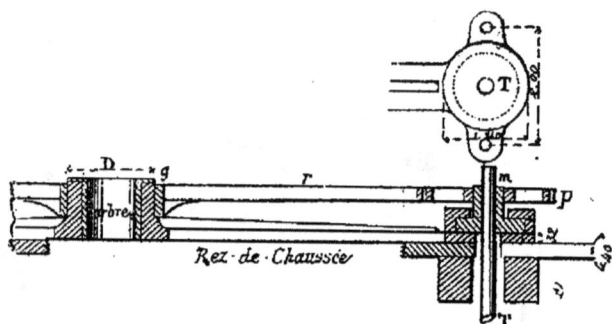

Fig. 158. — Turbine Fontaine; détail de la couronne fixe, mobile
et du vannage distributeur.

on détermine la rotation des écrous, de façon à produire
l'exhaussement ou la descente des tiges T, du cercle *r*
qu'elles soutiennent et des 32 vannettes. Quand on ouvre les vannettes du tiers et du quart de la levée totale,
on réduit la dépense d'eau de la turbine au tiers ou au
quart de sa capacité.

Au lieu de réduire proportionnellement l'ouverture de
tous les orifices du distributeur (à moitié ou au tiers),
comme dans le modèle décrit, il est préférable. pour ne
pas affaiblir le rendement du moteur dans les basses
eaux, de n'ouvrir complètement que le nombre d'orifices
correspondant au volume à dépenser (soit la moitié ou
le tiers) : c'est ce qui s'obtient par des vannages partiels.

Ces vannages partiels peuvent se réaliser avantageusement de deux manières, soit par des vannettes-tiroirs verticales, pouvant se lever les unes après les autres, soit par des secteurs ou papillons, manœuvrés par un mécanisme spécial qui découvre partiellement un certain nombre d'orifices à la fois.

En associant les vannes-tiroirs et le papillon, on parvient à graduer exactement l'ouverture du nombre d'orifices nécessaires pour ne dépenser que le volume d'eau fourni par la rivière.

**Turbine Jonval.** — Avec la turbine Jonval, du système d'Euler, on peut s'établir en un point quelconque intermédiaire, entre les niveaux d'amont et d'aval d'une chute, quand on a soin de laisser au-dessus de la couronne fixe A (fig. 159) une hauteur d'eau seulement suffisante pour prévenir les tourbillonnements et les entonnoirs.

La couronne mobile B est calée au bas de l'arbre en fer dont le pivot tourne dans une crapaudine, au centre d'un croisillon. Les bras du croisillon sont boulonnés à la bâche en fonte D qui enveloppe la turbine et descend jusqu'au radier du canal de fuite pour se recourber horizontalement et donner issue à l'eau.

La turbine n'étant pas munie de vannage, la dépense se règle à l'aide d'une vanne verticale R, placée à l'orifice de sortie de la bâche en fonte. Cette disposition fait qu'il se produit un étranglement, avec perte de chute d'autant plus grande que le volume d'eau est plus réduit, et qu'il faut diminuer la vitesse de rotation proportionnellement à la diminution de la vitesse de l'eau dans les orifices de la directrice A, constamment ouverts en entier, faute de vannettes.

**Turbine Kœchlin.** — On a cherché à remédier, mais imparfaitement, dans la turbine Jonval-Kœchlin, à ce sérieux inconvénient, en employant des coïns obturateurs pour rétrécir la largeur des orifices de la turbine.

De même, pour obvier à l'abaissement du rendement à l'étiage, quand le volume du cours d'eau varie, on a proposé d'installer deux appareils dont la capacité est cal-

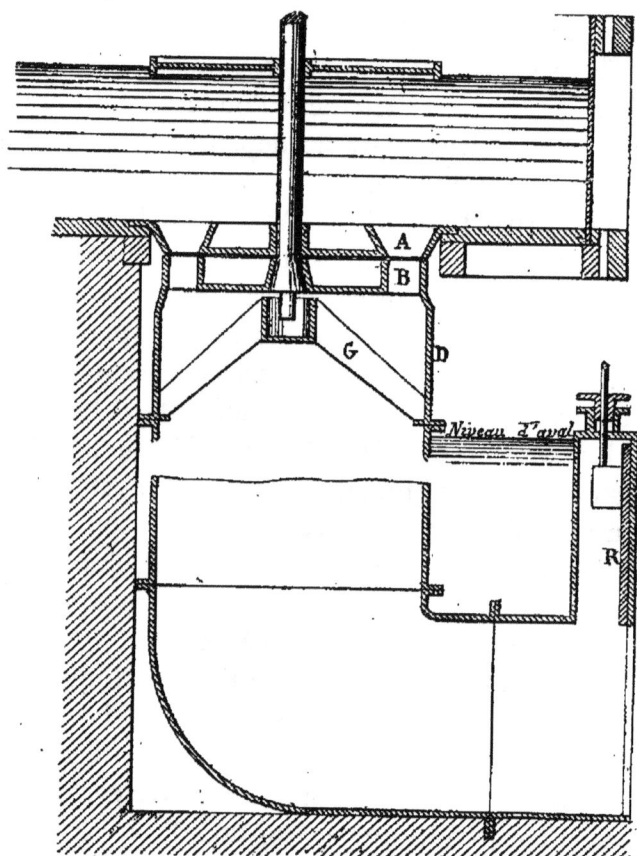

FIG. 159. — TURBINE DU SYSTÈME JONVAL.

culée de façon à s'approprier à la dépense d'eau et à diviser la perte. Dans les crues, les deux appareils marchent, et à l'étiage, on ne fait marcher que celui établi en vue des basses eaux.

Dans le cas de chutes élevées ou moyennes, la turbine

Jonval étant placée au-dessus des plus hautes eaux d'aval,

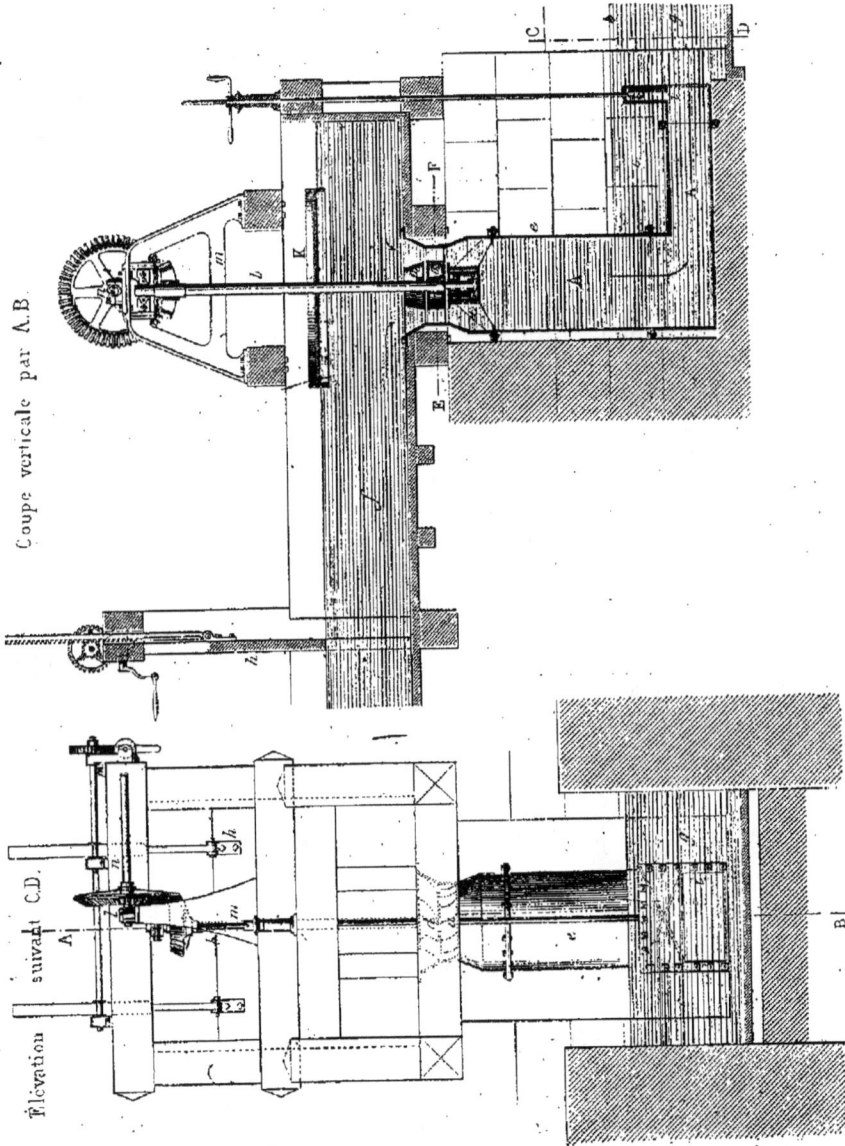

FIG. 160. — TURBINE KŒCHLIN; ÉLÉVATION ET COUPE.

offre l'avantage de pouvoir être visitée et réparée en toute

saison, sans que l'on ait recours à des moyens d'épuisement.

La figure 160 représente en élévation et en coupe
la turbine à double effet de Kœchlin, utilisant un récepteur placé à un point quelconque de la chute, entre
les deux biefs superposés. Il résulte de cette disposition,
à volonté, du récepteur ou de la turbine, que l'eau agit
par la vitesse et par la pression de la colonne inférieure :
c'est le principe Jonval développé. Dans la figure 160,

*a* désigne la roue d'eau ou turbine ;
*b*, l'axe de la turbine ;
*c*, la crapaudine et support de l'axe *b* ;
*d*, la couronne fixe, avec ses aubes en hélice ou directrice ;
*e*, l'enveloppe de la turbine ;
*f*, le bief supérieur ;
*g*, le bief inférieur ;
*h*, la vanne du bief *f* ;
*i*, la vanne du bief *g* ;
K, le flotteur ;
*l*, le palier supérieur de l'arbre *b* ;
*m*, le support du palier *l* ;
*n*, l'arbre de transmission supporté par un autre palier assujetti
également à *m*.

C'est en passant de *f* en *g*, au travers de la couronne
ou guide *d* de la turbine et de son enveloppe qui forme
le canal de jonction entre les deux biefs, que l'eau imprime le mouvement à la turbine.

### 2. Turbines horizontales.

Dans les turbines horizontales, les récepteurs hydrauliques utilisent l'eau absolument comme les turbines
ordinaires. Les unes appartiennent au système Jonval-
Kœchlin, tout simplement couché ou retourné ; les autres
sont du système Canson, à construction simple, mais

tout à fait primitive, et qui rappelle les roues à cuve déjà décrites.

Dans les turbines Canson, la couronne mobile, disposée comme celle de Fourneyron, est calée sur un arbre horizontal qui tourne dans deux paliers ordinaires. L'eau motrice est projetée sur les aubes inférieures de la couronne, dans l'intérieur, par une simple buse dont l'orifice unique est ouvert plus ou moins à l'aide d'une petite vanne verticale. Le rendement d'une pareille turbine ne dépasse guère en moyenne 50 pour 100 du travail moteur brut dépensé. Ses avantages résident dans la facilité d'entretenir les aubes et les organes en bon état, la couronne mobile étant visible sur tout le pourtour, et de la faire marcher très vite sans danger, par suite de l'absence de pivot et de toute garniture étanche pour l'arbre. De plus, comme l'alimentation ne se fait que sur une partie de la circonférence (un cinquième au plus), il en résulte que les orifices peuvent être tenus plus grands et sont moins sujets à s'obstruer.

Quoique Mangon ne considère pas l'appareil Canson comme une turbine proprement dite, parce qu'elle ne reçoit pas l'eau par la circonférence entière, ce qui est le cas, comme nous venons de le voir, de toutes les turbines à vannages partiels, il reconnaît que son effet utile, sans atteindre celui des roues les plus parfaites, est très satisfaisant (1). La turbine rurale Canson, comme il la désigne, s'applique à toute hauteur de chute et surtout à celles qui dépassent 5 mètres. Son axe peut être vertical, horizontal, ou même incliné sous un angle quelconque; sa construction est très économique, convenable pour les chutes un peu fortes,

Nous croyons, pour notre part, que toute turbine Gi-

(1) H. Mangon, *ioc. cit.* p. 327.

rard, dans les mêmes conditions, mais pour un effet utile supérieur, est préférable à une turbine Jonval. Le prix du travail de l'eau est si peu élevé qu'il y a toujours avantage à se procurer le meilleur appareil pour en tirer le plus grand rendement.

### J. Les béliers.

Le bélier hydraulique, inventé par Montgolfier, est aussi une machine dont la théorie se trouve dans tous les traités de physique et de mécanique.

**Bélier ordinaire.** — Le croquis (fig. 161) représentant la coupe de l'un de ces appareils, montre en A B le corps du bélier de même diamètre que le tuyau de chute E D. En A, la soupape d'arrêt, un peu plus dense que l'eau, se ferme dans le sens du courant; en B, le clapet aspirateur s'ouvre de dehors en dedans; il est destiné à fournir l'air à chaque coup de bélier; en C, le clapet d'ascension s'ouvre dans le sens de l'écoulement. G étant le réservoir d'air destiné à régulariser l'ascension de l'eau, le matelas d'air en $d$ amortit les secousses du bélier dans la tête $a\,b\,c$. Le tuyau d'ascension est désigné par F.

Si la soupape A est baissée, l'eau s'écoule par l'orifice ouvert, avec une vitesse croissante, mais cette soupape calculée d'un poids convenable, cède au courant et s'applique contre les bords de l'orifice qu'elle ferme hermétiquement. Dès lors, toute l'eau contenue dans le tuyau E D A ne pouvant plus s'échapper par l'orifice, exerce par la vitesse de chute une pression qui ouvre le clapet C et pénètre dans le réservoir G d'où elle s'élève dans le tuyau d'ascension F à un niveau supérieur à la hauteur de chute. La vitesse étant détruite, le clapet C se referme par la pression de l'eau supérieure; la soupape A s'abaisse de nouveau, et le jeu du bélier recommence.

Aussitôt que l'eau a réagi sur la tête du bélier, il se produit un retour d'eau dans le sens inverse, qui permet au clapet B de s'ouvrir et de laisser entrer de l'air en remplacement de celui en *d* et en G, entraîné par l'eau.

Eytelwein a fait de cet appareil d'une grande simplicité une importante étude, pour en déterminer les dimensions,

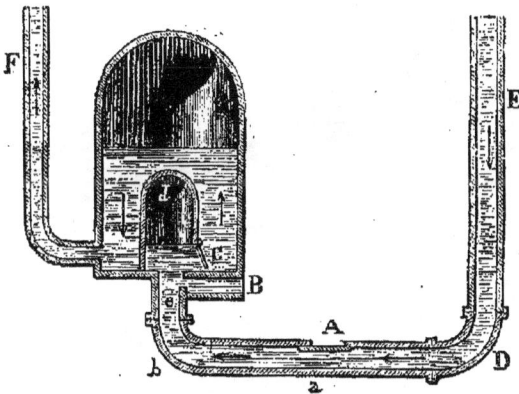

FIG. 161. — BÉLIER HYDRAULIQUE DE MONTGOLFIER; COUPE VERTICALE.

en vue de l'effet utile maximum. D'après ses observations, la longueur du corps du tuyau d'amenée doit être égale à la hauteur d'ascension, augmentée de deux fois le rapport de cette hauteur à celle de la chute. Le diamètre du même tuyau doit être 1,7 fois la racine carrée du volume d'eau dépensé, et le diamètre du tuyau d'ascension doit être égal à la moitié. L'orifice de la soupape d'arrêt doit avoir la même surface que le tuyau de conduite; la soupape d'ascension également, etc. (1).

Lorsque la hauteur de l'élévation est peu considérable par rapport à la chute, le bélier peut donner en effet utile

(1) Eytelwein, *Handbuch der Mechanik und Hydraulik*, Berlin, 1842.

jusqu'à 0,90 de la force dépensée, mais quand la hauteur de la chute diminue comparativement à celle de l'élévation, l'effet s'amoindrit et peut devenir très faible, de 0,18 par exemple.

Dans un mémoire pratique sur l'hygiène des campagnes (1), Bailey-Denton, traitant de l'approvision-

FIG. 162. — BÉLIER HYDRAULIQUE DOUGLAS; ÉLÉVATION.

nement des eaux potables, indique le bélier comme un appareil incomparable pour sa simplicité, son efficacité et son bas prix, dès que la hauteur à laquelle l'eau doit être élevée n'est pas dix fois plus grande que la hauteur de chute. Ainsi, avec une chute de 2$^m$,50, un bélier pourra élever 18,000 litres d'eau par jour, à une distance de 800 mètres, et à une hauteur de 12 mètres au-dessus du point d'origine, si la source débite 170 litres par minute.

(1) *Journal Roy. agric. Society*, 2$^e$ série, vol. VI, 1870.

Il importe que la hauteur de chute n'excède pas 6 mètres, à cause de la résistance des clapets.

D'après Denton, quand la hauteur d'élévation est 8 fois celle de la chute, l'effet utile du bélier est de 66 pour 100; quand elle est 10 fois plus grande, l'effet utile se réduit à 50 pour 100; enfin, si elle est 20 fois plus grande, l'effet utile n'est plus que de 18 pour 100. Ainsi, en admettant que l'on dispose de 200 litres d'eau par minute, avec une chute de 3 mètres, on aurait dans les trois cas :

$$\text{à 24 m. de hauteur} \quad \frac{66}{100} \times \frac{200 \times 3}{24} = 16.50 \text{ lit.}$$

$$\text{à 30 m. de hauteur} \quad \frac{50}{100} \times \frac{200 \times 3}{30} = 10 \text{ lit.}$$

$$\text{à 60 m. de hauteur} \quad \frac{18}{100} \times \frac{200 \times 3}{60} = 1.80 \text{ lit.}$$

Les grandeurs et les débits des béliers Douglas sont indiqués, en regard des prix, dans le tableau ci-après :

| Grandeur. | Quantité d'eau fournie par la source par minute. | Longueur des tuyaux de conduite. | Diamètre des tuyaux | | PRIX. |
|---|---|---|---|---|---|
| | | | d'arrivée. | de décharge. | |
| Nos | litres. | m. | m. | m. | fr. |
| 2 | 3 à 8 | 8 à 18 | 0.020 | 0.010 | 55 |
| 3 | 6 à 16 | — | 0.025 | 0.012 | 75 |
| 4 | 12 à 28 | — | 0.030 | 0.012 | 90 |
| 5 | 24 à 56 | — | 0.051 | 0.020 | 150 |
| 6 | 48 à 100 | — | 0.063 | 0.025 | 280 |
| 7 | 80 à 160 | — | 0.070 | 0.030 | 400 |
| 10 | 100 à 300 | — | 0.100 | 0.051 | 1.000 |

Ces appareils que l'on trouve couramment aujourd'hui dans le commerce, sont établis dans d'excellentes conditions de durée (fig. 162), sans que les dépenses d'entretien soient onéreuses. En les munissant d'un appareil régulateur, surtout lorsque les sources sont soumises à des variations, à cause de la sécheresse ou des fortes pluies, on arrive à régler leur débit suivant la capacité.

Nous empruntons à Duplessis (1) les proportions de quelques béliers de récente construction, avec leur débit et leur effet utile :

| DÉSIGNATION DES BÉLIERS. | Tuyaux conducteurs. | | Hauteur | | Eau fournie par le courant. | Eau élevée en 1 minute. | Rapport de l'effet utile à l'effet dépensé. |
|---|---|---|---|---|---|---|---|
| | Longueur. | Diamètre. | de chute. | d'élévation. | | | |
| | m. | m. | m. | m. | lit. | lit. | lit. |
| Bélier établi par M. Fay-Sathonay, à Lyon...... | 32.50 | 0.04 | 10.60 | 34 » | 84 » | 17 » | 0.65 |
| Bélier de la sous-préfecture de Clermont (Oise). | 33 » | 0.027 | 7 » | 60 » | 12.40 | 0.97 | 0.67 |
| Bélier de M. Turquet, près Senlis............ | 8 » | 0.290 | 0.98 | 4.50 | 19.87 | 269 » | 0.63 |
| Bélier de Laveste, à Marseille................. | 40 » | 0.300 | 7 » | 39 » | 59 » | 6 » | 0.57 |

**Appareil Caligny.** — L'appareil hydraulique Caligny rentre dans la catégorie des béliers, mais il ne s'y produit pas de choc apparent comme dans le bélier ordinaire. La nécessité d'établir entre les parties mobiles de l'appareil et la pression exercée par le liquide un exact équilibre, fait que de très faibles variations dans les charges d'eau motrice, obligent à régler certaines pièces pour que le jeu ne soit pas interrompu. Autrement, ce bélier, essayé au Conservatoire des arts et métiers, a été trouvé d'un rendement de 43 pour 100 du travail moteur dépensé (2).

(1) *Journ. agric. pratique*, 1866, t. II.
(2) Tresca, *Rapports du jury international*, 1866, t. I, p. 224.

### K. Les siphons.

Les siphons qui servent au transvasement des liquides par un principe de physique bien connu, ont été employés au canal du Midi, en France, en vue de régler le niveau des eaux, comme à Genève, pour alimenter les turbines de la distribution d'eau de la ville. D'après les données de la direction des eaux de Genève, la consommation d'eau est de 15 à 20 mètres cubes par seconde.

Quand il s'agit d'un emploi continu du siphon pour les irrigations, il convient de le construire en fonte; mais pour des dimensions inférieures à $0^m,05$, il suffit de l'établir en tôle. Au-dessous de $0^m,04$ de diamètre, le siphon ne rend plus de service.

Un siphon de $0^m,26$ de diamètre intérieur, avec des branches d'une longueur dans le rapport de 1 à 1,5, fournit 24,5 litres d'eau par seconde. Le calcul donne 24,8 litres; c'est une différence inappréciable (1).

**Débit des siphons.** — L'application des siphons à la vidange des réservoirs et des étangs, donne de l'intérêt à connaître la quantité d'eau qu'ils débitent pour un arrosage déterminé. Raudot, qui avait suivi de nombreuses expériences sur l'emploi de ce mode d'alimentation des rigoles d'arrosage, fait dépendre la grosseur à donner aux siphons du nombre d'hectares à irriguer et du mode d'irrigation (2).

Ainsi, pour arroser 5 hectares, à raison de 400 mètres cubes par hectare, le siphon devra débiter en une seule fois 2,000 mètres cubes, mais encore faut-il modérer la vitesse; sans cela l'eau, coulant trop rapidement à la surface du sol, serait perdue. Le calcul des diamètres à

(1) Appun, *Landw. Zeitung*, Wien, mars 1888.
(2) *Le siphon irrigateur; Journ. agric. prat.* 4e série, t. II, 1854.

donner aux siphons pour que l'arrosement s'étende sur une période assez longue, de 10 heures par exemple, doit résulter de l'expérience.

Du tableau qui suit, donnant le débit des siphons de divers diamètres en 10 heures, il ne faut pas conclure que chaque heure donnera le dixième des chiffres indiqués, attendu que le débit est plus fort au commencement qu'à

| DÉBIT DES SIPHONS | | | | | |
|---|---|---|---|---|---|
| Différence de niveau entre les deux bouches. | Diamètre intérieur du siphon. | Hauteur de charge 1 mètre. | Débit en 10 heures. | Hauteur de charge 2 mètres. | Débit en 10 heures. |
| m. | m. | mètre. | m. cub. | mètres. | m. cub. |
| 0.30 | 0.135 | I | 1.000 | 2 | 1.250 |
| » | 0.162 | » | 1.440 | » | 1.800 |
| » | 0.189 | » | 2.000 | » | 2.500 |
| » | 0.216 | » | 2.560 | » | 3.200 |
| » | 0.244 | » | 3.280 | » | 4.100 |
| » | 0.270 | » | 4.040 | » | 5.050 |

la fin, la charge diminuant avec la hauteur de l'eau. Au début, le siphon débite 5, et à la fin, seulement 3. Ainsi, le siphon de $0^m,135$ de diamètre intérieur débite dans la première heure 125 mètres cubes à peu près, et dans la dixième heure, 75 mètres cubes.

En outre, on doit remarquer que les débits sont calculés dans l'hypothèse que rien ne gêne l'eau à la sortie des siphons. En plaçant un récipient au-dessous de la branche extérieure pour l'amorcer, on gêne le débit, selon que le récipient est plus ou moins rapproché de l'extrémité du tuyau, et plus ou moins large. Il s'ensuit qu'on

peut ainsi diminuer le débit à volonté, si cela est jugé nécessaire.

## II. — LES MOTEURS.

Sauf quelques machines irrigatoires, mues directement
par l'eau, les autres appareils exigent un moteur. Ce
moteur peut être animé, c'est-à-dire qu'il emprunte sa
force aux hommes ou aux animaux; ou bien le vent, l'eau,
la vapeur, peuvent fournir la force motrice nécessaire.

En décrivant jusqu'ici les machines les plus usuelles,
nous avons eu l'occasion d'indiquer les moteurs qu'on leur
applique et le travail effectif qu'on en retire; nous avons
en outre fait connaître, quand il y avait lieu, les avantages et les inconvénients des diverses machines motrices.
A moins d'entrer dans les détails d'établissement des nombreux manèges, moulins, moteurs hydrauliques et à
vapeur, dont dispose l'industrie agricole, il ne nous reste
qu'à apprécier les mérites relatifs des moteurs et à
signaler quelques installations permettant de se rendre
compte du rendement et de l'économie des machines.
C'est surtout en traitant de l'irrigation par les divers systèmes qu'il sera possible de trouver des éléments de comparaison entre les divers moyens dont on dispose pour
approvisionner l'eau : sources, réservoirs, canaux ou
machines.

### A. Moteurs animés.

Ce que nous avons déjà dit de l'effet des machines simples, seaux, écopes, chapelets, etc., mises en mouvement
par l'homme et par les animaux, prouve combien la force
est variable suivant qu'elle agit par des leviers, des cordes
et poulies, des treuils, des manivelles; en tirant, en pous-

sant, en levant ou en baissant. L'énergie musculaire et la continuité du travail qui dépendent du régime alimentaire et hygiénique, ne peuvent guère s'assouplir à des formules de prix de revient. Dans certains cas, le prix d'établissement des machines est trop faible pour qu'il altère d'une manière sensible le prix de revient de l'eau ; dans d'autres cas, où les machines élévatoires sont un peu plus compliquées, le travail n'ayant lieu que pendant quelques mois ou quelques semaines, avec des intervalles de chômage, le prix de la journée de l'homme, du cheval, du mulet ou du bœuf ne donne aucune juste appréciation du travail régulier ou normal qui permet seul d'établir des moyennes utiles.

**Les manèges.** — Les manèges auxquels on attelle les animaux pour faire mouvoir les appareils irrigatoires, facilitent le mouvement, en imprimant une vitesse plus ou moins grande à l'arbre de couche. Les manèges bien exécutés, et il n'en manque pas d'appropriés aux divers mouvements, n'absorbent au plus qu'un dixième du travail moteur, c'est-à-dire qu'ils rendent un effet utile de 0,90.

Dans les manèges les plus répandus, le moteur est assujetti à parcourir une circonférence ou piste, dont le centre est occupé par un axe mobile, entraîné par le mouvement de l'animal et qui transmet son mouvement aux autres pièces du mécanisme, au moyen de roues dentées, ou d'autres organes de transmission. La piste ne devant être ni trop petite, pour que la marche soit facile, ni trop grande, pour ne pas augmenter le poids des pièces et le rapport des vitesses entre les arbres du manège et de transmission, le rayon est compris entre des limites assez restreintes. Pour les bœufs attelés au double joug, le rayon est de 5 à 7 mètres; pour les chevaux attelés isolément à chaque bras, 4 à

5 mètres suffisent amplement. Les attelages ont une influence sur le travail; ceux dits à compensation ne font que compliquer le manège.

Les manèges sont aujourd'hui presque toujours construits en métal; mais il est rare que pour les irrigations, dans les localités éloignées de tous ateliers, on recoure aux types si variés qui affluent dans les expositions et dans les concours, depuis un certain nombre d'années. Un manège en bois, tel que l'exécutent les charpentiers, fonctionne parfaitement comme solidité et comme durée, sans qu'il y ait lieu d'employer des pièces en fonte. Les engrenages sur la grande roue peuvent se remplacer par une gorge, à la circonférence de la couronne, qui reçoit une corde sans fin transmettant la force motrice à une autre poulie de diamètre convenable.

Trischler fils, de Limoges, a donné pour l'installation et la conduite des manèges simples, à colonne en fer, que construit Rauschenbach, de Schaffouse, des recommandations qui sont bonnes à suivre.

Le manège doit être placé autant que possible dans une position horizontale et être fortement consolidé par des crampons fichés en terre. Le coussinet du support de l'arbre de couche doit être fixé sur une petite traverse en bois, et arrêté également avec des crampons. Lorsque le manège est enterré, il faut avoir soin que l'arbre de couche ne frotte pas sur le terrain pour augmenter le tirage et causer des ruptures. Le frottement s'évite en plaçant l'arbre dans une gaine faite avec trois planches que l'on recouvre au besoin d'un couvercle. S'il est simplement posé sur le terrain, il faut établir un petit pont en bois pour le passage des animaux, ce pont, à la hauteur de l'arbre de couche, s'étend de chaque côté, sur une longueur de 1 mètre, afin d'avoir le moins de pente possible.

Pendant le montage du manège, on doit faire en sorte que les parties frottantes et les supports soient bien nettoyés et graissés à l'huile fine.

L'emplacement du manège ayant été choisi bien uni et assez grand pour que les bêtes de trait puissent avoir

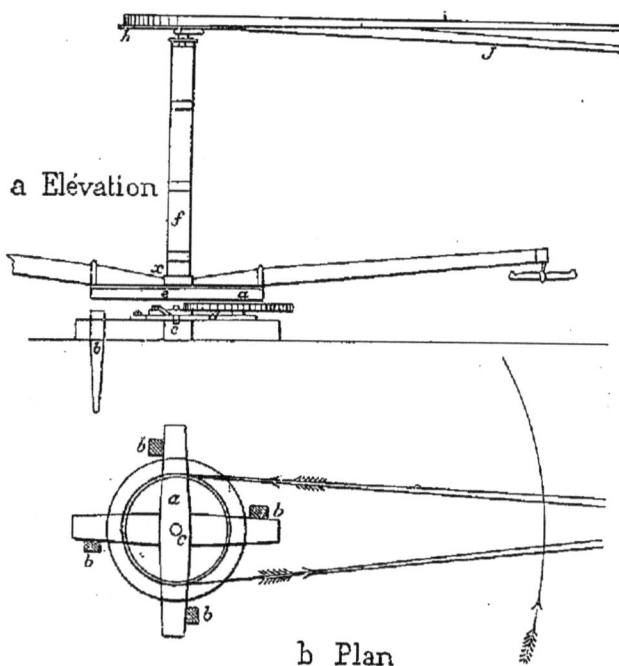

a Elévation

b Plan

FIG. 163. — MANÈGE A COLONNE DE RAUSCHENBACH; ÉLÉVATION ET PLAN

une piste de 6 mètres de diamètre, on place la croix $a$ (fig. 163) au milieu du cercle, et on ne l'encastre que lorsqu'elle est bien horizontale et solide. Quatre pieux *bbbb* sont enfoncés en terre, du côté où le tirage doit se faire, pour consolider la croix qui porte la colonne du manège. On nettoie alors le tourillon $c$ dans la plaque métallique $d$; la colonne $f$ est placée dans le moyeu de la grande roue $e$, de façon à ce que les bras

de la roue tournent en haut; alors on monte la colonne
*f* munie de la roue *e*, sur la plaque *d* et l'on serre
fortement au moyen des boulons. Les barres d'atte-
lage sont fixées sur la grande roue par des boulons, et

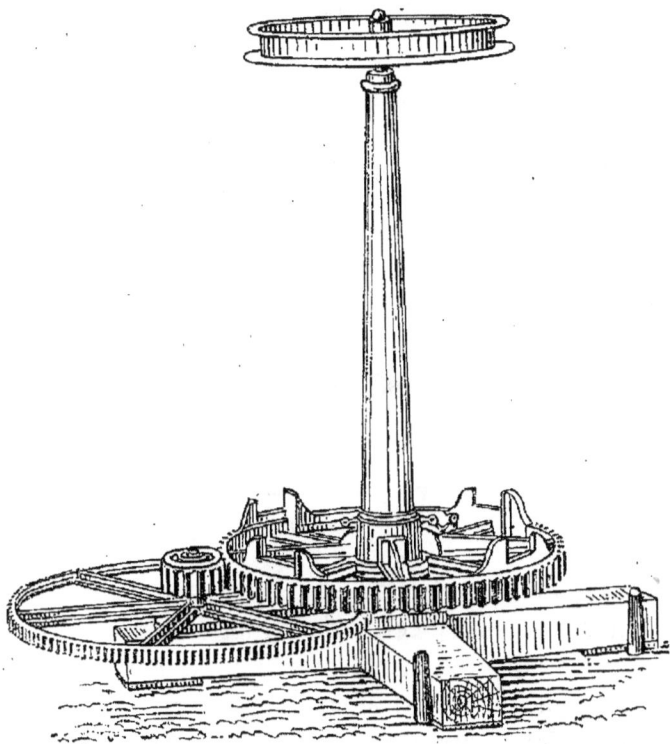

Fig. 164 — Manège en l'air de Pinet.

la poulie *h* est installée pour y placer la courroie *j*
qui communique avec la poulie de la pompe, ou de
toute autre machine irrigatoire.

Les parties frottantes à graisser, se trouvent : au
haut de la colonne *m*, sous le rochet; au pivot *c* par
l'ouverture pratiquée au bas de la colonne; au trou
*a* percé au centre du pignon de l'engrenage double;

et à la rainure *x*, en haut et autour du moyeu de la grande roue.

Le manège ainsi installé pour la force de deux chevaux ou de quatre bœufs, pouvant donner jusqu'à 120 tours par minute, pèse de 420 à 440 kilogrammes. Le grand engrenage a 90 dents; les engrenages doubles ont 106 et 15 dents, et le pignon 17. Le diamètre de la poulie, à deux joues, est de 0$^m$,75.

*Types de manèges.* — Les figures 164 et 165 représentent deux excellents types de manège, aujourd'hui

Fig. 165. — Manège a terre d'Albaret.

très répandus en France et à l'étranger. Comme modèle de manège en l'air, celui de Pinet (fig. 164), qui n'a que des roues droites, ainsi que le précédent, est fort léger, solide, facile à installer; le bâti en fonte se fixe par des boulons sur une fondation en pierre; la colonne creuse est en fonte et porte près de sa base un long collet tourné qui reçoit le moyeu de la grande roue, à laquelle sont fixés les bras du manège. Pour une force de 2 à 3 chevaux, ou de 2 à 4 bœufs, le manège Pinet pèse 535 kilogr. et coûte 300 francs. La poulie de commande du manège, animée d'une vitesse de 125 tours à la minute, dispense d'organes intermédiaires coûteux.

Le manège à terre d'Albaret (fig. 165), où l'arbre de couche est muni comme joint de deux simples anneaux et les manèges anglais de Denton et de Maldon Company, dans lesquels le métal a été partout substitué au bois, constituent des types robustes, donnant toute sécurité pour un travail continu et économique.

D'après des essais répétés maintes fois dans les concours, les meilleurs manèges à deux chevaux, pour des pistes de 6 mètres à 6$^m$,5o de diamètre, et un nombre de tours de l'arbre de couche, par tour de manège, variant entre 3o et 5o, ont fourni un rapport du travail utile au moteur, compris entre 71,o et 78,8.

### B. Le vent.

L'emploi du vent comme moteur a été cherché à l'aide de systèmes très variés, sans que l'on ait obtenu des résultats continus que pour un seul système, celui des moulins à ailes verticales, plus ou moins obliques et légèrement courbées.

Pour les irrigations, on comprend que le vent, irrégulier dans sa force, dans sa direction, et surtout dans le temps de sa production, soit un moteur bien incertain. La constance du vent, suivant les indications météorologiques de la contrée, pendant la saison des arrosages, peut seule déterminer l'emploi de moteurs atmosphériques pour élever l'eau.

En admettant, même au bord de la mer, que les brises puissent assurer la marche d'un moulin à vent pendant plusieurs heures dans la journée, quand il s'agit de déverser sur un hectare 5o m. cubes d'eau par jour, le moyen n'est pas économique. En effet, outre qu'un moulin ne coûte pas moins de 2,000 francs, sans les conduites d'eau, etc., son travail ne représente guère plus que celui d'un mulet. Flachat estime ainsi que dans le delta de l'Ebre, ce mode d'arrosage reviendrait à 100 francs par hectare (1).

**Moulin dit hollandais.** — Dans le nord de l'Europe, les grands moulins, dits hollandais, sont formés d'un arbre tournant, en bois, de 0ᵐ,50 à 0ᵐ,60 d'équarrissage, incliné de 10 à 15 degrés à l'horizon, et de deux autres pièces de 0ᵐ,30 d'équarrissage, fixées en croix sur la tête de l'arbre, de manière à constituer quatre bras que l'on prolonge par des pièces de bois moins fortes, appelées *entes*. Les bras ont 13ᵐ,60 de longueur totale et reçoivent des ailes qui ont 2 mètres de largeur. Ces ailes rectangulaires, commençant à 2 mètres du centre de rotation, forment une surface gauche dont l'arête la plus proche de l'axe rotatif fait avec le plan du mouvement, un angle d'environ 18 degrés, et l'arête la plus éloignée, un angle de 7 degrés. La surface gauche s'obtient par des lattes traversant les entes à une distance de 0ᵐ,40 les unes des autres. La première latte fait 60 degrés avec l'axe; la dernière, 80 degrés. C'est sur ces lattes se terminant par des planches de longueur que l'on étend la toile. Le volant du moulin constitué par les ailes a 27ᵐ,20 de diamètre (fig. 166). L'arbre tournant transmet par une série d'engrenages le mouvement aux appareils élévatoires.

Quand le vent donne, un moulin de ces dimensions élève 300 litres par seconde, à la hauteur minimum de 2 mètres; soit 600 kilogrammètres ou 8 chevaux-vapeur en eau montée; quand le vent est faible, la quantité d'eau descend à 200 litres; 250 litres étant la moyenne, le travail utile pour une durée moyenne de 15 heures par jour serait de 6 chevaux et demi. Au coût de l'appareil complet, il y a lieu d'ajouter les frais d'entretien et de surveillance continuelle.

(1) *Notes inédites sur la canalisation de l'Ebre,* 1858.

Sans entrer dans les détails de calcul que d'Aubuis-

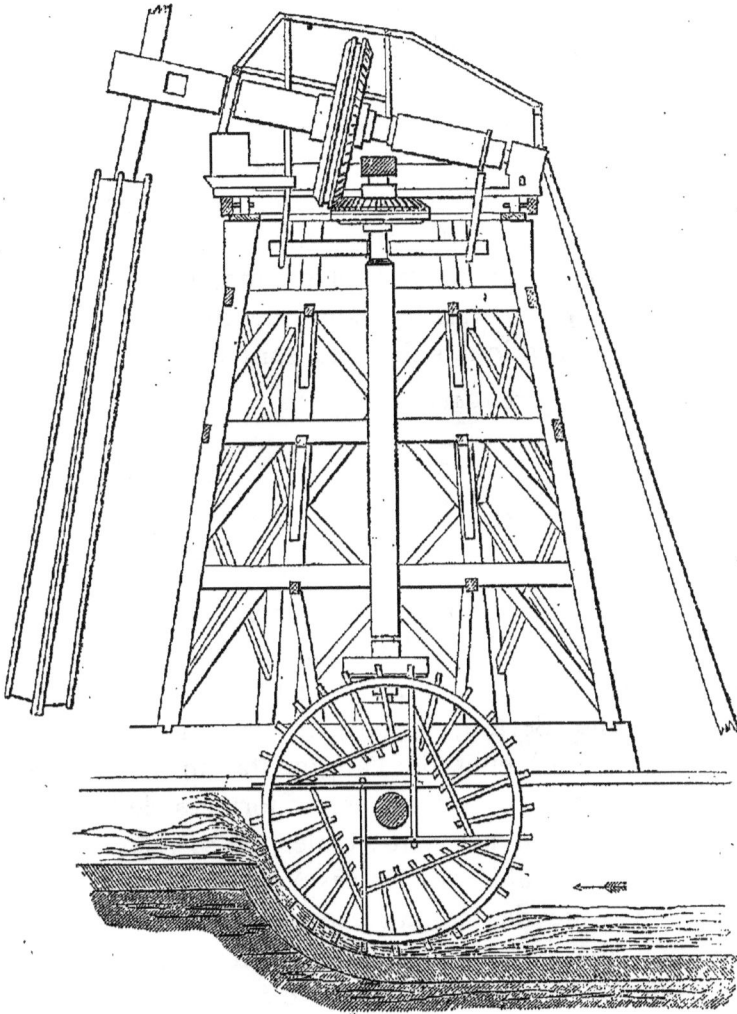

FIG. 166. — MOULIN DIT HOLLANDAIS ACTIONNANT UNE ROUE A PALETTES, POUR ÉPUISEMENT.

son a donnés (1), et des essais que Smeaton et Cou-

(1) *Traité d'hydraulique*, p. 535.

·lomb (1) ont suivis sur le moulin du type hollandais, il ressort de l'expérience que, pour obtenir l'effet maximum du moteur, il faut que la vitesse à l'extrémité des ailes soit égale à 2,60 fois la vitesse du vent; pour cela, on découvre plus ou moins les toiles des ailes, à l'aide d'un régulateur mécanique, approprié à cette vitesse. Smeaton indique comme moyen pratique d'évaluation de la vitesse, de diviser par 4 celle que prennent les extrémités des ailes, quand, le moteur étant désengrené, le volant marche à vide.

Comme travail économique du moteur hollandais, les observations suivantes sont à noter :

| Vitesse du vent. | Travail. |
|---|---|
| mètres. | kilogrammètres |
| 2.27 | 24.30 |
| 4.00 | 90.58 |
| 6.75 | 579.38 |
| 9.10 | 778.03 |

Dans le Midi, la violence des vents oblige de diminuer l'envergure du volant des moteurs; le diamètre est réduit de 27 mètres à 20 mètres; en adoptant le système Berton, la largeur des ailes peut se rétrécir par le seul effet de l'augmentation de la vitesse. Les ailes, dans ce système, étant formées de longues voliges de sapin qui peuvent s'étaler, ou se recouvrir l'une par l'autre, à l'aide de tringles à crémaillère, assemblées sur une roue dentée, au centre même des quatre bras, une manivelle ou un régulateur automobile sert à ralentir ou à accélérer le volant.

L'inconvénient du moteur à vent n'en reste pas moins le même, en raison de son irrégularité, si on l'applique, sans réservoir, à des irrigations quelque peu importantes.

(1) *Mém. de l'Acad. des sciences*, 1781.

Aux environs de Toulouse, près de Lespinasse, M. Duffoure avait installé un moulin pour actionner une chaîne à godets, destinée à élever des eaux d'arrosage. Le moteur marchant régulièrement par un bon vent, le nombre de tours étant de 15 par minute, et six godets de 20 litres se vidant par tour, on obtenait 1 m. cube 80 par minute ou 30 litres par seconde ; mais dans l'été, au mois d'août surtout, le vent soufflait si rarement et avec si peu de force pour l'effet utile du moteur, qu'il fallut y renoncer (1). Un réservoir, à moins de lui donner de très grandes dimensions, n'eût pas permis, à cause de la grande perméabilité du sol et de l'évaporation toujours considérable en été, d'avoir une quantité d'eau suffisante pour assurer une irrigation convenable des prairies et des pépinières.

On comprend, d'après cet exemple, qui tiendra lieu de beaucoup d'autres, qu'avec le moteur à vent, flanqué même d'un réservoir dont la dépense augmente beaucoup celle de l'élévation de l'eau, le problème pour l'arrosement des terres se pose autrement que dans les dessèchements, pour lesquels il est permis d'attendre que le vent souffle. Aussi, en Hollande, le moteur atmosphérique s'est-il de temps immémorial naturalisé, mais pour les grandes opérations d'épuisement, dans lesquelles la régularité et l'à-propos sont sans importance.

*Moulins en Hollande.* — C'est aux roues à palettes, comme aux écopes, mues par les moulins à vent, que les Hollandais sont redevables, on peut dire, de la conquête et du maintien de leur sol devant les envahissements et les empiètements incessants de la mer. L'eau, renfermée dans d'innombrables canaux, depuis que le moulin à vent fonctionne, a cessé d'être un ennemi redoutable, pour

(1) Maitrot de Varenne, *les Irrigations et dessèchements de la Haute-Garonne*, 1857, p. 388.

devenir un auxiliaire naturel des cultures et des fertiles pâturages des polders.

C'est encore aujourd'hui aux roues à palettes et aux écopes mues par le vent, qu'il est fait appel pour élever dans les canaux, les eaux des parties basses qui n'ont pas d'écoulement naturel, et les eaux de pluie qui ne disparaissent pas par l'évaporation, ou par l'infiltration.

En 1840, on comptait en Hollande plus de 2,500 moulins à vent, consacrés à l'élévation des eaux, par des roues, des écopes et des pompes. La figure 166 montre en coupe un de ces moulins conduisant une roue à palettes, qui ressemble à celui employé pour la mouture du grain, le concassage des graines oléagineuses, etc., sauf que l'arbre moteur descend jusqu'au plancher inférieur où une roue dentée engrène avec le pignon menant l'arbre de la roue à palettes. Ces palettes généralement plates ne rayonnent pas à partir du moyeu central, mais d'un cadre inscrit dans la roue, et émergent en dehors de la couronne pour pousser l'eau en haut du coursier dans lequel se meut la roue. Quoique cet appareil ne soit pas efficace pour des élévations qui surpassent la hauteur du centre de la roue au-dessus de celle de l'eau en amont, la perte augmentant quand la vitesse de rotation diminue, on obtient le plus grand effet utile si l'on donne une forme rectangulaire aux palettes et une largeur double de la longueur.

Jenkins cite l'exemple de la ferme Oosting, aux environs de Heerenveen (Frise), où le moulin à vent sert à deux fins; la vis d'Archimède qu'il fait mouvoir, élève les eaux des fossés de drainage, dans un canal placé à un niveau supérieur, à l'aide duquel le sol est asséché dans la saison humide, ou bien irrigué dans la saison sèche. Sur les 60 hectares de la ferme Oosting, huit sont en prairie, et le reste en seigle, en sarrasin, en avoine, ou pommes de terre (1).

C'est surtout pour l'arrosage des jardins que les moulins à vent sont employés en Catalogne, dans le midi de la France, et sur quelques autres points des côtes de la Méditerranée.

**Moulin Durand.** — Le moulin Durand qui peut marcher les trois quarts de l'année, avec une vitesse à peu près constante, quelle que soit la force du vent, a permis d'étendre les applications de cette force motrice aux irrigations. Bien des fois décrit (2), le moulin Durand, tel que le représente la figure 167, est à ailes verticales : son arbre horizontal porte une manivelle qui donne le va-et-vient au piston d'une pompe. La tige de ce piston descend dans l'axe d'un tuyau de fonte pouvant tourner sur des collets quand le vent vient à changer ; car alors les ailes servent à faire pirouetter le moulin qui de lui-même se met au vent, les ailes le prenant par derrière. Un mât dressé près du puits, soutenu par des haubans, suffit pour résister aux bourrasques et garantir l'équipage du sommet.

Au lieu de voilures, les quatre ailes sont en tôle pleine, chacune tournant sur la vergue en fonte qui la traverse et partage sa surface aux deux cinquièmes de la largeur. Un ressort à boudin la retient contre l'action du vent qui tend à la faire tourner sur sa vergue, en vertu des forces inégales exercées sur les deux parties de la surface.

Quant le vent acquiert de la force, la rotation s'accélère ; mais un poids, placé au bout de l'aile, participant au mouvement, agit par la force centrifuge et contraint l'aile à s'obliquer sur sa vergue, pour ne présenter que la moindre surface, et même la tranche, au vent. L'appareil

(1) *Report on the Netherlands ; R. Commission on agriculture*, 1881.
(2) *Bullet. Soc. d'encouragement*, novembre 1845, p. 525.

modère ainsi de lui-même sa marche. Un frein permet au besoin de l'arrêter complètement. Enfin, à chaque 100 tours, un compteur verse l'huile de graissage sur les points de friction et maintient le moteur en état.

D'après le rapport de Séguier à l'Académie des sciences (1), le moteur Durand possède ainsi deux mouvements parfaitement indépendants : l'un propre au corps du moteur, l'autre appartenant aux ailes du volant.

D'un prix modique, appliqué depuis un grand nombre d'années dans la plupart des départements, sur les côtes de l'Océan et de la Méditerranée, l'appareil développe un travail utile moyen de 27 à 30 kilogrammètres, ou environ un tiers de cheval-vapeur; ainsi, quand il est attelé à une pompe convenable, il donne par seconde 1 litre d'eau à la hauteur de 25 à 30 mètres pour un coût de 1,500 fr. environ. C'est, en effet, au travail des pompes surtout que ce moteur économique est le plus souvent adapté; qu'il s'agisse de desséchements, comme à Arles, ou d'irrigations, comme à Brouage. Pour de grandes hauteurs d'élévation, correspondant à un moindre débit des appareils d'épuisement, Barral cite, dans le département de la Charente, l'application d'un moteur Durand qui élève l'eau à 55 mètres, avec un parcours oblique d'une longueur de 650 mètres; dans le Gard, une élévation de même niveau, donnant lieu à un parcours ascendant de plus d'un kilomètre; dans la Loire-Inférieure, l'eau est élevée de 32 mètres et parcourt une distance de 270 mètres dans des conduites en fonte (2).

Dans ce même département, M. Boisteaux, lauréat de la prime d'honneur, a eu recours pour les irrigations du domaine de la Roche, près de Clisson, au moteur Durand

(1) *Comptes-rendus*, 1843.
(2) Barral, *Irrigations, engrais liquides*, 1862, p. 293.

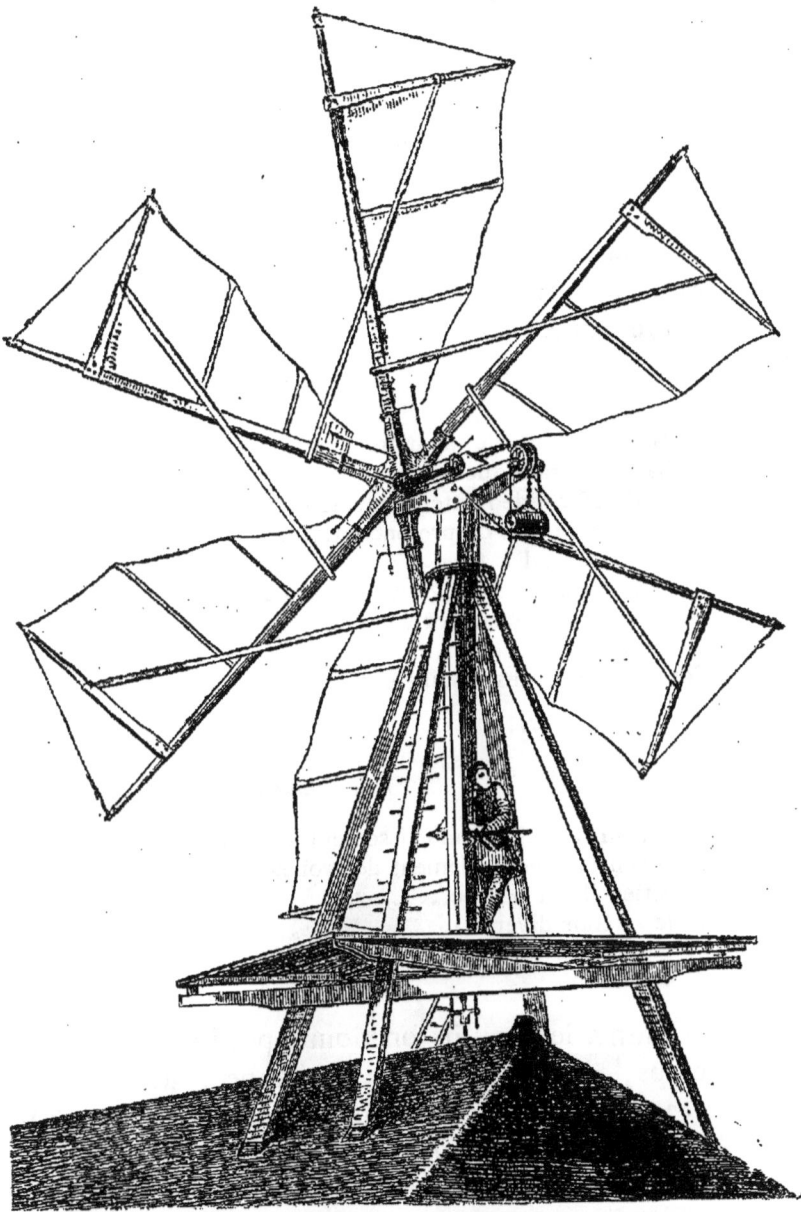

FIG. 167. — MOULIN AMÉDÉE DURAND.

qui élève les eaux souterraines par une pompe aspirante et foulante.

Le moteur est installé sur une tour de 15ᵐ,5o de hauteur, surmontant elle-même un puits de 11ᵐ,5o de profondeur. Le fond de ce puits est situé au-dessous de l'étiage de la Sèvre Nantaise qui borde le domaine. Le réservoir dans lequel l'eau est refoulée par la pompe est placé à 31 mètres au-dessus du niveau du puits au sol, et à 280 mètres de distance. Cette application représente comme dépenses :

### Installation.

| | fr. |
|---|---|
| Bassin de 15 m. de diamètre sur 1ᵐ,25 de profondeur en chaux hydraulique et ciment romain.................... | 1.200 |
| Tour de 15 m. de hauteur, surmontant le mur maçonné du puits de 11ᵐ.5o de profondeur....................... | 1.350 |
| Moulin Durand à 6 ou 3 vergues, avec pompe munie de tiges et raccords de 28 m. de longueur.................. | 1.500 |
| Bois et façon des supports pour installation du moteur sur la tour............................................ | 400 |
| Conduits, citernes, robinets et rigoles.................... | 3.400 |
| Total ............................................ | 7.850 |

### Frais annuels.

| | |
|---|---|
| Intérêt du capital et amortissement à 10 pour 100........ | 785 |
| Entretien et renouvellement des voiles.................. | 26 |
| Entretien de la pompe.................................. | 12 |
| Huile et frais divers.................................. | 8 |
| Total ............................................ | 826 |

Comme le moulin fonctionne pratiquement moitié du temps, dans le courant de l'année, avec une vitesse de 20 coups de piston, fournissant 40 litres d'eau par minute ou près de 10 mètres cubes et demi par an, le prix de revient du mètre cube d'eau est de 0ᵐ,08 environ (1).

(1) C. Boudy, *Journ. agr. prat.*, 1867, t. I.

FIG. 168. — MOULIN AMÉRICAIN, DIT HALLADAY.

**Moulins divers.** — Depuis Amédée Durand qui a trouvé, dans l'excès même de la vitesse du vent, le moyen de ralentir le mouvement et d'assurer la stabilité du moteur, un grand nombre d'appareils se sont produits dans les expositions et les concours, mettant à profit d'une manière plus ou moins heureuse les solutions trouvées et les perfectionnements réalisés par l'inventeur. La nomenclature et la description de ces appareils ne servirait qu'à prouver combien de travail et de temps ont été perdus pour compliquer un moteur qui ne saurait avoir d'autres mérites que ceux de la simplicité et de la solidité. Nous ferons toutefois une exception en faveur du moulin à vent américain, de l'inventeur Halladay (fig. 168) qui, malgré des organes plus compliqués que ceux du moulin Durand, s'est beaucoup répandu, avec quelques variantes, dans le continent d'Amérique et même en Europe.

Quel que soit le mécanisme, l'usage du moteur à vent pour les irrigations sera toujours borné et précaire, à moins que l'on ne se laisse entraîner à construire des réservoirs qui coûtent d'autant plus cher, toutes circonstances égales d'ailleurs, que leur contenance est moindre. Le prix de revient des réservoirs de grande capacité ne saurait d'ailleurs encourager à en construire de plus petits, en vue de conserver uniquement les eaux excédantes, élevées par un moulin à vent.

## C. L'eau.

Comme le vent, l'eau est un agent naturel, susceptible de travailler sans préparation ; il suffit de soumettre à son action des appareils convenablement disposés. Ces appareils, quand ils sont transformés en moteurs, sont les plus économiques, les plus réguliers et les plus faciles à manier; malheureusement, on ne peut pas les établir partout. Presque tous les moteurs hydrauliques, quand on ne dispose pas de chutes d'eau, exigent l'établissement de canaux d'amenée, d'écoulement et de dérivation, munis de leurs vannes d'entrée, de garde. ou de fond, de manière à pouvoir utiliser toute la vitesse du courant et se garder contre les hautes eaux.

La forme des récepteurs usités pour la transformation directe du mouvement de l'eau, varie de bien des manières, suivant qu'il s'agit de rotation autour d'un axe horizontal, d'un axe vertical ou incliné, ou bien d'oscillation autour d'un axe horizontal et de mouvement rectiligne alternatif, etc.

Relativement aux roues hydrauliques qui sont les moteurs agricoles par excellence et les seuls employés dans les grandes irrigations et les desséchements, deux conditions essentielles sont à observer pour la meilleure utilisation du travail : la première, que l'eau agisse sans choc, c'est-à-dire, que depuis le moment où elle aborde la roue jusqu'au moment où elle l'abandonne, il n'y ait aucun changement brusque dans la direction, ni dans la grandeur de la vitesse ; la seconde, qu'en quittant la roue, la vitesse de l'eau soit à peu près nulle, ou incapable de produire une nouvelle quantité de travail.

Comme tous les autres appareils moteurs, les roues absorbent une partie du travail mécanique que l'eau leur fournit et ne donnent en travail utile qu'une partie de la force reçue. Les roues les plus perfectionnées donnent en travail utile les quatre cinquièmes au plus du travail de la chute qui les anime ; mais beaucoup d'entre les roues plus communes ne rendent que les deux cinquièmes.

Quand un cours d'eau tombe réellement d'une hauteur verticale quelconque, le travail mécanique que la pesanteur lui applique dans le temps déterminé pour produire sa chute, est égal au volume de l'eau qui s'est écoulé durant ce temps (indiqué par un jaugeage), multiplié par la hauteur de la chute, que donne un nivellement.

Si la vitesse moyenne du cours d'eau n'est pas dûe à une chute naturelle, ou a une chute ménagée à l'aide d'un barrage, mais qu'elle résulte de son libre écoulement, on calcule cette vitesse de manière à obtenir en mètres la chute immédiate que l'eau devrait faire pour l'acquérir, et dès lors l'évaluation du travail dont le cours d'eau est capable, se fait comme précédemment.

La chute réalisable dépend de l'encaissement du cours d'eau et des servitudes auxquelles il est soumis en amont; elle n'est pas à confondre avec la chute immédiate.

La force des chutes s'exprime en chevaux-vapeur, en divisant par 75 le produit du débit en litres par seconde, par la hauteur de la chute, qui donne le travail en kilogrammètres (1). Quant à la force effective, elle est subordonnée au choix de l'appareil par rapport aux conditions de chute et de volume du cours d'eau.

**Choix des roues hydrauliques**. — Pour déterminer quelle espèce de roues il faut appliquer dans un cas donné, on pourra consulter le diagramme de Redtenbacher (fig. 169), dans lequel les chutes sont représentées dans la ligne supérieure et horizontale, et les quantités d'eau (en mètres cubes par seconde) dans la ligne verticale, à gauche. Les lignes droites et courbes indi-

---

(1) Si P indique le poids du volume d'eau débité par seconde; H, la hauteur de chute, on a pour la puissance *brute* de l'appareil hydraulique:

$$F = \frac{PH}{75}.$$

Quant à la puissance *effective* Fe, elle dépend du genre de récepteur adopté dont le rendement est K et l'on a :

$$Fe = K \frac{PH}{75}$$

quent les limites d'application des diverses espèces de roues, par rapport à la ligne A B montrant la force maximum que puisse utiliser une roue hydraulique.

Si dans ce graphique, on cherche par les nombres horizontaux la ligne verticale correspondant à la chute donnée, et qu'avec la série verticale on cherche l'horizontale coïncidant avec la dépense donnée, on trouve au

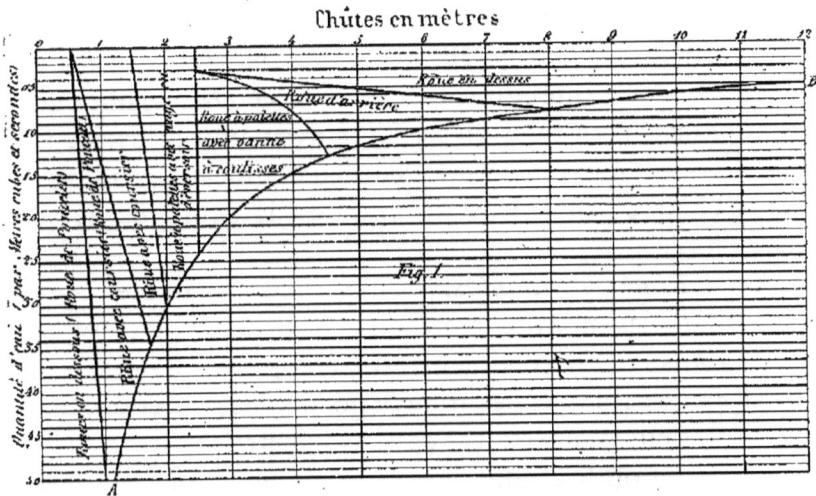

Fig. 169. — Diagramme de Redtenbacher pour le choix des roues hydrauliques.

point d'intersection des deux lignes la roue à choisir. Ainsi, pour une chute donnée de 3 mètres et une dépense d'eau de 1 mètre cube et demi, l'intersection se trouve dans la zone de la roue à palettes, avec vanne à coulisse.

D'après Redtenbacher (1), il suffit, pour le calcul des dimensions d'une roue hydraulique, de déterminer approximativement l'effet utile. Les éléments des calculs d'une roue, basés sur des types existants bien construits, sont groupés dans le tableau LXI. Pour les rayons, les

(1) *Résultats pour la construction des machines*, Mannheim, 1861.

limites exprimées dans le tableau, sont celles applicables à des roues d'un bon effet et pas trop chères; les vitesses correspondent à un effet utile satisfaisant, sans être trop grandes; la dépense d'eau qui doit agir sur la roue dans une seconde est fonction de l'effet utile et de la chute; enfin, le rendement qui correspond à la relation entre l'effet utile et l'effet absolu, s'applique aux roues d'un usage courant, bien établies.

Sous le rapport de la construction, les roues se distinguent suivant qu'elles sont à bras rigides, avec ou sans anneau denté qui transmet la force aux organes de transmission; à tiges en fer forgé avec anneau denté, fixé à la couronne; ou enfin avec deux anneaux dentés, un de chaque côté, pour de grandes largeurs et de grandes forces.

*Roues pendantes.* — Les roues pendantes employées dans les moulins à nef, ou moulins sur bateaux, amarrés dans les rivières, sont utilisées parfois comme moteurs, pour actionner des roues à godets, des vis et des chapelets.

Leur diamètre est de 4 à 5 mètres et les aubes ont le quart ou le cinquième du rayon de la roue, pour une largeur de 2 à 5 mètres. Ces aubes sont le plus souvent planes et dirigées suivant les rayons. En les inclinant légèrement, on augmente leur effet utile qui ne dépasse guère 0,32; on trouve également avantage à donner de la concavité aux aubes du côté où l'eau les frappe. Les roues pendantes n'exigent à la circonférence qu'une très faible vitesse, environ le tiers de celle de l'eau à la surface du cours d'eau. Qu'elles soient montées sur pilotis en bois, ou en maçonnerie, elles doivent être très solides pour résister aux secousses irrégulières des courants.

*Roues motrices.* — Ce que nous avons déjà dit des roues qui servent à élever l'eau par elles-mêmes, ou par

TABLEAU LXI. — *Roues hydrauliques (données principales).*

| | RAYON DES ROUES. | VITESSE à la CIRCONFÉRENCE DES ROUES. | DÉPENSE D'EAU $\dfrac{Nn}{H}$ (1). | RENDEMENT $Nn$. |
|---|---|---|---|---|
| | mètres. | mètres. | m. cubes. | chev. - vap. |
| Roue en dessous. | 2.3 à 3.5 | » | 0.21 à 0.25 | 0.30 à 0.35 |
| Roue avec coursier à contre-courbe.. | 1.5 à 2.5 | 2 | 0.175 à 0.187 | 0.40 à 0.50 |
| Roue Poncelet. | 2 H | » | 0.115 à 0.125 | 0.60 à 0.65 |
| Roue à palettes avec vanne à déversoir | 1.25 à 1.5 | 1.4 | » | » |
| Roue à palettes avec vanne à coulisses. | H | 1.6 | 0.105 à 0.115 | 0.65 à 0.70 |
| Roue à augets avec vanne à coulisses. | 2/3 H | 1.5 | 0.107 à 0.125 | 0.60 à 0.70 |
| Roue en dessus pour des chutes de 3 à 5 mètres. | » | 1.3 à 1.5 | 0.125 à 0.150 | 0.50 à 0.60 |
| Roue en dessus pour des chutes au-dessus de 5 mètres | » | 1.5 | 0.100 à 0.122 | 0.60 à 0.75 |

(1) Les chiffres de dépense d'eau sont des coefficients qui multiplient le quotient de l'effet utile en chevaux-vapeur N n par la chute H.

l'entremise de moteurs, nous dispense de décrire les autres appareils en dessus et de côté, employés pour faire mouvoir les machines irrigatoires.

La grande diversité des circonstances locales ne permet pas d'assigner une valeur à la force de l'eau ; de toutes manières, on peut retenir que lorsqu'on n'est pas obligé d'en payer trop cher la jouissance, l'eau fournit le travail mécanique le plus économique. En admettant, en effet, qu'un moteur hydraulique, bien exécuté, coûte le prix élevé de 1,000 francs par force de cheval, entre 5 et 10 chevaux ; ce qui représente pour intérêt et amortissement 120 francs par an ; s'il travaille 250 jours par an, la force par cheval et par jour reviendra à 0 fr. 48, et pour une journée de 12 heures, les 1,000 kilogrammètres coûteront 0 fr. 0007. Pour un travail de 50 jours seulement, la journée de travail coûtant 2 fr. 40, les 1,000 kilogrammètres reviendront à 0 fr. 0001.

Un avantage des moteurs hydrauliques, précieux pour les irrigations, consiste ainsi dans le bas prix de leur travail, même au cas d'un petit nombre de jours par an, mais encore importe-t-il qu'il y ait assez d'eau à l'étiage pendant l'époque des arrosages ; autrement, il faut les combiner avec des réservoirs pour emmagasiner l'eau que la roue montera dans le temps où l'on n'arrose pas.

Les éléments sont bien trop variables pour qu'il soit possible de calculer le prix du mètre cube d'eau qu'élève une roue hydraulique, ou une turbine. Chaque cas est un cas particulier, et les moyennes, qui varient aussi bien comme valeur absolue que comme valeur relative, n'ont aucune portée pratique. Nous croyons plus utile d'indiquer quelques applications de moteurs hydrauliques aux machines irrigatoires.

### Applications des moteurs hydrauliques.

**Pompe aspirante et foulante**. — Le domaine des Crémades, situé sur la commune d'Orange, offre un bon exemple d'une irrigation moyenne à l'aide des pompes.

La rivière Meyne débitant à l'étiage 600 litres par seconde, un barrage a été établi au point le plus bas du domaine, dans le but de créer une chute de 1m,50 qui fait marcher une roue de côté Sagebien, fournissant une force motrice de trois chevaux-vapeur. A l'aide de ce moteur fonctionne une pompe horizontale Rossin, qui élève les eaux d'une source souterraine abondante située à 2m,50 au-dessous du sol.

Les figures 170 et 171 montrent en élévation et en coupe l'installation de la pompe attelée à la roue hydraulique et la coupe de la pompe, dans laquelle

A représente le tuyau de refoulement;
B, le tuyau d'aspiration;
C, C, C, C, les clapets;
C', la cloche d'air;
D D, D, D, les autoclaves;
E, le presse-étoupe;
G, la glissière;
P, le piston;
T, la tige du piston.

Cette pompe élève 20 litres d'eau par seconde à 3m,80 au-dessus du niveau de la source, pour qu'elle puisse gagner par un aqueduc de 250 mètres de longueur, un bassin de 1,500 mètres cubes de capacité. Le canal bétonné qui amène l'eau au bassin repose sur une maçonnerie en arcades.

Le compte de l'établissement du système hydraulique ainsi établi, qui permet de soumettre tous les 12 ou

15 jours à l'irrigation, les pièces en cultures arrosables, a été (1) :

|                                              | francs |
|----------------------------------------------|--------|
| Pour la roue hydraulique et la pompe de..... | 3.300  |
| Pour l'aqueduc............................... | 1.100  |
| Pour le bassin............................... | 1.400  |
| Total....................................... | 5.800  |

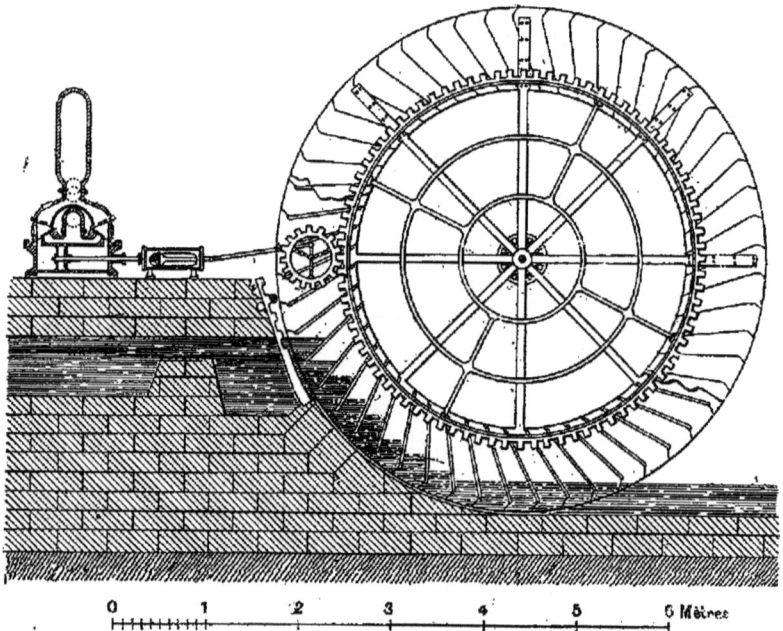

FIG. 170. — ROUE ET POMPE D'IRRIGATION A ORANGE (DOMAINE DES CRÉMADES).

**Pompe spirale.** — Le domaine de Mousquety, situé sur la commune de l'Isle, offre une autre application non moins intéressante d'appareils utilisés directement pour l'irrigation.

Le système d'élévation de l'eau se compose d'une roue

(1) Barral, *les Irrigations dans le Vaucluse*, 1877, p. 179.

à augets de 6ᵐ,30 de diamètre, fonctionnant sous une chute de 4ᵐ,30, qui peut être portée à 6ᵐ,50 au moyen d'un petit pont passant sous le canal du domaine et versant l'eau de la roue dans la Sorgue. Deux sources, des Garrigues et du Sous-Vivier, débitant 75 litres environ par seconde, alimentent en partie le bassin-réser-

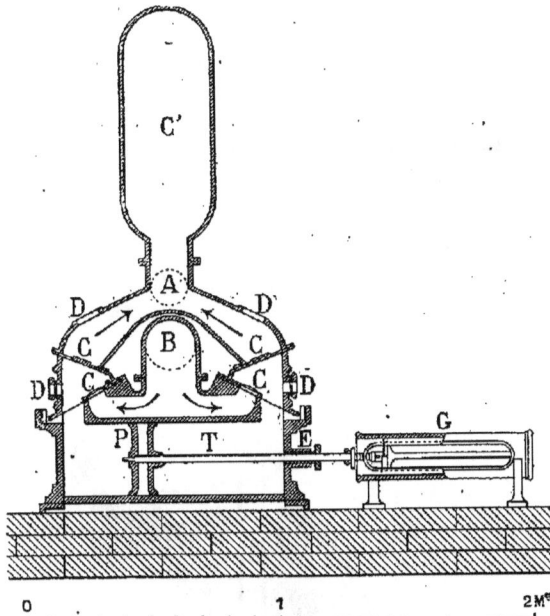

FIG. 171. — COUPE DE LA POMPE (DOMAINE DES CRÉMADES).

voir dans lequel une pompe spirale, actionnée par la roue, refoule de son côté l'eau prise au-dessus de la chute. Le rendement théorique de la pompe spirale est de 7 litres par seconde, mais elle n'élève effectivement que 5 litres lorsque la vitesse est à son maximum.

La figure 172 montre en coupe le système élévatoire appliqué à Mousquety; on y voit la roue hydraulique, la pompe et les tuyaux d'ascension de l'eau jusqu'au bassin d'arrosage.

Les frais d'établissement de cette installation ont été les suivants (1) :

### Machine élévatoire.

|  | francs |
|---|---|
| Roue à augets et engrenage (forfait)...... | 1.600 |
| Paliers, axe, pignon et trois supports.... | 500 |
| Pompe spirale en cuivre................. | 850 |
| Tuyaux d'ascension en poterie........... | 120 |
| Rigoles et maçonnerie .................. | 297 |

### Bassin d'arrosage.

|  |  |
|---|---|
| Fouille............................... | 500 |
| Maçonnerie........................... | 420 |
| Total ............................ | 4.287 |

Le détail de la boîte à étoupe de la pompe spirale de Mousquety a été donné figure 140.

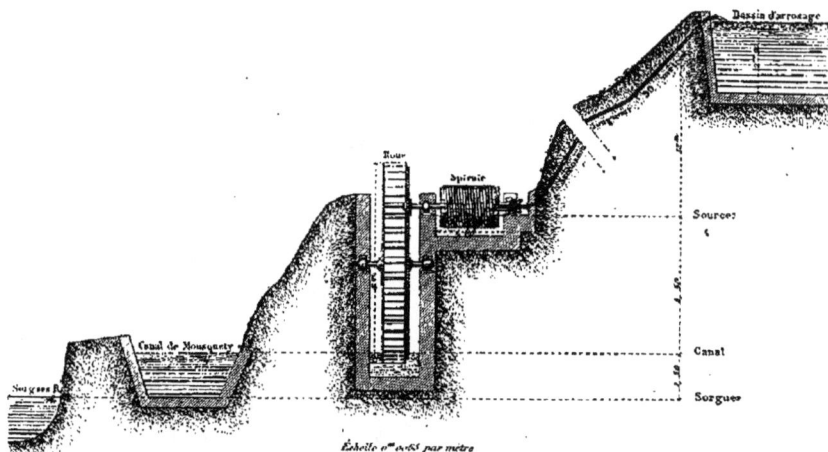

FIG. 172. — INSTALLATION POUR L'IRRIGATION DU DOMAINE DE MOUSQUETY, A L'ISLE.

**Roue et pompes** (*Angleterre*). — A Buscot Park, dans le comté de Gloucester, un éminent agriculteur, M. Campbell, n'a pas hésité, pour soumettre ses prairies

<hr>

(1) Barral, *loc. cit.*, p. 172.

de ray-grass à l'irrigation, à élever les eaux de la Tamise au point culminant du domaine, en établissant un barrage en travers du cours d'eau. Ce barrage fournit la chute nécessaire à une roue en dessous de grandes dimensions qui fait mouvoir trois pompes puissantes, refoulant l'eau par des conduites en fonte jusque dans un réservoir couvrant 10 hectares dans l'argile d'Oxford, sur une profondeur moyenne de 18 mètres. C'est de ce réservoir que partent les canaux et les rigoles d'arrosage. Une centaine d'hectares en ray-grass irrigué ont permis de réaliser par la plus-value donnée au bétail et par le nombre de moutons mis en élevage et à l'engrais, un revenu suffisant pour payer l'intérêt et l'amortissement du capital engagé dans les travaux d'irrigation (1).

### D. La vapeur.

Comme l'énonce de Gasparin (2) : « Quand on dispose « d'une grande quantité d'eau qui n'a point ou presque « point de chute, il faut bien se décider à l'élever à l'aide « de machines, et l'on a reconnu que dans certaines cir- « constances la force que l'on pouvait leur appliquer le « plus économiquement était celle de la vapeur. Ces cir- « constances sont : le bon marché du charbon et une ir- « rigation assez étendue, ou un réservoir assez abon- « dant, pour que les frais généraux soient réduits dans « une très forte proportion. »

Les autres avantages de l'emploi de la vapeur à l'irriga- tion, que signale Puvis, ne lui sont pas particuliers. « Les « machines à vapeur, dit-il, peuvent être construites à « tous les degrés de force pour les petits, comme pour

---

(1) Wrightson, *Agricultural drainage and Irrigation. Technical educa- tor*, t. II, p. 23.
(2) *Cours d'agriculture*, 4e édit., t. III, p. 305.

« les grands cours d'eau. Elles permettent de se dispen-
« ser des associations; l'eau est utilisée sur place, et
« n'est prélevée qu'au moment des besoins de la culture
« et dans la proportion voulue (1). » Les partages d'eau,
les pertes par infiltration, les demandes d'indemnité de
passage, dont dispensent les machines etc., s'appliquent
naturellement à une comparaison avec les canaux, mais
pas avec les autres moteurs.

**Choix du moteur.** — On ne saurait considérer
la vapeur comme une force économique pour fournir
d'une manière continue l'eau d'arrosage; mais quand on
en est réduit à l'employer, le choix pour le travail qu'on
demande, étant admis que le moteur est parfaitement
construit et en bons matériaux, doit se guider d'après
l'économie de combustible et des frais d'entretien. La
surface de la grille, la surface de chauffe et la consommation de charbon par heure et par force de cheval sont
les conditions les plus essentielles pour un travail de la
machine, fixé ou exprimé d'avance en chevaux-vapeur.

Supposant une bonne machine de 8 chevaux qui
brûle 3 kilogrammes de houille à 40 francs la tonne,
par heure et par cheval, les frais journaliers pendant
10 heures de travail effectif et par cheval seront les suivants :

|  | fr. |
|---|---|
| Chauffage : 3 k. × 10 h. = 30 k. à 40 fr. les 1.000 kil. | 1.20 |
| Mécanicien : 1/8 de journée à 4 francs................. | 0.50 |
| Graisse, huile, allumage, etc......................... | 0.25 |
| Total............................................... | 1.95 |

Supposant, en outre, que la machine ait été payée
1,050 fr. par force de cheval; ce qui représente comme
intérêt annuel à 5 pour 100, 52 fr. 50, et pour amortissement et entretien, évalués à 20 pour 100, 210 francs,

(1) *Journ. agric. pratique*, 1845-46, t. IX, p. 252.

en tout 262 fr. 50 par an ; si l'on divise ce chiffre par le nombre des journées de travail effectif et que l'on ajoute au quotient le prix des frais journaliers, comme plus haut, on trouvera que la dépense totale par jour et par cheval sera, pour 100 journées de travail, de 4 fr. 57 ; pour 200 journées de 3 fr. 26 ; pour 300 journées de 2 fr. 82, et ainsi de suite.

Que l'on mette le prix de la houille à 50 francs au lieu de 40 fr. pour une machine brûlant 5 kilogrammes au lieu de 3, et la dépense totale journalière s'élèvera en conséquence de plus de 25 pour 100. Il est donc bien superflu d'assigner une valeur fixe de prix de revient aux kilogrammètres que fournit une machine à vapeur. En l'estimant pour 1,000 kilogrammètres à 0 fr. 0015 dans les conditions ordinaires, on ne définit pas les conditions qui peuvent être normales ici, et tout à fait exceptionnelles ailleurs.

*Calcul du prix de revient.* — Un moyen d'évaluer le prix de revient de l'eau d'arrosage, élevée par une machine à vapeur, consiste à prendre un exemple applicable à une prairie de 25 hectares, soumise à l'irrigation.

La prairie étant située à 3 mètres au-dessus du niveau de la rivière, on veut lui donner 425 mètres cubes d'eau par hectare tous les dix jours. La machine motrice devant fournir en une journée de 10 heures, 59 litres, ou un travail utile de 236 kilogrammètres par seconde, qui suffise à l'arrosage de 5 hectares à la fois, et la machine élévatoire, suivant qu'on adopte une noria ou une pompe centrifuge, ayant un rendement pratique qui varie entre 80 et 40 pour 100, on voit que le moteur devra avoir la force de 4 à 8 chevaux. Si l'on réduit à 2 hectares et demi la surface arrosable à la fois, c'est-à-dire si l'on divise la prairie de 25 hectares en 10 parties égales, et que l'on arrose une parcelle par jour, la machine à vapeur pourra n'avoir que 2 à 4 chevaux de force. Le compte de frais s'établit de la manière suivante (1) :

*Installation.*

| | francs |
|---|---|
| Machine mi-fixe à condensation, de 5 chevaux..... | 5.500 |
| Pompe centrifuge débitant de 30 à 50 litres, par seconde................................................... | 1.300 |
| Accessoires de pompe, tuyaux, etc............... | 100 |
| Hangar, réservoir, canal, etc.................... | 600 |
| Total ......................................... | 7.500 |

soit pour 25 hectares, 300 francs par hectare.

*Frais annuels.*

| | fr. |
|---|---|
| Intérêt du capital, amortissement; entretien; ensemble 12,5 pour 100.................... | 37.20 |
| Chauffeur (130 jours à 3 francs)............... | 540.00 |
| Houille (22 tonnes à 45 francs).............. | 990.00 |
| Total..................................... | 1.567.20 |

soit 62 fr. 70 environ par hectare de prairie; au lieu de 92 francs que comptait de Gasparin pour une quantité de 10,000 mètres cubes élevés, il est vrai, à 4 mètres.

D'après la formule qui donne le moyen de calculer en chevaux-vapeur la force effective d'une pompe élévatoire (2), une locomobile de 10 chevaux effectifs peut élever à 10 mètres 60 litres par seconde, correspondant au volume de l'exemple choisi plus haut, mais en

_____

(1) Grandvoinnet, *Journ. Agric. pratique*, 1868, t. II.

(2) La formule étant $N = \dfrac{m\,Q\,1000\,h}{75}$, si on fait $m = 1,25$, on a

$$Q = 0,06\,\frac{N}{h}$$

d'où une locomobile de 10 chevaux effectifs peut élever par seconde

$$Q = \frac{0,06 \times 10}{h} = \frac{0,6}{h} \text{ m. cubes}$$

et si $h = 10$ mètres, on obtient $Q = 60$ litres.

admettant seulement une valeur de 1,25 pour le coefficient du travail de la pompe, et une hauteur de 10 au lieu de 3 mètres.

Nous nous abstiendrons de décrire ou d'indiquer aucun moteur à vapeur, parmi les centaines de types que fournit l'industrie. On est à peu près sûr aujourd'hui de trouver partout, à des prix modérés, de bonnes machines fixes, demi-fixes ou locomobiles. Dans l'embarras du choix, il convient de ne pas perdre de vue que, pour les machines employées à l'irrigation, leur activité ne dure que pendant quelques semaines dans l'année, et que l'économie de quelques hectolitres de charbon ne saurait justifier le sacrifice de machines et d'installations simples, appropriées aux mécaniciens et aux ouvriers de campagne. Dans les grands établissements qui fonctionnent la plus grande partie de l'année, les systèmes ingénieux de détente, de régulateur de vapeur, etc., sont plus que recommandables; ils ont moins d'intérêt pour les irrigations particulières qui veulent avant tout la simplicité des moteurs et des machines.

Nous donnons ci-après quelques exemples d'application de la machine à vapeur aux appareils élévatoires des systèmes variés qui ont été déjà signalés.

#### Applications des machines à vapeur.

*a*. **Angleterre**. — Dans les desséchements des marais (*fens*) du Lincolnshire, des appareils d'épuisement fonctionnent, comme en Hollande, avec des roues à palettes qu'actionnent des machines à vapeur d'une force de 80 et 100 chevaux.

*Roues*. — Dans l'île d'Ely, sur la digue de Little-Port, une roue de 12<sup>m</sup>,20 de diamètre est mue par une machine à vapeur de 80 chevaux, installée par Glynn. Au marais Deeping, près de Spalding, qui couvre plus de 10,000 hectares, l'épuisement est assuré par deux machines de 80 et de 60 chevaux. La machine de 80 chevaux met en mouvement, avec une vitesse moyenne de 1$^m$,85 par seconde, une roue de 8$^m$,60 de diamètre, dont les palettes mesurent 1$^m$,52 sur 1$^m$,67, qui débite 4,5 tonnes par seconde, à la hauteur de 1$^m$,50.

Sur la digue de la rivière Old Bedford qui débouche dans l'Ouse, une machine de 60 chevaux donne le mouvement à une roue de 9$^m$,76, avec palettes de 0$^m$,93 de largeur, faisant 3 tours et demi par minute et drainant 3,510 hectares. Le coût du combustible représente 1 fr.73 par hectare. Un peu plus loin sur la même digue, pour une roue de 9$^m$,76 également, qui draine 4,108 hectares, le coût de l'épuisement est de 1 fr.,85 par hectare.

Les machines qui mettent en mouvement ces roues ont trois bouilleurs, dont un de rechange : chaque bouilleur est de 30 chevaux pour une machine de 40 ; leur prix, tous accessoires compris, est de 2,500 francs environ par force de cheval (1).

La figure 173 montre la coupe de la digue de Loch Foyle et l'installation de la roue d'élévation, toute en fer, de 5$^m$,50 de diamètre, telle que Gibbs l'a exécutée.

Les pompes à vapeur, depuis ces installations, ont remplacé avec plus d'efficacité comme rendement, plus de régularité et d'économie, les roues à palettes et les écope s.

*Ecopes.* — La figure 174 représente l'écope mue par une machine à vapeur que W. Fairbairn avait installée pour les desséchements des mêmes marais du Lincolnshire. L'écope A tourne autour d'un tourillon B

(1) Andrews, *On agricultural engineering*, 1853, t. III, p. 9.

placé sur la digue C du canal I dans lequel l'eau de la tranchée ou du collecteur J doit être élevée et déversée. Par son autre extrémité, l'écope est réunie en D à la bielle E du balancier F de la machine à vapeur, qui pivote en G sur un bâti de fondation H. Grâce à son mouvement alternatif, le balancier fait descendre l'écope au-dessous du niveau de l'eau de la tranchée, où elle se remplit par le clapet K, et la relève, pour qu'elle déverse son contenu par le bec en B. La longueur donnée à la bielle permet,

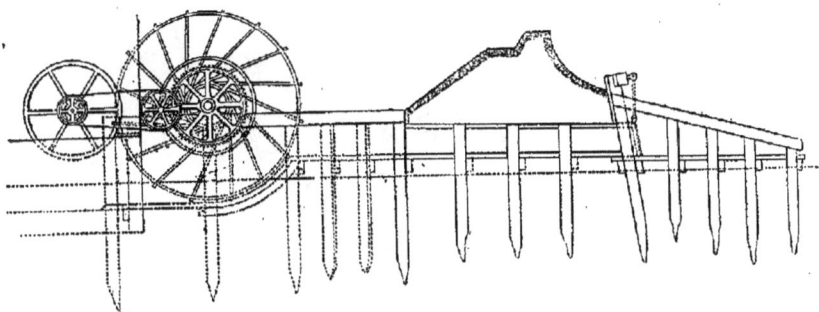

FIG. 173. — ROUE ET ÉCOPE A VAPEUR DE LA DIGUE DE LOCH FOYLE.

pour une même course du cylindre, de faire varier la profondeur à laquelle l'écope plonge dans la tranchée. L'écope Fairbairn, d'une longueur de $7^m,62$ sur $9^m,5$ de largeur, est pourvue d'une cloison longitudinale qui donne de la résistance aux parois et un appui aux clapets ; elle est établie en tôle de chaudière.

La machine a été calculée pour élever 17 mètres cubes d'eau par coup de piston, avec une force de 60 chevaux-vapeur consommant $1^k,30$ de charbon par cheval et par heure (1).

 *b.* **Hollande.** — Les pompes ordinaires, aspirantes et foulantes, à tige horizontale, ont été appliquées avec peu

(1) Dempsey, *Drainage of districts and lands*, 1854, p. 79.

de succés en Hollande pour des différences de niveau plus ou moins considérables; leur partie faible réside dans les clapets qui ne résistent pas assez longtemps aux eaux troubles. Aussi, malgré leur effet utile, n'ont-elles pas supplanté, dans les grands desséchements qu'offre la contrée, les roues à aubes ou les pompes centrifuges.

Les pompes aspirantes ordinaires, à fort rendement, ont rendu toutefois des services exceptionnels dans le cas de l'épuisement du lac de Haarlem, qui représente la plus

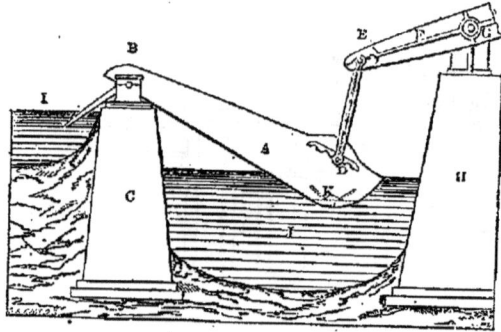

Fig. 174. — ÉCOPE A VAPEUR, SYSTÈME FAIRBAIRN.

grande entreprise de desséchement de ce siècle, pour laquelle il a fallu enlever 880 millions de mètres cubes d'eau.

Sur une superficie immense de 18,154 hectares à dessécher, bordée par un canal de ceinture de 59 kilomètres et demi, l'épuisement s'est opéré à l'aide de trois machines à vapeur actionnant des pompes à piston, à savoir :

Le Leeghwater, placé aux étangs de Koog, avec onze pompes de $1^m,60$ de diamètre, et une course de piston de $2^m,85$. Les pistons donnent six coups par minute et élèvent l'eau, soit 6 mètres cubes par coup, à une hauteur moyenne de $4^m,50$. L'effet utile du Leeghwater a été évalué à 250 chevaux-vapeur (fig. 175);

Le Van Lynden, situé près des écluses de Halfweg;
Le Cruquius, installé près du Spaarne, avec huit

Fig. 175. — LE LEEGHWATER AU LAC DE HARLEM.

pompes de 1$^m$,85 de diamètre, ayant une course de piston de 2$^m$,85. Le nombre des coups de piston par minute est de 6 à 6 et demi. L'eau est élevée à la cote moyenne de 4$^m$,5o. Chaque pompe fournit par coup de piston 6,5 mètres cubes, et l'effet utile de la machine est évalué à 285 chevaux-vapeur (1).

La figure 176 représente la coupe d'une des pompes d'aspiration de la machine Cruquius.

C'est également par deux pompes horizontales, aspirantes et foulantes, à double effet, mues par une machine à vapeur, que les eaux du canal de ceinture du polder Prince-Alexandre (Rotterdam) sont élevées et déversées dans la nouvelle Meuse.

Ces pompes ont un diamètre de $1^m,65$ et une course de piston de 2 mètres; elles élèvent les eaux à $3^m,30$ de hauteur, correspondant à $1^m,50$ au-dessus de l'étiage moyen, soit à $0^m,50$ au-dessus des marées.

### Applications des pompes centrifuges à vapeur.

**Pompes Appold.** — Les figures 177 et 178 représentent en coupe l'installation d'une pompe Appold avec machines conjuguées de 40 chevaux, pour l'épuisement des eaux sur la plantation Anna-Regina, à Demerara (Guyane anglaise). En raison de la difficulté de construire des fondations assez solides en terrain humide, la pompe, avec arbre vertical, est placée dans un bâti en fonte sur le cadre duquel les machines à haute pression et à condensation donnent le mouvement par un volant engrenant dans un pignon denté. La pompe de $1^m,40$ de diamètre, pour une course de piston de $1^m,83$ et 124 tours par minute, correspondant à 53 tours des machines, élève 187 mètres cubes d'eau par minute, à $2^m,15$ de hauteur. D'après les essais faits par Clark, assisté de l'ingénieur Neville (2), le tra-

(1) Van Kerkwijk, *les Travaux publics dans les Pays-Bas*, la Haye, 1878 p. 169.
(2) Clark, *The Exhibited machinery*, 1862, p. 377.

vail utile a été évalué à 90 chevaux, égal à 81 pour 100 de la force dépensée.

Employée au desséchement des étangs de Schieband, à

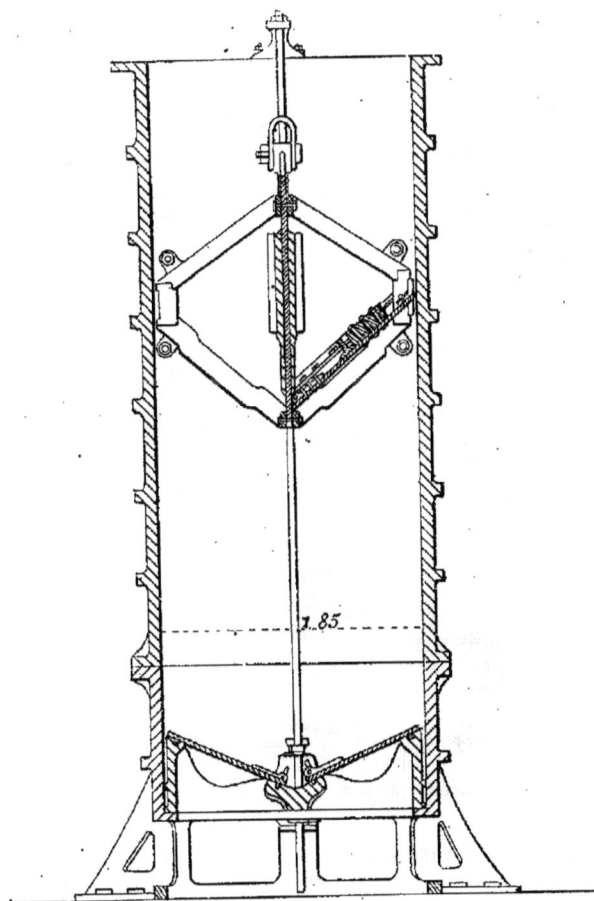

Fig. 176. — Pompe d'aspiration de la machine Cruquius,
(lac de Harlem) ; coupe verticale.

l'est de Rotterdam, pour le polder Prince-Alexandre, la pompe Appold faisant 70 à 72 révolutions, épuise 50 mètres cubes par minute.

**Pompes Gwynne**. — Pour éviter la perte de force

qui résulte de l'emploi d'engrenages ou de courroies, et de machines locomobiles, fixes ou autres, dont la destination n'est pas spéciale pour la mise en mouvement des pompes à grande vitesse, bon nombre d'appareils Gwynne portent leur propre machine, à ac-

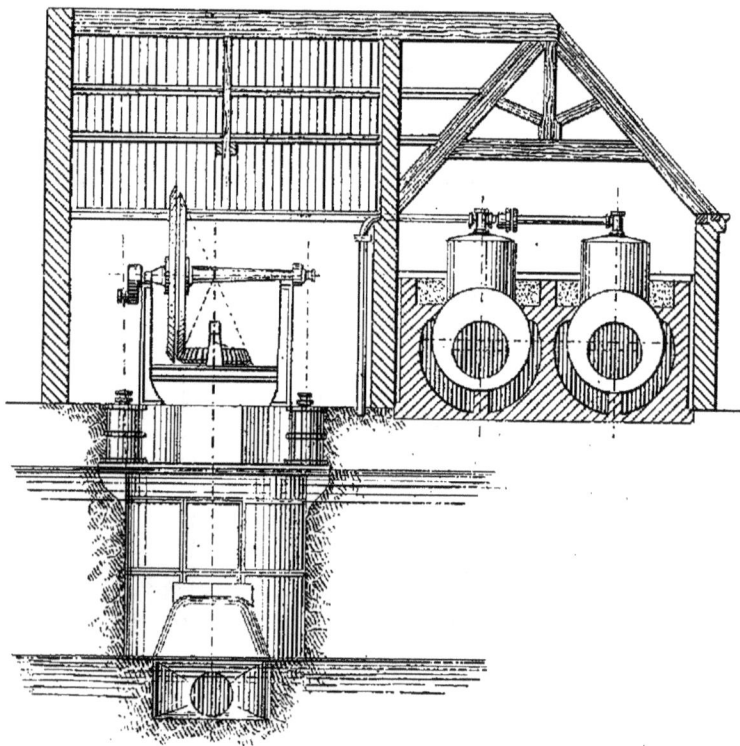

FIG. 177. — POMPE A VAPEUR APPOLD POUR DRAINAGE ET IRRIGATIONS, INSTALLÉE A DEMERARA; COUPE LONGITUDINALE.

tion directe. Cette machine à haute pression est pourvue de tiroirs à vapeur de dimensions telles qu'avec des vitesses de 300 et 350 tours par minute, l'échappement s'effectue sous une pression presque nulle.

En général, pour les irrigations à petite hauteur, la pompe Gwynne est attelée à une locomobile à vapeur

que l'on place et que l'on déplace en un point quelconque
de la berge du canal ou de la rivière. Les figures 179 et
180 montrent cette disposition.

Comme coût de l'installation d'une pompe Gwynne

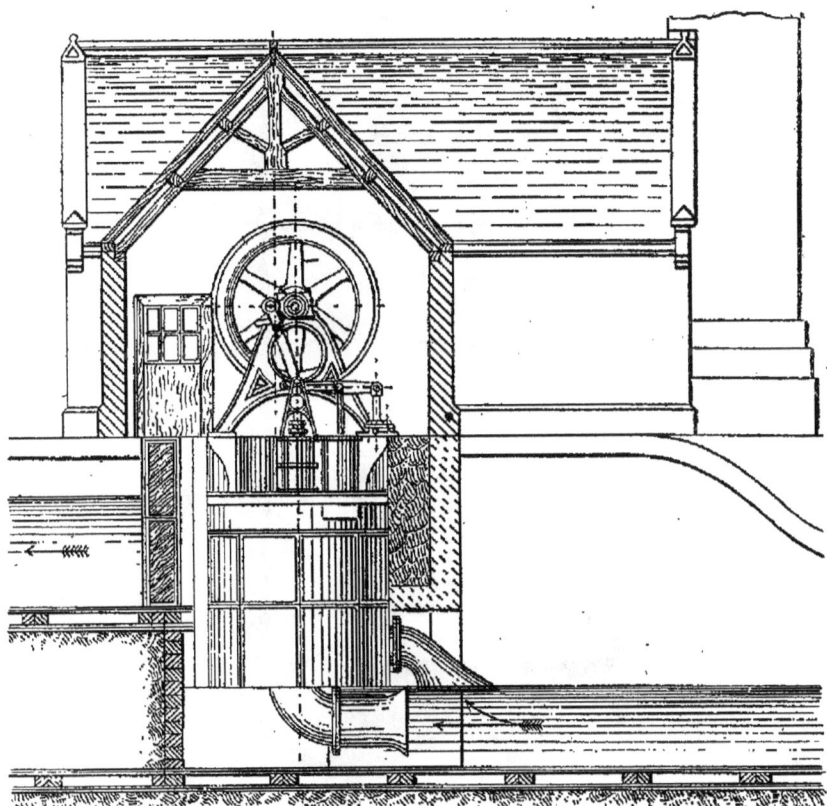

FIG. 178. — POMPE A VAPEUR APPOLD; COUPE TRANSVERSALE.

dans ces conditions, fournissant 50 litres par seconde,
on devra compter, pour chaque mètre d'élévation, sur
une force de 1,20 cheval-vapeur. Si l'on veut élever l'eau
à 5 mètres, la vitesse de rotation sera de 600 tours par
minute. Une pompe avec clapet de pied, un tuyau-cône,
des tuyaux de 2 mètres, de 1 mètre, de 0^m,50, des coudes,

des joints et boulons, représente 2,700 francs environ.

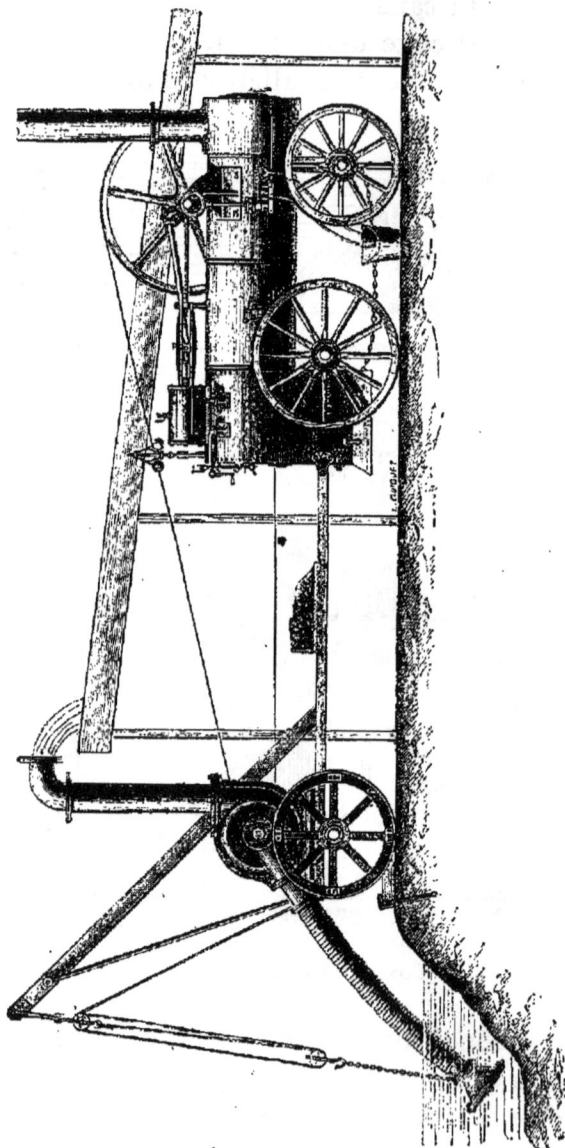

FIG. 179. — POMPE GWYNNE ET LOCOMOBILE EN SERVICE POUR L'IRRIGATION.

A ce prix devra être joint le coût d'une locomobile à vapeur qui peut être évalué entre 800 et 900 francs par cheval-vapeur nominal. La dépense de combustible est aujourd'hui comprise entre 1 et 2 kilogr. de houille par force de cheval et par heure ; mais dans beaucoup de localités on brûle des lignites, de la tourbe, du bois et même de la paille.

Dans la ferme de Masny (Nord), une pompe Gwynne, conduite par une locomobile qui consommait 4 hectolitres de houille en 12 heures, permettait d'irriguer à fond

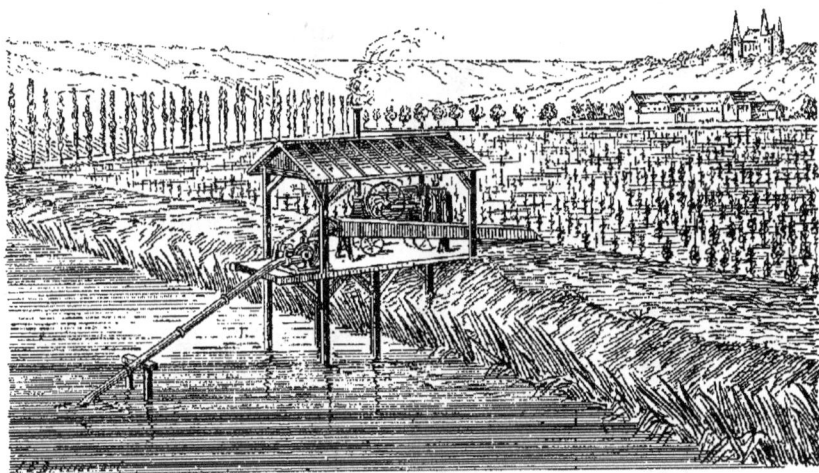

Fig. 180. — Pompe centrifuge avec locomobile installée pour la submersion des vignes.

un hectare pendant ce temps. L'épaisseur de la nappe d'irrigation étant de 0$^m$,10 en moyenne, correspondant à 1,000 mètres cubes par hectare, la pompe centrifuge élevait par heure 843 hectolitres d'eau d'une hauteur moyenne de 7 mètres (1).

Les avantages de la pompe Gwynne peuvent se résumer de la manière suivante : elle débite moyennement 75 pour 100 de la force employée, en jet continu, sans

(1) Barral, *Journ. agric. pratique*, 1866, t. II.

avoir besoin de récipient d'air. Son mouvement de rotation est très doux, sans clapets, ni excentriques; sa
construction simple et solide exige à peine de travaux de
fondations; enfin, elle peut
aspirer, sans risque de réparations ou de frais d'entretien, les eaux limoneuses.

Pour l'appliquer aux puits
ordinaires, il faut disposer à
une certaine profondeur un
disque en fonte, formant une
cloison étanche (fig. 181),
sur lequel on fixe le clapet
de pied de la pompe qui
sert de soupape de sûreté.
Quand la pompe est chargée
et mise en mouvement, l'air
contenu dans la chambre du
puits est promptement aspiré
et la capacité au-dessous
du clapet de pied étant pré-
servée de la pression atmosphérique, un vide partiel
s'établit. L'eau est alors refoulée de bas en haut avec
une rapidité croissante, par
l'effet du vide et de la pression de l'air qui agit dans

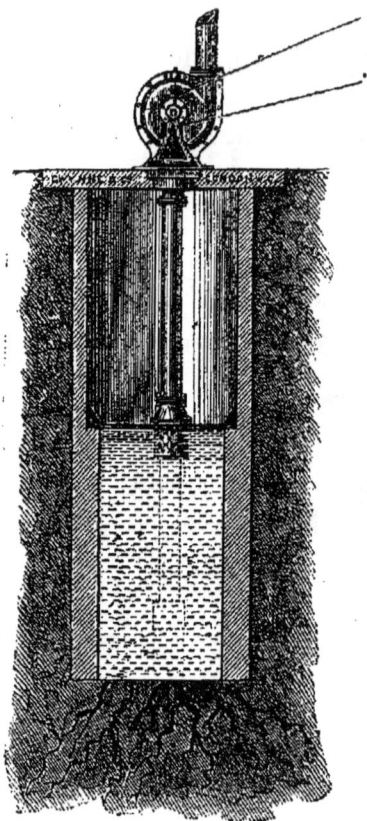

IG. 181. — INSTALLATION SUR UN
PUITS D'UNE POMPE GWYNNE.

le même sens que l'eau montant dans le tuyau d'aspiration.

Ce mode d'épuisement qui supprime complètement le
travail d'aspiration, a l'avantage de mettre à découvert
les fissures des puits et d'augmenter ainsi leur débit
normal.

## Pompes Neut et Dumont. — Nous représentons

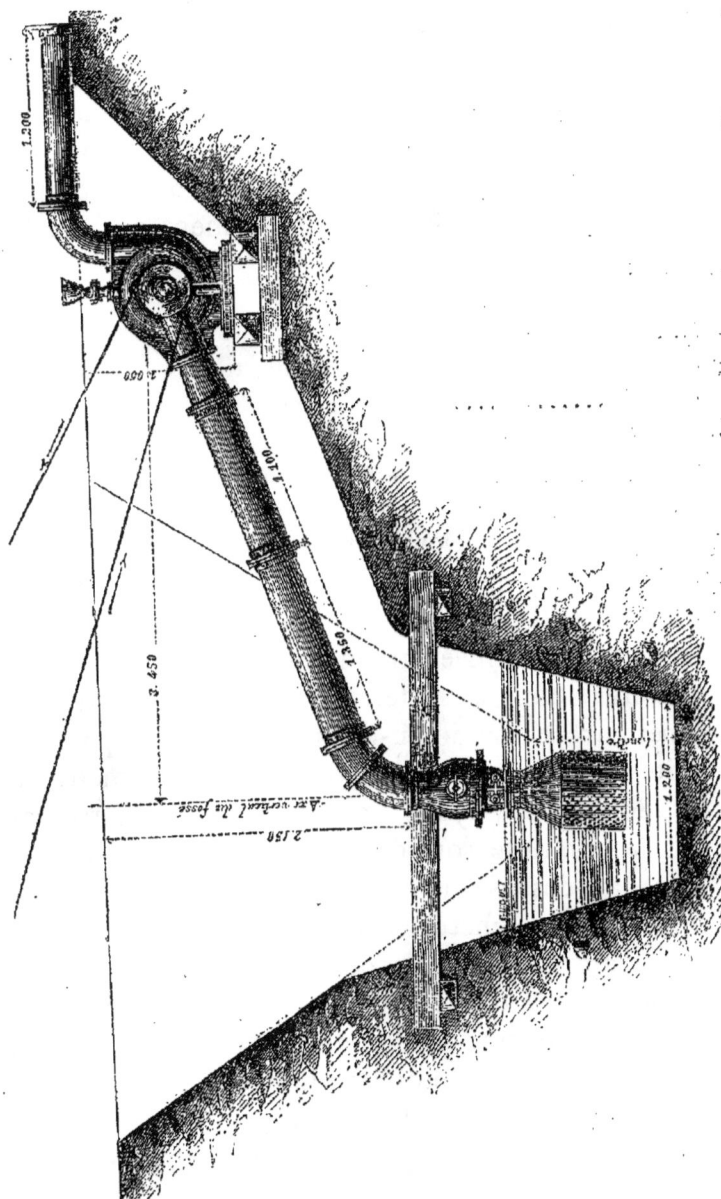

FIG. 182. — INSTALLATION D'UNE POMPE NEUT ET DUMONT DANS UNE PRISE DU RHÔNE POUR IRRIGATIONS (CAMARGUE).

en parallèle (fig. 182) l'installation d'une pompe rotative

Neut et Dumont, dans une prise du Rhône, pour l'irrigation des domaines de l'Armellière, en Camargue.

La pompe délivre 100 litres d'eau à la seconde avec une élévation de 2$^m$,80; la machine, de la force de six chevaux, fournie par les ateliers Damey, consomme de 4 heures du matin à 7 heures du soir, de 220 à 250 kilogrammes de houille. Le travail utile de la pompe est de 62 pour 100. Les frais d'établissement ont été les suivants (1) :

|  | fr. |
|---|---|
| Locomobile de six chevaux...................... | 5.800 |
| Pompe rotative Neut et Dumont, tuyaux et pose compris........................................ | 3.500 |
| Baraque pour la machine....................... | 600 |
| Total........................................ | 9.900 |

*Vosges.* — A Dombrot-sur-Vair (arrondissement de Neufchâteau) dans les Vosges, l'irrigation de prairies se fait à l'aide d'eaux de rivière qu'élève une pompe Neut et Dumont, actionnée par une roue de moulin. La pompe, immergée dans la rivière, refoule l'eau jusqu'au niveau supérieur, à 10$^m$,60 au-dessus de l'étiage, par une conduite en tuyaux de grès, de 0$^m$,16 de diamètre, longue de 280 mètres, ayant coûté 6 francs le mètre courant. Sur la conduite sont établis trois regards; le premier à 4$^m$,20 au-dessus du bief d'aval; le second à 7$^m$,40; et le troisième à 10 mètres, pour permettre l'arrosage à flanc de coteau. Ces regards sont formés d'un tambour qui se ferme à l'aide d'une rondelle maintenue par une vis de pression, sous une plaque de fonte. On n'arrose qu'avec un regard ouvert; celui à 10 mètres donne 10 litres d'eau par seconde; celui à 7$^m$,40 donne 15 litres, et le plus bas situé donne 20 litres par seconde. A chaque regard cor-

(1) Barral, *les Irrigations des Bouches-du-Rhône*, 1876, p. 185.

respond un canal de distribution avec ses rigoles secondaires (1).

Les conditions générales d'emploi, malgré l'exemple de Dombrot-sur-Vair, n'en sont pas moins d'une hauteur de 5 mètres environ; il n'est pas nécessaire que la pompe soit dans le cours d'eau, ou sur le cours d'eau, puisque par aspiration le tuyau, épousant les sinuosités du sol, peut prendre l'eau à une certaine distance. Ainsi, le long des rives du Rhône, la pompe se place à l'abri de la digue; le tuyau, gravissant la digue, redescend de son sommet dans le fleuve. On évite par cela même le percement en aqueduc de la banquette.

*Bouches-du-Rhône.* — Au Mas de Vert, situé à quelques kilomètres d'Arles, dans le delta formé par la bifurcation du Rhône, la stagnation des eaux apportait un obstacle sérieux à l'exploitation rationnelle; mais en substituant aux anciens fossés des canaux d'assainissement dirigés vers le fleuve, le sol devint assez sec pour qu'il devînt nécessaire d'irriguer les luzernières. M. Maiffredy fit alors installer sur l'une des principales prises d'eau du canal de la Durance, quatre pompes, mises en mouvement par une locomobile de 6 chevaux de force. Ces pompes fournissant 200 litres d'eau par seconde, il suffit de 26 heures de travail continu pour imbiber le sol sur 4 hectares et demi, à $0^m,30$ de profondeur. Quand la prime d'honneur fut adjugée à M. Maiffredy, pour le département des Bouches-du-Rhône, 65 hectares de luzerne arrosés de la sorte, rendaient cinq coupes et parfois six, dignes de rivaliser avec celles si justement renommées de la plaine du Vistre (2).

**Submersion des vignes.** — Depuis que la sub-

---

(1) A. Boitel, *Herbages et prairies naturelles*, 1887, p. 528.
(2) Bonnemère, *Journ. agric. prat.*, 1861, t. II.

mersion des vignes a été mise à l'ordre du jour, comme un des remèdes les plus efficaces contre le phylloxera, de nombreuses applications se sont faites des pompes à vapeur pour amener aux vignes malades la masse d'eau nécessaire à l'asphyxie de l'insecte destructeur.

Quand la submersion a pu s'opérer avec des eaux limoneuses, les vignes étant jeunes et dans leur première vigueur, les résultats de la submersion sont demeurés satisfaisants pendant dix et douze années consécutives. Le sol portant une couche plus ou moins épaisse de sable, la submersion devient moins utile.

*Hérault.* — M. G. Bazille cite l'exemple d'un des grands propriétaires de l'Hérault, M. de Beauxhotes, qui a créé de toutes pièces, sur les bords du Vidourle, dans un sol riche et fertile, un vignoble s'étendant sur plusieurs centaines d'hectares, que les eaux de la rivière, élevées par de puissantes machines à vapeur, permettent de submerger. La récolte du domaine aurait atteint en 1887, trente-cinq mille hectolitres (1).

*Camargue.* — Dans la Camargue, la submersion des vignes s'est étendue depuis quelques années à une surface de plus de 2,000 hectares. Pour les propriétaires riverains du Rhône, l'arrosage emprunté aux eaux du fleuve, à l'aide de machines élévatoires (fig. 180), comporte pendant 60 jours une consommation moyenne de 15,000 mètres cubes par hectare. Pour ceux situés à l'intérieur, qui ne disposent que de l'eau des roubines et des canaux, fonctionnant pendant les crues du fleuve, la submersion est impossible à l'époque voulue.

L'association d'une des roubines, dite la Petite-Montlong, ne s'est pas moins reconstituée pour assurer la submersion de 1,500 hectares, en faisant construire un ap-

_____

(1) *Congrès national viticole de Mâcon*, 1888, p. 87.

pareil d'élévation mobile, qui consiste en trois machines à vapeur montées sur un bateau en fer, à formes mixtes, pouvant naviguer sur l'eau douce et sur la mer, le long de la côte. Deux des machines actionnent chacune une

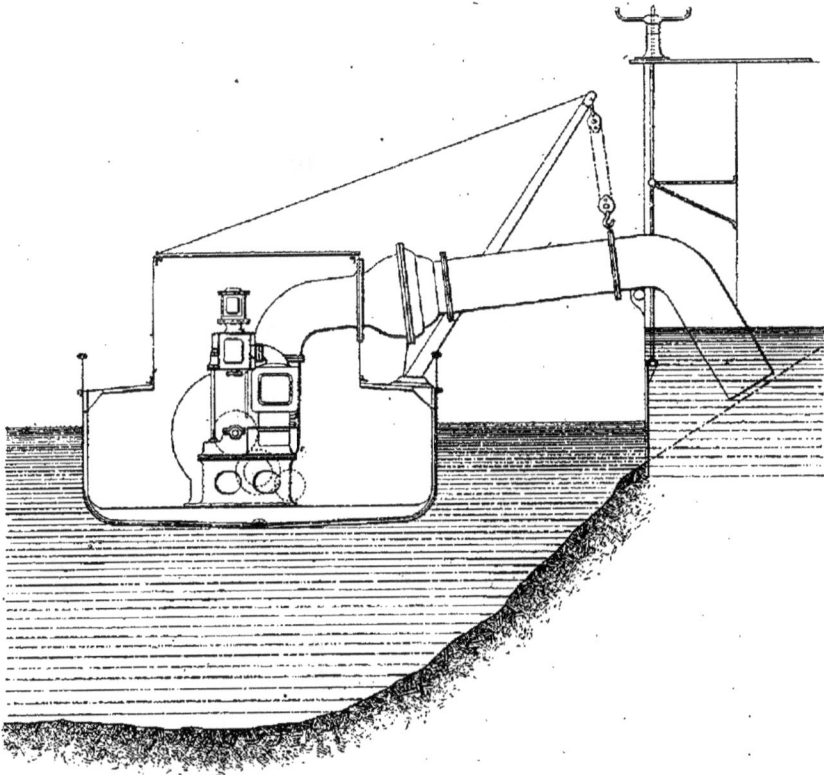

FIG. 183. — BATEAU DE LA ROUBINE PETITE-MONTLONG POUR ÉLÉVATION DES EAUX D'IRRIGATION.

pompe rotative, et la troisième fonctionne seulement en cas d'avarie, ou comme moteur de secours. Pour une force totale de 200 chevaux, les machines sont à condensation et à consommation réduite de combustible. Les pompes élèvent l'eau de 1$^m$,50 à 2 mètres suivant l'étiage du fleuve et débitent de 750 à 1,500 litres par se-

conde. L'appareil, ayant pourvu aux besoins de la roubine du syndicat, alimente successivement les autres
roubines qui ont un réservoir de tête (1). La figure 183
représente une coupe transversale du bateau de l'association (2).

## Applications en Californie.

**Puits tubés**. — Les puits tubés sur lesquels sont
établies les pompes pour l'irrigation, en Californie, consistent en cylindres de tôle galvanisée, de 3 à 5 milli-

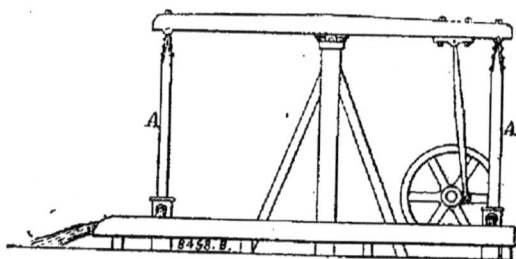

FIG. 184. — POMPES A VAPEUR SUR PUITS (CALIFORNIE).

mètres d'épaisseur, rivés en longueur et soudés bout à
bout. Ces cylindres ont de 0$^m$,15 à 0$^m$,35 de diamètre
et sont foncés de 30 à 60 mètres jusqu'à la nappe aquifère. L'eau s'élève à un niveau variable suivant les saisons. Les pompes sont disposées en conséquence à des
profondeurs différentes; le plus souvent deux par deux,
auquel cas, comme dans la figure 184, la distance entre
les deux pompes est de 3 à 6 mètres. Un balancier mû à
la machine commande alternativement la tige de chacune des pompes. Les tiges en bois ont comme section la

(1) *Journ. agric. pratique*, 1886, t. I.
(2) Ed. Markus, *Die bewässerungen in den dep. Bouches-du-Rhône und
Vaucluse*, Wien, 1886.

moitié de celle des tubes, de sorte qu'à chaque coup de

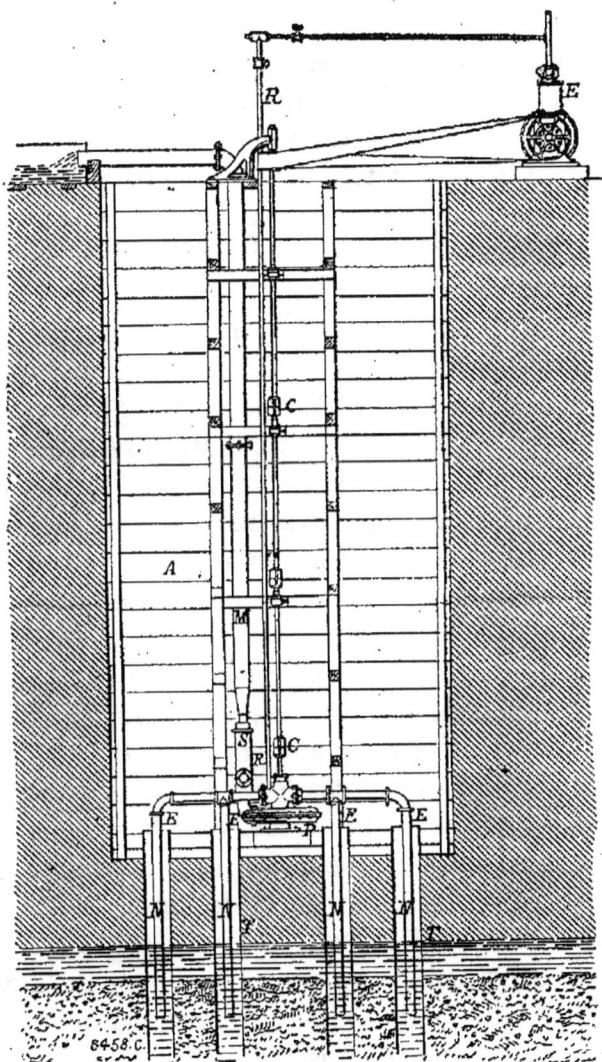

FIG. 185. — INSTALLATION DE POMPE A VAPEUR SUR PUITS TUBÉS;
COUPE DU PUITS CENTRAL (CALIFORNIE).

piston, la moitié de la capacité des tubes est élevée. Avec
un seul jeu de clapets, les pompes sont à double effet, la

charge étant égalisée entre le mouvement du piston ascendant et celui du piston à la descente. Le cylindre de la pompe est le plus souvent en bronze, ou en cuivre étiré. Le clapet de pied peut être relevé et remplacé du haut, après l'enlèvement de la tige et de la soupape.

Le prix des puits d'un diamètre de $0^m,18$ à $0^m,20$, compris le tubage en tôle galvanisée, jusqu'à une profondeur de 45 à 50 mètres, varie entre 16 fr. et 20 francs par mètre. Comme il n'est pas aisé de retirer les tubes, on les abandonne lorsqu'ils se sont engorgés et que les pompes ne peuvent plus fonctionner (1).

*Pompes rotatives.* — La destruction rapide des pistons et des soupapes des pompes aspirantes qui élèvent les eaux chargées de sable et de gravier des couches tertiaires, a nécessité d'ancienne date l'usage des pompes rotatives de tous les systèmes, surtout pour les profondeurs de 10 à 30 mètres et au delà.

Les pompes rotatives les plus communes, pour les élévations de 10 mètres, sont disposées au fond des puits rectangulaires, comme l'indique la figure 185. Ces puits sont fréquemment foncés jusqu'à 15 mètres; ils ont de 3 à 4 mètres de longueur et de $1^m,20$ à $1^m,50$ de largeur. Les parois sont bordées en bois de *sequoia*, qui résiste parfaitement dans l'eau. Au fond du puits, dans la couche aquifère, on pratique des forages en certain nombre jusqu'à 15 et 45 mètres, dans lesquels sont placés les tubes d'aspiration N, N, N, N, reliés par des coudes à la partie supérieure avec l'enveloppe de la pompe horizontale P. Cette pompe est mue par une tige verticale engagée dans des coussinets (fig. 186), qui supportent sur leur collier le poids de la tige et de la roue de la pompe. Les assemblages, en C, C (fig. 185), des bouts

(1) *Engineering*, 1887.

de tige (fig. 186), sont établis de façon à pouvoir être facilement lâchés ou enlevés. Le tube ascensionnel M est en tôle galvanisée, et d'une section deux ou trois fois plus grande que celle de l'orifice d'écoulement de la pompe. Le mouvement est donné à la tige de plusieurs manières. Dans l'installation que montre la figure 185, la machine à vapeur est installée en E, et par un tuyau d'échappement qui descend jusque dans le corps de pompe, la vapeur est amenée directement pour maintenir la pression. Parfois, au lieu de vapeur, on a recours à l'air comprimé; mais l'eau n'est jamais employée, les clapets de pied étant

FIG. 186. — POMPE A VAPEUR (CALIFORNIE); COUSSINETS DES POMPES ET ASSEMBLAGE DES TIGES.

immédiatement coupés par le sable et le gravier que les eaux entraînent avec elles.

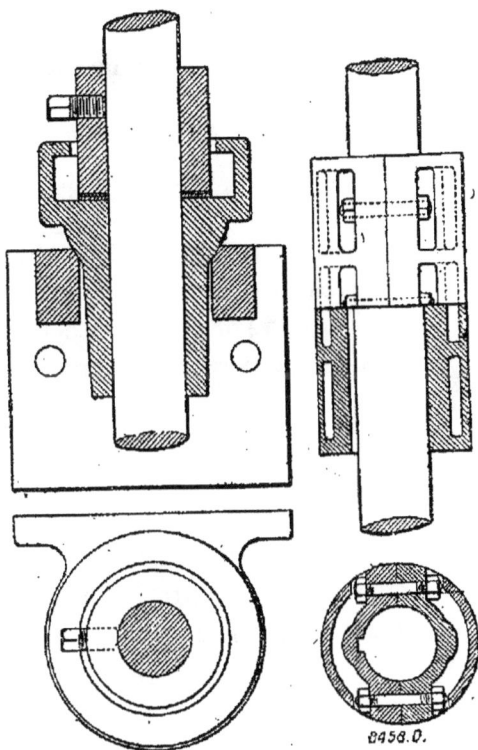

Les machines à vapeur à simple effet sont préférées; elles actionnent les pompes par des courroies appliquées au sommet de la tige. L'eau a été élevée d'une profondeur de $21^m,30$ au-dessous du niveau du sol, par une des pompes centrifuges, installées comme il vient d'être dit, marchant à 900 tours par minute, à raison de 4 mètres cubes et demi par heure. Le puits ayant une surface de 8 mètres carrés, la pompe était placée à la profondeur de 18 mètres (1).

### Applications en Égypte.

Dans ces dernières années, l'emploi de la vapeur comme force motrice pour les appareils d'irrigation, s'est beaucoup développé en Égypte, en raison du bon marché croissant des chaudières, des machines et des pompes centrifuges, faciles à transporter et à installer. On estimait qu'en 1882, la Basse-Égypte employait 2,500 machines à vapeur représentant une force totale de 25,000 chevaux.

L'installation la plus répandue comprend une locomobile, abritée sous un hangar ou une hutte, attelée à une pompe centrifuge qui puise dans le canal.

Pour une altitude moyenne, on évalue la dépense en charbon nécessaire à l'arrosage d'un hectare à 110 kilogrammes, ou en bois de cotonnier, à 290 kilogrammes. L'administration des domaines de l'État égyptien compte sur une dépense moyenne en charbon, huile, etc., de 3 fr. 56 par hectare arrosé; c'est-à-dire qu'à ce prix on élève les 700 à 800 mètres cubes que consomme l'arrosage d'un hectare.

Pour l'irrigation des plantations de canne à sucre dans la Haute-Égypte, où l'on ne peut cultiver qu'en élevant mécaniquement l'eau du Nil, la machine oscillante et la pompe rotative du système Greindl sont montées sur un chaland en fer, et le tuyau de refoulement s'élève, supporté par une sorte de beffroi, jusqu'à la hauteur

(1) J. Richards, *On irrigating machinery on the Pacific coast; Engineering*, 1887.

voulue au-dessus du niveau de la berge. Cette installation mobile a donné de bons résultats.

### III. — ALIMENTATION DES VILLES ET DES CANAUX.

#### a. Machines hydrauliques.

**1. France.** — Un certain nombre de villes sont alimentées par des machines hydrauliques; nous avons déjà signalé l'application de quatre roues-turbines, du système Girard, dans l'usine de Saint-Maur, près de Paris. Ces roues ont été également employées pour la ville d'Oran. Un exemple plus ancien est fourni pour l'alimentation de Versailles, par l'établissement de Marly, restauré en 1858, comportant l'installation de roues hydrauliques en rivière.

*Marly.* — L'établissement de Marly, grâce aux perfectionnements successifs dont il a été l'objet, offre un exemple intéressant de l'eau utilisée comme force motrice pour s'élever elle-même. Situé à l'extrémité du barrage sur la Seine, qui forme une retenue de 8 kilomètres de développement, le bâtiment, disposé pour contenir six roues, en renferme quatre, de 12 mètres de diamètre sur $4^m,5o$ d'épaisseur, emboîtées dans des coursiers en maçonnerie, recevant l'eau de côté et comprenant chacune 64 aubes planes. Les vannes qui alimentent les roues construites en tôle sont manœuvrées par un treuil dont le mouvement se communique par des engrenages aux crémaillères que portent les vannes. Chaque roue commande quatre pompes horizontales à piston plongeur et à simple effet, dont le diamètre est de $o^m,39$. Les conduites de refoulement communiquent avec des réservoirs d'air, destinés à régulariser la pression entre 16 et 17 atmosphères. Quand les eaux sont moyennes, les roues marchent facilement à la vitesse de 3 tours par minute; mais la vitesse moyenne de l'année est un peu inférieure à deux tours et demi. D'après les nombreuses expériences faites à diverses vitesses et sous des charges d'eau différentes, la quantité élevée par chaque roue varie entre 1,500 et 2,400 mètres cubes par jour.

L'effet utile des trois premières roues installées en 1858, si l'on tient compte des chômages, des crues et des réparations, a été trouvé de 5,600 mètres cubes d'eau, montés à 160 mètres, au réservoir des Deux-Portes, par chaque jour de l'année. La pose d'une quatrième roue en 1864 a permis d'assurer d'une manière normale le service de la consommation à 8,000 mètres cubes par jour.

Les conduites ascensionnelles en fonte, partant de la chambre des roues, montent jusqu'à l'aqueduc de Marly, qui a 600 mètres de longueur, le parcourent dans une cuvette et descendent par un siphon, pour remonter dans le réservoir qui alimente la ville et le château de Versailles.

La figure 187 représente la vue intérieure de l'établissement hydraulique de Marly (1).

*Paris.* — Lorsqu'il fut question en 1854-55 d'augmenter la distribution des eaux de la ville de Paris, Girard proposa d'utiliser la force que représente la chute d'eau du Pont-Neuf, à l'aide de turbines-hélices, à axe horizontal, qui marchent dans les hautes eaux en offrant un débit croissant malgré la diminution de la chute. Avec quatre turbines de 8 mètres de diamètre et une chute minimum de $0^m,40$, pendant une moyenne de 345 jours par an, faisant marcher des pompes aspirantes et foulantes à axe horizontal, il eût été possible d'élever 50,000 mètres cubes d'eau en 24 heures, à 45 mètres de hauteur

(1) E. Marzy, *l'Hydraulique*, 1871.

FIG. 187. — ROUES HYDRAULIQUES DE MARLY POUR LE SERVICE DES EAUX DE VERSAILLES.

moyenne au-dessus des hautes eaux ordinaires. L'établissement des machines dans le terre-plein du Pont-Neuf, qui occupe 60 mètres de longueur sur 16 mètres de largeur, eût coûté un million et demi de francs.

Quoi que l'on ait pensé alors de ce projet, comme complément de la canalisation des sources, il eût permis de remplacer avec profit les machines à vapeur par des moteurs n'exigeant aucune dépense de combustible, et d'élever une masse d'eau notablement plus forte et plus pure. Fort peu d'applications de machines hydrauliques ont été réalisées pour les canaux de navigation, aussi bien que d'irrigation. Un seul exemple en France est offert par le canal de l'Est.

*Canal de l'Est.* — Le canal de l'Est, destiné à rétablir sur le territoire français les voies navigables interceptées par la frontière de 1871, relie le canal de la Marne au Rhin, entre le bassin de la Meuse et celui de la Moselle, sans écluses, par le grand bief de Pagny (18 kilomètres). Ce bief de partage, situé à 148 mètres au-dessus de Givet et à 39 mètres au-dessus de Toul, dépend pour son alimentation de trois prises d'eau, avec machines élévatoires, installées sur la Moselle en amont de Toul. Ces trois groupes de machines représentent une force totale de plus de 600 chevaux et comprennent chacun deux turbines actionnant directement trois pompes doubles horizontales, à piston plongeur, du système Girard. C'est à l'ingénieur Callon que fut confiée l'exécution de cette usine hydraulique, à la suite du concours ouvert par l'administration des ponts et chaussées.

**2. Italie.** — Les canaux italiens n'offrent aussi qu'un seul exemple important de machines élévatoires portant les eaux à 42 mètres de hauteur, pour l'irrigation.

Sur le versant escarpé qui borde la vallée de la Dora Baltea, à 10 kilomètres en amont de Saluggia, trois terrasses sont desservies chacune par un canal creusé à mi-côte. Les trois canaux del Rotto, de Cigliano et d'Ivrea sont ainsi étagés à la cote de 3 mètres, de 10 mètres et de 31 mètres au-dessus du niveau de la Dora. A 19 mètres plus haut que le canal d'Ivrea, le vaste plateau qui couronne la berge se trouvant privé de toute irrigation, un syndicat se constitua dans le but d'y élever les eaux.

Un volume de 700 litres d'eau par seconde, pris au canal d'Ivrea et conduit 20 mètres plus bas jusqu'au bord du canal de Cigliano, est refoulé à la côte de 42 mètres pour atteindre le niveau du plateau, par huit pompes qu'actionnent quatre turbines Girard recevant une chute de 6m,50. L'eau du canal de Cigliano passant au canal inférieur del Rotto fournit cette chute.

Chaque turbine de 4m,10 de diamètre extérieur fait mouvoir deux pompes à l'aide d'une seule manivelle.

D'après les conditions du marché passé avec les constructeurs Roy et Cie, de Vevey, pour l'utilisation en principe de 1,230 litres d'eau par seconde, élevés à 22 mètres, le prix des machines fut convenu de 230,000 francs; celui des installations de 300,000 francs, et les constructeurs s'engageaient pendant dix ans, moyennant 8,000 francs par an, à maintenir, puis à laisser l'usine en état.

Les pompes, travaillant sous une charge de 20 mètres, ont mal fonctionné dès le début et exigé de nombreuses modifications quant au jeu des soupapes. De plus, elles avaient été exécutées pour un volume total à soulever de 1,230 litres, tandis que ce volume se trouva réduit à 700 litres par seconde. Les turbines, qui devaient marcher à une vitesse de 30 tours à la minute, ne purent travailler qu'à 12 ou 15 tours, au détriment du débit. Les perfectionnements apportés depuis aux clapets, grâce à l'établissement de chambres d'air, etc., ont permis d'atteindre le débit primitivement fixé à 1,230 litres (1).

La dépense totale de l'installation représente 700,000 fr.; celle des réparations 100,000 francs; enfin, il est payé annuellement au gouvernement pour l'eau d'irrigation une redevance de 5,000 francs par mètre cube.

### b. Machines à vapeur.

Les machines à vapeur actionnant des pompes de divers systèmes alimentent depuis longtemps des villes très importantes, pour le service privé et municipal. Aussi bien à Londres où les six compagnies des eaux recourent aux machines, qu'à Birmingham, à Nottingham, à Wolverhampton, etc.; Albany, à Pittsburg, à Chicago, etc., aux États-Unis; à Montréal, au Canada; des centres considérables de population dépendent uniquement de l'élévation par des machines à vapeur, du volume d'eau dont ils ont besoin pour leur consommation.

**1. France.** — En France, des machines élévatoires fonctionnent depuis 1842 pour le service des eaux de Toulouse; depuis 1856, pour le service des eaux de Lyon, etc.

*Paris.* — Lorsqu'il s'est agi de la dérivation des eaux de la Dhuis et de la Vanne, dans le but d'augmenter le volume d'eau de distribution dans Paris, divers projets ont été présentés, reposant sur l'utilisation des machines à vapeur pour élever les eaux de la Seine. D'anciennes machines usées par un long service existaient à Chaillot, au Gros-Caillou et près du pont d'Austerlitz; celles de Chaillot, qui dataient de 1782, avaient été remplacées en 1853-54, par des machines Cornouailles de la force de 145 chevaux chacune, pouvant élever par 24 heures, si

(1) Ed. Markus, *Das landw. meliorations wesen Italiens,* Wien, 1881, p. 93.

elles travaillaient ensemble, 34,000 mètres cubes d'eau à 49$^m$,25 de hauteur.; mais outre que leur action simultanée n'aurait pu être obtenue en service courant qu'à la condition d'établir des machines auxiliaires, capables de suppléer les premières en cas d'insuffisance ou de réparation, de nombreux accidents, étaient venus démontrer que la sécurité de l'approvisionnement pouvait être compromise par l'instabilité des appareils élévatoires.

En 1853-54 (1), l'eau montée aux bassins de Chaillot dont la hauteur au-dessus de l'étiage du fleuve est de 30 et 36 mètres, et au réservoir culminant qui dessert les quartiers élevés du nord de Paris ainsi que le Bois de Boulogne, coûtait, pour le charbon seulement, près de 3 centimes. Si l'on y ajoute l'intérêt du capital des machines, les dépenses d'entretien, le payement des ouvriers et les frais d'un filtrage en grand, on arrivait au moins au double de ce chiffre de dépense.

M. Aristide Dumont, se basant sur l'expérience acquise pour les machines de Cornouailles, employées à la distribution des eaux de Lyon, objecta aux résultats défavorables fournis par les machines nouvelles de Chaillot, que l'on avait négligé, en les établissant, les conditions essentielles du bon fonctionnement de ce système, à savoir : l'invariabilité de la charge d'eau sur les pistons des pompes ; la permanence de niveau dans les puisards ; le grand diamètre à donner aux tuyaux de refoulement et la large dimension à attribuer aux cylindres (2). Telles qu'elles avaient été installées, sans avoir égard à la différence du travail à effectuer, les machines de Chaillot puisaient l'eau de Seine, les unes à quelques mètres en contre-bas seulement, les autres à de plus

---

(1) *Premier mémoire sur les eaux de Paris, présenté par le préfet de la Seine,* 4 août 1854.

(2) A. Dumont, *les Eaux de Lyon et de Paris,* 1852, p. 269 et 288.

grandes profondeurs, mettant en mouvement la longüe et lourde tige qui dirige les pistons.

D'après le projet de cet ingénieur, consistant dans l'installation, en amont de Choisy-le-Roi, d'une usine de 15 machines Cornouailles, semblables à celles du bas service de Lyon, d'une force de 300 chevaux chacune, il eût été possible d'élever par jour un volume minimum de 300,000 mètres cubes d'eau filtrée, au prix de 0 fr. 0240; la dépense en combustible, n'étant que de 0 fr. 0127 par mètre cube.

Le projet de l'ingénieur en chef, Le Chatelier, comportait une prise d'eau dans la Seine, au pont d'Ivry. Une première machine de 100 chevaux devait élever l'eau de quelques mètres pour la verser dans un bassin de dépôt et de là dans des galeries filtrantes. Une seconde machine de rechange, destinée en cas d'accident à suppléer la première, devait avoir la même force. Pour élever l'eau clarifiée jusqu'aux réservoirs de distribution, dix machines, en tout semblables aux deux précédentes, devaient être établies dans Paris, sur le chemin de ceinture, en vue du facile approvisionnement des charbons. Ces machines horizontales, à double effet et à rotation, avec volants, eussent commandé les pompes élévatoires, travaillant avec des courses variables à volonté, suivant la hauteur du refoulement qu'eût réglée un réservoir principal, affecté au service d'une zone spéciale de Paris.

Le prix de revient du mètre cube d'eau filtrée, à raison d'une consommation de 1ᵏ,50 de charbon (coûtant 28 fr. la tonne), par force de cheval et par heure, eût été de 0 fr. 0326. Ce prix de revient comprenant, comme celui du projet Dumont, l'intérêt du capital de premier établissement, la dépense en combustible, la clarification, les

(1) Dumas, *Rapport au conseil municipal*, etc., 18 mars 1859.

frais de personnel, de graissage, etc., quoique supérieur
à celui de Dumont, était basé sur un volume quotidien
moindre; il fut trouvé trop faible par la commission
municipale qui admit une consommation moyenne de 2 kilogr. de charbon, par force de cheval et par
heure, et un prix moyen de 30 francs pour la tonne de
charbon.

Sans nous arrêter plus longtemps à ces projets qui ont
été écartés pour plusieurs motifs; notamment, à cause de
la possibilité du chômage, il a été constaté que pour l'usine
de Saint-Maur qui fonctionne depuis 1878 et développe
une puissance de 320 chevaux, en deux appareils semblables, le prix s'est élevé à 2,000 francs en nombre rond par
cheval utile, et la consommation de charbon, par heure et
par force de cheval, pour un fonctionnement éprouvé,
aussi sûr qu'économique, a été de 1$^k$, 08. D'après les renseignements des ingénieurs de la ville, l'usine de Saint-
Maur, de 1878 à 1882, en quatre ans, a accompli un
travail total de 1,036 millions de tonnes kilométriques.
La dépense courante ayant atteint 204, 703 francs, le prix
de 1,000 mètres cubes d'eau montée à 1 mètre de hauteur
ressort à 0 fr. 198, soit en nombre rond, à 0 fr. 20 (1).

Il y a lieu de remarquer que le fort rendement en
travail utile de cette installation s'applique à des appareils perfectionnés et surtout approvisionnés de combustible homogène et de bonne qualité. Le charbon d'Ani-
che, payé de 22 à 23 francs la tonne, permet, en raison
de sa qualité, de conduire les feux avec la régularité qui
convient à une vaporisation constante et économique, de
jour et de nuit, pendant 365 jours consécutifs.

Pour l'usine d'Ivry, appartenant également à la ville
de Paris, les projets établis conformément aux dispositions

(1) *Conseil général des ponts et chaussées. Rapport des inspecteurs généraux,* 7 décembre 1882.

reconnues les meilleures, à la suite d'un concours entre les constructeurs les plus habiles, ont donné comme résultat définitif, relativement à une puissance de 1,016 chevaux, répartie en 6 machines, une dépense de 2,172,000 fr., soit en chiffres ronds, de 2,138 fr. par cheval utile, qui se décomposent comme il suit :

|                |       fr. |
|----------------|----------:|
| Machines       |       575 |
| Chaudières     |       210 |
| Dépenses fixes |     1.353 |
| Total          |     2.138 |

*Canal de la Marne au Rhin.* — L'usine de Vacon, construite en 1877 par l'État, pour l'alimentation du canal de la Marne au Rhin, a une puissance de 250 chevaux utiles qui représentent pour une dépense totale de 474,000 francs, en nombre rond, un prix de 1,900 fr. par cheval utile (1). Les constructeurs s'étant engagés à ne pas dépasser $0^k,95$ de combustible par heure et par force de cheval, on s'est servi pour les essais de briquettes d'Anzin (33 fr. la tonne), ne laissant que 6 à 8 pour 100 de cendres et vaporisant par kilogr. $8^k,436$ d'eau.

Le prix qui résulte de la marche effective de l'usine, pour 1,000 mètres cubes d'eau montée à 1 mètre de hauteur, est comme pour l'usine de Saint-Maur, de 0 fr. 20.

Nous n'avons tenu à rapporter ici les chiffres des applications les plus récentes de la machine à vapeur à l'élévation de grands volumes d'eau que pour fixer les idées sur le coût; car autrement la pompe à feu a été l'objet de nombreuses observations enregistrées depuis le siècle dernier, en ce qui concerne le système appliqué par Watt et par Newcomen, puis modifié par Woolf.

(1) Picard, *Alimentation du canal de la Marne au Rhin,* etc.

Les opinions diffèrent toutefois encore aujourd'hui sur la préférence à donner soit aux machines à simple effet, dites de Cornouailles, soit aux machines à double effet dont les organes ont moins de volume et qui sont, en cas d'avarie, plus faciles à réparer.

Les résultats qu'ont fournis les machines de Cornouailles pendant quinze années consécutives, d'après les comptes rendus des ingénieurs chargés du service des mines, se sont maintenus dans les limites suivantes :

| | m. cub. | m. cub. |
|---|---|---|
| Mètres cubes d'eau élevés à 1 mètre par kilogramme de houille................... | 242.71 à | 322.15 |
| | kil. | kil. |
| Combustible consommé par heure et par force de cheval............................ | 0.84 à | 1.11 |

Ces chiffres ne concordent pas avec ceux qui ont été donnés par divers auteurs quant au travail utile des machines Woolf de Cornouailles. C'est Combes qui s'est rapproché le plus du résultat effectif, en calculant l'effet utile à 280, sans indiquer cependant que ce soit un maximum de toute l'année (1). Du reste, il s'agit ici de rendement de machines d'épuisement de mines, dont la similitude avec celles destinées à l'élévation des eaux d'irrigation ou de consommation, n'est pas complète. La discussion du prix de revient et du rendement des divers appareils comparés nous entraînerait en dehors du cadre de ce livre.

*Canal du Rhône.* — Lors de la discussion au Sénat du projet de loi relatif à l'exécution des canaux d'irrigation dérivés du Rhône, la commission sénatoriale avait proposé de renoncer à la partie du canal projeté entre Cornas et Vénéjean et de la remplacer par une batterie de machines à vapeur, installée à l'île Saint-Georges, au droit de Vénéjean, pour l'élévation à 53 mètres de hau-

(1) *Annales des mines,* 1834, t. V.

teur, de 23 mètres cubes d'eau par seconde, empruntés au Rhône. Cette installation, d'après la commission, comportait un travail en eau montée de 16,253 chevaux-vapeur, soit, une force totale de 19,680 chevaux-vapeur utiles, répartie en 72 machines de 273 à 274 chevaux, avec les générateurs correspondants; 12 machines étant tenues comme réserve. L'ensemble, en y ajoutant les constructions fixes, la conduite de refoulement et le canal de Saint-Georges à Vénéjean, eût représenté comme capital de premier établissement, 22 millions de francs. Les dépenses courantes annuelles se fussent élevées à 3,271,000 francs; ce qui, par rapport au travail nécessaire pour élever à 1 mètre de hauteur 32,420 millions de mètres cubes, eût donné comme prix de revient de l'unité de travail 0 fr. 10, au lieu de 0 fr. 20, constaté expérimentalement aux usines de Saint-Maur et de Vacon.

Le conseil des ponts et chaussées, chargé de reviser le projet du Sénat, a calculé, en appliquant 0 fr. 18 comme prix de base et 3,36 du capital comme amortissement pour les appareils à vapeur, les constructions fixes et l'entretien des conduites de refoulement, que les dépenses annuelles atteindraient en nombre rond 7 millions de fr.; tandis que pour le capital initial de 47 millions de francs, à consacrer à la construction du canal entre Cornas et Vénéjean, l'entretien annuel s'élèverait seulement à 820,000 francs.

En admettant la capitalisation à 4 pour 100 des sommes exigées par les deux projets, le conseil des ponts et chaussées trouvait :

*Alimentation naturelle par canal.*

|  | francs. |
|---|---|
| Premier établissement...................... | 47.000.000 |
| Capital pour une annuité de 820.000 francs. | 20.500.000 |
| Total........................ | 67.500.000 |

*Alimentation artificielle par machines.*

Premier établissement...................... 33.5oo.ooo
Capital pour une annuité de 7 millions.... 175.000.000
           Total............................. 2o8.5oo,ooo

D'où une différence de 141 millions en faveur de l'a-
limentation naturelle par le canal (1).

**2. Égypte.** — *Usine du Katatbeh.* — La grande usine d'irrigation, destinée à fournir l'eau au canal du
Katatbeh qui dessert la province de Béhéra, comprend
cinq machines horizontales actionnant chacune, directement et sans transmission, des pompes centrifuges à
arbre vertical (fig. 188).

Les machines sont à condensation, avec des cylindres
de 1 mètre de diamètre et une course des pistons de
1$^m$,8o. L'arbre vertical, monté sur pivot hors de l'eau,
porte à sa partie supérieure une manivelle actionnée par
la bielle, et plus bas, la roue à ailettes de la pompe rotative. Un volant pesant 22 tonnes est calé sur cet arbre.

La pompe a 2$^m$,1o de diamètre; la roue à ailettes,
4 mètres, avec 2 mètres de hauteur (fig. 189). Le tuyau
d'aspiration s'enfonce en s'évasant au-dessous du niveau
des basses eaux, et la roue à ailettes refoule l'eau extérieurement dans une capacité annulaire qui enveloppe la roue
et se prolonge par un tuyau en forme de siphon. L'anneau
est supporté par trois colonnes en fonte, fondées sur le
radier.

Un système spécial de graissage du pivot de l'arbre
vertical, dont la charge est de 5o tonnes, consiste en une
circulation d'huile se refroidissant dans un serpentin,
ou dans un réfrigérant, pour redescendre par son propre
poids.

_____

(1) *Conseil général des ponts et chaussées, loc. cit.*

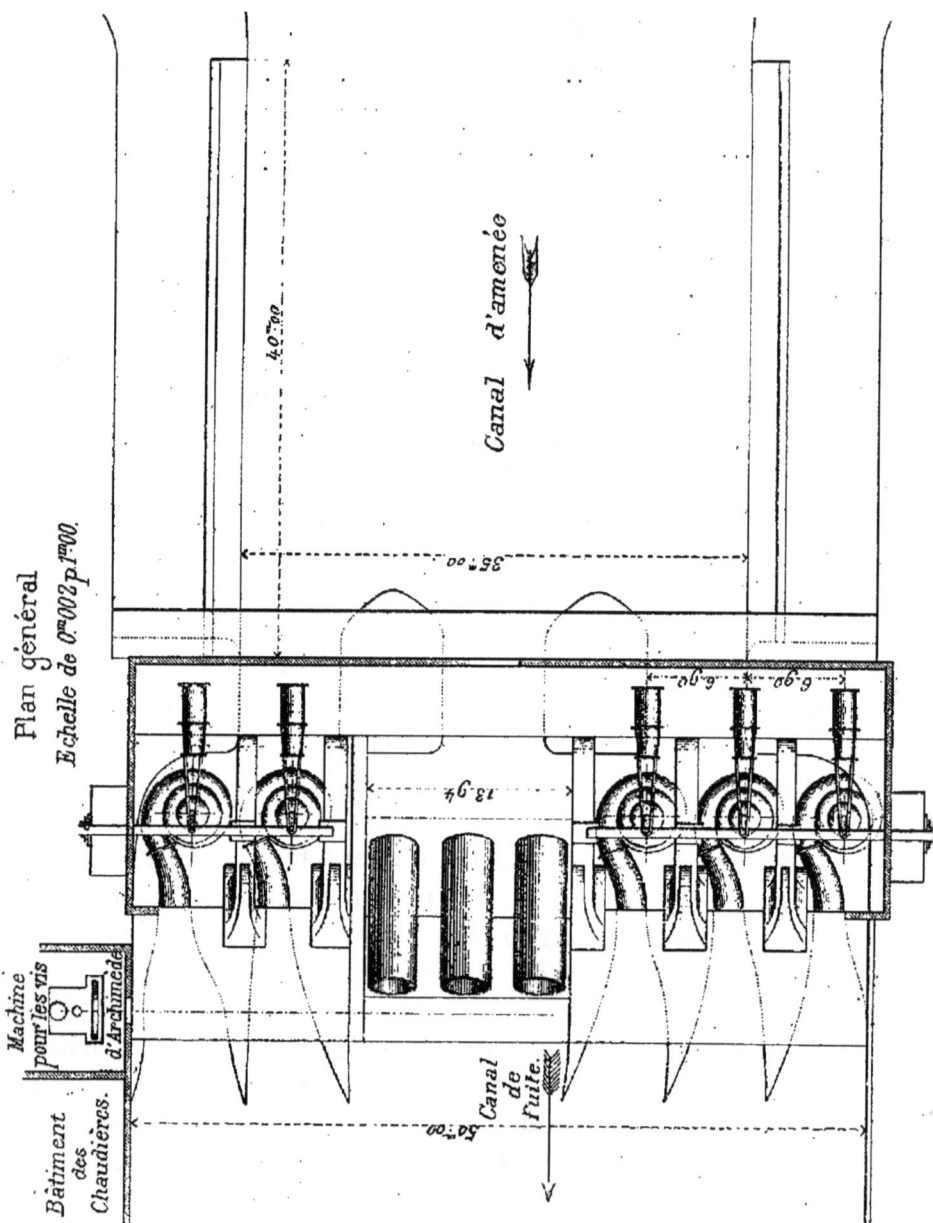

Plan général
Échelle de 0<sup>m</sup>,002 p. 1<sup>m</sup>,00.

Canal d'amenée

Machine pour les vis d'Archimède.

Bâtiment des Chaudières.

Canal de fuite.

Les machines marchent à une vitesse moyenne de

35 tours par minute, et peuvent débiter 7 mètres cubes par seconde.

Aux cinq pompes verticales sont ajoutées, à titre de réserve, trois vis d'Archimède en tôle, de 4 mètres de diamètre et 12 mètres de longueur, qui peuvent débiter chacune 2 mètres cubes par seconde. Soutenues en leur milieu par une couronne dentée et tournant par le bas dans une crapaudine, ces vis sont mises en mouvement par une machine Compound verticale, du type des machines marines.

La vapeur est fournie par une batterie de onze chaudières tubulaires, dont trois de 190 mètres carrés de surface de chauffe et huit de 175 mètres carrés.

La capacité de l'usine du Katatbeh, grâce à cette imposante installation, est de plus de 40 mètres cubes par seconde, ou

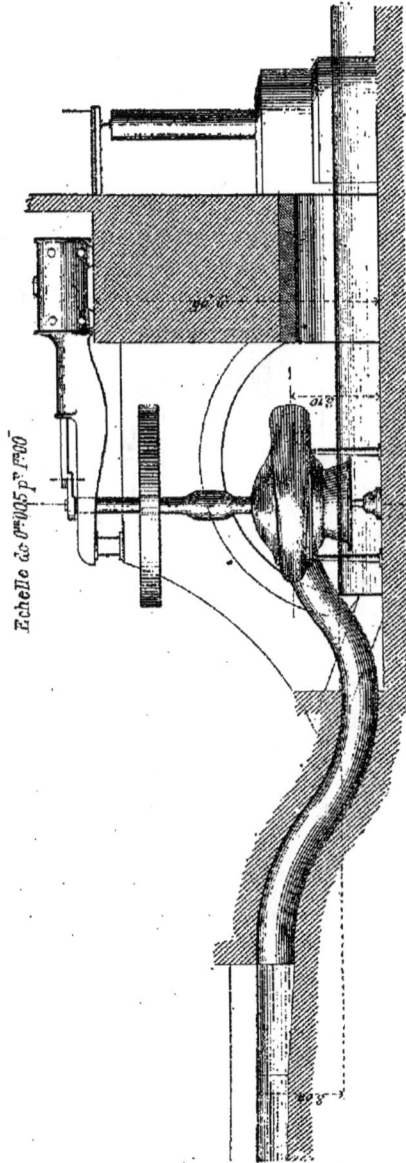

Fig. 189. — MACHINES DU KATATBEH; ÉLÉVATION D'UNE POMPE.

Echelle de 0ᵐ005 p. 1ᵐ00

environ 3 millions et demi de mètres cubes en 24 heures.
La puissance totale des machines est de 3,500 chevaux effectifs. La figure 188 représente le plan général de l'usine, et la figure 190 l'élévation du bâtiment des machines.

Le reste de l'eau nécessaire au canal du Kataïbeh est fournie par le Rayah de Béhéra qui a sa prise au Nil, en aval du barrage (1).

*Usine d'Afteh.* — Le canal Mahmoudieh dont l'origine part d'un point situé très bas sur le Nil, à Afteh, est destiné à porter l'eau douce à Alexandrie et à irriguer près de 70,000 hectares, sur un parcours de 77 kilom. La pente de ce canal étant à peu près nulle pendant l'étiage, avec une portée absolument

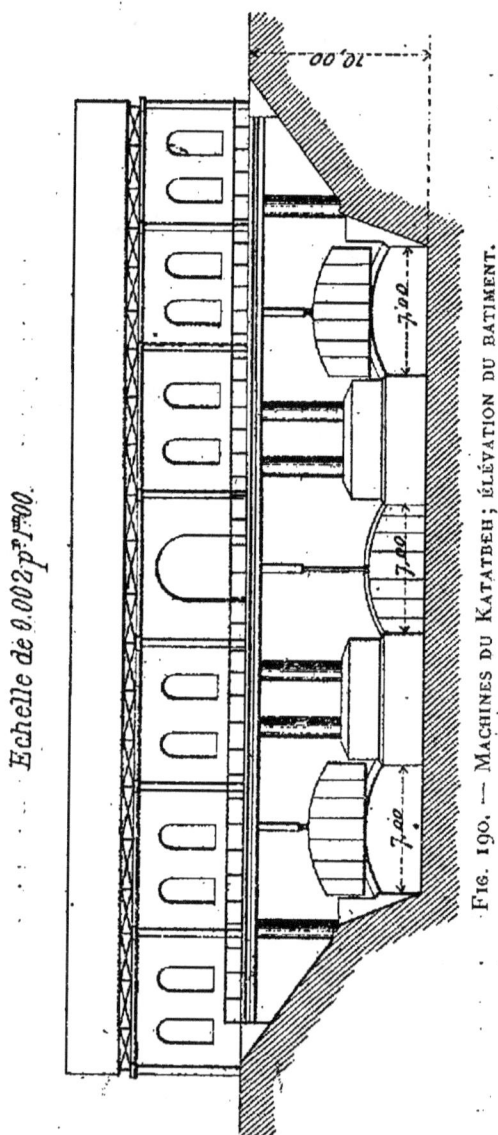

Fig. 190. — Machines du Kataïbeh; élévation du bâtiment.

Echelle de 0.002 p.r 1.m00.

(1) J. Barois, *Irrigation en Égypte*, 1887, p. 72.

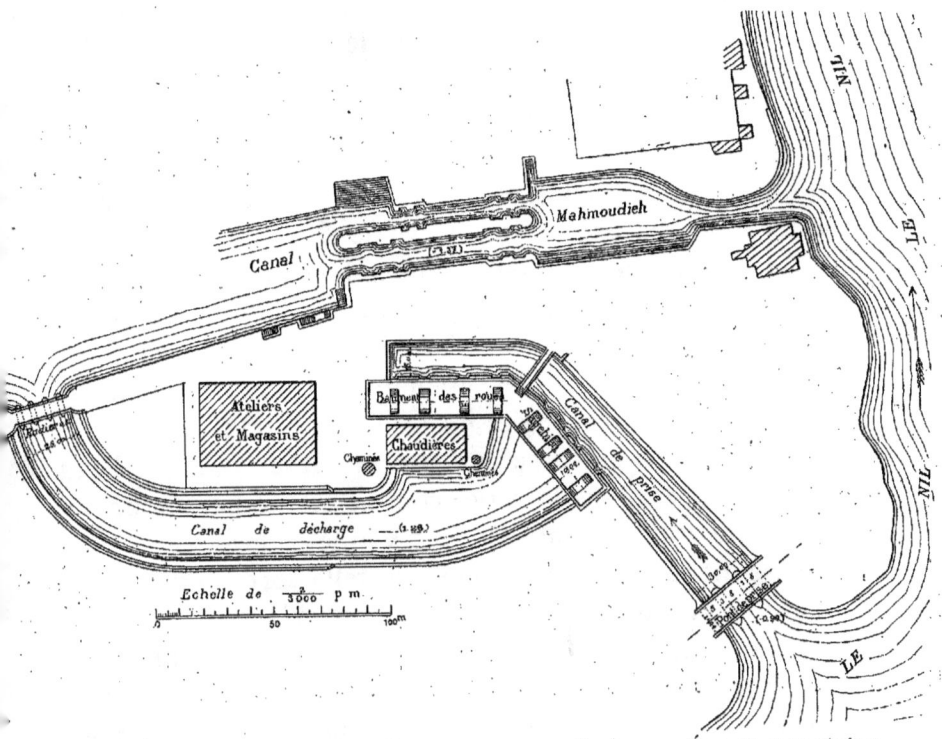

Fig. 191. — Établissement hydraulique d'Afteh sur le canal Mahmoudieh (Égypte); plan général.

insuffisante, des machines élévatoires furent installées dès
1850, au point de prise, pour augmenter le débit de
800,000 mètres cubes d'eau en 24 heures, pendant les
150 jours de durée de l'étiage. Le canal n'ayant pas tardé
à s'envaser, le gouvernement dut faire procéder au curage
de 2 millions de mètres cubes de limon; finalement, en
1881, il se décida à concéder l'usine d'Afteh, pour l'étendre
et la transformer, en vue d'une élévation de l'eau du Nil
à une hauteur maxima de 2$^m$,75 au-dessus du plus bas
étiage, la cote des terres voisines étant de 3 mètres.

L'établissement d'Afteh, tel qu'il fonctionne aujour-
d'hui (voir le plan général, fig. 191), se compose de
huit roues Sagebien (fig. 192) de 3$^m$,60 de largeur et
de 10 mètres de diamètre, élevant l'eau à 2$^m$,60 maximum et pouvant débiter chacune un volume de 400 à
500,000 mètres cubes en 23 heures. Quatre de ces roues
sont actionnées par les anciennes machines verticales
à balancier, transformées en système Woolf.

La roue Sagebien se caractérise par ce fait que l'eau
ne tombe pas dans la roue, comme cela a lieu pour les
roues de côté ordinaires, avec vanne à déversoir; mais
elle se meut horizontalement, de telle sorte que la lame
d'alimentation a une épaisseur à peu près égale à la profondeur dans le canal. La roue, marchant très lentement,
constitue une sorte de compteur d'eau. En raison des conditions théoriques que doit remplir la roue Sagebien pour
détruire les deux causes de perte, communes à tous les
appareils du même genre, à savoir : la vitesse de l'eau
dans l'aubage et la vitesse en quittant la roue, les aubes
sont toutes tangentes à une circonférence concentrique.
Le premier élément est seul dirigé suivant le rayon, afin
d'empêcher que les aubages ne se brisent.

La faible vitesse que possède cette roue conduit à lui
donner un grand diamètre (10 mètres) et un aubage très

profond. Pour un tour et demi par minute, l'arbre de
couche de la machine fait 82 tours. Cet arbre est en fer;
les tourteaux sont en fonte; les couronnes, en fer méplat,
et les autres, en bois (1). Le grand diamètre qu'exige ce
système de roues est d'ailleurs nécessaire pour que l'eau

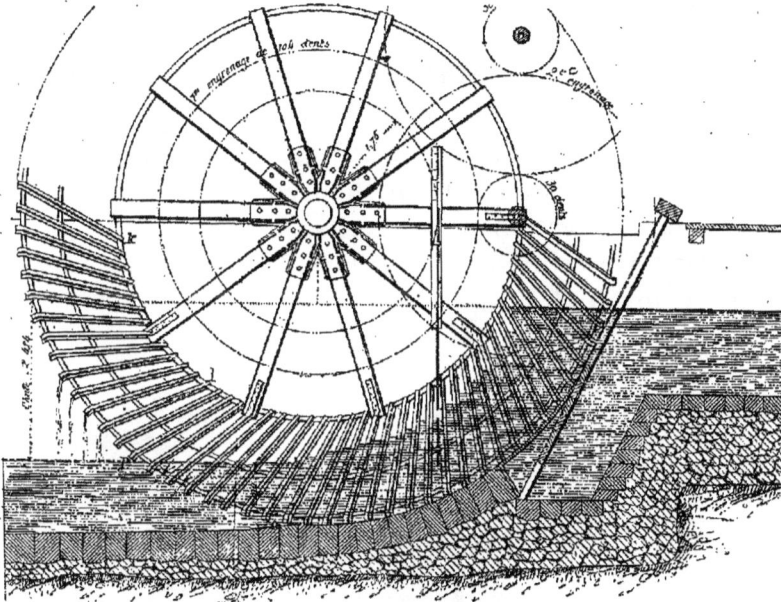

FIG. 192. — ÉTABLISSEMENT HYDRAULIQUE D'AFTEH; ROUE SAGEBIEN
A AUBES IMMERGENTES.

d'aval n'oppose pas une résistance trop grande au dégagement de l'aubage.

Les quatre autres roues de l'usine d'Afteh sont mises
en mouvement comme à Katatbeh, par deux machines
Compound du type des machines marines.

La vapeur est fournie par une batterie de 10 chaudières tubulaires de 190 mètres de surface de chauffe

(1) Vigreux et Raux, Moteurs hydrauliques, loc. cit.

chacune; la puissance en eau élevée de l'établissement
excède 1,250 chevaux.

Quel que soit le mérite des machines pour assurer un
arrosage régulier et normal, en supprimant les travaux de curage des canaux, on ne saurait considérer
cette solution comme préférable à l'achèvement et à l'u-
tilisation complète du grand barrage du Delta et à la
distribution des eaux à l'aide de grandes dérivations largement alimentées par un fleuve comme le Nil. Les ingénieurs anglais, au courant des pratiques de l'irrigation
dans les Indes, ont pu heureusement ajourner les projets de création de nouvelles usines élévatoires, et reprendre celui du barrage du Delta et de la réforme du
régime hydraulique des provinces de l'ouest.

# TABLE DES MATIÈRES

## DU TOME PREMIER

———

# LIVRE IV

## LES EAUX ET LES LIMONS D'IRRIGATION

# LIVRE V

## L'APPROVISIONNEMENT DES EAUX

# LIVRE VI

## LES MACHINES ET LES MOTEURS

FIN.

## OUVRAGES PUBLIÉS

**Prairies et Herbages**, un volume de 750 pages avec 120 figures dans le texte, par M. Boitel, inspecteur général de l'Enseignement agricole.

**Les Plantes vénéneuses** considérées au point de vue de l'empoisonnement des animaux de la ferme. — Volume d'environ 500 pages, avec 60 figures dans le texte, par M. Cornevin, professeur à l'École vétérinaire de Lyon.

**Les Engrais**, tome I, comprenant l'alimentation des plantes, les fumiers, les engrais de villes et les engrais végétaux. — Volume de 570 pages, avec figures dans le texte, par MM. Muntz et A.-Ch. Girard.

**Les Méthodes de Reproduction** : croisement, sélection, métissage, par M. Baron, professeur à l'École vétérinaire d'Alfort.

**Le Cheval** considéré dans ses rapports avec l'économie rurale et les industries de transport, par M. Lavalard, administrateur de la Compagnie générale des Omnibus.

**Les Irrigations** : Tome I. Les eaux d'irrigation et les machines ; par M. Ronna, membre du Conseil supérieur de l'Agriculture.

### *Pour paraître incessamment :*

**Législation rurale**, par M. Gauwain, maître des Requêtes au conseil d'État.

**Les Maladies virulentes des Animaux de la ferme**, par M. le Dr Roux, directeur du laboratoire de M. Pasteur, avec une préface de M. Pasteur.

**Les Semences agricoles**, par M. Schribaux, directeur de la station d'essai de semences à l'Institut Agronomique.

**La Viticulture pratique**, par M. Pulliat, professeur à l'Institut Agronomique.

**La Richesse agricole de la France**, par M. Tisserand, conseiller d'État, directeur au Ministère de l'Agriculture.

**Les Maladies des Plantes**, par M. Prillieux, inspecteur général de l'Enseignement agricole.

**Les Industries agricoles**, par M. Aimé Girard, professeur au Conservatoire des Arts-et-Métiers et à l'Institut Agronomique.

TYPOGRAPHIE FIRMIN-DIDOT. — MESNIL (EURE).